普通高等教育"十三五"规划教材
电工电子基础课程规划教材

电路分析基础

(第4版)

刘原　欧阳宏志　主编
阳璞琼　宾斌　管金云　董招辉　编
高吉祥　主审

電子工業出版社
Publishing House of Electronics Industry
北京·BEIJING

内 容 简 介

本书根据教育部高等学校电工电子基础课程教学指导委员会颁布的课程教学基本要求编写。本书共11章，主要内容包括：电路基础、动态电路、正弦稳态电路、含耦合电感的电路、三相电路、非正弦周期电流电路、网络函数、二端口网络、网络图论基础、状态方程和非线性电阻电路，后附TINA简介和习题参考答案，配套电子课件等。

本书可作为高等学校电气类、电子类、自动化类、计算机类，以及其他相近专业的基础教材，也可供从事电子技术工作的工程技术人员学习参考。

图书在版编目(CIP)数据

电路分析基础/刘原，欧阳宏志主编. —4版. —北京：电子工业出版社，2020.10

ISBN 978-7-121-39767-7

Ⅰ. ①电… Ⅱ. ①刘… ②欧… Ⅲ. ①电路分析—高等学校—教材 Ⅳ. ①TM133

中国版本图书馆CIP数据核字(2020)第195882号

责任编辑：王羽佳
印　　刷：涿州市般润文化传播有限公司
装　　订：涿州市般润文化传播有限公司
出版发行：电子工业出版社
　　　　　北京市海淀区万寿路173信箱　邮编 100036
开　　本：787×1092　1/16　印张：18.5　字数：534千字
版　　次：2006年5月第1版
　　　　　2020年10月第4版
印　　次：2024年8月第8次印刷
定　　价：55.00元

凡所购买电子工业出版社图书有缺损问题，请向购买书店调换。若书店售缺，请与本社发行部联系。联系及邮购电话：(010)88254888，(010)88258888。

质量投诉请发邮件至 zlts@phei.com.cn，盗版侵权举报请发邮件至dbqq@phei.com.cn。

本书咨询服务热线：(010)88254535，wyj@phei.com.cn。

前　言

本书是根据教育部高等学校电工电子基础课程教学指导分委员会颁布的课程教学基本要求，为高等学校电气类、电子类、自动化类、计算机类和其他相近专业而编写的教材。

全书共11章。第1章主要介绍电路的基本概念、基本定律、等效电路、电路的基本定理等。第2章主要介绍动态电路的暂态过程、方程及阶数、时域分析法和复频域分析法等。第3章主要介绍正弦量的基本概念、相量表示法及相量图、正弦稳态下的电阻、电感和电容元件、阻抗和导纳的串联与并联、电路定律的相量形式、正弦稳态电路的分析与计算、正弦稳态电路的功率及谐振电路。第4章主要介绍耦合电感元件及电压电路分析、空心变压器及理想变压器。第5章主要介绍三相电压、三相电路的分析及三相电路的功率等。第6章主要介绍非正弦周期性电压、电流，周期函数的傅里叶级数展开式及频谱，非正弦周期性电压和电流的有效值、平均值和平均功率以及非正弦周期性稳态电路的分析。第7章主要介绍网络函数的定义和分类，网络函数的极点、零点及与冲激响应的关系，网络函数的极点、零点与频率的关系。第8章主要介绍双口网络、双口网络的方程和参数、双口网络的等效电路、双口网络的连接等。第9章主要介绍网络图论的概念，关联矩阵、回路矩阵、割集矩阵和KCL、KVL方程的矩阵形式，典型支路及其电压电流约束（VCR）方程的矩阵形式、节点电压法的矩阵形式、割集电压方程的矩阵形式和回路电流方程的矩阵形式等。第10章主要介绍状态变量及状态方程、状态方程的列写方法。第11章主要介绍非线性电阻元件、非线性电阻的串联与并联、非线性电阻电路的图解法、分段线性化及小信号分析法。每章均有本章小结及典型题解。后附TINA简介和习题参考答案。书中标有星号（*）的内容均属参考内容，可以取舍，不要求讲授。

本书自第1版于2006年出版以来，被许多院校采用，深得广大读者的喜爱，并反馈了一些宝贵意见。本次修订，使本书更加符合当前课程教学的需要。

第4版修订工作的主要目标是适应教学内容和课程体系改革的需求，修订的内容如下：

1. 第2章　动态电路，增加2.4.3节　微积分电路内容。

2. 增加附录A　TINA简介。

3. 将8.6节　回转器和负阻抗变换器改为参考内容。

本书配套提供的多媒体课件及教师参考用书是作者总结多年教学经验编写和制作的，若使用本书作为教材，请通过华信教育资源网（http://www.hxedu.com.cn）免费注册下载。参与本次修订工作的是南华大学电气工程学院刘原、欧阳宏志、阳璞琼、宾斌、管金云、董招辉等完成，国防科技大学高吉祥教授主审，在此一并感谢。

由于编者的水平有限，敬请广大读者对书中存在的错误和缺点给予批评指正，帮助我们不断完善本书，我们深表谢意。

编　者

2020年8月

前言

目　　录

第 1 章　电路基础 ………………………… (1)
1.1　电路的基本概念 …………………… (1)
1.1.1　电路的组成和功能 ………… (1)
1.1.2　电路中常见的元器件及电路模型 ……………………………… (1)
1.1.3　电路的基本物理量 ………… (3)
1.2　电路的基本定律 …………………… (6)
1.2.1　欧姆定律 …………………… (6)
1.2.2　基尔霍夫第一定律 ………… (7)
1.2.3　基尔霍夫第二定律 ………… (8)
1.3　等效电路 ………………………… (10)
1.3.1　电路等效的一般概念 …… (10)
1.3.2　电阻的串联与并联等效 … (10)
1.3.3　电压源、电流源等效及其互换等效 ……………………………… (14)
1.3.4　受控源及含受控源电路的等效 …………………………… (18)
1.3.5　电阻△形、Y 形电路互换等效 …………………………… (21)
1.4　电阻电路的一般分析方法 ……… (24)
1.4.1　2*b* 法 ……………………… (24)
1.4.2　*b* 法…………………………… (26)
1.4.3　网孔法 …………………… (27)
1.4.4　节点法 …………………… (31)
1.5　电路的基本定理 ………………… (34)
1.5.1　叠加定理和齐次定理 …… (35)
1.5.2　替代定理 ………………… (39)
1.5.3　戴维南定理与诺顿定理 … (41)
1.5.4　最大功率传输定理 ……… (45)
1.5.5　互易定理 ………………… (48)
1.6　本章小结及典型题解 …………… (50)
1.6.1　本章小结 ………………… (50)
1.6.2　典型题解 ………………… (54)
习题 1 ……………………………………… (59)
第 2 章　动态电路 ……………………… (64)
2.1 引言 ……………………………………… (64)
2.2　动态元件 ………………………… (64)
2.2.1　电容 ……………………… (64)
2.2.2　电感 ……………………… (67)
2.2.3　电容、电感的串联和并联 … (69)
2.3　动态电路初始条件的确定 ……… (70)
2.3.1　初始条件 ………………… (70)
2.3.2　换路定则 ………………… (70)
2.3.3　初始条件的计算方法 …… (71)
2.4　动态电路的时域分析法 ………… (72)
2.4.1　一阶电路的响应 ………… (72)
2.4.2　二阶电路的响应 ………… (86)
2.4.3　微积分电路 ……………… (92)
2.5　动态电路的复频域分析法 ……… (93)
2.5.1　拉普拉斯变换 …………… (93)
2.5.2　拉普拉斯变换的基本性质 …………………………… (94)
2.5.3　用部分分式展开法求拉普拉斯反变换 ………………………… (95)
2.5.4　用运算法求解暂态过程 … (97)
2.6　本章小结及典型题解 ………… (100)
2.6.1　本章小结 ………………… (100)
2.6.2　典型题解 ………………… (101)
习题 2 ……………………………………… (103)
第 3 章　正弦稳态电路…………………… (109)
3.1　正弦量的基本概念 …………… (109)
3.1.1　正弦量的三要素 ………… (109)
3.1.2　正弦电流、电压的有效值 …………………………… (110)
3.1.3　同频率正弦电流、电压的相位差 …………………………… (111)
3.2　正弦量的相量表示法及相量图 …………………………………… (112)
3.2.1　复数及其运算 …………… (112)
3.2.2　正弦量的相量表示法 …… (113)
3.2.3　相量图 …………………… (114)
3.2.4　相量的有关运算 ………… (115)
3.3　正弦稳态下的电阻、电感、电容元件 …………………………………… (116)
3.3.1　电阻元件 ………………… (116)
3.3.2　电感元件 ………………… (117)
3.3.3　电容元件 ………………… (119)
3.4　阻抗和导纳的串联与并联 ……… (121)
3.4.1　二端网络阻抗和导纳的定义 …………………………… (121)
3.4.2　阻抗(导纳)的串联和并联 …………………………… (122)
3.4.3　正弦交流电路的性质 …… (124)

3.5 电路定律的相量形式 …………… (125)
3.5.1 相量形式 ………………… (125)
3.5.2 相量模型 ………………… (126)
3.6 正弦稳态电路的分析与计算 …… (128)
3.6.1 正弦稳态电路的分析方法 ……………………………… (128)
3.6.2 正弦稳态电路的分析计算 ……………………………… (129)
3.7 正弦稳态电路的功率 …………… (130)
3.7.1 瞬时功率、有功功率、无功功率和视在功率 ………… (131)
3.7.2 功率因数及功率因数的提高 ……………………………… (134)
3.7.3 复功率 ……………………… (135)
3.7.4 最大功率传输定理 ……… (136)
3.8 谐振电路 ………………………… (138)
3.8.1 正弦交流电路的频率特性 ……………………………… (138)
3.8.2 串联谐振电路 …………… (138)
3.8.3 并联谐振电路 …………… (142)
3.9 本章小结及典型题解 ………… (144)
3.9.1 本章小结 ………………… (144)
3.9.2 典型题解 ………………… (148)
习题 3 ……………………………… (151)
第 4 章 含耦合电感的电路 ……… (157)
4.1 耦合电感元件 ………………… (157)
4.1.1 耦合电感的电压、电流关系 ……………………………… (157)
4.1.2 同名端 …………………… (158)
4.2 含有耦合电感电路的分析 …… (160)
4.2.1 耦合电感的串联 ……… (160)
4.2.2 耦合电感的并联 ……… (162)
4.2.3 去耦等效电路 ………… (162)
4.3 空心变压器 …………………… (165)
4.3.1 原边等效电路 ………… (165)
4.3.2 副边等效电路 ………… (166)
4.4 理想变压器 …………………… (167)
4.4.1 理想变压器的特性方程 … (167)
4.4.2 理想变压器变换阻抗的性质 ……………………………… (169)
4.5 本章小结及典型题解 ………… (170)
4.5.1 本章小结 ………………… (170)
4.5.2 典型题解 ………………… (173)
习题 4 ……………………………… (174)
第 5 章 三相电路 ……………… (176)
5.1 三相电压 ………………………… (176)
5.2 对称三相电路的电压、电流和平均功率 ……………………………… (178)
5.3 不对称三相电路的分析 ………… (181)
5.3.1 有中线时不对称三相电路的分析 ……………………………… (181)
5.3.2 无中线时不对称三相电路的分析 ……………………………… (182)
5.4 三相电路功率的测量 ………… (184)
5.5 本章小结及典型题解 ………… (185)
5.5.1 本章小结 ………………… (185)
5.5.2 典型题解 ………………… (187)
习题 5 ……………………………… (188)
第 6 章 非正弦周期电流电路 ……… (190)
6.1 非正弦周期性电压、电流 ……… (190)
6.2 周期函数的傅里叶级数展开式及频谱 ……………………………… (190)
6.2.1 周期函数的傅里叶级数展开式 ……………………………… (190)
6.2.2 非正弦周期函数的频谱 ……………………………… (195)
6.3 非正弦周期性电压和电流的有效值、平均值和平均功率 ……………… (196)
6.3.1 有效值 …………………… (196)
6.3.2 平均值 …………………… (197)
6.3.3 平均功率 ………………… (197)
6.4 非正弦周期性稳态电路的计算 ……………………………… (198)
6.5 本章小结及典型题解 ………… (200)
6.5.1 本章小结 ………………… (200)
6.5.2 典型题解 ………………… (201)
习题 6 ……………………………… (202)
第 7 章 网络函数 ………………… (205)
7.1 网络函数的定义和分类 ……… (205)
7.1.1 网络函数的定义 ……… (205)
7.1.2 网络函数的分类 ……… (205)
7.2 网络函数的极点和零点及其与冲激响应的关系 ……………………… (207)
7.2.1 网络函数的极点和零点 ……………………………… (207)
7.2.2 极点、零点与冲激响应的关系 ……………………………… (208)
7.3 网络函数的极点和零点与频率响应的关系 ……………………………… (210)
7.4 本章小结及典型题解 ………… (211)
7.4.1 本章小结 ………………… (211)
7.4.2 典型题解 ………………… (212)

习题 7 …………………………………… (213)
第 8 章　二端口网络 ………………… (215)
8.1　双口网络 ……………………………… (215)
8.2　双口网络的方程和参数 ………… (215)
8.2.1　Z 参数 ……………………………… (215)
8.2.2　Y 参数 ……………………………… (217)
8.2.3　T 参数 ……………………………… (219)
8.2.4　H 参数 ……………………………… (219)
8.2.5　双口网络参数间的关系 ……………………………………… (220)
8.3　双口网络的等效电路 …………… (221)
8.3.1　Z 参数等效电路 ………… (222)
8.3.2　Y 参数等效电路 ………… (222)
8.4　双口网络的连接 ………………… (223)
8.4.1　双口网络的串联 ………… (223)
8.4.2　双口网络的并联 ………… (225)
8.4.3　双口网络的级联 ………… (225)
8.5　双口网络的输入阻抗、输出阻抗与特性阻抗 …………………… (226)
8.5.1　双口网络的输入阻抗、输出阻抗 ……………………………………… (226)
8.5.2　传输网络函数 ……………… (227)
8.5.3　特性阻抗 ………………… (228)
* 8.6　回转器和负阻抗变换器 ……… (228)
* 8.6.1　回转器 …………………… (228)
* 8.6.2　负阻抗变换器 …………… (229)
8.7　本章小结及典型题解 ………… (230)
8.7.1　本章小结 ………………… (230)
8.7.2　典型题解 ………………… (231)
习题 8 …………………………………… (232)
第 9 章　网络图论基础 ……………… (235)
9.1　网络图论的基本概念 ………… (235)
9.2　关联矩阵、回路矩阵、割集矩阵和 KCL、KVL 方程的矩阵形式 ………… (236)
9.2.1　关联矩阵 $\boldsymbol{A}$ ………… (236)
9.2.2　回路矩阵 $\boldsymbol{B}$ ………… (237)
9.2.3　割集矩阵 $\boldsymbol{Q}$ ………… (238)
9.2.4　矩阵表示的 KCL 和 KVL 方程 ……………………………………… (239)
9.3　典型支路及其电压电流约束(VCR)方程的矩阵形式 ………………… (241)
9.4　节点电压法的矩阵形式 ……… (243)
9.5　割集电压方程的矩阵形式 ……… (247)
9.6　回路电流方程的矩阵形式 ……… (249)
* 9.7　列表法 ……………………………… (250)
9.8　本章小结及典型题解 ………… (252)
9.8.1　本章小结 ………………… (252)
9.8.2　典型题解 ………………… (253)
习题 9 …………………………………… (254)
第 10 章　状态方程 …………………… (257)
10.1　状态变量和状态方程 ………… (257)
10.1.1　状态变量 ……………… (257)
10.1.2　状态方程 ……………… (257)
10.1.3　输出方程 ……………… (258)
10.2　状态方程的列写方法 ………… (258)
10.2.1　观察法 ………………… (258)
10.2.2　叠加法 ………………… (259)
10.2.3　拓扑法 ………………… (259)
10.3　本章小结及典型题解 ………… (261)
10.3.1　本章小结 ……………… (261)
10.3.2　典型题解 ……………… (261)
习题 10 ………………………………… (262)
第 11 章　非线性电阻电路 ………… (264)
11.1　非线性电阻元件 ……………… (264)
11.2　非线性电阻的串联与并联 …… (265)
11.2.1　非线性电阻的串联 …… (265)
11.2.2　非线性电阻的并联 …… (266)
11.3　非线性电阻电路的图解法 …… (267)
11.4　非线性电阻电路的分段线性化 ……………………………………… (268)
11.5　非线性电阻电路的小信号分析法 ……………………………………… (270)
11.6　本章小结及典型题解 ………… (272)
11.6.1　本章小结 ……………… (272)
11.6.2　典型题解 ……………… (272)
习题 11 ………………………………… (273)
附录 A　TINA 简介 …………………… (275)
A.1　软件基本情况介绍 …………… (275)
A.2　基本库元器件介绍 …………… (276)
A.3　应用举例 ………………………… (276)
A.3.1　直流电路分析 …………… (276)
A.3.2　动态电路分析 …………… (278)
A.3.3　交流电路分析 …………… (278)
附录 B　习题参考答案 ……………… (280)
参考文献 ………………………………… (288)

第 1 章　电路基础

[内容提要]

本章从电路的基本概念入手，重点介绍电路的基本定律、定理及一般分析方法。着重把握两类约束：元件自身的电压电流关系（欧姆定律）、元件之间的拓扑关系（基尔霍夫定律），以及 4 种电路分析思想：等效的思想、分解的思想、替代的思想、解方程的思想——这些是整个电路理论的基础。

1.1　电路的基本概念

1.1.1　电路的组成和功能

在我们的日常生活、工农业生产、科学研究及国防建设中，使用着各种各样的电子电气设备，如收音机、电视机、录放机、电动机、计算机、手机、雷达、电子对抗设备等，广义上说，这些设备都是实际中的电路。

图 1.1.1 是最简单的一种照明电路——手电筒电路，由干电池（提供电能的装置，简称电源）、灯泡（用电装置，一般叫负载）、金属导线和控制开关等组成。

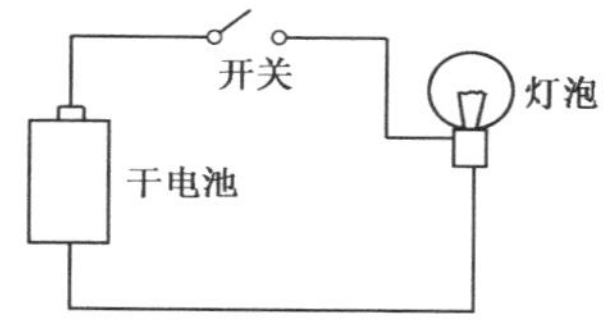

图 1.1.1　手电筒电路

由电阻器、电容器、线圈、变压器、晶体管、运算放大器、传输线、电池、发电机和信号发生器等电气器件和设备连接而成的电路，称为实际电路。图 1.1.1 就是一个简单的实际电路。实际电路的种类繁多，但从其功能来说可概括为两个方面。其一是进行能量的产生、传输、分配与转换。典型的例子如电力系统中的发电、输电电路。发电厂的发电机组将其他形式的能量（或热能、或水的势能、或原子能、或太阳能等）转换成电能，通过变压器、输电线输送给各用户负载，又把电能转换成机械能（如负载是电动机）、光能（如负载是灯泡）、热能（如负载是电炉、电烙铁等），为人们的生产、生活所利用。其二是实现信号的产生、传递、变换、处理与控制。这方面的例子有电话、FM/AM 广播、电视系统等。

根据实际电路的几何尺寸（d）与其工作信号波长（λ）的关系，可以分为两大类：满足 $d \ll \lambda$ 条件的电路称为集总参数电路，其特点是电路中任意两点间的电压和流入任一器件端钮的电流是完全确定的，与器件的几何尺寸和空间位置无关；不满足 $d \ll \lambda$ 条件的另一类电路称为分布参数电路，其特点是电路中的电压和电流不仅是时间的函数，也与器件的几何尺寸和空间位置有关，由波导和高频传输线组成的电路是分布参数电路的典型例子。本书只讨论集总参数电路，为叙述方便，今后常简称为电路。

1.1.2　电路中常见的元器件及电路模型

“模型”是现代各个自然学科、社会学科分析研究问题中普遍使用的重要概念。如，没有宽窄厚薄的“直线”是数学学科研究中的一种模型；不占空间尺寸却有一定质量的“质点”是物理学科研究中的一种模型。人们在分析、设计某一个实际系统时，几乎都采用模型化的方法，即先建立能反映该系统基本特性的模型，使问题得到合理简化，然后对该模型进行定量分析，以求得该系统的某些分析研究结果。研究电路问题也是如此，我们首先要建立电路模型，然后进行定量分析。

1. 电路中常见的元器件及原理图

在实际电路中常见的元器件有:导线、开关、熔断器、灯、电压表、传声器、扬声器、二极管、晶体三极管、运算放大器、电池、电阻器、电容器、线圈、变压器、直流发电机和直流电动机等。表 1.1.1 列举了我国国家标准中部分电气图用的元器件的图形符号。采用这些图形符号,可以画出表明实际电路中各个器件互相连接关系的电气原理图。图 1.1.2 是手电筒电路原理图。

表 1.1.1　部分电气图用图形符号

(根据国家标准 GB4728)

名 称	符 号	名 称	符 号	名 称	符 号
导线		传声器		电阻器	
连接的导线		扬声器		可变电阻器	
接地		二极管		电容器	
接机壳		稳压二极管		线圈，绕组	
开关		隧道二极管		变压器	
熔断器		晶体三极管		铁心变压器	
灯		运算放大器		直流发电机	G
电压表	V	电 池		直流电动机	M

2. 电路模型

研究集总参数电路特性的一种方法是用电气仪表对实际电路直接进行测量。另一个更重要的方法是将实际电路抽象为电路模型,用电路理论的方法分析计算出电路的电气特性。运用现代电路理论,借助于计算机,可以模拟各种实际电路的特性和设计出电气性能良好的大规模集成电路。

如何将实际电路抽象为电路模型呢?实际电路中发生的物理过程是十分复杂的,电磁现象发生在各器件和导线之中,相互交织在一起。对于集总参数电路,当不关心器件内部的情况,只关心器件端钮上的电压和电流时,可以定义一些理想化的电路元件来近似模拟器件端钮上的电气特性。例如,定义电阻元件是一种只吸收能量(它可以转化成热能、光能或其他形式的能量)的元件,电容元件是一种只存储电场能量的元件,电感元件是一种只存储磁场能量的元件,新的干电池可看成是一种内阻 R_i 为 0、输出为恒定电压的元件,等等。用这些电阻、电容、电感、电源等理想元件近似模拟实际电路中每个电气器件和设备,再根据这些器件的连接方式,用理想导线将这些电路元件连接起来,就得到该电路的电路模型。例如,图 1.1.3(a)就是实际电路(见图 1.1.1)手电筒的电路模型。在电路分析中,为了便于看出电路模型中各元件的连接关系,常采用仅仅表示元件连接关系的拓扑结构图,例如手电筒电路的拓扑结构如图 1.1.3(b)所示。表 1.1.2 列举了本书采用的部分电路元件的电路模型图形符号,其中有一些符号是与电气原理图所用的图形符号相同。这些电路元件的定义和特性将在以后陆续介绍。

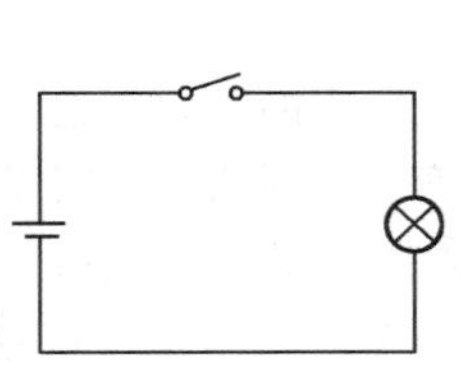

图 1.1.2　手电筒电路原理图

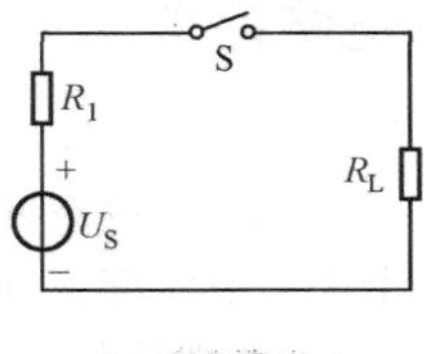

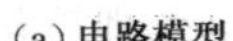

(a) 电路模型

(b) 拓扑结构图

图 1.1.3　手电筒的电路模型和拓扑结构图

表 1.1.2　部分电路元件的图形符号

名 称	符 号	名 称	符 号	名 称	符 号
独立电流源		理想导线		电容器	
独立电压源		连接的导线		电感器	
受控电流源		电位参考点		理想变压器 耦合电感	
受控电压源		理想开关		回转器	
电阻器		开 路		理想运算放大器	
可变电阻器		短 路		二端元件	
非线性电阻器		理想二极管			

电路模型近似地描述实际电路的电气特性。根据实际电路的不同工作条件及对模型精度的不同要求，应当用不同的电路模型。例如一个电感线圈，在低频电子线路中，如对电路模型精度要求不高时，可采用图 1.1.4(a)来模拟，如对电路要求较高时，常采用图 1.1.4(b)(用一个电阻与一个电感串联)来模拟。而在高频交流工作条件下，则要再并联一个电容来模拟，如图 1.1.4(c)所示。又如对同一个晶体管在低频段、中频段和高频段所采用的电路模型(或等效电路)不相同。这些将在后续的课程中详细介绍。

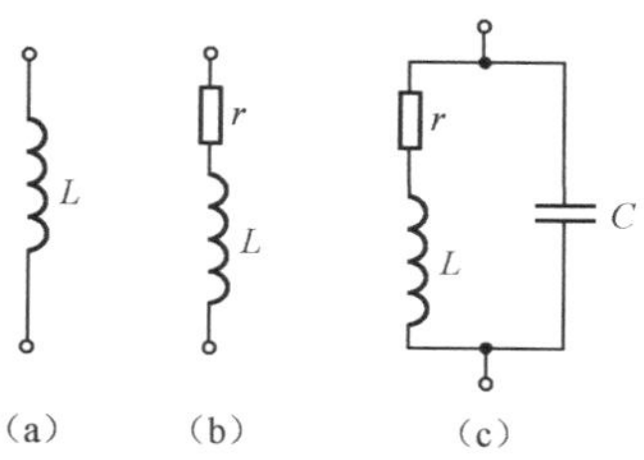

图 1.1.4　线圈的几种电路模型

将实际电路抽象成电路模型的工作，需要对各种电气器件的特性有深入的了解，有时非常复杂和困难。本书只能涉及一些简单的情况，其目的是为了牢固地树立“电路模型”概念。本课程的主要任务是研究电路模型(简称为电路)的各种分析方法，其目的就是通过对电路(模型)的分析研究来预测实际电路的电气特性，以便指导改进实际电路的电气特性和设计制造新的实际电路。电路的研究问题可以分为两类：一类是电路分析，已知电路结构和元件特性，分析电路特性；另一类是网络(电路)综合，根据电路特性的要求来设计电路的结构和元件参数。本课程是电路的入门课程，主要讨论电路分析问题。

1.1.3　电路的基本物理量

电路的特性是由电流、电压和电功率等物理量来描述的。电路分析的基本任务是计算电路中的电流、电压和电功率。

1. 电流

电荷有规则地定向运动，形成传导电流。电子和负离子带负电荷，空穴和正离子带正电荷。电荷用符号 q 或 Q 表示，它的 SI 单位为库[仑](C)。

单位时间内通过导体横截面的电荷量定义为电流强度。用符号 i 或 I 表示，其数学表达式为

$$i=\frac{\mathrm{d}q}{\mathrm{d}t} \tag{1.1.1}$$

电流强度(简称电流)的 SI 单位是安[培](A)。

大小和方向均不随时间改变的电流，称为恒定电流，简称直流(dc 或 DC)，一般用符号 I 表示；大小和方向随时间改变的电流，称为时变电流，一般用符号 i 表示；大小和方向随时间作周期

性变化且平均值为零的时变电流,称为交流(ac 或 AC)。

电流是个代数量,它是有方向性的,习惯上把正电荷移动的方向规定为电流的方向。在分析电路时,往往不能事先确定电流的实际方向,而且时变电流的实际方向又随时间不断变动,不能在电路图上标出符合任何时刻的电流实际方向。为了电路分析和计算的需要,任意规定一个电流的参考方向,用箭头标在电路图上。若电流的实际方向与参考方向相同,电流取正值;反之取负值。根据电流的参考方向及电流量值的正负,就能确定电流的实际方向,如图 1.1.5 所示。

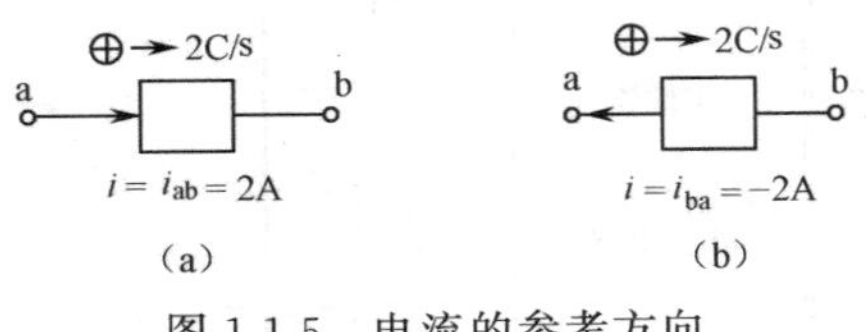

图 1.1.5　电流的参考方向

2. 电压

在物理学中我们已经知道,将单位正电荷自某一点 a 沿任意路径移动到参考点(物理学中习惯选无穷远处作为参考点)电场力做功的大小称为 a 点的电位,记为 V_a。在电路中,电位的概念同物理学静电场中所讲的电位概念是一样的,只不过电路中计算某点的电位是将单位正电荷沿任一电路所约束的路径移动至参考点(习惯上选电路中的某点而不选无穷远处)电场力所做功的大小。

两点间的电位差就是两点间的电压。或者说,电荷在电路中移动,会有能量的交换发生。单位正电荷由电路 a 点移动到 b 点所获得或失去的能量,称 ab 两点的电压。其数学表达式为

$$u=\frac{\mathrm{d}W}{\mathrm{d}q} \tag{1.1.2}$$

式中,$\mathrm{d}q$ 为由 a 点移动至 b 点的电荷量,单位为库[仑](C),$\mathrm{d}W$ 为电荷移动过程中所获得或失去的能量,单位为焦[耳](J),电压的单位为伏[特](V)。

大小和方向均不随时间变化的电压,称为恒定电压或直流电压,一般用符号 U 表示;大小和方向随时间变化的电压,称为时变电压,一般用符号 u 表示。

电压是个代数量,它是有正、负之分的,也就是说它是有方向性的。习惯上认为电压的实际方向是从高电位指向低电位。将高电位称为正极,低电位称为负极。与电流类似,电路中各电压的实际方向或极性往往不能事先确定,在电路分析时,必须规定电压的参考方向或参考极性,用“+”号或“−”号分别标注在电路图的 a 点和 b 点附近。若计算出的电压 $u_{ab}(t)>0$,表明该时刻 a 点电位比 b 点电位高;若 $u_{ab}(t)<0$,表明该时刻 a 点电位比 b 点电位低。

综上所述,在分析电路时,必须对电流变量规定电流参考方向,对电压变量规定参考极性。对于二端元件而言,电流和电压的参考方向的选择有 4 种可能的方式,如图 1.1.6 所示。为了电路分析和计算方便,常采用电流与电压的关联参考方向。也就是说,当电压的极性已经规定时,电流参考方向从“+”指向“−”;当电流参考方向已经规定时,电压参考极性的“+”号标在电流参考方向的进入端,如图 1.1.6(a)和(b)所示。在二端元件的电压、电流采用关联参考方向的条件下,在电路图上可以只标明电流参考方向,或者电压的参考极性。图 1.1.6(c)、(d)所示为非关联参考方向。

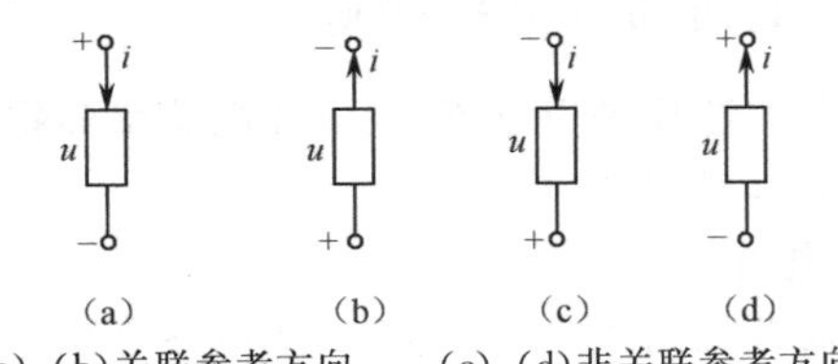

图 1.1.6　二端元件电流和电压的参考方向

3. 电功率

单位时间做功的大小称为功率,或者说做功的速率称为功率。在电路中所述的电功率是指电场力做功的速度,或者说单位时间一段电路所消耗或产生的能量,以符号 $P(t)$ 表示。其数学表达式为

$$P(t)=\frac{\mathrm{d}W(t)}{\mathrm{d}t}=\frac{\mathrm{d}W(t)}{\mathrm{d}q}\cdot\frac{\mathrm{d}q}{\mathrm{d}t}=ui \tag{1.1.3}$$

式中，$\mathrm{d}W$ 为 $\mathrm{d}t$ 时间内电场力所做的功。功率的单位为瓦[特](W)。u 的单位为伏[特](V)，i 的单位为安[培](A)，1W＝1VA。

必须强调的是，在电压、电流参考方向关联的条件下，一段电路所吸收(或产生)的电功率为该段电路两端的电压与电流之乘积。若 $P>0$，该段电路实际就是吸收功率；若 $P<0$，该段电路实际就是向外提供正功率，或者说产生功率。

若已知元件吸收的功率为 $P(t)$，并设 $W(-\infty)=0$，则从 $t=-\infty$ 开始至时刻 t 该元件吸收的电能为

$$W(t)=\int_{-\infty}^{t}P(\xi)\mathrm{d}\xi \tag{1.1.4}$$

一个元件，若对于任何时刻均有

$$W(t)\geqslant 0 \tag{1.1.5}$$

则称该元件为无源元件，否则称为有源元件。在电路工程中，能量单位除有焦耳外，还常用千瓦时(kW·h)。吸收功率为 1000 瓦的家用电器，加电使用 1 小时，它吸收的电能(即消耗的电能)为 1kW·h，俗称 1 度电。

【例 1.1.1】 如图 1.1.7 所示电路，已知 $i=1\text{A}$，$u_1=3\text{V}$，$u_2=7\text{V}$，$u_3=10\text{V}$，求 ab、bc、ca 三部分电路上各吸收的功率 P_1、P_2、P_3。

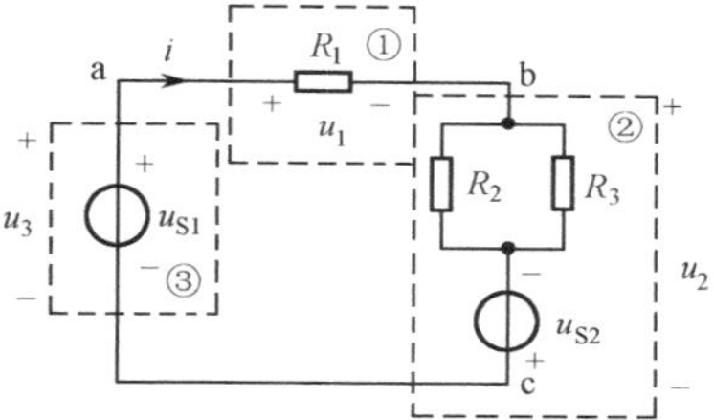

图 1.1.7　例 1.1.1 图

【解】 ab，bc 段上电压、电流参考方向关联，计算吸收功率，有

$$P_1=u_1i=3\times1=3(\text{W})$$
$$P_2=u_2i=7\times1=7(\text{W})$$

对于 ca 段电路，电压、电流参考方向非关联，计算它的吸收功率，有

$$P_3=-u_3i=-10\times1=-10(\text{W})$$

实际上 ca 这段电路产生功率 10W。由此例可见

$$P_1+P_2+P_3=0$$

对一个完整的电路来说，它产生的功率与消耗的功率总是相等的，这称为功率平衡。这也是能量守恒定理的体现。

表 1.1.3 和表 1.1.4 列出了部分国际单位制的单位和国际单位制的词头。

表 1.1.3　部分国际单位制的单位(SI 单位)

量的名称	单位名词	单位符号	量的名称	单位名词	单位符号
长度	米	m	电荷[量]	库[仑]	C
时间	秒	s	电位、电压	伏[特]	V
电流	安[培]	A	电容	法[拉]	F
频率	赫[兹]	Hz	电阻	欧[姆]	Ω
能量、功	焦[耳]	J	电导	西[门子]	S
功率	瓦[特]	W	电感	亨[利]	H

表 1.1.4　部分国际单位制词头

因数	10^9	10^6	10^3	10^{-3}	10^{-6}	10^{-9}	10^{-12}
名称	吉	兆	千	毫	微	纳	皮
符号	G	M	k	m	μ	n	p

1.2　电路的基本定律

在电路分析中,欧姆定律(Ohm′s Law, OL)、基尔霍夫定律(Kirchhoff′s Law, KL)是最基本的定律,是分析一切集总参数电路的根本依据。

1.2.1　欧姆定律

1. 电阻

在实际电路中电流流动并不是畅通无阻的,例如,在金属材料绕制的电阻器中,电流是由自由电子的定向移动形成的。事实上,电子在受电场力作用作定向运动的过程中,必然会碰撞到金属内部存在的原子、离子,也就是说,这种碰撞对电流要呈现一定的阻力,当然也就有能量损耗。电路参数之一电阻,实际上是表征材料(或器件)对电流呈现阻力、损耗能量的一种参数。

这里所述的电阻元件就是前述的理想电阻,就电磁功能讲,它只消耗电能。给出电阻元件的一般定义:一个二端元件,如果在任意时刻,其端电压 u 与流经它的电流之间的关系(Voltage Current Relation,简记 VCR)能用 $u-i$ 平面上的一条曲线描述,就称之为电阻元件。若曲线是通过原点的直线,则称为线性电阻,否则称为非线性电阻。若曲线不随时间变化,则称为时不变电阻,否则为时变电阻。线性电阻的显著特点是阻值不随其上电压或电流数值变化,时不变电阻的显著特点是阻值不随时间变化。本书主要涉及线性时不变电阻。今后无特殊说明,电阻一词即指线性时不变电阻。

2. 欧姆定律

欧姆定律是反映流过线性电阻的电流与该电阻两端电压之间的关系,反映了电阻的特性。设电阻上电压、电流参考方向关联,如图 1. 2. 1(a)所示,图 1.2.1(b)为电阻 R 上的 VCR,显然它是处在 $u-i$ 平面一、三象限过原点的直线。写该直线的数学表达式,即有

$$u(t)=Ri(t) \tag{1.2.1}$$

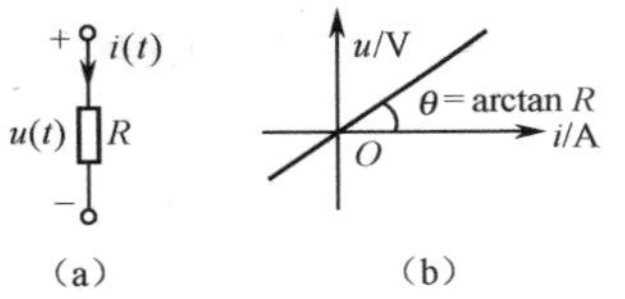

式(1.2.1)即为欧姆定律公式。电阻的单位为欧姆(Ω)。电阻的倒数称电导,用符号 G 表示,即

$$G=\frac{1}{R} \tag{1.2.2}$$

在国际单位中,电导的单位是西门子,简称西(S)。从物理概念讲,电导是反映材料导电能力强弱的参数。电阻、电导是从相反的两个方面来表征同一材料特性的两个电路参数。故欧姆定律另一种形式为

$$i(t)=Gu(t) \tag{1.2.3}$$

+ $i(t)$ $u(t)$ R −　　u/V　$\theta=\arctan R$　O　i/A

(a)　　(b)

图 1.2.1　线性时不变电阻模型符号及其 VCR 特性

应该强调:

① 欧姆定律只适用于线性电阻(电导)。

② 如果电阻(电导)上的电压、电流参考方向非关联,则欧姆定律应冠以负号,即

$$u(t)=-Ri(t)\ 或\ i(t)=-Gu(t) \tag{1.2.4}$$

③ 电阻(电导)元件是无记忆性元件,又称即时元件。

3. 电阻元件上消耗的功率与能量

将式(1.2.1)、式(1.2.2)代入式(1.1.3),可得电阻 R(电导 G)上吸收的电功率为

$$P(t)=u(t)i(t)=Ri^2(t)=\frac{u^2(t)}{R}=Gu^2(t)=\frac{i^2(t)}{G} \tag{1.2.5}$$

由式(1.2.5)可知,对于正电阻(或正电导)来说,其上所吸收的功率总是大于等于零。

电阻上吸收的能量与时间区间有关。设 $t_0\sim t$ 区间电阻 R 吸收的能量为 $W(t)$,则它应等于从 $t_0\sim t$ 对它吸收的功率 $P(t)$ 作积分,即

$$W(t)=\int_{t_0}^{t}P(\xi)\mathrm{d}\xi \tag{1.2.6}$$

将式(1.2.5)代入式(1.2.6)，可得

$$W(t)=\int_{t_0}^{t} Ri^2(\xi)\mathrm{d}\xi=\int_{t_0}^{t}\frac{u^2(\xi)}{R}\mathrm{d}\xi \tag{1.2.7}$$

各种电气设备的电压、电流及功率等都有一个额定值。实际用电器具的额定值就是为保证安全、正常使用电器具，制造厂家所给出的电压、电流或功率的限制数值。例如，一只灯泡上标明220V，40W，即是说明这样的含义：这只灯泡接 220V 电压，消耗功率为 40W。如果所接电压超过220V，灯泡消耗功率大于 40W，就有可能将灯泡烧坏(不安全)；如果所接电压低于 220V，灯泡消耗的功率达不到 40W(灯较暗)，使用不正常，是“大材小用”，显然这样使用也是不合理的。

【例 1.2.1】 求一只额定功率为 60W，额定电压为 220V 的灯泡的额定电流及电阻值。

【解】由

$$P=UI=\frac{U^2}{R}$$

得

$$I=\frac{P}{U}=\frac{60}{220}=0.273(\mathrm{A}),\quad R=\frac{U^2}{P}=\frac{220^2}{60}=807(\Omega)$$

【例 1.2.2】 某学校有 10 个大教室，每个大教室配有 10 个额定功率 40W、额定电压为 220V 的日光灯管，平均每天用 6h(小时)，问每月(按 30 天计算)该校这 10 个大教室共用多少度电？若每度电按 5 角计算，每月应付多少电费？

【解】 ① $W=Pt=10\times10\times40\times6\times30=72\times10^4(\mathrm{W\cdot h})$

$=720(\mathrm{kW\cdot h})=720$(度电)

② $J=720\times0.5=360$(元)

1.2.2　基尔霍夫第一定律

基尔霍夫第一定律又称基尔霍夫电流定律(KCL)，它是描述电路中与节点相连的各支路电流间相互关系的定律。

为了叙述问题方便，在具体讲述基尔霍夫定律之前，先介绍电路模型图中有关的几个名词术语。

1. 支路

具有两个端子的元件称为二端元件，将两个或两个以上的二端元件依次连接且中间又无分岔，这样的连接称为串联。如图 1.2.2 所示，R_1 与 R_2 的连接即是串联。单个二端元件或若干个二端元件的串联，构成电路中的一个分支，一个分支上流经的是同一个电流。电路中每个分支称做支路。如图 1.2.2 中 ad、ab、bd、bc、cd 和 aec 都是支路，其中 aec 是由两个二端元件串联构成的支路，其余 5 个都是由单个二端元件构成的支路。

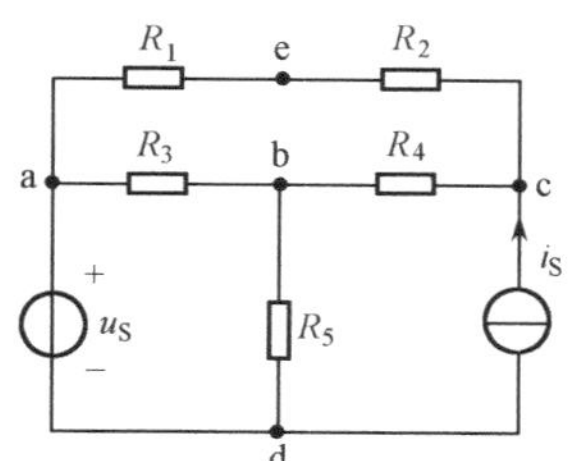

图 1.2.2　介绍电路术语使用的电路

2. 节点

支路的公共连接点称为节点，图 1.2.2 中 a、b、c、d 都是节点。

3. 回路

电路中由支路组成的任一闭合路径称做回路。如图 1.2.2 中 abda、bcdb、abcda 和 adcea 等是回路。

4. 网孔

对于平面电路，其内部不包含任何支路的回路称为网孔。如图 1.2.2 中 abcea 回路、abda 回路、bcdb 回路这三个回路是网孔，其余的回路都不是网孔。可以这样讲，网孔一定是回路，但回路不一定是网孔。

电路元件的电压、电流关系(VCR)，仅与元件的性质有关。然而，各种元件若组合连接构成一个具体的电路之后，所有连接在同一个节点的各支路电流之间，或者任意闭合回路中各元件上

的电压之间,就要受到另外两种所谓的结构约束(亦称拓扑约束),这种约束关系与构成电路的元件性质无关。基尔霍夫电流定律(Kirchhoff's Current Law,简记 KCL)和基尔霍夫电压定律(Kirchhoff's Voltage Law,简记 KVL)就是概括这两种约束关系的基本定律。

KCL 陈述如下:对于任何集总参数电路的任意节点,在任意时刻,流入或流出该节点电流的代数和等于零。其数学表达式为

$$\sum_{k=1}^{m} i_k(t) = 0 \tag{1.2.8}$$

式中,$i_k(t)$表示连接于该节点的第 k 号支路中的电流,m 为连接于该节点的支路数。

对于电路某节点列写 KCL 方程时,如果规定流入该节点的支路电流取正号,则流出该节点的支路电流就取负号。所以式(1.2.8)又称为节点电流方程。

KCL 是电荷守恒定律和电流连续性在集总参数电路中任意节点处的具体反映。所谓电荷守恒定律,即是说电荷既不能创造,也不能消灭。基于这条定律,对集总参数电路中某一个支路的横截面来说,它的"收支"是平衡的。即是说,流入横截面多少电荷即刻又从该横截面流出多少电荷,dq/dt 在一条支路上应处处相等,这就是电流的连续性。对于集总参数电路的节点,它的"收支"也是完全平衡的,所以 KCL 是成立的。就像河道的水在某一个时刻流入河道某一个横截面的水量等于流出的水量。在河道的汇合处,上游各支流的水流入该汇合处的水量等于流出的水量。其条件是天不下雨(无源)、地无漏。

KCL 不仅适用于电路的节点,对电路中任意假设的闭合曲面也是成立的。如图 1.2.3(a)所示,对于闭合曲面 S,有

$$i_1(t) + i_2(t) - i_3(t) = 0 \tag{1.2.9}$$

这里闭合曲面 S 看做是广义节点。若两部分只有一条线相连,由 KCL 可知,该支路无电流。如图 1.2.2(b)所示,有 $i=0$。

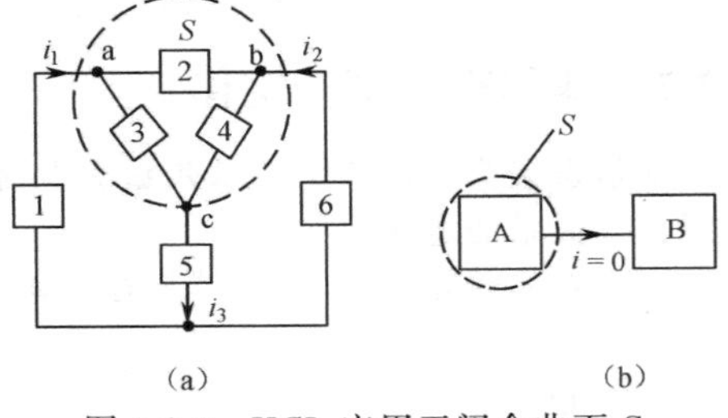

图 1.2.3　KCL 应用于闭合曲面 S

在应用 KCL 时,需再明确如下两点:

① KCL 适用于任意时刻、任意激励源(直流、交流或其他任意时间函数的激励源)情况的任意(线性、非线性、时变、时不变)集总参数电路。

② 应用 KCL 列写节点或闭合面方程时,首先要假设出每一个支路电流的参考方向,然后根据参考方向取号:选流入节点的电流取正号,流出节点的电流取负号,反之亦然,列写的同一个电路中取号规则通常取为一致。

【例 1.2.3】　如图 1.2.4 所示电路,已知 $i_1=4\text{A}$,$i_2=5\text{A}$,$i_5=-3\text{A}$,$i_6=7\text{A}$,求 i_3、i_4。

【解】　选流入节点的电流取正号。对节点 b 列 KCL 方程,有

$$i_1 + i_3 - i_2 = 0$$

则　$$i_3 = i_2 - i_1 = 5 - 4 = 1(\text{A})$$

对于节点 a 列 KCL 方程,有

$$i_4 - i_3 - i_5 - i_6 = 0$$

则　$$i_4 = i_3 + i_5 + i_6 = 1 + (-3) + 7 = 5(\text{A})$$

还可应用闭合曲面 S 列 KCL 方程求 i_4,即

$$i_1 - i_2 + i_4 - i_5 - i_6 = 0$$

则
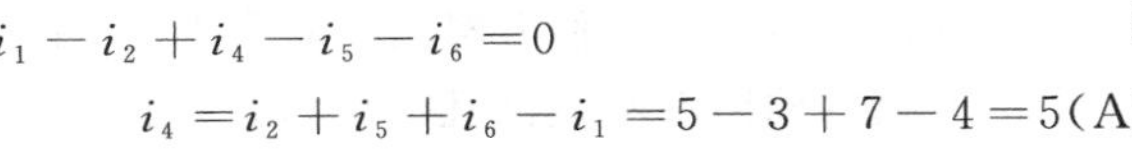
$$i_4 = i_2 + i_5 + i_6 - i_1 = 5 - 3 + 7 - 4 = 5(\text{A})$$

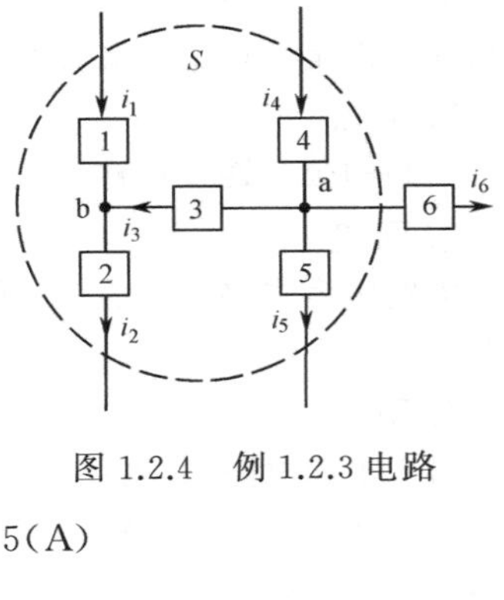

图 1.2.4　例 1.2.3 电路

1.2.3　基尔霍夫第二定律

基尔霍夫第二定律又称为基尔霍夫电压定律(KVL),它是描述电路中各电压的约束关系的

定律。

KVL 的陈述如下：对任何集总参数电路，在任意时刻，沿任意回路全部支路电压的代数和等于零。其数学表达式为

$$\sum_{k=1}^{m} u_k(t) = 0 \tag{1.2.10}$$

式中，$u_k(t)$表示回路中第 k 条支路（或元件）上的电压，m 为回路中包含的支路（或元件）的个数。如图 1.2.5 所示电路，对回路 A 有

$$u_1(t) + u_2(t) + u_3(t) - u_4(t) - u_5(t) = 0$$

通常称式(1.2.10)为回路电压方程，简写为 KVL 方程。

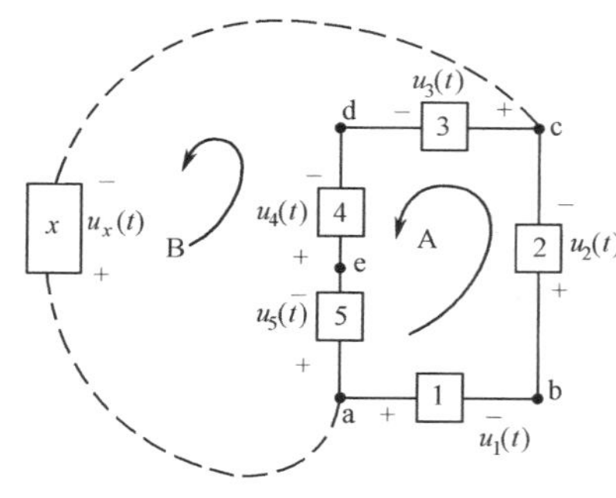

图 1.2.5　某电路中的回路

KVL 的实质是反映了集总参数电路遵循能量守恒定律，或者说，它反映了保守场中做功与路径无关的物理本质。从电压变量与电位变量的定义容易理解 KVL 的正确性。参考图 1.2.5，如果从 a 点出发移动单位正电荷，沿着构成回路各支路巡行一周又回到 a 点，相当于求电压 u_{aa}，显然应是 $V_a - V_a = 0$。

KVL 不仅适用于电路中的具体回路，对于电路中任何一个假想的回路也是成立的。例如，图 1.2.5 所示的假想回路 B，可列如下方程

$$u_5(t) + u_4(t) - u_3(t) - u_x(t) = 0$$

式中，$u_x(t)$为假想支路 x 上的电压，由上述方程得

$$u_x(t) = u_5(t) + u_4(t) - u_3(t)$$

若已知 $u_5(t)$、$u_4(t)$和 $u_3(t)$，即可由上式求得$u_x(t)$。据此可归纳总结出求电路中任意两点间电压的一般方法：求 a 点至 c 点电压时，自 a 点开始沿任何一条路径巡行至 c 点，求出沿途各段电路电压的代数和就得电压 u_{ac}。

关于 KVL 应用也应注意两点：

① KVL 适用于任意时刻、任意激励源情况下的任意集总参数电路。

② 应用 KVL 列回路电压方程时，首先要假设出回路中各支路（或元件）上电压的参考方向，然后选一个巡行方向，自回路某一点开始，按所选巡行方向沿回路巡行一周。巡行中写支路电压时，若先遇参考方向的“＋”端取正号，反之取负号。若回路中有电阻 R 元件，电阻元件上又只标出电流 i 的参考方向，巡行方向与电流方向一致，则电阻上的电压取 Ri，反之取 $-Ri$。

【例 1.2.4】　如图 1.2.6 所示电路，已知 $I=0.3\text{A}$，求电阻 R。

【解】　在求解电路时为了叙述、书写方便，需要的话，可以在电路上设出一些点，如图 1.2.6 中 a、b、c、d 点。用到的电流、电压一定要在电路图上标出参考方向（切记！），如图中电流 I_1、I_2、I_3、I_R 和电压 U_R。应该说在动手解答之前还要把问题分析清楚。这里所述的分析问题包含这样两个内容：一是明确题意，即明确哪些是已知条件，哪些是待求量，若遇文字叙述的题目更应如此。就求解的一般电路问题来说，题意是容易清楚的。分析问题的第二个内容是确定解题的思路：根据什么概念、定律求什么量，先求哪一个量后求哪一个量要做好安排。问题分析中确定好解题思路，动手解算起来就可以做到逻辑条理性好，解答过程简捷明了。分析问题的过程是不需要写出来的，但却是解题之前应该做到的，也是读者“能力”训练的一部分。这里以本例作为示范，看是如何确定解题思路的。

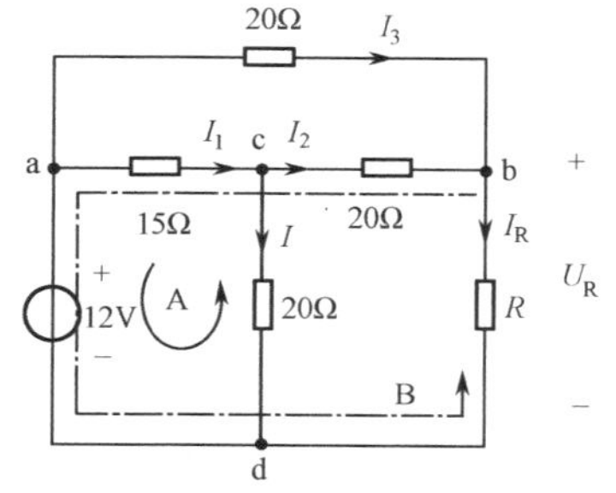

图 1.2.6　例 1.2.4 电路

本题中采用“倒推法”进行求解，分析问题按流程图从

左至右,解题时恰好倒序,即从右至左,从上至下按步进行。其流程如下:

$$\text{求}R\begin{cases}I_R\begin{cases}I_2\rightarrow I_1\rightarrow U_{ac}=12-20I & \text{(参见回路 A)}\\ I_3\rightarrow U_{ab}\rightarrow U_{cb}=20I_2\end{cases}\\ U_R=12-U_{ab} \quad \text{(参见回路 B)}\end{cases}$$

具体解题步骤如下:

$$U_{ac}=12-20I=12-20\times0.3=6\ (\text{V})$$

$$I_1=\frac{U_{ac}}{15}=\frac{6}{15}=0.4\ (\text{A})$$

$$I_2=I_1-I=0.4-0.3=0.1\ (\text{A})$$

$$U_{cb}=20I_2=20\times0.1=2\ (\text{V})$$

$$U_{ab}=U_{ac}+U_{cb}=6+2=8\ (\text{V})$$

$$I_3=\frac{U_{ab}}{20}=\frac{8}{20}=0.4\ (\text{A})$$

$$I_R=I_2+I_3=0.1+0.4=0.5\ (\text{A})$$

$$U_R=12-U_{ab}=12-8=4\ (\text{V})$$

$$R=\frac{U_R}{I_R}=\frac{4}{0.5}=8\ (\Omega)$$

1.3 等效电路

"等效"在电路理论中是个重要的概念,电路等效变换方法是电路问题分析中经常使用的方法。本节首先阐述电路等效的一般概念,然后具体讨论几种常用的电路等效变换方法。

1.3.1 电路等效的一般概念

对于结构、元件参数可以完全不相同的两部分电路 A 或 B,如图 1.3.1 所示,若 A 与 B 具有相同的电压、电流关系,即相同的 VCR,则 A 和 B 是互为等效的。这就是电路等效的一般定义。

相等效的两部分电路 A 和 B 在电路中可以相互代换,代换前与代换后的电路对任意外电路 C 中的电压、电流、功率是等效的,如图 1.3.2 所示。

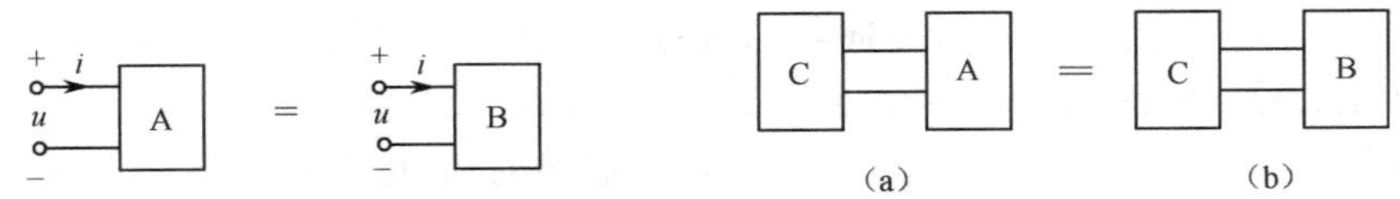

图 1.3.1 具有相同的 VCR 的两部分电路　　图 1.3.2 电路等效示意图

用图 1.3.2(b)求电路 C 中的电压、电流和功率与用图 1.3.2(a)求电路 C 中的电压、电流和功率具有相同的效果。我们把图 1.3.2(a)和图 1.3.2(b)说成是互为等效变换电路。这里需要强调:

① 电路等效的条件是相互代换的两部分电路 A 和 B 具有相同的 VCR,即

$$(\text{VCR})_A=(\text{VCR})_B \tag{1.3.1}$$

② 电路等效的对象是 C 中的电压、电流和功率;

③ 电路等效变换的目的是为了简化电路,可以方便地求出需要求的结果。

1.3.2 电阻的串联与并联等效

1. 电阻的串联等效

图 1.3.3(a)是 n 个电阻相串联的电路,设各电阻上电压、电流参考方向关联(一致),由欧姆

定律及 KVL，得

$$u = u_1 + u_2 + \cdots + u_n = R_1 i + R_2 i + \cdots + R_n i$$
$$= (R_1 + R_2 + \cdots + R_n) i = \left(\sum_{i=1}^{n} R_i\right) i \tag{1.3.2}$$

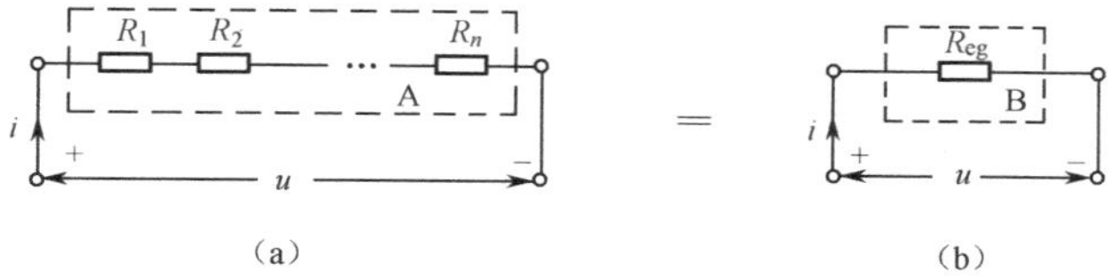

图 1.3.3　电阻串联及等效电路

若把图 1.3.2(a)看做等效电路定义中所述的 A 电路，式(1.3.2)就是它的 VCR。另有单个电阻 R_{eg} 的电路，我们视它为等效电路定义中所述的 B 电路，如图 1.3.2(b)所示，由欧姆定律写它的 VCR 为

$$u = R_{eg} i \tag{1.3.3}$$

根据电路等效条件，令式(1.3.2)与式(1.3.3)相等，即

$$R_{eg} i = \left(\sum_{i=1}^{n} R_i\right) i$$

所以等效电阻为

$$R_{eg} = (R_1 + R_2 + \cdots + R_n) = \sum_{i=1}^{n} R_i \tag{1.3.4}$$

由式(1.3.4)可以看出：电阻串联，其等效电阻等于相串联电阻之和。

电阻串联有分压关系。由图 1.3.3 可知，根据欧姆定律可得第 i 个串联电阻上的电压

$$u_i = R_i \cdot i = \frac{R_i}{R_{eg}} \cdot u \qquad (i = 1,\ 2,\ \cdots,\ n) \tag{1.3.5}$$

式(1.3.5)称为分压公式，其中 R_i / R_{eg} 称为分压系数。由分压公式容易得到相串联的两个电阻 R_1、R_2 上的电压之比为

$$\frac{u_1}{u_2} = \frac{R_1}{R_2} \tag{1.3.6}$$

由式(1.3.6)可知，电阻串联分压与电阻值成正比，即电阻大者分得的电压大。

电阻串联电路吸收的功率为

$$P = ui = (u_1 + u_2 + \cdots + u_n) i$$
$$= u_1 i + u_2 i + \cdots + u_n i = P_1 + P_2 + \cdots + P_n = \sum_{i=1}^{n} P_i \tag{1.3.7}$$

式中，P_i 为第 i 个串联电阻上吸收的功率。相串联的两个电阻 R_1、R_2 上吸收的功率之比为

$$\frac{P_1}{P_2} = \frac{u_1 i}{u_2 i} = \frac{u_1}{u_2} = \frac{R_1}{R_2} \tag{1.3.8}$$

由式(1.3.7)和式(1.3.8)可知，电阻串联电路总的吸收功率等于相串联各电阻吸收功率之和，且电阻值大者吸收的功率值大。

2. 电阻的并联等效

图 1.3.4 是 n 个电阻并联的电路。设各电阻上电压、电流参考关联(一致)，由 KCL 及欧姆定律，得

$$i = i_1 + i_2 + \cdots + i_n = \frac{u}{R_1} + \frac{u}{R_2} + \cdots + \frac{u}{R_n}$$
$$= \left(\frac{1}{R_1} + \frac{1}{R_2} + \cdots + \frac{1}{R_n}\right) u = \frac{u}{R_{eg}} \tag{1.3.9}$$

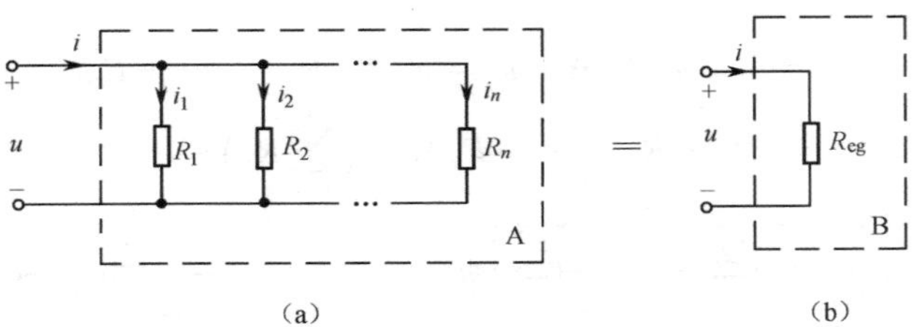

(a) (b)

图 1.3.4 电阻并联及等效电路

显然可得

$$\frac{1}{R_{eg}}=\frac{1}{R_1}+\frac{1}{R_2}+\cdots+\frac{1}{R_n}=\sum_{i=1}^{n}\frac{1}{R_i} \tag{1.3.10}$$

如果用电导表示式(1.3.10)各电阻,则式(1.3.10)可改写为

$$G_{eg}=\sum_{i=1}^{n}G_i \tag{1.3.11}$$

由式(1.3.10)和式(1.3.11)可知:n 个电阻(电导)相并联,其等效电阻的倒数(即等效电导)等于各并联电阻的倒数(即各并联电导)之和。

电阻(电导)并联有分流关系。第 i 条支路上的电流为

$$i_i=\frac{u}{R_i}=\frac{R_{eg}}{R_i}i=\frac{G_i}{G_{eg}}i \tag{1.3.12}$$

式(1.3.12)为电阻(电导)分流公式,它表明电阻(电导)并联分流与电阻(电导)成反(正)比,即电阻(电导)值越大分得的电流越小(大)。

对于常遇到的两个电阻相并联的情况,由式(1.3.10)可得

$$\frac{1}{R_{eg}}=\sum_{i=1}^{2}\frac{1}{R_i}=\frac{1}{R_1}+\frac{1}{R_2}=\frac{R_1+R_2}{R_1R_2}$$

即

$$R_{eg}=\frac{R_1R_2}{R_1+R_2} \tag{1.3.13}$$

将式(1.3.13)代入式(1.3.12)可得两个电阻并联的分流公式

$$\left.\begin{aligned}i_1&=\frac{R_2}{R_1+R_2}i=\frac{G_1}{G_1+G_2}i\\ i_2&=\frac{R_1}{R_1+R_2}i=\frac{G_2}{G_1+G_2}i\end{aligned}\right\} \tag{1.3.14}$$

由图 1.3.4(a)电路,容易得到电阻并联电路吸收功率

$$\begin{aligned}P&=ui=u(i_1+i_2+\cdots+i_n)=ui_1+ui_2+\cdots+ui_n\\ &=P_1+P_2+\cdots+P_n=\sum_{i=1}^{n}P_i\end{aligned} \tag{1.3.15}$$

式中,P_i 为第 i 个并联电阻上吸收的功率。当只有两个电阻并联时,在 R_1、R_2 上吸收的功率比为

$$\frac{P_1}{P_2}=\frac{R_2}{R_1}=\frac{G_1}{G_2} \tag{1.3.16}$$

式(1.3.15)、式(1.3.16)表明:电阻并联电路总的吸收功率等于相并联各电阻吸收功率之和,且电阻大者吸收的功率小,或者说电导大者吸收的功率大。

3. 电阻的混联等效

既有电阻串联又有电阻并联的电路称电阻混联电路。分析混联电路的关键问题是如何判别串并联,这一点对初学者来说是较难掌握的地方。下面着重讲述混联电路的串、并联关系判别方法:

① 看电路的结构特点。若两电阻是首尾相连且中间又无分岔，就是串联；若两电阻是首与首、尾与尾相连，就是并联。

② 看电压、电流关系。若流经两电阻的电流为同一个电流，那就是串联；若两电阻上承受的是同一个电压，那就是并联。

③ 对电路作变形等效。对于电路连接结构是纵横交错的复杂形式，仅利用上述两点难于判断。可采用变形等效。所谓变形等效，就是对电路作扭动变形处理。如左边的支路可以扭动到右边，上面的支路可以翻到下边；弯曲的支路可以拉直；对电路的短路线可以任意压缩和延长；对于多点连接的接地点可以用短路线相连。一般地，如果是其正电阻串、并联电路问题，都可以利用上述的方法判别出来。

【例 1.3.1】 图 1.3.5 所示电路为微安计与电阻串联组成多量程电压表，已知微安计内阻 $R_1=2\text{k}\Omega$，量程为 $50\mu\text{A}$。各挡分压电阻分别为 $R_2=18\text{k}\Omega$，$R_3=180\text{k}\Omega$，$R_4=1.8\text{M}\Omega$，试计算各挡量程的电压值。

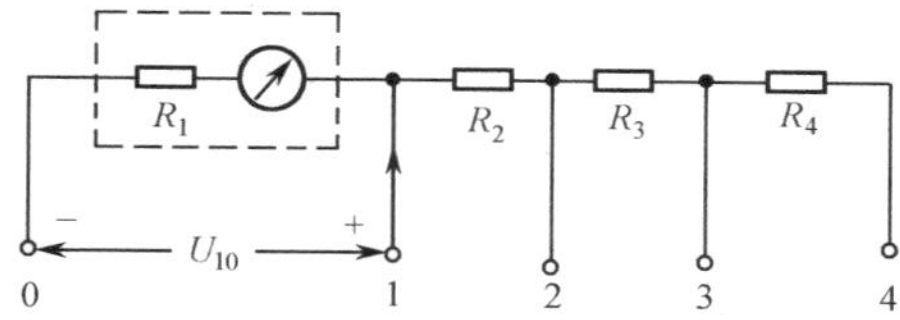

图 1.3.5　多量程电压表

【解】 用“0”“1”端测量时，有

$$U_{10}=R_1I=2\times10^3\times50\times10^{-6}=100\ (\text{mV})=0.1\ (\text{V})$$

用“0”“2”端测量时，有

$$U_{20}=(R_1+R_2)I=(2+18)\times10^3\times50\times10^{-6}=1(\text{V})$$

同理可得

$$U_{30}=(R_1+R_2+R_3)I=(2+18+180)\times10^3\times50\times10^{-6}=10(\text{V})$$

$$U_{40}=(R_1+R_2+R_3+R_4)I=(2+18+180+1800)\times10^3\times50\times10^{-6}=100(\text{V})$$

由此例可见，直接利用该表头测量电压，它只能测量 0.1V 以下电压，而串联分压电阻 R_2、R_3、R_4 以后，作为电压表，它有 4 个量程 0.1V、1V、10V 和 100V，实现了电压表的量程扩展。

【例 1.3.2】 多量程电流表如图 1.3.6 所示。已知表头内阻 $R_i=2\text{k}\Omega$，量程为 $50\mu\text{A}$，各分流电阻分别为 $R_1=0.1\Omega$，$R_2=0.9\Omega$，$R_3=9\Omega$。求扩展后各量程。

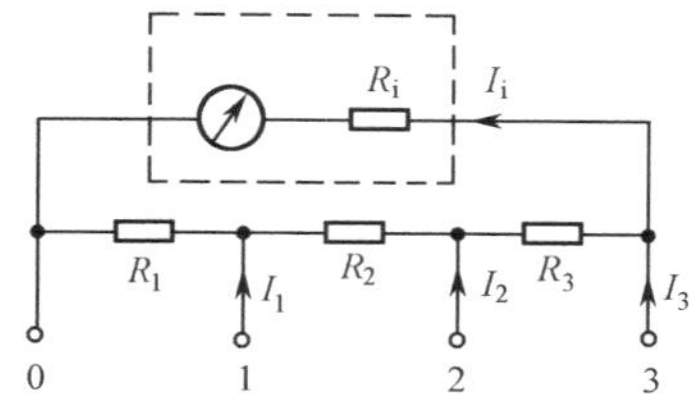

图 1.3.6　多量程电流表

【解】 微安表偏转满刻度为 $I_i=50\mu\text{A}$。当用“0”“1”端钮测量时，“2”“3”端钮开路，这时 R_i、R_2、R_3 是相互串联的，而 R_1 与它们相并联，根据分流公式(1.3.14)，得

$$I_i=\frac{R_1}{R_1+R_2+R_3+R_i}I_1$$

所以

$$I_1=\frac{R_1+R_2+R_3+R_i}{R_1}I_i=\frac{0.1+0.9+9+2000}{0.1}\times0.05=1005(\text{mA})$$

同理，用“0”、“2”端测量时，得

$$I_2=\frac{R_1+R_2+R_3+R_i}{R_1+R_2}I_i=\frac{0.1+0.9+9+2000}{0.1+0.9}\times0.05=100.5(\text{mA})$$

用“0”、“3”端测量时，得

$$I_3=\frac{R_1+R_2+R_3+R_i}{R_1+R_2+R_3}I_i=\frac{0.1+0.9+9+2000}{0.1+0.9+9}\times0.05=10.05(\text{mA})$$

由此例可以看出，直接利用该表头测量电流，它只能测量 0.05mA 以下，而并联电阻 R_1、R_2、R_3 以后，作为电流表，它有三个量程 1005mA、100.5mA 和 10.05mA。

1.3.3 电压源、电流源等效及其互换等效

电源可以分为电压源和电流源两大类,一个实际的电压源可以用一个理想电压源与一个电阻 R_i 相串联来等效。而一个实际电流源可用一个理想电流源与一个电阻 R_i 并联来等效。这里先得解释一下什么叫理想电压源和理想电流源?

1. 理想电源

任何一个实际电路必须有电源提供能量。实际中有各种各样的电源,如干电池、蓄电池、光电池、发电机及电子线路中的信号源等。这里讲的理想电源是在一定条件下从实际电源抽象而定义的一种理想模型。

(1)理想电压源

不管外部电路如何,其两端电压总能保持定值或一定的时间函数的电源定义为理想电压源,又称独立电压源或恒压源。其模型如图 1.3.7 所示。图 1.3.7(a)中圆圈外的"+"、"-"是其理想电压源的参考极性,$u_S(t)$为理想电压源的端电压。若 $u_S(t)$是不随时间变化的常数,即是直流理想电压源,通常用图 1.3.7(b)和(c)所示的图形表示。为了深刻理解理想电压源概念,这里再强调以下三点:

① 对任意时刻 t_1,理想电压源的端电压与输出电流的关系曲线(即 VCR 特性曲线)是平行于 i 轴,其值为 $u_S(t_1)$的直线,理想电压源 VCR 特性如图 1.3.8 所示。

② 由 VCR 特性可以进一步看出,理想电压源的端电压与流经它的电流方向、大小无关,即使流经它的电流为无穷大,其两端电压仍为 $u_S(t_1)$(对 t_1 时刻)。若 $u_S(t_1)=0$,则 VCR 特性为 $u-i$平面上的电流横坐标轴,它相当于短路。

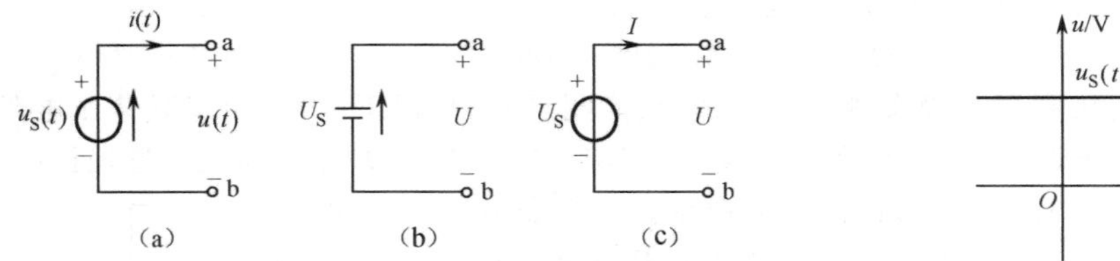

图 1.3.7 理想电压源模型　　图 1.3.8 理想电压源 VCR 特性

③ 理想电压源的端电压数值由其自身独立决定,与外部电路无关;而流经它的电流由它及外部电路共同决定,或者说它的输出电流随外部电路变化,可以等于任意值。根据不同的外部电路,电流可以不同的方向流过电源,因此电压源可以对电路提供能量(起电源作用),也可以从外电路接受能量(当作其他电源的负载),这要看流经理想电压源的实际方向而定。理论上讲,在极端情况下,理想电压源可以提供出无穷大能量,也可以吸收无穷大能量。

真正的理想电源在实际中是不存在的,因为按照定义,这种理想电源在其内部储存着无穷大的其他形式能量,这显然是不可能存在的。然而,对于新的干电池或发电机等许多实际电源,当外部电路负载在一定的范围内变化时确实能近似视为定值(直流源)或一定的函数(交流电源)。

(2)理想电流源

理想电流源是另一种理想电源,它也是一些实际电源抽象、理想化的模型。

不管外部电路如何,其输出电流总是保持定值或一定的时间函数的电源定义为理想电流源,又称独立电流源或恒流源。其模型用图 1.3.9(a)或(b)表示。图中箭头表示理想电流源 $i_S(t)$的参考方向,$i(t)$表示理想电流源的输出电流。若 $i_S(t)$是不随时间变化的常数,即是理想恒流源,常用图 1.3.9(b)表示模型。为了深刻理解理想电流源概念,这里再强调说明以下三点:

① 对任意时刻 t_1,理想电流源的 VCR 特性是平行 u 轴、其值为 $i_S(t_1)$(对 t_1 时刻)的直线,如图 1.3.10 所示。

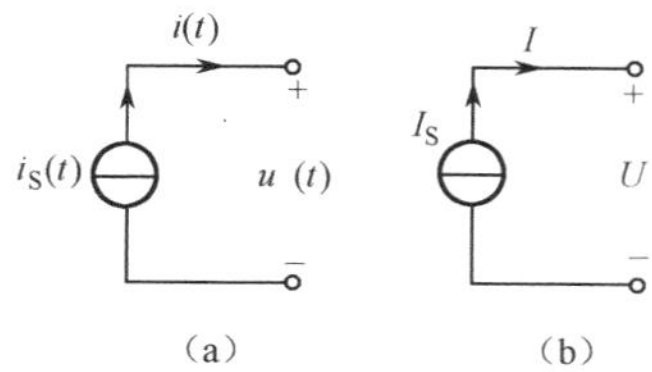

图 1.3.9　理想电流源模型

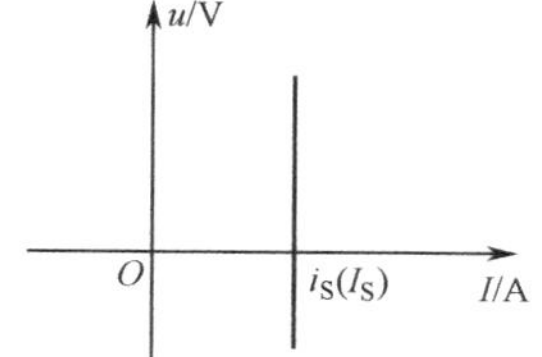

图 1.3.10　理想电流源 VCR 特性

② 由理想电流源的 VCR 特性可以进一步看出，理想电流源发出的电流 $i(t)\equiv i_S(t)$ 与其两端的电压大小、方向无关，即使两端的电压为无穷大也是如此。如果理想电流源 $i_S(t)=0$，则电压、电流关系特性为 u-i 平面上的电压轴，它相当于开路。

③ 理想电流源的输出电流由它本身决定，而它两端电压由其本身的输出电流与外部电路共同决定。理想电流源的两端电压可以有不同的极性，如同理想电压源一样，它亦可以向外电路提供电能，也可以从外电路吸收能量，这要视理想电流源两端电压的真实极性而定。并且它是供出能量，或是接收能量，在极端情况下，理论上讲也可以无穷大。

2. 理想电源的串联与并联等效

由理想电压源、电流源的电压、电流关系特性（即 VCR），联系电路的等效条件，不难得到下列两种常用情况的等效。

（1）理想电压源串联等效

理想电压源串联，其等效源的端电压等于相串联理想电压源端电压的代数和，即

$$u_S = u_{S1} \pm u_{S2}（代数和）\tag{1.3.17}$$

如图 1.3.11 所示。

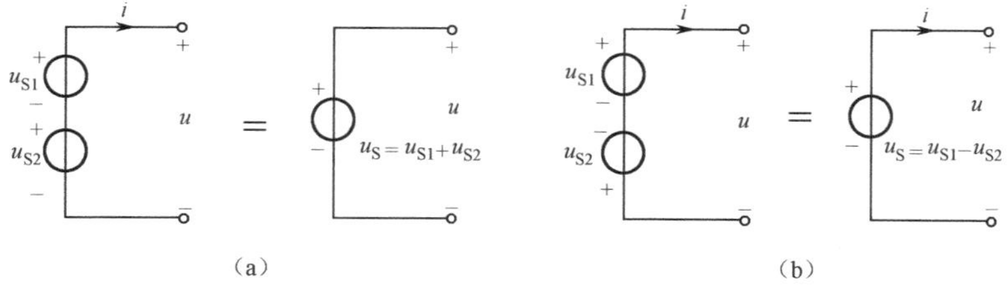

图 1.3.11　理想电压源串联等效

（2）理想电流源并联等效

理想电流源并联，其等效源的输出电流等于相并联的理想电流源输出电流的代数和，即

$$i_S = i_{S1} \pm i_{S2}\tag{1.3.18}$$

如图 1.3.12 所示。

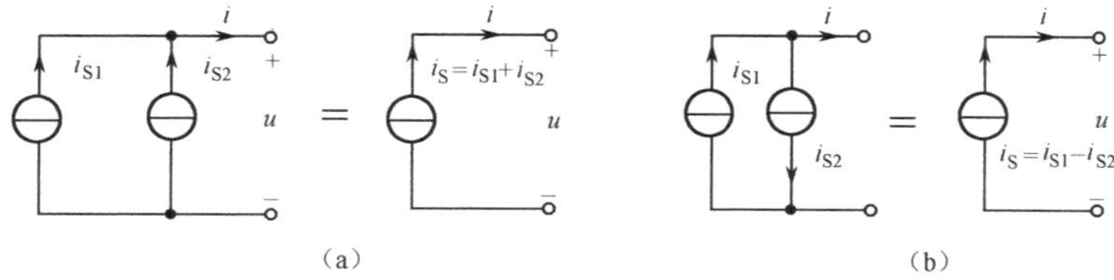

图 1.3.12　理想电流源并联等效

除上述两种理想电源等效外，还应指出：只有电压值相等、极性一致的理想电压源才允许并联；只有电流值相等、方向一致的理想电流源才允许串联。否则，与理想电压源、电流源的定义相矛盾。

3. 实际电源的模型及其相互等效

(1)实际电源的模型

前面已经提到,理想电源实际上是不存在的。那么对于一个实际电源的模型又是什么样呢?对于一个实际电源要建立它的模型,该模型所呈现的外特性应与实际电源工作时所表现出的外特性相吻合。基于这种想法,对一个实际电源做实验测试。图1.3.13(a)是对实际电源测试外特性电路。当每改变一个负载电阻 R 的数值时,从电流、电压表读取一个数据,这样可得到数据表,见表1.3.1。

由表1.3.1数据画出实际电源的测试外特性,即 U-I 关系曲线,如图1.3.13(b)所示。由此特性可以看出,实际电源的端电压在一定范围随着输出电流的增大而逐渐下降(斜率为负的直线)。其数学表达式为

$$U = U_S - R_S I \tag{1.3.19}$$

式中,U_S 为实际电源端子开路($R=\infty$)时的开路电压,把它看做为数值为 U_S 的一个理想电源;R_S 称为实际电源的内阻。根据式(1.3.19)画出相应的实际电压源电路模型如图1.3.14所示。由图可知,实际电压源可以用一个理想电压源 U_S 与一个内阻 R_S 相串联来表示。

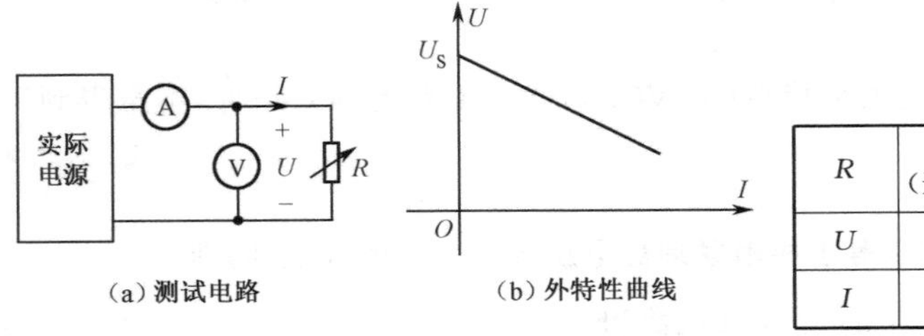

图1.3.13　实际电源外特性

表1.3.1　数据表

R	∞ (开路)	R_1	R_2	R_3	…	0 (短路)
U	U_S	U_1	U_2	U_3	…	0
I	0	I_1	I_2	I_3	…	I_S

对式(1.3.19)两边同除 R_S,并经移项整理,得

$$I = \frac{U_S}{R_S} - \frac{U}{R_S}$$

令

$$I_S = \frac{U_S}{R_S}$$

则

$$I = I_S - \frac{U}{R_S} = I_S - G_S U \tag{1.3.20}$$

由式(1.3.20)可以画出相应的实际电源电流源电路模型,如图1.3.15所示。实际电源也可以用一个理想电流源 I_S 与内阻 R_S 相并联来表示。

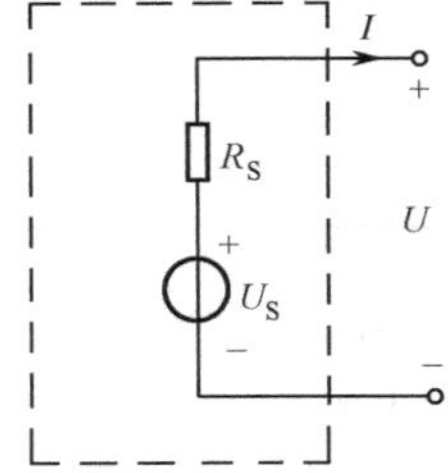

图1.3.14　实际电源的电压源模型

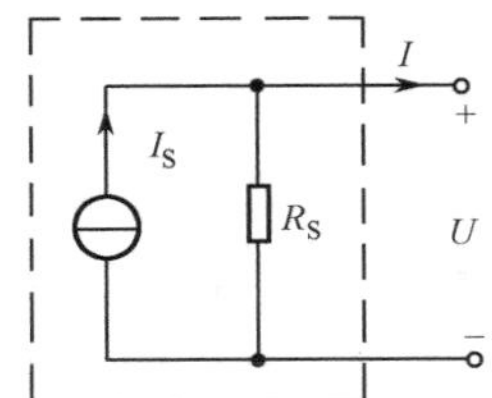

图1.3.15　实际电源的电流源模型

当外接负载电阻 $R_L \gg R_S$ 时,电压源可视为理想电压源,而当 $R_L \ll R_S$ 时,电流源可视为理想电流源。

(2)电压源、电流源模型互换等效

一个实际电源外特性是客观存在的,可通过实验手段测绘出来。用以表示实际电源的两种

模型都反映电源的外特性，就是说它们反映同一个实际电源的外特性，只是表现形式不同而已。因而实际电源两种模型之间必然存在着内在联系。式(1.3.19)是图1.3.14 电压源模型电路的VCR，式(1.3.20)是图 1.3.15 电流源模型电路 VCR，它们都与图 1.3.13(b)所示的 VCR 等同。根据“两部分电路具有相同的 VCR 则相互等效”的条件可知：实际电源的这两种电路是相互等效的。图 1.3.16(a)和(b)表述它们之间的相互等效变换关系。且图中：

$$U_S = R_S I_S, \qquad I_S = U_S / R_S$$

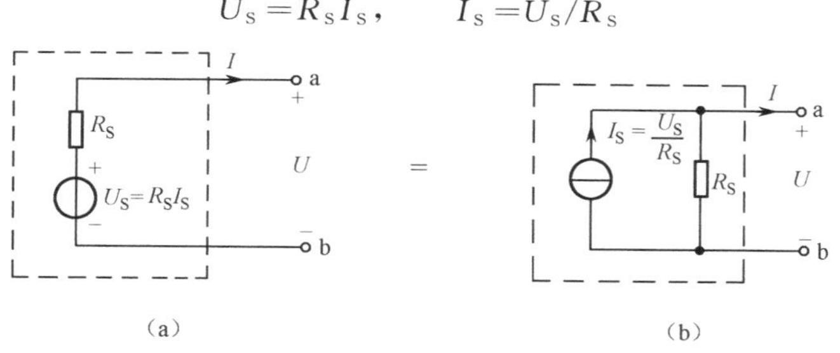

(a) (b)

图 1.3.16 电压源、电流源模型等效变换电路

应用电源互换等效分析电路问题时须知：

① 电源互换是电路等效变换的一种方法。这种等效是对电源输出电流 I、端电压 U 的等效，或者说是对虚线框的外部电路等效。

② 有内阻 R_S 的实际电源，它的电压源模型与电流源模型之间可以互换等效；理想的电压源与理想的电流源之间不能等效，因为这两种理想电源定义本身是相互矛盾的，二者不会具有相同的 VCR。

③ 电源互换等效的方法可以推广应用，如果理想电压源与外接电阻串联，可以把外接电阻看做内阻，即可互换成电流源形式。如果理想电流源与外接电阻并联，也可把外接电阻看做内阻，互换为电压源形式。电源互换等效在推广应用中要特别注意端子。

【例 1.3.3】 电路如图 1.3.17 所示。已知 $U_{S1}=10\text{V}$，$I_{S1}=1\text{A}$，$I_{S2}=3\text{A}$，$R_1=2\Omega$，$R_2=1\Omega$。求电压源和电流源发出的功率。

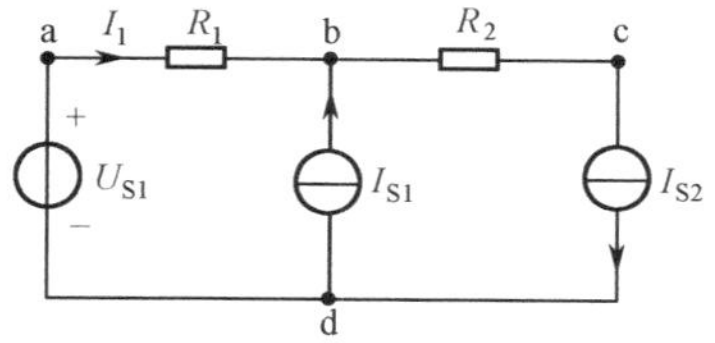

图 1.3.17 例 1.3.3 图

【解】 先求出电压源的电流和电流源的电压。根据 KCL，求得

$$I_1 = I_{S2} - I_{S1} = (3-1)(\text{A}) = 2(\text{A})$$

根据 KVL 和 VCR，求得

$$U_{bd} = -R_1 I_1 + U_{S1} = (-2\times 2+10) = 6(\text{V})$$

$$U_{cd} = -R_2 I_{S2} + U_{bd} = (-1\times 3+6) = 3(\text{V})$$

电压源发出的功率为

$$P = U_{S1} I_1 = 10\text{V}\times 2\text{A} = 20\text{W}(\text{发出 } 20\text{W})$$

电流源 I_{S1} 和 I_{S2} 发出的功率为

$$P_1 = U_{bd} I_{S1} = 6\text{V}\times 1\text{A} = 6\text{W}(\text{发出 } 6\text{W})$$

$$P_2 = U_{cd} I_{S2} = 3\text{V}\times(-3\text{A}) = -9\text{W}(\text{发出 } -9\text{W，吸收 } 9\text{W})$$

此例告诉我们，电源可以发出功率，也可以吸收功率。在计算时要注意电压、电流的参考方向。

【例 1.3.4】 如图 1.3.18(a)电路，求 b 点的电位 V_b。

【解】 一个电路若有几处接地，可以将这几个点用短路线连在一起，连接以后的电路与原电路是等效的。应用电阻并联等效、电压源互换为电流源等效，将图 1.3.18(a)等效为图 1.3.18(b)。再应用电阻并联等效与电流源并联等效，将图 1.3.18(b)等效为图 1.3.18(c)。由

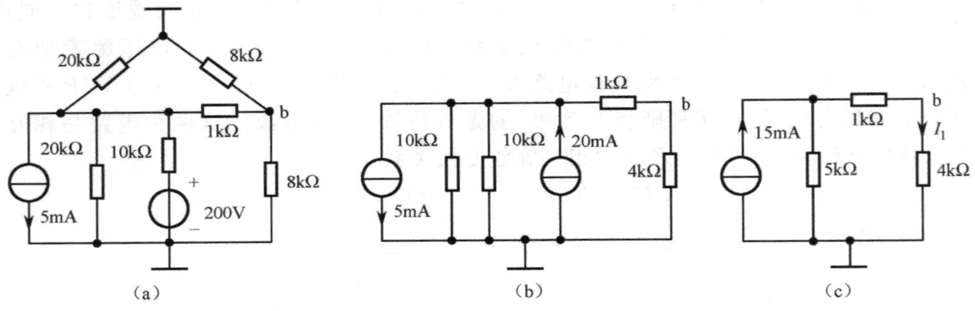

图 1.3.18　例 1.3.4 电路图

图 1.3.18(c)应用分流公式求得

$$I_1=\frac{5}{5+4+1}\times 15=7.5(\text{mA})$$

然后再用欧姆定律求 b 点电位

$$U_b=4I_1=4\times 7.5=30(\text{V})$$

【例 1.3.5】 如图 1.3.19(a)所示电路,求电流 I 和电压 U_{ab}。

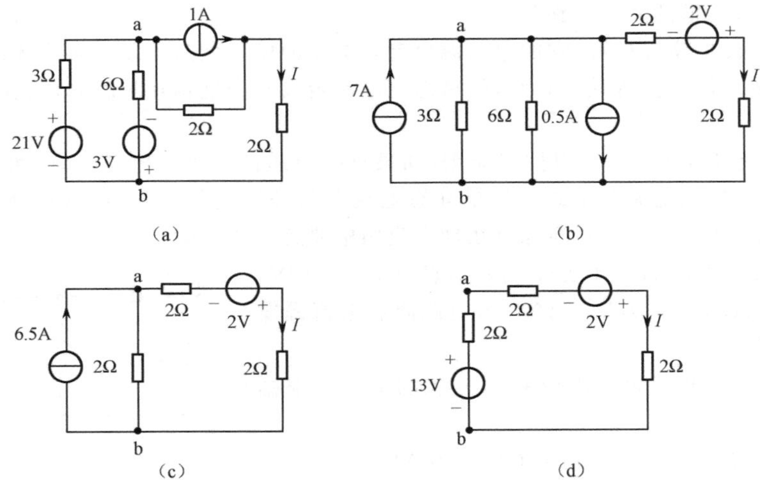

图 1.3.19　例 1.3.5 电路图

【解】 应用电源互换将图 1.3.19(a)所示电路等效为图 1.3.19(b);应用电阻并联等效与理想电流源并联等效,将图 1.3.19(b)等效为图 1.3.19(c);再将图 1.3.19(c)中的电流源互换等效为电压源,如图 1.3.19(d)所示。由 KVL 及欧姆定律可得电流、电压为

$$I=\frac{15}{2+2+2}=2.5(\text{A})$$

$$U_{ab}=13-2I=13-2\times 2.5=8(\text{V})$$

1.3.4　受控源及含受控源电路的等效

1. 受控源

为了描述一些电子器件(例如晶体三极管、场效应管等)实际性能的需要,在电路模型中常包含有另一类电源——受控源。所谓受控源,即大小和方向受电路中其他地方的电压或电流控制的电源。这种电源有两个控制端钮(又称为输入端),两个受控端钮(又称为输出端)。就其输出端所呈现的性能看,受控源可分为受控电压源与受控电流源两类;而受控电压源又分为电压控制

的电压源与电流控制的电压源两种，受控电流源又分为电压控制的电流源与电流控制的电流源两种。在后续课程“模拟电子技术基础”中将要介绍晶体三极管微变参数等效电路就是属于电流控制的电流源，MOS 场效管微变等效电路就是电压控制的电流源。

图 1.3.20(a)、(b)、(c)、(d)分别表示上述 4 种受控源的模型。图 1.3.20(a)是理想的电压控制电压源(Voltage Controlled Voltage Source，VCVS)模型。这种理想受控源，仅有控制支路电压即能控制输出支路中受控电压源的电压，不需要控制支路中的电流，所以控制支路可看做是开路，而输出端的电压只取决于控制端的电压。也就是说，如果控制支路电压为 u_I，在输出端的受控电压源就等于 μu_I，这里 μ 是无量纲的控制系数。u_I 控制着受控电压源 μu_I 的大小、方向。电压源 μu_I 为非独立电源。为了表明受控特点，模型符号用外带“＋”“－”号的菱形符号加以标志。

图 1.3.20(b)是理想的电流控制电压源(Current Controlled Voltage Source，CCVS)模型。输入端电流 i_I 控制输出端受控电压源 ri_I 的大小、方向。

图 1.3.20(c)是理想的电压控制电流源(Voltage Controlled Current Source，VCCS)模型。输入端电压 u_I 控制输出端受控电流源 gu_I 的大小、方向。

图 1.3.20(d)是理想的电流控制电流源(Current Controlled Current Source，CCCS)模型。输入端电流 i_I 控制输出端受控电流源 αi_I 的大小、方向。

图 1.3.20 所示的 4 种理想受控源还要与外电路有关元件相连接。这里还应明确：独立源与受控源在电路中的作用有着本质的区别。独立源作为电路的输入，代表着外界对电路的激励作用，是电路产生响应的“源泉”。受控源是用来表征在电子器件中所发生物理现象的一种模型，它反映了电路某处的电压或电流控制另一处的电压或电流的关系。在电路中，受控源不是激励源。受控源的控制参数(μ,r,g,α)若为常数，则称此类受控源为线性受控源，本书中所涉及的受控源均为线性受控源。

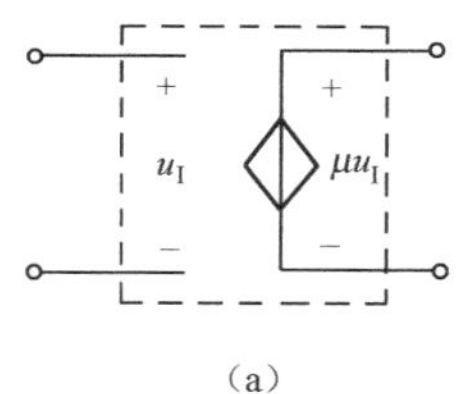

(a)

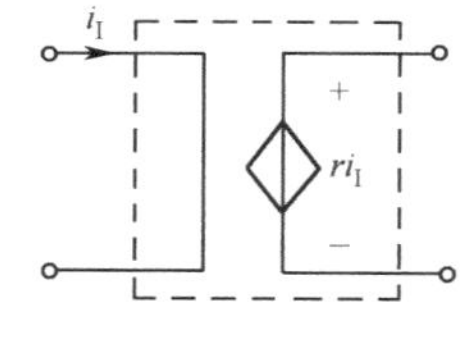

(b)

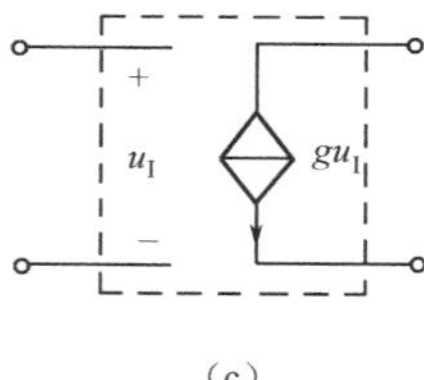

(c)

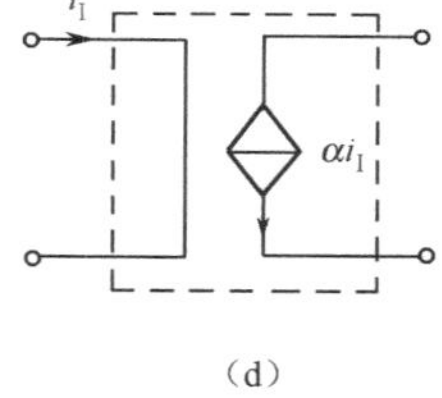

(d)

图 1.3.20　理想受控源模型

求解含受控源的电路，会处理受控源是很重要的。从概念上应清楚：受控源亦是电源，所以在应用 KCL、KVL 列写电路方程，遇节点或封闭曲面连接有受控电流源、遇回路内含有受控电压源时，首先把受控源当作独立源一样看待参与列写基本方程(要注意受控源的特点)；然后写出控制量与待求量之关系式——常称为辅助方程。联立求解基本方程与辅助方程即可得到所求的电路响应。下面举一个例子加以说明。

【例 1.3.6】 如图 1.3.21 所示电路，求 ab 端开路电压 U_{oc}。

【解】 设电流 I_1 的参考方向如图中所标，由 KCL，得

$$I_1 = 8I + I = 9I \tag{1.3.21}$$

对于回路 A 应用 KVL 列方程，得

$$2I + U_{oc} - 20 = 0 \tag{1.3.22}$$

应用欧姆定律，并用式(1.3.21)代入，得

$$U_{oc} = 2I_1 = 18I \tag{1.3.23}$$

式(1.3.21)、式(1.3.22)为基本方程，式(1.3.23)为辅助方程。式(1.3.22)、式(1.3.23)联立求解得

$$I = 1(\text{A}), U_{oc} = 18(\text{V})$$

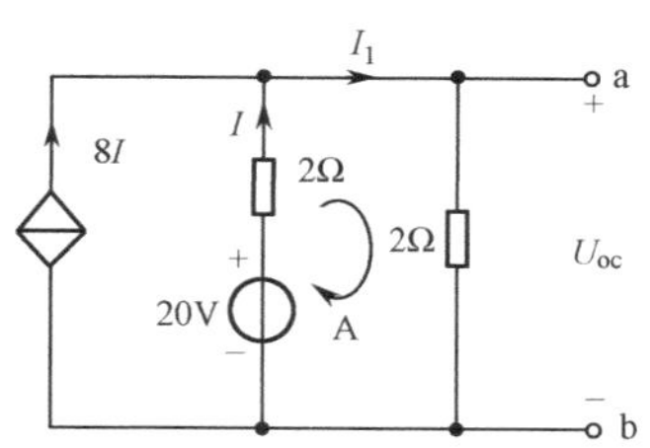

图 1.3.21　例 1.3.6 图

2. 含受控源电路的等效

这里所讲的受控源电路是指只含受控源、电阻所组成的电路。若遇受控电压源与电阻串联，或受控电流源与电阻并联时同样可进行电源互换等效；受控电压源串联、受控电流源并联均可仿效独立电压源串联、独立电流源并联等效的办法进行。但要注意，控制量所在的支路不要变换，否则，只会对求解带来更大的麻烦和困难。

在求解含有受控源电路的输入、输出电阻时，不能不“理睬”受控源就简单地用电阻“串并联”等效方法，而常采用伏安法或端子间加电源的办法来求：加电压源 u，求电流 i；加电流源 i，求电压 u(注意：所设 u、i 的参考方向对二端电路来说是关联的)，则等效电阻

$$R_{eq}=\frac{u}{i} \tag{1.3.24}$$

由于受控源的原因，含有受控源的电阻二端电路的输入(或输出)电阻的值可以为正，也可以为负或者为零。

【例 1.3.7】 对图 1.3.22(a)所示电路，求

① a、b 看做输入端时的输入电阻 R_i；

② c、d 看做输出端时的输出电阻 R_o。

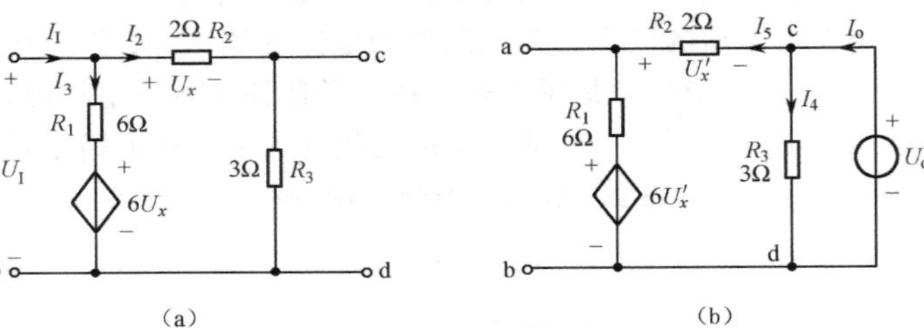

图 1.3.22　例 1.3.7 电路图

【解】 ① 采用伏安法求 ab 端看进去的输入电阻 R_i。设各有关电流、电压参考方向如图 1.3.22(a)所示。因 cd 端是开路的，有

$$I_2=\frac{U_1}{R_2+R_3}=\frac{U_1}{2+3}=\frac{1}{5}U_1$$

而

$$U_x=R_2I_2=2I_2=\frac{2}{5}U_1$$

故

$$I_3=(U_1-6U_x)/R_1=\frac{U_1-\frac{2}{5}\times 6U_1}{6}=-\frac{7}{30}U_1$$

$$I_1=I_2+I_3=\frac{1}{5}U_1+\left(-\frac{7}{30}\right)U_1=-\frac{1}{30}U_1$$

故得

$$R_i=\frac{U_1}{I_1}=-30(\Omega)$$

② 采用外加电源法求从 cd 端看进去的等效电阻 R_o。根据本题的结构特点，在 cd 端加电压源 U_o 求解较方便。设有关电压、电流参考方向如图 1.3.22(b)所示。显然

$$I_4=\frac{U_o}{R_3}=\frac{1}{3}U_o$$

由 KVL 得

$$I_5=\frac{U_o-6U'_x}{R_1+R_2}=\frac{U_o-6U'_x}{8} \tag{1.3.25}$$

而 $U'_x=-R_2I_5$，并代入式(1.3.25)得

$$I_5=\frac{U_o-6\times(-2I_5)}{8}$$

解得

$$I_5=-\frac{1}{4}U_o$$

故

$$I_o=I_4+I_5=\frac{U_o}{3}+\left(-\frac{1}{4}U_o\right)=\frac{1}{12}U_o$$

所以得

$$R_o=\frac{U_o}{I_o}=12\ (\Omega)$$

【例 1.3.8】 如图 1.3.23(a)所示，求 ab 端的等效电阻 R_o。

【解】 在 ab 端外加电流源 i_o，设电压 u_o 使 u_o、i_o 对二端电路来说参考方向关联，并设电流 i_1、i_2 参考方向如图 1.3.23(b)所示。

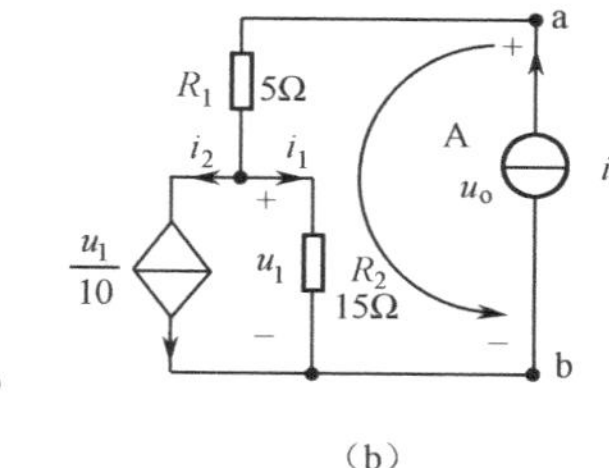

图 1.3.23　例 1.3.8 图

因为 $u_1=R_2i_1=15i_1$，$i_2=\frac{u_1}{10}=\frac{15}{10}i_1=1.5i_1$

又有　　$i_1+i_2=i_o$

所以

$$i_1=\frac{1}{2.5}i_o$$

由 KVL 列回路 A 的 KVL 方程，即

$$u_o=R_1i_o+R_2i_1=5i_o+15\times\frac{1}{2.5}i_o=11i_o$$

故得等效电阻

$$R_o=\frac{u_o}{i_o}=11(\Omega)$$

1.3.5　电阻△形、Y 形电路互换等效

电阻串并联等效、理想电源串并联等效、电压源模型和电流源模型互换等效均属于常用的重要二端电路等效变换方法，还有些重要的二端电路等效变换方法将在以后章节中介绍。本小节介绍一种属多端电路等效的电阻△形、Y 形电路互换等效方法。

如图 1.3.24 所示，电路中各个电阻之间既不是串联又不是并联，常称之为△形、Y 形(或 π 形、T 形)连接结构。显然不能用电阻串并联的方法求图 1.3.24(a)电路 ab 端的等效电阻。如果能将图 1.3.24(a)中虚线围起来的 B 电路等效代换为图 1.3.24 图(b)中虚线围起来的 C 电路，则从图 1.3.24(b)就可以用串并联方法求得 ab 端的等效电阻，给电路问题的分析带来方便。图 1.3.24(a)等效为图 1.3.24(b)就应用到△形电路与 Y 形电路的互换等效。

1. △形电路等效变换为 Y 形电路

三个电阻一端共同连接于一个节点上，而它们的另一端分别接到三个不同的端钮上，这就构成了如图 1.3.25(a)所示的 Y 形(又称 T 形或星形)连接的电路。三个电阻分别接在每两个端钮之间，就构成了如图 1.3.25(b)所示的△形(又称 π 形或三角形)连接的电路。

所谓△形电路等效变换为 Y 形电路，就是已知△形电路中三个电阻 R_{12}、R_{13} 和 R_{23}，通过变换公式求出 Y 形电路中的三个电阻 R_1、R_2 和 R_3，将之接成 Y 形去代换△形电路中的三个电阻，这就完成了△形电路互换等效为 Y 形电路的任务。

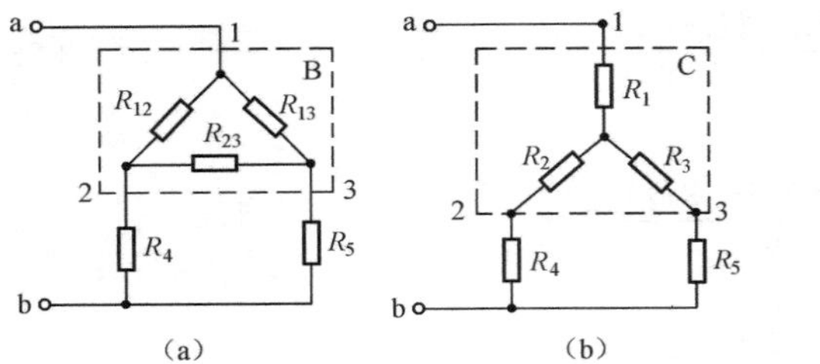

图 1.3.24　△形、Y形连接结构的电路

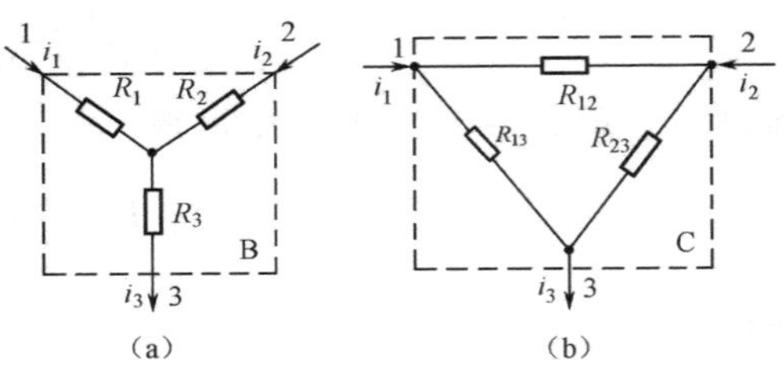

图 1.3.25　△形电路等效变换为Y形电路

下面从电路等效变换条件着手推导出△形、Y形电路互换等效的变换公式。为使图 1.3.25 中(a)、(b)两电路等效,根据前述的等效条件,就要求两者的外特性(VCR)完全相同。对于图 1.3.25(a)、(b)电路,由 KCL、KVL 可知

$$i_3 = i_1 + i_2 \tag{1.3.25}$$

$$u_{12} = u_{13} - u_{23} \tag{1.3.26}$$

显然,图中三个电流变量和三个电压变量中各有两个是相互独立的。

由图 1.3.25(a),并根据 KVL,有

$$u_{13} = R_1 i_1 + R_3 i_3$$

$$u_{23} = R_2 i_2 + R_3 i_3$$

将式(1.3.25)代入以上两式,得

$$u_{13} = (R_1 + R_3) i_1 + R_3 i_2 \tag{1.3.27}$$

$$u_{23} = R_3 i_1 + (R_2 + R_3) i_2 \tag{1.3.28}$$

式(1.3.27)、式(1.3.28)就是图 1.3.25(a)电路端子间的 VCR。

由图 1.3.25(b),并依据 KCL,有

$$i_1 = \frac{1}{R_{13}} u_{13} + \frac{1}{R_{12}} u_{12}$$

$$i_2 = \frac{1}{R_{23}} u_{23} - \frac{1}{R_{12}} u_{12}$$

将式(1.3.26)代入以上两式,得

$$i_1 = \left(\frac{1}{R_{13}} + \frac{1}{R_{12}}\right) u_{13} - \frac{1}{R_{12}} u_{23} = \frac{R_{12} + R_{13}}{R_{13} R_{12}} u_{13} - \frac{1}{R_{12}} u_{23}$$

$$i_2 = -\frac{1}{R_{12}} u_{13} + \left(\frac{1}{R_{23}} + \frac{1}{R_{12}}\right) u_{23} = -\frac{1}{R_{12}} u_{13} + \frac{R_{12} + R_{23}}{R_{23} R_{12}} u_{23}$$

联立求解以上两式,得

$$u_{13} = \frac{R_{13}(R_{12} + R_{23})}{R_{12} + R_{13} + R_{23}} i_1 + \frac{R_{13} R_{23}}{R_{12} + R_{13} + R_{23}} i_2 \tag{1.3.29}$$

$$u_{23} = \frac{R_{13} R_{23}}{R_{12} + R_{13} + R_{23}} i_1 + \frac{R_{23}(R_{12} + R_{13})}{R_{12} + R_{13} + R_{23}} i_2 \tag{1.3.30}$$

式(1.3.29)、式(1.3.30)就是图 1.3.25(b)电路端子间的 VCR。

令式(1.3.27)、式(1.3.28)与式(1.3.29)、式(1.3.30)分别相等,并比较等式两端,再令 i_1、i_2 前系数对应相等,即

$$\left.\begin{aligned} R_1 + R_3 &= \frac{R_{13}(R_{12} + R_{23})}{R_{12} + R_{13} + R_{23}} \\ R_3 &= \frac{R_{13} R_{23}}{R_{12} + R_{13} + R_{23}} \\ R_2 + R_3 &= \frac{R_{23}(R_{12} + R_{13})}{R_{12} + R_{13} + R_{23}} \end{aligned}\right\} \tag{1.3.31}$$

由式(1.3.31)容易解得由△形连接电路等效为 Y 形连接电路的变换公式为

$$\left.\begin{aligned} R_1 &= \frac{R_{12}R_{13}}{R_{12}+R_{13}+R_{23}} \\ R_2 &= \frac{R_{12}R_{23}}{R_{12}+R_{13}+R_{23}} \\ R_3 &= \frac{R_{13}R_{23}}{R_{12}+R_{13}+R_{23}} \end{aligned}\right\} \tag{1.3.32}$$

观察式(1.3.32)可以看出这样的规律：Y 形电路中与端 $i(i=1,2,3)$ 相连的电阻 R_i 等于△形电路中与端 i 相连的两电阻乘积除以△形电路中三个电阻之和。特殊情况下，若△形电路中三个电阻相等，即 $R_{12}=R_{13}=R_{23}=R_{\triangle}$，显然，等效互换的 Y 形电路中三个电阻也相等，由式(1.3.32)不难得到，即

$$R_1=R_2=R_3=R_{\mathrm{Y}}=\frac{1}{3}R_{\triangle}$$

2. Y 形电路等效变换为△形电路

所谓 Y 形电路等效变换为△形电路，就是已知 Y 形电路中三个电阻 R_1、R_2 和 R_3，通过变换公式求出△形电路中的三个电阻 R_{12}、R_{13} 和 R_{23}，将之接成△形去代换 Y 形电路中的三个电阻，这就完成了 Y 形电路互换等效为△形电路的任务。

只需将式(1.3.32)中 R_1、R_2 和 R_3 看做已知，R_{12}、R_{13} 和 R_{23} 看做未知，便可解得 Y 形电路等效变换为△形电路的变换公式，即

$$\left.\begin{aligned} R_{12} &= \frac{R_1R_2+R_2R_3+R_1R_3}{R_3} \\ R_{23} &= \frac{R_1R_2+R_2R_3+R_1R_3}{R_1} \\ R_{13} &= \frac{R_1R_2+R_2R_3+R_1R_3}{R_2} \end{aligned}\right\} \tag{1.3.33}$$

观察式(1.3.33)亦可看出规律：△形电路中连接某两端钮的电阻等于 Y 形电路中三个电阻两两乘积之和除以与第三个端钮相连的电阻。特殊情况下，若 Y 形电路中的三个电阻相等，即 $R_1=R_2=R_3=R_{\mathrm{Y}}$，显然，等效互换的△形电路中的三个电阻也相等，由式(1.3.33)不难得到：$R_{12}=R_{13}=R_{23}=R_{\triangle}=3R_{\mathrm{Y}}$。

接在复杂网络中的 Y 形或△形电路部分，可以运用式(1.3.32)，式(1.3.33)进行等效互换，而并不影响网络其余未经变换部分的电压、电流、功率。这种等效变换也可以简化电路的计算。

【例 1.3.9】 如图 1.3.26 所示电路，求电压 U_1。

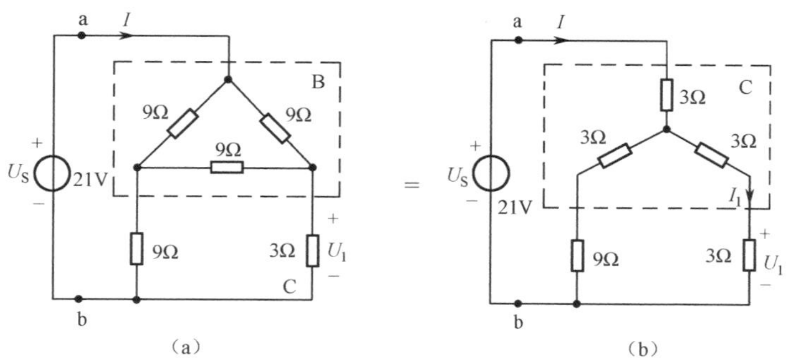

图 1.3.26　例 1.3.9 电路图

【解】 应用△形、Y 形电路互换等效，将图 1.3.26(a)等效为图 1.3.26(b)，再应用电阻串并联等效求得等效电阻

$$R_{ab}=3+(3+9)\ /\!/\ (3+3)=7\ (\Omega)$$

所以,电流
$$I=\frac{U_S}{R_{ab}}=\frac{21}{7}=3(\text{A})$$

应用分流公式,算得

$$I_1=\frac{3+9}{(3+9)+(3+3)}\times I=\frac{2}{3}\times 3=2(\text{A})$$

故得电压

$$U_1=3I_1=3\times 2=6(\text{V})$$

【例 1.3.10】 如图 1.3.27(a)所示电路,求负载电阻 R_L 上消耗的功率 P_L。

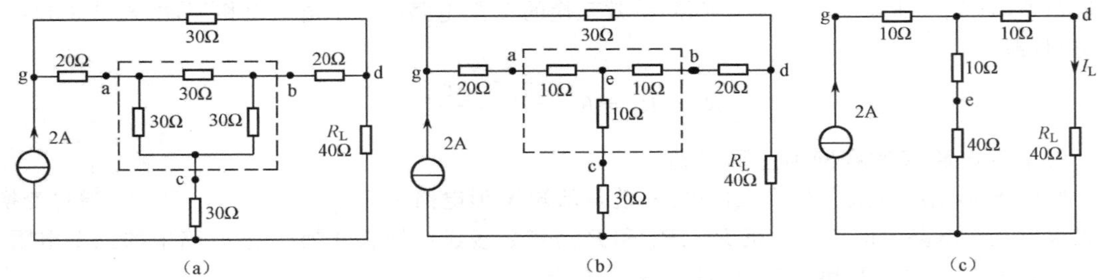

图 1.3.27　例 1.3.10 电路图

【解】 本例电路中各电阻之间既不是串联又不是并联,而是△形、Y 形结构连接。应用△形、Y 形互换等效将图 1.3.27(a)等效为图 1.3.27(b),再应用电阻串联等效及△形、Y 形互换等效将图 1.3.27(b)等效为图 1.3.27(c)。再在图 1.3.27(c)中,应用分流公式,得

$$I_L=\frac{10+40}{(10+40)+(10+40)}\times 2=1(\text{A})$$

所以负载 R_L 上的消耗功率

$$P_L=R_L I_L^2=40\times 1^2=40(\text{W})$$

对于上述所举的两个例子,因结构特殊,元件数值作了精心配置,所以在应用△形、Y 形等效变换以后,再结合应用电阻串并联等效及分压分流关系,简便地求出了结果。不过这里需要明确,一般的△形,Y 形结构电路中的各电阻并不是精心配置的数值,所以互换等效算出的电阻数据并不整齐,这就使问题的计算过程变得复杂。另外,△形、Y 形互换等效属多端子电路等效,在使用这种等效变换时,除正确使用变换公式计算出各电阻值之外,务必正确连接各对应端子。更应特别注意不要把本是电阻串并联等效就可求解的问题当作△形、Y 形结构变换等效,那样会使问题的计算更复杂化。

1.4　电阻电路的一般分析方法

在这一节中,我们研究的对象是电阻电路,所谓电阻电路就是该电路只由线性电阻元件和电源(电压源、电流源、受控源)组成。要求的量是支路电流,或者支路端电压,或者支路的功率(包含支路内的电阻元件吸收功率和电源所发送或吸收的功率)。

设一个任意电阻电路有 n 个节点、b 条支路,要求出各个支路的电流、电压和功率的方法有多种。有 $2b$ 法、b 法(支路电流法和支路电压法)、节点法(节点电位法)、网孔法(网孔电流法)等。

1.4.1　2*b* 法

对于一个具有 n 个节点、b 条支路的电阻电路,有 $n-1$ 个独立节点,有 $b-n+1$ 个独立回

路。如果要同时求出 b 条支路的电流和电压，则有 $2b$ 个变量，要同时确定 $2b$ 个变量，则必须列出 $2b$ 个方程来，也就是说 $2b$ 个方程组成的方程组方能解出 $2b$ 个未知量。

对于 $n-1$ 个独立节点，根据 KCL 可列出 $n-1$ 个方程，对于 $b-n+1$ 个独立回路，根据 KVL 可列出 $b-n+1$ 个回路电压方程。两者加起来才能组成 b 个方程组，然后每条支路根据欧姆定律又可列出 b 个方程来。这样一来。根据 KCL、KVL 和 VCR 可以列出 $2b$ 个方程组成的方程组。解此方程组就能同时确定 $2b$ 个变量，即可同时解出 b 条支路的电流和电压来。这就是 $2b$ 法的由来。

【例 1.4.1】 如图 1.4.1(a)所示电路，求各支路电流和电压。

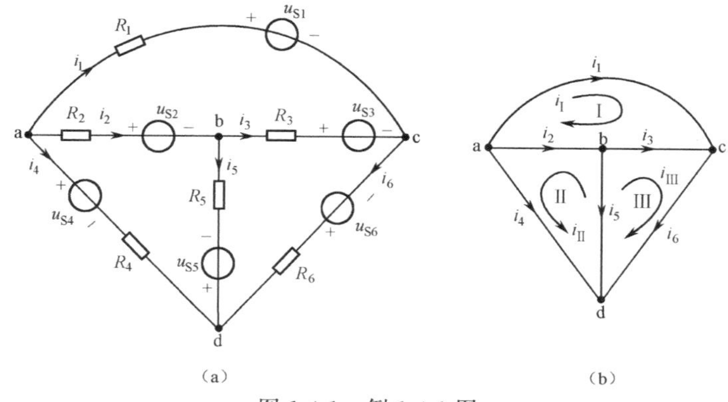

图 1.4.1　例 1.4.1 图

【解】 设各支路电流参考方向如图 1.4.1(a)所示，支路电压参考方向与支路电流方向关联，省略不标。图 1.4.1(b)为图 1.4.1(a)的拓扑图，3 个网孔 Ⅰ、Ⅱ、Ⅲ 的巡行方向分别标在图 1.4.1(b)中。选 a、b 和 c 为独立节点，选流出节点的电流取"+"号，反之取"－"号，由 KCL 列写方程为

$$\left.\begin{array}{ll} \text{a 节点} & i_1+i_2+i_4=0 \\ \text{b 节点} & -i_2+i_3+i_5=0 \\ \text{c 节点} & -i_1-i_3+i_6=0 \end{array}\right\} \tag{1.4.1}$$

因本示例电路为平面电路，平面电路的网孔即是独立回路。由 KVL 分别对网孔 Ⅰ、Ⅱ 和 Ⅲ 列写方程为

$$\left.\begin{array}{l} u_1-u_3-u_2=0 \\ -u_2+u_4-u_5=0 \\ u_3+u_6-u_5=0 \end{array}\right\} \tag{1.4.2}$$

根据本电路各支路具体的结构与元件值，可写各支路的电压、电流关系方程为

$$\left.\begin{array}{l} u_1=R_1i_1+u_{S1} \\ u_2=R_2i_2+u_{S2} \\ u_3=R_3i_3+u_{S3} \\ u_4=R_4i_4+u_{S4} \\ u_5=R_5i_5-u_{S5} \\ u_6=R_6i_6-u_{S6} \end{array}\right\} \tag{1.4.3}$$

由式(1.4.1)、式(1.4.2)和式(1.4.3)组成的 $2b=12$ 个方程组联立求解得 $i_1\sim i_6$ 和 $u_1\sim u_6$。

显然 $2b$ 法求解的优点是解的结果直观明了，但它的缺点也很突出，若支路数较多时，手工求解 $2b$ 个联立方程的过程麻烦，且容易出错。但用现代的 Matlab 工具软件在计算机上求解也就不算是难事了。

1.4.2 *b* 法

b 法又称支路法,支路法又有支路电流法与支路电压法之分。如图 1.4.1 所示,将式(1.4.3)代入式(1.4.2),并经过移项整理,得

$$\begin{aligned}R_1i_1-R_2i_2-R_3i_3&=-u_{S1}+u_{S2}+u_{S3}\\-R_2i_2+R_4i_4-R_5i_5&=u_{S2}-u_{S4}-u_{S5}\\R_3i_3+R_6i_6-R_5i_5&=-u_{S3}+u_{S6}-u_{S5}\end{aligned}\tag{1.4.4}$$

式(1.4.1)和式(1.4.4)组成 b 个(本问题 $b=6$)以支路电流为未知量的相互独立的方程组。解此方程组便得各支路电流。若需要,再以支路电流为已知量代入式(1.4.3),即可求得各支路电压,最后再根据各支路电流、电压求各支路功率等。这种求解电路的方法称为支路电流法。

若将式(1.4.3)改写成支路电流用支路电压的表示,即

$$\left.\begin{aligned}i_1&=u_1/R_1-u_{S1}/R_1\\i_2&=u_2/R_2-u_{S2}/R_2\\i_3&=u_3/R_3-u_{S3}/R_3\\i_4&=u_4/R_4-u_{S4}/R_4\\i_5&=u_5/R_5+u_{S5}/R_5\\i_6&=u_6/R_6+u_{S6}/R_6\end{aligned}\right\}\tag{1.4.5}$$

参见图 1.4.1(a),将式(1.4.5)代入式(1.4.1),并经移项整理,得

$$\left.\begin{aligned}\frac{1}{R_1}u_1+\frac{1}{R_2}u_2+\frac{1}{R_4}u_4&=\frac{1}{R_1}u_{S1}+\frac{1}{R_2}u_{S2}+\frac{1}{R_4}u_{S4}\\-\frac{1}{R_2}u_2+\frac{1}{R_3}u_3+\frac{1}{R_5}u_5&=-\frac{1}{R_2}u_{S2}+\frac{1}{R_3}u_{S3}-\frac{1}{R_5}u_{S5}\\-\frac{1}{R_1}u_1-\frac{1}{R_3}u_3+\frac{1}{R_6}u_6&=-\frac{1}{R_1}u_{S1}-\frac{1}{R_3}u_{S3}-\frac{1}{R_6}u_{S6}\end{aligned}\right\}\tag{1.4.6}$$

式(1.4.2)和式(1.4.6)联立构成 b 个(这里 $b=6$)以支路电压为未知量的相互独立的方程组,解此方程组便可求得各支路电压。若需要,再以各支路电压为已知量代入式(1.4.5)便可得到各支路电流,最后可求得支路功率等。这种求解电路的方法,称为支路电压法。

【例 1.4.2】 如图 1.4.2 所示电路,求各支路电流、电压 U_{ab} 及各电源产生的功率。

图 1.4.2 例 1.4.2 图

【解】 结合本例的求解,说明支路电流法求解电路问题的基本步骤。

① 假设各支路电流的参考方向,依 KCL 列写出 $n-1$ 个独立节点的 KCL 方程(n 为节点数)。本例只有 a、b 两个节点,列写节点 a 的 KCL 方程为

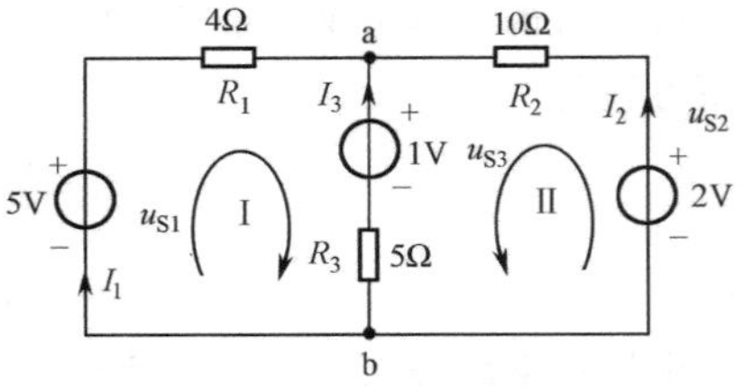

$$I_1+I_2+I_3=0\tag{1.4.7}$$

② 选取独立回路(平面电路一般选网孔),并选定巡行方向,如图 1.4.2 所示。列写网孔的 KVL 方程。

$$4I_1-5I_3=4\tag{1.4.8}$$

$$10I_2-5I_3=1\tag{1.4.9}$$

③ 解方程组,得各支路电流。本例为求解式(1.4.7)、式(1.4.8)和式(1.4.9)联立的方程组。应用克莱姆法则,有

$$\boldsymbol{\Delta}=\begin{vmatrix}1&1&1\\4&0&-5\\0&10&-5\end{vmatrix}=110,\qquad \boldsymbol{\Delta}_1=\begin{vmatrix}0&1&1\\4&0&-5\\1&10&-5\end{vmatrix}=55$$

$$\boldsymbol{\Delta}_2=\begin{vmatrix}1 & 0 & 1\\ 4 & 4 & -5\\ 0 & 1 & -5\end{vmatrix}=-11,\quad \boldsymbol{\Delta}_3=\begin{vmatrix}1 & 1 & 0\\ 4 & 0 & 4\\ 0 & 10 & 1\end{vmatrix}=-44$$

于是支路电流 I_1、I_2、I_3 分别为

$$I_1=\frac{\boldsymbol{\Delta}_1}{\boldsymbol{\Delta}}=\frac{55}{110}=0.5(\mathrm{A})$$

$$I_2=\frac{\boldsymbol{\Delta}_2}{\boldsymbol{\Delta}}=\frac{-11}{110}=-0.1(\mathrm{A})$$

$$I_3=\frac{\boldsymbol{\Delta}_3}{\boldsymbol{\Delta}}=\frac{-44}{110}=-0.4(\mathrm{A})$$

④ 将求得的各支路电流代入各支路电压、电流关系式中，求得各支路电压。本例题中的三个支路电压相同，均为 u_{ab}，所以求 u_{ab} 用哪一个支路的电压、电流关系式均可。

$$u_{ab}=-4I_1+u_{S1}=-4\times0.5+5=3(\mathrm{V})$$

⑤ 求得的支路电流进一步求出所需要求的功率。本例中还要求各电源产生的功率，设电源 u_{S1}、u_{S2} 和 u_{S3} 产生的功率分别为 P_{S1}、P_{S2} 和 P_{S3}，则

$$P_{S1}=u_{S1}I_1=5\times0.5=2.5(\mathrm{W})\qquad(产生)$$
$$P_{S2}=u_{S2}I_2=2\times(-0.1)=-0.2(\mathrm{W})\qquad(吸收)$$
$$P_{S3}=u_{S3}I_3=1\times(-0.4)=-0.4(\mathrm{W})\qquad(吸收)$$

1.4.3　网孔法

如前所述，用 $2b$ 法需要求解 $2b$ 个联立方程，而用 b 法需要求解 b 个联立方程。但若电路比较复杂，且支路个数多，上述两种方法手工解算过程就会相当麻烦。能否使解方程的数目减小下来，简便手工解算的过程？网孔法和节点法就是基于这种想法而提出的一类改进方法。

对于一个实际平面电路，一般而言，网孔数总是小于支路数 b 的。如图 1.4.1(a)所示电路，支路数 $b=6$，网孔数 $l=3$，显然 $l<b$。

所列 KVL 方程相互独立的回路称为独立回路。一个具有 b 条支路、n 个节点的连通图(电路)有 $b-n+1$ 个基本回路，即有 $b-n+1$ 个独立回路，对于平面电路有 $b-n+1$ 个网孔。也就是说，平面电路的网孔是一组独立的回路。我们假想在每一个网孔里均有一电流沿着构成该网孔的各支路作闭合流动，这些假想的电流，称为各网孔的网孔电流。图 1.4.1(b)所示平面电路 3 个网孔的网孔电流 i_{I}、i_{II} 和 i_{III} 如图中所示。网孔电流方向即作为列 KVL 方程时的巡行方向。

网孔电流是相互独立的变量。如图 1.4.1(b)所示的三个网孔电流 i_{I}、i_{II} 和 i_{III}，知其中任意两个求不出第三个。这是因为每个网孔电流在它流进某一节点的同时又流出该节点，它自身就满足了 KCL，所以不能通过节点 KCL 方程建立各网孔电流之间的关系，也就说明了网孔电流是相互独立的变量。

网孔电流是完备的变量。因为如果知道了各网孔电流，我们就可以求得电路中任意一条支路的电流，进而可以求得电路中任意两点间的电压、任意元件上的功率。这一点由图 1.4.1所示电路可以很清楚地看出来。因为一条支路一定属于一个或两个网孔，如果某支路只属于某一个网孔，那么该支路电流就等于该网孔电流。如图 1.4.1(b)所示电路中

$$i_1=i_{\mathrm{I}},i_4=i_{\mathrm{II}},i_6=i_{\mathrm{III}}$$

如果某支路属于两个网孔所共有，则该支路上的电流就等于流经该支路两网孔电流的代数和。如图 1.4.1(b)所示电路中

$$i_2=-i_{\mathrm{I}}-i_{\mathrm{II}},i_3=i_{\mathrm{III}}-i_{\mathrm{I}},i_5=-i_{\mathrm{II}}-i_{\mathrm{III}}$$

当然电路中任意两点之间的电压、任意元件吸收或产生的功率可通过支路电流再进一步求出。所以说网孔电流是完备的变量。

对于平面电路，以网孔电流作为未知量，根据 KVL 列写网孔电压方程，求解出网孔电流，进而求出各支路电流、电压和功率等，这种求解电路的方法称为网孔电流法，简称为网孔法。应用网孔法求解的关键是如何简便、正确地列写出网孔电压方程。下面以图1.4.1为例推出简便列写网孔方程的方法。

【例 1.4.3】 如图 1.4.1 所示，列写网孔电压方程。

【解】 网孔的巡行方向如图 1.4.1(b)所示，参见图 1.4.1(a)列写网孔电压方程：

网孔 Ⅰ $\quad R_1 i_{\text{Ⅰ}} + u_{S1} - u_{S3} + R_3(i_{\text{Ⅰ}} - i_{\text{Ⅲ}}) - u_{S2} + R_2(i_{\text{Ⅰ}} + i_{\text{Ⅱ}}) = 0$

网孔 Ⅱ $\quad u_{S4} + R_4 i_{\text{Ⅱ}} + u_{S5} + R_5(i_{\text{Ⅱ}} + i_{\text{Ⅲ}}) - u_{S2} + R_2(i_{\text{Ⅱ}} + i_{\text{Ⅰ}}) = 0$

网孔 Ⅲ $\quad -u_{S6} + R_6 i_{\text{Ⅲ}} + u_{S5} + R_5(i_{\text{Ⅱ}} + i_{\text{Ⅲ}}) + R_3(i_{\text{Ⅲ}} - i_{\text{Ⅰ}}) + u_{S3} = 0$

为了便于应用克莱姆法则求解(或计算机应用 Matlab 工具软件求解)上述三个方程，需要按未知量顺序排列并加以整理，同时将已知激励源也移到等号右边。这样整理上述方程组得

$$\left.\begin{aligned} (R_1 + R_2 + R_3) i_{\text{Ⅰ}} + R_2 i_{\text{Ⅱ}} - R_3 i_{\text{Ⅲ}} &= -u_{S1} + u_{S2} + u_{S3} \\ R_2 i_{\text{Ⅰ}} + (R_2 + R_4 + R_5) i_{\text{Ⅱ}} + R_5 i_{\text{Ⅲ}} &= u_{S2} - u_{S4} - u_{S5} \\ -R_3 i_{\text{Ⅰ}} + R_5 i_{\text{Ⅱ}} + (R_3 + R_5 + R_6) i_{\text{Ⅲ}} &= -u_{S3} + u_{S6} - u_{S5} \end{aligned}\right\} \tag{1.4.10}$$

令 $R_{11} = R_1 + R_2 + R_3$， $R_{12} = R_2$， $R_{13} = -R_3$， $u_{S11} = -u_{S1} + u_{S2} + u_{S3}$，

$R_{21} = R_2$， $R_{22} = R_2 + R_4 + R_5$， $R_{23} = R_5$， $u_{S22} = u_{S2} - u_{S4} - u_{S5}$，

$R_{31} = -R_3$， $R_{32} = R_5$， $R_{33} = R_3 + R_5 + R_6$， $u_{S33} = -u_{S3} + u_{S6} - u_{S5}$

式中，R_{ii} 为第 i 个网孔的自电阻，它等于第 i 个网孔内所有电阻之和。

$R_{ij} = R_{ji}$ 为第 i 个网孔与第 j 个网孔的互电阻，其符号取决于两个网孔电流流经公共电阻的方向。相同者取正，相反者取负。

u_{Sii} 为 i 个网孔电压源的代数和，计算 u_{Sii} 时，遇到各电压源的取号法则是，在巡行中先遇到电压源的正极性端取负号，反之取正号。这是因为电压源已从方程组的左边全部移到右边的缘故。

最后将式(1.4.10)写成具有 3 个网孔电路的方程通式(一般式)，即

$$\left.\begin{aligned} R_{11} i_{\text{Ⅰ}} + R_{12} i_{\text{Ⅱ}} + R_{13} i_{\text{Ⅲ}} &= u_{S11} \\ R_{21} i_{\text{Ⅰ}} + R_{22} i_{\text{Ⅱ}} + R_{23} i_{\text{Ⅲ}} &= u_{S22} \\ R_{31} i_{\text{Ⅰ}} + R_{32} i_{\text{Ⅱ}} + R_{33} i_{\text{Ⅲ}} &= u_{S33} \end{aligned}\right\} \tag{1.4.11}$$

如果电路有 m 个网孔，并设各网孔电流分别为 $i_1, i_2, \cdots, i_m$，不难推导出网孔方程通式为

$$\left.\begin{aligned} R_{11} i_1 + R_{12} i_2 + \cdots + R_{1m} i_m &= u_{S11} \\ R_{21} i_1 + R_{22} i_2 + \cdots + R_{2m} i_m &= u_{S22} \\ &\cdots\cdots \\ R_{m1} i_1 + R_{m2} i_2 + \cdots + R_{mm} i_m &= u_{Smm} \end{aligned}\right\} \tag{1.4.12}$$

利用网孔法求解平面电路的步骤如下：

① 在图上标出网孔电流的符号及巡行方向。

② 根据式(1.4.12)列写网孔电流方程组。

③ 利用克莱姆法则(或计算机利用 Matlab 工具软件)求解网孔电流。

④ 在图上标出支路电流方向，利用 KCL 求出各支路电流。

⑤ 根据要求，再求出支路电压、功率等。

下面通过几个具体例子进一步熟练掌握网孔法分析电路的步骤。

【例 1.4.4】 如图 1.4.3 所示，求各支路电流。

【解】 本例题有 6 条支路，只有 3 个网孔，如用 $2b$ 法，需列 12 个方程，如用 b 法则需列 6 个方程，而采用网孔法，只需列 3 个方程，显然采用网孔法比采用 $2b$ 法、b 法要简单得多。

① 设网孔电流 i_A、i_B、i_C 如图 1.4.3 所示。一般网孔方向即认为是列 KVL 方程时的巡行方向。

② 观察电路对照通式(1.4.12)直接列写方程。注意这里 $m=3$。因本例电路中各电阻的数值、电源的数值均已知,所以,观察电路心算就可求自电阻、互电阻、等效电压源数值,代入式(1.4.12)即写出所需要的方程组。这里,把本例的各自电阻、互电阻、等效电压源写出如下

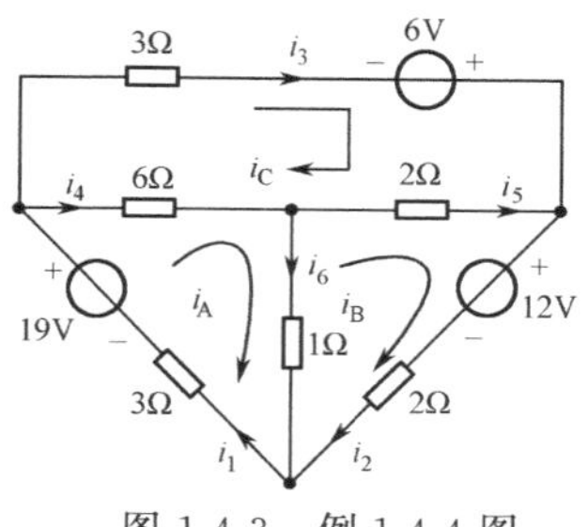

图 1.4.3　例 1.4.4 图

$R_{11}=10\Omega$,　$R_{12}=-1\Omega$,　$R_{13}=-6\Omega$,　$u_{S11}=19V$

$R_{21}=-1\Omega$,　$R_{22}=5\Omega$,　$R_{23}=-2\Omega$,　$u_{S22}=-12V$

$R_{31}=-6\Omega$,　$R_{32}=-2\Omega$,　$R_{33}=11\Omega$,　$u_{S33}=6V$

将上述数据代入式(1.4.12),得

$$\left.\begin{aligned}10i_A-i_B-6i_C&=19\\-i_A+5i_B-2i_C&=-12\\-6i_A-2i_B+11i_C&=6\end{aligned}\right\}\tag{1.4.13}$$

③ 解方程得各网孔电流。用克莱姆法则解式(1.4.13)方程组,各相应行列式为

$$\boldsymbol{\Delta}=\begin{vmatrix}10&-1&-6\\-1&5&-2\\-6&-2&11\end{vmatrix}=295,\quad \boldsymbol{\Delta}_A=\begin{vmatrix}19&-1&-6\\-12&5&-2\\6&-2&11\end{vmatrix}=885$$

$$\boldsymbol{\Delta}_B=\begin{vmatrix}10&19&-6\\-1&-12&-2\\-6&6&11\end{vmatrix}=-295,\quad \boldsymbol{\Delta}_C=\begin{vmatrix}10&-1&19\\-1&5&-12\\-6&-2&6\end{vmatrix}=590$$

于是各网孔电流分别为

$$i_A=\frac{\boldsymbol{\Delta}_A}{\boldsymbol{\Delta}}=\frac{885}{295}=3(A)$$

$$i_B=\frac{\boldsymbol{\Delta}_B}{\boldsymbol{\Delta}}=\frac{-295}{295}=-1(A)$$

$$i_C=\frac{\boldsymbol{\Delta}_C}{\boldsymbol{\Delta}}=\frac{590}{295}=2(A)$$

④ 由网孔电流求各支路电流。设各支路电流参考方向如图 1.4.3 所示,根据支路电流与网孔电流之间的关系,得

$i_1=i_A=3(A)$,　　$i_2=i_B=-1(A)$

$i_3=i_C=2(A)$,　　$i_4=i_A-i_C=3-2=1(A)$

$i_5=i_B-i_C=-1-2=-3(A)$,　　$i_6=i_A-i_B=3-(-1)=4(A)$

【例 1.4.5】　如图 1.4.4 所示电路。求电压 u_{ab}。

【解】　本例题含有受控电压源。在列方程时,应先将受控电压源当作独立源一样看待,参加列写基本方程,然后把控制量用网孔电流变量表示,即增加一个辅助方程。

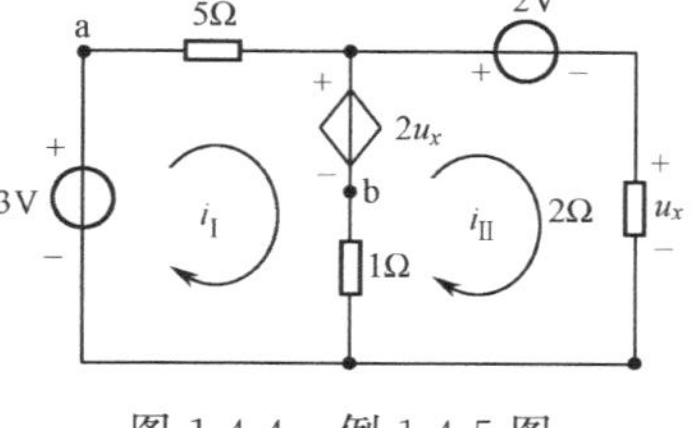

图 1.4.4　例 1.4.5 图

设网孔电流 i_I、i_{II}方向如图 1.4.4 所示。应用通式(1.4.12)列写基本方程为

$$\left.\begin{aligned}6i_I-i_{II}&=3-2u_x\\-i_I+3i_{II}&=-2+2u_x\end{aligned}\right\}\tag{1.4.14}$$

根据欧姆定律,得

$$u_x=2i_{II}\tag{1.4.15}$$

将式(1.4.15)代入式(1.4.14)并经化简整理得

$$\left.\begin{cases}2i_{\text{I}}+i_{\text{II}}=1\\ i_{\text{I}}+i_{\text{II}}=2\end{cases}\right\}\tag{1.4.16}$$

解方程组(1.4.16)得

$$i_{\text{I}}=-1,\quad i_{\text{II}}=3(\text{A})$$

$$u_x=2i_{\text{II}}=2\times3=6(\text{V})$$

所以　$u_{ab}=5i_1+2u_x=5\times(-1)+2\times6=7(\text{V})$

【例 1.4.6】 如图 1.4.5(a)所示,求各支路电流。

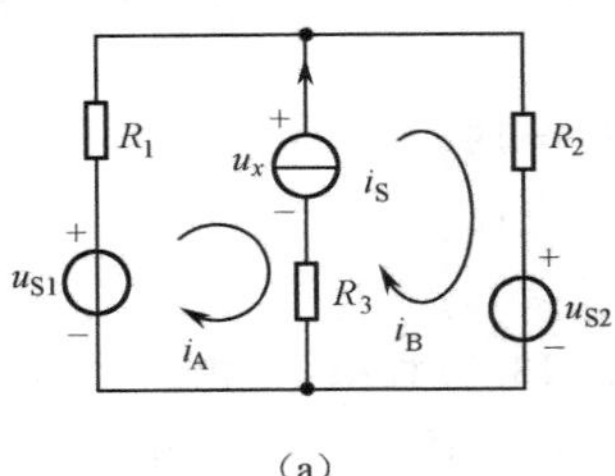

(a)

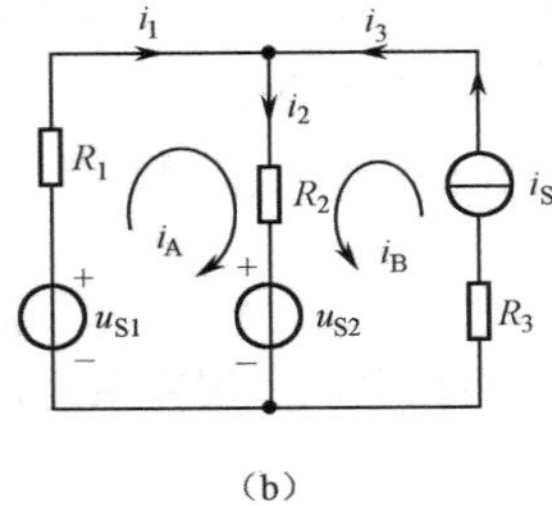

(b)

图 1.4.5　例 1.4.6 图

【解】 本例题是两个网孔的公共支路上有一个理想电流源。如果按图 1.4.5(a)假设网孔电流,如何列写网孔方程呢?网孔方程实际上是根据 KVL 列写的回路电压方程,即回路各元件上的电压代数和等于 0。那么在回路巡行中遇到理想电流源(或受控电流源),它两端电压取多大呢?根据电流源特性,它的端电压与外电路有关,在电路未求解之前是不知道的。这时可假设该电流源两端电压为 u_x,把 u_x 当做理想电压源一样看待列写基本方程。因为引出了 u_x 这个未知量,所以根据网孔法列出的方程数少于未知量,必须再找一个辅助方程。在本例题中可根据 KCL 列写辅助方程,即

$$i_B-i_A=i_S$$

用网孔法求解图 1.4.5(a)电路所需要的方程为

$$\left.\begin{array}{l}(R_1+R_3)i_A-R_3i_B=-u_x+u_{S1}\\ -R_3i_A+(R_2+R_3)i_B=u_x-u_{S2}\\ -i_A+i_B=i_S\end{array}\right\}\tag{1.4.17}$$

对于本例题可采用另一种更简便的求解方法。将图 1.4.5(a)电路经伸缩扭动变形,使理想电流源所在支路单独属于某一个网孔,如图 1.4.5(b)电路所示,理想电流源单独属于网孔 B,设 i_B 与 i_S 方向一致,则

$$i_B=i_S\quad(\text{成了已知量})$$

所以只需要列出网孔 A 一个方程即可求。网孔 A 的方程为

$$(R_1+R_2)i_A+R_2i_S=u_{S1}-u_{S2}$$

解方程得

$$i_A=\frac{u_{S1}-u_{S2}-R_2i_S}{R_1+R_2}$$

进一步可求得支路电流为

$$i_1=i_A=\frac{u_{S1}-u_{S2}-R_2i_S}{R_1+R_2}$$

$$i_3=i_S$$

$$i_2=i_1+i_3=\frac{u_{S1}-u_{S2}+R_1i_S}{R_1+R_2}$$

1.4.4　节点法

对于一个实际电阻电路，如果能知道每条支路两端的电压，显然不难求出各支路电流、功率等。根据电压定义，如果能知道每个节点的电位，则支路电压容易得到。在一个实际电路中，可以任意选一个节点作为参考点。其余各节点相对于参考点的电压称为各节点的电压。假设一个电路有 n 个节点，选定一个节点为参考点，其余 $n-1$ 个节点的电位如能求得，则电路问题不难求解。节点电压法（简称节点法）就是基于上述想法而提出来的另一类求解电路的简便方法。

如图 1.4.6 所示电路，共有 4 个节点，选节点 4 作为参考点（亦可以选其他点做参考点），设节点 1、2、3 的电压分别为 V_1、V_2、V_3。下面将要说明节点电压变量既是一组相互独立的变量又是一组完备的变量。

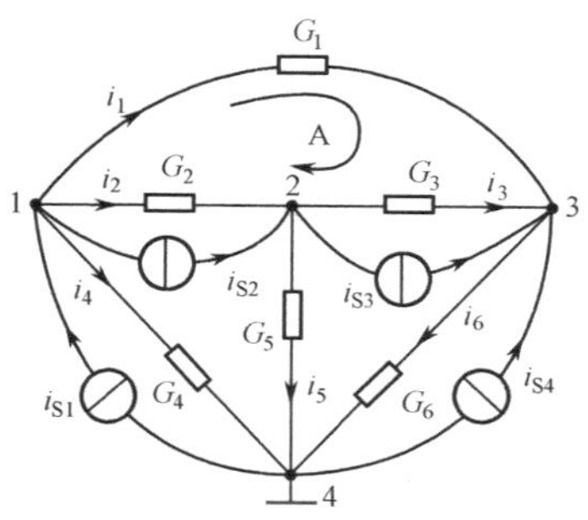

图 1.4.6　节点法分析图

节点电压变量是相互独立的变量。若已知其 V_1、V_2、V_3 3 个电压变量中的任意两个，求不出第三个。这是因为，由所定义的节点电压变量，它们不会处在同一个回路内，所以不能通过 KVL 方程把各个节点电压变量的关系联系起来。或者换一种说法，所定义的节点电压变量自动地满足 KVL。如对电路中的任一个回路（图 1.4.6），有 KVL 方程

$$u_{13}+u_{32}+u_{21}=0$$

若将上式中各电压换算为节点电压差表示，则得

$$V_1-V_3+V_3-V_2+V_2-V_1=0 \tag{1.4.18}$$

式(1.4.18)中，对每一个电压变量来说均出现一次正号，一次负号，自身抵消，式(1.4.18)是恒等式。这就是节点电压变量自动满足 KVL 的含义。

节点电压是完备的变量。由图 1.4.6 显然可以看出，任何支路的电压均可表述为节点电压差。即是说，如果求得了节点电压变量，立刻就可通过电位差关系求得电路中各支路的电压，再由支路电压、电流的关系即可求得各个支路电流，如果需要，进而可求得各个元件上的功率等。以上说明了节点电压变量的完备性。

由 $n-1$ 个独立节点所列写的 KCL 方程相互独立。

以节点电压作为求解变量，列写独立节点的 KCL 方程，解方程组先求得节点电压，进而求得所需要求的电流、电压、功率等，这种求解电路的方法称节点电压法，简称为节点法。应用节点法的关键是如何简便、正确地列写节点电流方程。这里通过一个具体例子归纳总结出简便正确列写节点方程的方法。

【例 1.4.7】 如图 1.4.6 所示。试推导出节点方程通式。

【解】 设节点 4 作为参考点，节点 1、2、3 对应的电压分别为 V_1、V_2、V_3。并设电导支路上的电流参考方向如图 1.4.6 所示。对节点 1、2、3 分别列出 KCL 方程，选流出节点的电流取正号，流入节点的电流取负号，有

$$\left.\begin{aligned}i_1+i_2+i_{S2}+i_4-i_{S1}=0\\-i_2-i_{S2}+i_5+i_{S3}+i_3=0\\-i_1-i_3-i_{S3}+i_6-i_{S4}=0\end{aligned}\right\} \tag{1.4.19}$$

将式(1.4.19)中各未知电流写成节点电压的表示形式，即有

$$\left.\begin{aligned} i_1 &= G_1(V_1 - V_3) \\ i_2 &= G_2(V_1 - V_2) \\ i_3 &= G_3(V_2 - V_3) \\ i_4 &= G_4 V_1 \\ i_5 &= G_5 V_2 \\ i_6 &= G_6 V_3 \end{aligned}\right\} \tag{1.4.20}$$

将式(1.4.20)代入式(1.4.19),并移项整理得

$$\left.\begin{aligned} (G_1 + G_2 + G_4)V_1 - G_2V_2 - G_1V_3 &= i_{S1} - i_{S2} \\ -G_2V_1 + (G_2 + G_3 + G_5)V_2 - G_3V_3 &= i_{S2} - i_{S3} \\ -G_1V_1 - G_3V_2 + (G_1 + G_3 + G_6)V_3 &= i_{S3} + i_{S4} \end{aligned}\right\} \tag{1.4.21}$$

令　　$G_1 + G_2 + G_4 = G_{11}, -G_2 = G_{12}, -G_1 = G_{13}, i_{S1} - i_{S2} = i_{S11},$

$-G_2 = G_{21}, G_2 + G_3 + G_5 = G_{22}, -G_3 = G_{23}, i_{S2} - i_{S3} = i_{S22},$

$-G_1 = G_{31}, -G_3 = G_{32}, G_1 + G_3 + G_6 = G_{33}, i_{S3} + i_{S4} = i_{S33}$

式中,G_{ii}表示第i个节点的自电导,它表示与第i个节点相连的各支路电导之和。

G_{ij}为第i个节点与第j个节点之间的互电导,它表示第i、j两节点之间公共支路电导之和,并取负号。i_{Sii}称为与第i个节点相连的等效电流源。并且流出该节点的电流源取负号,流进该节点的电流源取正号。

于是,将式(1.4.21)改写成 3 个独立节点的电路方程通式,即

$$\left.\begin{aligned} G_{11}V_1 + G_{12}V_2 + G_{13}V_3 &= i_{S11} \\ G_{21}V_1 + G_{22}V_2 + G_{23}V_3 &= i_{S22} \\ G_{31}V_1 + G_{32}V_2 + G_{33}V_3 &= i_{S33} \end{aligned}\right\} \tag{1.4.22}$$

如果电路有n个独立节点,并设各独立节点的电压分别为$V_1, V_2, \cdots, V_n$,不难推导出节点方程通式为

$$\left.\begin{aligned} G_{11}V_1 + G_{12}V_2 + \cdots + G_{1n}V_n &= i_{S11} \\ G_{21}V_1 + G_{22}V_2 + \cdots + G_{2n}V_n &= i_{S22} \\ &\cdots\cdots \\ G_{n1}V_1 + G_{n2}V_2 + \cdots + G_{nn}V_n &= i_{Snn} \end{aligned}\right\} \tag{1.4.23}$$

有了通式(1.4.23)后,在用节点法求解电路时可直接利用通式列写方程。其步骤如下:

① 选参考点,设节点电压变量;

② 利用通式(1.4.23)直接列写节点电压方程;

③ 解方程组,求得各节点电压;

④ 求题目中需求的各量。

【例 1.4.8】 如图 1.4.7 所示。求G_1、G_2、G_3、G_4、G_5中的电流。

【解】 ① 选参考点,设节点电压变量。本题已选好节点 4 作为参考点,设节点 1、2、3 的电压分别为V_1、V_2、V_3。

② 应用通式(1.4.23)直接列写节点电压方程。一般心算出各节点的自电导、互电导和等效电流源数值,代入通式写出方程。在初学阶段列出自电导、互电导、等效电流源的过程也可以。对本例题,有

$G_{11} = G_1 + G_2 = 2 + 1 = 3(\text{S})$

$G_{12} = -2(\text{S})$

$G_{13} = -1(\text{S})$

$i_{S11} = i_{S2} - i_{S1} = 1 - 2 = -1(\text{A})$

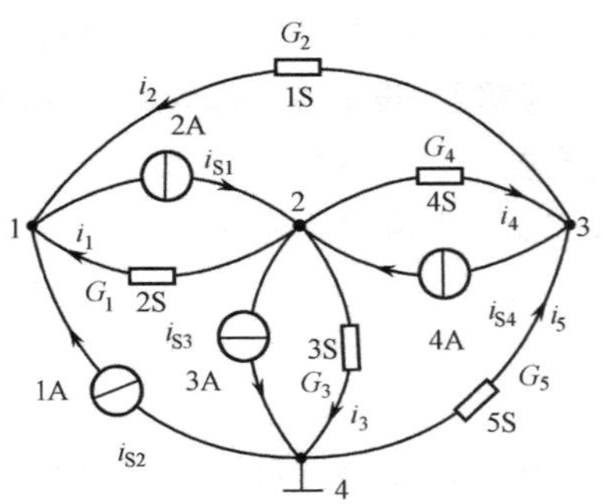

图 1.4.7　例 1.4.8 图

$G_{21}=-2(\mathrm{S})$

$G_{22}=G_1+G_3+G_4=2+3+4=9(\mathrm{S})$

$G_{23}=-4(\mathrm{S})$

$i_{S22}=i_{S1}+i_{S4}-i_{S3}=2+4-3=3(\mathrm{A})$

$G_{31}=-1(\mathrm{S})$

$G_{32}=-4(\mathrm{S})$

$G_{33}=G_2+G_4+G_5=1+4+5=10(\mathrm{S})$

$i_{S33}=-i_{S4}=-4(\mathrm{A})$

将求得的自电导、互电导、等效电流源数值代入通式(1.4.23)，得

$$\left.\begin{aligned}3V_1-2V_2-V_3&=-1\\-2V_1+9V_2-4V_3&=3\\-V_1-4V_2+10V_3&=-4\end{aligned}\right\}\tag{1.4.24}$$

③ 解方程，求出各节点电压。用克莱姆法则解式(1.4.24)方程组，得

$$\boldsymbol{\Delta}=\begin{vmatrix}3&-2&-1\\-2&9&-4\\-1&-4&10\end{vmatrix}=157,\quad \boldsymbol{\Delta}_1=\begin{vmatrix}-1&-2&-1\\3&9&-4\\-4&-4&10\end{vmatrix}=-70$$

$$\boldsymbol{\Delta}_2=\begin{vmatrix}3&-1&-1\\-2&3&-4\\-1&-4&10\end{vmatrix}=7,\quad \boldsymbol{\Delta}_3=\begin{vmatrix}3&-2&-1\\-2&9&3\\-1&-4&-4\end{vmatrix}=-67$$

所以，节点电压

$$V_1=\frac{\boldsymbol{\Delta}_1}{\boldsymbol{\Delta}}=\frac{-70}{157}(\mathrm{V})$$

$$V_2=\frac{\boldsymbol{\Delta}_2}{\boldsymbol{\Delta}}=\frac{7}{157}(\mathrm{V})$$

$$V_3=\frac{\boldsymbol{\Delta}_3}{\boldsymbol{\Delta}}=\frac{-67}{157}(\mathrm{V})$$

④ 由求得的各节点电压，求 G_1、G_2、G_3、G_4、G_5 中的电流。设通过电导 G_1、G_2、G_3、G_4、G_5 的电流分别为 i_1、i_2、i_3、i_4、i_5，参考方向如图 1.4.7 所示，应用欧姆定律可算得 5 个电流分别为

$$i_1=G_1(V_2-V_1)=2\left(\frac{7}{157}+\frac{70}{157}\right)=\frac{154}{157}(\mathrm{A})$$

$$i_2=G_2(V_3-V_1)=1\left(\frac{-67}{157}+\frac{70}{157}\right)=\frac{3}{157}(\mathrm{A})$$

$$i_3=G_3V_2=3\times\frac{7}{157}=\frac{21}{157}(\mathrm{A})$$

$$i_4=G_4(V_2-V_3)=4\left(\frac{7}{157}+\frac{67}{157}\right)=\frac{296}{157}=1\frac{139}{157}(\mathrm{A})$$

$$i_5=G_5(0-V_3)=5\times\frac{67}{157}=2\frac{21}{157}(\mathrm{A})$$

【例 1.4.9】 如图 1.4.8 所示电路，求电压 u 和电流 i。

【解】 本例题中所给电路中，节点 1、4 之间有一个理想电压源，而在节点 2、3 之间有一个电流源与电阻相串联，用节点法分析时可用下列方法处理：

若原电路没有指定参考点，可选择理想电压源支路所连两个节点之一作为参考点，如设节点 4 作为参考点，这时，节点 1

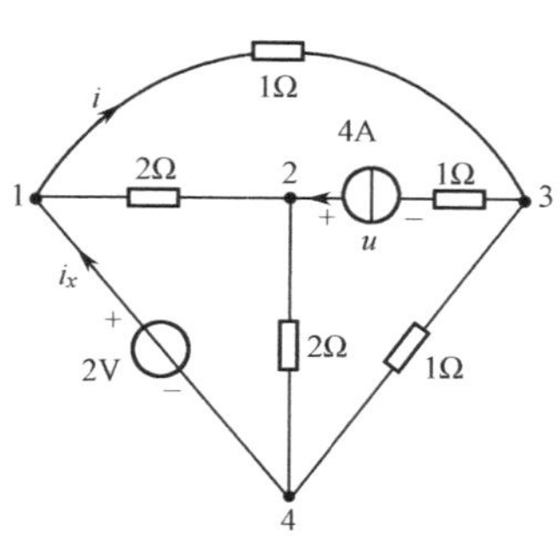

图 1.4.8　例 1.4.9 图

的电位 $V_1=2\text{V}$,不是未知量而是已知量了,这样就少列写一个方程。而一个理想电流源与一个电阻串联,仍可以看做一个理想电流源,且电导仍为 0。现设节点 2、3 的电压分别为 V_2、V_3,由图 1.4.8列写方程为

$$\left.\begin{aligned}\left(\frac{1}{2}+\frac{1}{2}\right)V_2-\frac{1}{2}\times 2=4\\(1+1)V_3-\frac{1}{1}\times 2=-4\end{aligned}\right\}\tag{1.4.25}$$

解式(1.4.25)方程组得

$$V_2=5(\text{V}),\quad V_3=-1(\text{V})$$

由欧姆定律求得

$$i=\frac{u_{13}}{1}=\frac{2+1}{1}=3(\text{A})$$

$$u=u_{23}+1\times 4=V_2-V_3+1\times 4=5-(-1)+4=10(\text{V})$$

【例 1.4.10】 如图 1.4.9 所示电路,求节点 1 的电压 V_1 和电流 i。

【解】 原图已指定节点 3 作为参考点。此例题含有电流源、电压源和受控电流源。利用节点法如何对性质不同的三种电源进行处理是本题求解的关键。对于电压源通过等效变换,变换成电流源。将图 1.4.9 变换成图 1.4.10。设节点 1、2 电压分别为 V_1、V_2。

$$\left.\begin{aligned}&(2+2)V_1-2V_2=8-2i\\&-2V_1+(1+2)V_2=-10-8\\&i=V_2(\text{辅助方程})\end{aligned}\right\}\tag{1.4.26}$$

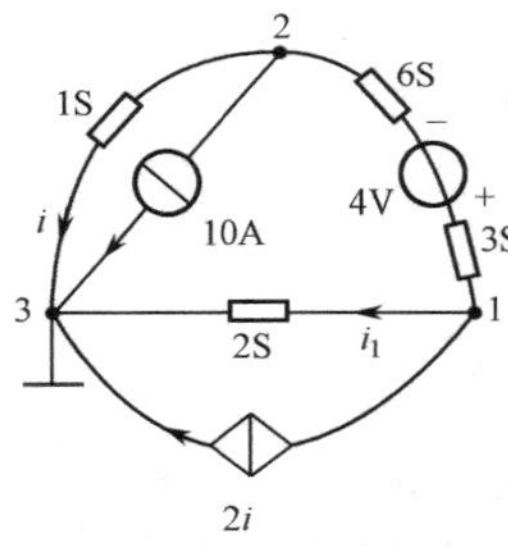

图 1.4.9　例 1.4.10 图

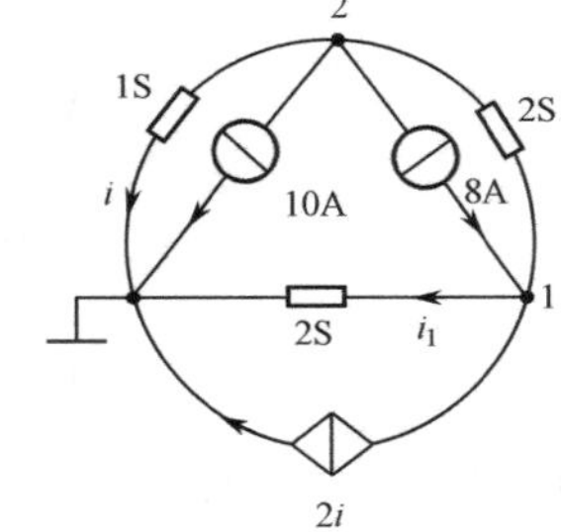

图 1.4.10　等效图

整理式(1.4.26),得

$$\left.\begin{aligned}&4V_1=8\\&-2V_1+3V_2=-18\\&i=V_2\end{aligned}\right\}\tag{1.4.27}$$

解方程组,得

$$V_1=2(\text{V}),\quad V_2=-4\,\frac{2}{3}(\text{V}),\quad i=-4\,\frac{2}{3}(\text{A})$$

1.5　电路的基本定理

本节主要讨论电路的基本定理。这些定理是电路理论的重要组成部分,对于进一步学习后续课程及今后工作中都起着重要作用。同时,这些定理也为求解电路问题提供了另一类分析方法,常称之为等效变换法。

1.5.1　叠加定理和齐次定理

1. 叠加定理

叠加定理：在任何由线性元件、线性受控源及独立源组成的线性电路中，每一支路的响应（电压或电流）都可以看成是各个独立电源单独作用时，在该支路中产生响应的代数和。

叠加定理是线性电路的重要定理，当电路中有多种（或多个）信号激励时，它为研究响应与激励的关系提供了理论依据和方法，并经常作为建立其他电路定理的基础。

下面证明叠加定理的正确性。可通过一任意的具有 m 个网孔的线性电路加以证明。设各网孔的电流分别为 $i_1,i_2,\cdots,i_m$，则该电路的网孔方程为

$$\left.\begin{aligned} R_{11}i_1+R_{12}i_2+\cdots+R_{1m}i_m&=u_{S11}\\ R_{21}i_1+R_{22}i_2+\cdots+R_{2m}i_m&=u_{S22}\\ &\cdots\cdots\\ R_{m1}i_1+R_{m2}i_2+\cdots+R_{mm}i_m&=u_{Smm}\end{aligned}\right\}$$

根据克莱姆法则，解式(1.4.12)求 i_1。

$$\boldsymbol{\Delta}=\begin{vmatrix} R_{11} & R_{12} & \cdots & R_{1m}\\ R_{21} & R_{22} & \cdots & R_{2m}\\ \vdots & \vdots & & \vdots\\ R_{m1} & R_{m2} & \cdots & R_{mm}\end{vmatrix}$$

$$\boldsymbol{\Delta}_1=\begin{vmatrix} u_{S11} & R_{12} & \cdots & R_{1m}\\ u_{S22} & R_{22} & \cdots & R_{2m}\\ \vdots & \vdots & & \vdots\\ u_{Smm} & R_{m2} & \cdots & R_{mm}\end{vmatrix}$$

$$=\boldsymbol{\Delta}_{11}u_{S11}+\boldsymbol{\Delta}_{21}u_{S22}+\cdots+\boldsymbol{\Delta}_{j1}u_{Sjj}+\cdots+\boldsymbol{\Delta}_{m1}u_{Smm} \tag{1.5.1}$$

式(1.5.1)中：$\boldsymbol{\Delta}_{j1}$ 为 $\boldsymbol{\Delta}$ 中第一列第 j 行元素对应的代数余子式，$j=1,2,\cdots,m$，例如

$$\boldsymbol{\Delta}_{11}=(-1)^{1+1}\begin{vmatrix} R_{22} & R_{23} & \cdots & R_{2m}\\ R_{32} & R_{33} & \cdots & R_{3m}\\ \vdots & \vdots & & \vdots\\ R_{m2} & R_{m3} & \cdots & R_{mm}\end{vmatrix}$$

$$\boldsymbol{\Delta}_{21}=(-1)^{2+1}\begin{vmatrix} R_{12} & R_{13} & \cdots & R_{1m}\\ R_{32} & R_{33} & \cdots & R_{3m}\\ \vdots & \vdots & & \vdots\\ R_{m2} & R_{m3} & \cdots & R_{mm}\end{vmatrix}$$

u_{Sjj} 为第 j 个网孔独立电压源的代数和。所以

$$i_1=\frac{\boldsymbol{\Delta}_1}{\boldsymbol{\Delta}}=\frac{\boldsymbol{\Delta}_{11}}{\boldsymbol{\Delta}}u_{S11}+\frac{\boldsymbol{\Delta}_{21}}{\boldsymbol{\Delta}}u_{S22}+\cdots+\frac{\boldsymbol{\Delta}_{m1}}{\boldsymbol{\Delta}}u_{Smm} \tag{1.5.2}$$

若令

$$k_{11}=\boldsymbol{\Delta}_{11}/\boldsymbol{\Delta},k_{21}=\boldsymbol{\Delta}_{21}/\boldsymbol{\Delta},\cdots,k_{m1}=\boldsymbol{\Delta}_{m1}/\boldsymbol{\Delta}$$

代入式(1.5.2)得

$$i_1=k_{11}u_{S11}+k_{21}u_{S22}+\cdots+k_{m1}u_{Smm} \tag{1.5.3}$$

式中，$k_{11},k_{21},\cdots,k_{m1}$ 是与电路结构、元件参数及线性受控源有关的常数。

式(1.5.3)说明了第一个网孔中的电流 i_1 可以看做是各网孔等效独立电压源分别单独作用时在第一个网孔所产生电流的代数和。

同理可求得其他网孔电流，即

$$\left.\begin{aligned} i_1 &= k_{11}u_{S11} + k_{21}u_{S22} + \cdots + k_{m1}u_{Smm} \\ i_2 &= k_{12}u_{S11} + k_{22}u_{S22} + \cdots + k_{m2}u_{Smm} \\ &\cdots\cdots \\ i_m &= k_{1m}u_{S11} + k_{2m}u_{S22} + \cdots + k_{mm}u_{Smm} \end{aligned}\right\} \tag{1.5.4}$$

因电路中任意支路的电流是流经该支路的各网孔电流的代数和,又各网孔等效独立电压源等于各网孔内独立电压源的代数和,所以电路中任意支路的电流都可以看做是电路中各独立源单独作用时在该支路中产生电流的代数和;电路中各支路的电压与支路电流呈一次函数关系,所以电路中任一支路的电压也可以看做是电路中各独立源单独作用时在该支路两端产生电压的代数和。由此可见,对任意线性电路,叠加定理都是成立的。

在使用叠加定理时应注意如下几点:

① 叠加定理只适用于线性电路求解电压和电流响应而不能用来计算功率。这是因为线性电路中的电压和电流与激励(独立源)成线性关系,而功率与激励不是线性关系。

② 应用叠加定理求电压、电流是代数量的叠加,应特别注意各代数量的符号。若某一个独立源作用时在某一支路产生响应的参考方向与所求这一支路响应的参考方向一致取正号,反之取负号。

③ 当某一独立源作用时,其他独立源都应等于零(即独立电压源短路,独立电流源开路)。

④ 若电路中含有受控源,应用叠加定理时,受控源不能单独作用(若要单独作用反而使分析求解更加复杂),在独立源每次单独作用时受控源都要保留其中,其数值随每一独立源单独作用时控制量数值的变化而变化。

⑤ 叠加的方式是任意的,可以一次使一个独立源单独作用,也可以一次使几个独立源同时作用。基于这一点可以对电路中的多个独立源分组作用,其分组的基本原则是,在各分解电路中求解欲求的响应要方便易行。

【例 1.5.1】 如图 1.5.1(a)所示,求电流 i_1。

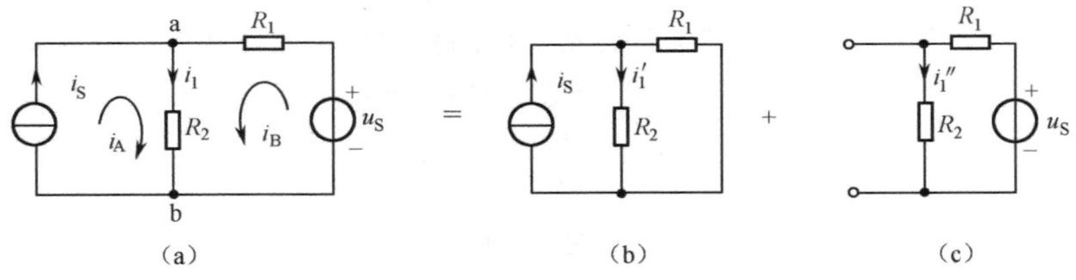

图 1.5.1 例 1.5.1 图

【解】 此题含有两个不同类型的独立源(电压源与电流源)。两个网孔,一个独立节点。对于此题有多种解法。

方法 1:利用网孔法求解。

设网孔电流为 i_A、i_B。由图可知,$i_A = i_S$,对网孔 B 列出的 KVL 方程为

$$(R_1 + R_2)i_B + R_2 i_S = u_S$$

所以

$$i_B = \frac{u_S}{R_1 + R_2} - \frac{R_2}{R_1 + R_2} i_S$$

于是

$$i_1 = i_A + i_B = \frac{1}{R_1 + R_2} u_S + \frac{R_1}{R_1 + R_2} i_S \tag{1.5.5}$$

方法 2:利用节点法求解。

选节点 b 为参考点,列节点 a 方程为

$$\left(\frac{1}{R_1} + \frac{1}{R_2}\right) V_A = i_S + \frac{u_S}{R_1}$$

解上述方程得

$$V_A=\frac{R_1R_2}{R_1+R_2}i_S+\frac{R_2}{R_1+R_2}u_S$$

于是

$$i_1=\frac{V_A}{R_2}=\frac{R_1}{R_1+R_2}i_S+\frac{1}{R_1+R_2}u_S \tag{1.5.6}$$

方法 3：利用叠加定理求解。

将图 1.5.1(a)画成图(b)＋图(c)的形式。

根据图 1.5.1(b)得 $$i_1'=\frac{R_1}{R_1+R_2}i_S$$

根据图 1.5.1(c)得 $$i_1''=\frac{1}{R_1+R_2}u_S$$

于是

$$i_1=i_1'+i_1''=\frac{1}{R_1+R_2}u_S+\frac{R_1}{R_1+R_2}i_S \tag{1.5.7}$$

比较式(1.5.5)、式(1.5.6)和式(1.5.7)可见，结果完全一样。通过具体实际例子再一次证明了叠加定理的正确性。

【例 1.5.2】 用叠加定理求图 1.5.2(a)电路中的电压 u。

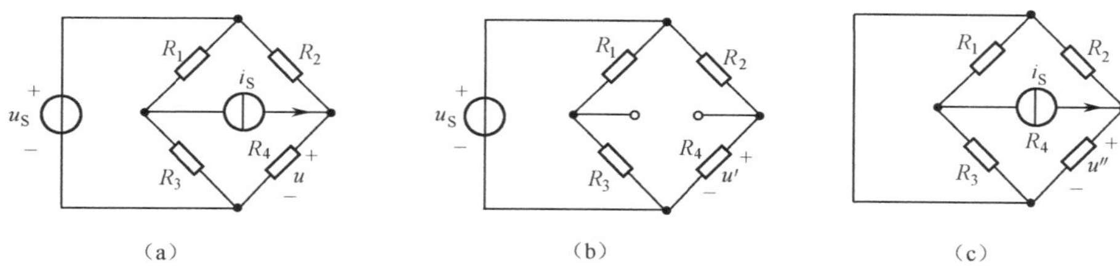

图 1.5.2　例 1.5.2 图

【解】 画出独立电压源 u_S 和独立电流源 i_S 单独作用的电路，如图 1.5.2(b)和图 1.5.2(c)所示。由此分别求得 u' 和 u''，然后根据叠加定理将 u' 和 u'' 相加得到电压 u 为

$$u'=\frac{R_4}{R_2+R_4}u_S,\qquad u''=\frac{R_2R_4}{R_2+R_4}i_S$$

$$u=u'+u''=\frac{R_4}{R_2+R_4}(u_S+R_2i_S)$$

【例 1.5.3】 电路如图 1.5.3(a)所示。已知 $r=2\Omega$，试用叠加定理求电流 I 和电压 U。

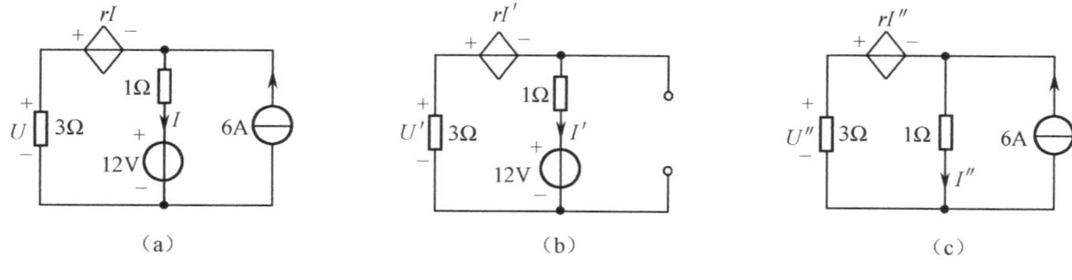

图 1.5.3　例 1.5.3 图

【解】 画出 12V 独立电压源和 6A 独立电流源单独作用的电路，如图 1.5.3(b)和图 1.5.3(c)所示。(注意在每个电路内均保留受控源，但控制量分别改为分电路中的相应量)。由图 1.5.3(b)所示电路，列出 KVL 方程

$$2I'+I'+12-U'=0$$

求得

$$I'=-2(\mathrm{A})$$

$$U'=-3I'=6(\mathrm{V})$$

由图 1.5.3(c)电路,列出 KVL 方程

$$2I''+I''+3(I''-6)=0$$

求得

$$I''=3(\mathrm{A})$$

$$U''=3(6-I'')=9(\mathrm{V})$$

最后得到

$$I=I'+I''=-2\mathrm{A}+3\mathrm{A}=1(\mathrm{A})$$

$$U=U'+U''=6\mathrm{V}+9\mathrm{V}=15(\mathrm{V})$$

2. 齐次定理

线性电路的另一个重要特性就是齐次性(又称为比例性或均匀性),把该性质总结为线性电路中另一个重要定理——齐次定理。

齐次定理表述为:当一个激励源(独立电压源或独立电流源)作用于线性电路时,其任意支路的响应(电压或电流)与该激励源成正比。

由式(1.5.3)联想推理不难看出齐次定理的正确性。设只有一个电压激励源 u_S 且处在第 1 个网孔内,对照式(1.5.3),应有

$$u_{S11}=u_S, u_{S22}=u_{S33}=\cdots=u_{Smm}=0$$

所以电流

$$i_1=k_{11}u_S \tag{1.5.8}$$

由式(1.5.8)容易看出,响应 i_1 与激励成正比关系。

若线性电路中有多个激励源作用,由叠加定理和齐次定理的结合应用,不难得到这样的结论:在线性电路中,当全部激励源同时增大到 K 倍,其电路中任何支路的响应(电压或电流)亦增大 K 倍。

【例 1.5.4】 如图 1.5.4 所示 T 形电阻网络,求电流 i_1。

【解】 对于本例一般采用"逆推法"求解时往往快一些。即先对某个电压或电流设一便于计算的值,最后再按齐性定理予以修正。

设 $i_1=1\mathrm{A}$,则

$$i_2=1(\mathrm{A})$$
$$i_3=i_1+i_2=2(\mathrm{A})$$
$$i_4=i_3=2(\mathrm{A})$$
$$i_5=i_3+i_4=2+2=4(\mathrm{A})$$
$$i_6=i_5=4(\mathrm{A})$$
$$i_7=i_5+i_6=4+4=8(\mathrm{A})$$

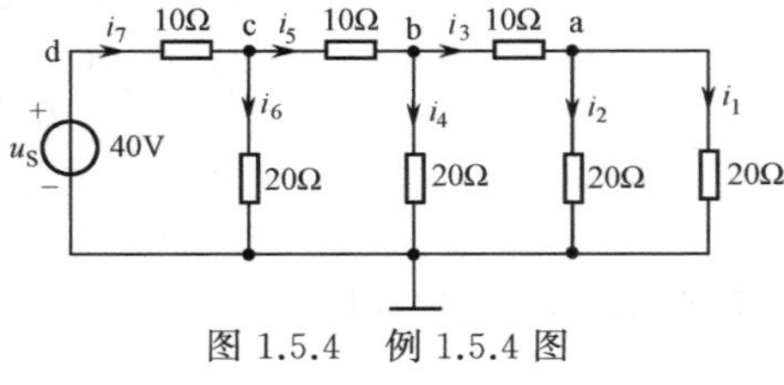

图 1.5.4 例 1.5.4 图

于是 $u=i_7\times10+i_6\times20=8\times10+4\times20=160(\mathrm{V})$

根据齐次定理得

$$\frac{i_1}{1}=\frac{40}{160}$$

故

$$i_1=\frac{1}{4}=0.25(\mathrm{A})$$

【例 1.5.5】 如图 1.5.5 所示电路,N 为不含独立源的线性电阻网络。

已知: 当 $u_S=12\mathrm{V}$、$i_S=4\mathrm{A}$ 时,$u=0$;

当 $u_S=-12\mathrm{V}$、$i_S=-2\mathrm{A}$ 时,$u=-1\mathrm{V}$。

求 $u_S=9\mathrm{V}$、$i_S=-1\mathrm{A}$ 时的电压 u。

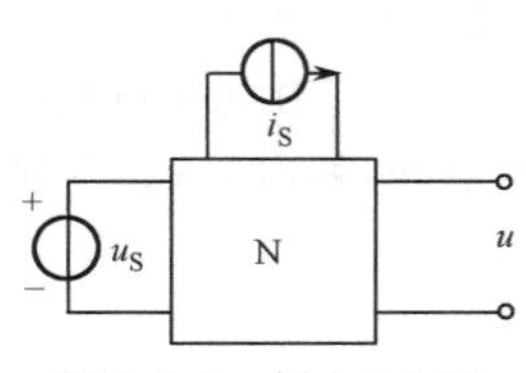

图 1.5.5 例 1.5.5 图

【解】 应用网孔法、节点法是无法求解本问题的,这是因为网络内部结构不详无法列写方程而致。但若采用叠加定理、齐次定理相结合求解本例电路,那就是容易之事。

根据叠加定理可得

$$u = k_1 u_S + k_2 i_S \tag{1.5.9}$$

式中，k_1、k_2 为未知的比例常数，其中 k_1 为无量纲量，k_2 的单位为 Ω。

将已知的测试数据代入式(1.5.9)，得

$$\begin{cases} k_1 \times 12 + k_2 \times 4 = 0 \\ k_1 \times (-12) + k_2 \times (-2) = -1 \end{cases} \tag{1.5.10}$$

解式(1.5.10)得

$$k_1 = \frac{1}{6} \qquad k_2 = -\frac{1}{2}$$

再将 k_1、k_2 数值及 $u_S = 9\text{V}$，$i_S = -1$ 代入式(1.5.10)，得

$$u = k_1 u_S + k_2 i_S = \frac{1}{6} \times 9 + (-\frac{1}{2}) \times (-1) = 2(\text{V})$$

1.5.2　替代定理

替代定理又称置换定理，它是集总参数电路理论中一个重要的定理。从理论上讲，无论线性、非线性、时变、时不变电路，替代定理均是成立的。不过，在线性时不变电路分析问题中替代定理应用得十分普遍。

替代定理可表述为：具有唯一解的电路中，若知某支路 K 的电压 u_K、电流 i_K，且该支路与电路中其他支路无耦合，则该支路无论是由什么元件组成的，都可以用下列任何一个元件去替代：

① 电压等于 u_K 的理想电压源；

② 电流等于 i_K 的理想电流源；

③ 阻值为 u_K/i_K 的电阻（u_K 与 i_K 参考方向关联）。

替代之后该电路中其余部分的电压、电流均保持不变。

替代定理的正确性可以作如下解释：在数学中知道，对给定的有唯一解的一组方程，其中任何一个未知量，如用它的解答去代替(或置换)，不仅不会引起方程中其他任何未知量的解答在数值上有所改变，而且使求解变得简单易行。例如利用节点电位法求解电路问题时，如果已知 K 支路两端的电压 u_K，在合理选择参考点的情况下，则所列的节点方程组会少一个方程，使求解变得简单易行。

在分析电路时，经常使用置换定理化简电路，辅助其他方法求解。在推导许多新的定理与等效变换方法时也常用到替代定理。在实际工作中，在测试电路或测试设备中采用假负载(或称模拟负载)的理论依据，就是替代定理。

【例 1.5.6】 如图 1.5.6(a)所示电路，已知电压 $u=4.5\text{V}$，求电阻 R。

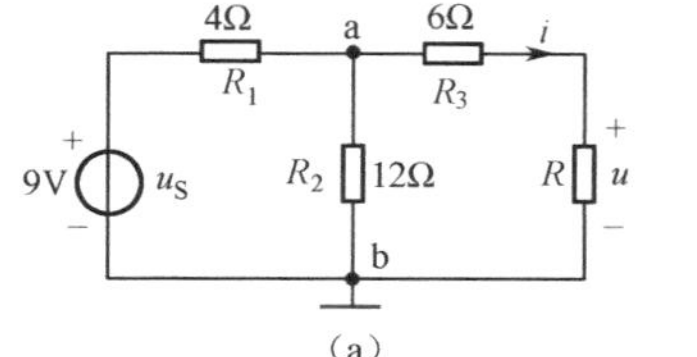

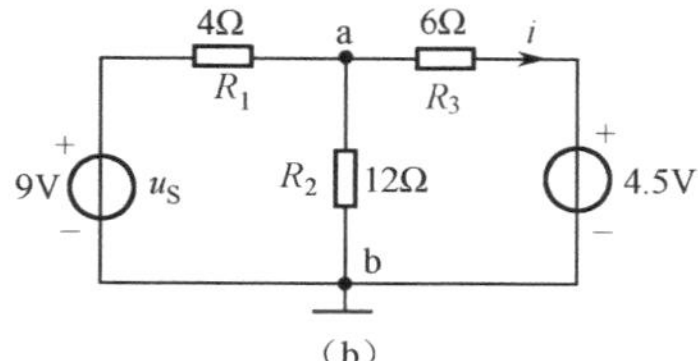

图 1.5.6　例 1.5.6 图

【解】 此例如果采用电阻串、并联等效，分压关系求得 u 用 R 的表达式，再令 $u=4.5\text{V}$ 解得 R，概念上完全正确，但这种思路的求解过程较繁琐，不如应用替代定理结合节点法求解简便。

应用替代定理将图 1.5.6(a)等效为图 1.5.6(b)。设参考节点为 b。节点 a 如图 1.5.6(b)所示。列节点方程为

$$\left(\frac{1}{4}+\frac{1}{12}+\frac{1}{6}\right)V_a=\frac{9}{4}+\frac{4.5}{6}$$

解上述方程得 V_a 为6V，则

$$i=\frac{V_a-4.5}{R_3}=\frac{6-4.5}{6}=0.25(\text{A})$$

得

$$R=\frac{u}{i}=\frac{4.5}{0.25}=18(\Omega)$$

【例1.5.7】 如图1.5.7(a)所示电路，求电流 i_1。

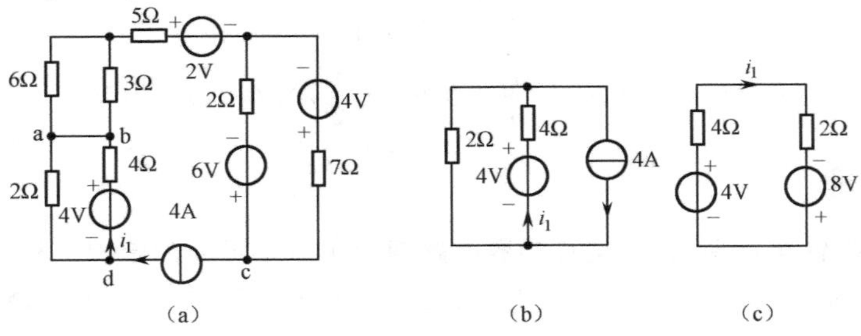

图1.5.7 例1.5.7图

【解】 这个电路看起来比较复杂，但仔细观察可以发现，若将短路线ab压缩成一点，图1.5.7(a)中6Ω与3Ω并联等效为2Ω。从ab点经过c点到d点为一条支路，且知一条支路电流为4A理想电流源所限定，应用替代定理把该支路用4A理想电流源置换，如图1.5.7(b)所示。再利用电源互换将图1.5.7(b)等效为图1.5.7(c)，即可解得

$$i_1=\frac{8+4}{4+2}=2(\text{A})$$

类似这样的问题应用替代定理等效比直接用网孔法、节点法列方程求解要简便得多。

【例1.5.8】 如图1.5.8(a)所示电路，求电压 U。

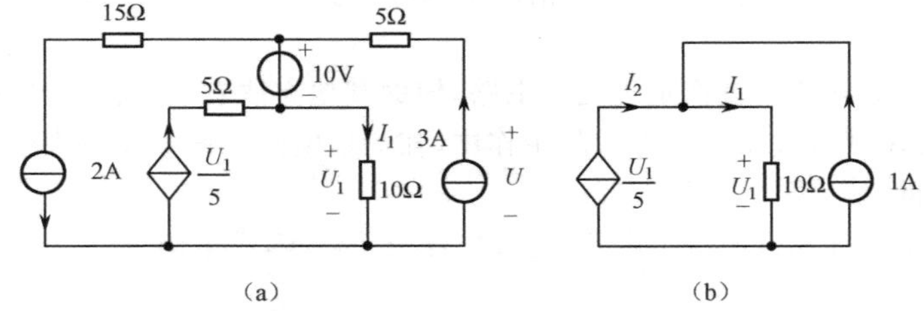

图1.5.8 例1.5.8图

【解】 应用替代定理，先将2A电流源与15Ω串联支路、3A电流源与5Ω串联支路、$U_1/5$受控电流源与5Ω串联支路分别替代为2A、3A、$U_1/5$的电流源。应用电流源并联等效及再次应用替代定理，将图1.5.8(a)等效为图1.5.8(b)，则

$$I_1=\frac{U_1}{10},\quad I_2=\frac{U_1}{5}\quad 又\quad I_1-I_2=1$$

即

$$\frac{U_1}{10}-\frac{U_1}{5}=1$$

所以

$$U_1=-10(\text{V})$$

回到图1.5.8(a)，得

$$U=3\times5+10-10=15(\text{V})$$

1.5.3 戴维南定理与诺顿定理

在电路问题的分析中，有时只研究某一个支路的电压、电流或功率，对所研究支路的两端来说，电路的其余部分就成为一个有源二端网络。戴维南定理和诺顿定理说明的就是如何将一个有源线性二端网络等效成一个电源的重要定理。如果将有源二端网络等效成电压源形式，应用的则是戴维南定理，如果将有源二端网络等效成电流源形式，应用的则是诺顿定理。

1. 戴维南定理

戴维南定理(Thevenin's Theorem)可表述为：一个含独立源、线性受控源、线性电阻的二端电路 N，对其两个端子来说都可等效为一个理想电压源串联内阻的模型。其理想电压源的数值为有源二端网络 N 的两个端子间的开路电压 u_{oc}，串联的内阻为 N 内部所有独立源等于零(理想电压源短路、理想电流源开路)，受控源保留时两端子间的等效电阻 R_{eq}，常记做 R_o。

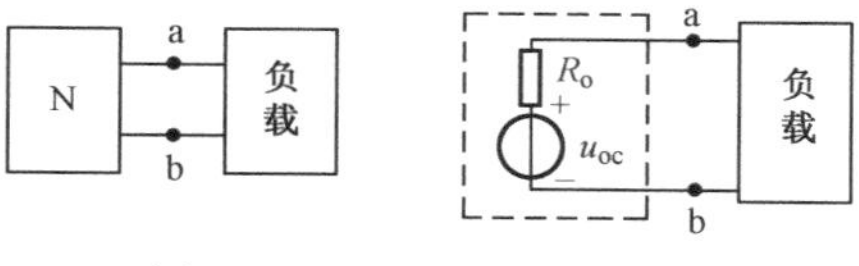

(a)　(b)

图 1.5.9　戴维南定理示意图

戴维南定理可用图 1.5.9 来表示。图中：u_{oc} 电压源串联 R_o 的模型称为戴维南等效电源；负载可以是任意的线性或非线性支路。

2. 诺顿定理

诺顿定理(Norton's Theorem)可表述为：一个含独立源、线性受控源、线性电阻的二端电路 N，对其两个端子来说都可等效为一个理想电流源并联内阻的模型。其理想电流源的数值为有源二端网络 N 的两个端子间的短路电流 i_{sc}，并联的内阻等于 N 内部所有独立源为零时电路两端子间的等效电阻，记做 R_o。图 1.5.10为表述诺顿定理的示意图。i_{sc} 电流源并联 R_o 模型称二端网络 N 的诺顿等效电源。

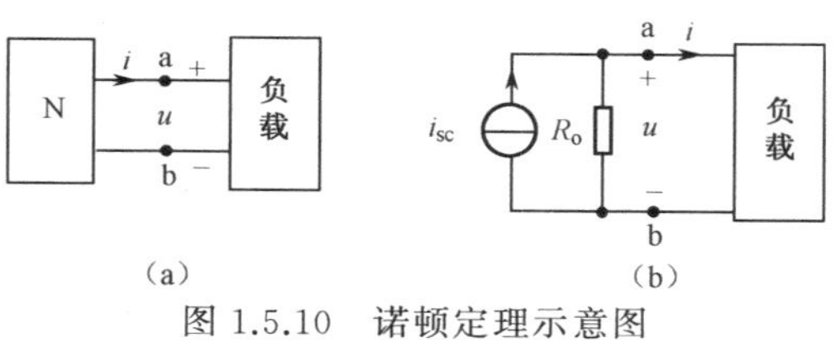

(a)　(b)

图 1.5.10　诺顿定理示意图

3. 开路电压 u_{oc}、短路电流 i_{sc} 和内阻 R_o 的求取方法

(1) 开路电压 u_{oc} 的求取方法

先将负载支路断开，并假设 u_{oc} 的参考方向，如图 1.5.11(a)所示。然后计算该电路的端电压 u_{oc}，其计算方法视具体电路形式而定。

(2) 短路电流 i_{sc} 的求取方法

先将负载支路短路，并假设 i_{sc} 的参考方向，如图 1.5.11(b)所示。然后计算该电路的短路电流 i_{sc}，其计算方法视具体电路形式而定。

(3) 内阻 R_o 的求取方法

内阻 R_o 的求取方法诸多，视有源二端网络中内部电路的形式不同可采用不同的方法。

① 伏安法。

所谓伏安法，就是对二端网络 N 假设端子上电压、电流参考方向之后，根据网络 N 内部结构情况(注意：用到的电压、电流均应假设参考方向)，应用 KCL、KVL 及欧姆定律，推导出网络 N 两个端子上的电压、电流的关系式(VCR)，即两个端子间的伏安关系(VAR)。因网络 N 是线性的，所以写出的 VAR 是一次式，即

$$u = u_{oc} - R_o i$$

它的常数项就是开路电压 u_{oc}，电流 i 前面的系数就是等效内阻 R_o。这种求解法不仅求得了内阻

R_o,而且还求得了开路电压 u_{oc}。

② 开路、短路法。

先将负载开路,求得开路电压 u_{oc},然后再将负载短路,求得短路电流 i_{sc}(注意:u_{oc}与 i_{sc}的参考方向应关联),如图 1.5.11 所示,则等效内阻为

$$R_o=\frac{u_{oc}}{i_{sc}} \tag{1.5.11}$$

还应注意,求 u_{oc}、i_{sc}时网络 N 内所有独立源、受控源均保留。

(a) 求u_{oc}电路　　(b) 求i_{sc}电路

图 1.5.11　求开路电压 u_{oc} 和短路电流 i_{sc}

(a) 外加电压源　　(b) 外加电流源

图 1.5.12　外加电源法求内阻 R_o 的示意图

③ 外加电源法。

令有源二端网络 N 所有的独立源为 0(理想电压源短路、理想电流源开路),若含有受控源,受控源要保留,这时的二端网络用 N_o 表示。在 N_o 两端子间外加电源。若加电压源 u,就求端子上的电流 i(i 与 u 对 N_o 二端网络来说参考方向关联),如图 1.5.12(a)所示;若加电流源 i,就求端子间的电压 u,如图 1.5.12(b)所示。N_o 两端子间的等效电阻为

$$R_{eq}=R_o=\frac{u}{i} \tag{1.5.12}$$

④ 电阻等效法。

若二端网络 N 内不含受控源,则由 N 变为 N_o 的电路是不含受控源的纯电阻二端网络,常记为 N_R,这种情况的绝大多数都是可以用电阻串、并联等效,或经△形、Y 形互换等效后再经电阻串、并联等效求 R_o。

4. 戴维南定理与诺顿定理的应用举例

应用戴维南定理与诺顿定理分析电路的关键是求二端网络 N 的开路电压 u_{oc}、短路电流 i_{sc} 及内阻 R_o。下面举几个典型的例子进一步说明这两个定理的应用,并从中归纳出利用两定理分析电路的简明步骤。

【例 1.5.9】 如图 1.5.13(a)所示电路,负载电阻 R_L 可以改变。求 $R_L=2\Omega$ 时其上的电流 i;若 R_L 改变为 4Ω,再求电流 i。

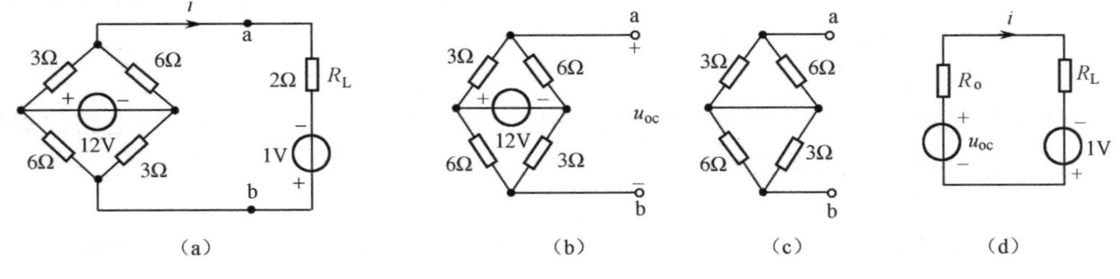

图 1.5.13　例 1.5.9 图

【解】 ① 求开路电压 u_{oc}。

设 u_{oc}的参考方向如图 1.5.13(b)所示。由分压关系得

$$u_{oc}=\frac{6}{3+6}\times 12-\frac{3}{3+6}\times 12=4(\mathrm{V})$$

② 求等效内阻 R_o。

将图 1.5.13(b)中电压源短路，电路变为图 1.5.13(c)。应用电阻串、联等效，求解

$$R_o = 3 \,/\!/\, 6 + 6 \,/\!/\, 3 = 4(\Omega)$$

③ 由求得的 u_{oc} 和 R_o，画出戴维南电源，接上待求支路，如图 1.5.13(d)所示。

则
$$i = \frac{u_{oc}+1}{R_o+R_L} = \frac{4+1}{4+R_L} = \frac{5}{4+R_L}$$

当 $R_L = 2\Omega$ 时
$$i = \frac{5}{4+2} = \frac{5}{6}(\text{A})$$

当 $R_L = 4\Omega$ 时
$$i = \frac{5}{4+4} = \frac{5}{8}(\text{A})$$

【例 1.5.10】 如图 1.5.14(a)所示电路，求电压 u。

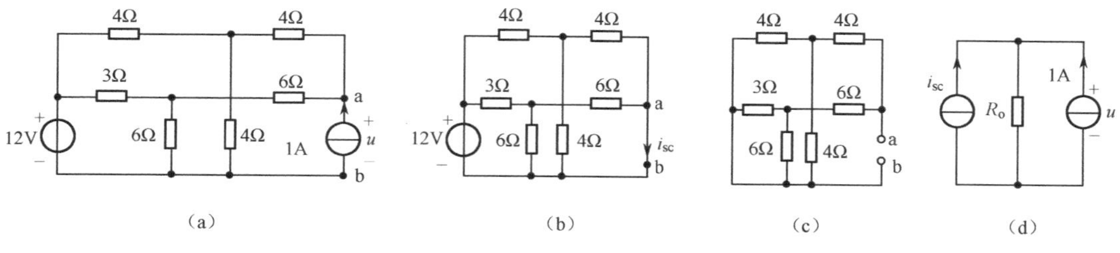

图 1.5.14　例 1.5.10 图

【解】 这个问题用诺顿定理比较方便，因为 a、b 处断开待求支路后，开路电压没有短路电流容易求。

① 求短路电流 i_{sc}：

自 a、b 处断开电流源，再将 a、b 短路，设 i_{sc} 参考方向如图 1.5.14(b)所示。由电阻串并联等效、分流关系及 KCL 可求得

$$i_{sc} = \frac{12}{6 \,/\!/\, 6 + 3} \times \frac{6}{6+6} + \frac{12}{4 \,/\!/\, 4 + 4} \times \frac{4}{4+4} = 1 + 1 = 2(\text{A})$$

② 求等效内阻 R_o：

将图 1.5.14(b)中的 12V 电压源短路，并将 a、b 间短路断开，如图 1.5.14(c)所示。应用串并联等效可求得

$$R_o = (3 \,/\!/\, 6 + 6) \,/\!/\, (4 \,/\!/\, 4 + 4) = \frac{24}{7}(\Omega)$$

③ 画出诺顿等效电源，接上待求支路，如图 1.5.14(d)所示。应用 KCL 及欧姆定律得

$$u = (2+1) \times \frac{24}{7} = \frac{72}{7} = 10\,\frac{2}{7}(\text{V})$$

从例 1.5.9 和例 1.5.10 可以看出，如果只求某一个支路的电压、电流或功率，应用戴维南定理(或诺顿定理)求解是比较方便的，一般可以避免解多元方程组的麻烦。至于是采用戴维南定理还是采用诺顿定理，视具体情况而定。选择的原则是求解简便。例如例 1.5.9宜采用戴维南定理，例 1.5.10 宜采用诺顿定理。

【例 1.5.11】 如图 1.5.15(a)所示电路，求负载电阻 R_L 上消耗的功率 P_L。

【解】 ① 求 u_{oc}。将图 1.5.15(a)中受控电流源与相并联的 50Ω 电阻互换为受控电压源(为方便问题的求解，对电路先作局部等效)，并自 a、b 断开待求支路，设 u_{oc} 参考方向如图 1.5.15(b)所示。由 KVL 得

$$100i_1' + 200i_1' + 100i_1' = 40$$

所以
$$i_1' = 0.1(\text{A}),\quad u_{oc} = 100i_1' = 10(\text{V})$$

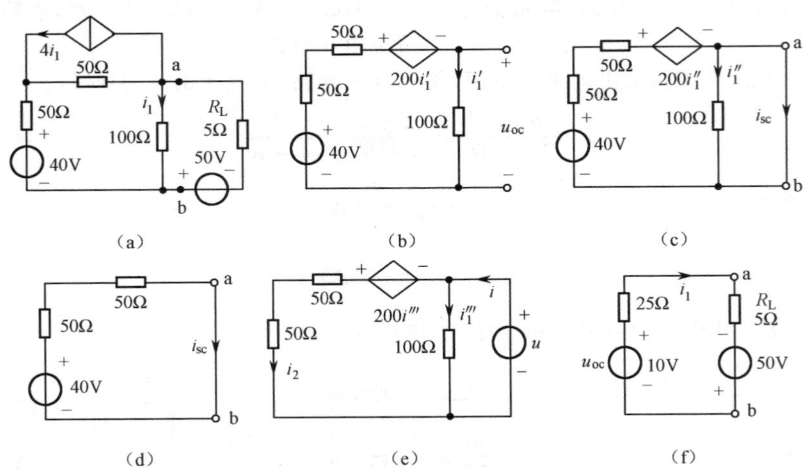

图 1.5.15　例 1.5.11 图

② 求 R_o。先用开路、短路法求 R_o。将图 1.5.15(b)中 a、b 两端子短路并设短路电流 i_{sc} 的参考方向如图 1.5.15(c)所示。由图可知 $i''_1=0$，从而受控电压源

$$200i''_1=0(\text{相当于短路})$$

这样图 1.5.15(c)等效为图 1.5.15(d)，显然

$$i_{sc}=\frac{40}{100}=0.4(\mathrm{A})$$

所以，由式(1.5.11)得

$$R_o=\frac{u_{oc}}{i_{sc}}=\frac{10}{0.4}=25(\Omega)$$

还可以用外加电源法求 R_o。将图 1.5.15(b)中 40V 独立电压源短路，受控源保留，并在 a、b 端子间加电压源 u，设各支路电流如图 1.5.15(e)所示。由图可算得

$$i'''_1=\frac{u}{100}$$

由 KVL，得

$$i_2=\frac{u+200i'''_1}{100}=\frac{3}{100}u$$

据 KCL，有

$$i=i'''_1+i_2=\frac{u}{100}+\frac{3}{100}u=\frac{1}{25}u$$

由式(1.5.12)，得

$$R_o=\frac{u}{i}=25(\Omega)$$

与用开路、短路法求得的 R_o 相同。

③ 画出戴维南等效电源，接上待求支路，如图 1.5.15(f)所示。由图可得

$$i_L=\frac{u_{oc}+50}{R_o+R_L}=\frac{10+50}{25+5}=2(\mathrm{A})$$

所以负载 R_L 上消耗的功率

$$P_L=R_L\,i_L^2=5\times 2^2=20(\mathrm{W})$$

在分析含受控源的电路时要注意受控源受控制的特点，当电路改变状态时(如端子开路、短路等)控制量将发生变化，它必定引起受控源的变化，在本例图 1.5.15(b)、(c)和(e)中分别用 i'_1、i''_1 和 i'''_1 表示 100Ω 电阻上电流就是出于这种考虑。用“开路、短路法”、“外加电源法”两种方法当中的一种方法求含受控源电路的等效内阻 R_o 即可，本例是为了示范与比较，所以用两种方法分别求了 R_o。就本例的具体结构特点(图 1.5.15(b))，当两端子一短路，使控制量 $i''_1=0$，从而受控源

$200i''_1$ 也为零，所以使 R_o 的求解变简单了。由此不能说，今后遇含受控源的电路问题都是用"开路、短路法"求 R_o 简单。不能一概而论，要具体问题具体分析。一般而言，因为"外加电源法"所用的 N_o 网络是经理想电压源短路、理想电流源开路处理后由网络 N 变来的，结构上趋向简化（节点数、支路数可能减少），所以用"外加电源法"求含受控源电路的等效内阻 R_o 或许会简单一些。

【例 1.5.12】 如图 1.5.16(a)所示电路，已知当 $R_L=9\Omega$ 时 $I_L=0.4A$，若 R_L 改变为 7Ω 时，其上的电流为多大？

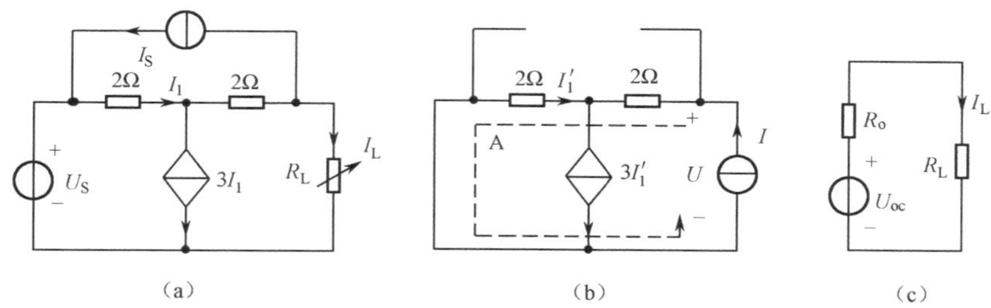

图 1.5.16　例 1.5.12 图

【解】 本题不要按"常规"的戴维南定理求解问题的步骤进行，而要先求等效内阻 R_o。请读者注意，要想通过给定条件去求得 U_S、I_S 是不可能的，这是因为给定的是一个条件，而待求量 U_S、I_S 是两个变量。

① 求 R_o。画外加电源法求 R_o 的电路如图 1.5.16(b)所示。由 KCL，得

$$I=3I'-I'=2I'$$

则

$$I'=\frac{1}{2}I$$

由 KVL，写 A 回路方程为

$$U=2I-2I'_1=2I-2\times\frac{1}{2}I=I$$

所以

$$R_o=\frac{U}{I}=1(\Omega)$$

② 画出戴维南等效电源并接上 R_L，如图 1.5.16(c)所示。则

$$I_L=\frac{U_{oc}}{R_o+R_L}=\frac{U_{oc}}{1+R_L} \tag{1.5.13}$$

将已知条件代入式(1.5.13)，有

$$I_L=\frac{U_{oc}}{1+9}=0.4(A)$$

解得

$$U_{oc}=4(V)$$

③ 将 $R_L=7\Omega$，$U_{oc}=4V$ 代入式(1.5.13)，得此时的电流

$$I_L=\frac{4}{1+7}=0.5(A)$$

1.5.4　最大功率传输定理

本节介绍戴维南定理的一个重要应用。在测量、电子和信息工程的电子设备设计中，常常遇到电阻负载如何从电路中获得最大功率的问题。这类问题可以抽象为图 1.5.17(a)所示的电路模型来分析。

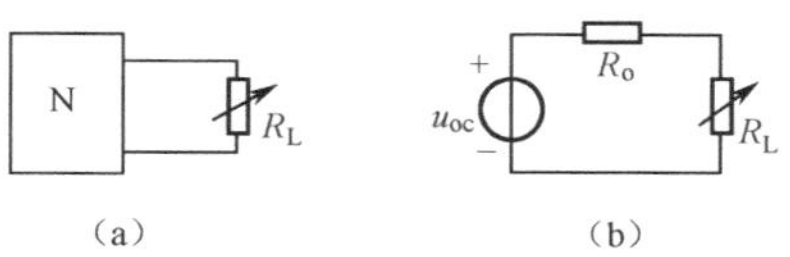

图 1.5.17　最大功率传输定理

网络 N 表示供给电阻负载能量的有源线性二端网

络,它可以用戴维南等效电路来代替,如图1.5.17(b)所示。R_L 表示获得能量的负载。此处要讨论的问题是电阻 R_L 为何值时,可以从二端网络N中获得最大功率。现写出负载 R_L 吸收功率的表达式

$$P=R_L i^2=\frac{R_L u_{oc}^2}{(R_o+R_L)^2}$$

欲求 P 最大值,应满足 $dP/dR_L=0$,即

$$\frac{dP}{dR_L}=\frac{(R_o-R_L)u_{oc}^2}{(R_o+R_L)^3}=0$$

由此式求得 P 为极大值或极小值的条件是

$$R_L=R_o \tag{1.5.14}$$

由于

$$\frac{d^2P}{dR_L^2}=-\frac{u_{oc}^2}{8R_o^3}\bigg|_{R_o>0}<0$$

由此可见,当 $R_o>0$,且 $R_L=R_o$ 时,负载电阻 R_L 可以从有源二端网络中获取最大功率。

最大功率传输定理:有源二端网络传输给负载 R_L 最大功率的条件为:负载电阻 R_L 等于二端网络N的等效电源的内阻 R_o。满足 $R_L=R_o$ 条件时,称为最大功率匹配,此时负载电阻 R_L 获得最大功率为

$$P_{max}=\frac{u_{oc}^2}{4R_o} \tag{1.5.15}$$

若用诺顿等效电路,则可表示为

$$P_{max}=\frac{i_{sc}^2}{4G_o} \tag{1.5.16}$$

满足最大功率匹配条件($R_L=R_o>0$)时,R_o 吸收的功率和 R_L 吸收功率相等,对电压源 u_{oc} 而言,功率传输效率为 $\eta=50\%$。而电力系统要求尽可能提高效率,以便更充分地利用能量,不能采用功率匹配条件。但是在测量、电子与信息工程中,通常着眼于从微弱信号中获得最大功率,而不重视效率的高低。

【例1.5.13】 如图1.5.18(a)所示电路,若负载 R_L 可以任意改变,问负载为何值时其上获得最大功率?并求出此时的最大功率 P_{Lm}。

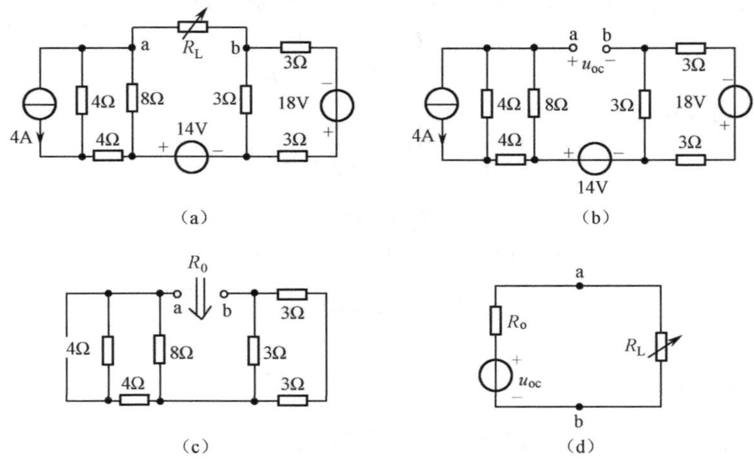

图1.5.18　例1.5.13图

【解】 对此类题型,即通常所述的“最大功率”问题,选用戴维南定理(或诺顿定理)结合最大功率传输定理求解最为简便。

① 求 u_{oc}。从a、b断开 R_L,设 u_{oc} 如图1.5.18(b)所示。在图1.5.18(b)中,应用电阻并联分流

公式、欧姆定律及 KVL，求得

$$u_{oc}=-\frac{4}{4+4+8}\times 4\times 8+14+\frac{3}{3+3+3}\times 18=12(\text{V})$$

② 求 R_o。令图 1.5.18(b) 中各独立源为零，如图 1.5.18(c) 所示，可求得

$$R_o=(4+4)\ /\!/\ 8+3\ /\!/\ (3+3)=6(\Omega)$$

③ 画出戴维南等效电源，接上待求支路 R_L，如图 1.5.18(d) 所示。由最大功率传输定理知，当 $R_L=R_o=6\Omega$ 时其上获得最大功率。此时负载 R_L 上所获得的最大功率为

$$P_{Lm}=\frac{u_{oc}^2}{4R_o}=\frac{12^2}{4\times 6}=6(\text{W})$$

【例 1.5.14】 如图 1.5.19(a) 所示电路，含有一个电压控制的电流源，负载电阻 R_L 可任意改变，问 R_L 为何值时其上获得最大功率？并求出该最大功率 P_{Lm}。

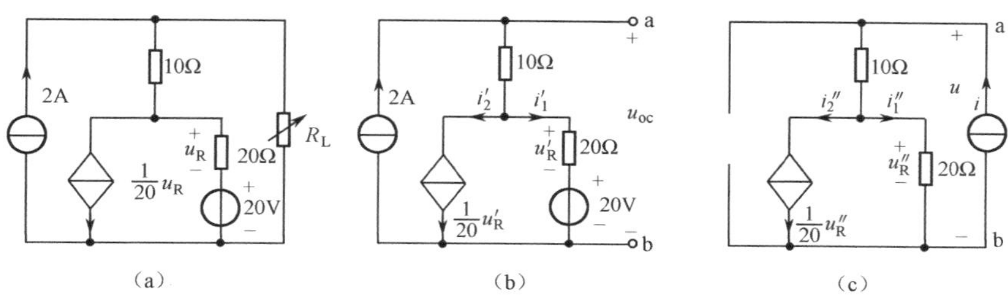

图 1.5.19　例 1.5.14 图

【解】 (1) 求 u_{oc}。自 a、b 断开 R_L 并设 u_{oc}，如图 1.5.19(b) 所示。在图 1.5.19(b) 中设电流 i'_1，i'_2。由欧姆定律得

$$i'_1=\frac{1}{20}u'_R,\qquad i'_2=\frac{1}{20}u'_R$$

又由 KCL，得　$i'_1+i'_2=2$

所以　$i'_1=i'_2=1\ (\text{A})$

$$u_{oc}=10\times 2+20i'_1+20=20+20\times 1+20=60\ (\text{V})$$

② 求 R_o。令图 1.5.19(b) 中独立源为零，受控源保留，并在 a、b 端加电流源 i，如图 1.5.19(c) 所示。有关的电流、电压参考方向标示在图上。类同图 1.5.19(b) 中求 i'_1、i'_2，由图 1.5.19(c) 可知

$$i''_1=i''_2=\frac{1}{2}i,\quad u=10i+20\times\frac{1}{2}i=20i$$

所以　$R_o=\dfrac{u}{i}=20(\Omega)$

③ 由最大功率传输定理可知

$$R_L=R_o=20(\Omega)$$

时，其上可获得最大功率。此时负载 R_L 上获得的最大功率为

$$P_{Lm}=\frac{u_{oc}^2}{4R_o}=\frac{60^2}{4\times 20}=45(\text{W})$$

【例 1.5.15】 如图 1.5.20(a) 所示电路，负载电阻 $R_L=$？时其上获得最大功率 P_{Lm}，并求出该最大功率。

解：本问题短路电流较开路电压 u_{oc} 容易求，所以选用诺顿定理结合最大功率传输定理求解。

① 求 i_{sc}。自 a、b 断开 R_L，将其短路并设 i_{sc} 参考方向如图 1.5.20(b) 所示。由图 1.5.20(b)，显然可知 $i'_1=0$，则 $30i'_1=0$ 即受控电压源等于零，视为短路，如图 1.5.20(c) 所示。应用叠加定理，得

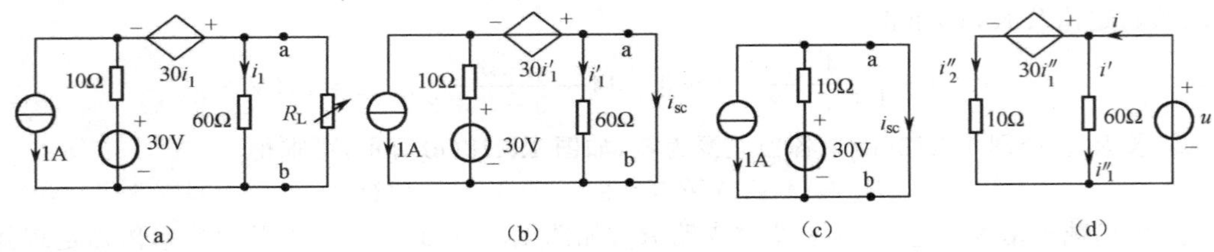

图 1.5.20　例 1.5.15 图

$$i_{sc}=\frac{30}{10}-1=2(\mathrm{A})$$

② 求 R_o。令图 1.5.20(b)中独立源为零,受控源保留,a、b 端子打开并加电压源 u,设 i''_1、i''_2 及 i 的参考方向如图 1.5.20(d)所示。由图 1.5.20(d),应用欧姆定律、KVL、KCL 可求得

$$i''_1=\frac{1}{60}u,\ i''_2=\frac{u-30i''_1}{10}=\frac{u-30\times\frac{1}{60}u}{10}=\frac{1}{20}u$$

$$i=i''_1+i''_2=\frac{1}{60}u+\frac{1}{20}u=\frac{4}{60}u$$

所以,由式(1.5.12)求得

$$R_o=\frac{u}{i}=15(\Omega)$$

③ 由最大功率传输定理可知,当

$$R_L=R_o=15(\Omega)$$

时,其上可获得最大功率。此时,最大功率为

$$P_{Lm}=\frac{1}{4}R_o i_{sc}^2=\frac{1}{4}\times15\times2^2=15(\mathrm{W})$$

1.5.5　互易定理

互易定理描述一类特殊的线性电路的互易性质,它广泛应用于研究网络的灵敏度分析、测量技术等方面。

互易定理可表述为:对于仅含线性电阻的二端口电路 N_R,其中,一个端口加激励源,一个端口做响应端口(所求响应在该端口上)。在只有一个激励源的情况下,当激励与响应互换位置时,同一个激励所产生的响应相同,这就是互易定理。

根据激励源的类型(电压源、电流源)与响应的参数(电压、电流)可以组合成 4 种互易定理形式。

图 1.5.21 就是互易定理形式Ⅰ。电压源激励 u_{S1} 加在网络 N_R 的 1-1′端,以网络 N_R 的 2-2′端的短路电流 i_2 作响应。在图 1.5.21(b)(互易后电路)中,电压源激励 u_{S2} 加在网络 N_R 的 2-2′端,以 1-1′端短路电流 i_1 作响应,则有

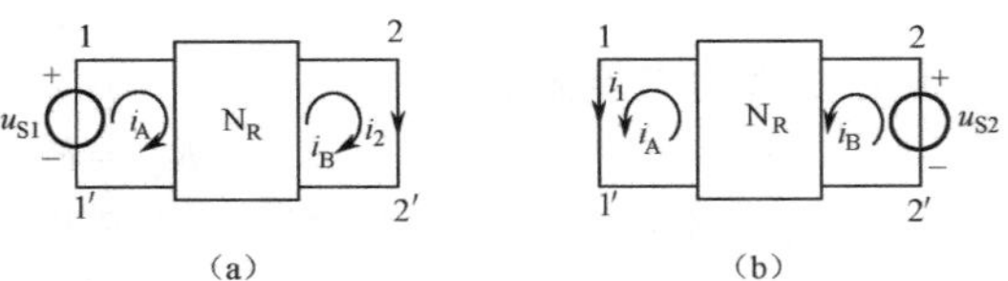

图 1.5.21　互易定理形式Ⅰ

$$\frac{i_2}{u_{S1}}=\frac{i_1}{u_{S2}}\tag{1.5.17}$$

式(1.5.17)表明:对于互易网络,互易前网络响应 i_2 与激励 u_{S1} 之比等于互易后网络响应 i_1 与激励 u_{S2} 之比。

在特殊情况下,即 $u_{S1}=u_{S2}$,则

$$i_1=i_2\tag{1.5.18}$$

这说明：对于互易网络，若将激励端口与响应端口互换位置，同一激励所产生的响应相同。

下面证明互易定理的正确性。

证明：如图 1.5.21(a)、(b)所示。图 1.5.21(a)中所有网孔电流都按顺时针方向作为参考方向，图 1.5.21(b)中所有网孔电流都按逆时针方向作为参考方向。

在图 1.5.21(a)中列写网孔方程为

$$\left.\begin{aligned}&R_{11}i_{\mathrm{A}}+R_{12}i_{\mathrm{B}}+\cdots+R_{1m}i_M=u_{\mathrm{S1}}\\&R_{21}i_{\mathrm{A}}+R_{22}i_{\mathrm{B}}+\cdots+R_{2m}i_M=0\\&\cdots\cdots\\&R_{m1}i_{\mathrm{A}}+R_{m2}i_{\mathrm{B}}+\cdots+R_{mm}i_M=0\end{aligned}\right\}\tag{1.5.19}$$

式中，M 为图 1.5.21(a)网孔的个数。解式(1.5.19)，得网孔电流 i_{B}，从而算得支路电流

$$i_2=i_{\mathrm{B}}=\frac{\boldsymbol{\Delta}_{12}}{\boldsymbol{\Delta}}u_{\mathrm{S1}}\tag{1.5.20}$$

式中
$$\boldsymbol{\Delta}=\begin{vmatrix}R_{11}&R_{12}&\cdots&R_{1m}\\R_{21}&R_{22}&\cdots&R_{2m}\\\vdots&\vdots&&\vdots\\R_{m1}&R_{m2}&\cdots&R_{mm}\end{vmatrix},\quad \boldsymbol{\Delta}_{12}=-\begin{vmatrix}R_{21}&R_{23}&\cdots&R_{2m}\\R_{31}&R_{33}&\cdots&R_{3m}\\\vdots&\vdots&&\vdots\\R_{m1}&R_{m3}&\cdots&R_{mm}\end{vmatrix}$$

在图 1.5.21(b)中，因互易后网络结构没有变化，所以选择各网孔的序号与互易前的图 1.5.21(a)相同，而网孔电流的方向均与图 1.5.21(a)中网孔电流的方向相反。由网孔方程通式列写图 1.5.21(b)网孔方程为

$$\left.\begin{aligned}&R_{11}i_{\mathrm{A}}+R_{12}i_{\mathrm{B}}+\cdots+R_{1m}i_M=0\\&R_{21}i_{\mathrm{A}}+R_{22}i_{\mathrm{B}}+\cdots+R_{2m}i_M=u_{\mathrm{S2}}\\&\cdots\cdots\\&R_{m1}i_{\mathrm{A}}+R_{m2}i_{\mathrm{B}}+\cdots+R_{mm}i_M=0\end{aligned}\right\}\tag{1.5.21}$$

解式(1.5.21)，可得网孔电流 i_{A}，从而算得支路电流

$$i_1=i_{\mathrm{A}}=\frac{\boldsymbol{\Delta}_{21}}{\boldsymbol{\Delta}}u_{\mathrm{S2}}\tag{1.5.22}$$

式中
$$\boldsymbol{\Delta}=\begin{vmatrix}R_{11}&R_{12}&\cdots&R_{1m}\\R_{21}&R_{22}&\cdots&R_{2m}\\\vdots&\vdots&&\vdots\\R_{m1}&R_{m2}&\cdots&R_{mm}\end{vmatrix},\quad \boldsymbol{\Delta}_{21}=-\begin{vmatrix}R_{12}&R_{13}&\cdots&R_{1m}\\R_{32}&R_{33}&\cdots&R_{3m}\\\vdots&\vdots&&\vdots\\R_{m2}&R_{m3}&\cdots&R_{mm}\end{vmatrix}$$

因互易前图 1.5.21(a)与互易后图 1.5.21(b)电路拓扑结构一样，网孔个数及序号互易前后两网络也一样，仅网孔电流相反，所以有：图 1.5.21(a)中的 R_{jj} 等于图 1.5.21(b)中的 R_{jj} $(j=1,2,\cdots,m)$；图 1.5.21(a)中的 R_{jk} 等于图 1.5.21(b)中的 R_{jk} $(j,k=1,2,\cdots,m)$。所以图 1.5.21(a)的 $\boldsymbol{\Delta}$ 等于图 1.5.21(b)的 $\boldsymbol{\Delta}$。又 $\mathrm{N_R}$ 内不含受控源，所以有 $R_{jk}=R_{kj}$ $(j,k=1,2,\cdots,m)$，因此行列式 $\boldsymbol{\Delta}$ 中各元素对主对角线对称，从而使代数余因式

$$\boldsymbol{\Delta}_{jk}=\boldsymbol{\Delta}_{kj}$$

当然有
$$\boldsymbol{\Delta}_{12}=\boldsymbol{\Delta}_{21}$$

由式(1.5.20)与式(1.5.22)可得

$$\frac{i_2}{u_{\mathrm{S1}}}=\frac{i_1}{u_{\mathrm{S2}}}$$

即证明互易定理形式Ⅰ。类似地可以证明互易定理其他三种形式亦是成立的。

应用互易定理分析电路时应注意：

① 互易前后应保持网络的拓扑结构及参数不变，仅理想电压源(或理想电流源)搬移，理想电压源所在支路中电阻仍保留在原支路中。

② 互易前后电压源极性与 1-1′、2-2′支路电流的参考方向应保持一致。

③ 互易定理只适用于一个独立源作用的线性电阻网络。

【例 1.5.16】 如图 1.5.22 所示电路,求电流 i_2。

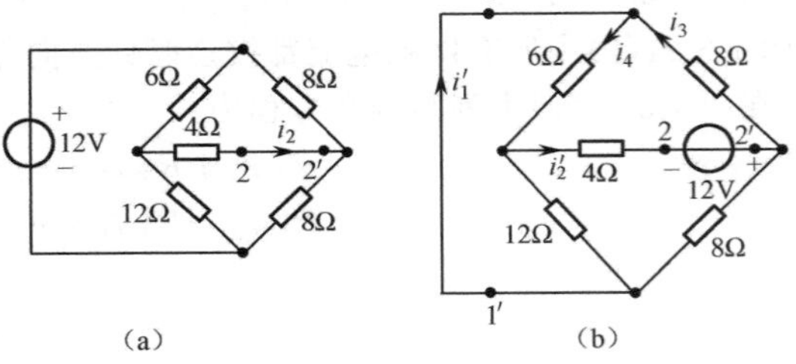

图 1.5.22 例 1.5.16 图

【解】 本题是平衡电桥电路,不能用电阻串并联等效计算。如果应用互易定理,将1-1′支路的 12V 电压源移到 2-2′支路,求 1-1′支路电流 i_1',就可应用电阻串并联等效、分流关系及 KCL 很方便地求出来。如图 1.5.22(b)所示各支路电流参考方向,可得

$$i_2'=\frac{12}{4+6/\!/12+8/\!/8}=1(\text{A})$$

由分流关系求得

$$i_3=\frac{8}{8+8}i_2'=0.5(\text{A}),\quad i_4=\frac{12}{6+12}i_2'=\frac{2}{3}(\text{A})$$

又,根据 KCL,得 $$i_1'=i_4-i_3=\frac{2}{3}-\frac{1}{2}=\frac{1}{6}(\text{A})$$

于是 $$i_2=i_1'=\frac{1}{6}(\text{A})$$

1.6 本章小结及典型题解

1.6.1 本章小结

1. 电路基本概念

(1) 电路

将特定的电气设备或电子器件用一定方式连接起来,并能完成特定功能的集合称为电路。电路的功能大体可以分为两部分:

① 实现信号的传输与处理;

② 进行能量的传输、转换、分配和利用。

(2) 电路元件

它是实际电气器件的理想化模型,是实际器件的科学抽象。常见的电路元件模型有电容、电阻、电感和电源等。

(3) 电路模型

由理想电路元件按一定的方式连接起来而构成的总体,称为电路模型。它是实际电路的科学抽象。

(4) 集总电路

若电路中的能量只在电路中传输、转换或存储、释放,而不存在辐射现象,这样的电路称为集总电路。反之,称为分布(参数)电路。

2. 电路的基本物理量

(1) 电流

定义:电荷的定向移动形成电流。

大小:单位时间内通过横截面积的电量,即 $i=\dfrac{\mathrm{d}q}{\mathrm{d}t}$。

方向：正电荷移动的方向。

单位：A(安培)、mA(毫安)、μA(微安)。

(2) 电压

① 电位的定义：将单位正电荷自某一点 a 沿任意路径移动到参考点电场力做功的大小称为 a 点的电位，记做 V_a。

② 电压定义：两点之间的电位差即是两点间的电压。也可以说电压是将正电荷自 a 点移到另一点 b 时，电场力所做的功。

③ 大小：$u_{ab}=V_a-V_b=\frac{\mathrm{d}W_{ab}}{\mathrm{d}q}$。

④ 方向：电场力推动正电荷做功时，正电荷的运动方向。电压的方向也可以说由高电位指向低电位，即电压降的方向。

(3) 关联参考方向

电压与电流的方向均可任意假定，二者可以彼此无关。但为了分析简便，总是假定电流从电压参考方向的正极性端流入，从负极性端流出，这种假设方向叫关联参考方向。

(4) 功率(瞬时功率)

① 定义：单位时间内电场力所做的功，即 $P=\frac{\mathrm{d}W}{\mathrm{d}q}=u\ \frac{\mathrm{d}q}{\mathrm{d}t}=ui$。

② 大小：在关联参考方向下有

$$P=ui$$

式中，$P>0$ 为实际吸收功率，$P<0$ 为实际发出功率。

3. 电路的基本元件

常见的电路根据不同的分类标准可以有不同的分类方式：

- 电路元件
  - 是否线性
    - 线性元件：如线性电阻
    - 非线性元件：如非线性电容
  - 元件特性是否随时间 t 而变化
    - 时变元件：如时变电阻
    - 非时变元件：如线性非时变电阻
  - 端钮的个数
    - 二端元件：如电阻、电容、二极管
    - 三端元件：如晶体三极管
    - 多端元件：如变压器
  - 是否有源
    - 无源元件：如电阻、电感
    - 有源元件：如运算放大器

4. 电源

- 电源
  - 理想电源
    - 独立源
      - 独立电压源
      - 独立电流源
    - 受控源
      - 电压控制电压源 VCVS
      - 电流控制电压源 CCVS
      - 电流控制电流源 CCCS
      - 电压控制电流源 VCCS
  - 实际电源
    - 实际电压源
    - 实际电流源

5. 基本定律

(1) 欧姆定律

内容：流经电阻 R 的电流 i 与加在电阻两端的电压 u 成正比，与电阻的阻值成反比，即

$$i=u/R \text{ 或 } u=Ri$$

(2) 基尔霍夫电流定律(KCL)

① 内容：对任一集总电路，在任意时刻对于电路的任一节点，流出该节点的所有支路电流的

代数和为零,即

$$\sum_{i=1}^{b} i_k = 0 \qquad (b\text{ 为与该节点相连的支路总数})$$

② 适应范围:任一节点或任意闭合面(广义节点)。

③ 物理实质:电流的连续性和电荷守恒性。

(3) 基尔霍夫电压定律(KVL)

① 内容:对任一集总电路,在任意时刻对于电路中的任一回路,沿该回路的支路电压的代数和为零,即

$$\sum_{k=1}^{m} u_k = 0 \qquad (m\text{ 为该回路的支路总数})$$

② 适应范围:任意回路。

③ 物理实质:电压的单值性和能量守恒性。

6. 电阻电路的等效变换

① n 个电阻串联,其等效电阻等于它们的电阻之和,即 $R_{eq} = \sum_{i=1}^{n} R_i$ 。

② n 个电导并联,其等效电导等于它们的电导之和,即 $G_{eq} = \sum_{i=1}^{n} G_i$ 。

③ n 个理想电压源串联,其等效电压等于它们的电压代数和,即 $u_S = \sum_{k=1}^{n} (\pm u_{Sk})$ 。

④ n 个理想电流源并联,其等效电流等于它们的电流代数和,即 $i_S = \sum_{k=1}^{n} (\pm i_{Sk})$ 。

⑤ 一个实际电源可以用一个理想电压源和一个内阻相串联的模型表示,也可以用一个理想电流源与一个内阻相并联的模型来表示,即

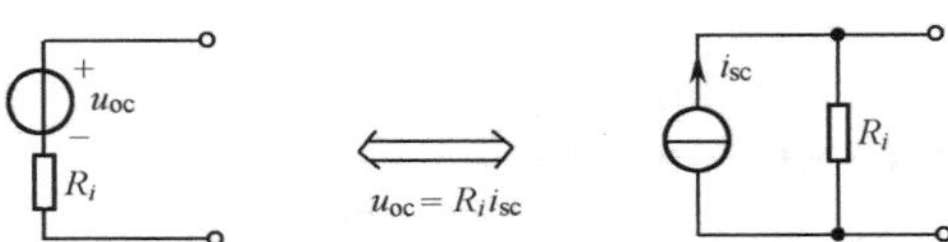

⑥ 电阻的 Y 形、△形变换:

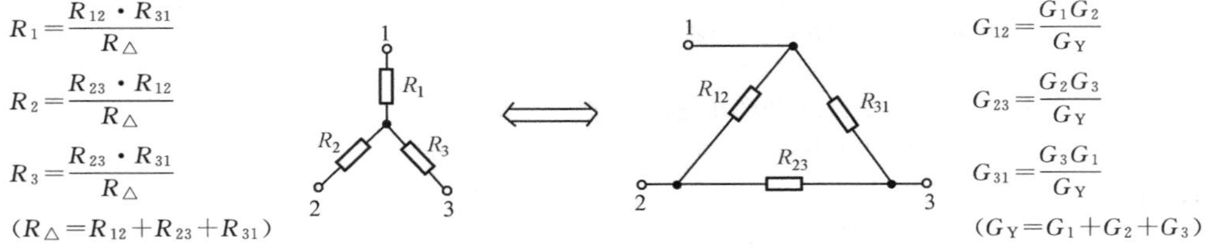

当 $R = R_{12} = R_{23} = R_{31}$ 时,有 $R_1 = R_2 = R_3 = R/3$;当 $G = G_1 = G_2 = G_3$ 时,有 $G_{12} = G_{23} = G_{31} = G/3$。

7. 基本分析方法

(1) 2b 法

设电路网络有 n 个节点、b 条支路,则直接应用支路电压和支路电流为变量,根据 KCL 和 KVL 及 VCR 列写网络方程的方法叫 $2b$ 法。它们列写的步骤是:

① 对$(n-1)$个独立节点列 KCL 方程;

② 对 $b-(n-1)$个独立回路列 KVL 方程;

③ 对每条支路列出其 VCR 方程。

它适合于线性、非线性网络,以网络分析为基础,主要缺点是方程数目太多,求解繁琐。

(2)b 法

b 法又称支路法。支路法又分为支路电流法和支路电压法。

① 支路电流法：

以支路电流为变量，列写电路方程求解电路参数的方法。它的方程列写步骤为：

- 对$(n-1)$个独立节点列 KCL 方程；
- 对$b-(n-1)$个回路，列 KVL 方程，只是列 KVL 方程时将每条支路的电压用支路电流表示，即相当于将 $2b$ 法的③代入②中，消去支路电压，即得到支路电流的方程。

② 支路电压法：

以支路电压为变量，列写电路方程求解电路参数的方法。其列写方程步骤为：

- 对$(n-1)$个独立节点列 KCL 方程，且 KCL 方程中不出现支路电流，而以支路电压来表示；
- 对$b-(n-1)$个独立回路列 KVL 方程。

(3) 网孔法

网孔法是以网孔电流为变量，列写网孔电流方程求解电路参数的方法。利用网孔法求解电路的步骤如下：

① 在图上标出网孔电流的符号及巡行方向。

② 根据通式(1.6.1)列写网孔电流方程组，即

$$\left.\begin{array}{l} R_{11}i_1+R_{12}i_2+\cdots+R_{1m}i_m=u_{S11} \\ R_{21}i_1+R_{22}i_2+\cdots+R_{2m}i_m=u_{S22} \\ \qquad\cdots\cdots \\ R_{m1}i_1+R_{m2}i_2+\cdots+R_{mm}i_m=u_{Smm} \end{array}\right\} \tag{1.6.1}$$

③ 利用克莱姆法则(或计算机利用 Matlab 工具软件)求解网孔电流。

④ 在图上标出支路电流方向，利用 KCL 求出各支路电流。

⑤ 根据需要，再求出支路电压、功率等。

(4) 节点法

节点法是以独立节点电压为变量，列写电路方程求解电路参数的方法。利用节点法求解电路的步骤如下：

① 选参考点，设节点电压变量。

② 利用通式(1.6.2)直接列写节点电压方程，即

$$\left.\begin{array}{l} G_{11}V_1+G_{12}V_2+\cdots+G_{1n}V_n=i_{S11} \\ G_{21}V_1+G_{22}V_2+\cdots+G_{2n}V_n=i_{S22} \\ \qquad\cdots\cdots \\ G_{n1}V_1+G_{n2}V_2+\cdots+G_{nn}V_n=i_{Snn} \end{array}\right\} \tag{1.6.2}$$

③ 解方程组，求得各节点电压。

④ 求题目中需求的各量。

8. 电路基本定理

(1) 叠加定理

在存在唯一解的线性电路中，任一支路的响应(电压、电流)等于该电路中各个独立源单独作用时在该支路上产生响应的代数和。

(2)齐次定理

在存在唯一解的线性电路中，当所有的激励同时增大或缩小 K 倍时，则对应的响应也增大或减小 K 倍。

(3) 替代定理(置换定理)

在具有唯一解的网络中，若某支路的电压 u_k 和电流 i_k 已知，则该支路可以用以下三种支路替代，且替代后电路的全部支路电压和支路电流保持不变：①电压为 u_k 的电压源；②电流为 i_k 的电流源；③电阻值 $R=u_k/i_k$ 的电阻。

(4) 戴维南定理(等效电压源定理)

任何一个含源的具有唯一解的一端口网络,对外电路而言,可以用一个电压源与一个电阻串联来等效替代。其中电压源的电压为网络的开路电压 u_{oc},与其串联的电阻 R_o 即为网络中所有独立源置零时的端口输入电阻。

(5) 诺顿定理(等效电流源定理)

任何具有唯一解的含源单口网络,对外电路而言,可以用一个理想电流源和一个电阻并联来等效替代,且理想电流源的电流即为网络的端口短路电流,与其并联的电阻 R_o 为网络中所有独立源置零时的端口输入电阻。

求 R_0 有如下 4 种方法:①伏安法;②外加电源法;③短路开路法;④电阻等效法。

(6) 最大功率输出定理

有源二端网络传输给负载 R_L 最大功率的条件为:负载电阻 R_L 等于二端网络 N 的等效电源的内阻 R_o。满足 $R_L=R_o$ 条件时,称为最大功率匹配,此时负载电阻 R_L 获得最大功率为

$$P_{max}=\frac{u_{oc}^2}{4R_o}$$

若用诺顿等效电路,则可表示为

$$P_{max}=\frac{i_{sc}^2}{4G_o}$$

(7)互易定理

在互易网络中,在单激励情况下,当激励与响应互换时,其比值保持不变。当互换前后激励一样,则互换前后的响应也一样。

1.6.2 典型题解

【例 1.6.1】 如图 1.6.1 所示某电路的部分电路,求 I、U_S、R。

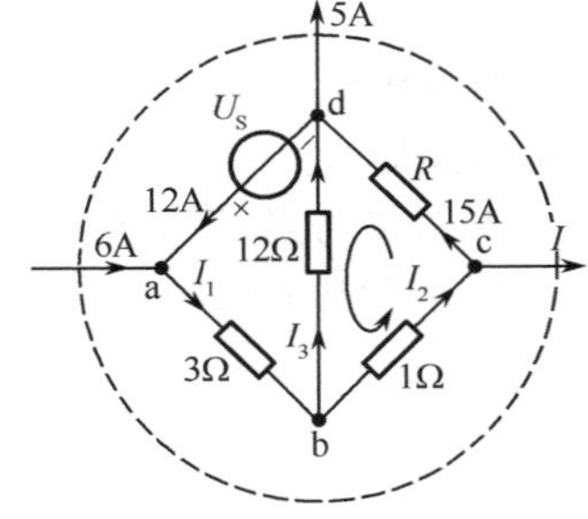

图 1.6.1 例题 1.6.1 图

【解】 $I=6-5=1(\text{A})$

$I_1=6+12=18(\text{A})$

$I_2=15+I=15+1=16(\text{A})$

$I_3=I_1-I_2=18-16=2(\text{A})$

故 $U_S=U_{ab}+U_{bd}=3I_1+12I_3$

$=3\times18+12\times2=78(\text{V})$

因为 $15R-12I_3+1\times I_2=0$

即 $15R-24+16=0$

所以 $R=\frac{24-16}{15}=\frac{8}{15}(\Omega)$

【例 1.6.2】 求图 1.6.2 所示各电路的开路电压 U_{oc}。

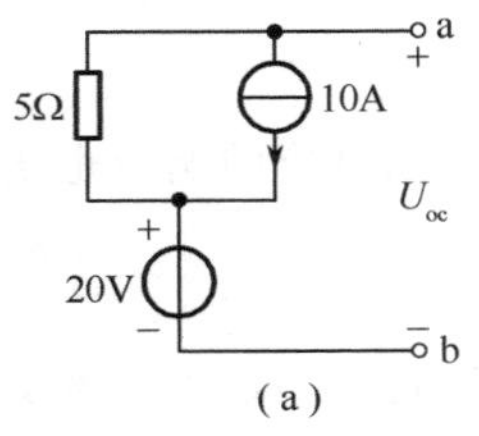

(a)

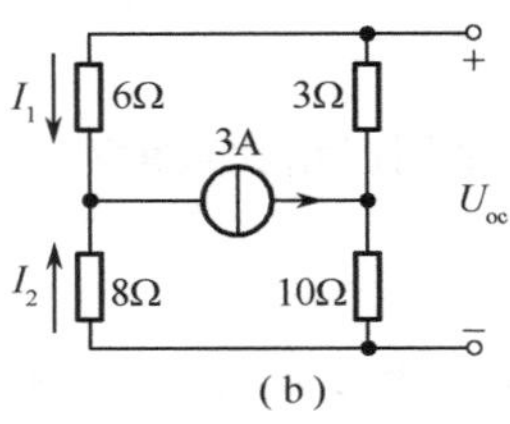

(b)

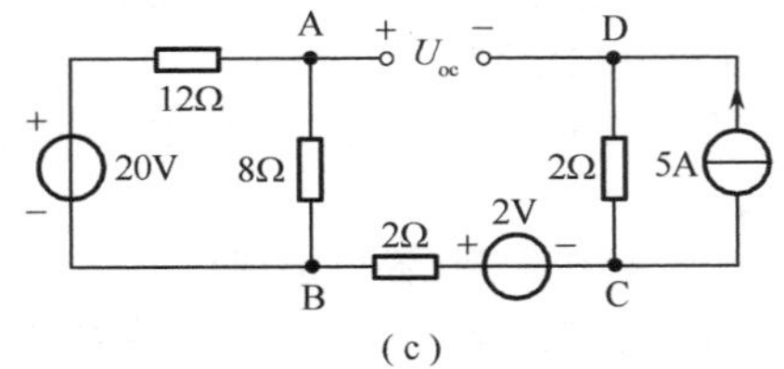

(c)

图 1.6.2 例题 1.3.4 图

【解】 图(a)　$U_{oc}=-5\times10+20=-50+20=-30(\text{V})$

图(b)

$$\begin{cases}I_1+I_2=3\\(3+6)I_1=(8+10)I_2\end{cases}$$

$$I_1=2(\text{A}),\quad I_2=1(\text{A})$$

$$U_{oc}=3(-I_1)+10I_2=4(\text{V})$$

图(c)

$$U_{AB}=20\times\frac{8}{12+8}=8(\text{V})$$

$$U_{DB}=-2+2\times5=-2+10=8(\text{V})$$

故

$$U_{AD}=U_{oc}=U_{AB}-U_{DB}=8-8=0(\text{V})$$

【例 1.6.3】 将图 1.6.3 所示各电路对 ab 端化为最简形式的等效电压源形式和等效电流源形式。

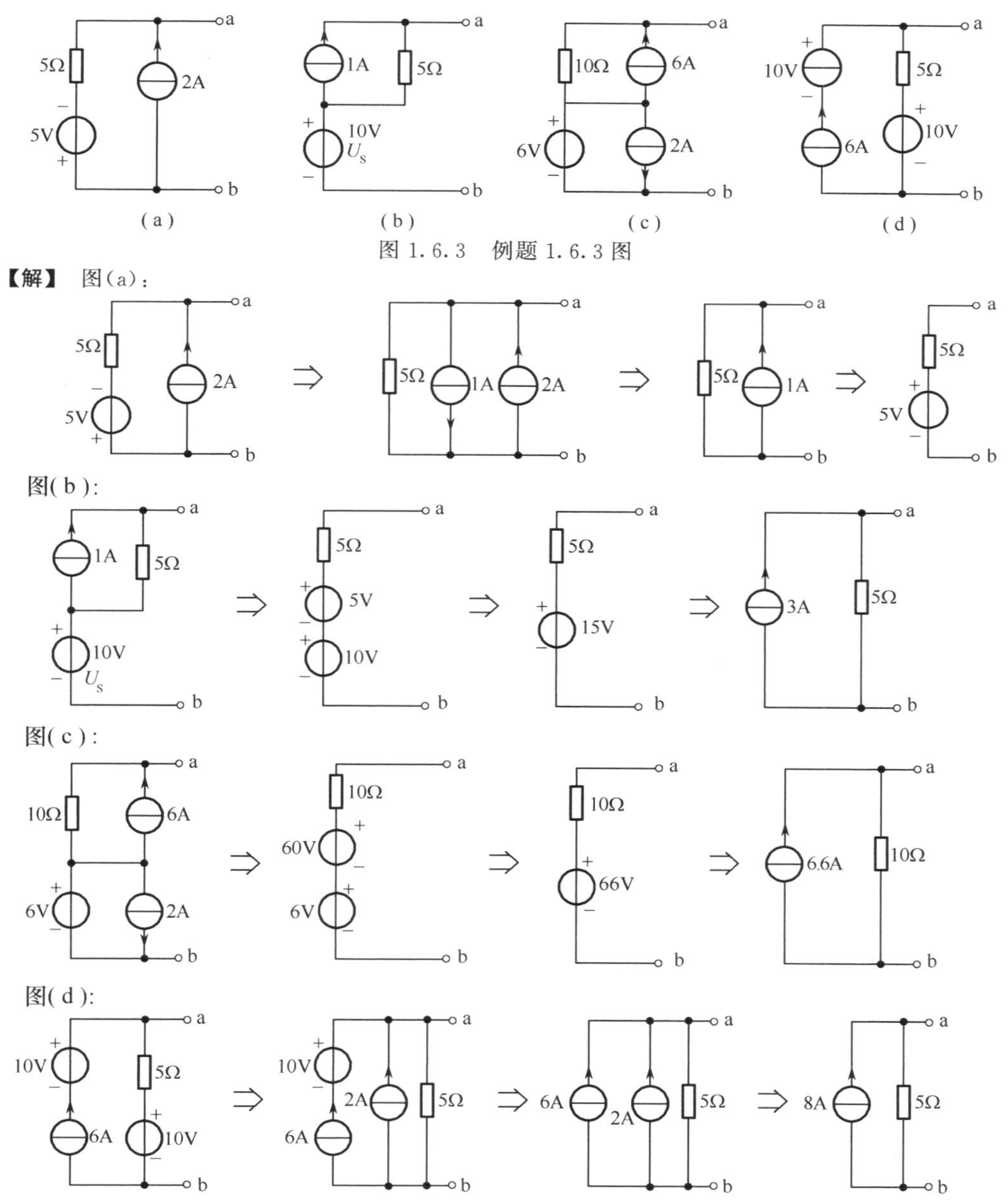

图 1.6.3　例题 1.6.3 图

【解】 图(a)：

【例 1.6.4】 ①求图 1.6.4(a)电路中的电流 I；②求图 1.6.4(b)电路中开路电压 U_{oc}；③求图 1.6.4(c)电路中受控源吸收的功率 P。

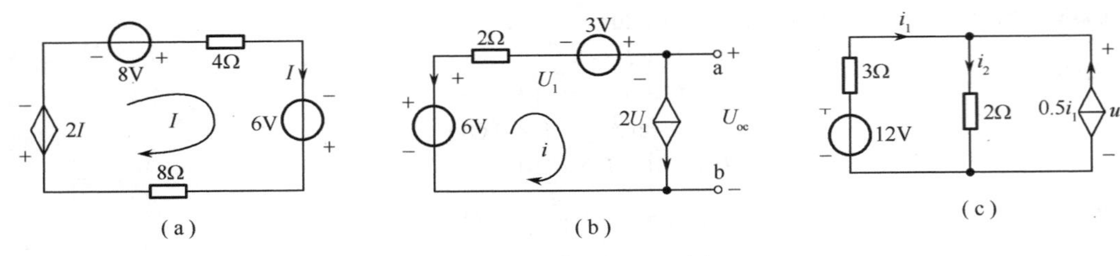

图 1.6.4 例题 1.6.4 图

【解】 ① 根据 KVL,则

$$-8+4I-6+8I+2I=0(-8+4I-6+8I+2I=0)$$

解方程得

$$I=1(\text{A})$$

②根据 KVL,则

$$\begin{cases}6=U_1+U_{oc}\\ U_1=4U_1-3\end{cases}\Rightarrow U_{oc}=5(\text{V})$$

③由 KCL $\quad i_1+0.5i_1=i_2$

再由 KVL $\quad 12=3i_1+u',\quad u'=2i_2$

联立求解可得 $\quad i_1=2\text{A}, u'=6(\text{V})$

则受控源吸收的功率

$$P=-0.5i_1\times u'=-6(\text{W})$$

【例 1.6.5】 如图 1.6.5 所示电路,设节点 1、2 的电位分别为 V_1、V_2,试列写出可用来求解该电路的节点方程。

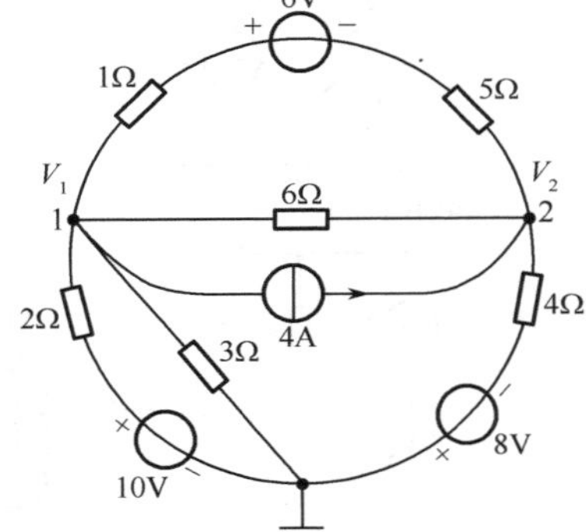

图 1.6.5 例题 1.6.5 图

【解】

$$G_{11}=\frac{1}{6}+\frac{1}{6}+\frac{1}{3}+\frac{1}{2}=\frac{7}{6}(\text{S})$$

$$G_{12}=-\left(\frac{1}{6}+\frac{1}{6}\right)=-\frac{1}{3}(\text{S})$$

$$i_{S11}=6/(1+5)-4+10/2=1-4+5=2(\text{A})$$

$$G_{21}=G_{12}=-\frac{1}{3}(\text{S})$$

$$G_{22}=\frac{1}{6}+\frac{1}{6}+\frac{1}{4}=\frac{7}{12}(\text{S})$$

$$i_{S22}=-6/(1+5)+4-8/4=-1+4-2=1(\text{A})$$

列写节点电压方程组

$$\begin{cases}\frac{7}{6}V_1-\frac{1}{3}V_2=2\\ -\frac{1}{3}V_1+\frac{7}{12}V_2=1\end{cases}$$

【例 1.6.6】 如图 1.6.6 所示电路,用叠加原理求:

①图 1.6.6(a)中的电流 i;②图 1.6.6(b)中的电压 u;③图 1.6.6(c)中的电流 I 及 a 点电位 V_a;④图 1.6.6(d)中的电流 I。

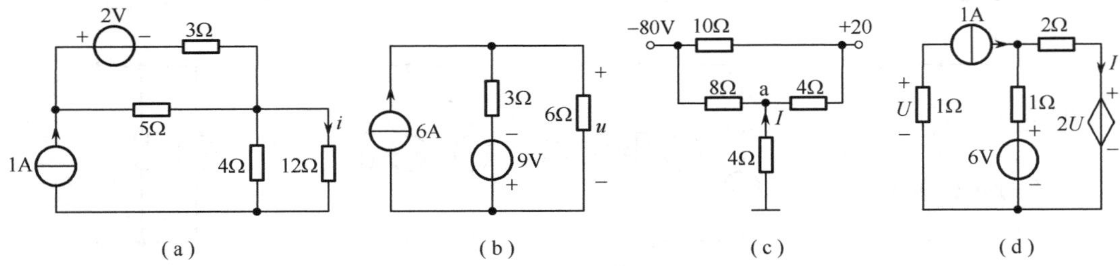

图 1.6.6 例题 1.6.6 图

【解】　①图(a)中的电流：

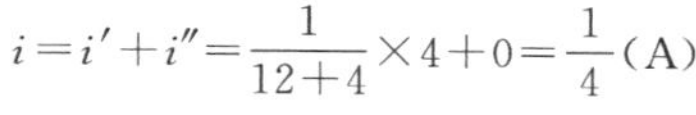

$$i=i'+i''=\frac{1}{12+4}\times4+0=\frac{1}{4}(\mathrm{A})$$

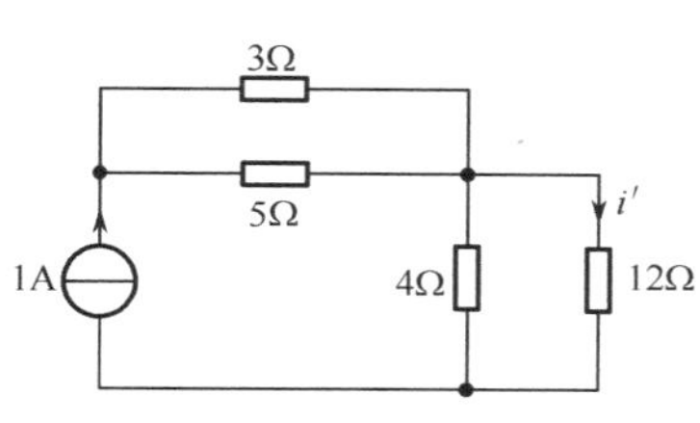

只考虑1A电流源作用

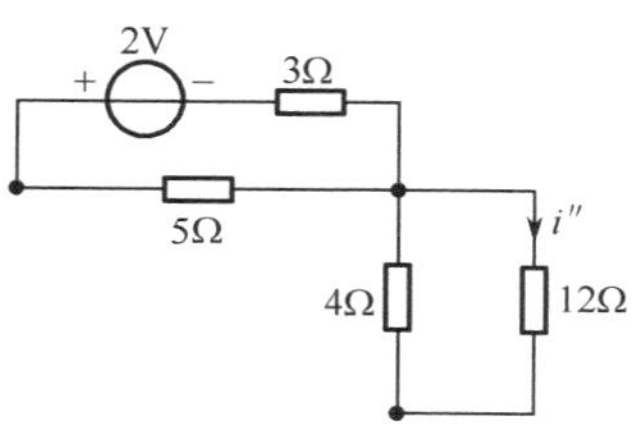

只考虑2V电压源作用

②图(b)中的电压：

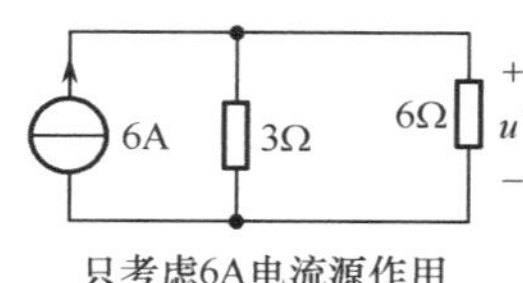

只考虑6A电流源作用

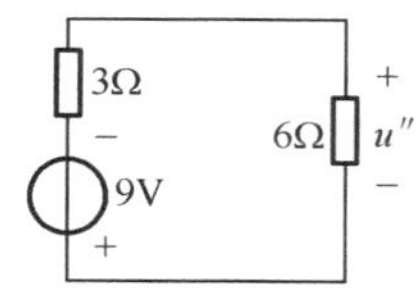

只考虑qu_{1A}电压源作用

$$u'=6\times(3/\!/6)=6\times\frac{3\times6}{3+6}=6\times\frac{18}{9}=12(\mathrm{V})$$

$$u''=-9\times\frac{6}{3+6}=-9\times\frac{6}{9}=-6(\mathrm{V})$$

于是

$$u=u'+u''=12-6=6(\mathrm{V})$$

③图(c)中的电流 I 及 a 点的电位：

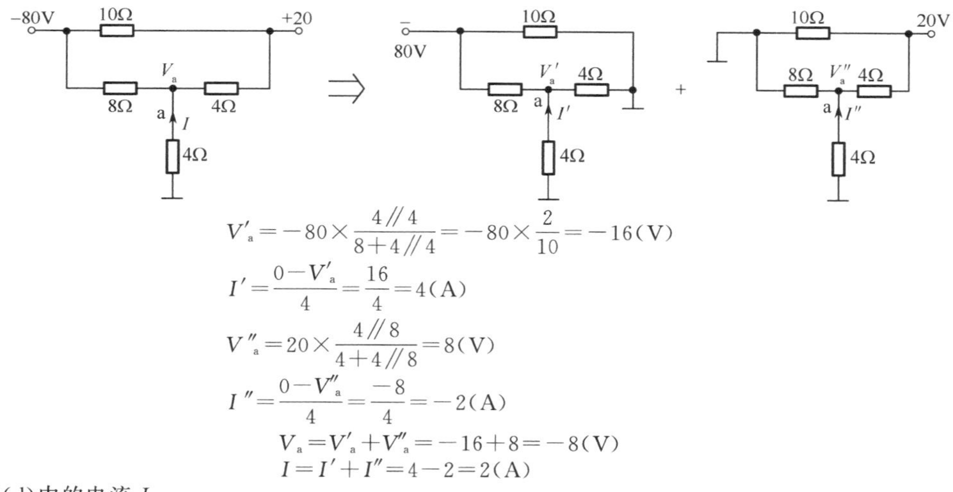

$$V'_a=-80\times\frac{4/\!/4}{8+4/\!/4}=-80\times\frac{2}{10}=-16(\mathrm{V})$$

$$I'=\frac{0-V'_a}{4}=\frac{16}{4}=4(\mathrm{A})$$

$$V''_a=20\times\frac{4/\!/8}{4+4/\!/8}=8(\mathrm{V})$$

$$I''=\frac{0-V''_a}{4}=\frac{-8}{4}=-2(\mathrm{A})$$

于是

$$V_a=V'_a+V''_a=-16+8=-8(\mathrm{V})$$

$$I=I'+I''=4-2=2(\mathrm{A})$$

④图(d)中的电流 I：

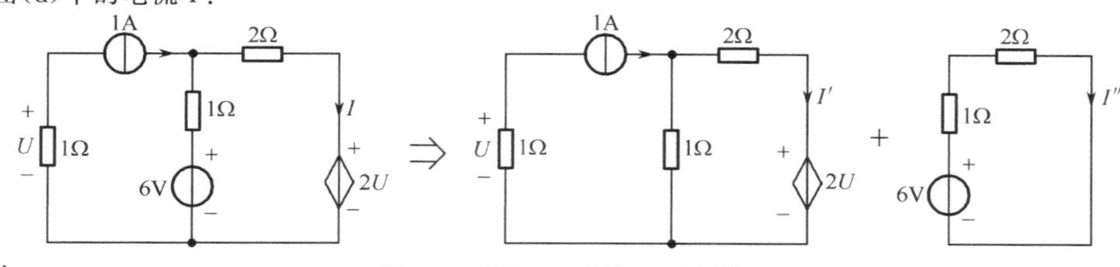

因为　　$U=-1(\mathrm{V})\qquad 2U=-2(\mathrm{V})$

所以

$$I'=1\times\frac{1}{3}+\frac{2}{1+2}=\frac{1}{3}+\frac{2}{3}=1(\mathrm{A})$$

又因为

$$I''=\frac{6}{1+2}=2(\mathrm{A})$$

所以 $I = I' + I'' = 1 + 2 = 3(\text{A})$

【例 1.6.7】 如图 1.6.7(a)所示电路,应用置换定理等效,求 3A 理想电流源产生的功率 P_s。

图 1.6.7 例题 1.6.7 图

【解】 利用置换定理将图(a)等效成图(b)的形式。

$$u - 1\times 3 + 6 + 4 = 0$$

解此方程得 $u = -7(\text{V})$

故功率 $P_s = 3\times(-7) = -21(\text{W})$

【例 1.6.8】 如图 1.6.8 所示电路,负载电阻 R_L 可任意改变,问 R_L 等于多大时其上获得最大功率,并求出该最大功率 P_{Lmax}。

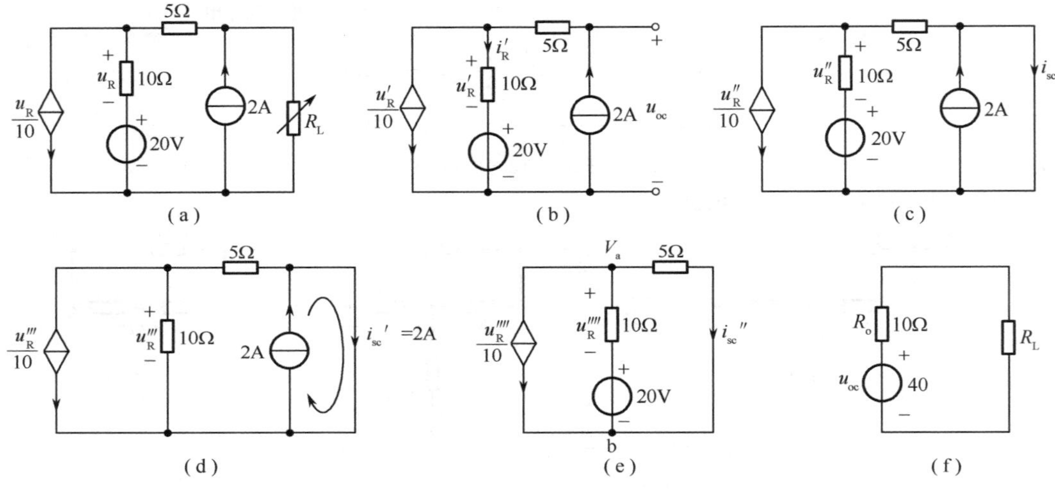

图 1.6.8 例题 1.6.8 图

【解】 ① 由图(b)求开路电压 u_{oc}:

$$u_{oc} = 5\times 2 + u'_R + 20$$

$$u'_R = 10 i'_R = 10\left(2 - \frac{u'_R}{10}\right) = 20 - u'_R$$

所以 $u'_R = 10(\text{V})$

于是 $u_{oc} = 10 + 20 + 10 = 40(\text{V})$

② 由图(c)求短路电流 i_{sc}:求 i_{sc} 可采用叠加原理,如图(d)、(e)所示。

由图(d)可知 $i'_{sc} = 2(\text{A})$

由图(e),设 b 点为参考点,a 点电位为 V_a,列节点电压方程

$$\begin{cases}\left(\frac{1}{5}+\frac{1}{10}\right)V_a = \frac{20}{10} - \frac{u''''_R}{10}\\ V_a = u''''_R + 20\end{cases}$$

解此方程组得 $V_a = 10(\text{V})$

$$i''_{sc} = V_a/5 = 2(\text{A})$$

于是
$$i_{sc}=i'_{sc}+i''_{sc}=2+2=4(\mathrm{A})$$

故
$$R_o=\frac{u_{oc}}{i_{sc}}=\frac{40}{4}=10(\Omega)$$

当 $R_L=R_o=10\Omega$ 时，可获得最大功率

$$P_{Lmax}=\frac{u_{oc}^2}{4R_o}=\frac{40^2}{4\times 10}=40(\mathrm{W})$$

【例 1.6.9】 如图 1.6.9 所示电路中，电阻 R_L 可调。试求 R_L 为何值时能获得最大功率 P_{max}，并求此最大功率的值。

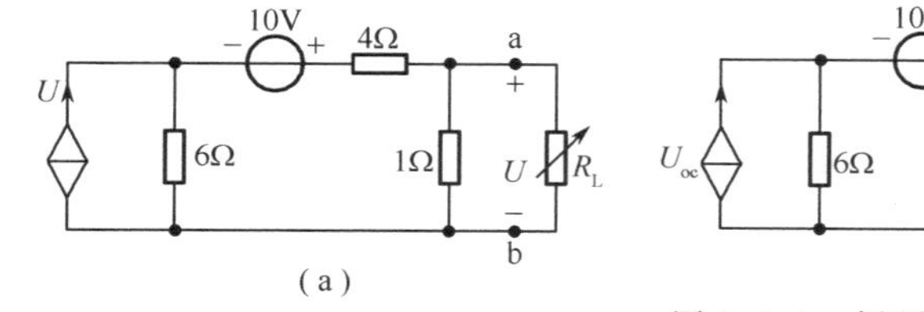

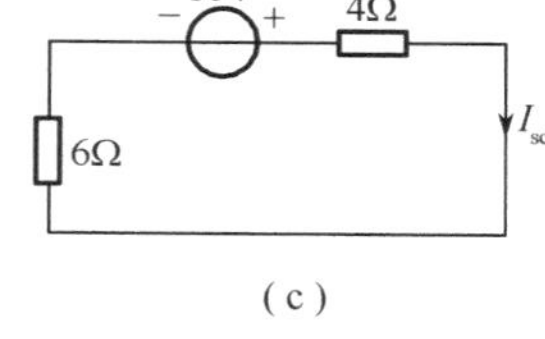

图 1.6.9　例题 1.6.9 图

【解】 求 R_o，采用开路－短路法。

若 ab 两点间断开时，其等效电路如图(b)。即

$$5I-10+6(I-U_{oc})=0$$

又因为
$$I=U_{oc}$$

解此方程组得

$$U_{oc}=2(\mathrm{V})$$

若 ab 短路时，其等效电路如图(c)所示，则

$$I_{sc}=\frac{10}{4+6}=1(\mathrm{A})$$

于是
$$R_o=\frac{U_o}{I_{sc}}=\frac{2}{1}=2(\Omega)$$

当 $R_L=R_o=2\Omega$ 时可获得最大功率 P_{Lmax}，故

$$P_{Lmax}=\frac{U_{oc}^2}{4R_o}=\frac{2^2}{4\times 2}=0.5(\mathrm{W})$$

习　题　1

1.1　如图 T1.1 所示一个 3A 的理想电流源与不同的外接电路相接，求 3A 电流源三种情况下输出的功率。

1.2　如图 T1.2 所示某电路的部分电路，求 I、U_S、R。

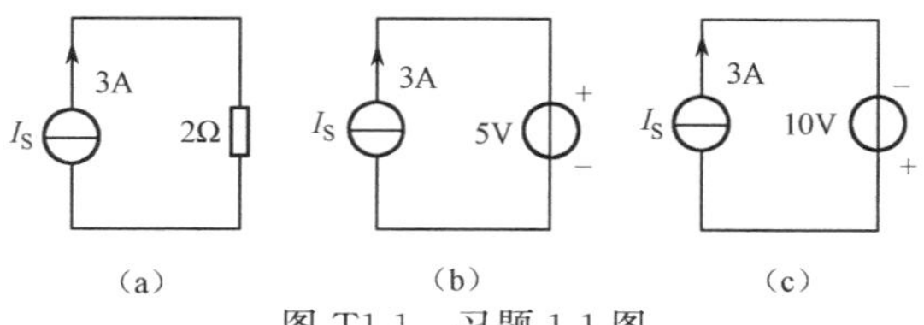

图 T1.1　习题 1.1 图

1.3　如图 T1.3 所示电路，求 I_o。

1.4　求图 T1.4 所示各电路的开路电压 U_{oc}。

1.5　求图 T1.5 所示各电路中的电流 I。

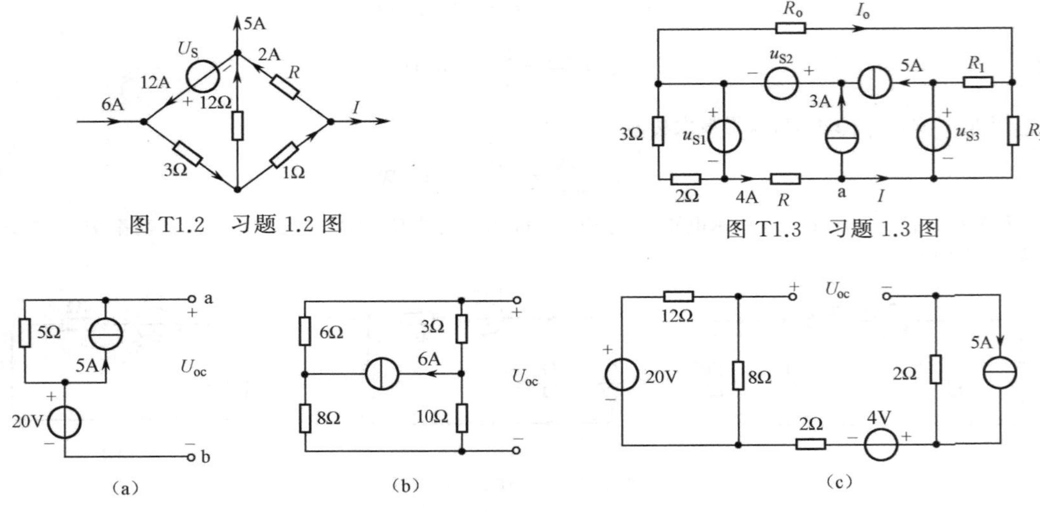

图 T1.2 习题 1.2 图

图 T1.3 习题 1.3 图

图 T1.4 习题 1.4 图

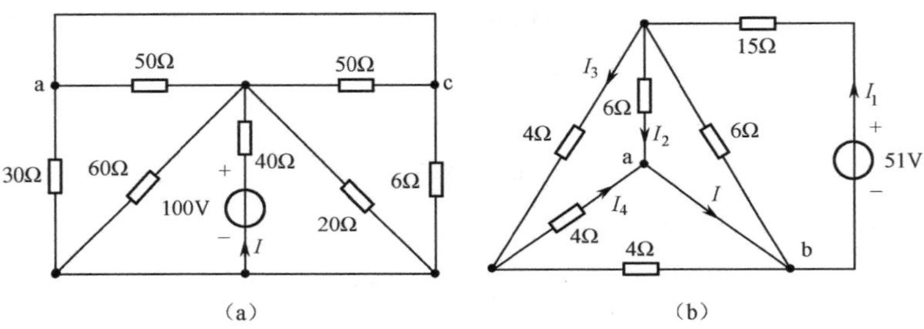

图 T1.5 习题 1.5 图

1.6 如图 T1.6 所示直流电路,已知电压表读数为 30V,忽略电压表、电流表内阻影响。

① 电流表的读数为多少?并标明电流表的极性。

② 电压源 U_S 产生的功率 P_S 是多少?

1.7 求图 T1.7 所示各电路 ab 端的等效电阻 R_{ab}。

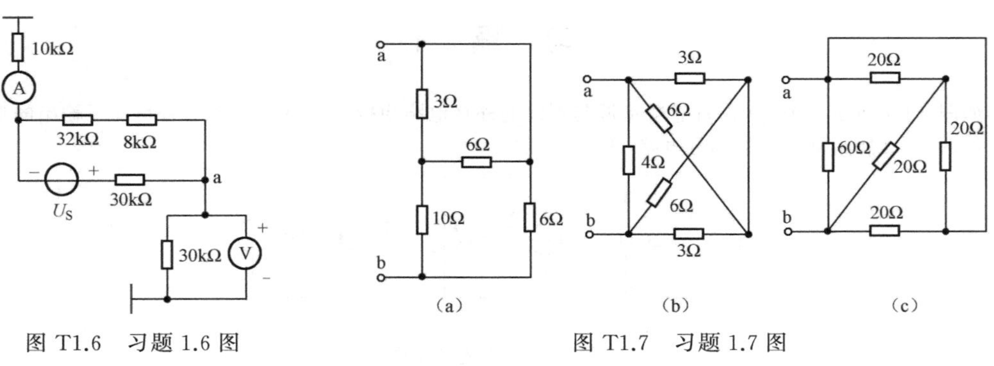

图 T1.6 习题 1.6 图

图 T1.7 习题 1.7 图

1.8 将图 T1.8 所示各图电路对 ab 端化为最简形式的等效电压源形式和等效电流源形式。

1.9 ① 求图 T1.9(a)电路中的电流 i。

② 求图 T1.9(b)电路中开路电压 U_{oc}。

③ 求图 T1.9(c)电路中受控源吸收的功率 P。

1.10 如图 T1.10 所示电路,当 ab 开路时求开路电压 u;当 ab 短路时求电流 i。

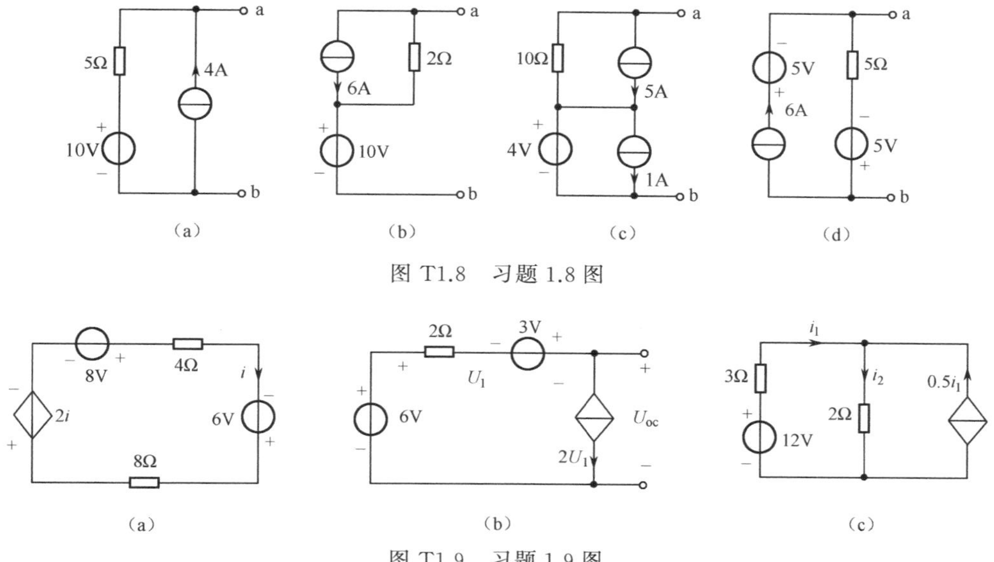

图 T1.8　习题 1.8 图

图 T1.9　习题 1.9 图

1.11　如图 T1.11 所示电路，已知电流 $i_1=2\text{A}$，$i_2=1\text{A}$，用支路电流法求电压 u_{bc}，电阻 R 及电压源 u_S。

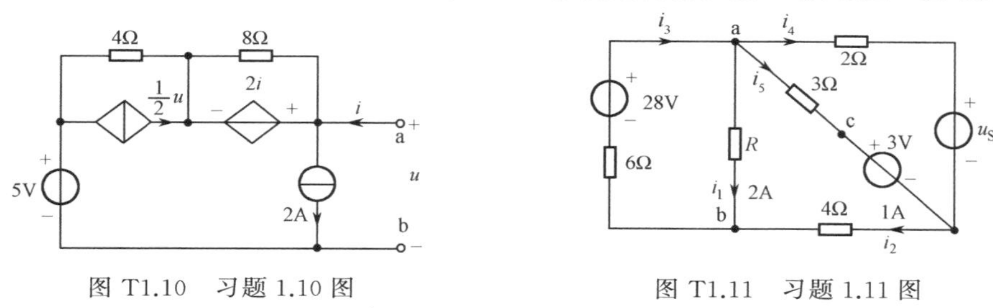

图 T1.10　习题 1.10 图　　图 T1.11　习题 1.11 图

1.12　如图 T1.12 所示平面电路，各网孔电流如图中所示，试列写出可用来求解电路的网孔方程。

1.13　如图 T1.13 所示电路，设节点 1,2 的电位分别为 V_1，V_2，试列写出可用来求解该电路的节点方程。

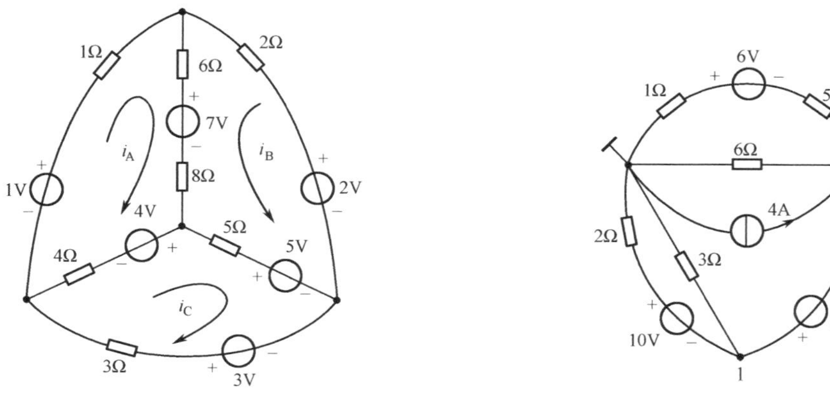

图 T1.12　习题 1.12 图　　图 T1.13　习题 1.13 图

1.14　如图 T1.14 所示电路，求图中受控源产生的功率 $P_{受}$。

1.15　求如图 T1.15 所示电路中负载电阻 R_L 上吸收的功率 P_L。(1)用网孔法；(2)用节点法。

1.16　如图 T1.16 所示电路为晶体管放大器等效电路，电路中各电阻及 β 均为已知，求电流放大系数 A_i ($A_i=i_2/i_1$)，电压放大系数 A_u ($A_u=u_2/u_S$)。

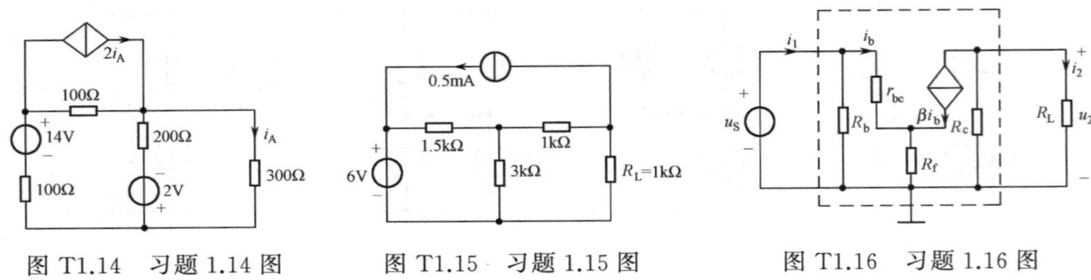

图 T1.14 习题 1.14 图　　图 T1.15 习题 1.15 图　　图 T1.16 习题 1.16 图

1.17 如图 T1.17 所示电路,用叠加定理求:

① 图 T1.17(a)中的电流 i。

② 图 T1.17(b)中的电压 u。

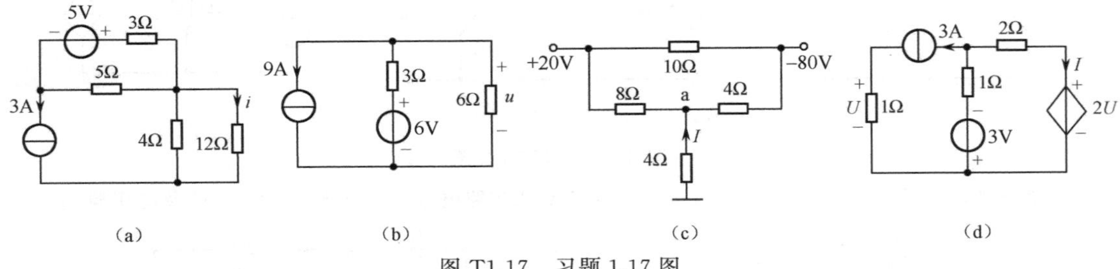

图 T1.17 习题 1.17 图

③ 图 T1.17(c)中的电流 I 及 a 点电位 V_a。

④ 图 T1.17(d)中的电流 I。

1.18 如图 T1.18 所示电路,应用置换定理等效,求 4V 理想电压源产生的功率 P_S。

1.19 如图 T1.19 所示电路,应用置换定理及电源互换等效,求电压 U。

1.20 如图 T1.20 所示电路,N_A 为线性含源二端网络,电流表、电压表均是理想的,已知当开关 S 置"1"位时电流表读数为 2A,S 置"2"位时电压表读数为 4V。求当 S 置于"3"位时图中的电压 U。

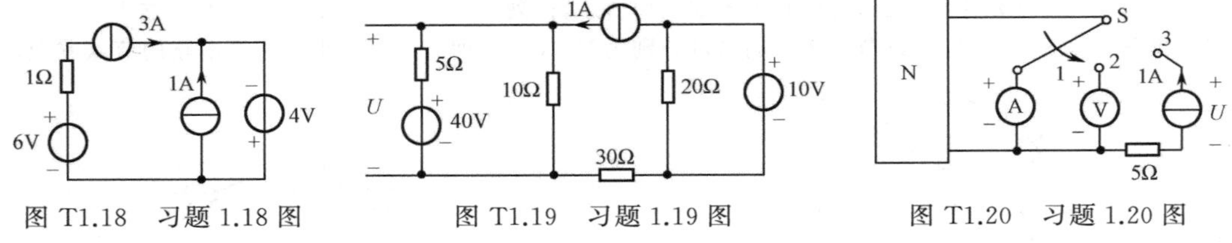

图 T1.18 习题 1.18 图　　图 T1.19 习题 1.19 图　　图 T1.20 习题 1.20 图

1.21 如图 T1.21(a)所示线性有源二端网络 N,它的 VCR 如图 T1.21(b)所示。试画出 N 的戴维南等效电源与诺顿等效电源。

1.22 如图 T1.22 所示电路,若 $R_L=5\Omega$,求其上电流 I_L;若 R_L 减小,则 I_L 增大,求当 I_L 增大到原来的 3 倍时负载电阻 R_L 之值。

1.23 如图 T1.23 所示电路,求负载电阻 R_L 上消耗的功率 P_L。

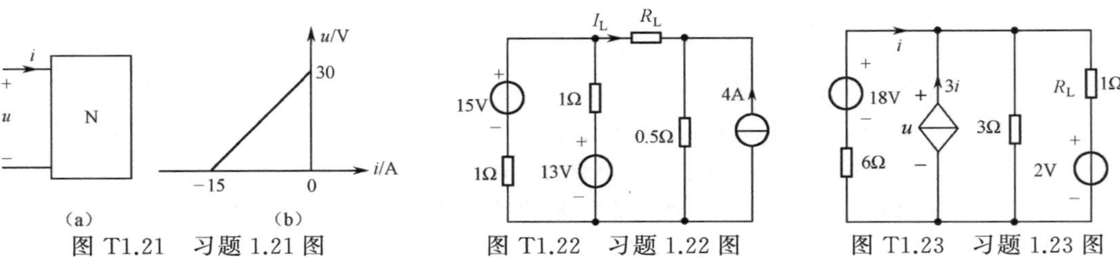

图 T1.21 习题 1.21 图　　图 T1.22 习题 1.22 图　　图 T1.23 习题 1.23 图

1.24　如图 T1.24 所示电路，应用戴维南定理求 i。

1.25　如图 T1.25 所示电路，若要求输出电压 u_o 不受电压源 u_{S2} 的影响，求受控源中 μ 应为何值？

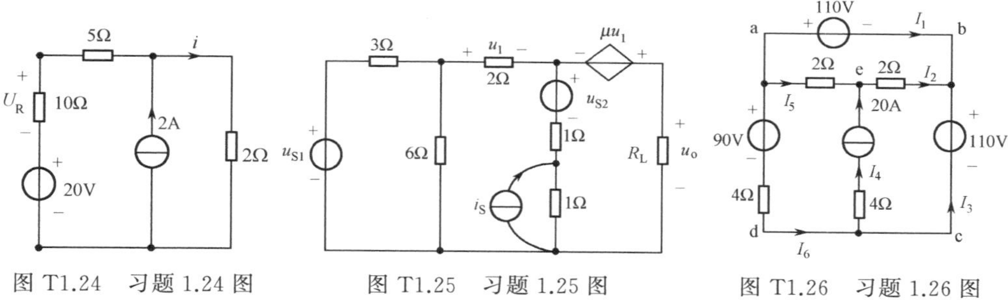

图 T1.24　习题 1.24 图　　图 T1.25　习题 1.25 图　　图 T1.26　习题 1.26 图

1.26　选择最简单方法计算图 T1.26 所示电路的各支路电流。

1.27　如图 T1.27 所示电路，图中每个电阻为 1Ω，求等效电阻 R_{ab}。

1.28　如图 T1.28 所示电路，表示无限长网络，其中每个电阻的阻值为 R，求其端口的等效电阻 R_{ab}。

1.29　如图 T1.29 所示电路，求：① U_1、I 的值；② 1A 电流源的功率；③ 电源 U_S 的功率。

1.30　如图 T1.30 所示电路，分别求出电流源和受控源的功率，并说明它们是吸收功率还是发出功率。

1.31　如图 T1.31 所示电路，求 I_1 和 I_2。

1.32　如图 T1.32 所示电路，电阻 R_L 可调节。试求 R_L 为何值时能获得最大功率 P_{max}，并求此最大功率的值。

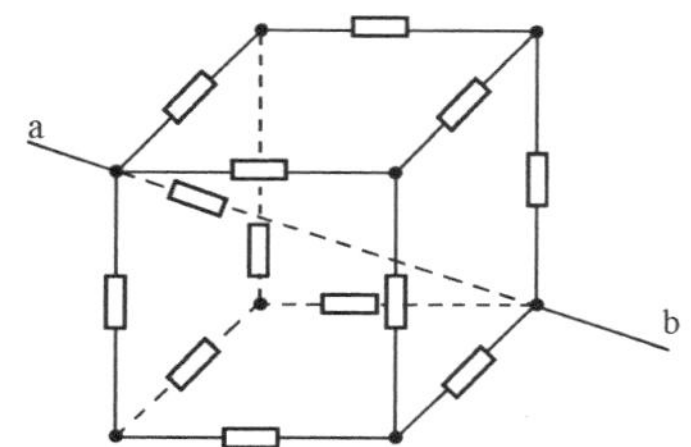

图 T1.27　习题 1.27 图

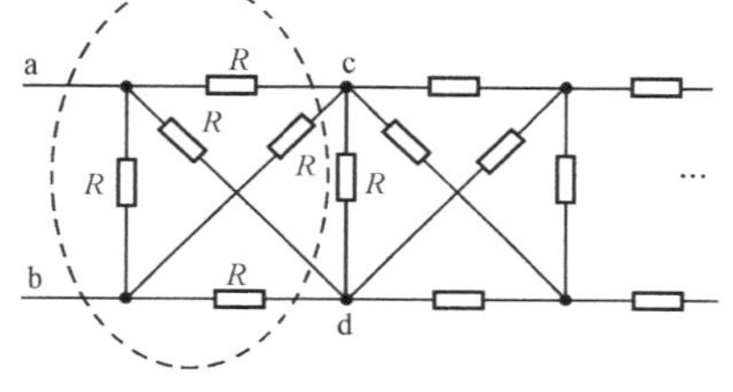

图 T1.28　习题 1.28 图

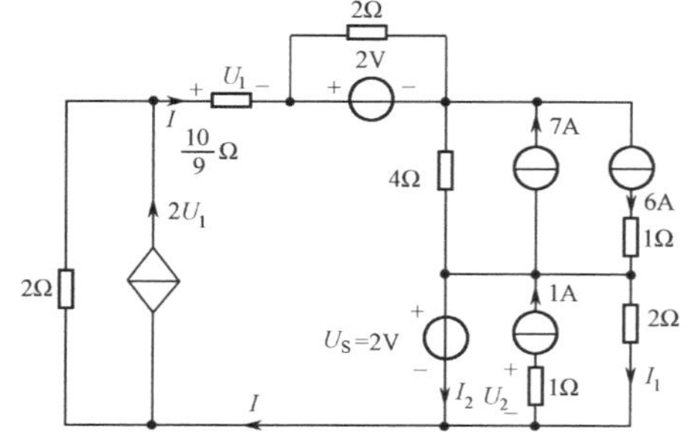

图 T1.29　习题 1.29 图

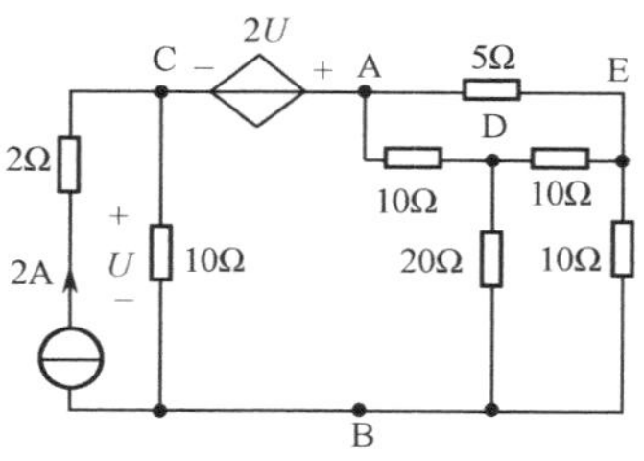

图 T1.30　习题 1.30 图

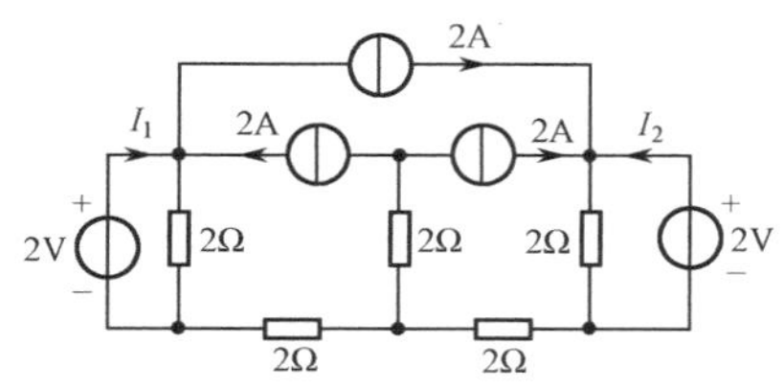

图 T1.31　习题 1.31 图

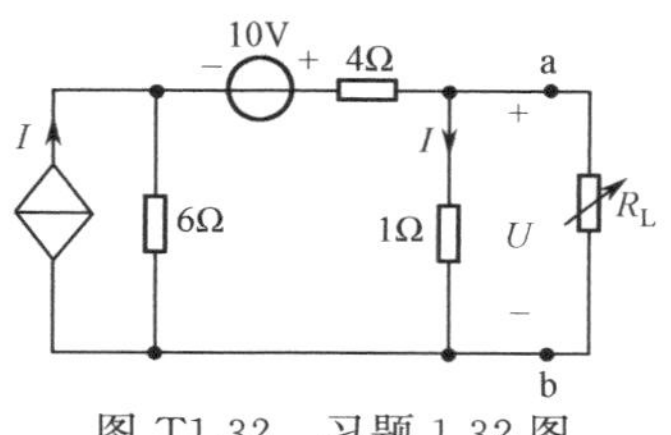

图 T1.32　习题 1.32 图

第 2 章 动态电路

[内容提要]

本章讨论动态电路的暂态分析,首先讨论了动态元件即电容元件和电感元件的伏安关系及特性,然后介绍了动态电路暂态过程的时域分析法(经典法)和复频域分析法(运算法)。

2.1 引 言

1. 动态电路的暂态过程

动态电路是指含有动态元件(即电感和电容元件)的电路。这种电路的一个特征是当电路的结构或元件的参数发生变化时,会产生暂态过程(也称为过渡过程),所谓暂态过程是指存在于两种稳定状态之间的一种渐变过程,即从一个稳态到另一个稳态的过渡过程。

上述电路结构或参数变化引起的电路变化统称为“换路”。如开关的通、断,电源的接入或切断;元件参数的改变等,均称为“换路”。

2. 动态电路的方程及阶数

由于动态元件的电压与电流之间呈微分关系或积分关系,根据基尔霍夫定律对动态电路列出的方程是微分方程。如果动态电路的方程是一阶微分方程,则称该电路为一阶电路,如果动态电路的方程是二阶微分方程,则称该电路为二阶电路,以此类推。二阶以上的电路也称为高阶电路。

3. 暂态过程的分析方法

分析动态电路的暂态过程有三种方法,即时域分析法、复频域分析法和状态变量分析法。本章只讨论时域分析法和复频域分析法,关于状态变量分析法将在第 10 章讨论。

时域分析法又称为经典法。它通过对换路以后的电路建立以时间为自变量的线性常微分方程,然后找出电路的初始条件求出微分方程定解,从而得到电路所求变量(电压或电流)。经典法是一种在时间域中的分析方法,多用于一阶和二阶电路。

复频域分析法也称运算法,它利用数学中的拉普拉斯变换将已知时域函数变换为频域函数,从而把时域的微分方程化为频域的代数方程,求出频域函数后,再进行拉普拉斯反变换,返回时域,即可获得所需响应,而不必确定初始条件,列写和求解微分方程。所以拉普拉斯变换法一般用于求解高阶复杂动态电路。

2.2 动 态 元 件

2.2.1 电容

电容元件是储存电能的元件,它是实际电容器的理想化模型。

电容元件可定义为:一个二端元件,如果在任意时刻,其端电压 u 与其储存的电荷 q 之间的关系能用 $u\sim q$ 平面(或 $q\sim u$ 平面)上的一条曲线所确定,就称其为电容元件,简称为电容。

电容元件分为时变的和时不变的,线性的和非线性的,本书主要讨论线性时不变电容元件。

线性时不变电容元件的外特性是 $q\sim u$ 平面上一条通过原点的直线,如图 2.2.1(b)所示。在电容元件上电压与电荷的参考极性一致的条件下,在任一时刻,电荷量与其端电压的关系为

$$q(t)=Cu(t) \tag{2.2.1}$$

式中 C 称为元件的电容，单位为法(F)。对于线性时不变电容元件，C 是正实常数。“电容”一词及其符号 C 既表示电容元件也表示元件的参数。

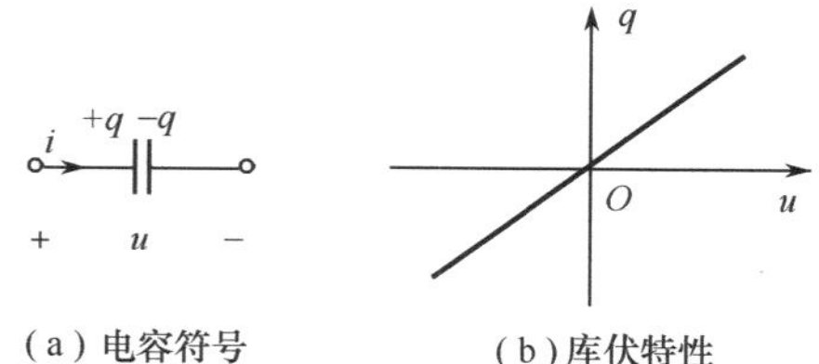

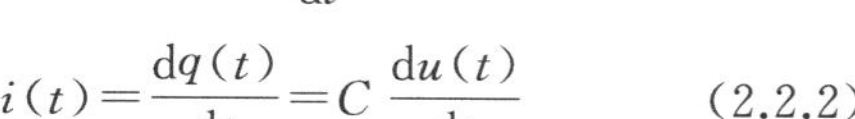

(a) 电容符号　(b) 库伏特性

图 2.2.1　线性时不变电容元件

电路理论关心的是元件端电压与电流的关系。如果电容端电压 u 与其引线上的电流 i 参考方向一致(见图 2.2.1(a))，则由 $i=\frac{\mathrm{d}q}{\mathrm{d}t}$，有

$$i(t)=\frac{\mathrm{d}q(t)}{\mathrm{d}t}=C\,\frac{\mathrm{d}u(t)}{\mathrm{d}t} \tag{2.2.2}$$

式(2.2.2)常称为电容元件的伏安关系(微分关系)。它表明，任何时刻，电容元件的电流与该时刻的电压变化率成正比。如果电压不随时间变化，则 $i=0$，电容相当于开路。故电容有隔断直流的作用。

将式(2.2.2)写为

$$\mathrm{d}u(t)=\frac{1}{C}i(t)\mathrm{d}t$$

对上式从 $-\infty$ 到 t 进行积分(为避免积分上限 t 与积分变量 t 相混，将积分变量换为 ξ)，得

$$\int_{u(-\infty)}^{u(t)}\mathrm{d}u(\xi)=\frac{1}{C}\int_{-\infty}^{t}i(\xi)\mathrm{d}\xi$$

即

$$u(t)-u(-\infty)=\frac{1}{C}\int_{-\infty}^{t}i(\xi)\mathrm{d}\xi$$

一般总可以认为 $u(-\infty)=0$，亦即 $q(-\infty)=0$，于是得

$$u(t)=\frac{1}{C}\int_{-\infty}^{t}i(\xi)\mathrm{d}\xi \tag{2.2.3}$$

式(2.2.3)也称为电容元件的伏安关系(积分关系)。它表明，在任一时刻 t，电容电压 u 是此时刻以前的电流作用的结果，它“记载”了已往的全部历史，所以称电容为记忆元件。相应地，电阻为无记忆元件。

如果只讨论 $t\geqslant t_0$ 的情况，式(2.2.3)可进一步写为

$$\begin{aligned}u(t)&=\frac{1}{C}\int_{-\infty}^{t_0}i(\xi)\mathrm{d}\xi+\frac{1}{C}\int_{t_0}^{t}i(\xi)\mathrm{d}\xi\\&=u_{\mathrm{C}}(t_0)+\frac{1}{C}\int_{t_0}^{t}i(\xi)\mathrm{d}\xi\end{aligned} \tag{2.2.4}$$

式中

$$u_{\mathrm{C}}(t_0)=\frac{1}{C}\int_{-\infty}^{t_0}i(\xi)\mathrm{d}\xi \tag{2.2.5}$$

称为电容电压在 $t=t_0$ 时刻的初始值，或初始状态。为了简便，常取 $t_0=0$。

通常我们研究问题总有一个初始时刻 t_0，式(2.2.4)表明，如果研究 $t\geqslant t_0$ 的电容电压 $u(t)$，那么不必去了解 $t<t_0$ 电容电流的情况，而 t_0 以前全部的历史对于 $t>t_0$ 产生的效果可以由 $u_{\mathrm{C}}(t_0)$，即电容的初始电压来反映，也就是说，如果已知由初始时刻 t_0 开始作用的电流 $i(t)$ 以及电容的初始电压 $u_{\mathrm{C}}(t_0)$，就能完全确定 $t\geqslant t_0$ 时的电容电压 $u(t)$。

电容电压 $u(t)$ 除有上述的记忆性质外，还有连续性质。为了仔细地研究连续性质，对于任意给定的时刻 t_0，将其前一瞬间记为 t_{0-}，而后一瞬间记为 t_{0+}，更准确的说，令

$$\left.\begin{aligned}t_{0-}&=\lim_{\varepsilon\to 0}(t_0-\varepsilon)\\t_{0+}&=\lim_{\varepsilon\to 0}(t_0+\varepsilon)\end{aligned}\right\}\quad(\varepsilon>0) \tag{2.2.6}$$

它们分别是 t_0 的左极限和右极限。

由式(2.2.4)可得在 $t=t_{0+}$ 时的电容电压为

$$u_C(t_{0+}) = u_C(t_{0-}) + \frac{1}{C}\int_{t_{0-}}^{t_{0+}} i(\xi)\mathrm{d}\xi$$

如果电容电流 $i(t)$ 在无穷小区间 $[t_{0-}, t_{0+}]$ 为有限值，或者说在 $t=t_0$ 处为有限值，则上式等号右端第二项积分为零，从而有

$$u_C(t_{0+}) = u_C(t_{0-}) \tag{2.2.7}$$

这表明，若电容电流 $i(t)$ 在 $t=t_0$ 处为有限值，则电容电压 $u_C(t)$ 在该处是连续的，它不能跃变。

现在讨论电容的功率和能量。由式(1.1.3)的电压、电流参考方向一致的条件下，在任一时刻，电容元件吸收的功率

$$p(t) = u(t)i(t) = Cu(t)\frac{\mathrm{d}u(t)}{\mathrm{d}t} \tag{2.2.8}$$

由式(1.1.4)，从 $-\infty$ 到 t 时间内，电容元件吸收的能量

$$\begin{aligned} w(t) &= \int_{-\infty}^{t} p(\xi)\mathrm{d}\xi = C\int_{-\infty}^{t} u(\xi)\frac{\mathrm{d}u(\xi)}{\mathrm{d}\xi}\mathrm{d}\xi \\ &= C\int_{u(-\infty)}^{u(t)} u\mathrm{d}u = \frac{1}{2}Cu^2(t) - \frac{1}{2}Cu^2(-\infty) \end{aligned}$$

若设 $u(-\infty)=0$，则电容吸收能量

$$w_C(t) = \frac{1}{2}Cu^2(t) \tag{2.2.9}$$

由式(2.2.8)和式(2.2.9)可见，当 $|u|$ 增大时(即当 $u>0$，且 $\frac{\mathrm{d}u}{\mathrm{d}t}>0$；或 $u<0$，且 $\frac{\mathrm{d}u}{\mathrm{d}t}<0$ 时)，$p>0$，电容吸收功率为正值，电容元件充电，储能 w_C 增加，电容吸收的能量以电场能量的形式储存于元件的电场中；当 $|u|$ 减小时(即 $u>0$，且 $\frac{\mathrm{d}u}{\mathrm{d}t}<0$；或者 $u<0$，且 $\frac{\mathrm{d}u}{\mathrm{d}t}>0$ 时)，$p<0$，电容吸收功率为负值，电容放电，储能 w_C 减少，电容将储存于电场中的能量释放。若到达某一时刻 t_1 时，有 $u(t_1)=0$，从而 $w_C(t_1)=0$，表明这时电容将其储存的能量全部释放。因此，电容是一种储能元件，它不消耗能量。

由式(2.2.9)还可看出，无论 u 为正值或负值，恒有 $w_C(t)\geqslant 0$(当然，$C>0$)。这表明，电容所释族的能量最多也不会超过其先前吸收(或储存)的能量，它不能提供额外的能量，因此它是一种无源元件。

【例 2.2.1】 图 2.2.2(a)中的电容 $C=0.5\mathrm{F}$，其电流为

$$i(t) = \begin{cases} 0 & -\infty<t<0 \\ 2\mathrm{A} & 0\leqslant t<1\mathrm{s} \\ -2\mathrm{A} & 1\leqslant t<2\mathrm{s} \\ 0 & t\geqslant 2\mathrm{s} \end{cases}$$

其波形如图 2.2.2(b)所示，求电容电压 u、功率 p 和储能 w_C。

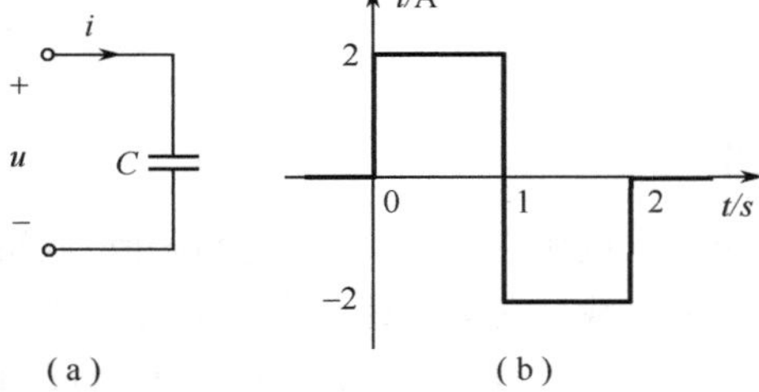

图 2.2.2　例 2.2.1 图

解　由图 2.2.2(a)可见，电压 u 与电流 i 为关联参考方向，由式(2.2.3)可知，由于在 $t<0$ 时电流 i 恒为零，故在 $-\infty<t<0$ 区间 $u(t)=0$，显然 $u(0)=0$。

在 $0\leqslant t<1\mathrm{s}$ 区间

$$u(t) = u(0) + \frac{1}{C}\int_0^t 2\mathrm{d}\xi = 4t$$

在 $1\leqslant t<2\mathrm{s}$ 区间

$$u(t) = u(0) + \frac{1}{C}\int_0^1 2\mathrm{d}\xi + \frac{1}{C}\int_1^t (-2)\mathrm{d}\xi = 4(2-t)$$

在 $t\geqslant 2\text{s}$ 区间

$$u(t)=u(0)+\frac{1}{C}\int_0^1 2\mathrm{d}\xi+\frac{1}{C}\int_1^2(-2)\mathrm{d}\xi+\frac{1}{C}\int_2^t 0\mathrm{d}\xi=0$$

即

$$u(t)=\begin{cases}0 & -\infty<t<0\\ 4t\ (\text{V}) & 0\leqslant t<1\text{s}\\ 4(2-t)\ (\text{V}) & 1\leqslant t<2\text{s}\\ 0 & t\geqslant 2\text{s}\end{cases}$$

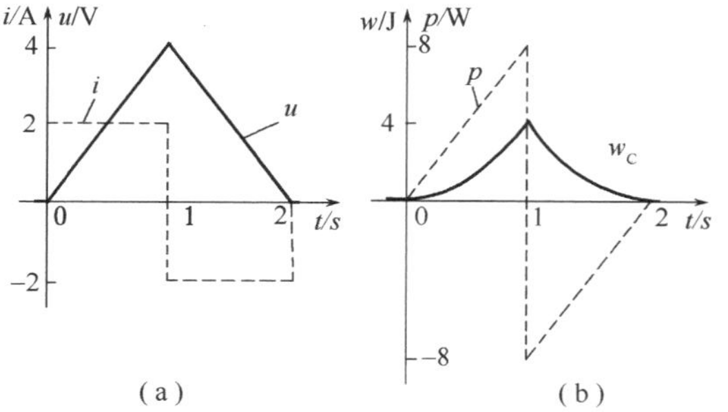

其波形如图 2.2.3(a)实线所示，图中也画出了电流 i 的波形(虚线所示)。可见电容电流 i 是不连续的，而电容电压是连续的。

根据式(2.2.8)，电容 C 吸收的功率 $p=ui$，可得

$$p(t)=\begin{cases}8t & (\text{W}) & 0\leqslant t<1\text{s}\\ -8(2-t) & (\text{W}) & 1\leqslant t<2\text{s}\\ 0 & (\text{W}) & \text{其余}\end{cases}$$

其波形如图 2.2.3(b)中虚线所示。

图 2.2.3　例 2.2.1 的解

根据式(2.2.9)，电容储能 $w_C=\frac{1}{2}Cu^2$，可得

$$w_C(t)=\begin{cases}4t^2 & (\text{J}) & 0\leqslant t<1\text{s}\\ 4(2-t)^2 & (\text{J}) & 1\leqslant t<2\text{s}\\ 0 & (\text{J}) & \text{其余}\end{cases}$$

其波形如图 2.2.3(b)中实线所示。

由图 2.2.3(a)和(b)可见，在 $0<t<1\text{s}$ 区间，$u>0$，$i>0$，因而 $p>0$，电容吸收功率，其储能逐渐增高，这是电容元件充电的过程。在区间 $1<t<2\text{s}$，$u>0$，$i<0$，因而 $p<0$，电容发出功率，其储能 w_C 逐渐减小，这是电容放电的过程。直到 $t=2\text{s}$，这时 $u=0$，电容将原先储存的能量全部释放，$w_C=0$。

2.2.2　电感

电感元件是储存磁能的元件，它是(实际)电感器的理想化模型。

电感元件可定义为：一个二端元件，如果在任意时刻，通过它的电流 i 与其磁链 Ψ 之间的关系能用 $\Psi-i$ 平面(或 $i-\Psi$ 平面)上的曲线所确定，就称其为电感元件，简称电感。

电感元件也分为时变的和时不变的，线性的和非线性的，本书只讨论线性时不变的电感元件。

线性时不变的电感元件和外特性是 $\Psi-i$ 平面上一条通过原点的直线，如图 2.2.4(b)所示，当规定磁通 Φ 和磁链 Ψ 的参考方向与电流 i 的参考方向之间符合右手螺旋关系时，在任一时刻，磁链与电流的关系为

$$\Psi(t)=Li(t) \tag{2.2.10}$$

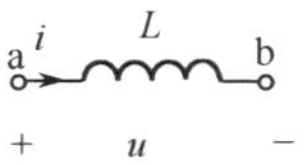

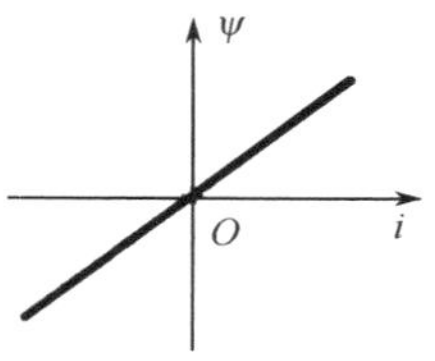

(a)电感符号　(b)韦安特性

图 2.2.4　线性时不变电感元件

式中，L 称为元件的电感。在 SI 单位制中，磁通和磁链(磁通链)的单位都是韦伯(Wb)，电感的单位是亨(H)。对于线性时不变电感元件，L 是正实常数。电感及其符号 L 既表示电感元件也表示元件参数。

在电感端电压 u 与通过它的电流 i 参考方向一致的条件下(见图 2.2.4(a))，由电磁感应定律，有

$$u(t)=\frac{\mathrm{d}\Psi(t)}{\mathrm{d}t}=L\frac{\mathrm{d}i(t)}{\mathrm{d}t} \tag{2.2.11}$$ ①

式(2.2.11)常称为电感元件的伏安关系。它表明,在任一时刻,电感元件上的电压与该时刻的电流变化率成正比。如果电流不随时间变化,则 $u=0$,电感元件相当于短路。

在电压、电流为关联参考方向时,电感电流与其端电压的积分关系可写为

$$i(t)-i(-\infty)=\frac{1}{L}\int_{-\infty}^{t}u(\xi)\mathrm{d}\xi$$

一般认为 $i(-\infty)=0$,即 $\Psi(-\infty)=0$,于是得

$$i(t)=\frac{1}{L}\int_{-\infty}^{t}u(\xi)\mathrm{d}\xi \tag{2.2.12}$$

上式也是电感元件的伏安关系。它表明,在任一时刻 t,电感电流 i 是此时刻以前的电压作用的结果,它"记载"了以往的历史。电感也属于记忆元件,有记忆性质。

如果只讨论 $t\geqslant t_0$ 的情况,式(2.2.12)可进一步写为

$$i(t)=i_L(t_0)+\frac{1}{L}\int_{t_0}^{t}u(\xi)\mathrm{d}\xi \tag{2.2.13}$$

式中

$$i_L(t_0)=\frac{1}{L}\int_{-\infty}^{t_0}u(\xi)\mathrm{d}\xi$$

称为电感电流在 $t=t_0$ 时刻的初始值,或初始状态。

式(2.2.13)表明,如果研究 $t>t_0$ 的电感电流 $i(t)$,利用 $i_L(t_0)$ 对 $t<t_0$ 时电压的记忆作用,可不必了解 $t<t_0$ 时电压的具体情况,也就是说,如果已知由初始时刻 t_0 开始作用的 $u(t)$ 以及电感初始电流 $i_L(t_0)$,就能完全确定 $t\geqslant t_0$ 时的电感电流 $i(t)$。

电感电流也有连续性质,即若电感电压 $u(t)$ 在 $t=t_0$ 处为有限值,则电感电流在该处是连续的,它不能跃变。即有

$$i_L(t_{0+})=i_L(t_{0-}) \tag{2.2.14}$$

现在讨论电感的功率与能量,由式(1.1.3),在电压和电流参考方向一致的条件下,在任一时刻,电感元件吸收的功率

$$p(t)=u(t)i(t)=Li(t)\frac{\mathrm{d}i(t)}{\mathrm{d}t} \tag{2.2.15}$$

由式(1.1.4),从 $-\infty$ 到 t 时间内,电感元件吸收的能量

$$\begin{aligned}w_L(t)&=\int_{-\infty}^{t}p(\xi)\mathrm{d}\xi=L\int_{-\infty}^{t}i(\xi)\frac{\mathrm{d}i(\xi)}{\mathrm{d}\xi}\mathrm{d}\xi\\&=L\int_{i(-\infty)}^{i(t)}i\,\mathrm{d}i=\frac{1}{2}Li^2(t)-\frac{1}{2}Li^2(-\infty)\end{aligned}$$

若设 $i(-\infty)=0$,则电感吸收的能量

$$w_L(t)=\frac{1}{2}Li^2(t) \tag{2.2.16}$$

由式(2.2.15)和式(2.2.16)可见,当 $|i|$ 增大时(即 $i>0$,且 $\frac{\mathrm{d}i}{\mathrm{d}t}>0$,或者 $i<0$,且 $\frac{\mathrm{d}t}{\mathrm{d}t}<0$ 时),$p>0$,电感吸收功率,储能 w_L 增加,电感吸收的能量以磁场能量的形式储存于元件的磁场中;当 $|i|$ 减

① 在物理学中感应电动势与磁链的关系与式(2.2.11)相差一个"—"号。这是因为,在那里是感应电动势,其参考方向为由"—"极指向"+"级;而这里关心的是端电压,其参考方向为由"+"极指向"—"极。具体地说,楞次定律指出,线圈中由磁通变化率引起的感应电动势,其方向是企图产生感应电流以反抗磁通的变化。设 $i>0$,且 $(\mathrm{d}i/\mathrm{d}t)>0$(参看图2.2.4(a)),这时,为反抗磁通增加,电感内部感应电势的实际极性应该是 a 端为"+",b 端为"—"。而按式(2.2.11)可知,这时电感外部端子的电压 $u>0$,即其实际方向也是 a 端为"+"b 端为"—"。可见二者是完全一致的。对于 $i>0$,$(\mathrm{d}i/\mathrm{d}t)<0$ 以及 $i<0$ 的情况,也可作类似的说明。

小时(即 $i>0$,且 $\frac{\mathrm{d}i}{\mathrm{d}t}<0$,或者 $i<0$,且 $\frac{\mathrm{d}i}{\mathrm{d}t}>0$ 时),$p<0$,电感吸收功率为负值,储能 w_L 减小,电感将原先储存于磁场的能量释放。若到达某时刻 t_1 时,有 $i(t_1)=0$,从而 $w_L(t_1)=0$,表明这时电感将其储存的能量全部释放。因此,电感是一种储能元件,它不消耗能量。

由式(2.2.16)还可看出,无论 i 为正值或负值,恒有 $w_L(t)\geqslant 0$(当然 $L>0$)。这表时,电感所释放的能量最多也不会超过其先前吸收(或储存)的能量,它不能提供额外的能量,因而它是无源元件。

在动态电路的许多电压变量和电流变量中,电容电压和电感电流具有特别重要的地位,它们确定了电路储能的状况。常称变量电容电压 $u_C(t)$ 和电感电流 $i_L(t)$ 为状态变量。如选初始时刻为 t_0,在该时刻的 $u_C(t_0)$ 和 $i_L(t_0)$ 称为电路在时刻 t_0 的初始状态(为简便,常选 $t_0=0$)。

在电路和系统理论中,状态变量是一组能反映动态电路状态的最少数目的变量,当已知 t_0 时刻的状态和 $t\geqslant t_0$ 时的激励(输入)后,就可以确定 $t\geqslant t_0$ 时电路的响应(电路中的任意电流、电压)。通常选择电容电压和电感电流作为状态变量,有时(如非线性动态电路)也选电容电荷和电感磁链为状态变量。关于状态变量的更深入的讨论,读者可参看有关"信号与系统"的书籍。

2.2.3　电容、电感的串联和并联

图 2.2.5(a) 是 n 个电容相串联的电路,各电容的端电流为同一电流 i。根据电容的伏安关系,有

$$u_1=\frac{1}{C_1}\int_{-\infty}^{t} i\,\mathrm{d}\xi,\ u_2=\frac{1}{C_2}\int_{-\infty}^{t} i\,\mathrm{d}\xi,\cdots,u_n=\frac{1}{C_n}\int_{-\infty}^{t} i\,\mathrm{d}\xi$$

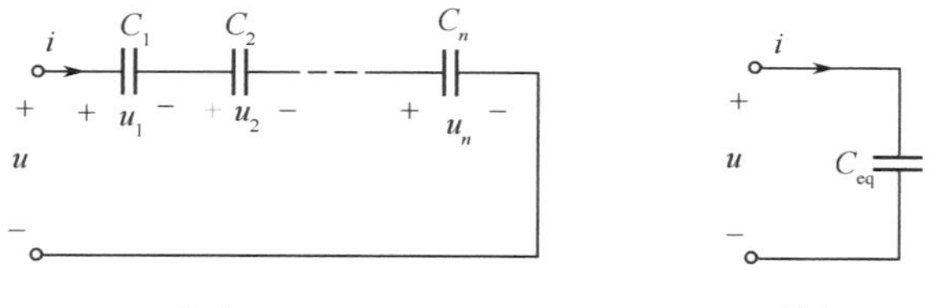

(a)　　(b)

图 2.2.5　电容串联

由 KVL,端口电压为

$$u=u_1+u_2+\cdots+u_n=\left(\frac{1}{C_1}+\frac{1}{C_2}+\cdots+\frac{1}{C_n}\right)\int_{-\infty}^{t} i\,\mathrm{d}\xi=\frac{1}{C_{eq}}\int_{-\infty}^{t} i\,\mathrm{d}\xi$$

式中

$$\frac{1}{C_{eq}}=\frac{1}{C_1}+\frac{1}{C_2}+\cdots+\frac{1}{C_n}=\sum_{k=1}^{n}\frac{1}{C_k} \tag{2.2.17}$$

C_{eq} 可称为 n 个电容串联的等效电容,如图 2.2.5(b) 所示。

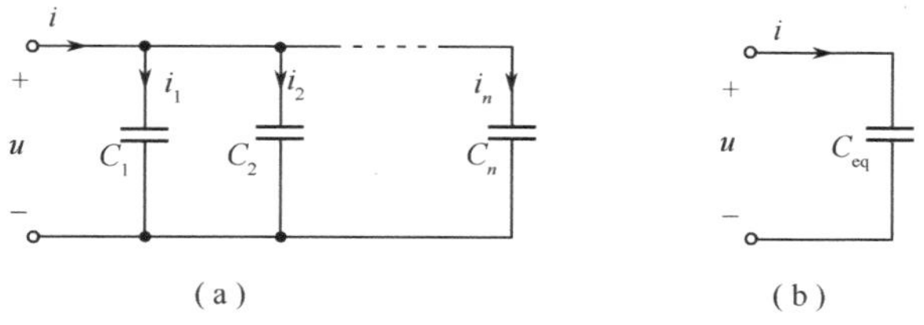

图 2.2.6　电容并联

图 2.2.6(a) 是 n 个电容相并联的电路,各电容的端电压是同一电压 u。根据电容的伏安关系,有

$$i_1=C_1\frac{\mathrm{d}u}{\mathrm{d}t},\ i_2=C_2\frac{\mathrm{d}u}{\mathrm{d}t},\cdots,i_n=C_n\frac{\mathrm{d}u}{\mathrm{d}t}$$

由 KVL,端口电流为

$$i = i_1 + i_2 + \cdots + i_n = (C_1 + C_2 + \cdots + C_n)\frac{\mathrm{d}u}{\mathrm{d}t} = C_{\mathrm{eq}}\frac{\mathrm{d}u}{\mathrm{d}t}$$

式中

$$C_{\mathrm{eq}} = C_1 + C_2 + \cdots + C_n = \sum_{k=1}^{n} C_k \tag{2.2.18}$$

是 n 个电容并联的等效电容，如图 2.2.6(b) 所示。

图 2.2.7(a) 是 n 个电感相串联的电路，流过各电感的电流为同一电流 i。根据电感的伏安关系，第 k 个($k=1,2,3,\cdots,n$) 电感的端电压 $u_k = L_k\dfrac{\mathrm{d}i}{\mathrm{d}t}$ 和 KVL，可求得 n 个电感相串联的等效电感为

$$L_{\mathrm{eq}} = \sum_{k=1}^{n} L_k \tag{2.2.19}$$

如图 2.2.7(b) 所示。

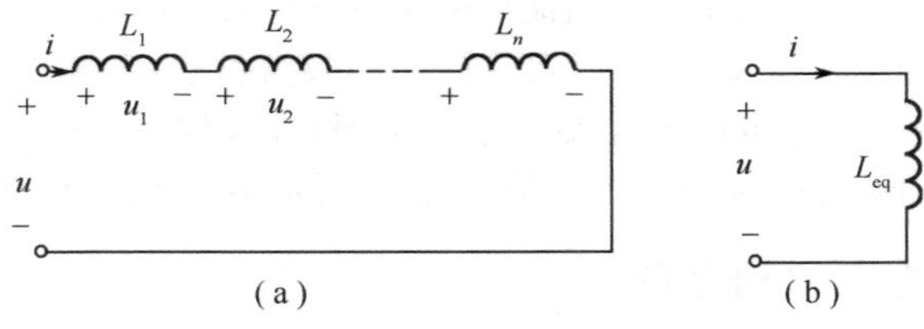

图 2.2.7　电感串联

图 2.2.8(a) 是 n 个电感相并联的电路，各电感的端电压是同一电压 u。根据电感的伏安关系，第 k 个($k=1,2,3,\cdots,n$) 电感的电流 $i_k = \dfrac{1}{L_k}\displaystyle\int_{-\infty}^{t} u\,\mathrm{d}\xi$ 和 KCL，可求得 n 个电感相并联时的等效电感 L_{eq}，它的倒数表示式为

$$\frac{1}{L_{\mathrm{eq}}} = \sum_{k=1}^{n}\frac{1}{L_k} \tag{2.2.20}$$

如图 2.2.8(b) 所示。

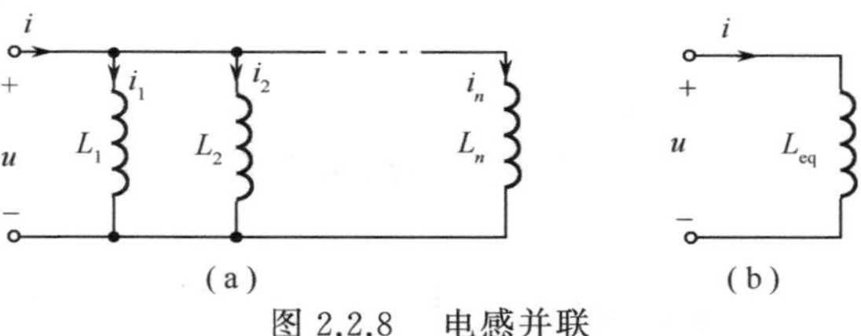

图 2.2.8　电感并联

2.3　动态电路初始条件的确定

2.3.1　初始条件

研究动态电路的暂态过程，通常以换路时刻作为时间的起点，一般将换路时刻记为 $t=0$，换路前的一瞬间记为 $t=0_-$，换路后的一瞬间记为 $t=0_+$，也就是说 $t=0_-$ 和 $t=0_+$ 分别代表换路前的最终时刻和换路后的最初时刻，换路经历的时间为 0_- 到 0_+。0_- 和 0_+ 与 0 之间的间隔趋近于零。将所讨论的电路变量及其 1 阶至 $n-1$ 阶导数在 $t=0_+$ 的值，称为初始值，也称初始条件。如电容电压 u_C 的初始值记为 $u_C(0_+)$。

用经典法分析动态电路时，必须根据电路的初始条件确定微分方程解中的积分常数。

2.3.2　换路定则

如果在换路前后，电容电流 i_C 及电感电压 u_L 为有限值，换路时电容电压 $u_C(t)$ 和电感电流 $i_{L(t)}$ 就不会产生突变。即 $u_C(t)$ 和 $i_L(t)$ 是连续变化的，亦即

$$u_C(0_+)=u_C(0_-),i_L(0_+)=i_L(0_-) \tag{2.3.1}$$

因 $q_C=Cu_C$ 及 $\psi_L=Li_L$，则由式(2.3.1)可得

$$q_C(0_+)=q_C(0_-),\psi_L(0_+)=\psi_L(0_-) \tag{2.3.2}$$

我们把式(2.3.1)和式(2.3.2)称为换路定则，它将换路前的电路和换路后的电路联系起来。

2.3.3　初始条件的计算方法

在动态电路中，将电容电压 $u_C(t)$ 和电感电流 $i_L(t)$ 称为电路的状态变量，它们任何时刻的值构成了该时刻电路的状态。相应地将 $u_C(0_+)$ 和 $i_L(0_+)$ 称为电路的初始状态。

初始状态一般可以根据其在 $t=0_-$ 时的值 $u_C(0_-)$ 和 $i_L(0_-)$ 由换路定则确定。电路的其他非状态变量的初始条件(如电阻电压或电流、电容电流、电感电压等)则需通过已知的初始状态求得。

在有限电容电流的条件下，在 $t=0_-$ 时，若 $u_C(0_-)=U_0$，则 $u_C(0_+)=u_C(0_-)=U_0$，在 $t=0_+$ 时，可将此电容视为一个电压值为 U_0 的电压源；当 $U_0=0$ 时，换路瞬间电容相当于短路。同样，在有限的电感电压的条件下，在 $t=0_-$ 时，若 $i_L(0_-)=I_0$，则 $i_L(0_+)=i_L(0_-)=I_0$。在 $t=0_+$ 时可将此电感视为一个电流值为 I_0 的电流源，当 $I_0=0$ 时，换路瞬间电感相当于开路。

初始条件的计算步骤：

① 由换路前最终时刻即 $t=0_-$ 时的电路求出电路的独立状态变量值 $u_C(0_-)$ 和 $i_L(0_-)$，从而根据换路定则得到 $u_C(0_+)$ 和 $i_L(0_+)$。

② 画出 $t=0_+$ 时的等效电路。在这一等效电路中，将电容用电压为 $u_C(0_+)$ 的直流电压源代替，将电感用电流为 $i_L(0_+)$ 的直流电流源代替。

③ 由 $t=0_+$ 时的等效电路，用直流电路分析方法，求得其他非状态变量的各初始值。

【例 2.3.1】　图 2.3.1(a)所示电路中 $U_S=10\text{V}$，$R_1=3\Omega$，$R_2=2\Omega$，开关 S 闭合已经很久，$t=0$ 时断开开关，试求换路前后瞬间的电容电压、电容电流、电感电压、电感电流。

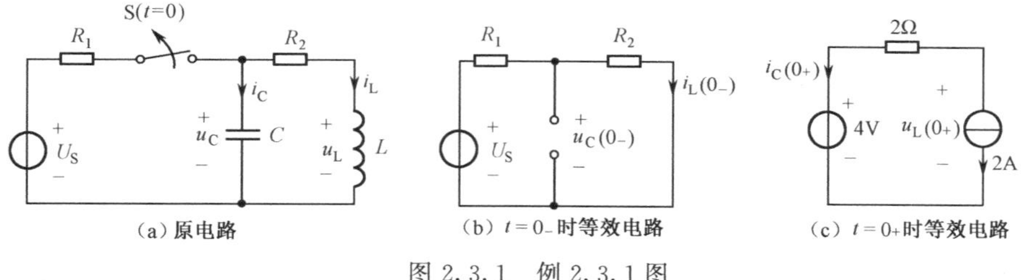

图 2.3.1　例 2.3.1 图

【解】　① $t=0_-$ 时，等效电路如图 2.3.1(b)所示，图中电容用开路代替，电感用短路代替，可求出

$$i_C(0_-)=0,\qquad u_C(0_-)=\frac{R_2}{R_1+R_2}U_S=\frac{2}{3+2}\times 10=4(\text{V})$$

$$i_L(0_-)=\frac{U_S}{R_1+R_2}=\frac{10}{3+2}=2(\text{A}),\qquad u_L(0_-)=0$$

② 由换路定则有

$$u_C(0_+)=u_C(0_-)=4(\text{V})$$

$$i_L(0_+)=i_L(0_-)=2(\text{A})$$

做出 $t=0_+$ 时的等效电路，如图 2.3.1(c)所示，并求得

$$i_C(0_+)=-2(\text{A})$$

$$u_L(0_+)=4-2\times 2=0(\text{V})$$

从本题计算值可看出，在换路瞬间，除 u_C 和 i_L 外，其余的电压、电流均可能突变，即只有 u_C 和 i_L 遵循换路定则。因此在 $t=0_-$ 时刻，除 $u_C(0_-)$ 和 $i_L(0_-)$ 外，其余电压、电流的求解均无意义，不必去求。

【例 2.3.2】 确定图 2.3.2(a)所示电路中各电流和电压的初始值。设开关闭合前电感元件和电容元件均未储能。

【解】 ① 依题意由 $t=0_-$ 时的电路得知

$$u_C(0_-)=0,\quad i_L(0_-)=0$$

因此 $u_C(0_+)=u_C(0_-)=0, i_L(0_+)=i_L(0_-)=0$

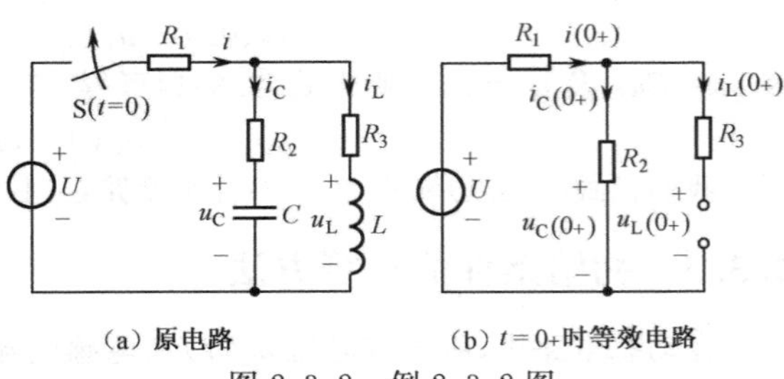

图 2.3.2　例 2.3.2 图

② 做出 $t=0_+$ 时的等效电路,如图 2.3.2(b)所示。在等效电路中将电容元件短路、电感元件开路,可求得

$$i(0_+)=i_C(0_+)=\frac{U}{R_1+R_2}$$

$$u_L(0_+)=R_2 i_C(0_+)=\frac{R_2}{R_1+R_2}U$$

2.4 动态电路的时域分析法

本节讨论用动态电路的时域分析法,即经典法求解一阶和二阶电路的过渡过程。

2.4.1 一阶电路的响应

一阶电路一般指只含有一个独立储能元件的动态电路,对应的电路方程将是一阶线性常微分方程,求解一阶电路的响应是指求出一阶微分方程的实解。

1. 一阶电路的零输入响应

零输入响应是指动态电路无输入激励情况下,仅由动态元件初始储能所产生的响应。

一阶电路有 RC 电路和 RL 电路,下面分别讨论这两种电路的零输入响应。

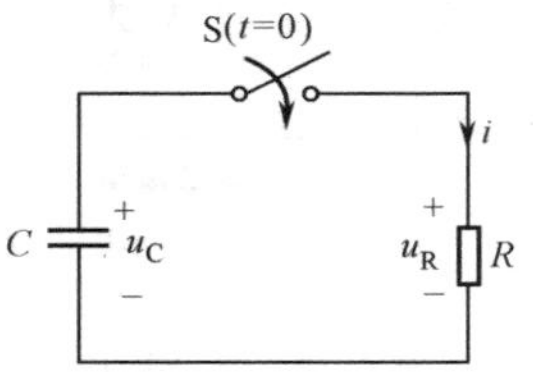

图 2.4.1　RC 电路的零输入响应

(1) RC 电路的零输入响应

在图 2.4.1 所示 RC 电路中,设开关 S 闭合前,电容已充满电,其电压 $u_C(0_-)=U_0$。$t=0$时开关 S 闭合,电容储存的能量将通过电阻以热能形式释放出来,电路的响应是零输入响应。

$t\geqslant 0_+$ 时,根据 KVL,有

$$u_R-u_C=0$$

而 $u_R=Ri, i=-C\dfrac{du_C}{dt}$,代入上式得

$$RC\frac{du_C}{dt}+u_C=0$$

这是一阶齐次微分方程,初始条件为

$$u_C(0_+)=u_C(0_-)=U_0$$

微分方程的通解为

$$u_C=Ae^{Pt} \tag{2.4.1}$$

式中 P 为特征根,特征方程为

$$RCP+1=0, P=-\frac{1}{RC}$$

代入式(2.4.1)得

$$u_C=Ae^{-\frac{1}{RC}t} \tag{2.4.2}$$

根据 $u_C(0_+)=u_C(0_-)=U_0$,代入式(2.4.2)可得积分常数

$$A=u_C(0_+)=U_0$$

于是有满足初始值的微分方程的解为

$$u_C=u_C(0_+)\mathrm{e}^{-\frac{1}{RC}t}=U_0\mathrm{e}^{-\frac{1}{RC}t}\qquad(t\geqslant 0)\tag{2.4.3a}$$

电路中的电流为

$$\begin{aligned}i&=-C\frac{\mathrm{d}u_C}{\mathrm{d}t}=-C\frac{\mathrm{d}}{\mathrm{d}t}(U_0\mathrm{e}^{-\frac{1}{RC}t})=-CU_0\left(-\frac{1}{RC}\right)\mathrm{e}^{-\frac{1}{RC}t}\\&=\frac{U_0}{R}\mathrm{e}^{-\frac{1}{RC}t}\qquad(t>0)\end{aligned}\tag{2.4.3b}$$

u_C 和 i 随时间变化的曲线如图 2.4.2 所示。

从式(2.4.3)可见,电压电流均以相同的指数规律变化,变化的快慢取决于 R 和 C 的乘积。令 $\tau=RC$,由于 τ 具有时间的量纲,故称它为 RC 电路的时间常数。引入 τ 后,式(2.4.3)可表示为

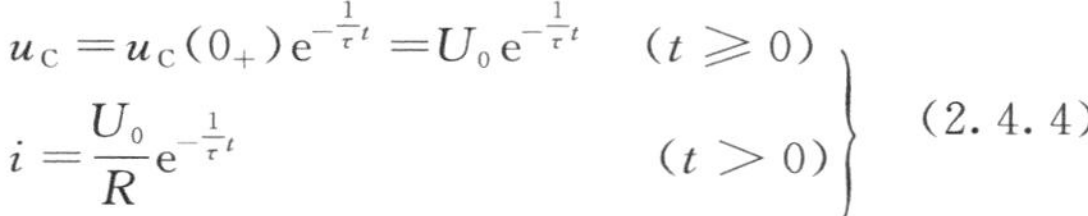

$$\left.\begin{aligned}u_C&=u_C(0_+)\mathrm{e}^{-\frac{1}{\tau}t}=U_0\mathrm{e}^{-\frac{1}{\tau}t}\quad(t\geqslant 0)\\i&=\frac{U_0}{R}\mathrm{e}^{-\frac{1}{\tau}t}\qquad\qquad\qquad(t>0)\end{aligned}\right\}\tag{2.4.4}$$

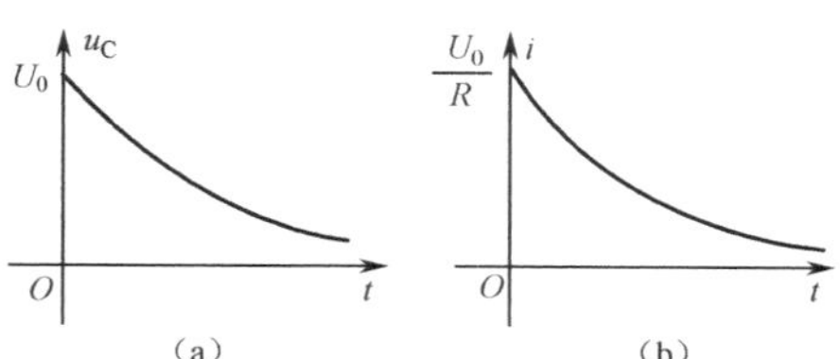

图 2.4.2　RC 电路零输入响应的波形

只有一阶电路才有时间常数的概念。τ 的大小反映了一阶电路过渡过程的进展速度,它是反映过渡过程特性的一个重要的量。τ 越大,指数函数衰减越慢,其暂态过程所经历的时间越长。因为在一定初始电压 U_0 下,电容 C 越大,则储存的电荷越多;而电阻 R 越大,则放电电流越小。这都促使放电变慢。

由式(2.4.4)可以计算得:

当 $t=0$ 时　　$u_C(0)=U_0$

当 $t=\tau$ 时　　$u_C(\tau)=0.368U_0$

上式表明经过时间 τ 后,电容电压衰减为初始值的 36.8%。

表 2.4.1 列出了 t 等于 0、τ、2τ、3τ、4τ、5τ、∞ 时的电容电压值。

表 2.4.1　不同 t 时刻的电容电压值

t	0	τ	2τ	3τ	4τ	5τ	∞
$u_C(t)$	U_0	$0.368U_0$	$0.135U_0$	$0.05U_0$	$0.018U_0$	$0.007U_0$	0

由上表可见,理论上要经过无限长的时间 u_C 才能衰减为零值,但由于波形衰减很快,工程上一般认为换路后,经过 $3\tau\sim5\tau$ 的时间过渡,衰减过程基本结束。

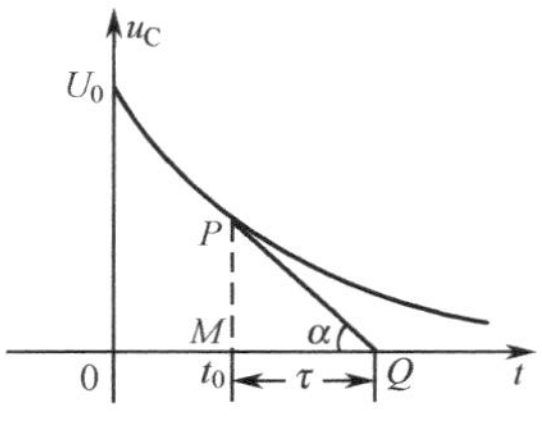

图 2.4.3　时间常数 τ 的几何意义

时间常数 τ 还具有明确的几何意义。如图 2.4.3 所示在电容电压 u_C 的曲线上任取一点 P,通过 P 点作切线 PQ,则图中的次切距

$$\overline{MQ}=\frac{PM}{\tan\alpha}=\frac{u_C(t_0)}{-\left.\dfrac{\mathrm{d}u_C}{\mathrm{d}t}\right|_{t=t_0}}=\frac{U_0\mathrm{e}^{-\frac{t_0}{\tau}}}{\dfrac{1}{\tau}U_0\mathrm{e}^{-\frac{t_0}{\tau}}}=\tau$$

上式表明时间坐标上次切距的长度等于时间常数。这便是时间常数 τ 的几何意义。

综上所述,RC 电路的零输入响应是依靠电容上的初始储能来维持的。随着放电过程的进行,电容不断放出能量为电阻所消耗,从而决定了电路零输入响应按指数规律衰减的特性。RC 电路零输入响应的瞬时值决定于电容上的初始电压 U_0 和电路的时间常数 τ。

【例 2.4.1】　电路如图 2.4.4 所示,开关 S 闭合前电路已处于稳态。在 $t=0$ 时,将开关闭

合，试求$t \geqslant 0$时电压 u_C 和电流 i_C、i_1 及 i_2。

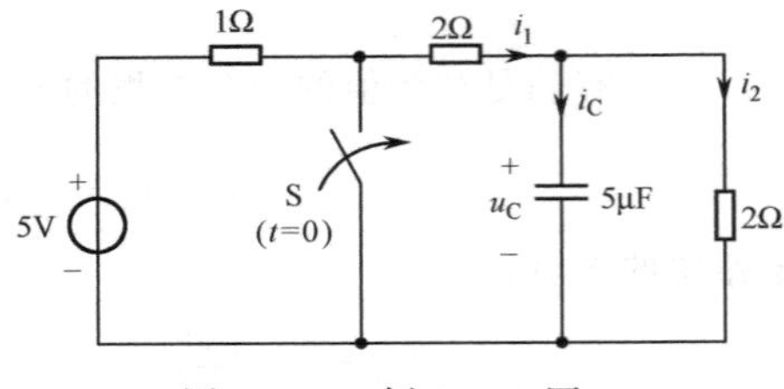

图 2.4.4　例 2.4.1 图

【解】　首先求出初始值。

在 $t=0_-$ 时，求得电压为

$$u_C(0_-)=\frac{5}{1+2+2}\times 2=2\ (\text{V})$$

$$u_C(0_+)=u_C(0_-)=2\ (\text{V})$$

根据 $t \geqslant 0$ 时电路，求得时间常数

$$\tau=\frac{2\times 2}{2+2}\times 5\times 10^{-6}=5\times 10^{-6}(\text{s})$$

由式(2.4.4)可得

$$u_C=2\mathrm{e}^{-\frac{10^6}{5}t}=2\mathrm{e}^{-2\times 10^5 t}(\text{V})$$

并由此得

$$i_C=C\frac{\mathrm{d}u_C}{\mathrm{d}t}=-2\mathrm{e}^{-2\times 10^5 t}(\text{A})$$

$$i_2=\frac{u_C}{2}=\mathrm{e}^{-2\times 10^5 t}(\text{A}),i_1=i_2+i_C=-\mathrm{e}^{-2\times 10^5 t}(\text{A})$$

(2)RL 电路的零输入响应

在图 2.4.5(a)所示的电路中，开关连接于 1 端已经很久，电感中的电流等于电流源的电流 I_0，即 $i_{L(0_-)=I_0}$。

在 $t=0$ 时开关由 1 端合到 2 端。具有初始电流 I_0 的电感 L 和电阻 R 相连接，构成了一个闭合回路，如图 2.4.5(b)所示。

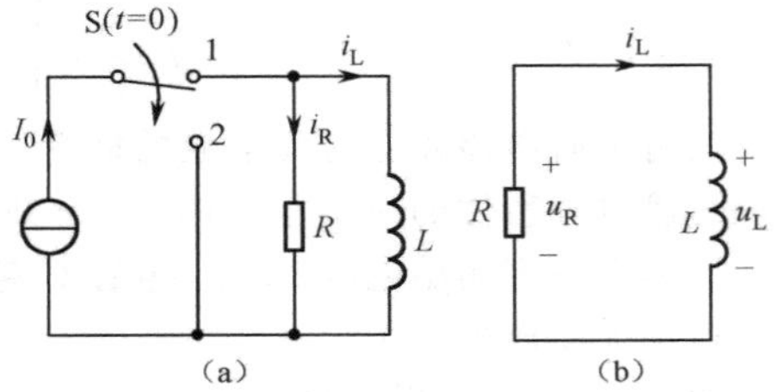

图 2.4.5　RL 电路的零输入响应

在 $t>0$ 时，根据 KVL 有

$$u_R-u_L=0$$

而 $u_R=-Ri_L$，$u_L=L\dfrac{\mathrm{d}i_L}{\mathrm{d}t}$，故得电路的微分方程为

$$L\frac{\mathrm{d}i_L}{\mathrm{d}t}+Ri_L=0$$

这也是一个一阶的微分方程，其初始条件为$i_L(0_+)=i_L(0_-)=I_0$。

特征方程为　$LP+R=0$，　$P=-\dfrac{R}{L}$

方程的通解为

$$i_L=A\mathrm{e}^{-\frac{R}{L}t}\qquad(t\geqslant 0)$$

代入初始条件 $i_L(0_+)=I_0$ 得 $A=I_0$。令 $\tau=L/R$，最后得电感电流和电感电压的表达式为

$$i_L=i_L(0_+)\mathrm{e}^{-\frac{1}{\tau}t}=I_0\mathrm{e}^{-\frac{1}{\tau}t}\qquad(t\geqslant 0)\tag{2.4.5a}$$

$$u_L=L\frac{\mathrm{d}i}{\mathrm{d}t}=-RI_0\mathrm{e}^{-\frac{1}{\tau}t}\qquad(t>0)\tag{2.4.5b}$$

与 RC 电路类似，$\tau=L/R$ 称为 RL 电路的时间常数。

i_L 和 u_L 的波形如图 2.4.6 所示。

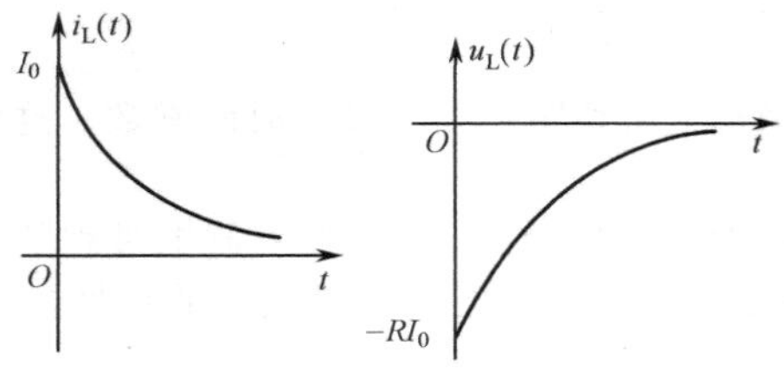

图 2.4.6　RL 电路零输入响应的波形

结果表明，RL 电路零输入响应也是按指数规律衰减的。衰减的快慢取决于时间常数 τ。

综上所述，一阶电路的零输入响应是由电路的初始储能引起的，并且随着时间 t 的增长，均从初始值开始按指数规律衰减至零。如果用 $y(t)$表示零输入响应，并记初始值为$y(0_+)$，那么，一阶电路的零输入响应可统一表示为

$$y(t)=y(0_+)\mathrm{e}^{-\frac{1}{\tau}t}\qquad(t>0)\tag{2.4.6}$$

式中，τ 为一阶电路的时间常数。对于 RC 电路，$\tau=RC$；对于 RL 电路，$\tau=\dfrac{L}{R}$，式中 R 为一阶电路从储能元件两端看过去的戴维南等效电阻。

【例 2.4.2】 图 2.4.7 中，RL 是发电机的励磁线圈，已知励磁绕组的电阻 $R=0.2\Omega$，电感 $L=0.4\text{H}$，直流电压 $U=35\text{V}$。电压表的量程为 50V，内阻 $R_V=5\text{k}\Omega$，如开关未断开时，电路已达到稳定状态，在 $t=0$ 时断开开关。求：①电路的时间常数；②开关断开后电流 i 的初始值和最终值；③电流 i 和电压表处的电压 u_V；④开关刚断开时，电压表处的电压 u_V。

【解】 ① 时间常数 τ 为

$$\tau=\frac{L}{R+R_V}=\frac{0.4}{0.2+5\times10^3}=8\times10^{-5}(\text{s})$$

② 由于开关未断开时，电路达到稳定状态，故

$$i(0_-)=U/R=35/0.2=175\ (\text{A})$$

从而有

$$i(0_+)=i(0_-)=175\ (\text{A})$$

电流 i 的最终值为

$$i(\infty)=0\ (\text{A})$$

③ 由式(2.4.5a)有

$$i=i(0_+)\text{e}^{-\frac{t}{\tau}}=175\text{e}^{-12500t}(\text{A})$$

$$u_V=-R_V\cdot i=-875\text{e}^{-12500t}(\text{kV})$$

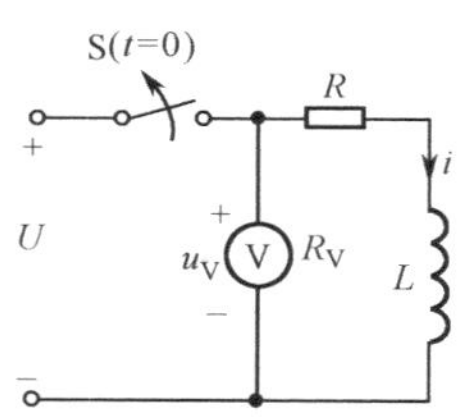

图 2.4.7　例 2.4.2 图

④ 开关刚断开，即 $t=0_+$ 时，电压表处的电压为

$$u_V(0_+)=-875\ (\text{kV})$$

从计算结果得知：在 $t=0_+$ 时刻，电压表要承受很高的电压，其绝对值远远大于直流电源的电压 U，而且初始瞬间电流也很大，可能损坏电压表。若不接电压表，这个高电压也可能使开关两触点间的空气击穿而造成电弧以延缓电流的中断，开关触点因而被烧坏。所以往往在电源断开的同时将线圈加以短路，以便使电流(或磁能)逐渐减小。有时为了加速线圈放电的过程，可用一个低值泄放电阻与线圈连接。泄放电阻不宜过大，否则在线圈两端会出现过电压。

2. 一阶电路的零状态响应

零状态响应是动态电路在动态元件初始储能为零的情况下，仅由输入激励所引起的响应。

(1)RC 电路的零状态响应

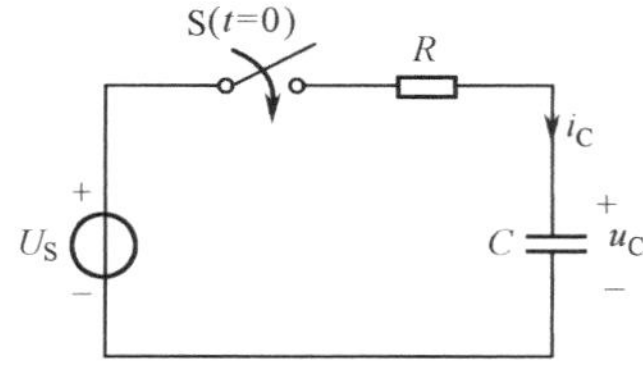

图 2.4.8　RC 电路零状态响应

图 2.4.8 所示电路中的电容原来未充电 $u_C(0_-)=0$。$t=0$ 时，开关 S 闭合，电压源 U_S 通过电阻 R 时电容 C 充电，直到电容电压等于电源电压，电流变为零，充电结束，电路达到稳定状态。电路的响应是零状态响应。

$t\geqslant0_+$ 时根据 KVL，以电容电压 u_C 为变量列出电路的微分方程

$$RC\frac{\text{d}u_C}{\text{d}t}+u_C=U_S \tag{2.4.7}$$

这是一个一阶非齐次常微分方程，初始条件为

$$u_C(0_+)=u_C(0_-)=0$$

由高等数学知，其解答由两部分组成，即

$$u_C=u_{Ch}+u_{Cp} \tag{2.4.8}$$

式中，u_{Ch}是齐次方程的通解，其形式与零输入响应相同，即

$$u_{Ch}=A\text{e}^{-\frac{1}{RC}t} \tag{2.4.9}$$

式(2.4.8)中，u_{Cp}为非齐次方程的特解。一般来说，它具有与激励相同的函数形式。当激励为直流电压源时，其特解 u_{Cp}为常数，令

$$u_{\mathrm{Cp}}=K$$

将它代入式(2.4.7)求得

$$u_{\mathrm{Cp}}=K=U_{\mathrm{S}}$$

因而

$$u_{\mathrm{C}}=u_{\mathrm{Ch}}+u_{\mathrm{Cp}}=A\mathrm{e}^{-\frac{t}{RC}}+U_{\mathrm{S}} \tag{2.4.10}$$

将初始条件 $u_{\mathrm{C}}(0_{+})=0$ 代入式(2.4.10)得

$$u_{\mathrm{C}}(0_{+})=A+U_{\mathrm{S}}=0$$

求得

$$A=-U_{\mathrm{S}}$$

代入式(2.4.10)得零状态响应为

$$\left.\begin{aligned}u_{\mathrm{C}}&=U_{\mathrm{S}}(1-\mathrm{e}^{-\frac{1}{RC}t})=U_{\mathrm{S}}(1-\mathrm{e}-\frac{t}{\tau}) && (t\geqslant 0)\\ i_{\mathrm{C}}&=C\frac{\mathrm{d}u_{\mathrm{C}}}{\mathrm{d}t}=\frac{U_{\mathrm{S}}}{R}\mathrm{e}^{-\frac{t}{\tau}} && (t>0)\end{aligned}\right\} \tag{2.4.11}$$

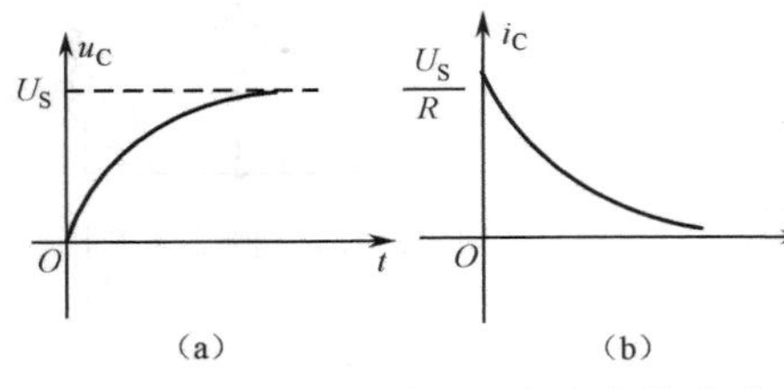

图 2.4.9　*RC* 电路零状态响应的波形

式中,$\tau=RC$ 为该电路的时间常数。直流激励下一阶 RC 电路的零状态响应,其物理过程的实质是换路后电路中电容元件的储能从无到有逐渐建立的过程,因此电容电压从零开始按指数规律上升至稳态值 $u_{\mathrm{C}}(\infty)$。u_{C} 的一般表达式可写成

$$u_{\mathrm{C}}=u_{\mathrm{C}}(\infty)(1-\mathrm{e}^{-\frac{t}{\tau}})\quad(t>0) \tag{2.4.12}$$

u_{C} 和 i_{C} 随时间变化的曲线如图 2.4.9 所示。

由式(2.4.11)及图 2.4.9 的曲线可知,u_{C} 和 i_{C} 均按指数规律变化,同样经过(3～5)τ 时间后,可以认为暂态过程已基本结束。暂态过程进展的速度即零状态响应变化的快慢取决于电路的时间常数 τ。τ 越大,暂态过程即充电过程就越长。

【例 2.4.3】 电路如图 2.4.10(a)所示。已知 $u_{\mathrm{C}}(0_{-})=0$,$t=0$ 时断开开关,求 $t\geqslant 0$ 的 u_{C},i_{C} 及 i_1。

【解】 由于换路前 $u_{\mathrm{C}}(0_{-})=0$,换路后电流源 I_{S} 接入电路,因此所求 u_{C},i_{C},i_1 均为零状态响应。

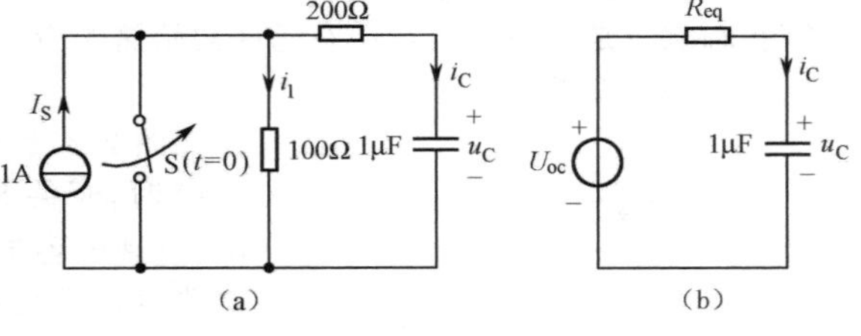

图 2.4.10　例 2.4.3 图

换路后从电容 C 看过去的戴维南等效电路如图 2.4.10(b)所示,其中等效电源的电压和等效电阻分别为

$$U_{\mathrm{oc}}=100\times 1=100\ (\mathrm{V})$$

$$R_{\mathrm{eq}}=200+100=300\ (\Omega)$$

电路的时间常数为

$$\tau=R_{\mathrm{eq}}C=300\times 1\times 10^{-6}=3\times 10^{-4}(\mathrm{s})$$

当 $t\to\infty$ 时,电路达到新的稳态,电容相当于开路。故求得

$$u_{\mathrm{C}}(\infty)=U_{\mathrm{oc}}=100\ (\mathrm{V})$$

根据式(2.4.12)可得

$$u_{\mathrm{C}}=u_{\mathrm{C}}(\infty)(1-\mathrm{e}^{-\frac{t}{\tau}})=100(1-\mathrm{e}^{-\frac{1}{3}\times 10^4 t})\ (\mathrm{V})\qquad(t\geqslant 0)$$

$$i_{\mathrm{C}}=C\frac{\mathrm{d}u_{\mathrm{C}}}{\mathrm{d}t}=10^{-6}\times 100\times\frac{1}{3}\times 10^4\mathrm{e}^{-\frac{1}{3}\times 10^4 t}=\frac{1}{3}\mathrm{e}^{-\frac{1}{3}\times 10^4 t}(\mathrm{A})\qquad(t>0)$$

根据图 2.4.10(a),由 KCL 得

$$i_1=I_{\mathrm{S}}-i_{\mathrm{C}}=(1-\frac{1}{3}\mathrm{e}^{-\frac{1}{3}\times 10^4 t})\ (\mathrm{A})\qquad(t>0)$$

(2)RL 电路的零状态响应

如图 2.4.11 所示，RL 电路在开关转换前，电感电流为零，即 $i_L(0_-)=0$。当 $t=0$ 时，开关由 1 转向 2，此时电流源的电流全部流过电阻，随着时间的增加，电感电流由零逐渐增加，直到等于电流源电流，电路达到稳态。电路在直流电流源激励下产生零状态响应。

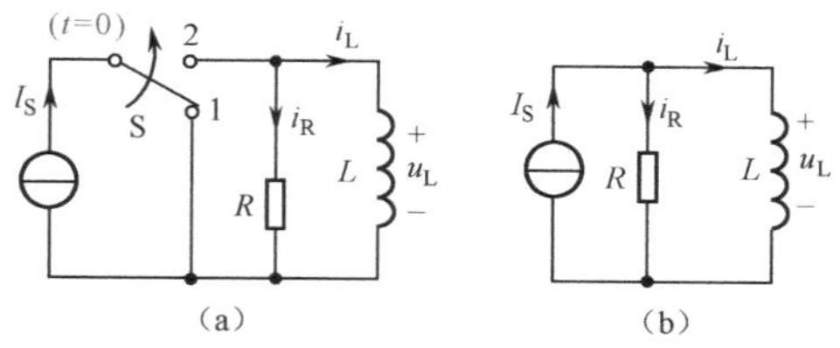

图 2.4.11　RL 电路的零状态响应

以电感电流为变量，对换路后的等效电路列出电路微分方程

$$i_R+i_L=I_S，而\ i_R=\frac{u_L}{R}=\frac{L}{R}\frac{di_L}{dt}$$

故有
$$\frac{L}{R}\frac{di_L}{dt}+i_L=I_S \qquad (t\geqslant 0) \tag{2.4.13}$$

这是一阶非齐次常微分方程，与式(2.4.7)相似，方程的解为

$$i_L=i_{Lh}+i_{Lp}=Ae^{-\frac{R}{L}t}+I_S=Ae^{-\frac{1}{\tau}t}+I_S$$

式中，$\tau=L/R$ 是该电路的时间常数。

将初始条件 $i_L(0_+)=i_L(0_-)=0$ 代入上式，得

$$i_L(0_+)=A+I_S=0$$
$$A=-I_S$$

由此得 RL 一阶电路的零状态响应为

$$\left.\begin{aligned} i_L&=I_S(1-e^{-\frac{R}{L}t})=I_S(1-e^{-\frac{t}{\tau}}) \qquad (t\geqslant 0)\\ u_L&=L\frac{di_L}{dt}=RI_Se^{-\frac{R}{L}t}=RI_Se^{-\frac{t}{\tau}} \qquad (t>0)\end{aligned}\right\} \tag{2.4.14}$$

i_L、u_L 的波形曲线如图 2.4.12 所示。

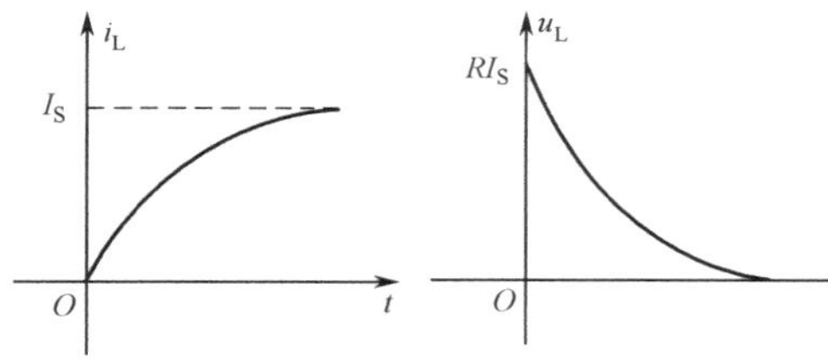

图 2.4.12　RL 电路零状态响应的波形

根据式(2.4.14)和图 2.4.12 的波形曲线可知，RL 电路零状态响应的物理本质是该电路中动态元件(L)储能从无到有的建立过程，相应电感电流由零开始按指数规律上升至稳态值 $i_L(\infty)$，表示成一般形式有

$$i_L=i_L(\infty)(1-e^{-\frac{t}{\tau}}) \qquad (t>0) \tag{2.4.15}$$

时间常数 $\tau=L/R$ 的大小仍然反映了电路零状态响应变化的快慢。

综上所述，一阶电路的零状态响应是由电路的电源激励引起的。随着时间 t 的增加，动态元件储能由零开始按指数规律上升至稳态值，如果用 $y(t)$ 表示零状态响应，并记换路后稳态值为 $y(\infty)$，那么一阶电路的零状态响应可统一表示为

$$y(t)=y(\infty)\ (1-e^{-\frac{t}{\tau}}) \qquad (t>0) \tag{2.4.16}$$

式中 τ 的计算与零输入响应式(2.4.6)相同。

【例 2.4.4】 如图 2.4.13(a)电路所示，已知 $i_L(0_-)=0$。$t=0$ 时闭合开关，求 $t\geqslant 0$ 的电感电流 i_L、电感电压 u_L 和 6Ω 电阻上电流 i。

【解】 开关闭合后电路如图 2.4.13(b)所示。由于 $i_L(0_+)=i_L(0_-)=0$ 电路为零状态响应。

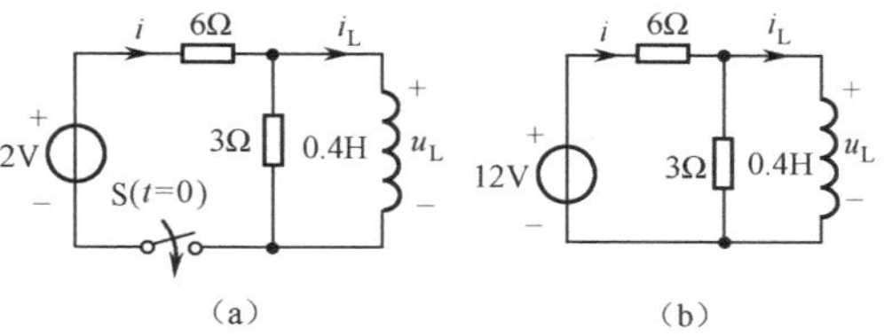

图 2.4.13　例 2.4.4 图

电路的时间常数为

$$\tau=\frac{L}{R_{\mathrm{eq}}}=\frac{0.4}{6 /\!/ 3}=0.2(\mathrm{s}), i_{\mathrm{L}}(\infty)=\frac{12}{6}=2(\mathrm{A})$$

由式(2.4.16)得

$$i_{\mathrm{L}}=i_{\mathrm{L}}(\infty)(1-\mathrm{e}^{-\frac{t}{\tau}})=2(1-\mathrm{e}^{-5t})(\mathrm{A}) \qquad (t \geqslant 0)$$

$$u_{\mathrm{L}}=L \frac{\mathrm{d} i_{\mathrm{L}}}{\mathrm{d} t}=4 \mathrm{e}^{-5t}(\mathrm{V}) \qquad (t>0)$$

$$i=\frac{12-u_{\mathrm{L}}}{6}=\frac{12-4 \mathrm{e}^{-5t}}{6}=\left(2-\frac{2}{3} \mathrm{e}^{-5t}\right)(\mathrm{A}) \qquad (t>0)$$

3. 一阶电路的全响应

全响应是指电路在外加激励和动态元件初始储能共同作用下所产生的响应。现讨论一阶电路的全响应,介绍一阶电路在直流电源激励下全响应的实用计算方法——三要素法。

(1)全响应及其分解

如图 2.4.14(a)所示电路,开关连接在 1 端已很久,$u_{\mathrm{C}}(0_-)=U_0$,$t=0$ 时开关合向 2 端。$t>0$时的电路如图 2.4.14(b)所示。求电路的全响应。

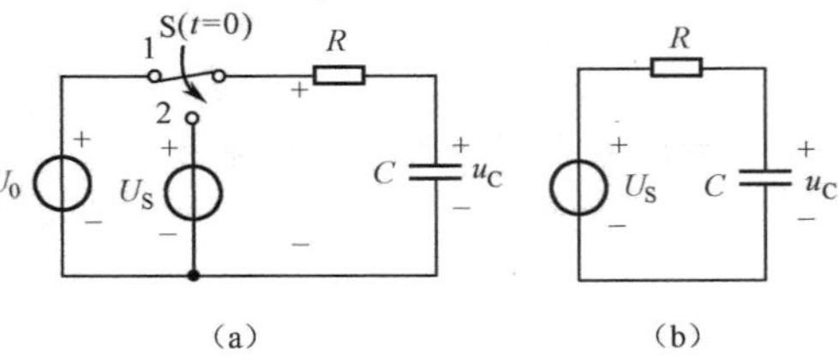

图 2.4.14　RC 电路的全响应

对图 2.4.14(b)电路列出以 u_{C} 为变量的电路方程

$$RC \frac{\mathrm{d} u_{\mathrm{C}}}{\mathrm{d} t}+u_{\mathrm{C}}=U_{\mathrm{S}} \qquad (2.4.17)$$

其解为　　$u_{\mathrm{C}}=u_{\mathrm{Ch}}+u_{\mathrm{Cp}}=A \mathrm{e}^{-\frac{t}{RC}}+U_{\mathrm{S}}$　　(2.4.18)

代入初始条件 $u_{\mathrm{C}}(0_+)=u_{\mathrm{C}}(0_-)=U_0$,求得

$$u_{\mathrm{C}}(0_+)=A+U_{\mathrm{S}}=U_0$$

$$A=U_0-U_{\mathrm{S}}$$

将上式代入式(2.4.18)得全响应

$$u_{\mathrm{C}}=U_{\mathrm{S}}+(U_0-U_{\mathrm{S}}) \mathrm{e}^{-\frac{t}{RC}}=U_{\mathrm{S}}+(U_0-U_{\mathrm{S}}) \mathrm{e}^{-\frac{t}{\tau}} \qquad (t \geqslant 0) \qquad (2.4.19)$$

式中,等号右边第一项是微分方程的特解,其函数形式取决于激励信号的变化规律,称为强制响应;第二项即对应齐次微分方程的通解,按指数规律变化,其变化规律取决于电路结构参数,与激励无关,故称为自由响应。自由响应反映了电路的固有特性,又称它为固有响应。这样全响应可分解为强制响应和自由响应两种分量,即

全响应=齐次解+特解=自由响应+强制响应

对于实际中的多数动态电路,换路后,在一定初始条件下,它会从初始工作状态开始,经历一个瞬态过程后进入新的稳定工作状态。响应中暂时存在,随时间 t 的增长最终将衰减为零的分量称为暂态响应,响应中随时间 t 的增长稳定存在的分量称为稳态响应。在直流激励下,稳态响应是换路后电路的稳态解,也即强制响应。这样,全响应又可分解为稳态响应分量和暂态响应分量,即

全响应=暂态响应+稳态响应

式(2.4.19)可以改写为

$$u_{\mathrm{C}}=U_0 \mathrm{e}^{-\frac{t}{\tau}}+U_{\mathrm{S}}(1-\mathrm{e}^{-\frac{t}{\tau}}) \qquad (t \geqslant 0) \qquad (2.4.20)$$

式中第一项为初始储能单独作用引起的零输入响应,第二项为外加激励单独作用产生的零状态响应,即

全响应=零输入响应+零状态响应

上式说明线性动态电路中,响应是可以叠加的。

上述电路全响应的不同分解方式，为电路响应的分析计算提供了不同途径和方法。

【例 2.4.5】 图 2.4.15(a)所示电路，开关 S 在 1 端时电路已处于稳态，在 $t=0$ 时，S 由 1 合向 2，试求 $t>0$ 时的 u_C。

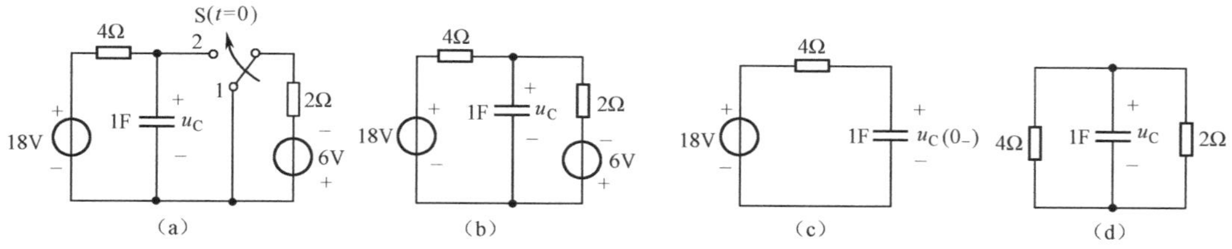

图 2.4.15　例 2.4.5 图

【解法 1】 根据“全响应＝稳态分量＋暂态分量”计算。换路后的电路如图 2.4.15(b)所示。由 KCL 有

$$1\times\frac{\mathrm{d}u_C}{\mathrm{d}t}+\frac{u_C+6}{2}-\frac{18-u_C}{4}=0$$

即

$$4\frac{\mathrm{d}u_C}{\mathrm{d}t}+3u_C=6$$

由 $u_C=u_{Ch}+u_{Cp}$，解得

$$u_C=A\mathrm{e}^{-\frac{3}{4}t}+2$$

式中齐次解为 $u_{Ch}=A\mathrm{e}^{-\frac{3}{4}t}$，特解为 $u_{Cp}=2$。

根据换路前的电路图 2.4.15(c)，求得初始值

$$u_C(0_+)=u_C(0_-)=18\ (\mathrm{V})$$

上式代入微分方程的解，得

$$u_C(0_+)=A+2=18,\quad A=16$$

故得全响应为

$$u_C=(16\mathrm{e}^{-\frac{3}{4}t}+2)\ \mathrm{V}\qquad (t>0)$$

【解法 2】 根据“全响应＝零输入响应＋零状态响应”计算。

① 求零输入响应。

零输入响应对应的电路如图 2.4.15(d)所示，其中初始状态 $u'_C(0_+)=18\mathrm{V}$，时间常数

$$\tau=R_{eq}C=(4/\!/2)\times1=\frac{4}{3}(\mathrm{s})$$

由式(2.4.6)可求得零输入响应

$$u'_C=u'_C(0_+)\mathrm{e}^{-\frac{1}{\tau}t}=18\mathrm{e}^{-\frac{3}{4}t}(\mathrm{V})\qquad (t>0)$$

② 求零状态响应。

零状态响应对应的电路如图 2.4.15(b)所示。其初始状态 $u''_C(0_+)=0\mathrm{V}$，稳态时

$$u''_C(\infty)=\frac{18+6}{4+2}\times2-6=2\ (\mathrm{V})$$

由式(2.4.16)可求得零状态响应

$$u''_C=u''_C(\infty)\ (1-\mathrm{e}^{-\frac{1}{\tau}t})\ =2(1-\mathrm{e}^{-\frac{3}{4}t})\ (\mathrm{V})\qquad (t>0)$$

③ 求全响应。

$$u_C=u'_C+u''_C=18\mathrm{e}^{-\frac{3}{4}t}+2(1-\mathrm{e}^{-\frac{3}{4}t})$$
$$=16\mathrm{e}^{-\frac{3}{4}t}+2\ (\mathrm{V})\qquad (t>0)$$

以上分析显而易见，零输入响应和零状态响应均是全响应的特例。

(2) 三要素法

一阶电路的全响应可套用三要素法公式求出，而无须列写和求解微分方程。如前所述：

全响应=强制分量+自由分量

式中全响应 $y(t)$的强制分量是微分方程的特解 $y_p(t)$,自由分量为对应齐次方程的通解$y_h(t)$。

在直流激励下,微分方程的特解 $y_p(t)$是常数,即电路换路后的稳态解,记为 $y(\infty)$,齐次解 $y_h(t)=Ae^{-\frac{t}{\tau}}$($A$ 为积分常数),因此全响应可表示为

$$y(t)=y_p(t)+y_h(t)=y(\infty)+Ae^{-\frac{t}{\tau}} \tag{2.4.21}$$

式中,A 由初始条件决定。

将初始值 $y(0_+)$代入式(2.4.21),得

$$y(0_+)=A+y(\infty),\qquad A=y(0_+)-y(\infty)$$

将 A 代入式(2.4.21)得一阶电路全响应解为

$$y(t)=y(\infty)+[y(0_+)-y(\infty)]e^{-\frac{t}{\tau}}\qquad (t>0) \tag{2.4.22}$$

式中,$y(t)$为电路响应,$y(0_+)$是 $y(t)$换路后最初时刻的值,即初始值;$y(\infty)$是$y(t)$在换路后电路达到稳态时的值,称稳态值;τ 为电路的时间常数。

式(2.4.22)表明:在直流激励下,一阶电路的响应 $y(t)$是由初始值 $y(0_+)$、稳态值$y(\infty)$和时间常数 τ 三个要素确定的。通常称式(2.4.22)为三要素公式,利用该公式求解直流激励下一阶电路响应的方法称为三要素法。

【例 2.4.6】 对例 2.4.5 用三要素法求 $t>0$ 时的 u_C。

【解】 ①求初始值 $u_C(0_+)$。$t=0_-$时,电路如图 2.4.15(c)所示,且

$$u_C(0_+)=u_C(0_-)=18(\text{V})$$

② 求稳态值 $u_C(\infty)$。$t\to\infty$时,电路如图 2.4.15(b)所示,且

$$U_C(\infty)=\frac{18+6}{4+2}\times 2-6=2(\text{V})$$

③ 求时间常数 τ:

$$\tau=R_{eq}C$$

由图 2.4.15(d)知

$$R_{eq}=4\ /\!/\ 2=\frac{4}{3}(\Omega)$$

故有

$$\tau=\frac{4}{3}\times 1=\frac{4}{3}(\text{s})$$

④ 求响应 $u_C(t)$:

$$\begin{aligned}u_C(t)&=u_C(\infty)+[u_C(0_+)-u_C(\infty)]e^{-\frac{t}{\tau}}\\&=2+(18-2)e^{-\frac{3}{4}t}=2+16e^{-\frac{3}{4}t}(\text{V})\qquad (t>0)\end{aligned}$$

【例 2.4.7】 电路如图 2.4.16(a)所示,开关 S 在 1 端时,电路已处于稳态,$t=0$ 时,开关由 1 端合到 2 端。试求 $t>0$ 时的 i_L,u。

【解】 ①求初始值 $i_L(0_+)$和 $u(0_+)$。$t=0_-$时,电路如图 2.4.16(b)所示,且

$$i_L(0_-)=\frac{20}{5+(10\ /\!/\ 10)}\times\frac{1}{2}=1(\text{A})$$

$$i_L(0_+)=i_L(0_-)=1(\text{A})$$

$t=0_+$时等效电路如图 2.4.16(c)所示,由节点电压法求得

$$u(0_+)=\left(\frac{10}{5}-1\right)\Big/\left(\frac{1}{5}+\frac{1}{10}\right)=\frac{10}{3}(\text{V})$$

② 求稳态值 $i_C(\infty)$和 $u(\infty)$。$t\to\infty$时的电路如图 2.4.16(d)所示,求得

$$i_L(\infty)=\frac{10}{5+(10\ /\!/\ 10)}\times\frac{1}{2}=\frac{1}{2}\ (\text{A})$$

$$u(\infty)=\frac{10\ /\!/\ 10}{5+(10\ /\!/\ 10)}\times 10=5\ (\text{V})$$

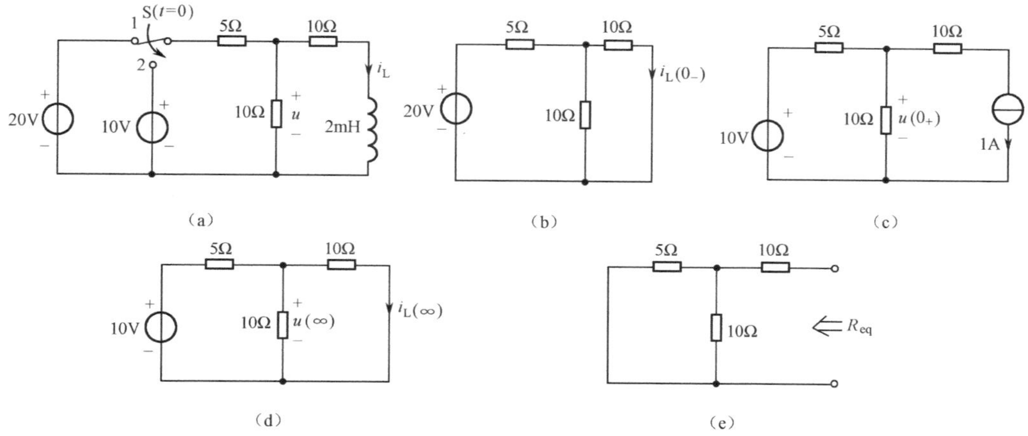

图 2.4.16 例 2.4.7 图

③ 求时间常数 τ：根据图 2.4.16(e)得

$$R_{eq}=(5 \mathbin{/\!/} 10)+10=\frac{40}{3}\ (\Omega)$$

$$\tau=\frac{L}{R_{eq}}=\frac{2\times10^{-3}}{40/3}=\frac{3}{2}\times10^{-4}(\text{s})$$

④ 求响应 i_L 和 u：

$$\begin{aligned} i_L&=i_L(\infty)+[i_L(0_+)-i_L(\infty)]e^{-\frac{t}{\tau}} \\ &=\frac{1}{2}+\left(1-\frac{1}{2}\right)e^{-\frac{2}{3}\times10^4 t}=\frac{1}{2}+\frac{1}{2}e^{-\frac{2}{3}\times10^4 t}(\text{A}) \qquad (t>0) \end{aligned}$$

$$\begin{aligned} u&=u(\infty)+[u(0_+)-u(\infty)]e^{-\frac{t}{\tau}} \\ &=5+\left(\frac{10}{3}-5\right)e^{-\frac{2}{3}\times10^4 t}=5-\frac{5}{3}e^{-\frac{2}{3}\times10^4 t}(\text{V}) \qquad (t>0) \end{aligned}$$

4. 一阶电路的阶跃响应

前面的讨论中看到，直流一阶电路中的各种开关可以起到将直流电压源和电流源接入电路或脱离电路的作用，若引入阶跃函数来描述这些物理现象，可以更好地建立电路的物理模型和数学模型，也有利于用计算机分析和设计电路。

(1)阶跃函数

单位阶跃函数用 $\varepsilon(t)$ 表示，其定义为

$$\varepsilon(t)=\begin{cases}0 & t\leqslant 0_- \\ 1 & t\geqslant 0_+\end{cases} \tag{2.4.23}$$

波形如图 2.4.17(a)所示。

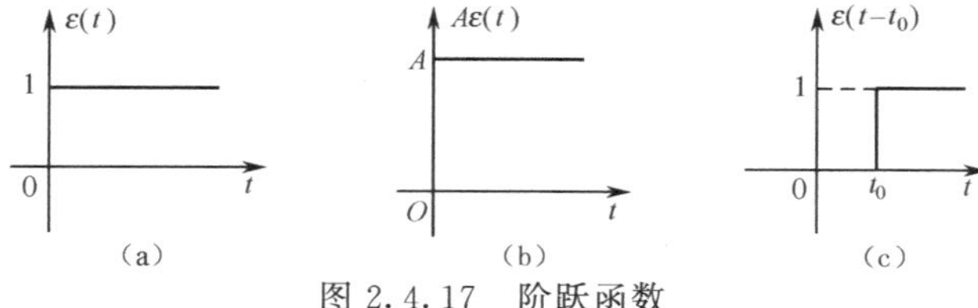

图 2.4.17 阶跃函数

当 $t\leqslant 0_-$ 时，$\varepsilon(t)$ 恒为零；$t\geqslant 0_+$ 时，恒为 1；$t=0$ 时，$\varepsilon(t)$ 从 0 跃变到 1。

如果 $\varepsilon(t)$ 乘以常量 A，所得结果 $A\varepsilon(t)$ 称为阶跃函数。其表达式为

$$A\varepsilon(t)=\begin{cases}0 & t\leqslant 0_- \\ A & t\geqslant 0_+\end{cases} \tag{2.4.24}$$

式中,A 为跃变量。波形如图 2.4.17(b)所示。

当阶跃函数跃变不是在 $t=0$ 时刻,而是发生在 $t=t_0$ 时刻,即在时间上延迟 t_0 则称其为延迟的单位阶跃函数 $\varepsilon(t-t_0)$,其表达式为

$$\varepsilon(t-t_0)=\begin{cases}0 & t\leqslant t_{0_-}\\ 1 & t\geqslant t_{0_+}\end{cases} \tag{2.4.25}$$

波形如图 2.4.17(c)所示。

阶跃函数可以描述某些情况下的开关动作。例如,当直流电压源或电流源通过一个开关的作用施加到某个电路时,可以表示为一个阶跃电压或阶跃电流作用于该电路。如图 2.4.18(a)所示,阶跃电压 $U_S\varepsilon(t)$ 表示电压源 U_S 在 $t=0$ 时接入单口电路 N。类似地,图 2.4.18(b)中的阶跃函数 $I_S\varepsilon(t)$ 表示电流源 I_S 在 $t=0$ 时接入单口电路 N。可见单位阶跃函数可以作为开关动作的数学模型,因此 $\varepsilon(t)$ 也常称为开关函数。引入阶跃函数,可以省去电路中的开关,使电路的分析研究更为方便。

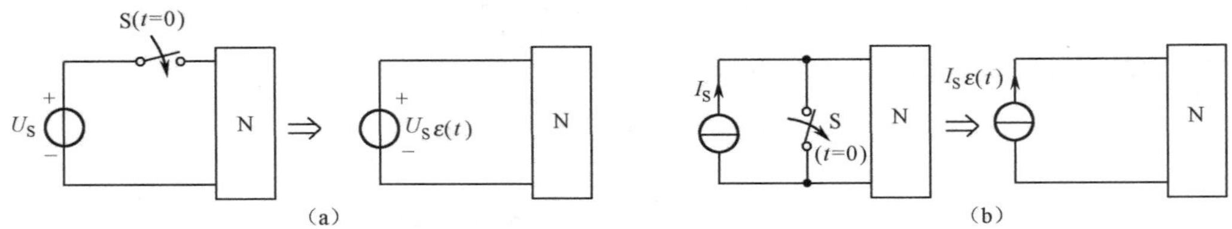

图 2.4.18　用 $\varepsilon(t)$ 表示开关作用

阶跃函数可以用来表示时间上分段恒定的信号。如图 2.4.19(a)所示幅度为 1 的矩形脉冲,可以把它看做由两个阶跃函数组成,即

$$f(t)=\varepsilon(t)-\varepsilon(t-t_0)$$

同理,对于如图 2.4.19(b)所示矩形脉冲,则可写为

$$f(t)=\varepsilon(t-t_1)-\varepsilon(t-t_2)$$

此外,阶跃函数还可用来起始任意函数,或表示任意函数的作用区间。

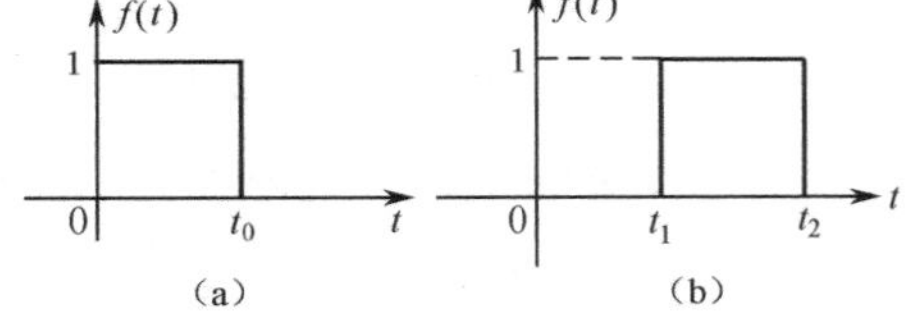

图 2.4.19　用阶跃函数表示矩形脉冲

设给定信号 $f(t)$ 如图 2.4.20(a)所示,如果要求 $f(t)$ 在 $t=0$ 时开始作用,可以把 $f(t)$ 乘以 $\varepsilon(t)$,如图 2.4.20(b)所示。类似有:图 2.4.20(c)中的 $f(t)\varepsilon(t-t_0)$ 则表示 $f(t)$ 在 $t=t_0$ 时开始作用;图2.4.20(d)中 $f(t)[\varepsilon(t-t_1)-\varepsilon(t-t_2)]$ 则表示 $f(t)$ 在区间 (t_1,t_2) 上起作用。

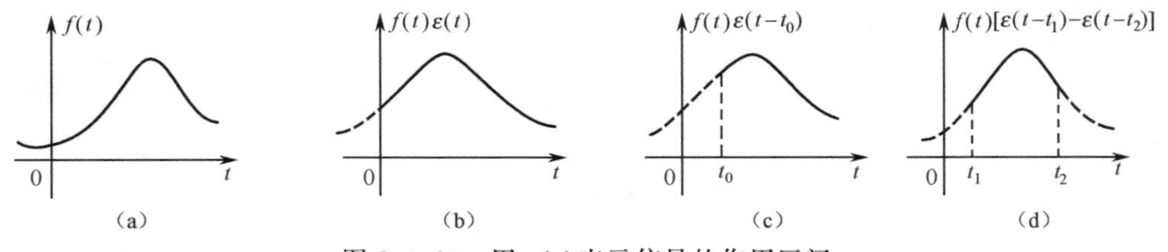

图 2.4.20　用 $\varepsilon(t)$ 表示信号的作用区间

(2)阶跃响应

电路在单位阶跃函数激励下产生的零状态响应称为单位阶跃响应,用 $s(t)$ 表示。一般阶跃函数作用下,电路的零状态响应称为阶跃响应。

单位阶跃函数 $\varepsilon(t)$ 作用于电路,相当于单位直流电源在 $t=0$ 时接入电路,因此单位阶跃响应与直流激励的响应相同。对于线性时不变动态电路,如果单位阶跃下的零状态响应(即单位阶跃响应)是 $s(t)$,则在阶跃函数 $A\varepsilon(t)$ 激励下的零状态响应(即阶跃响应)是 $As(t)$,而在延迟阶跃函数 $A\varepsilon(t-t_0)$ 激励下的响应是 $As(t-t_0)$。

【例 2.4.8】 在图 2.4.21(a)所示电路中，其激励 u_S 的波形如图 2.4.21(b)所示。图中 $\tau=RC$，试求电路的零状态响应 u_C。

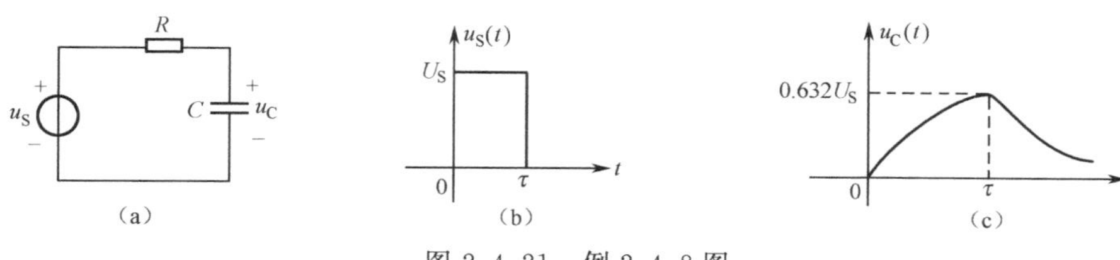

图 2.4.21　例 2.4.8 图

【解法 1】 用阶跃函数表示激励，求阶跃响应

$$u_S=U_S\varepsilon(t)-U_S\varepsilon(t-\tau)$$

RC 电路的单位阶跃响应为

$$s(t)=(1-\mathrm{e}^{-\frac{t}{\tau}})\varepsilon(t)$$

故

$$u_C(t)=U_S(1-\mathrm{e}^{-\frac{t}{\tau}})\varepsilon(t)-U_S(1-\mathrm{e}^{-\frac{t-\tau}{\tau}})\varepsilon(t-\tau)$$

式中，第一项为阶跃响应，第二项为延迟的阶跃响应。

【解法 2】 按电路的工作过程分区间求解。

在 $0\leqslant t<\tau$ 区间为 RC 电路的零状态响应，即

$$u_C(t)=U_S(1-\mathrm{e}^{-\frac{t}{\tau}})\qquad(0\leqslant t\leqslant\tau)$$

式中，$\tau=RC$。

在 $\tau\leqslant t\leqslant\infty$ 区间为 RC 电路的零输入响应，即

$$u(\tau)=U_S(1-\mathrm{e}^{-\frac{\tau}{\tau}})=0.632U_S$$

$$u_C(t)=0.632U_S\mathrm{e}^{-\frac{t-\tau}{\tau}}\qquad(t\geqslant\tau)$$

故所求响应 $u_C(t)$ 为

$$u_C(t)=\begin{cases}U_S(1-\mathrm{e}^{-\frac{t}{\tau}}) & (0\leqslant t\leqslant\tau)\\ 0.632U_S\mathrm{e}^{-\frac{t-\tau}{\tau}} & (t\geqslant\tau)\end{cases}$$

$u_C(t)$ 的波形如图 2.4.21(c)所示。

5. 一阶电路的冲激响应

冲激函数在电路理论中用来描述快速变化的电压和电流。电路对于单位冲激函数输入的零状态响应称为单位冲激响应，一般冲激函数输入的零状态响应称为冲激响应。

(1)冲激函数

单位冲激函数用 $\delta(t)$ 表示，又称 δ 函数，可定义为

$$\left.\begin{aligned}&\delta(t)=0\quad\begin{cases}t\geqslant 0_+\\ t\leqslant 0_-\end{cases}\\ &\int_{-\infty}^{\infty}\delta(t)\mathrm{d}t=1\end{aligned}\right\}\qquad(2.4.26)$$

由定义知函数 $\delta(t)$ 在 $t\neq0$ 处为零，在 $t=0$ 处为奇异值。其波形如图 2.4.22(a)所示，图形与 t 轴之间所限定的面积等于 1。

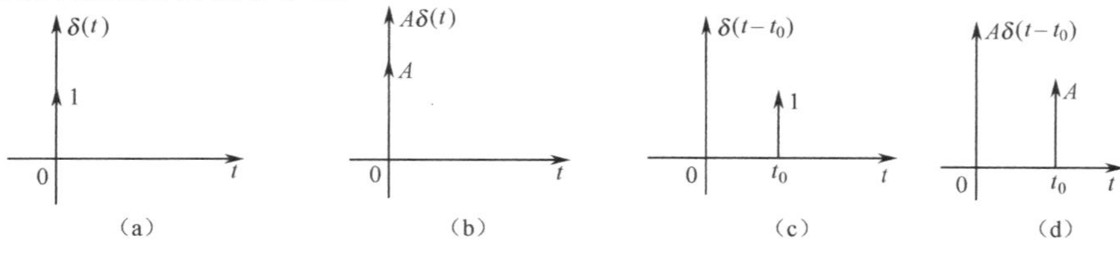

图 2.4.22　冲激函数波形

式(2.4.26)也可表示为

$$\int_{-\infty}^{\infty}\delta(t)\mathrm{d}t=\int_{0_-}^{0_+}\delta(t)\mathrm{d}t=1 \tag{2.4.27}$$

常数 A 与 $\delta(t)$ 的乘积 $A\delta(t)$ 称为冲激函数。求出冲激函数的积分,可得

$$\int_{-\infty}^{\infty}A\,\delta(t)\mathrm{d}t=A\int_{0_-}^{0_+}\delta(t)\mathrm{d}t=A \tag{2.4.28}$$

式(2.4.28)表明:$A\delta(t)$ 的波形的面积等于 A,称 A 为冲激函数的强度。其波形如图2.4.22(b)所示。

同在时间上延迟出现的单位阶跃函数一样,可以把发生在 $t=t_0$ 时的单位冲激函数写为 $\delta(t-t_0)$,还可用 $A\delta(t-t_0)$ 表示一个强度为 A,发生在 t_0 时刻的冲激函数。波形如图2.4.22(c),(d)所示。

单位冲激函数具有采样性质。

由于当 $t\neq0$ 时,$\delta(t)=0$,所以对任意在 $t=0$ 时连续的函数 $f(t)$,有

$$f(t)\delta(t)=f(0)\delta(t)$$

因此

$$\int_{-\infty}^{\infty}f(t)\delta(t)\mathrm{d}t=f(0)\int_{-\infty}^{\infty}\delta(t)\mathrm{d}t=f(0) \tag{2.4.29}$$

此式表明:$f(t)\delta(t)$ 是强度为 $f(0)$ 并出现在 $t=0$ 时的冲激函数。类似地,若 $f(t)$ 在 $t=t_0$ 时连续,则有

$$\int_{-\infty}^{\infty}f(t)\delta(t-t_0)\mathrm{d}t=f(t_0) \tag{2.4.30}$$

即 $f(t)\delta(t-t_0)$ 是强度为 $f(t_0)$ 并出现在 t_0 时的冲激函数。

式(2.4.29)和式(2.4.30)还说明了用一个单位冲激函数乘任一函数 $f(t)$ 再求积分,其值等于函数 $f(t)$ 在此单位冲激函数出现时刻的值,也就是说,冲激函数有把一个函数在某一时刻的值取样出来的本领,称为单位冲激函数的取样性质。

可以证明单位冲激函数和单位阶跃函数之间具有以下关系

$$\delta(t)=\frac{\mathrm{d}\varepsilon(t)}{\mathrm{d}t},\quad 或\quad \varepsilon(t)=\int_{-\infty}^{t}\delta(\xi)\mathrm{d}\xi \tag{2.4.31}$$

即单位阶跃函数对时间的一阶导数等于单位冲激函数,单位冲激函数 $\delta(t)$ 对时间的积分等于单位阶跃函数 $\varepsilon(t)$。

(2)冲激响应

电路对于单位冲激函数激励的零状态响应称为单位冲激响应,用 $h(t)$ 表示。

当把一个单位冲激电流 $\delta_i(t)$(单位为A)加到初始电压为零且 $C=1\text{F}$ 的电容上,如图2.4.23(a)所示,电容电压为

$$u_C(0_+)=\frac{1}{C}\int_{-\infty}^{0+}\delta_i(t)\mathrm{d}t=\frac{1}{C}\int_{0-}^{0+}\delta_i(t)\mathrm{d}t=\frac{1}{C}=1(\text{V})$$

此式说明单位冲激电流瞬时把电荷转移到电容上,使电容电压在 $t=0$ 时刻从零跃变到1V,即 $u_C(0_-)=0$,$u_C(0_+)=1\text{V}$。

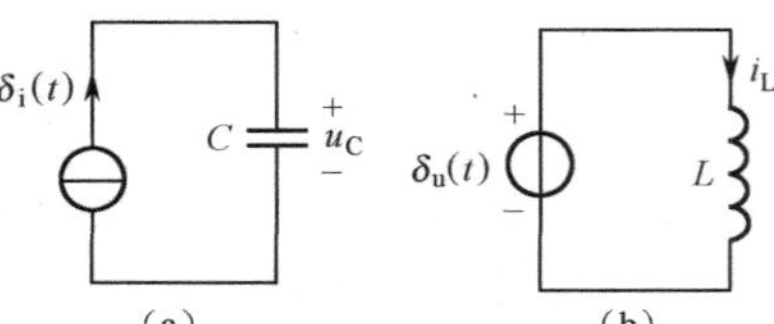

图2.4.23 冲激函数作用 L、C 元件

同理,如图2.4.23(b)所示,如果把1个单位冲激电压 $\delta_u(t)$(单位为V)加到初始电流为零且 $L=1\text{H}$ 的电感上,则电感电流

$$i_L(0_+)=\frac{1}{L}\int_{-\infty}^{0_+}\delta_u(t)\mathrm{d}t=\frac{1}{L}\int_{0_-}^{0_+}\delta_u(t)\mathrm{d}t=\frac{1}{L}=1(\text{A})$$

说明单位冲激电压瞬时在电感内建立了1A的电流,使电感电流从零值跃变到1A,即 $i_L(0_-)=0$,$i_L(0_+)=1\text{A}$。

当冲激函数作用于零状态的一阶 RC 或 RL 电路，在 $t=0_-$ 到 $t=0_+$ 的区间内，它使电容电压或电感电流发生跃变。当 $t \geqslant 0_+$ 时，冲激函数为零，但 $u_C(0_+)$ 或 $i_L(0_+)$ 不为零，电路中将产生相当于初始状态引起的零输入响应。所以，一阶电路冲激响应的求解，在于计算在冲激函数作用下的 $u_C(0_+)$ 或 $i_L(0_+)$ 的值。

图 2.4.24(a)所示为一个单位冲激电流激励下的 RC 并联电路，现讨论该电路的零状态响应 u_C。

当 $t<0$ 时，$\delta_i(t)=0$，单位冲激电流源相当于开路，$u_C(0_-)=0$；当 t 由 0_- 变到 0_+ 时，由于零状态电容元件相当于短路元件，单位冲激电流 $\delta_i(t)$ 通过电容支路，对电容充电，使电容电压发生跳变。在 $t=0_+$ 时，电容电压为

$$u_C(0_+)=\frac{1}{C}\int_{0_-}^{0_+}\delta_i(t)\mathrm{d}t=\frac{1}{C} \tag{2.4.32}$$

当 $t>0$ 时，如图 2.4.24(b)所示 $\delta(t)=0$，单位冲激电流源又相当于开路，已充电的电容通过电阻放电。这时电路的响应 $u_C(t)$ 是仅由初始电压 $u_C(0_+)$ 产生的响应。故 RC 并联电路对单位冲激电流激励的电压响应为

$$u_C(t)=u_C(0_+)\mathrm{e}^{-\frac{t}{\tau}}\varepsilon(t)=\frac{1}{C}\mathrm{e}^{-\frac{t}{\tau}}\varepsilon(t) \tag{2.4.33a}$$

式中，$\tau=RC$，为给定电路的时间常数。

$$i_C=\delta_i(t)-\frac{u_C(t)}{R}=\delta_i(t)-\frac{1}{RC}\mathrm{e}^{-\frac{t}{\tau}}\varepsilon(t) \tag{2.4.33b}$$

或

$$\begin{aligned}i_C&=C\frac{\mathrm{d}u_C}{\mathrm{d}t}=C\frac{\mathrm{d}}{\mathrm{d}t}\left[\frac{1}{C}\ \mathrm{e}^{-\frac{t}{\tau}}\varepsilon(t)\right]=\mathrm{e}^{-\frac{t}{\tau}}\delta(t)-\frac{1}{RC}\mathrm{e}^{-\frac{t}{\tau}}\varepsilon(t)\\&=\mathrm{e}^{-\frac{0}{\tau}}\delta(t)-\frac{1}{RC}\mathrm{e}^{-\frac{t}{\tau}}\varepsilon(t)=\delta(t)-\frac{1}{RC}\mathrm{e}^{-\frac{t}{\tau}}\varepsilon(t)\end{aligned}$$

u_C，i_C 的波形如图 2.4.25 所示。

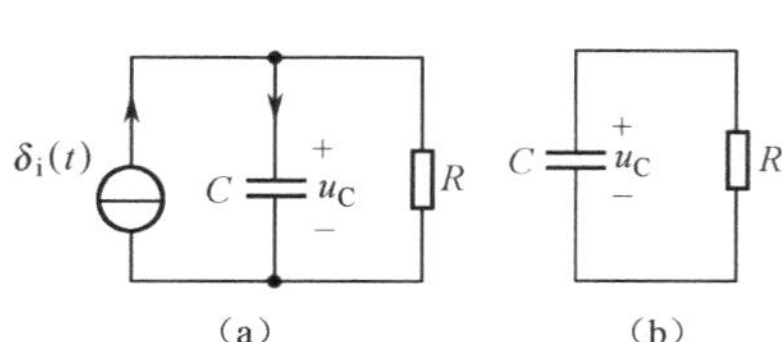

图 2.4.24　单位冲激电流激励下的 RC 并联电路

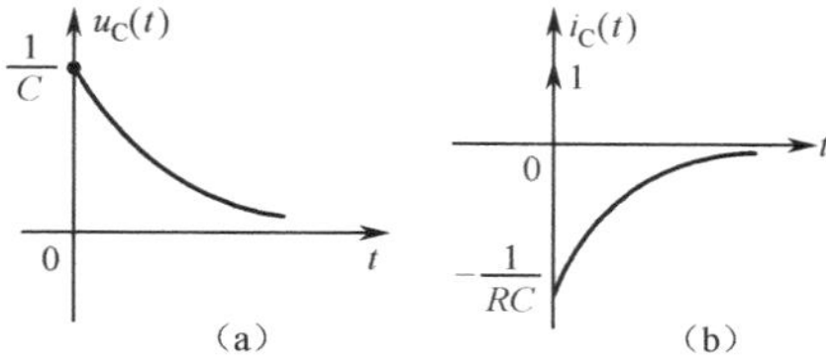

图 2.4.25　RC 电路的冲激响应曲线

i_C 中的初瞬冲激部分就是迫使电容电压发生跳变的初瞬充电电流。

用相同的分析方法，可求得图 2.4.26 所示 RL 电路在单位冲激电压 $\delta_u(t)$ 激励下的零状态响应 i_L 为

$$\left.\begin{aligned}i_L&=\frac{1}{L}\mathrm{e}^{-\frac{t}{\tau}}\varepsilon(t)\\u_L&=\delta_u(t)-\frac{R}{L}\mathrm{e}^{-\frac{t}{\tau}}\varepsilon(t)\end{aligned}\right\} \tag{2.4.34}$$

式中，$\tau=\dfrac{L}{R}$ 为电路时间常数。i_L，u_L 的波形如图 2.4.27 所示。

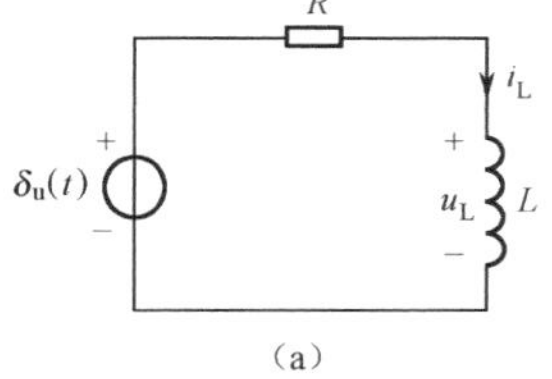

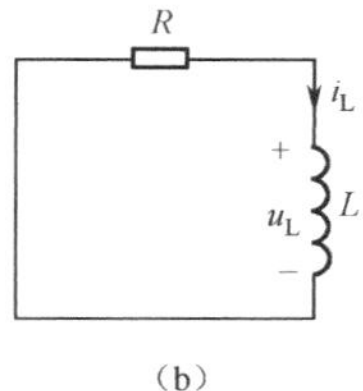

图 2.4.26　RL 电路的冲激响应

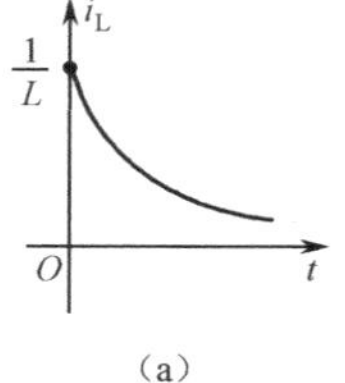

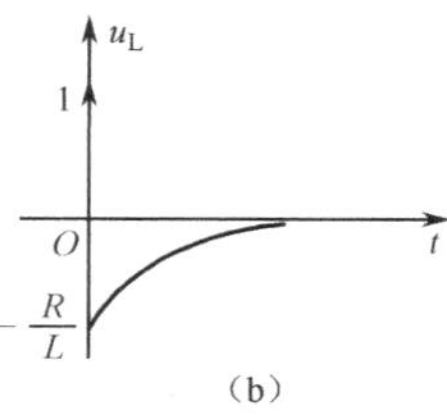

图 2.4.27　RL 电路的冲激响应曲线

由于阶跃函数和冲激函数之间满足式(2.4.31)的关系，可以证明电路的阶跃响应$s(t)$与冲激响应$h(t)$存在以下数学关系

$$h(t)=\frac{\mathrm{d}s(t)}{\mathrm{d}t},\qquad s(t)=\int h(t)\mathrm{d}t \tag{2.4.35}$$

此式表明，冲激响应可以按阶跃响应的一阶导数求得。

对上述 RL 电路，有

$$s(t)=\frac{1}{R}(1-\mathrm{e}^{-\frac{t}{\tau}})\varepsilon(t),\qquad h(t)=\frac{\mathrm{d}s(t)}{\mathrm{d}t}=\frac{1}{L}\mathrm{e}^{-\frac{t}{\tau}}\varepsilon(t)$$

【例 2.4.9】 已知图 2.4.28(a)所示电路中 $R_1=2\Omega$, $R_2=2\Omega$, $L=2\mathrm{H}$。求其冲激响应 i_L 和 u_L。

【解法 1】 由初始值求冲激响应。

当 $t<0$ 时，$i_L(0_-)=0$；当 $t=0$ 时，冲激电压为 $10\delta(t)$通过两个电阻在电感元件的两端获得电压为

$$u_L(0)=\frac{R_2}{R_1+R_2}\times 10\delta(t)=5\delta(t)$$

这个冲激电压迫使电感中电流发生跳变。

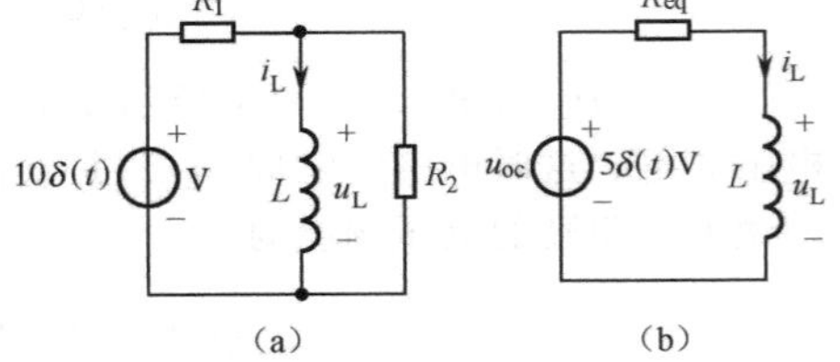

图 2.4.28　例 2.4.9 图

当 $t=0_+$ 时，求得

$$i_L(0_+)=\frac{1}{L}\int_{0_-}^{0_+}5\delta(t)\mathrm{d}t=\frac{5}{2}(\mathrm{A})$$

电路时间常数

$$\tau=\frac{L}{R_{eq}}=\frac{2}{2\,/\!/\,2}=2(\mathrm{s})$$

因此，电感中的冲激响应为

$$i_L(t)=i_L(0_+)\mathrm{e}^{-\frac{t}{\tau}}=\frac{5}{2}\mathrm{e}^{-\frac{1}{2}t}\varepsilon(t)(\mathrm{A})$$

$$u_L(t)=L\frac{\mathrm{d}i_L(t)}{\mathrm{d}t}=-\frac{5}{2}\mathrm{e}^{-\frac{1}{2}t}\varepsilon(t)+5\mathrm{e}^{-\frac{1}{2}t}\delta(t)$$

$$=-\frac{5}{2}\mathrm{e}^{-\frac{1}{2}t}\varepsilon(t)+5\delta(t)\ (\mathrm{V})$$

【解法 2】 根据阶跃响应求冲激响应。

图 2.4.28(a) 的戴维南等效电路如图 2.4.28(b)所示。其中：

$$u_{oc}=\frac{R_2}{R_1+R_2}10\delta(t)=5\delta(t)\ (\mathrm{V})$$

$$R_{eq}=R_1/\!/R_2=2/\!/2=1\ (\Omega)$$

电路的单位阶跃响应为

$$s(t)=\frac{1}{R_{eq}}(1-\mathrm{e}^{-\frac{t}{\tau}})=(1-\mathrm{e}^{-\frac{t}{2}})\varepsilon(t)$$

电路的单位冲激响应为

$$h(t)=\frac{\mathrm{d}s(t)}{\mathrm{d}t}=\frac{1}{2}\mathrm{e}^{-\frac{t}{2}}\varepsilon(t)$$

最终得 $5\delta(t)$激励下的响应为

$$i_L(t)=5h(t)=\frac{5}{2}\mathrm{e}^{-\frac{t}{2}}\varepsilon(t)\ (\mathrm{A})$$

2.4.2　二阶电路的响应

用二阶微分方程描述的电路称为二阶电路。本节以 RLC 串联电路为例，讨论二阶电路的零输入响应、零状态响应、阶跃响应和冲激响应。

1. 二阶电路的零输入响应

如图 2.4.29 所示 RLC 串联电路，假设电容原已充电，其电压为 U_0，即 $u_C(0_+)=U_0$；电感中

的初始电流为 I_0，即 $i_L(0_+)=I_0$。$t=0$ 时，开关闭合，此电路的暂态过程为二阶电路的零输入响应。

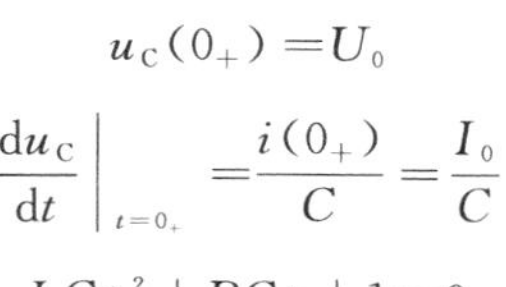

图 2.4.29　RLC 串联电路零输入响应

以电容电压 u_C 作为电路响应，列写该电路微分方程。

根据 KVL，有

$$u_R+u_L+u_C=0$$

而 $i=C\dfrac{\mathrm{d}u_C}{\mathrm{d}t}$，$u_R=Ri=RC\dfrac{\mathrm{d}u_C}{\mathrm{d}t}$，$u_L=L\dfrac{\mathrm{d}i}{\mathrm{d}t}=LC\dfrac{\mathrm{d}u_C^2}{\mathrm{d}t^2}$

将它们代入 KVL 方程，得

$$LC\frac{\mathrm{d}u_C^2}{\mathrm{d}t^2}+RC\frac{\mathrm{d}u_C}{\mathrm{d}t}+u_C=0 \tag{2.4.36}$$

这是一个二阶齐次常微分方程，其初始条件为

$$u_C(0_+)=U_0$$

$$\left.\frac{\mathrm{d}u_C}{\mathrm{d}t}\right|_{t=0_+}=\frac{i(0_+)}{C}=\frac{I_0}{C}$$

相应特征方程为　$LCp^2+RCp+1=0$

解得特征根

$$p_{1,2}=-\frac{R}{2L}\pm\sqrt{\left(\frac{R}{2L}\right)^2-\frac{1}{LC}}=-\alpha\pm\sqrt{\alpha^2-\omega_0{}^2} \tag{2.4.37}$$

式中，$\alpha=R/2L$，称为电路的衰减系数；$\omega_0=\sqrt{\dfrac{1}{LC}}$，称为电路的谐振角频率。由式(2.4.37)可见特征根 $p_{1,2}$ 仅与电路结构和元件参数有关，而与激励和初始储能无关。通常称其为电路的固有频率。其值由于电路中 R、L、C 的参数不同，可能出现三种情况：① 两个不等的负实根；② 实部为负的一对共轭复根；③ 一对相等的负实根。

下面分别讨论。

(1) $\alpha>\omega_0$ 或 $R>2\sqrt{\dfrac{L}{C}}$，过阻尼情况

此时，特征根 p_1，p_2 是两个不相等的负实数，令 p_1，p_2 为

$$\left.\begin{aligned}p_1&=-\alpha+\sqrt{\alpha^2-\omega_0{}^2}=-\alpha_1\\p_2&=-\alpha-\sqrt{\alpha^2-\omega_0{}^2}=-\alpha_2\end{aligned}\right\} \tag{2.4.38}$$

则微分方程的解的形式为

$$u_C=A\mathrm{e}^{p_1t}+B\mathrm{e}^{p_2t}=A\mathrm{e}^{-\alpha_1t}+B\mathrm{e}^{-\alpha_2t} \tag{2.4.39}$$

式中，A、B 为积分常数，将初始条件代入并为便于讨论，设 $i(0_+)=I_0=0$ 得

$$\left.\begin{aligned}&u_C(0_+)=A+B=U_0\\&\left.\frac{\mathrm{d}u_C}{\mathrm{d}t}\right|_{t=0_+}=-A\alpha_1-B\alpha_2=\frac{I_0}{C}=0\end{aligned}\right\} \tag{2.4.40}$$

解得

$$A=\frac{\alpha_2}{\alpha_2-\alpha_1}U_0,\quad B=\frac{\alpha_1}{\alpha_1-\alpha_2}U_0$$

将 A、B 代入式(2.4.39)得

$$\left.\begin{aligned}u_C&=\frac{U_0}{\alpha_2-\alpha_1}(\alpha_2\mathrm{e}^{-\alpha_1t}-\alpha_1\mathrm{e}^{-\alpha_2t})\quad(t>0)\\i&=C\frac{\mathrm{d}u_C}{\mathrm{d}t}=-C\frac{\alpha_1\alpha_2U_0}{\alpha_2-\alpha_1}(\mathrm{e}^{-\alpha_1t}-\mathrm{e}^{-\alpha_2t})\quad(t>0)\end{aligned}\right\} \tag{2.4.41}$$

u_C 和 i 的波形如图 2.4.30 所示。

由图可见,电路在初始储能作用下产生零输入响应。图中 u_C 波形单调下降,且方向不变,这表明电容不断释放电场能量,一直处于放电状态。所以这是一非振荡放电过程,称为过阻尼情况。下面讨论其能量交换过程。

在 $0<t<t_m$ 期间,$|u_C|$ 下降,$|i|$ 增加,电容释放能量,电感储存能量,即电容中的能量一部分被电阻 R 所消耗,另一部分转变成磁场能量存储于电感中。在 $t=t_m$ 时电感储能达到最大。

当 $t>t_m$ 时,$|u_C|$ 继续下降,而 $|i|$ 减小,表明电感、电容元件同时释放能量被电阻消耗。直到 $t\to\infty$,放电过程结束,$u_C(\infty)=i(\infty)=0$,整个暂态过程能量变换情况如图 2.4.31所示。

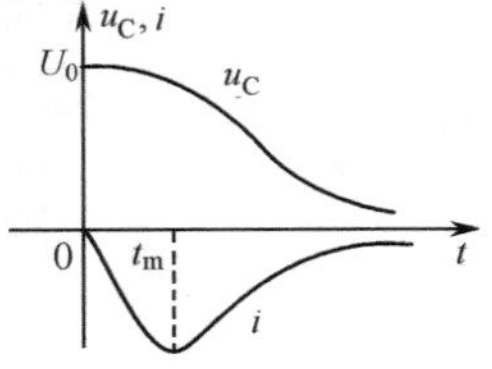

图 2.4.30 过阻尼 u_C 和 i 的波形

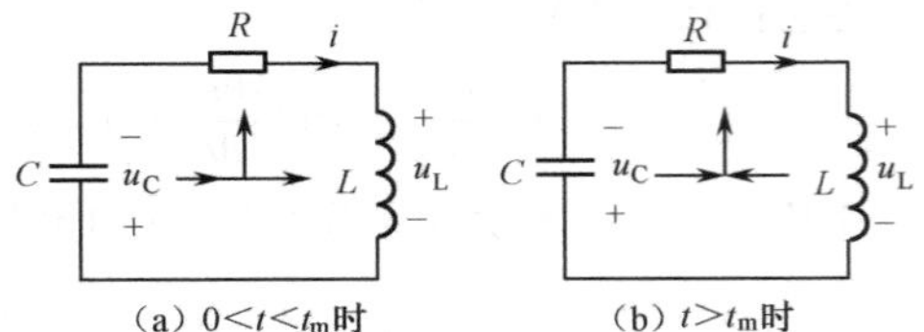

图 2.4.31 过阻尼情况能量变换过程

放电电流 i 绝对值达最大的时刻 t_m 可用求极值的方法确定。令 $\frac{di}{dt}=0$ 求得

$$t_m=\frac{1}{\alpha_2-\alpha_1}\ln\frac{\alpha_2}{\alpha_1} \tag{2.4.42}$$

(2) $\alpha<\omega_0$ 或 $R<2\sqrt{\frac{L}{C}}$,欠阻尼情况

此时特征根 p_1,p_2 是一对共轭复数。若令

$$p_{1,2}=-\alpha\pm\sqrt{\alpha^2-\omega_0^2}=-\alpha\pm j\omega_d \tag{2.4.43}$$

式中,$\omega_d=\sqrt{\omega_0^2-\alpha^2}$ 称为振荡的角频率。

微分方程的通解为

$$\begin{aligned}u_C&=e^{-\alpha t}(A\cos\omega_d t+B\sin\omega_d t)\\&=ke^{-\alpha t}\sin(\omega_d t+\varphi)\end{aligned} \tag{2.4.44}$$

由初始条件决定 k 和 φ。代入初始条件得

$$u_C(0_+)=k\sin\varphi=U_0$$

$$\left.\frac{du_C}{dt}\right|_{t=0_+}=-\alpha k\sin\varphi+k\omega_d\cos\varphi=\frac{I_0}{C}=0$$

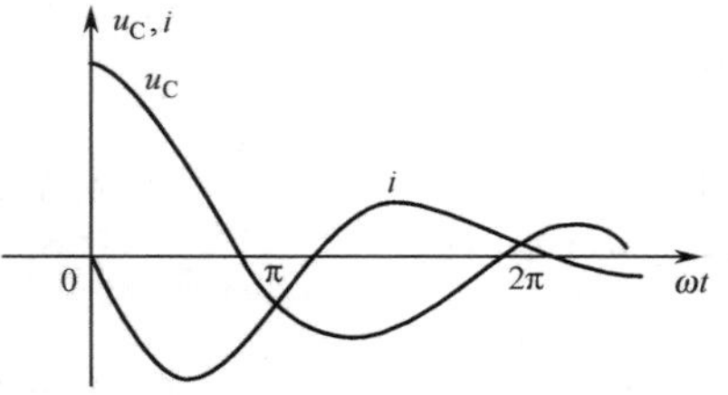

图 2.4.32 欠阻尼情况 u_C、i 的波形

解之得

$$k=\frac{U_0\omega_0}{\omega_d},\qquad \varphi=\arctan\frac{\omega_d}{\alpha}$$

故有

$$\left.\begin{aligned}u_C&=\frac{\omega_0}{\omega_d}U_0e^{-\alpha t}\sin\left(\omega_d t+\arctan\frac{\omega_d}{\alpha}\right)\ (t>0)\\ i&=C\frac{du_C}{dt}=\frac{U_0}{\omega_d L}e^{-\alpha t}\sin\omega_d t\ \ (t>0)\end{aligned}\right\} \tag{2.4.45}$$

u_C 和 i 的波形如图 2.4.32 所示。

由图可知,u_C、i 波形呈现衰减振荡的状态。在整个过程中,它们周期性地改变方向,储能元件也将周期性地交换能量。由于电阻不断地消耗能量,电路中能量交换的规模越来越小,最后趋于零,暂态过程也随之结束,这种振荡放电过程被称为欠阻尼情况。

当电路中 $R=0$ 时,由于 $\alpha=0$,$\omega_d=\omega_0=\frac{1}{\sqrt{LC}}$,此时电路的响应为

$$\left.\begin{aligned}u_C&=U_0\sin(\omega_0 t+90°)\\ i&=\frac{U_0}{\omega_0 L}\sin\omega_0 t\end{aligned}\right\} \tag{2.4.46}$$

u_C、i 均按正弦规律变化，电场能量和磁场能量周而复始地进行交换，电路处于不衰减的能量振荡过程中，称为等幅振荡放电过程或无阻尼振荡。

(3) $\alpha=\omega_0$ 或 $R=2\sqrt{\frac{L}{C}}$ 时，临界阻尼情况

此时特征根 p_1，p_2 为相等的负实数，即

$$p_1=p_2=-\alpha$$

微分方程式(2.4.36)的通解为

$$u_C=(A_1+A_2t)e^{-\alpha t}$$

根据初始条件可得

$$A_1=U_0,\quad A_2=\alpha U_0$$

故有

$$\left.\begin{aligned}u_C&=U_0(1+\alpha t)e^{-\alpha t}\\ i&=C\frac{du_C}{dt}=-CU_0\alpha^2te^{-\alpha t}\end{aligned}\right\}\tag{2.4.47}$$

由式(2.4.47)知，u_C，i 的波形和物理过程与过阻尼类似，不做振荡变化，仍是一种非振荡的放电过程，然而这种过程是振荡与非振荡的分界线，所以称此过渡过程为临界非振荡过程，或称为临界阻尼情况。此时的电阻称为临界电阻。

2. 二阶电路的零状态响应和全响应

(1)零状态响应

二阶电路的初始储能为零，即电容电压和电感电流均为零，仅由外施激励引起的响应称为二阶电路的零状态响应。

如图 2.4.33 所示的 GLC 并联电路，$u_C(0_-)=0$，$i_L(0_-)=0$。在 $t=0$ 时，开关 S 打开；在 $t>0$ 时，根据 KCL 列写以 i_L 为变量的微分方程为

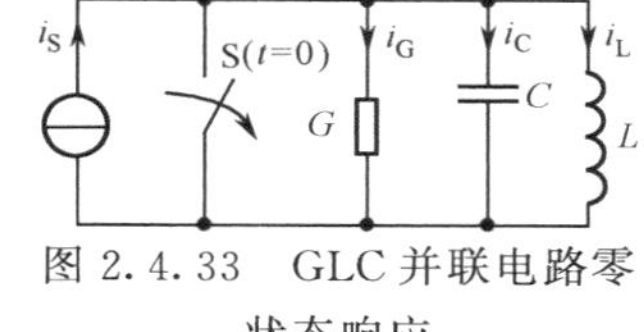

图 2.4.33　GLC 并联电路零状态响应

$$i_C+i_G+i_L=i_S$$

$$LC\frac{d^2i_L}{dt^2}+GL\frac{di_L}{dt}+i_L=i_S\tag{2.4.48}$$

式(2.4.48)为二阶线性非齐次常微分方程，其解由特解和对应齐次方程的通解组成。齐次微分方程的通解与零输入响应形式相同。特征方程为

$$LCP^2+GLP+1=0$$

求得特征根

$$p_{1,2}=-\frac{G}{2C}\pm\sqrt{\left(\frac{G}{2C}\right)^2-\frac{1}{LC}}$$

当电路元件参数 G、L、C 的量值不同时，特征根同样会出现三种情况：

① $G>2\sqrt{C/L}$ 时，p_1、p_2 为两个不相等的实根，过阻尼情况。

② $G=2\sqrt{C/L}$ 时，p_1、p_2 为两个相等的负实根，临界阻尼情况。

③ $G<2\sqrt{C/L}$ 时，p_1、p_2 为共轭复根，欠阻尼情况。

电路全解中的积分常数由初始条件确定。

(2)二阶电路的全响应

如果二阶电路既具有初始储能，又有外施激励，则电路的响应称为全响应。

在直流激励下，二阶电路的全响应一般对应的是二阶非齐次微分方程，其形式为

$$\left.\begin{aligned}&\frac{d^2y(t)}{dt^2}+a\frac{dy(t)}{dt}+by(t)=C\\&y(0_+)=C_1\\&\left.\frac{dy}{dt}\right|_{t=0_+}=C_2\end{aligned}\right\}\tag{2.4.49}$$

微分方程的解由特解 y_p 和对应齐次方程的通解 y_h 组成,即 $y=y_p+y_h$。特解 y_p 为稳态解,通解 y_h 的形式根据特征根 p_1,p_2 的不同形式有三种情况:

① p_1、p_2 为不相等实根,即

$$y_h=A_1e^{p_1t}+A_2e^{p_2t}\tag{2.4.50a}$$

② $p_1=p_2=-\alpha$,即 p_1、p_2 为相等实根

$$y_h=(A_1+A_2t)e^{-\alpha t}\tag{2.4.50b}$$

③ $p_{1,2}=-\alpha\pm j\omega_d$,即 p_2、p_2 为共轭复根,有

$$y_h=e^{-\alpha t}(A_1\cos\omega_dt+A_2\sin\omega_dt)=Ae^{-\alpha t}\sin(\omega_dt+\varphi)\tag{2.4.50c}$$

式(2.4.50)中积分常数 A_1、A_2(或 A、φ)将在方程完全解中由初始条件确定。

【例 2.4.10】 如图 2.4.34 所示电路,开关在$t=0$时合上,试求电容电压 u_C。已知$u_C(0_-)=2V$,$i_L(0_-)=5A$。

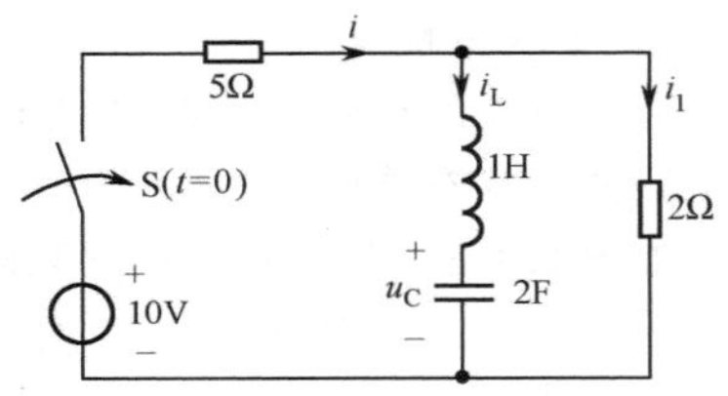

图 2.4.34 例 2.4.10 图

【解】 ① 以 u_C 为变量列出电路的微分方程。

由 KVL,有

$$5i+1\times\frac{di_L}{dt}+u_C=10$$

$$2i_1-u_C-1\times\frac{di_L}{dt}=0$$

因为 $i=i_L+i_1$,$i_L=i_C=C\dfrac{du_C}{dt}$,代入上述方程可得

$$7\frac{du_C^2}{dt^2}+10\frac{du_C}{dt}+\frac{7}{2}u_C=10$$

② 求得初始条件为

$$u_C(0_+)=u_C(0_-)=2(V)$$

$$\left.\frac{du_C}{dt}\right|_{0_+}=\frac{i_C(0_+)}{c}=\frac{i_L(0_+)}{c}=\frac{1}{2}\times5=2.5(V/s)$$

③ 求全响应:

特征方程为

$$7P^2+10P+\frac{7}{2}=0$$

求得特征根为 $p_1=-0.61,p_2=-0.82$

齐次解为 $u_{Ch}=A_1e^{-0.61t}+A_2e^{-0.82t}$

设微分方程特解为 $u_{Cp}=K$,代入微分方程,得 $K=20/7$。全响应为

$$u_C=u_{Ch}+u_{Cp}=\left(A_1e^{-0.61t}+A_2e^{-0.82t}+\frac{20}{7}\right)(V)$$

将初始条件代入,可求得

$$A_1=8.54,A_2=-9.4$$

故所求全响应为

$$u_C=(2.86+8.54e^{-0.61t}-9.4e^{-0.82t})(V)\qquad(t\geq0)$$

3. 二阶电路的阶跃响应和冲激响应

(1)阶跃响应

二阶电路在阶跃函数激励下的零状态响应称为二阶电路的阶跃响应。

阶跃响应可视为直流电源激励下的零状态响应,故其解法与零状态响应求解方法相同。

【例 2.4.11】 求图 2.4.35 所示电路中 $i_S=\varepsilon(t)$ 时的阶跃响应 i_L。已知 $G=5\text{S}, L=0.25\text{H}, C=1\text{F}$。

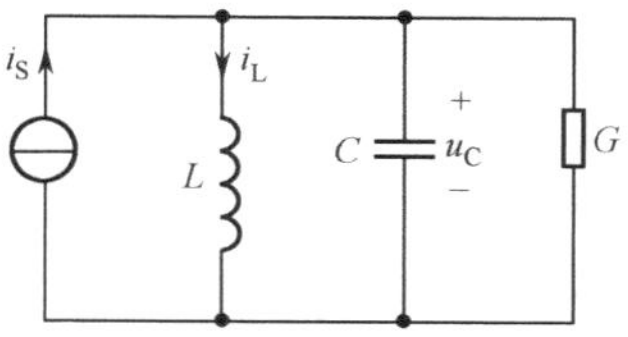

【解】 电路的初始条件为

$$u_C(0_+)=0, i_L(0_+)=0$$

当 $t>0$ 后,电路的微分方程为

$$LC\frac{d^2 i_L}{dt^2}+GL\frac{di_L}{dt}+i_L=i_S$$

即

$$0.25\frac{d^2 i_L}{dt^2}+1.25\frac{di_L}{dt}+i_L=\varepsilon(t)$$

图 2.4.35　例 2.4.11 图

方程的解为

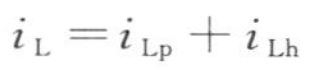

$$i_L=i_{Lp}+i_{Lh}$$

特解

$$i_{Lp}=i_S=\varepsilon(t)$$

特征方程为

$$LCP^2+GLP+1=0$$

求得特征根

$$p_1=-1, p_2=-4$$

p_1, p_2 为两个不相等的负实根,故对应齐次解为

$$i_{Lh}=A_1 e^{p_1 t}+A_2 e^{p_2 t}=A_1 e^{-t}+A_2 e^{-4t}$$

微分方程的解为

$$i_L=i_{Lp}+i_{Lh}=(1+A_1 e^{-t}+A_2 e^{-4t})\varepsilon(t)$$

代入初始条件有

$$i_L(0_+)=1+A_1+A_2=0$$

$$u_C(0_+)=L\frac{di_L}{dt}\bigg|_{0+}=0.25(-A_1-4A_2)=0$$

解得

$$A_1=-\frac{4}{3},\quad A_2=\frac{1}{3}$$

故阶跃响应 i_L 为

$$i_L(t)=\left(1-\frac{4}{3}e^{-t}+\frac{1}{3}e^{-4t}\right)\varepsilon(t)(\text{A})$$

(2)冲激响应

二阶电路在冲激函数激励下的响应称为二阶电路的冲激响应。

在一阶电路冲激响应的分析中知道,根据冲激函数的特点,仅含有冲激电源的电路,在 $t>0$ 后是一个零输入电路。在冲激电源的作用下,动态元件将建立初始储能,故冲激响应可视为由冲激函数电源建立的初始状态所引起的零输入响应。因而求冲激响应,关键在于求出电路的初始状态。分析过程中,要点是在冲激电压作用期间,电容视为短路,电感视为开路。

另冲激响应亦可由阶跃响应的微分求出。

【例 2.4.12】 求例 2.4.11 中电路 $i_S=\delta(t)$ 时的冲激响应 i_L。

【解法 1】 根据零输入响应求解。

① 求初始条件。

$t=0_-\sim 0_+$ 期间等效电路,如图2.4.36所示,图中电容视为短路,电感被视为开路。即

$$u_C(0_-)=0, i_L(0_-)=0, i_C=\delta(t)$$

$$u_C(0_+)=u_C(0_-)+\frac{1}{C}\int_{0_-}^{0_+} i_C\,dt=\frac{1}{C}\int_{0_-}^{0_+}\delta(t)\,dt=\frac{1}{C}=1(\text{V})$$

$$i_L(0_+)=i_L(0_-)+\frac{1}{L}\int_{0_-}^{0_+} u_L\,dt=0$$

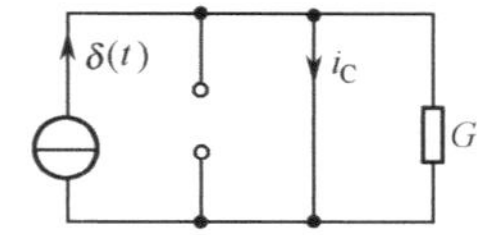

图 2.4.36　例 2.4.12 图

② 求冲激响应。

由例 2.4.11 可知,零输入响应为

$$i_L=A_1 e^{-t}+A_2 e^{-4t}$$

代入初始条件得

$$i_L(0_+) = A_1 + A_2 = 0$$

$$\left.\frac{di_L}{dt}\right|_{0_+} = -A_1 - 4A_2 = \frac{u_C(0_+)}{L} = 4$$

解得

$$A_1 = \frac{4}{3},\quad A_2 = -\frac{4}{3}$$

故得冲激响应 i_L 为

$$i_L(t) = \left(\frac{4}{3}e^{-t} - \frac{4}{3}e^{-4t}\right)\varepsilon(t)(A)$$

【解法 2】 利用冲激响应与阶跃响应的关系求解。

对上例中结果求导得

$$\begin{aligned} i_L(t) &= \frac{d}{dt}\left[\left(1 - \frac{4}{3}e^{-t} + \frac{1}{3}e^{-4t}\right)\varepsilon(t)\right] \\ &= \left(\frac{4}{3}e^{-t} - \frac{4}{3}e^{-4t}\right)\varepsilon(t) + \left[1 - \frac{4}{3}e^{-t} + \frac{1}{3}e^{-4t}\right]\delta(t) \\ &= \left(\frac{4}{3}e^{-t} - \frac{4}{3}e^{-4t}\right)\varepsilon(t) + \left[1 - \frac{4}{3} + \frac{1}{3}\right]\delta(0) \\ &= \left(\frac{4}{3}e^{-t} - \frac{4}{3}e^{-4t}\right)\varepsilon(t)\ (A) \end{aligned}$$

2.4.3 微积分电路

这里的微积分电路是指由基本 RC 电路构成的输出电压和输入电压的近似微积分关系。以矩形脉冲激励为例来研究输出波形的形态及其应用。

1. 微分电路

若将矩形脉冲序列信号加在电压初值为零的 RC 串联电路上,电路的暂态过程就周期性地发生了。显然,RC 电路的脉冲响应就是连续的电容充放电过程。

取 RC 串联电路中的电阻两端为输出端,并选择适当的电路参数使时间常数 $\tau \ll t_p$(矩形脉冲的脉宽)。由于电容器的充放电进行得很快,因此电容器 C 上的电压 $u_c(t)$ 接近等于输入电压 $u_i(t)$,这时输出电压为:

$$u_o(t) = R \cdot i_c = RC \cdot \frac{du_c}{dt} \approx RC \cdot \frac{du_i(t)}{dt} \tag{2.4.51}$$

式(2.4.51)表明,输出电压 $u_o(t)$ 近似地与输入电压 $u_i(t)$ 成微分关系,所以这种电路称作微分电路。

如图 2.4.37 所示,微分电路将周期性矩形脉冲变成周期性正负尖脉冲。可见,微分电路具备两个条件:① $\tau \ll t_p$(一般 $\tau < 0.1t_p$);② 信号从电阻端取出。

在数字电路中,常用微分电路将矩形波变成尖脉冲,作为触发信号或者对脉冲进行计数。

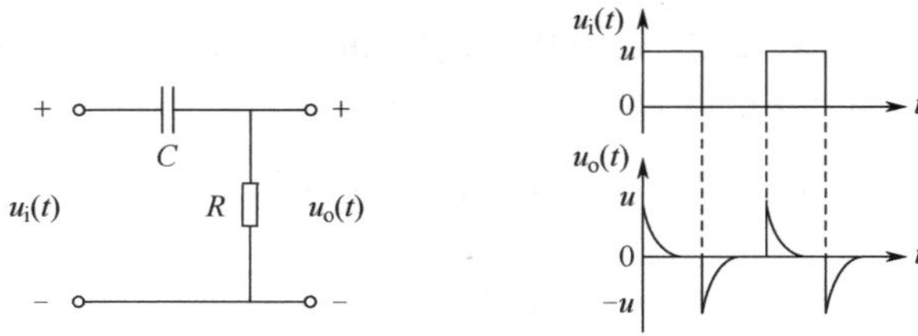

图 2.4.37 微分电路及其波形图

2. 积分电路

如果将 RC 电路的电容两端作为输出端,电路参数满足 $\tau \gg t_p$ 的条件,则成为积分电路。由于这种电路电容器充放电进行得很慢，因此电阻 R 上的电压 $u_R(t)$ 近似等于输入电压 $u_i(t)$，其输出电压 $u_o(t)$ 为：

$$u_o = u_c(t) = \frac{1}{C}\int i_c(t)\cdot dt = \frac{1}{C}\int \frac{u_R(t)}{R}\cdot dt \approx \frac{1}{RC}\int u_i(t)\cdot dt \tag{2.4.52}$$

式(2.4.52)表明，输出电压 $u_o(t)$ 与输入电压 $u_i(t)$ 近似地成积分关系。

如图 2.4.38 所示，积分电路将周期性矩形脉冲变成周期性锯齿波信号。可见，积分电路具备两个条件：①$\tau \gg t_p$（一般 $\tau > 10t_p$）；② 信号从电容端取出。

在脉冲电路中，常用积分电路将矩形波变成锯齿波，作为扫描信号或者直接产生近似三角波。

RL 电路同样可以构成微积分电路，请读者自行分析。

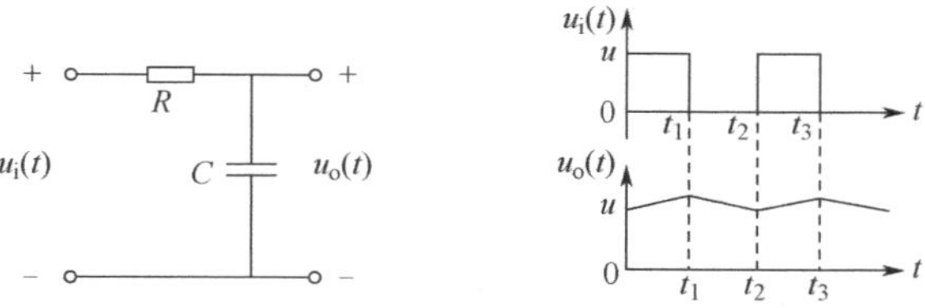

图 2.4.38　积分电路及其波形图

2.5　动态电路的复频域分析法

线性动态电路的时域分析法需确定初始条件，列写和求解微分方程，对高阶电路而言，计算过程十分繁琐和复杂。本节介绍的拉普拉斯变换法通过拉普拉斯变换，把已知的时域函数变换为频域函数后进行分析，最后再做反变换，返回到时域。利用这种变域法求解高阶电路，可将时域里的微分方程化为复频域里的代数方程，求出满足电路初始条件的原微分方程的解，而避免确定积分常数的复杂计算。复频域变换法中的拉普拉斯变换法也称为运算法。

2.5.1　拉普拉斯变换

1. 拉普拉斯变换定义

在数学上拉普拉斯变换是一种广义的积分变换，简称拉氏变换。

一个定义在[0,∞)区间的函数 $f(t)$，它的拉氏变换式 $F(s)$ 定义为

$$F(s) = \int_{0_-}^{\infty} f(t)e^{-st}dt \tag{2.5.1}$$

式中，$s=\sigma+j\omega$ 为一复变量，通常称为复频率。这一积分将时域函数 $f(t)$ 变换为复频域函数 $F(s)$。$F(s)$ 称为 $f(t)$ 的象函数，$f(t)$ 称为 $F(s)$ 的原函数。

式(2.5.1)中的积分下限规定为 0_-，是考虑到 $t=0$ 时 $f(t)$ 可能含有冲激函数 $\delta(t)$。

已知象函数 $F(s)$，求对应原函数 $f(t)$ 的变换称为拉普拉斯反变换（简称拉氏反变换），它定义为

$$f(t) = \frac{1}{2\pi j}\int_{c-j\infty}^{c+j\infty} F(s)e^{st}ds \tag{2.5.2}$$

式中，c 为正的有限常数。

通常将拉普拉斯变换和拉普拉斯反变换分别简记为

$$F(s) = \mathscr{L}[f(t)]$$
$$f(t) = \mathscr{L}^{-1}[F(s)]$$

2. 拉普拉斯变换的计算

拉普拉斯变换可根据式(2.5.1)计算求出象函数。常见的简单函数可通过查表 2.5.1来获

得象函数。

下面研究几种常见函数的象函数。

① 单位阶跃函数 $\varepsilon(t)$ 的象函数

$$f(t)=\varepsilon(t)$$

由式(2.5.1)得

$$F(s)=\mathscr{L}[f(t)]=\int_{0_-}^{\infty}\varepsilon(t)\mathrm{e}^{-st}\mathrm{d}t=\int_{0_-}^{\infty}\mathrm{e}^{-st}\mathrm{d}t=-\frac{1}{s}\mathrm{e}^{-st}\Big|_{0_-}^{\infty}=\frac{1}{s}$$

② 单位冲激函数 $\delta(t)$ 的象函数

$$f(t)=\delta(t)$$

$$F(s)=\mathscr{L}[f(t)]=\int_{0_-}^{\infty}\delta(t)\mathrm{e}^{-st}\mathrm{d}t=\int_{0_-}^{0_+}\delta(t)\mathrm{e}^{-st}\mathrm{d}t=\mathrm{e}^{-0}=1$$

③ 指数函数 $\mathrm{e}^{\alpha t}$ 的象函数

$$f(t)=\mathrm{e}^{\alpha t}\qquad(\alpha\text{ 为实数})$$

$$F(s)=\mathscr{L}[f(t)]=\int_{0_-}^{\infty}\mathrm{e}^{\alpha t}\cdot\mathrm{e}^{-st}\mathrm{d}t=\int_{0_-}^{\infty}\mathrm{e}^{-(s-\alpha)t}\mathrm{d}t=\frac{1}{-(s-\alpha)}\mathrm{e}^{-(s-\alpha)t}\Big|_{0_-}^{\infty}=\frac{1}{s-\alpha}$$

3. 拉普拉斯反变换的计算

同样,拉普拉斯反变换可根据式(2.5.2)计算原函数,对于常见的简单函数,可通过查表的方法获得原函数。

2.5.2 拉普拉斯变换的基本性质

本节介绍拉普拉斯变换与分析线性电路有关的一些基本性质,证明略。

1. 线性性质

设 $\mathscr{L}[f_1(t)]=F_1(s),\quad \mathscr{L}[f_2(t)]=F_2(s)$

则

$$\mathscr{L}[k_1f_1(t)+k_2f_2(t)]=k_1F_1(s)+k_2F_2(s)\tag{2.5.3}$$

式中,k_1,k_2 为任意常数。

【例 2.5.1】 求 $\cos(\omega t)$ 和 $\sin(\omega t)$ 的拉普拉斯象函数。

【解】 ①$\cos\omega t$ 的象函数

根据欧拉公式有

$$\cos\omega t=(\mathrm{e}^{\mathrm{j}\omega t}+\mathrm{e}^{-\mathrm{j}\omega t})/2$$

应用拉普拉斯变换线性性质

$$\mathscr{L}[\cos\omega t]=\mathscr{L}\left[\frac{\mathrm{e}^{\mathrm{j}\omega t}+\mathrm{e}^{-\mathrm{j}\omega t}}{2}\right]=\frac{1}{2}\mathscr{L}[\mathrm{e}^{\mathrm{j}\omega t}]+\frac{1}{2}\mathscr{L}[\mathrm{e}^{-\mathrm{j}\omega t}]$$

$$=\frac{1}{2}\left(\frac{1}{s-\mathrm{j}\omega}+\frac{1}{s+\mathrm{j}\omega}\right)=\frac{s}{s^2+\omega^2}$$

②$\sin\omega t$ 的象函数

同理

$$\sin\omega t=\frac{\mathrm{e}^{\mathrm{j}\omega t}-\mathrm{e}^{-\mathrm{j}\omega t}}{2\mathrm{j}}$$

$$\mathscr{L}[\sin\omega t]=\mathscr{L}\left[\frac{\mathrm{e}^{\mathrm{j}\omega t}-\mathrm{e}^{-\mathrm{j}\omega t}}{2\mathrm{j}}\right]=\frac{1}{2\mathrm{j}}\left(\frac{1}{s-\mathrm{j}\omega}-\frac{1}{s+\mathrm{j}\omega}\right)=\frac{\omega}{s^2+\omega^2}$$

2. 微分性质

设 $\mathscr{L}[f(t)]=F(s)$,则

$$\mathscr{L}\left[\frac{\mathrm{d}f(t)}{\mathrm{d}t}\right]=sF(s)-f(0_-)\tag{2.5.4}$$

【例 2.5.2】 根据阶跃函数的拉普拉斯象函数利用拉氏变换的微分性质求 $\delta(t)$ 的象函数。

【解】

$$\delta(t)=\frac{\mathrm{d}}{\mathrm{d}t}\varepsilon(t)$$

而
$$\mathscr{L}[\varepsilon(t)]=\frac{1}{s}$$

故有
$$\mathscr{L}[\delta(t)]=\mathscr{L}\left[\frac{\mathrm{d}}{\mathrm{d}t}\varepsilon(t)\right]=s\frac{1}{s}-\varepsilon(0_-)=1$$

3. 积分性质

设$\mathscr{L}[f(t)]=F(s)$，则

$$\mathscr{L}\left[\int_{0_-}^{t}f(t)\mathrm{d}t\right]=\frac{1}{s}\mathscr{L}[f(t)]=\frac{F(s)}{s} \tag{2.5.5}$$

【例 2.5.3】 根据阶跃函数的拉普拉斯象函数，利用拉氏变换的积分性质求 $f(t)=t$ 的象函数。[$t<0$ 时，$f(t)=0$]

【解】 由于
$$f(t)=t\varepsilon(t)=\int_{0_-}^{t}\varepsilon(\xi)\mathrm{d}\xi$$

而$\mathscr{L}[\varepsilon(t)]=\frac{1}{s}$，故有

$$\mathscr{L}[f(t)]=\mathscr{L}[t\varepsilon(t)]=\mathscr{L}\left[\int_{0_-}^{t}\varepsilon(\xi)\mathrm{d}\xi\right]=\frac{1}{s}\mathscr{L}[\varepsilon(t)]=\frac{1}{s^2}$$

4. 延迟性质

若
$$\mathscr{L}[f(t)\varepsilon(t)]=F(s)$$

则
$$\mathscr{L}[f(t-t_0)\varepsilon(t-t_0)]=\mathrm{e}^{-st_0}F(s) \tag{2.5.6}$$

【例 2.5.4】 已知电压 $u(t)$波形如图 2.5.1 所示，求 $u(t)$的拉普拉斯象函数 $U(s)$。

【解】 $u(t)=\varepsilon(t)-\varepsilon(t-\tau)$，　$\mathscr{L}[\varepsilon(t)]=\frac{1}{s}$

由延迟性质有　$\mathscr{L}[\varepsilon(t-\tau)]=\frac{1}{s}\mathrm{e}^{-s\tau}$

故有

$$\mathscr{L}[u(t)]=\mathscr{L}[\varepsilon(t)]-\mathscr{L}[\varepsilon(t-\tau)]=\frac{1}{s}-\frac{1}{s}\mathrm{e}^{-s\tau}=\frac{1}{s}(1-\mathrm{e}^{-s\tau})$$

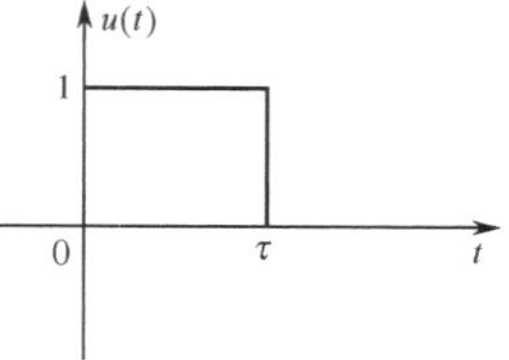

图 2.5.1　例 2.5.4 图

表 2.5.1 给出常用时间函数的拉普拉斯变换式。

表 2.5.1　拉普拉斯变换式

原函数 $f(t)$	象函数 $F(s)$	原函数 $f(t)$	象函数 $F(s)$
$\varepsilon(t)$	$\frac{1}{s}$	$\mathrm{e}^{-\alpha t}\sin\omega t$	$\frac{\omega}{(s+\alpha)^2+\omega^2}$
$\delta(t)$	1	$\mathrm{e}^{-\alpha t}\cos\omega t$	$\frac{s+\alpha}{(s+\alpha)^2+\omega^2}$
$\mathrm{e}^{-\alpha t}$	$\frac{1}{s+\alpha}$	t	$\frac{1}{s^2}$
$\sin\omega t$	$\frac{\omega}{s^2+\omega^2}$	$t^n(n=1,2\cdots)$	$\frac{n!}{s^{n+1}}$
$\cos\omega t$	$\frac{s}{s^2+\omega^2}$	$t^n\mathrm{e}^{-\alpha t}$	$\frac{n!}{(s+\alpha)^{n+1}}$

2.5.3　用部分分式展开法求拉普拉斯反变换

如前如述，简单象函数的反变换可用查表法获得，一般象函数的反变换可通过式(2.5.2)求得。但计算过程比较复杂。对于电工技术中最常见的有理函数形式的象函数，可采用部分分式展开法，将其分解为若干个简单象函数之和，并根据拉氏变换的基本性质，用查表法获取原函数。

有理函数 $F(s)$ 的一般形式为

$$F(s)=\frac{N(s)}{D(s)}=\frac{b_m s^m+b_{m-1}s^{m-1}+\cdots+b_1 s+b_0}{a_n s^n+a_{n-1}s^{n-1}+\cdots+a_1 s+a_0} \tag{2.5.7}$$

式中,m、n 为正整数,$a_i(i=0,1,\cdots,n)$、$b_j(j=0,1,\cdots,m)$均为常数。若 $n>m$,则 $F(s)$为有理真分式,可直接应用部分分式展开法。若 $n\leqslant m$,$F(s)$为有理假分式,则须先经过除法运算,将 $F(s)$化为如下形式

$$F(s)=\frac{N(s)}{D(s)}=Q(s)+\frac{N_0(s)}{D(s)} \tag{2.5.8}$$

即将 $F(s)$化为多项式 $Q(s)$与有理真分式$\frac{N_0(s)}{D(s)}$之和。

下面分两种情况讨论有理函数的部分分式展开式。

1. 只具有单极点的有理函数的反变换

如果 $D(s)=0$ 有 n 个单根,设 n 个单根分别是 $p_1,p_2,\cdots,p_n$,于是 $F(s)$可展开为

$$F(s)=\frac{N(s)}{D(s)}=\frac{N(s)}{C(s-p_1)(s-p_2)\cdots(s-p_n)}$$

$$=\frac{C_1}{s-p_1}+\cdots+\frac{C_k}{s-p_k}+\cdots+\frac{C_n}{s-p_n} \tag{2.5.9}$$

式中,$C_1,C_2,\cdots,C_n$ 为待定系数。

将式(2.5.9)两边同乘$(s-p_k)$,有

$$(s-p_k)F(s)=\frac{C_1}{s-p_1}(s-p_k)+\cdots+C_k+\cdots+\frac{C_n}{s-p_n}(s-p_k)$$

令 $s=p_k$,则上式右边除 C_k 项外,其余各项均为零,于是可得

$$C_k=(s-p_k)F(s)\Big|_{s=p_k} \tag{2.5.10}$$

$F(s)$的部分分式展开式为

$$F(s)=\sum_{k=1}^{n}\frac{C_k}{s-p_k}=\sum_{k=1}^{n}\left[(s-p_k)F(s)\Big|_{s=p_k}\right]\frac{1}{s-p_k} \tag{2.5.11}$$

根据各部分分式的反变换和线性性质求得原函数

$$f(t)=\mathscr{L}^{-1}[F(s)]=\mathscr{L}^{-1}\left[\sum_{k=1}^{n}\frac{C_k}{s-p_k}\right]=\sum_{k=1}^{n}C_k e^{p_k t}\varepsilon(t) \tag{2.5.12}$$

【例 2.5.5】 求 $F(s)=\frac{2s+1}{s^3+7s^2+10s}$的原函数 $f(t)$。

【解】 将 $F(s)$展开成部分分式有

$$F(s)=\frac{2s+1}{s(s+2)(s+5)}=\frac{C_1}{s}+\frac{C_2}{s+2}+\frac{C_3}{s+5}$$

$F(s)$的各极点分别为 $p_1=0,p_2=-2,p_3=-5$。现由式(2.5.10)确定各部分分式的系数。

$$C_1=sF(s)\Big|_{s=p_1}=\frac{2s+1}{(s+2)(s+5)}\Big|_{s=0}=0.1$$

$$C_2=(s+2)F(s)\Big|_{s=p_2}=\frac{2s+1}{s(s+5)}\Big|_{s=-2}=0.5$$

$$C_3=(s+5)F(s)\Big|_{s=p_3}=\frac{2s+1}{s(s+2)}\Big|_{s=-5}=-0.6$$

故
$$f(t)=\mathscr{L}^{-1}[F(s)]=\sum_{k=1}^{3}C_k e^{p_k t}\varepsilon(t)=(0.1+0.5e^{-2t}-0.6e^{-5t})\varepsilon(t)$$

2. 具有多重极点的有理函数的反变换

若 $D(s)=0$ 有$(n-q)$个单根$(p_1,p_2,\cdots,p_{n-q})$和 q 次重根 p_h^q,则有

$$F(s)=\frac{N(s)}{D(s)}$$

$$=\frac{C_1}{s-p_1}+\frac{C_2}{s-p_2}+\cdots+\frac{C_{n-q}}{s-p_{n-q}}+\frac{k_1}{s-p_n}+\frac{k_2}{(s-p_n)^2}+\cdots+\frac{k_q}{(s-p_n)^q}$$

$$=\sum_{j=1}^{n-q}\frac{C_j}{s-p_j}+\sum_{i=1}^{q}\frac{k_i}{(s-p_n)^i} \tag{2.5.13}$$

式中，C_j 的定义与前面所述一样，根据式(2.5.10)确定，即

$$C_j=(s-p_j)F(s)\Big|_{s=p_j}$$

为求 k_q，将式(2,5,13)两端同乘以$(s-p_n)^q$，得

$$(s-p_n)^qF(s)=(s-p_n)^q\sum_{j=1}^{n-q}\frac{C_j}{s-p_j}+(s-p_n)^q\sum_{j=1}^{q}\frac{k_i}{(s-p_n)i} \tag{2.5.14}$$

令 $s=p_n$，即可求得

$$k_q=(s-p_n)^qF(s)\Big|_{s=p_n} \tag{2.5.15a}$$

为求 k_{q-1}，将式(2,5,14)两边求导后令 $s=p_n$ 即得

$$k_{q-1}=\frac{\mathrm{d}}{\mathrm{d}s}(s-p_n)^qF(s)\Big|_{s=p_n} \tag{2.5.15b}$$

由此推得，对应于多重极点 p_n 的系数 k_i 可由下式确定

$$k_i=\frac{1}{(q-i)!}\frac{\mathrm{d}^{(q-i)}}{\mathrm{d}s^{(q-i)}}[(s-p_n)^q\cdot F(s)]\Big|_{s=p_n} \tag{2.5.16}$$

式中，$0!=1$，$\frac{\mathrm{d}^0}{\mathrm{d}s^0}=1$。

在确定各部分分式的系数 C_j 与 k_i 后，可根据查表法和线性性质求出 $F(s)$的原函数 $f(t)$，即

$$f(t)=\mathscr{L}^{-1}[F(s)]=\sum_{j=1}^{n-q}C_j\mathrm{e}^{p_jt}+\sum_{i=1}^{q}\frac{k_i}{(i-1)!}t^{i-1}\mathrm{e}^{p_nt} \tag{2.5.17}$$

【例 2.5.6】 求 $F(s)=\frac{s-2}{s(s+1)^2}$的原函数。

【解】 由 $D(s)=s(s+1)^2=0$，得 $p_1=0$ 为单根，$p_2=-1$ 为二重根，设

$$F(s)=\frac{C_1}{s}+\frac{k_1}{s+1}+\frac{k_2}{(s+1)^2}$$

由式(2.5.10)有

$$C_1=s\frac{(s-2)}{s(s+1)^2}\Big|_{s=0}=-2$$

由式(2.5.16)得

$$k_1=\frac{1}{(2-1)!}\frac{\mathrm{d}^{(2-1)}}{\mathrm{d}s^{(2-1)}}\left[(s+1)^2\frac{(s-2)}{s(s+1)^2}\right]\Big|_{s=-1}=\frac{\mathrm{d}}{\mathrm{d}s}\left(\frac{s-2}{s}\right)\Big|_{s=-1}=2$$

$$k_2=\frac{1}{(2-2)!}\frac{\mathrm{d}^{(2-2)}}{\mathrm{d}s^{(2-2)}}\left[(s+1)^2\times\frac{(s-2)}{s(s+1)^2}\right]\Big|_{s=-1}=\frac{s-2}{s}\Big|_{s=-1}=3$$

于是有

$$F(s)=\frac{-2}{s}+\frac{2}{s+1}+\frac{3}{(s+1)^2}$$

由式(2.5.17)得原函数为

$$f(t)=-2+2\mathrm{e}^{-t}+3t\mathrm{e}^{-t}$$

2.5.4　用运算法求解暂态过程

1. 基尔霍夫定律的运算形式

基尔霍夫定律的时域表示式如下：

对任一节点,KCL 方程为 $\sum i=0$;对任一回路,KVL 方程为 $\sum u=0$。

根据拉普拉斯变换的线性性质,得:

对任一节点,KCL 方程的运算形式为

$$\sum I(s)=0 \tag{2.5.18a}$$

对任一回路,KVL 方程的运算形式为

$$\sum U(s)=0 \tag{2.5.18b}$$

式(2.5.18)为基尔霍夫定律的运算形式,显然与时域中的基尔霍夫定律在形式上相同。

2. 元件伏安关系式的运算形式

(1) 电阻元件 VCR 的运算形式

图 2.5.2(a)所示电阻元件的伏安关系式为

$$u_R=Ri_R$$

对上式两边取拉氏变换得电阻 VCR 运算形式为

$$U_R(s)=RI_R(s) \tag{2.5.19}$$

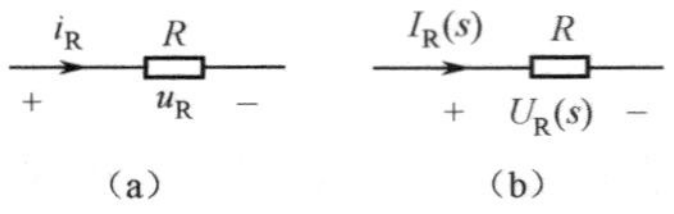

图 2.5.2 电阻元件

式(2.5.19)也称为欧姆定律的运算形式。显然与时域中欧姆定律的形式相同。图2.5.2(b)为电阻 R 在 s 域中的模型,即 R 元件的运算电路。

(2)电感元件 VCR 的运算形式

图 2.5.3(a)中电感 L 元件时域中的伏安关系式为

$$u_L=L\frac{di_L}{dt}$$

对上式两边取拉氏变换得 L 元件的 VCR 运算形式为

$$U_L(s)=sLI_L(s)-Li_L(0_-) \tag{2.5.20a}$$

式中,sL 为电感的运算阻抗,$i_L(0_-)$为电感中的初始电流,图 2.5.3(b)为 L 元件的运算电路。

图中 $Li_L(0_-)$称为附加电压源,它反映了电感中初始电流的作用,还可以将式(2.5.20a)改写为

$$I_L(s)=\frac{1}{sL}U_L(s)+\frac{i_L(0_-)}{s} \tag{2.5.20b}$$

由此可得图 2.5.3(c)所示运算电路。图中$\frac{1}{sL}$为电感的运算导纳,$\frac{i_L(0_-)}{s}$称为附加电流源。实际上,图 2.5.3(c)也可由图 2.5.3(b)根据电源的等效变换获得。

图 2.5.3(b)和图 2.5.3(c)分别称为 L 元件电压源形式的运算电路和电流源形式的运算电路。

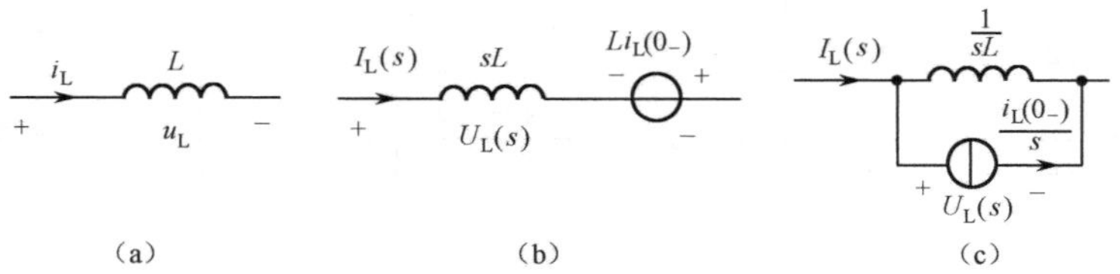

图 2.5.3 L 元件的运算电路

(3)电容元件 VCR 的运算形式

图 2.5.4(a)中电容 C 时域中伏安关系式为

$$i_C=C\frac{du_C}{dt}$$

对上式两边取拉氏变换,得电容元件 VCR 运算形式为

$$I_C(s)=sCU_C(s)-Cu_C(0_-) \tag{2.5.21a}$$

$$U_C(s)=\frac{1}{sC}I_C(s)+\frac{u_C(0_-)}{s} \tag{2.5.21b}$$

式中，sC、$\frac{1}{sC}$分别为电容 C 的运算导纳和运算阻抗，对应式(2.5.21)的电容元件电流源形式和电压源形式的运算电路，如图 2.5.4(b)和 2.5.4(c)所示，图中 $Cu_C(0_-)$称为附加电流源，$\frac{u_C(0_-)}{s}$称为附加电压源。

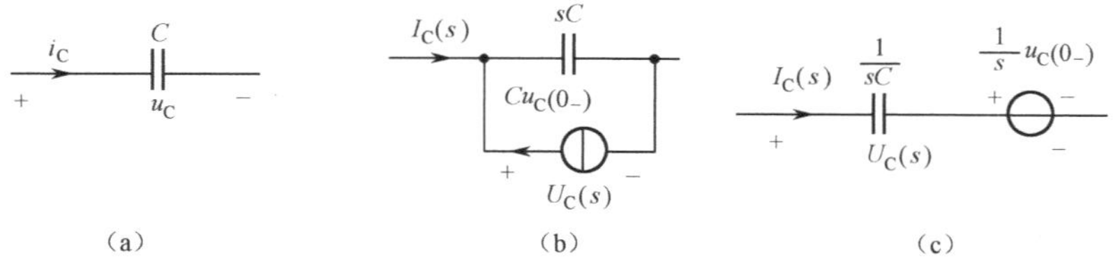

图 2.5.4　电容元件

3. 运算电路

将时域电路中的各元件用其对应的运算电路替代便可得到该时域电路的运算电路。注意到运算电路中的独立电源为运算形式的电源。电源的运算形式为时域中电源函数取拉氏变换而得。

例如图 2.5.5(a)所示 RLC 串联电路的运算电路，如图 2.5.5(b)所示。

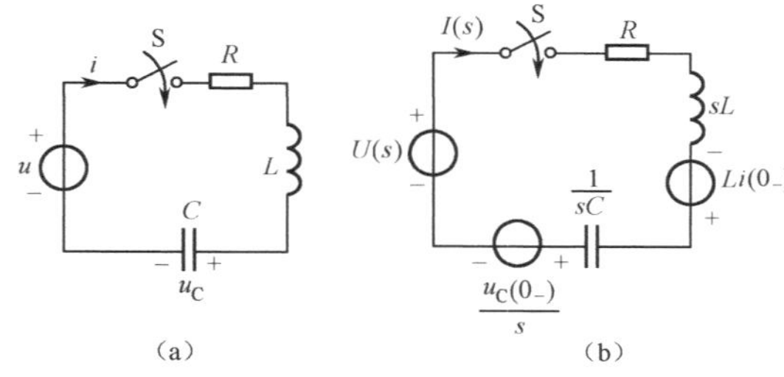

图 2.5.5　RLC 串联电路的运算电路

4. 用运算法求解暂态过程

运算法与相量法的基本思想类似。相量法把正弦量变换为相量，从而把求解线性电路的正弦稳态问题归结为以相量为变量的线性代数方程。运算法把时间函数变换为对应的象函数，从而把时域电路的积分微分方程的求解变化为求解以象函数为变量的线性代数方程。

由于 KCL，KVL 的运算形式与基尔霍夫定律在直流电路中的形式相同，且 R、L、C 元件的伏安关系式与欧姆定律的形式相当，故在直流电路中采用的所有分析方法均能用于运算电路。

在运算法中求得象函数后，利用拉氏反变换就可以求得对应的时域解。

【例 2.5.7】　图 2.5.6(a)所示电路在 S 打开前处于稳定状态。已知 $L_1=L_2=0.5\text{H}$，试求 S 断开后的 i_{L1}、u_{L1}。

【解】　① 求 U_S 的拉普拉斯变换

$$\mathscr{L}[U_s]=\mathscr{L}[2]=\frac{2}{s}$$

求初始条件为

$i_{L1}(0_-)=2/1=2(\text{A})$，　$i_{L2}(0_-)=0\ (\text{A})$

② 画出 $t>0$ 以后的运算电路，如图 2.5.6(b)所示。

③ 列出电路方程

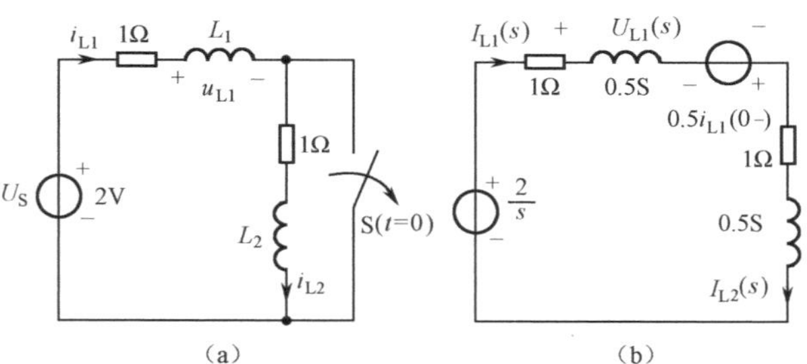

图 2.5.6　例 2.5.7 图

$$(2+0.5s+0.5s)I_{L1}(s)=\frac{2}{s}+0.5i_{L1}(0_-)$$

解得
$$I_{L1}(s)=\frac{\frac{2}{s}+0.5i_{L1}(0_-)}{2+0.5s+0.5s}=\frac{\frac{2}{s}+1}{s+2}=\frac{1}{s}$$
$$U_{L1}(s)=0.5sI_{L1}(s)=-0.5$$

④ 求拉普拉斯反变换,得电路响应为
$$i_{L1}=\mathscr{L}^{-1}[I_{L1}(s)]=\mathscr{L}^{-1}[\frac{1}{s}]=1\varepsilon(t)(\text{A})$$
$$u_{L1}=\mathscr{L}^{-1}[U_{L1}(s)]=\mathscr{L}[-0.5]=-0.5\delta(t)(\text{V})$$

【例 2.5.8】 图 2.5.7 所示电路中,电路原处于稳态。

已知 $u_{S1}=2e^{-2t}\text{V}$,$u_{S2}=5\text{V}$,$R_1=R_2=5\Omega$,$L=1\text{H}$,求 $t\geqslant0$ 时的 u_L。

【解】 ① 电源的拉普拉斯变换
$$\mathscr{L}[u_{S1}]=\mathscr{L}[2e^{-2t}]=\frac{2}{s+2},$$
$$\mathscr{L}[u_{S2}]=\mathscr{L}[5]=\frac{5}{s}$$

求初始条件
$$i_L(0_-)=\frac{u_{S2}}{R_2}=1\ (\text{A})$$

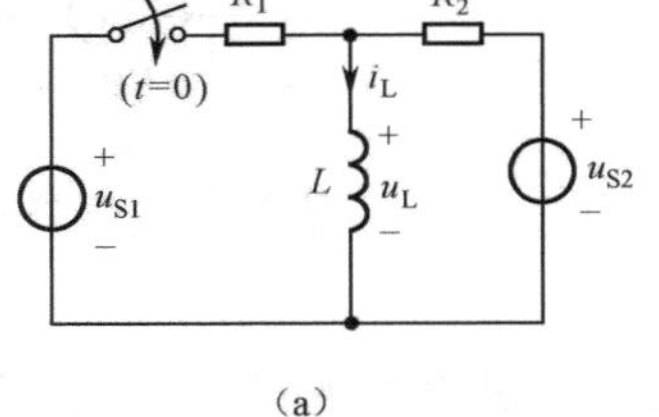

(a)

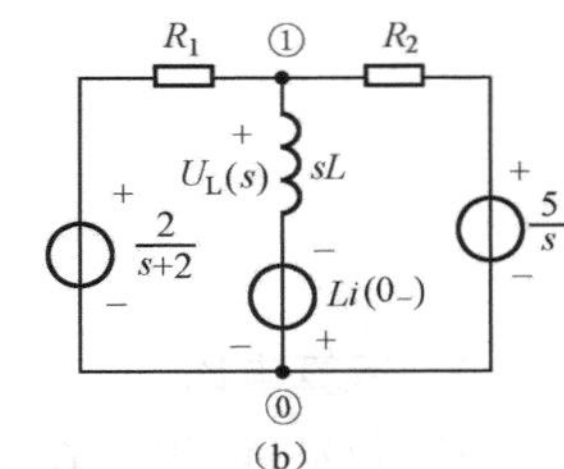

(b)

图 2.5.7　例 2.5.8 图

② 画运算电路,如图 2.5.7(b)所示。

③ 设 0 点为参考节点,应用节点法列电路方程为
$$\left(\frac{1}{R_1}+\frac{1}{R_2}+\frac{1}{sL}\right)U_L(s)=\frac{\frac{2}{s+2}}{R_1}+\frac{\frac{5}{s}}{R_2}-\frac{Li(0_-)}{sL}$$

代入数据,得
$$\left(\frac{2}{5}+\frac{1}{s}\right)U_L(s)=\frac{2}{5(s+2)}+\frac{1}{s}-\frac{1}{s}$$

即
$$U_L(s)=\frac{2s}{(s+2)(2s+5)}$$

(4) 求拉普拉斯反变换,得电路响应为
$$u_L=\mathscr{L}^{-1}[U_L(s)]=(-4e^{-2t}+5e^{-2.5t})\ (\text{V})\qquad (t\geqslant0)$$

2.6 本章小结及典型题解

2.6.1 本章小结

① 动态元件:电容元件是储存电能的元件,它是实际电容器的理想化模型。在关联参考方向下,电容元件的伏安关系为:$i(t)=C\dfrac{du(t)}{dt}$,$u(t)=\dfrac{1}{C}\int_{-\infty}^{t}i(\xi)d\xi$

电感元件是储存磁能的元件,它是实际电感器的理想化模型。在关联参考方向下,电感元件的伏安关系为:$u(t)=L\dfrac{di(t)}{dt}$,$i(t)=\dfrac{1}{L}\int_{-\infty}^{t}u(\xi)d\xi$

② 零输入响应是指仅由动态元件初始储能所产生的响应;零状态响应是指仅由输入激励所引起的响应。动态电路的全响应由外加激励和动态元件初始储能共同产生。线性动态电路的全响应等于零输入响应与零状态响应之和。

③ 动态电路的电路方程是微分方程。其时域分析的基本方法是经典法,即建立电路的微分方程,并利用初始条件求解,对于线性 n 阶非齐次微分方程,其通解为

$$y(t)=y_p(t)+y_h(t)$$

式中，$y_h(t)$是对应齐次方程的通解，称为电路的固有响应，它与外加电源无关；$y_p(t)$是非齐次微分方程的特解，其变化规律与激励信号的规律相同，称为电路的强制响应。

④ 各种初始值只取决于电路的初始状态，即 $i_L(0_-)$和 $u_c(0_-)$及外加激励，电路的其他非状态变量在换路前一瞬间即 $t=0_-$时，对初始值的确定不起作用。

⑤ 一阶电路一般指只含有一个独立储能元件的动态电路，对应的电路方程是一阶微分方程。直流激励下一阶电路响应的通用表达式为

$$y(t)=y(\infty)+[y(0_+)-y(\infty)]e^{-\frac{t}{\tau}}\qquad(t>0)$$

式中，τ 为时间常数，$y(0_+)$为响应的初始值，$y(\infty)$为响应的稳态值。

一阶电路的三要素法就是求出动态电路中某个响应的初始值 $y(0_+)$，稳态值 $y(\infty)$和电路的时间常数 τ 这三个要素，利用上式，从而求得该响应。

⑥ 阶跃响应是电路在单位阶跃函数激励下产生的零状态响应，其求解过程与直流激励的响应求法相同。

⑦ 冲激响应是电路在单位冲激函数激励下产生的零状态响应，冲激响应可以用阶跃响应对时间求导数求得。

⑧ 用二阶微分方程描述的电路称为二阶电路。直流激励下，二阶电路的全响应一般对应的是二阶非齐次微分方程的解。

通解 $y_h(t)$的形式根据特征根 p_1,p_2 的不同形式有三种情况：

p_1、p_2 为不相等负实根时，称为过阻尼情况，$y_h(t)$的表达形式为

$$y_h(t)=A_1e^{p_1t}+A_2e^{p_2t}$$

$p_1=p_2=-\alpha$，即 p_1、p_2 为相等负实根，称为临界情况，$y_h(t)$的表达形式为

$$y_h(t)=(A_1+A_2t)e^{-\alpha t}$$

$p_{1,2}=-\alpha\pm j\omega_d$，即 p_1、p_2 为共轭复根，称为欠阻尼情况，$y_h(t)$的表达形式为

$$y_h(t)=Ae^{-\alpha t}\sin(\omega_d t+\varphi)$$

上述各式中 A_1、A_2(或 A、φ)将在方程完全解中由初始条件确定。

⑨ 动态电路的复频域分析法中的拉普拉斯变换法，也称运算法，是通过拉普拉斯变换，将时域里的微分方程化为复频域里代数方程，求出满足电路初始条件的原微分方程的解。

运算法分析过程是对换路后的时域电路做出运算电路图，采用合适的网络分析方法，求解运算电路，得出待求响应的象函数，对其进行拉氏反变换，得到电路响应的时域解。

2.6.2　典型题解

【例 2.6.1】 图 2.6.1(a)所示电路在换路前电路处于稳定状态，求 S 闭合后电路中所标出电压、电流的初始值(说明：电路中所有电阻的阻值都设为 2Ω)。

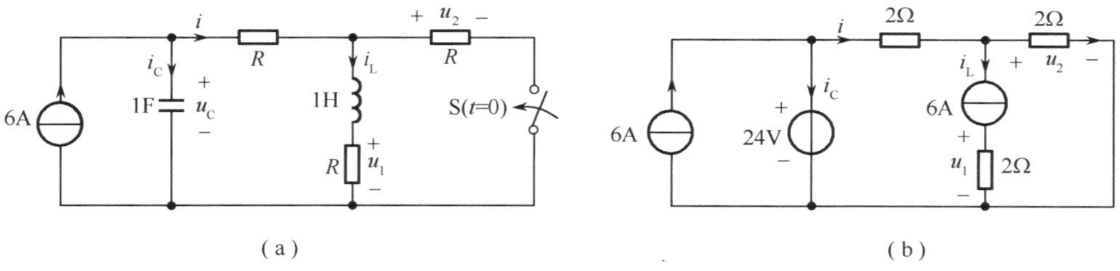

图 2.6.1　例题 2.6.1 图

【解】 电路在换路前处于稳定状态，即电容相当于开路，电感相当于短路，得

$$u_C(0_-)=4\times6=24(\text{V}),i_L(0_-)=6(\text{A})$$

利用换路定理有:$i_L(0_+)=i_L(0_-)=6(\text{A})$,$u_C(0_+)=u_C(0_-)=24(\text{V})$,得换路后等效电路如图(b)所示,由图可得

$$i(0_+)=24/4+6/2=9(\text{A}),i_C(0_+)=-3(\text{A})$$

$$u_1(0_+)=i_L(0_+)\times2=12(\text{V})$$

$$u_2(0_+)=[i(0_+)-i_L(0_+)]\times2=(9-6)\times2=6(\text{V})$$

【例 2.6.2】 图 2.6.2 所示电路,换路前电路处于稳定状态,$t=0$ 时开关断开,试求换路后的 u_C 和 i_L 的零输入响应,并画出响应波形。

【解】 电路在换路前已处于稳态,电容相当于开路,电感相当于短路,$u_C(0_-)=30(\text{V})$,$i_L(0_-)=10(\text{mA})$,利用换路定理有

$$u_C(0_+)=u_C(0_-)=30\text{V}$$

$$i_L(0_+)=i_L(0_-)=10(\text{mA})$$

$$\tau_1=RC=500(\text{s})$$

$$\tau_2=L/R=0.1\times10^{-6}(\text{s})$$

则换路后的零输入响应为 $u_C=30\text{e}^{-t/500}(\text{V})$,$i_L=10\text{e}^{-10^7t}(\text{mA})$。响应波形图略。

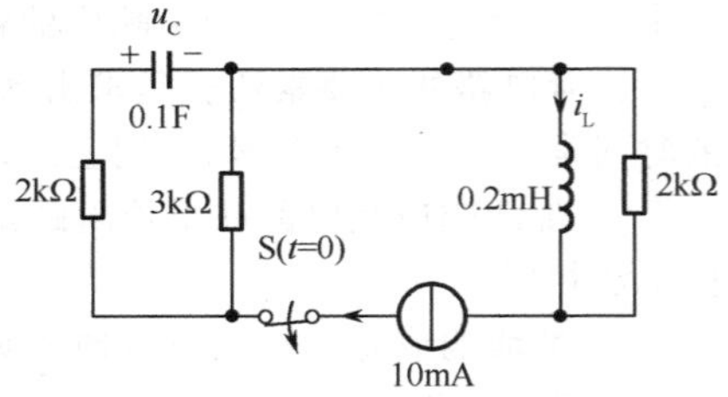

图 2.6.2　例题 2.6.2 图

【例 2.6.3】 图 2.6.3 所示电路中,换路前电路已处于稳态,$t=0$ 时开关 S 闭合,试求换路后 i 的零输入响应。

【解】 换路前电路已处于稳态,电容相当于开路,电感相当于短路,$u_C(0_-)=20(\text{V})$,$i_L(0_-)=4(\text{A})$,利用换路定理有

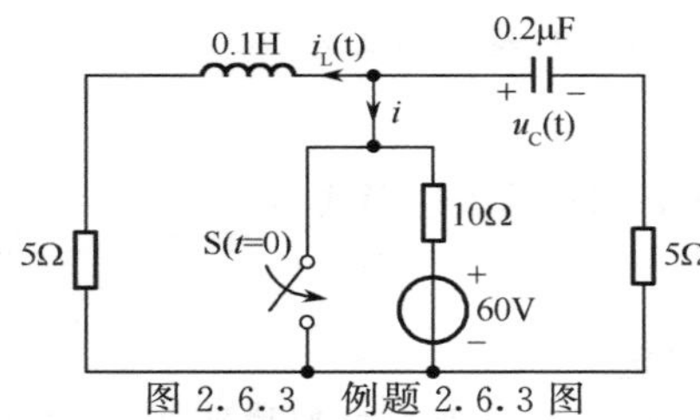

图 2.6.3　例题 2.6.3 图

$$u_C(0_+)=u_C(0_-)=20\text{V}$$

$$i_L(0_+)=i_L(0_-)=4(\text{A})$$

$$\tau_1=RC=1\times10^{-6}(\text{s})$$

$$\tau_2=L/R=0.02(\text{s})$$

则换路后的零输入响应为

$$u_C=20\text{e}^{-10^6t}(\text{V}),i_L=4\text{e}^{-50t}(\text{A})$$

$$i=-i_L-C\frac{\text{d}u_C}{\text{d}t}=-4\text{e}^{-50t}+4\text{e}^{-10^6t}(\text{A})$$

【例 2.6.4】 如图 2.6.4(a)所示换路前电路已处于稳态,试求换路后的全响应 u。

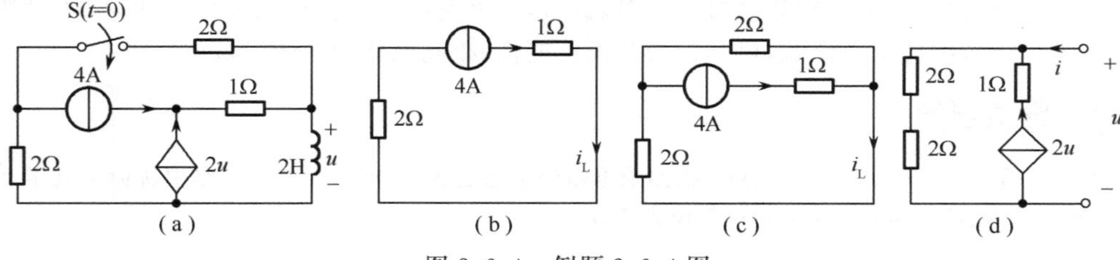

图 2.6.4　例题 2.6.4 图

【解】 用三要素法求。

①求初始值:$t=0_-$ 时,电路已处于稳态,即电感相当于短路,所以 $u=0$,可得电路如图(b)所示,得:$i_L(0_-)=4(\text{A})$,由换路定理 $i_L(0_+)=i_L(0_-)=4(\text{A})$;

②求稳态值:$t\to\infty$时的电路如图(c)所示,可得

$$i_L(\infty)=2(\text{A})$$

③求时间常数:将独立源置 0,可得电路如图(d)所示,根据图得

$$R_{\text{eq}}=\frac{(i+2u)\times4}{i}=4+8R_{\text{eq}}\Rightarrow R_{\text{eq}}=-4/7(\Omega)$$

电路不稳定。

【例 2.6.5】 求图 2.6.5 所示电路的阶跃响应 u_C 和 u_R。

【解】 $\tau=RC=(1+2/\!/2)\times0.1=0.2(\mathrm{s})$，RC 电路在 u_C 处所产生的单位阶跃响应为

$$s(t)=0.5(1-\mathrm{e}^{-5t})\varepsilon(t)$$

又因输入为 $5\varepsilon(t)$，故

$$u_C(t)=5\times0.5(1-\mathrm{e}^{-5t})\varepsilon(t)=2.5(1-\mathrm{e}^{-5t})\varepsilon(t)(\mathrm{V})$$

$$\begin{aligned}u_R(t)&=u_C(t)+C\frac{\mathrm{d}u_C}{\mathrm{d}t}\\&=2.5(1-\mathrm{e}^{-5t})\varepsilon(t)+0.1\times2.5\times5\mathrm{e}^{-5t}\varepsilon(t)\\&=(2.5-1.25\mathrm{e}^{-5t})\varepsilon(t)(\mathrm{V})\end{aligned}$$

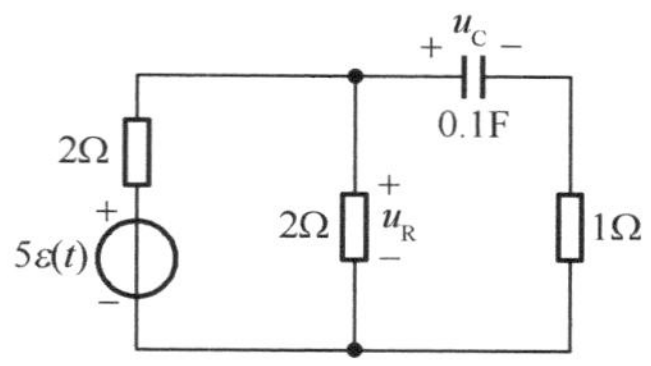

图 2.6.5　例题 2.6.5 图

【例 2.6.6】 试求图 2.6.6 所示电路输出电压 $u_o(t)$ 的冲激响应。

【解】 先求 $u_0(t)$ 的单位阶跃响应

$$S(t)=R_1\mathrm{e}^{-t(R1+R2)/L}\varepsilon(t)$$

则输出电压 $u_0(t)$ 的冲激响应

$$h(t)=S'(t)=\frac{-R_1(R_1+R_2)}{L}\mathrm{e}^{-t\frac{R1+R2}{L}}\varepsilon(t)+R_1\delta(t)$$

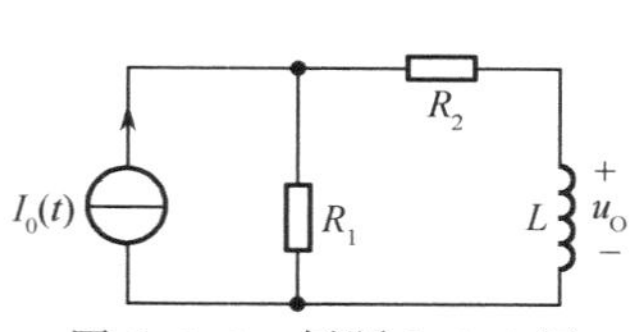

图 2.6.6　例题 2.6.6 图

【例 2.6.7】 图 2.6.7 所示电路已知 $G=4\mathrm{S}$，$L=0.25\mathrm{H}$，$C=0.2\mathrm{F}$，试求

① $i_S=\varepsilon(t)$ 时电路的单位阶跃响应 $u_C(t)$ 和 $i_L(t)$；

② $i_S=\delta(t)$ 时电路的单位冲激响应 $u_C(t)$ 和 $i_L(t)$。

【解】 电路的初始条件为

$$u_C(0_+)=0\mathrm{V},i_L(0_+)=0(\mathrm{A})$$

当 $t>0$ 后，电路满足　$0.05\dfrac{\mathrm{d}^2i_L}{\mathrm{d}t^2}+\dfrac{\mathrm{d}i_L}{\mathrm{d}t}+i_L=i_S$

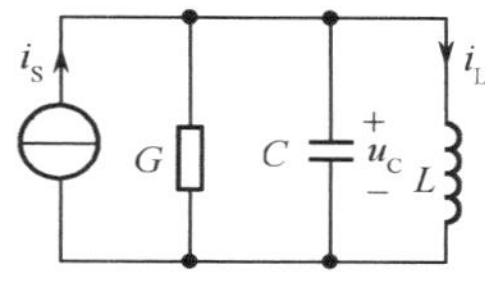

图 2.6.7　例题 2.6.7 图

① $i_S=\varepsilon(t)$ 时方程的解为

$$i_L(t)=[1+A\mathrm{e}^{(4\sqrt{5}-10)t}+B\mathrm{e}^{-(4\sqrt{5}+10)t}]\varepsilon(t)$$

代入初始条件 $i_L(0_+)=1+A+B=0$，得

$$u_C(0_+)=L\frac{\mathrm{d}i_L}{\mathrm{d}t}\bigg|_{0+}=0.25(4\sqrt{5}-10)A+0.25(-4\sqrt{5}-10)B=0$$

解得　$$A=\frac{-4\sqrt{5}-10}{8\sqrt{5}},\quad B=\frac{10-4\sqrt{5}}{8\sqrt{5}}$$

故单位阶跃响应

$$i_L(t)=\left[1+\frac{-4\sqrt{5}-10}{8\sqrt{5}}\mathrm{e}^{(4\sqrt{5}-10)t}+\frac{10-4\sqrt{5}}{8\sqrt{5}}\mathrm{e}^{-(4\sqrt{5}+10)t}\right]\varepsilon(t)$$

$$u_C(t)=L\frac{\mathrm{d}i_L}{\mathrm{d}t}=\left[\frac{\sqrt{5}}{8}\mathrm{e}^{(4\sqrt{5}-10)t}-\frac{\sqrt{5}}{8}\mathrm{e}^{-(4\sqrt{5}+10)t}\right]\varepsilon(t)$$

② $i_S=\delta(t)$ 时电路的单位冲激响应为

$$\begin{aligned}i_L(t)&=\frac{\mathrm{d}}{\mathrm{d}t}\left[1+\frac{-4\sqrt{5}-10}{8\sqrt{5}}\mathrm{e}^{(4\sqrt{5}-10)t}+\frac{10-4\sqrt{5}}{8\sqrt{5}}\mathrm{e}^{-(4\sqrt{5}+10)t}\right]\varepsilon(t)\\&=\left[\frac{\sqrt{5}}{2}\mathrm{e}^{(4\sqrt{5}-10)t}-\frac{\sqrt{5}}{2}\mathrm{e}^{-(4\sqrt{5}+10)t}\right]\varepsilon(t)\end{aligned}$$

$$\begin{aligned}u_C(t)&=\frac{\mathrm{d}}{\mathrm{d}t}\left[\frac{\sqrt{5}}{8}\mathrm{e}^{(4\sqrt{5}-10)t}-\frac{\sqrt{5}}{8}\mathrm{e}^{-(4\sqrt{5}+10)t}\right]\varepsilon(t)\\&=\left[\frac{5-2\sqrt{5}}{2}\mathrm{e}^{(4\sqrt{5}-10)t}+\frac{5+2\sqrt{5}}{2}\mathrm{e}^{-(4\sqrt{5}+10)t}\right]\varepsilon(t)+5\delta(t)\end{aligned}$$

习　题　2

2.1　一电容 $C=0.5\mathrm{F}$，其电流电压为关联参考方向，如其端电压 $u=4(1-\mathrm{e}^{-t})(\mathrm{V})$，$t\geqslant0$，求 $t\geqslant0$ 时的电流

i,粗略画出其电压和电流的波形。电容的最大储能是多少?

2.2 一电容 $C=0.5\text{F}$,其电流电压为关联参考方向。如其端电压 $u=4\cos 2t(\text{V})$,$-\infty<t<\infty$,求其电流 i,粗略画出电压和电流的波形,电容的最大储能是多少?

2.3 一电容 $C=0.2\text{F}$,其电流如图 T2.1 所示,若已知在 $t=0$ 时,电容电压 $u(0)=0$,求其端电压 u,并画出波形。

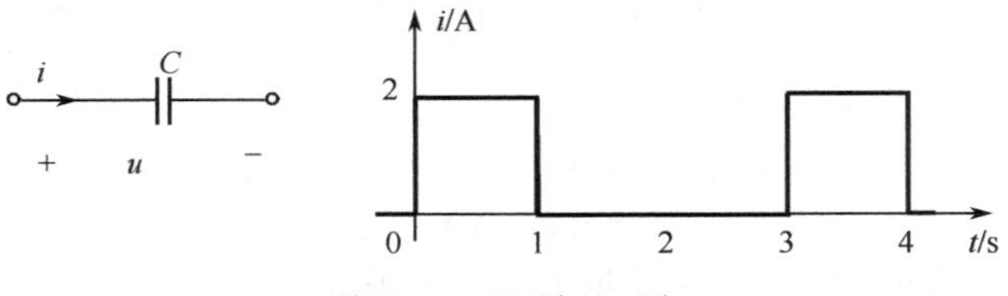

图 T2.1 习题 2.3 图

2.4 一电感 $L=0.2\text{H}$,其电流电压为关联参考方向。如通过它的电流 $i=5(1-\text{e}^{-2t})(\text{A})$,$t\geqslant 0$,求 $t\geqslant 0$ 时的端电压,并粗略画出其波形,电感的最大储能是多少?

2.5 一电感 $L=0.5\text{H}$,其电流电压为关联参考方向。如通过它的电流 $i=2\sin 5t(\text{A})$,$-\infty<t<\infty$,求端电压 u,并粗略画出其波形。

2.6 一电感 $L=4\text{H}$,其端电压的波形如图 T2.2 所示,已知 $i(0)=0$,求其电流,并画出其波形。

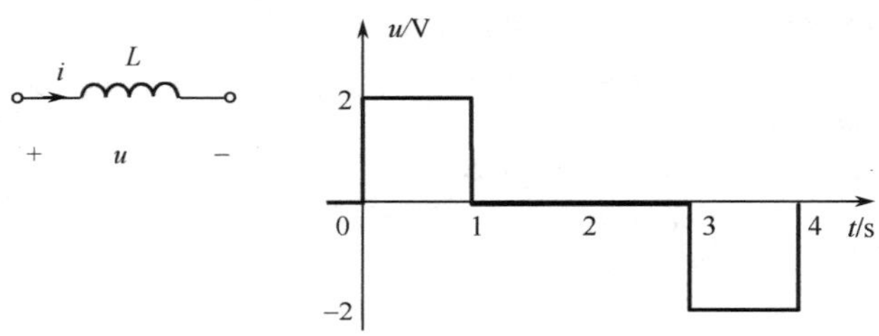

图 T2.2 习题 2.6 图

2.7 如图 T2.3 所示电路,已知电阻端电压 $u_\text{R}=5(1-\text{e}^{-10t})(\text{V})$,$t\geqslant 0$,求 $t\geqslant 0$ 时的电压 u。

2.8 如图 T2.4 所示电路,已知电阻中的电流 i_R 的波形如图所示,求总电流 i。

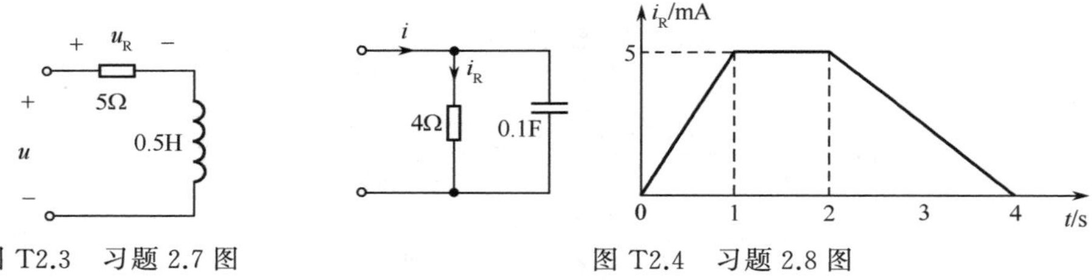

图 T2.3 习题 2.7 图　　图 T2.4 习题 2.8 图

2.9 电路如图 T2.5 所示,已知 $u=5+2\text{e}^{-2t}(\text{V})$,$t\geqslant 0$,$i=1+2\text{e}^{-2t}(\text{A})$,$t\geqslant 0$,求电阻 R 和电容 C。

2.10 如图 T2.6 所示的电路。

① 求图(a)中 ab 端的等效电感。

② 图(b)中各电容 $C=10\mu\text{F}$,求 ab 端的等效电容。

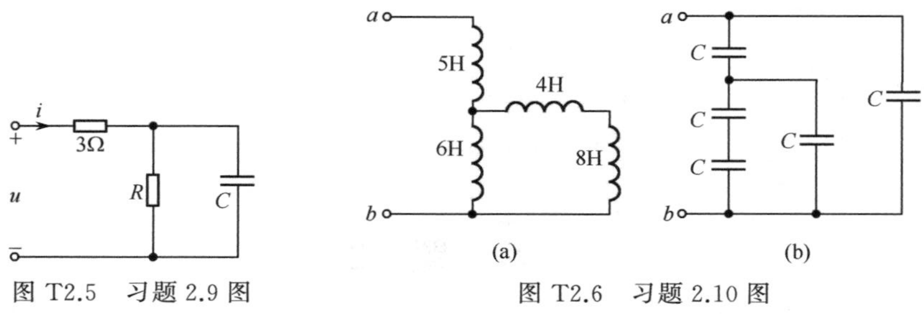

图 T2.5 习题 2.9 图　　图 T2.6 习题 2.10 图

2.11 图 T2.7 所示电路开关闭合已经很久,$t=0$ 时开关 S 断开。试求换路后 u_C、u 和 i_C 的初始值。

2.12　图 T2.8 所示电路中，开关 S 在位置 1 已很久，$t=0$ 时开关 S 由位置 1 切换至位置 2，试求$i_L(0_+)$、$i(0_+)$和 $u_L(0_+)$。

2.13　图 T2.9 所示电路在换路前电路处于稳定状态，求 S 闭合后电路中所标出电压、电流的初始值。电路中所有电阻的阻值都设为 1Ω。

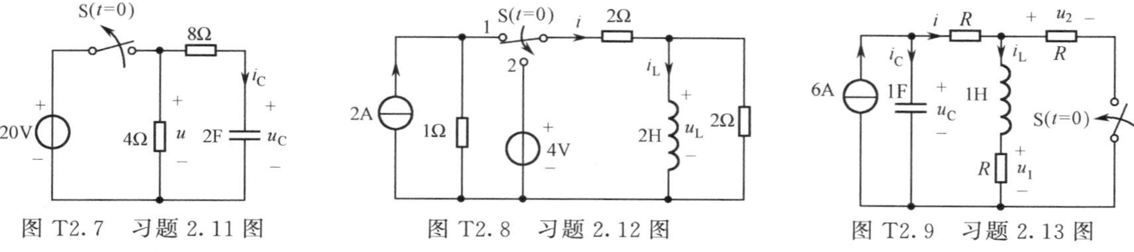

图 T2.7　习题 2.11 图　　图 T2.8　习题 2.12 图　　图 T2.9　习题 2.13 图

2.14　图 T2.10 所示电路，开关 S 断开前电路已处于稳态。试求 $i(0_+)$、$i_1(0_+)$和$u_C(0_+)$。

2.15　图 T2.11 所示电路在换路前电路已处于稳态，试求换路后电路初始状态$u_C(0_+)$和 $i_L(0_+)$，以及电感电流$\left.\frac{di_L}{dt}\right|_{0+}$和电容电压$\left.\frac{du_C}{dt}\right|_{0+}$的初始值。

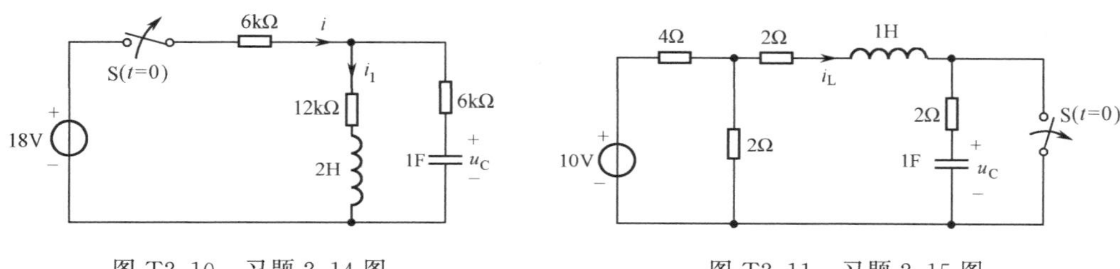

图 T2.10　习题 2.14 图　　图 T2.11　习题 2.15 图

2.16　图 T2.12 所示电路中换路前电路处于稳态；$t=0$ 时，断开开关 S。试求 $i(0_+)$、$\frac{du_C}{dt}(0_+)$和$\frac{di_L}{dt}(0_+)$。

2.17　图 T2.13 所示电路开关 S 在位置 1 时已很久，$t=0$ 时，开关由 1 切换至 2，求 $t>0$ 时，u_C 的零输入响应。

2.18　图 T2.14 所示电路在 $t<0$ 时已稳定；$t=0$ 时，断开开关。试求 $t\geqslant 0$ 时 i_L 的零输入响应。

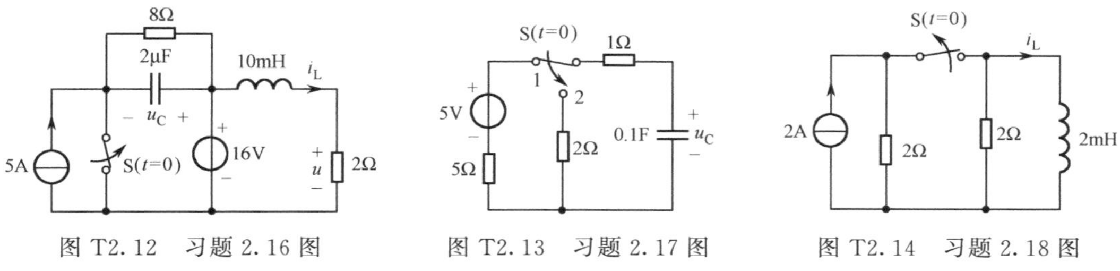

图 T2.12　习题 2.16 图　　图 T2.13　习题 2.17 图　　图 T2.14　习题 2.18 图

2.19　图 T2.15 所示电路，换路前电路已处于稳态；$t=0$ 时，开关由 1 接至 2 点。试求 $t\geqslant 0$ 时 u_C 的零输入响应。

2.20　图 T2.16 所示电路，换路前电路已处于稳态，$t=0$ 时开关断开，试求换路后的 u_C 和 i_L 的零输入响应，并画出响应波形。

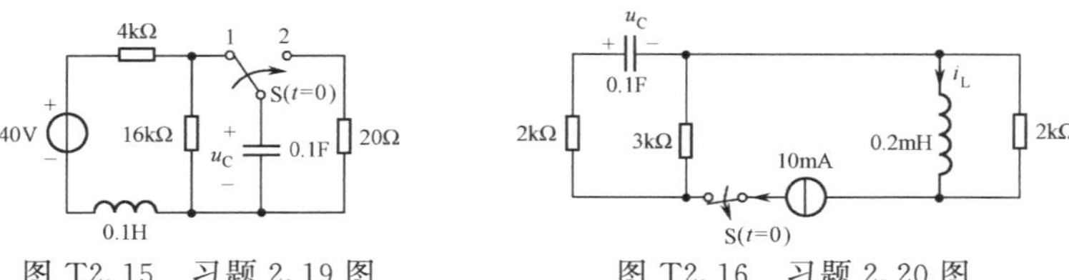

图 T2.15　习题 2.19 图　　图 T2.16　习题 2.20 图

2.21　图 T2.17 所示电路中，换路前电路已处于稳态，$t=0$ 时开关 S 闭合，试求换路后 i 的零输入响应。

2.22　图 T2.18 所示电路开关 S 断开已经很久，$t=0$ 时 S 闭合，试求 $t>0$ 时 u_C 和 i_C 的零状态响应，并画出响应波形。

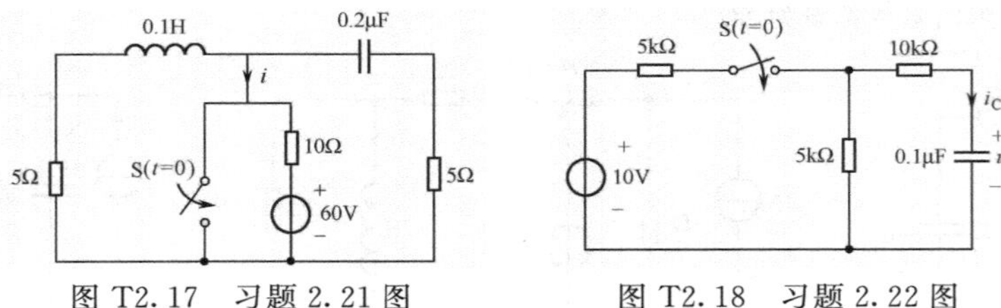

图 T2.17　习题 2.21 图　　　　图 T2.18　习题 2.22 图

2.23　试求图 T2.19 所示电路换路后的零状态响应 i。

2.24　图 T2.20 所示电路中开关 S 闭合时电路已处于稳态，开关断开后 0.2s 时的电容电压为 8V，求电容 C 的值。

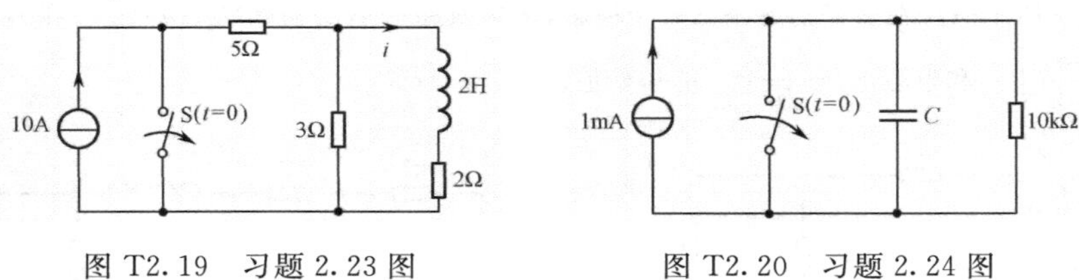

图 T2.19　习题 2.23 图　　　　图 T2.20　习题 2.24 图

2.25　图 T2.21 所示电路换路前电路已处于稳态，求换路后的 u、i_L 的零状态响应。

2.26　图 T2.22 所示电路中开关 S 闭合前电容无初始储能，求 S 闭合后零状态响应 u_C。

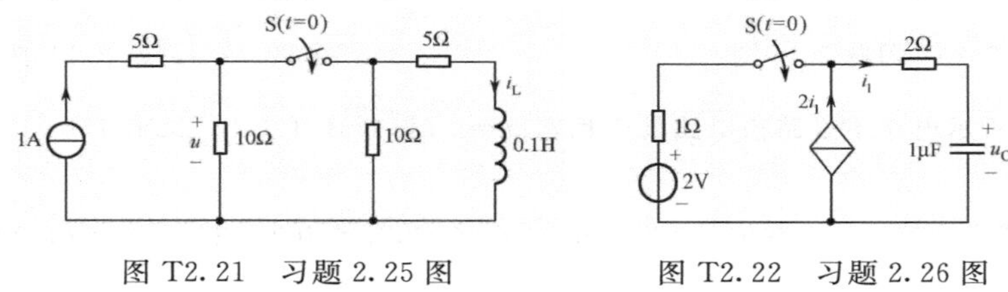

图 T2.21　习题 2.25 图　　　　图 T2.22　习题 2.26 图

2.27　图 T2.23 所示电路换路前电路已达稳态，求换路后全响应 i_C。

2.28　图 T2.24 所示电路，换路前电路已达稳态，求换路后 u_C 和 i_R 的全响应，并画出响应波形。

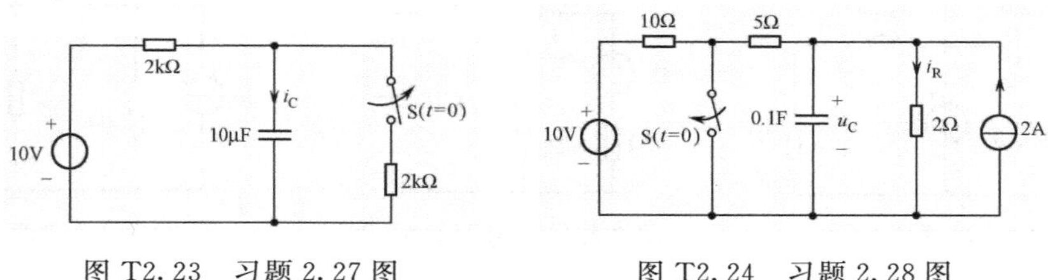

图 T2.23　习题 2.27 图　　　　图 T2.24　习题 2.28 图

2.29　图 T2.25 所示电路中 $t=0$ 时开关 S_1 打开、S_2 闭合，开关动作前电路已达稳态，试用三要素法求 $t\geq 0$ 时的 i_L、i_R。

2.30　图 T2.26 所示电路换路前电路已处于稳态，试求换路后的全响应 u。

2.31　图 T2.27 所示电路换路前电路已处于稳态，求换路后 i。

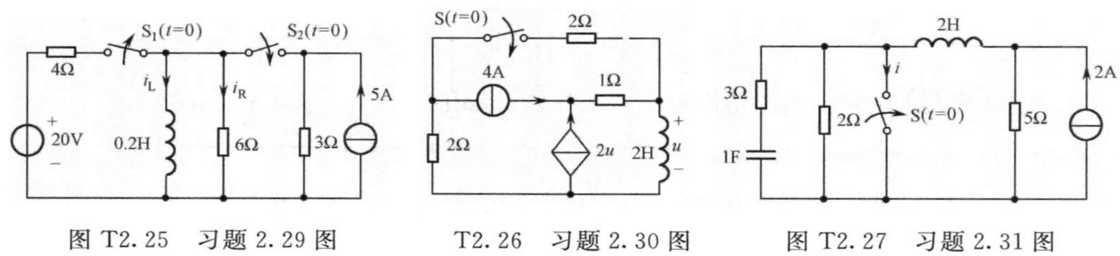

图 T2.25　习题 2.29 图　　　　T2.26　习题 2.30 图　　　　图 T2.27　习题 2.31 图

2.32　求图 T2.28 所示电路的阶跃响应 u_C 和 u_R。

2.33　求图 T2.29 所示电路的阶跃响应 i_L 和 i_R。

2.34　图 T2.30(a)所示电路中，电流源 $i_S(t)$ 波形如图 T2.30(b)所示，试求零状态响应 $u(t)$，并画出它的波形。

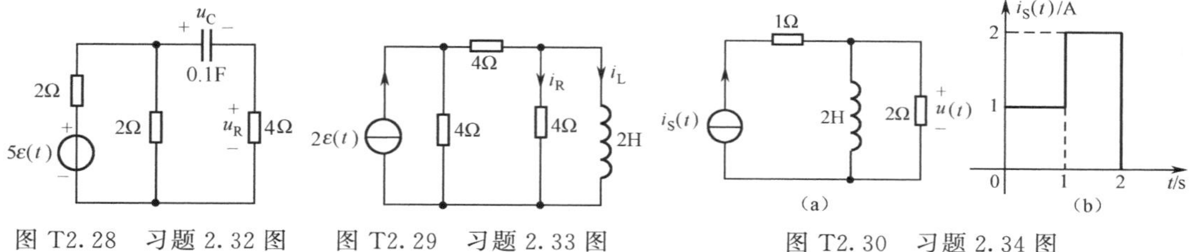

图 T2.28　习题 2.32 图　　图 T2.29　习题 2.33 图　　图 T2.30　习题 2.34 图

2.35　图 T2.31(a)所示电路中电压源的电压 $u_S(t)$ 波形如图 T2.31(b)所示，试求 $u_C(0_-)=0V$ 和 $u_C(0_-)=2V$ 情况时的 $u_C(t)$，并画出波形。

2.36　图 T2.32 所示电路，已知 $I_0=2A$，$t_1=0.5s$，$R=1\Omega$，$C=0.1F$，试求 $t\geqslant0$ 时的电容电压 u_C 并画出波形。

2.37　求图 T2.33 所示电路输出电压 $u_C(t)$ 的冲激响应。

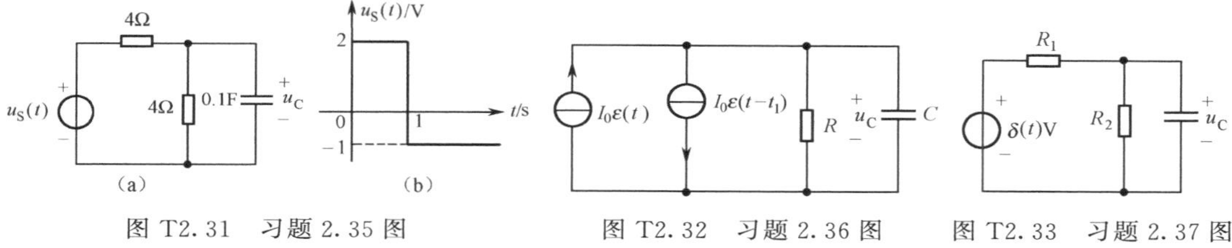

图 T2.31　习题 2.35 图　　图 T2.32　习题 2.36 图　　图 T2.33　习题 2.37 图

2.38　试求图 T2.34 所示电路输出电压 $u_0(t)$ 的冲激响应。

2.39　图 T2.35 所示电路中，$i_S=\varepsilon(t)A$，$u_S=2\varepsilon(t)$，试求电路响应 $i_L(t)$。

2.40　图 T2.36 所示电路中电压源 $u_S=[10\varepsilon(t)+2\delta(t)]V$，求 $t>0$ 时电路响应 $i_L(t)$ 及 $u_L(t)$。

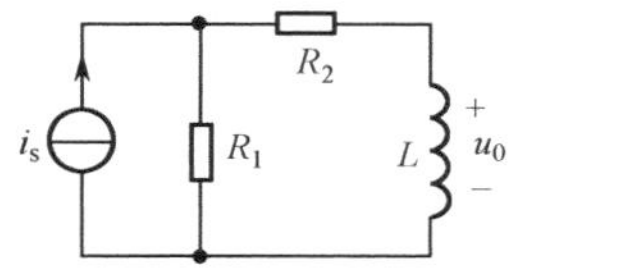

图 T2.34　习题 2.38 图

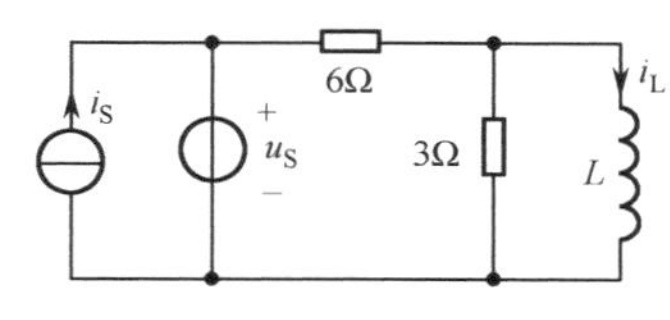

图 T2.35　习题 2.39 图

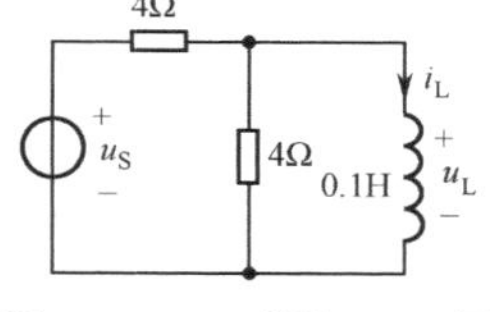

图 T2.36　习题 2.40 图

2.41　图 T2.37 所示电路中，已知 $i_L(0_-)=0$，$u_C(0_-)=4V$，求开关 S 闭合后电路的零输入响应 $u_C(t)$ 和 $i_L(t)$。

2.42　图 T2.38 所示电路已处于稳态，在 $t=0$ 时开关 S 由位置 1 切换至位置 2，已知 $L=2H$，$C=4\mu F$，$U_S=10V$，试求：①开关闭合后，使电路在临界阻尼下放电，R 应为多少？②电路处于临界阻尼时的最大电流值 i_{max}。

2.43　图 T2.39 所示电路，已知 $G=0.2S$，$L=4mH$，$C=0.1F$，$I_S=4A$，试求电路换路后的 $u_C(t)$ 及 $i_L(t)$。

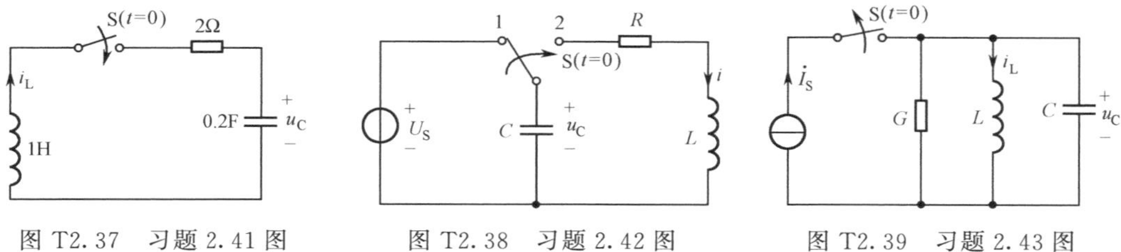

图 T2.37　习题 2.41 图　　图 T2.38　习题 2.42 图　　图 T2.39　习题 2.43 图

2.44　如图 T2.40 所示电路，已知 $L=1\text{H}$，$C=\frac{1}{3}\text{F}$，$U=16\text{V}$，$u_C(0_-)=0$，$i_L(0_-)=0$，若①$R=4\Omega$；②$R=2\Omega$，试分别求电阻取上述不同值时的电路的零状态响应 $u_C(t)$ 和 $i(t)$。

2.45　图 T2.41 所示电路开关 S 在位置 1 时已达稳态，求换路后的 u_C。

2.46　图 T2.42 所示电路已知 $G=4\text{S}$，$L=0.25\text{H}$，$C=0.2\text{F}$，试求：① $i_S=\varepsilon(t)$ 时电路的单位阶跃响应 $u_C(t)$ 和 $i_L(t)$；② $i_S=\delta(t)$ 时电路的单位冲激响应 $u_C(t)$ 和 $i_L(t)$。

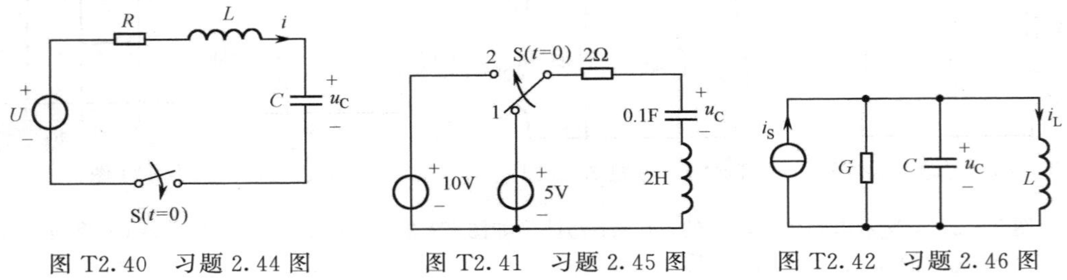

图 T2.40　习题 2.44 图　　图 T2.41　习题 2.45 图　　图 T2.42　习题 2.46 图

2.47　图 T2.43 所示电路，试求以下情况的阶跃响应 $u_C(t)$：① $C=0.1\text{F}$；② $C=\frac{1}{2}\text{F}$。

2.48　当 $u_S(t)$ 为下列情况时，求图 T2.44 所示电路在 $u_S(t)=\varepsilon(t)$ 和 $u_S(t)=\delta(t)$ 时的响应 $u_C(t)$。

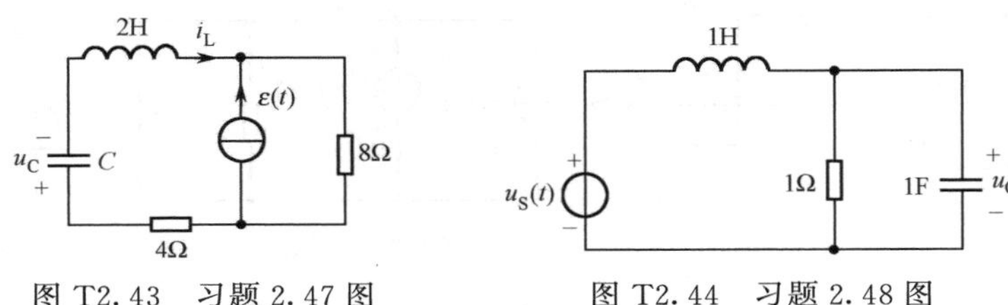

图 T2.43　习题 2.47 图　　图 T2.44　习题 2.48 图

第 3 章　正弦稳态电路

[内容提要]

本章在介绍正弦量及正弦交流电基本概念的基础上，引入了分析正弦稳态电路的数学方法——相量法。论述了电阻、电容、电感单个元件的交流电路。建立了电路定律的相量形式及电路的相量模型，阐述了正弦稳态电路的分析过程及正弦稳态电路中的谐振现象。

所谓正弦稳态电路是指含有正弦电源（激励）而且电路中各部分产生的电压和电流（响应）均按正弦规律变化的电路。即在正弦激励的作用下其响应已达到稳定状态的电路，它大量地应用在生产上和日常生活中。如交流发电机产生的是正弦电压，电力系统中大多数电路是正弦稳态电路。常用的音频信号发生器输出信号是正弦信号；无线电通信及广播电视中采用的高频载波也是正弦波。因此掌握正弦稳态电路的分析方法是很重要的，同时借助傅里叶级数，可以把非正弦周期性信号分解为一系列不同频率的正弦波信号，所以正弦稳态分析又是非正弦稳态分析的基础；而直流信号可视为正弦信号的特例，即频率为零时的情况。这样正弦稳态电路便是分析所有电路的基础。由此可见，透彻理解正弦稳态电路的分析是具有广泛的理论及实际意义的。

3.1　正弦量的基本概念

随时间按正弦规律变化的电压、电流等电量统称为正弦交流电，正弦电压和电流等物理量统称为正弦量，常用三角函数和波形图来表示正弦量。由于正弦电压和电流的方向是周期性变化的，因而在电路图上所标的方向是指它们的参考方向，即代表正半周期时的方向；在负半周期时，由于所标的参考方向与实际方向相反，则其值为负。

正弦量随时间变化的图形称为正弦量的波形图。图 3.1.1 所示为正弦稳态电路中的一条支路的电流 i 的波形图。

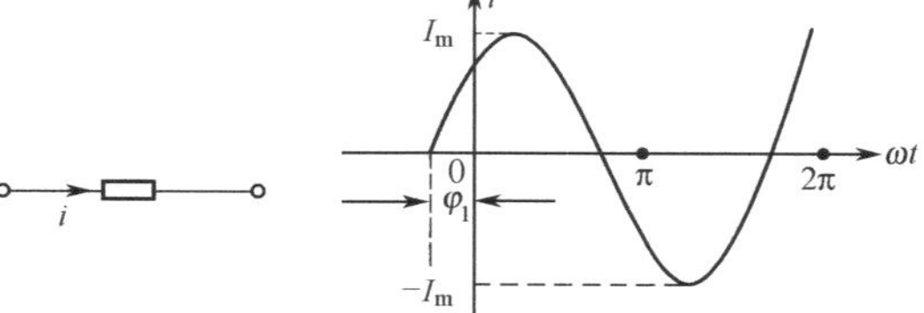

图 3.1.1　正弦稳态电路电流的波形

正弦电流 i 在所规定的参考方向下，其数学表达式为

$$i(t)=I_m\sin(\omega t+\varphi_i)\qquad(3.1.1)$$

上式便是正弦电流 i 的三角函数表达式，称为正弦电流的瞬时值表达式。

3.1.1　正弦量的三要素

正弦量的特征表现在变化的快慢、大小及初始值三个方面，而它们分别由频率（周期）、幅值和初相位来确定，所以只要知道频率、振幅和初相位就能完全确定一个正弦量，故将它们称为正弦量的三要素。

1. 频率和周期

正弦量变化一次所需要的时间称为周期，用 T 来表示，单位为秒（s）；每秒内变化的次数称为频率，用 f 来表示，它的单位为赫（兹）（Hz）。它们表示了正弦量变化快慢的程度。

正弦量变化的快慢除用周期和频率来表示外，还可以用角频率来表示。因为一个周期内经历了 2π 弧度，所以角频率为

$$\omega = 2\pi / T = 2\pi f \tag{3.1.2}$$

它的单位为弧度/秒(rad/s)

式(3.1.2)表示了 T、f、ω 三者之间的关系，只要知道其中之一，则其余均可求出。

我国工业用电的频率为 50Hz，该频率习惯上也称为工频，工程上还常以频率区分电路，如低频电路、高频电路和甚高频电路等。

2. 振幅

正弦量在任一瞬间的值称为瞬时值，用小写字母来表示。如 i、u 和 e 分别表示电流、电压及电动势的瞬时值。瞬时值中最大的值称为幅值或最大值，用带下标 m 的大写字母来表示，如 U_m、I_m 和 E_m 分别表示电压、电流和电动势的幅值。很显然，正弦量的幅值一确定，则它的变化范围也就确定了。

3. 初相位

正弦量是随时间而变化的，要确定一个正弦量，除周期和频率外还须确定计时起点。所取的计时起点不同，正弦量的初始值就不同，到达幅值或某一特定值所需的时间也就不同。

若正弦电压的表达式为

$$u = U_m \sin(\omega t + \varphi_u)$$

则 $(\omega t + \varphi_u)$ 便称为该正弦量的相位角或相位，它反映了正弦量变化的进程。当相位角随时间连续变化时，正弦量的瞬时值随之做连续变化。

$t=0$ 时的相位角称为初相位角或初相位，所取计时起点不同，正弦量的初相位就不同，其初始值也不同。初相位的取值范围通常控制在 $-180°\sim+180°$ 之间。

【例 3.1.1】 已知正弦电压的振幅为 10V，周期为 100ms，初相位为 $\frac{\pi}{6}$。试写出正弦量的函数表达式并画出波形图。

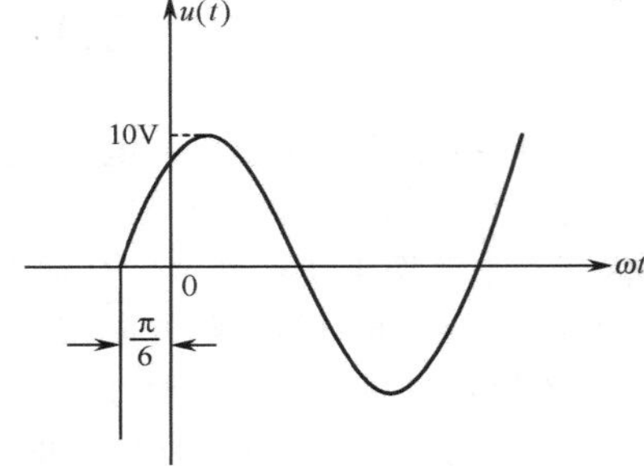

图 3.1.2 正弦电压的波形

【解】 先计算正弦电压的角频率

$$\omega = \frac{2\pi}{T} = \frac{2\pi}{100 \times 10^{-3}}(\text{rad/s}) = 20\pi(\text{rad/s}) \approx 62.8(\text{rad/s})$$

正弦电压的函数表达式为

$$u(t) = U_m \sin(\omega t + \varphi_u) = 10\sin\left(20\pi t + \frac{\pi}{6}\right)(\text{V}) = 10\sin(62.8t + 30°)(\text{V})$$

其波形图如图 3.1.2 所示。

3.1.2 正弦电流、电压的有效值

正弦量的大小往往不是用它的幅值，而是用其有效值来计算的。

有效值用电流的热效应来规定：在一个周期时间里不论是周期性变化的电流还是直流，只要它们在通过同一电阻时二者产生的热效应相等，则该直流电流的数值便称为周期性变化电流的有效值。

根据上述规定，直流电流通过电阻 R 时，电阻吸收的功率为 $P=I^2R$，它在时间 T 内获得的能量为 $W=PT=I^2RT$。而周期电流 $i(t)$ 通过同一电阻 R 时电阻吸收的功率 $p(t)=i^2(t)R$，它在时间 T 内获得的能量为 $W=\int_0^T i^2(t)R\,\mathrm{d}t$。令它们吸收的能量相等，则

$$W = I^2RT = \int_0^T i^2(t)R\,\mathrm{d}t$$

由此解得直流电流为

$$I=\sqrt{\frac{1}{T}\int_0^T i^2(t)\mathrm{d}t} \tag{3.1.3}$$

该直流电流在数值上与周期性变化的电流的有效值相等。由式(3.1.3)可看出，有效值也称均方根值。上述交流电有效值的定义适用于任何电压、电流、电动势。

当周期电流为正弦量时，即 $i(t)=I_m\sin\omega t$ 时，则

$$I=\sqrt{\frac{1}{T}\int_0^T i^2(t)\mathrm{d}t}=\sqrt{\frac{1}{T}\int_0^T I_m^2\sin^2\omega t\mathrm{d}t}=\sqrt{\frac{1}{T}\int_0^T I_m^2\frac{1-\cos2\omega t}{2}\mathrm{d}t}=I_m/\sqrt{2} \tag{3.1.4}$$

由上可知，正弦电流的有效值是其幅值除以$\sqrt{2}$。

如果考虑到周期电流 i 是作用在电阻 R 两端的周期电压 u 产生的，则由式(3.1.3)就可推得周期电压的有效值

$$U=\sqrt{\frac{1}{T}\int_0^T u^2(t)\mathrm{d}t}$$

当周期电压为正弦量时，即 $u=U_m\sin\omega t$ 时，则

$$U=U_m/\sqrt{2}$$

同理

$$E=E_m/\sqrt{2}$$

按规定，有效值都以大写字母表示，与表示直流量的符号一样。如无特殊说明，当谈到正弦量大小时均指有效值。如日常用的正弦交流电压为 220V，是指它的有效值。常用的交流电压表和电流表的刻度，也是根据有效值来定的。

3.1.3　同频率正弦电流、电压的相位差

在正弦交流电路中，各电压、电流都是频率相同的正弦量。分析这样的电路时，常常需要将这些正弦量的相位进行比较，两个同频率正弦量相位之差称为相位差，用 φ 表示。例如两个同频率的正弦电流

$$i_1(t)=I_{1m}\sin(\omega t+\varphi_1)$$
$$i_2(t)=I_{2m}\sin(\omega t+\varphi_2)$$

它们之间的相位差为

$$\varphi=(\omega t+\varphi_1)-(\omega t+\varphi_2)=\varphi_1-\varphi_2$$

可见，同频率正弦量的相位差是不随时间变化的常量，它等于两个正弦量初相位之差。相位差 φ 的量值，反映出电流 $i_1(t)$与电流 $i_2(t)$在时间上的超前和滞后关系。若$\varphi>0$，则电流$i_1(t)$超前电流 $i_2(t)$，超前的角度为 φ；若$\varphi<0$，则电流 $i_1(t)$滞后 $i_2(t)$，滞后的角度为 $|\varphi|$。图 3.1.3表示 $i_1(t)$超前 $i_2(t)$的情况。

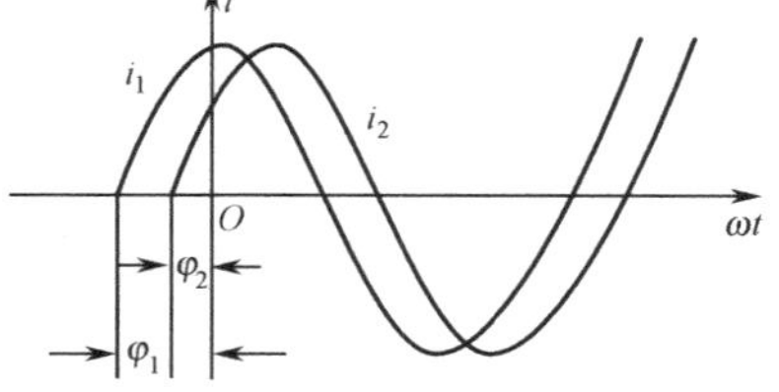

图 3.1.3　同频率正弦电流的相位差

同频率正弦电流、电压的相位差有几种特殊的情况：如果相位差 $\varphi=0$，称电流 $i_1(t)$和电流 $i_2(t)$同相；如果相位差 $\varphi=\pm\frac{\pi}{2}$，称电流 $i_1(t)$与电流 $i_2(t)$正交；如果相位差 $\varphi=\pm\pi$，称电流 $i_1(t)$与电流 $i_2(t)$反相。图 3.1.4 所示的图形便是这三种特殊情况。

显然对于两个频率不相同的正弦量，其相位差随时间的变化而变化，不再是常量；因此今后谈到相位差都是指同频率的正弦量。

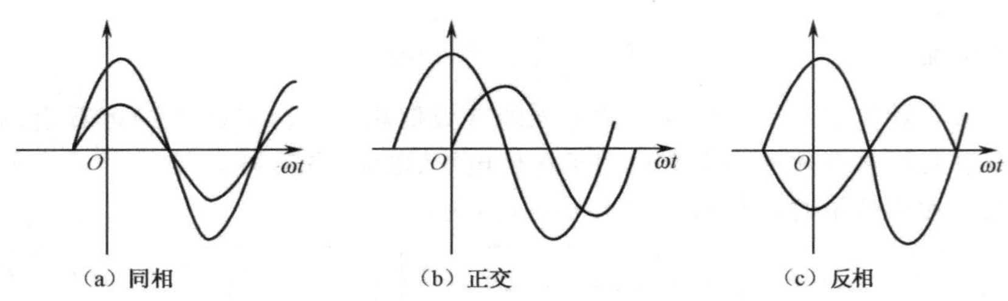

图 3.1.4　同频率正弦量相位差的三种特殊情况

【例 3.1.2】 已知正弦电压 $u(t)$ 和电流 $i_1(t)$、$i_2(t)$ 的瞬时值表达式为

$$u(t)=311\sin(\omega t-180°)(\text{V})$$

$$i_1(t)=5\sin(\omega t-45°)(\text{A})$$

$$i_2(t)=10\sin(\omega t+60°)(\text{A})$$

试求电压 $u(t)$ 与电流 $i_1(t)$ 和 $i_2(t)$ 的相位差。

【解】 电压 $u(t)$ 与电流 $i_1(t)$ 的相位差为

$$\varphi=(-180°)-(-45°)=-135°$$

电压 $u(t)$ 与电流 $i_2(t)$ 的相位差为

$$\varphi=(-180°)-60°=-240°$$

习惯上将相位差的范围控制在 $-180°\sim+180°$ 之间。因此，电压 $u(t)$ 与电流 $i_2(t)$ 的相位差一般为 $(360°-240°)=120°$。

3.2　正弦量的相量表示法及相量图

求解正弦稳态电路时，从数学角度看，是要建立非齐次微分方程，并求出其特解，随着电路的复杂化，建立微分方程及求解出微分方程特解的复杂程度必然随之大大增加。

正弦量用三角函数式来表示时，其复杂的三角函数的运算是非常繁琐的。正弦量用波形来表示时，虽可将几个正弦量的相互关系在图形上清晰地表示出来，但作图不便，且所得的结果也不准确。是否有较简单的方法来解决这一问题呢？答案是肯定的。人们找到了相量法，将正弦量用复数来表示，使三角函数的运算变换成代数运算，并能同时求出正弦量的大小和相位。这种方法是分析正弦稳态电路的主要运算方法。

3.2.1　复数及其运算

1. 复数的表示形式

如图 3.2.1 所示，复平面上的任一点 A 代表一个复数。在复平面上虚部的单位在数学中是用符号 i 来表示的。而在电路中 i 是表示电流的符号，所以此时我们用符号 j 来表示虚部的单位。复数有如下的表示形式：代数形式、三角函数形式、指数形式和极坐标形式。

① 复数的代数形式

$$A=a+\text{j}b$$

式中，a、b 分别称为复数 A 的实部和虚部，即

$$\text{Re}[A]=a,\text{Im}[A]=b$$

式中，Re 和 Im 分别是取实部和虚部的运算符号（算子）。

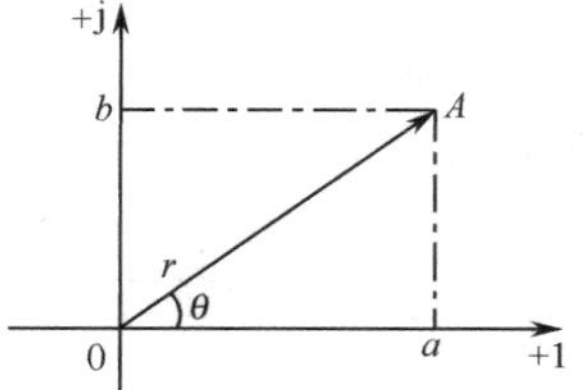

图 3.2.1　复数的表示

② 复数的三角函数形式为

$$A=r\cos\theta+\text{j}r\sin\theta$$

式中，r 为线段 OA 的长度，称为复数的模。θ 为矢量 OA 与实轴正方向的夹角，θ 称为复数

的辐角。

③ 复数的指数形式为

$$A = r\mathrm{e}^{\mathrm{j}\theta} \qquad \left(-\frac{\pi}{2} \leqslant \theta \leqslant \frac{\pi}{2}\right)$$

④ 复数的极坐标形式为

$$A = r\angle\theta$$

从复平面上容易看出复数的几种形式有如下的关系

$$\begin{cases} a = r \cdot \cos\theta \\ b = r \cdot \sin\theta \end{cases} \qquad \begin{cases} r = \sqrt{a^2 + b^2} \\ \theta = \arctan\dfrac{b}{a} \end{cases}$$

2. 复数的四则运算

① 加、减运算

复数的加、减运算用代数形式比较方便。设

$$A_1 = a_1 + \mathrm{j}b_1 \qquad A_2 = a_2 + \mathrm{j}b_2$$

则

$$A = A_1 \pm A_2 = (a_1 \pm a_2) + \mathrm{j}(b_1 \pm b_2)$$

在复平面上，可按“平行四边形法则”或“三角形法则”求复数的和、差。

② 乘、除运算

复数的乘、除运算用指数形式比较方便。设

$$A_1 = a_1 + \mathrm{j}b_1 = r_1\mathrm{e}^{\mathrm{j}\theta_1} \qquad A_2 = a_2 + \mathrm{j}b_2 = r_2\mathrm{e}^{\mathrm{j}\theta_2}$$

则

$$A_1 \cdot A_2 = r_1\mathrm{e}^{\mathrm{j}\theta_1} \cdot r_2\mathrm{e}^{\mathrm{j}\theta_2} = r_1 \cdot r_2\mathrm{e}^{\mathrm{j}(\theta_1+\theta_2)}$$

$$\frac{A_1}{A_2} = \frac{r_1\mathrm{e}^{\mathrm{j}\theta_1}}{r_2\mathrm{e}^{\mathrm{j}\theta_2}} = \frac{r_1}{r_2}\mathrm{e}^{\mathrm{j}(\theta_1-\theta_2)}$$

用极坐标形式则为

$$A_1 \cdot A_2 = r_1\angle\theta_1 \cdot r_2\angle\theta_2 = r_1 r_2\underline{/\theta_1 + \theta_2}$$

$$\frac{A_1}{A_2} = \frac{r_1\angle\theta_1}{r_2\angle\theta_2} = \frac{r_1}{r_2}\angle(\theta_1 - \theta_2)$$

在复数的四则运算中，常需要进行复数表示形式间的转换。

【例 3.2.1】 已知 $A=5\angle 53.13°$，$B=-4-\mathrm{j}3$，求 $A \cdot B$ 和 A/B。

【解】 先将 B 转换成指数形式

$$B = -4 - \mathrm{j}3 = 5\mathrm{e}^{\mathrm{j}(-143.13°)} = 5\angle -143.13°$$

$$A \cdot B = 5\angle 53.13° \times 5\angle -143.13° = 25\angle -90°$$

$$\frac{A}{B} = \frac{5\angle 53.13°}{5\angle -143.13°} = 1\angle 196.26° = 1\angle -163.74°$$

注意：在用 $\arctan\dfrac{b}{a}$ 计算 θ 时，必须根据 a、b 的正负确定该复数所在的象限，然后才能确定 θ，而且 θ 一般在 $-180°\sim180°$ 或 $-\pi\sim\pi$ 之间。

3.2.2 正弦量的相量表示法

在线性电路中，如果激励是正弦量，则电路中各支路的电压和电流的稳态响应将是与激励同频的正弦量。如果电路中有多个激励，且都是同一频率的正弦量，则根据线性电路的叠加性质，电路全部稳态响应都将是同一频率的正弦量。

3.2.1 节已述，最大值(或有效值)、角频率、初相位是正弦量的三要素，它们能唯一地确定一个正弦量。在很多领域中由两个因素所决定的事物往往可以用一个复数表示，如力、速度等。在给定频率时，决定一个正弦量的另两个因素——有效值和初相角，也可用一复数表示。因此，正弦量除可用三角函数或波形图表示外，也可用复数来表示。这个表示正弦量的复常数便称为正弦量的相量。

设正弦电流为

$$i(t)=\sqrt{2}I\sin(\omega t+\varphi_i)$$

由欧拉公式得

$$\sqrt{2}I\mathrm{e}^{\mathrm{j}(\omega t+\varphi_i)}=\sqrt{2}I\cos(\omega t+\varphi_i)+\mathrm{j}\sqrt{2}I\sin(\omega t+\varphi_i)$$

可见这个复数的虚部对应所设的正弦电流，即

$$\begin{aligned}i(t)&=\sqrt{2}I\sin(\omega t+\varphi_i)=\mathrm{Im}\left[\sqrt{2}I\mathrm{e}^{\mathrm{j}(\omega t+\varphi_i)}\right]\\&=\mathrm{Im}\left[\sqrt{2}I\mathrm{e}^{\mathrm{j}\varphi_i}\mathrm{e}^{\mathrm{j}\omega t}\right]=\mathrm{Im}\left[\sqrt{2}\dot{I}\mathrm{e}^{\mathrm{j}\omega t}\right]\end{aligned} \tag{3.2.1}$$

式中

$$\dot{I}=I\mathrm{e}^{\mathrm{j}\varphi_i}=I\angle\varphi_i \tag{3.2.2}$$

式(3.2.1)中，$\mathrm{e}^{\mathrm{j}\omega t}$是一个随时间变化的复数，随着时间的推移，它在复平面上是以原点为中心、以角速度 ω 逆时针旋转的单位矢量，故称 $\mathrm{e}^{\mathrm{j}\omega t}$为旋转因子。

式(3.2.2)中，$\dot{I}$ 是一个把正弦电流的有效值和初相角结合在一起的复常数，称为正弦电流 $i(t)$的相量(或电流有效值相量)，用英文字母 I 上加一点表示。同样也可定义电压相量，电压相量用 $\dot{U}$ 表示。当然也可以用最大值相量表示正弦量的最大值和初相位，如 $\dot{I}_{\mathrm{m}}=I_{\mathrm{m}}\angle\varphi_i$，$\dot{U}_{\mathrm{m}}=U_{\mathrm{m}}\angle\varphi_u$。显然它与有效值相量的关系是

$$\dot{I}_{\mathrm{m}}=\sqrt{2}\dot{I},\quad \dot{U}_{\mathrm{m}}=\sqrt{2}\dot{U}$$

式(3.2.1)和式(3.2.2)建立了在给定角频率下，一个相量与一个正弦量的一一对应关系，这种关系可表示为

$$\sqrt{2}I\sin(\omega t+\varphi_i)\Longleftrightarrow I\angle\varphi_i$$

必须强调的是：正弦量与相量的这种关系是对应关系或变换关系或代表关系，而不是相等关系，切不可以认为相量等于正弦量。

在实际应用中，可直接根据正弦量写出与之对应的相量，反之从相量直接写出相对应的正弦量时，却必须给出正弦量的角频率，因为相量没有反映正弦量的频率。例如正弦量 $5\sqrt{2}\sin(\omega t-30°)$，它的有效值相量就是 $5\angle-30°$；反之，如果已知角频率 $\omega=100\mathrm{rad/s}$ 的正弦量的有效值相量为 $10\angle60°$，则此正弦量为 $10\sqrt{2}\sin(100t+60°)$。

3.2.3 相量图

相量是一复数。因此相量可以用复平面上的有向线段来表示。相量在复平面上的图形称为相量图。它是按正弦量的大小和初相位在复平面上画出的有向线段。如果几个同频率的正弦量在同一复平面上用其图形表示出来的时候，就能形象地看出各个正弦量在大小和相互间的相位关系。

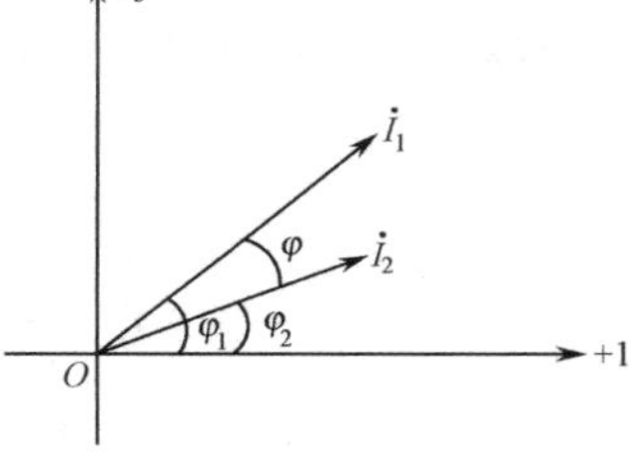

图 3.2.2 相量图

例如正弦电流 $i_1=\sqrt{2}I_1\sin(\omega t+\varphi_1)$和 $i_2=\sqrt{2}I_2\sin(\omega t+\varphi_2)$用相量图来表示，如图 3.2.2 所示。图中可清晰地看出电流相量 $\dot{I}_1$ 比电流相量 $\dot{I}_2$ 超前了 φ 角；也就是正弦电流 i_1 比正弦电流 i_2 超前了 φ 角。

【例 3.2.2】 同频率正弦电流 i_1、i_2 和 i_3 其有效值分别为 2A、3A 和 1A，i_2 比 i_1 超前了 60°，i_3 比 i_1 滞后了 90°，试做出这三个电流所对应相量的相量图。

【解】 由于只给定电流的有效值及相位关系，并未给出初相角，因此应先假定一电流的初相角。假如设电流 i_1 的初相角为 φ_1 则由给定的相位关系，得

$$\begin{aligned}i_1&=2\sqrt{2}\sin(\omega t+\varphi_1)(\mathrm{A})\\i_2&=3\sqrt{2}\sin(\omega t+\varphi_1+60°)(\mathrm{A})\\i_3&=\sqrt{2}\sin(\omega t+\varphi_1-90°)(\mathrm{A})\end{aligned}$$

其相应的相量为

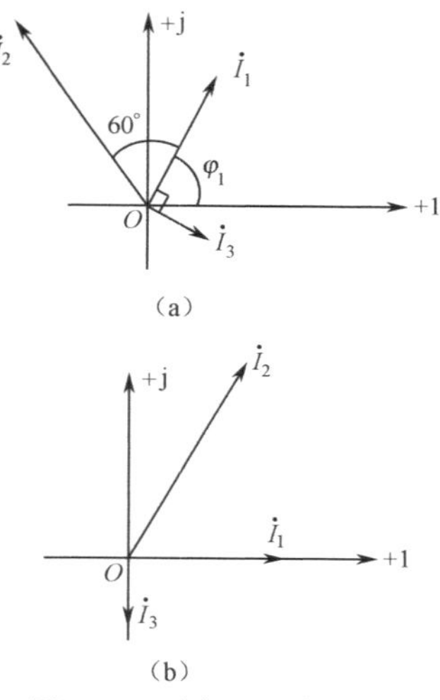

图 3.2.3　例 3.2.2 相量图

$$\dot{I}_1 = 2\angle\varphi_1(\mathrm{A})$$
$$\dot{I}_2 = 3\angle(\varphi_1 + 60°)(\mathrm{A})$$
$$\dot{I}_3 = 1\angle(\varphi_1 - 90°)(\mathrm{A})$$

各电流相量如图 3.2.3(a)所示。

从上图可知，由于 φ_1 是任意设定的，改变 φ_1 的大小，各相量在相量图中的相对位置不变，为简便起见，一般可令 $\varphi_1=0$，并将这个初相角为零的相量 $\dot{I}_1$ 称为参考相量。以 $\dot{I}_1$ 为参考相量的相量图如图 3.2.3(b)所示。

在作相量图时，为清晰简便起见，也可不必画出实轴和虚轴。

3.2.4　相量的有关运算

正弦量乘以常数，正弦量的微分、积分及同频率正弦量的代数和，结果仍是一个同频率的正弦量，其运算也可由相量运算完成。

1. 同频率正弦量的代数和

若设 $i_1=\sqrt{2}I_1\sin(\omega t+\varphi_1)$，$i_2=\sqrt{2}I_2\sin(\omega t+\varphi_2)$，…，这些正弦量的代数和设为正弦量 i，则

$$i(t) = i_1(t) + i_2(t) + \cdots = \mathrm{Im}\left[\sqrt{2}\dot{I}_1\mathrm{e}^{\mathrm{j}\omega t}\right] + \mathrm{Im}\left[\sqrt{2}\dot{I}_2\mathrm{e}^{\mathrm{j}\omega t}\right] + \cdots$$
$$= \mathrm{Im}\left[\sqrt{2}(\dot{I}_1 + \dot{I}_2 + \cdots)\mathrm{e}^{\mathrm{j}\omega t}\right]$$

而
$$i(t) = \mathrm{Im}\left[\sqrt{2}\dot{I}\mathrm{e}^{\mathrm{j}\omega t}\right]$$

则
$$\mathrm{Im}\left[\sqrt{2}\dot{I}\mathrm{e}^{\mathrm{j}\omega t}\right] = \mathrm{Im}\left[\sqrt{2}(\dot{I}_1 + \dot{I}_2 + \cdots)\mathrm{e}^{\mathrm{j}\omega t}\right]$$

上式对于任何时刻 t 都成立，所以有

$$\dot{I} = \dot{I}_1 + \dot{I}_2 + \cdots$$

即正弦量之和的相量等于各正弦量相量之和。

2. 正弦量的微分

设正弦电流 $i(t)=\sqrt{2}I\sin(\omega t+\varphi_i)$，将其对 $i(t)$ 求导，有

$$\frac{\mathrm{d}i(t)}{\mathrm{d}t} = \frac{\mathrm{d}}{\mathrm{d}t}\mathrm{Im}\left[\sqrt{2}\dot{I}\mathrm{e}^{\mathrm{j}\omega t}\right] = \mathrm{Im}\left[\frac{\mathrm{d}}{\mathrm{d}t}(\sqrt{2}\dot{I}\mathrm{e}^{\mathrm{j}\omega t})\right]$$

上式表明：复指数函数虚部的导数等于复指数函数导数的虚部，其结果为

$$\frac{\mathrm{d}i(t)}{\mathrm{d}t} = \mathrm{Im}\left[\sqrt{2}(\mathrm{j}\,\omega\dot{I})\mathrm{e}^{\mathrm{j}\omega t}\right] = \mathrm{Im}\left[\sqrt{2}\omega I\mathrm{e}^{\mathrm{j}(\omega t+\varphi_i+\frac{\pi}{2})}\right]$$
$$= \sqrt{2}\omega I\sin\left(\omega t + \varphi_i + \frac{\pi}{2}\right)$$

这说明正弦量的导数是一个同频率的正弦量，其相量等于原正弦量 i 的相量 $\dot{I}$ 乘以 $\mathrm{j}\omega$，即表示 $\mathrm{d}i(t)/\mathrm{d}t$ 的相量为 $\mathrm{j}\omega\dot{I}=\omega I\angle\left(\varphi_i+\frac{\pi}{2}\right)$，此相量的模为 ωI，辐角则超前 $\frac{\pi}{2}$。

对 i 的高阶导数 $\mathrm{d}^n i(t)/\mathrm{d}t^n$，其相量为 $(\mathrm{j}\omega)^n\dot{I}$。

3. 正弦量的积分

设 $i(t)=\sqrt{2}I\sin(\omega t+\varphi_i)$，则

$$\int i(t)\mathrm{d}t = \int\mathrm{Im}\left[\sqrt{2}\dot{I}\mathrm{e}^{\mathrm{j}\omega t}\right]\mathrm{d}t = \mathrm{Im}\left[\int(\sqrt{2}\dot{I}\mathrm{e}^{\mathrm{j}\omega t})\mathrm{d}t\right]$$
$$= \mathrm{Im}\left[\sqrt{2}\left(\frac{\dot{I}}{\mathrm{j}\omega}\right)\mathrm{e}^{\mathrm{j}\omega t}\right] = \sqrt{2}\,\frac{I}{\omega}\sin\left(\omega t + \varphi_i - \frac{\pi}{2}\right)$$

正弦量的积分结果也仍为同频率的正弦量，其相量等于原正弦量 $i(t)$ 相量 $\dot{I}$ 除以 $j\omega$，其模为 I/ω，其辐角滞后 $\pi/2$，$i(t)$ 的 n 次积分的相量为 $\dot{I}/(j\omega)^n$。

最后讨论一下复数式中"j"的意义。在图 3.2.4 中，若 $e^{j\alpha}$ 乘相量 $\dot{A}=re^{j\varphi}$，则得

$$re^{j\varphi}\cdot e^{j\alpha}=re^{j(\varphi+\alpha)}=\dot{B}$$

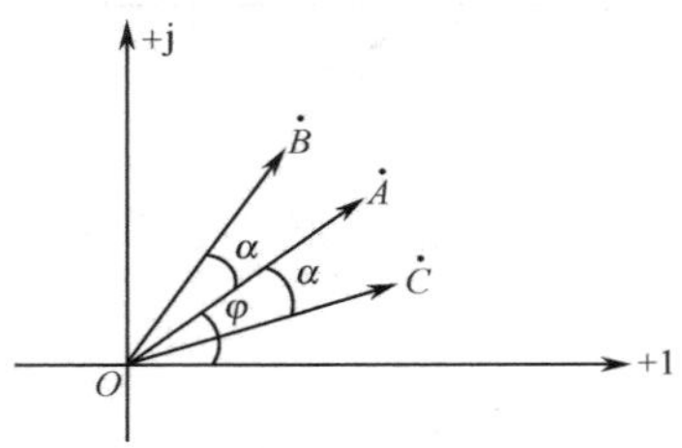

图 3.2.4　相量的超前和滞后

即相量 $\dot{B}$ 的大小仍为 r，其与实轴正方向的夹角为 $(\varphi+\alpha)$。可见一个相量乘上 $e^{j\alpha}$ 后，即逆时针方向转了 α 角，也就是说相量 $\dot{B}$ 比相量 $\dot{A}$ 超前了 α 角。

同理，若 $e^{-j\alpha}$ 乘以相量 $\dot{A}$，则得

$$\dot{C}=re^{j(\varphi-\alpha)}$$

即相量 $\dot{C}$ 比相量 $\dot{A}$ 滞后了 α 角，也就是顺时针旋转了 α 角。

当 $\alpha=\pm 90°$ 时

$$e^{\pm j90°}=\cos 90°\pm j\sin 90°=0\pm j=\pm j$$

因此，任意一个相量乘以 $+j$ 后，即逆时针旋转了 90°；乘以 $-j$ 后，即顺时针旋转了 90°。所以称 j 为旋转 90°的算子。

3.3　正弦稳态下的电阻、电感、电容元件

正弦稳态下，元件的电压、电流是同频率的正弦量，它们之间的关系，既有大小关系，又有相位关系。分析正弦稳态电路，无非就是确定正弦稳态电路中电压与电流之间的关系（大小和相位）并讨论电路中能量的转换和功率问题。本节讨论的是三种基本元件（电阻、电感和电容）在正弦稳态下电压与电流的关系和它们的功率。

3.3.1　电阻元件

1. 伏安关系的相量形式

线性电阻的电压电流的关系服从欧姆定律，图 3.3.1(a)所示的正弦稳态下的电阻元件，在图示参考方向下，其 u、i 关系为：$u=Ri$。

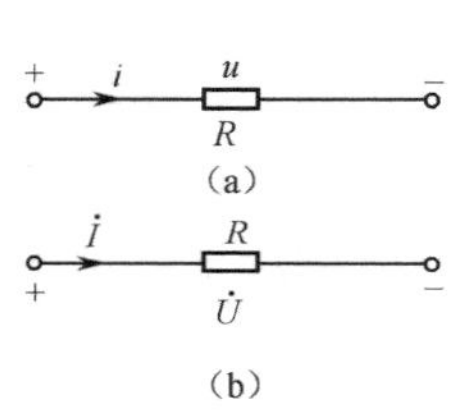

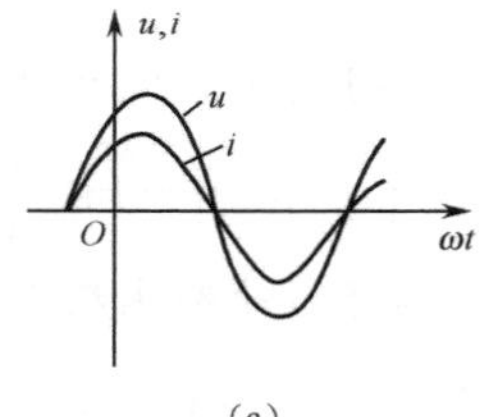

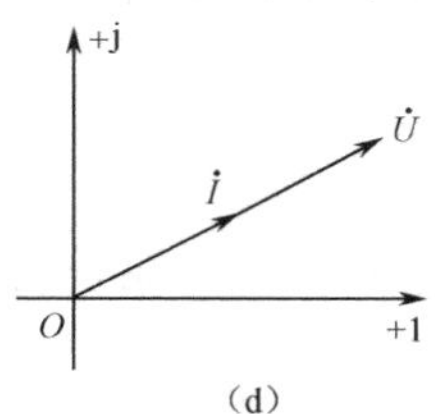

图 3.3.1　正弦稳态下的电阻元件

设 $$i=I_m\sin(\omega t+\varphi_i)$$

则 $$u=R\cdot i=RI_m\sin(\omega t+\varphi_i)=U_m\sin(\omega t+\varphi_u)$$

将电压 u 和电流 i 用其相量表示，则得

$$\dot{U}=R\dot{I}$$

或写成 $$U\angle\varphi_u=RI\angle\varphi_i \tag{3.3.1}$$

式(3.3.1)便是电阻元件伏安关系的相量形式，它表明：

① 电阻上电压的有效值（或幅值）等于电流的有效值（或幅值）乘以电阻值；

② 电阻元件上的电压与电流是同相的，即 $\varphi_u=\varphi_i$，相位差为 0。

图 3.3.1 中图(b)、图(c)和图(d)所示的分别为电阻元件的相量模型、电压、电流波形图和相量图。

2. 瞬时功率和有功功率

在任何瞬间,电压瞬时值 u 与电流瞬时值 i 的乘积称为瞬时功率,用小写字母 p 表示。设电阻元件上的电压、电流分别为

$$u=\sqrt{2}U\sin(\omega t+\varphi_u)$$

$$i=\sqrt{2}I\sin(\omega t+\varphi_i)=\sqrt{2}I\sin(\omega t+\varphi_u)$$

则电阻元件任一时刻的瞬时功率为

$$\begin{aligned}p=p_R=ui&=\sqrt{2}U\sin(\omega t+\varphi_u)\cdot\sqrt{2}I\sin(\omega t+\varphi_i)\\&=2UI\sin^2(\omega t+\varphi_u)=UI[1-\cos(2\omega t+2\varphi_u)]\end{aligned}$$

上式表明:p 是由两部分组成的,第一部分是常量 UI;第二部分是以 UI 为幅值,并以 2ω 为角频率变化的正弦量。由于 u 与 i 同相,它们同时为正,同时为负,所以在任何时刻 $p\geqslant 0$。因此电阻元件是耗能元件。其波形图如图 3.3.2 所示。

瞬时功率在一个周期内的平均值称为平均功率或有功功率。用大写字母 P 表示。对电阻元件

$$\begin{aligned}P&=\frac{1}{T}\int_0^T[UI-UI\cos(2\omega t+2\varphi_u)]\mathrm{d}t\\&=UI\end{aligned}\tag{3.3.2}$$

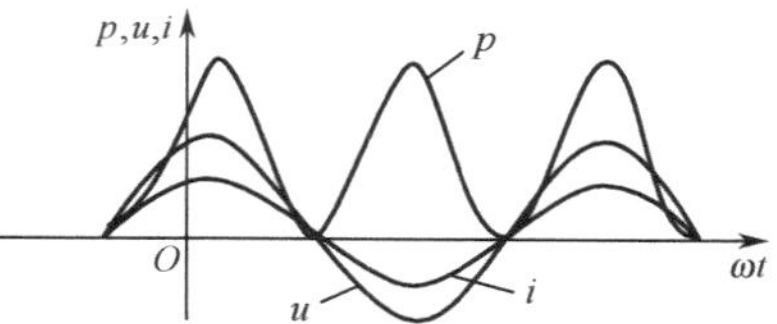

图 3.3.2　电阻元件的功率

可见,采用有效值后,电阻元件有功功率与直流时在形式上完全一致,其单位是瓦(W)或千瓦(kW)。但此处的 U、I 指的是正弦量的有效值。在正弦稳态电路中所谓的功率如不特殊说明,均指平均功率或有功功率。

【例 3.3.1】　一个额定电压和额定功率分别为 220V、40W 的灯泡,把它接在 $u(t)=110\times\sqrt{2}\sin 314t$ V的电源上,若将灯泡视为线性电阻元件,求通过灯泡的电流大小,问此时灯泡的功率是否仍为 40W。

【解】　灯泡的电阻、电流分别为

$$R=(220)^2/40=1210(\Omega)$$

$$I=110/1210=0.091(\mathrm{A})$$

灯泡消耗的功率为　$P=U^2/R=(110)^2/1210=10(\mathrm{W})$

此时,灯泡的功率已不是 40W 了。

3.3.2　电感元件

1. 伏安关系的相量形式

图 3.3.3(a)所示的是正弦稳态下的电感元件,其电感为 L,则 u、i 的关系为 $u=L\dfrac{\mathrm{d}i}{\mathrm{d}t}$。设 $i=I_\mathrm{m}\sin\omega t$,则

$$\begin{aligned}u&=L\frac{\mathrm{d}I_\mathrm{m}\sin\omega t}{\mathrm{d}t}=\omega LI_\mathrm{m}\cos\omega t\\&=\omega LI_\mathrm{m}\sin(\omega t+90^\circ)=U_\mathrm{m}\sin(\omega t+90^\circ)\end{aligned}$$

也是一个同频率的正弦量,且相位上超前电流 90°。

将电压 u 和电流 i 用相量表示,则有

$$\dot{U}=\mathrm{j}\omega L\dot{I}\tag{3.3.3}$$

式(3.3.3)称为电感元件伏安关系的相量形式,它表明:

① $U=\omega LI$,即电压有效值等于电流有效值、角频率、电感量之积。

② 在相位上,电压超前电流 90°。

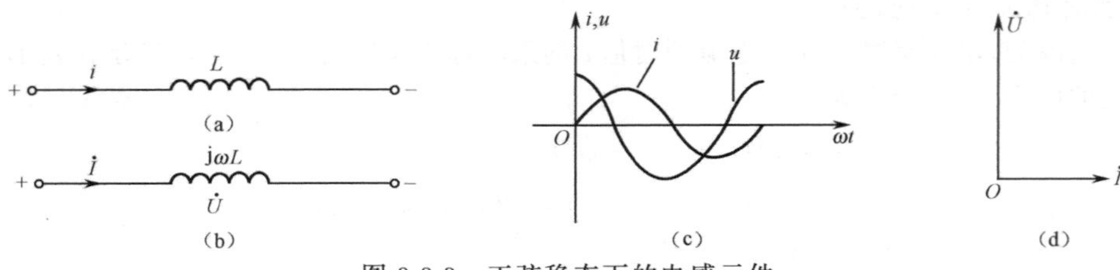

图 3.3.3　正弦稳态下的电感元件

图 3.3.3(b)、(c)、(d)所示的分别是电感元件的相量模型，电压、电流波形图和相量图。

2. 感抗

由式(3.3.3)可知

$$\omega L=\frac{U}{I}\qquad 或 \qquad I=\frac{U}{\omega L}$$

它表明在电感元件中，电压的有效值与电流的有效值之比为 ωL，其单位为欧姆。当电压一定时，ωL 越大则电流越小，所以在正弦稳态电路中，ωL 体现了电感元件抵抗电流通过的作用，故称其为电感元件的电抗简称感抗，用 X_L 代表，即

$$X_L=\omega L=2\pi fL \tag{3.3.4}$$

感抗 X_L 与电感 L、频率 f 成正比，频率越高，感抗就越大，因而电感元件对高频率电流有很强的抵抗作用，而对直流则可视为短路，即在直流时，$X_L=0$，电感元件相当于短路。

当 U 和 L 一定时，X_L 和 I 同 f 的关系如图 3.3.4 所示。

注意：感抗是电压、电流有效值之比，而不是它们的瞬时值之比，因为在这里，电压与电流之间成导数的关系。

3. 瞬时功率、有功功率和无功功率

对于图 3.3.3(a)所示的电感元件，设 $i=\sqrt{2}I\sin\omega t$，则 $u=\sqrt{2}U\sin(\omega t+90°)$，吸收的瞬时功率为

$$\begin{aligned}p&=ui\\&=\sqrt{2}U\sin(\omega t+90°)\cdot\sqrt{2}I\sin\omega t\\&=UI\sin(2\omega t)\end{aligned} \tag{3.3.5}$$

式(3.3.5)表明，电感元件的瞬时功率是时间的正弦函数，其频率是电压或电流频率的两倍。u、i、p 的波形如图 3.3.5 所示。由图可见，当 u、i 都为正值，或都为负值时，p 为正值，此时电感元件吸收功率，电能转换成磁场能；当 u 为正、i 为负或 u 为负、i 为正时，p 为负值，此时，电感元件发出功率，磁场能转换成电能。p 之值正负交替出现，说明电感元件与外电路不断进行能量的交换。电感元件吸收的有功功率为

$$p=\frac{1}{T}\int_0^T p\,\mathrm{d}t=\frac{1}{T}\int_0^T UI\sin(2\omega t)\,\mathrm{d}t=0$$

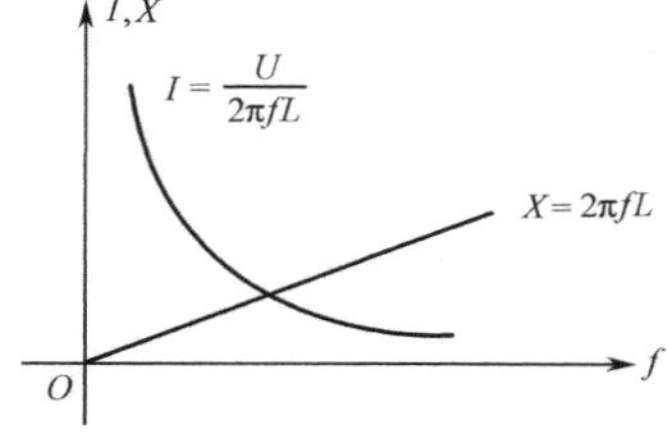

图 3.3.4　X_L 和 I 与 f 的关系

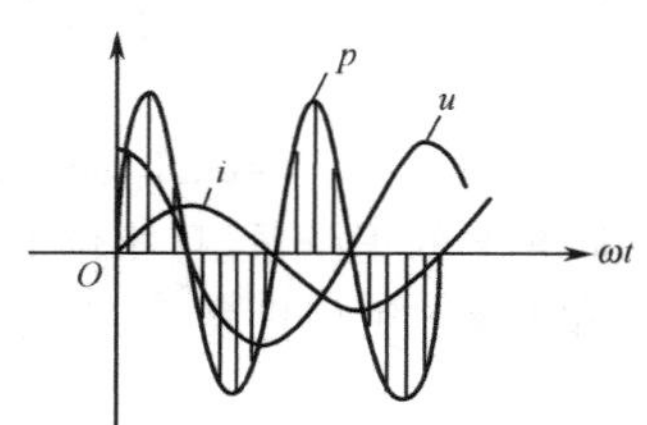

图 3.3.5　电感元件的功率

这说明电感元件不消耗能量。从波形图上也可清楚地看到，p 的正负面积正好相等，p 的平均值为零。

由上述可知，在电感元件的交流电路中，没有能量消耗，只有电源与电感元件间的能量转换。由式(3.3.5)可以看出这种转换的最大值是其电压、电流有效值之积，即

$$Q_L = UI = I^2 X_L = \frac{U^2}{X_L} \tag{3.3.6}$$

我们把 Q_L 称为无功功率，它代表了电感元件与外电路能量交换的最大速率，它具有功率的量纲。无功功率的单位是乏(var)或千乏(kvar)。

【例 3.3.2】 把一个 1mH 的电感元件接到频率为 50Hz，电压有效值为 100V 的正弦电源上，问电流是多少？如保持电压值不变而电源频率改变为 100kHz，这时电流将为多少？

【解】 ① 当电源频率为 50Hz 时

$$X_L = 2\pi fL = 2\times 3.14\times 50\times 1\times 10^{-3} = 0.314(\Omega)$$

$$I = \frac{U}{X_L} = \frac{100}{0.314} = 318(\text{A})$$

② 当电源频率为 100kHz 时

$$X_L = 2\times 3.14\times 100\times 10^3\times 1\times 10^{-3} = 628(\Omega)$$

$$I = \frac{100}{628} = 159(\text{mA})$$

可见，在电压有效值一定时，频率越高，则能流过电感元件的电流有效值会越小。

3.3.3 电容元件

1. 伏安关系的相量形式

图 3.3.6(a)所示是正弦稳态下的电容元件，其 u、i 关系为

$$i = C\frac{\mathrm{d}u}{\mathrm{d}t}$$

设 $u = U_m \sin\omega t$，则

$$i = C\frac{\mathrm{d}(U_m\sin\omega t)}{\mathrm{d}t} = \omega CU_m\cos\omega t = \omega CU_m\sin(\omega t + 90°)$$
$$= I_m\sin(\omega t + 90°)$$

也是一个同频率的正弦量，且在相位上超前电压 90°。

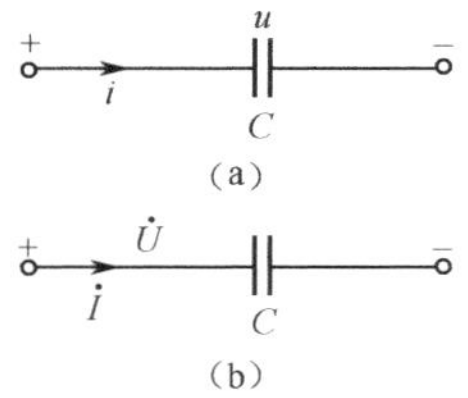

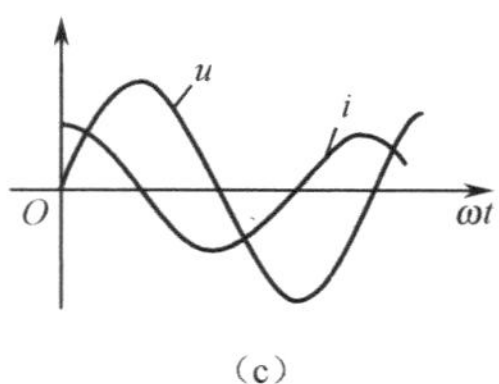

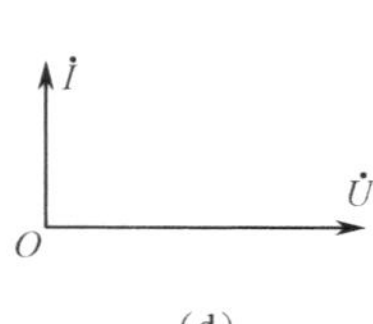

图 3.3.6 正弦稳态下的电容元件

将电压 u 和电流 i 用相量表示。则有

$$\dot{I} = \mathrm{j}\omega C\dot{U} \tag{3.3.7}$$

式(3.3.7)称为电容元件伏安关系的相量形式。它表明：

① $I = \omega CU$，即电流有效值等于电压有效值、角频率、电容量之积；

② 在相位上电流超前电压 90°。

图 3.3.6(b)、(c)、(d)所示的分别是电容元件的相量模型，电压、电流波形图和相量图。

2. 容抗

由式(3.3.7)可知

$$\frac{1}{\omega C}=\frac{U}{I} \qquad \text{或} \qquad I=\omega CU$$

它表明在电容元件中，电压的有效值与电流有效值的比值为 $1/\omega C$，其单位也为欧姆。当电压一定时，$1/\omega C$ 越大，电流 I 越小。所以在正弦稳态电路中 $1/\omega C$ 体现了电容元件抵抗电流通过的作用，故称其为电容元件的电抗简称容抗，用 X_C 代表，即

$$X_C=\frac{1}{\omega C}=\frac{1}{2\pi f C} \tag{3.3.8}$$

容抗 X_C 与电容 C、频率 f 成反比。这是因为电容越大时，在同样电压下，电容器所容纳的电荷量就越大，因而电流越多。当频率越高时，电容器的充电与放电进行得越快，在同样电压下，单位时间内电荷移动的就越多，因而电流越大，所以电容元件对高频电流所呈现的容抗很小，而对直流($f=0$)所呈现的容抗 $X_C\to\infty$，可视为开路。因此电容元件有隔断直流通交流的作用。

当 U 和 C 一定时，X_C 和 I 与 f 的关系如图 3.3.7 所示。同样应注意容抗是电容元件电压、电流有效值之比，而不是它们的瞬时值之比。

3. 瞬时功率、有功功率和无功功率

对于图 3.3.6(a)所示的电容元件，设 $i=\sqrt{2}I\sin\omega t$，则

$$u=\sqrt{2}U\sin(\omega t-90°)$$

其瞬时功率为

$$p=ui=\sqrt{2}U\sin(\omega t-90°)\sqrt{2}I\sin\omega t=UI\sin(2\omega t+90°)$$

u、i 和 p 波形如图 3.3.8 所示。

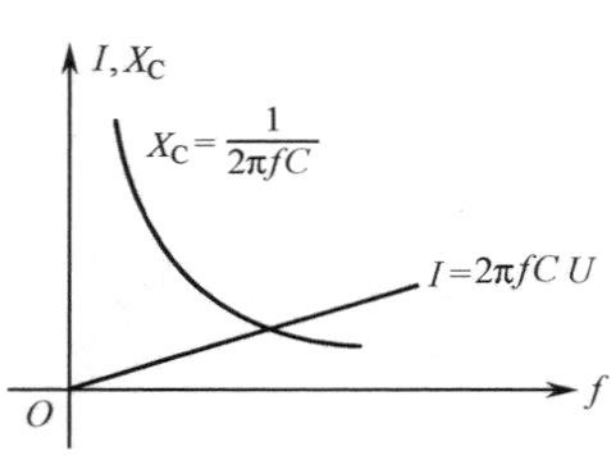

图 3.3.7　X_C 和 I 与 f 的关系

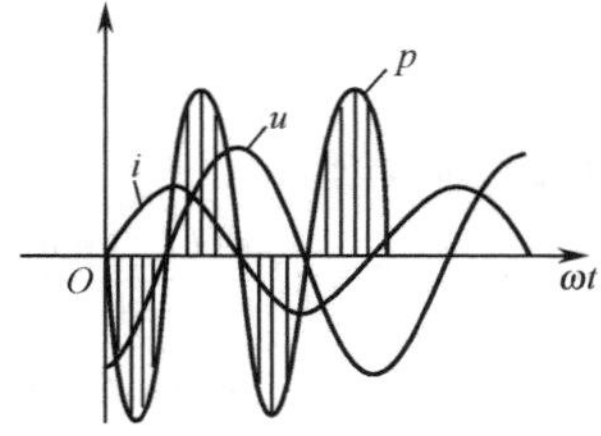

图 3.3.8　u、i 和 p 波形

与电感元件一样，电容元件的瞬时功率时而为正值，时而为负值，不断地与外电路进行能量的交换。

电容元件的有功功率为

$$P=\frac{1}{T}\int_0^T p\,\mathrm{d}t=\frac{1}{T}\int_0^T UI\sin(2\omega t+90°)\,\mathrm{d}t=0$$

上式表明电容元件与电感一样，也不消耗能量，只进行能量的交换。

与电感元件类似，电容元件的无功功率定义为

$$Q_C=UI=I^2X_C=\frac{U^2}{X_C} \tag{3.3.9}$$

电容元件的无功功率，表示电容元件与外电路能量交换的最大速率。

为了同电感元件电路的无功功率相比较，我们设电流

$$i=I_m\sin\omega t$$

为参考相量，则电感元件上的电压为

$$u_L=U_m\sin(\omega t+90°)$$

而电容元件上的电压为

$$u_C = U_m \sin(\omega t - 90°)$$

故它们的瞬时功率分别为

$$p_L = ui = UI\sin 2\omega t$$

$$p_C = ui = UI\sin(2\omega t + 90°) = -UI\sin(2\omega t)$$

它们的无功功率分别为

$$Q_L = UI,\quad Q_C = -UI$$

即电感性无功功率取正值,电容性无功功率取负值,以资区别。实质上,在同一个电路中电感元件将电能转换成磁场能时,电容元件却在将电场能转换成电能,而电容元件将电能转换成电场能时,电感元件却在将磁场能转换成电能。

【例 3.3.3】 将一个 25μF 的电容元件接到频率为 50Hz,电压有效值为 100V 的正弦电源上,问电流为多少?如果保持电压值不变,而电源频率改为 500Hz,这时电流将为多少?

【解】 ① 当电源频率为 50Hz 时,有

$$X_C = \frac{1}{2\pi f C} = \frac{1}{2\times 3.14\times 50\times(25\times 10^{-6})} = 127.4(\Omega)$$

$$I = \frac{U}{X_C} = \frac{100}{127.4} = 0.78(\mathrm{A})$$

② 当电源为 500Hz 时,有

$$X_C = \frac{1}{2\times 3.14\times 500\times(25\times 10^{-6})} = 12.74(\Omega)$$

$$I = \frac{100}{12.74} = 7.8(\mathrm{A})$$

同样可见,在电压有效值一定时,频率越高,则通过电容元件的电流有效值越大。

3.4　阻抗和导纳的串联与并联

阻抗和导纳的概念及对它们的运算和等效变换是正弦稳态电路分析的重要内容,阻抗和导纳全面反映了在正弦稳态电路中负载的性质和意义。

3.4.1　二端网络阻抗和导纳的定义

在图 3.4.1(a)中,N_0 表示不含独立电源的二端网络,在正弦稳态下,其端口的电流和电压将是同频率的正弦量,用其相量 $\dot{I}$ 和 $\dot{U}$ 分别表示之,我们把端口电压相量和电流相量之比定义为二端网络的阻抗,用符号 Z 表示,即

$$Z = \frac{\dot{U}}{\dot{I}} = \frac{U}{I}\angle(\varphi_u - \varphi_i) = |Z|\angle\varphi_z$$

式中,$\dot{U} = U\angle\varphi_u$,$\dot{I} = I\angle\varphi_i$。它又称为复阻抗,其图形符号如图 3.4.1(b)所示,Z 的模值 $|Z|$ 称为阻抗模,其辐角称为阻抗角。

将阻抗 Z 用代数形式表示,即

$$Z = R + \mathrm{j}X = |Z|\angle\varphi_z \tag{3.4.1}$$

其实部 $\mathrm{Re}[Z] = R$ 称为电阻,虚部 $\mathrm{Im}[Z] = X$ 称为电抗。

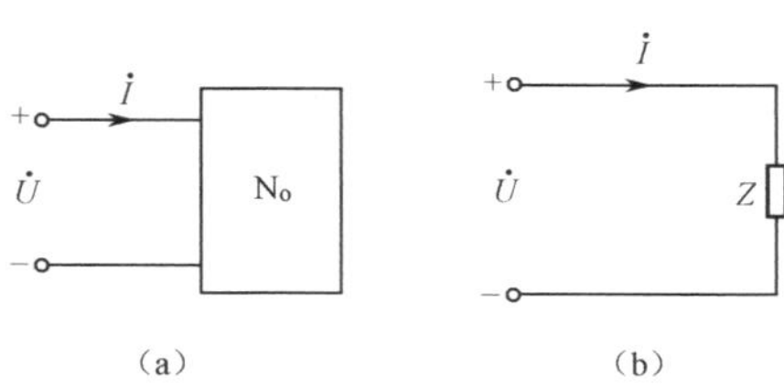

图 3.4.1　二端网络的阻抗

把端电流相量和电压相量之比称为该二端网络的导纳,用符号 Y 来表示。即

$$Y=\frac{\dot{I}}{\dot{U}}=\frac{I}{U}\angle(\varphi_i-\varphi_u)=G+\mathrm{j}B=|Y|\angle\varphi_y \tag{3.4.2}$$

式中,G 称为电导;B 称为电纳;$|Y|$称为导纳模;φ_y 称为导纳角。

显然,对于同一个二端网络 N_o,阻抗 Z 和导纳 Y 互为倒数,即

$$Z=\frac{1}{Y}$$

阻抗具有电阻的量纲,单位为欧姆(Ω),导纳具有电导的量纲,单位为西门子(S)。

阻抗符号 Z 和导纳符号 Y 上面都不加小圆点"·",以与代表正弦量的复数(相量)相区别。

如果二端网络 N_o 内部仅含单个元件 R、L 或 C,则得出单个元件对应的复数阻抗和复数导纳分别为:

电阻元件 $Z_R=R,Y_R=\dfrac{1}{R}=G$

电感元件 $Z_L=\mathrm{j}\omega L=\mathrm{j}X_L,Y_L=-\mathrm{j}\dfrac{1}{\omega L}=-\mathrm{j}B_L$

电容元件 $Z_C=-\mathrm{j}\dfrac{1}{\omega C}=-\mathrm{j}X_C,Y_C=\mathrm{j}\omega C=\mathrm{j}B_C$

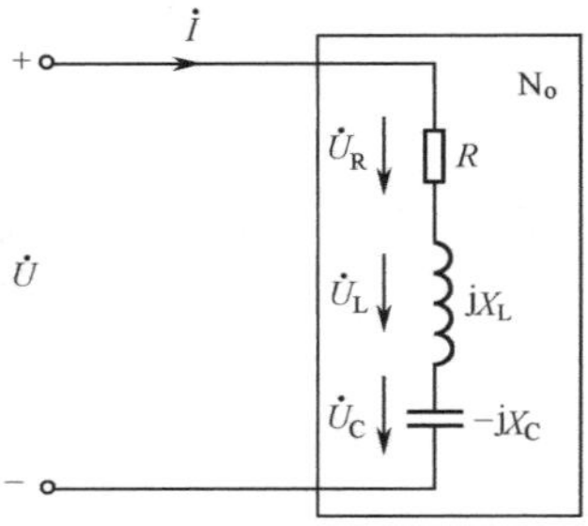

各式中,X_L 称为感抗,X_C 称为容抗,B_L 称为感纳,B_C 称为容纳。

图 3.4.2 RLC 串联电路

如果二端网络 N_o 内部为 R、L、C 串联电路,如图 3.4.2 所示,按 KVL 有

$$u=u_R+u_L+u_C$$

而

$$u=\mathrm{Im}[\dot{U}e^{\mathrm{j}\omega t}]$$
$$u_R=\mathrm{Im}[\dot{U}_Re^{\mathrm{j}\omega t}]$$
$$u_L=\mathrm{Im}[\dot{U}_Le^{\mathrm{j}\omega t}]$$
$$u_C=\mathrm{Im}[\dot{U}_Ce^{\mathrm{j}\omega t}]$$

即

$$\mathrm{Im}[\dot{U}e^{\mathrm{j}\omega t}]=\mathrm{Im}[\dot{U}_Re^{\mathrm{j}\omega t}]+\mathrm{Im}[\dot{U}_Le^{\mathrm{j}\omega t}]+\mathrm{Im}[\dot{U}_Ce^{\mathrm{j}\omega t}]$$

由此可得

$$\dot{U}=\dot{U}_R+\dot{U}_L+\dot{U}_C$$

将 $\dot{U}_R=\dot{I}\cdot R,\dot{U}_L=\mathrm{j}\dot{I}X_L,\dot{U}_C=-\mathrm{j}\dot{I}X_C$ 代入上式,得

$$\dot{U}=\dot{I}[R+\mathrm{j}(X_L-X_C)]=\dot{I}(R+\mathrm{j}X)$$

$$\frac{\dot{U}}{\dot{I}}=R+\mathrm{j}X=|Z|\angle\varphi=Z \tag{3.4.3}$$

式中

$$|Z|=\sqrt{(R^2+X^2)}=\sqrt{R^2+(X_L-X_C)^2}$$

$$\varphi=\arctan\frac{X}{R}=\arctan\frac{X_L-X_C}{R}$$

由式(3.4.3)可知:阻抗全面地反映了端口电压和电流之间的关系:阻抗模反映电压与电流之间的大小关系,而阻抗角反映了它们之间的相位关系。随着电路参数的不同,电压和电流之间的相位差也就不同。因此 φ 角的大小,是由电路(负载)的参数决定的。

3.4.2 阻抗(导纳)的串联和并联

阻抗的串联和并联电路的计算,在形式上与电阻的串联和并联电路相似。对于 n 个阻抗串联的电路,其等效阻抗等于 n 个阻抗之和。即

$$Z=Z_1+Z_2+\cdots+Z_n=\sum_{k=1}^{n}Z_k=\sum_{k=1}^{n}R_k+\mathrm{j}\sum_{k=1}^{n}X_k=R+\mathrm{j}X$$

式中，$Z_k=R_k+\mathrm{j}X_k$；$R=\sum\limits_{k=1}^{n}R_k$，为等效阻抗的电阻分量（或实部）；$X=\sum\limits_{k=1}^{n}X_k$，为等效阻抗的电抗分量（或虚部）。

在阻抗串联的电路中，各个阻抗的电压分配为

$$\dot{U}_k=\frac{Z_k}{Z}\dot{U}\qquad(k=1,2,\cdots,n)$$

式中，$\dot{U}$ 为总电压，$\dot{U}_k$ 为第 k 个阻抗 Z_k 上的电压。

同理，对于 n 个阻抗并联的电路，其总阻抗的倒数等于各个分阻抗倒数之和。

$$\frac{1}{Z}=\frac{1}{Z_1}+\frac{1}{Z_2}+\cdots+\frac{1}{Z_n}$$

也就是说，其等效导纳为各个并联阻抗相应导纳之和。

$$Y=Y_1+Y_2+\cdots+Y_n=\sum_{k=1}^{n}Y_k=\sum_{k=1}^{n}G_k+\mathrm{j}\sum_{k=1}^{n}B_k=G+\mathrm{j}B$$

式中，$Y_k=G_k+\mathrm{j}B_k$；$G=\sum\limits_{k=1}^{n}G_k$，为等效导纳的电导分量（或实部）；$B=\sum\limits_{k=1}^{n}B_k$，为等效导纳的电纳分量（或虚部）。

各个导纳的电流分配为

$$\dot{I}_k=\frac{Y_k}{Y}\dot{I}\quad(K=1,2,\cdots,n)$$

式中，$\dot{I}$ 为总电流，$\dot{I}_k$ 为第 k 个导纳 Y_k 上的电流。

类似两个电阻并联，其等效电阻的计算公式一样，在两个阻抗的并联电路中，其等效阻抗的计算公式往往采用下面的公式。

$$Z=\frac{Z_1Z_2}{Z_1+Z_2}\tag{3.4.4}$$

【例 3.4.1】 求图 3.4.3 所示二端网络的阻抗 Z_{ab}。已知：$Z_1=(1+\mathrm{j})\Omega$，$Z_2=(3+\mathrm{j}4)\Omega$，$Z_3=(4-\mathrm{j}3)\Omega$，$Z_4=(5+\mathrm{j}5)\Omega$。

【解】 要求得 Z_{ab}，可先求出 Z_2、Z_3 和 Z_4 并联的等效阻抗 Z_{cb}，再与 Z_1 串联，即得。

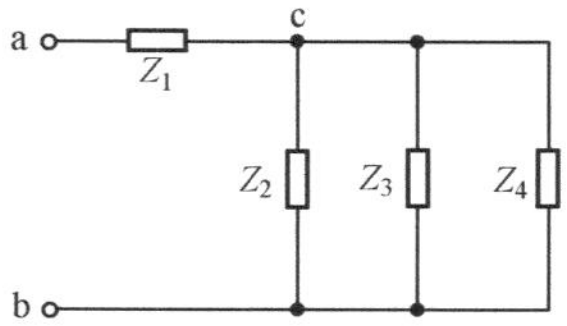

图 3.4.3　例 3.4.1 图

$$Z_{\mathrm{cb}}=\frac{1}{Y_{\mathrm{cb}}}$$

$$\begin{aligned}Y_{\mathrm{cb}}&=Y_2+Y_3+Y_4=\frac{1}{Z_2}+\frac{1}{Z_3}+\frac{1}{Z_4}\\&=\frac{1}{3+\mathrm{j}4}+\frac{1}{4-\mathrm{j}3}+\frac{1}{5+\mathrm{j}5}\\&=\frac{3-\mathrm{j}4}{25}+\frac{4+\mathrm{j}3}{25}+\frac{5-\mathrm{j}5}{2\times25}=(0.38-\mathrm{j}0.14)(\mathrm{S})\end{aligned}$$

$$Z_{\mathrm{cb}}=\frac{1}{Y_{\mathrm{cb}}}=\frac{1}{0.38-\mathrm{j}0.14}=(2.32+\mathrm{j}0.85)(\Omega)$$

$$Z_{\mathrm{ab}}=Z_1+Z_{\mathrm{cb}}=(1+\mathrm{j})+(2.32+\mathrm{j}0.85)=3.32+\mathrm{j}1.85(\Omega)$$

【例 3.4.2】 对于图 3.4.4 所示电路，求在 $\omega=1\mathrm{rad/s}$、$\omega=4\mathrm{rad/s}$ 两种电源频率下的端口等效阻抗。

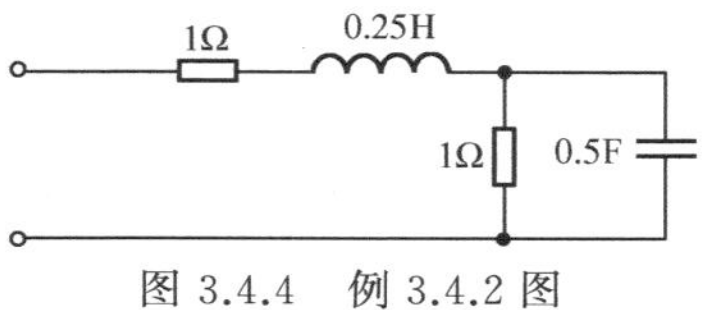

图 3.4.4　例 3.4.2 图

【解】 当 $\omega=1\mathrm{rad/s}$ 时，有

$$X_{\mathrm{L}}=\omega L=1\times0.25=0.25(\Omega)$$

$$X_{\mathrm{C}}=\frac{1}{\omega C}=\frac{1}{1\times0.5}=2(\Omega)$$

则 $$Z=(1+\mathrm{j}0.25)+\frac{1\times(-\mathrm{j}2)}{1-\mathrm{j}2}=(1+\mathrm{j}0.25)+(0.8-\mathrm{j}0.4)=1.8-\mathrm{j}0.15(\Omega)$$

当 $\omega=4\mathrm{rad/s}$ 时，有

$$X_L=\omega L=4\times 0.25=1(\Omega)$$

$$X_C=\frac{1}{\omega C}=\frac{1}{4\times 0.5}=0.5(\Omega)$$

则 $$\begin{aligned}Z&=(1+\mathrm{j})+\frac{1\times(-\mathrm{j}0.5)}{1-\mathrm{j}0.5}=(1+\mathrm{j})+(0.2-\mathrm{j}0.4)\\&=1.2+\mathrm{j}0.6(\Omega)\end{aligned}$$

由此可见，当电源频率改变时，阻抗和导纳也随之改变，其原因是感抗和容抗是随频率而变化的。

当一个二端网络内含有受控源时，其等效阻抗就不能只依靠阻抗的串、并联和 Y-△变换公式计算得到。这时一般是从阻抗的定义出发，设定端电压相量再求出端口电流相量；或先设定端口电流相量，再求出端口电压相量，进而求出其等效阻抗和导纳。

【例 3.4.3】 求图 3.4.5 所示的二端网络的等效阻抗 Z。

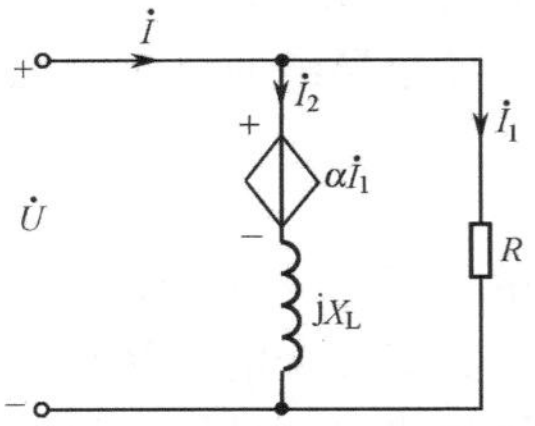

图 3.4.5　例 3.4.3 图

【解】 令 $G=\dfrac{1}{R}$，则

$$\dot{I}_1=\dot{U}G$$

$$\dot{I}_2=\frac{\dot{U}-\alpha\dot{I}_1}{\mathrm{j}X_L}=\frac{\dot{U}-\alpha G\dot{U}}{\mathrm{j}X_L}=\frac{1-\alpha G}{\mathrm{j}X_L}\dot{U}$$

由 KCL，端口电流

$$\dot{I}=\dot{I}_1+\dot{I}_2=G\dot{U}+\frac{1-\alpha G}{\mathrm{j}X_L}\dot{U}$$

$$\begin{aligned}Z&=\frac{\dot{U}}{\dot{I}}=\frac{1}{G+\dfrac{1-\alpha G}{\mathrm{j}X_L}}=\frac{1}{G-\mathrm{j}\dfrac{1-\alpha G}{X_L}}\\&=\frac{GX_L^2}{G^2X_L^2+G^2\alpha^2-2\alpha G+1}+\mathrm{j}\frac{(1-G\alpha)X_L}{G^2X_L^2+G^2\alpha^2-2\alpha G+1}\end{aligned}$$

3.4.3　正弦交流电路的性质

正弦交流电路的性质一般可分为电感性、电容性和电阻性三种。从前面的分析可知，任何一个无源二端网络均可用一个等效阻抗来代替，而这一阻抗是复数，即

$$Z=R+\mathrm{j}X=|Z|\angle\varphi$$

式中 $$|Z|=\sqrt{R^2+X^2}$$

$$\varphi=\arctan\frac{X}{R}=\varphi_u-\varphi_i$$

由于阻抗角等于端口电压与端口电流的相位差。即 $\varphi=\varphi_u-\varphi_i$，所以当 $\varphi>0$ 时，电压超前电流，二端网络呈电感性；当 $\varphi<0$ 时，电流超前电压，二端网络呈电容性；当 $\varphi=0$ 时，电压和电流同相位，二端网络呈电阻性。这样由阻抗角之值就可确定二端网络的性质。

而 φ 值的正、负由参数 R 和 X 决定，R 总为正值，故 φ 的正负是由 X 来决定的。这样，电抗 X 就可用来确定电路的性质了，也就是说，当 $X>0$ 时，电路属电感性；当 $X<0$ 时，电路呈电容性；当 $X=0$ 时，电路便呈电阻性。同时由于 $X=X_L-X_C$，$Z=R+\mathrm{j}X$，所以一个无源二端网络用阻抗来替代时，不管其内部多么复杂，均可用一个电阻与一个电感的串联形式或一个电阻与一个电容串联的形式来代替。

另外，由 $X_L=2\pi fL$、$X_C=1/2\pi fC$ 可知，当元件的参数(L、C)一定时，电源频率的变化，会使同一电路中感抗和容抗的值发生变化，进而使电抗的值发生变化，从而会改变电路的性质，见

例 3.4.2。当 $\omega=1$ 时，$X=-0.15\Omega$，电路呈容性，当 $\omega=4$ 时，$X=0.6\Omega$，电路却变成电感性了。

综上所述，一个二端网络呈何种性质，是由它的结构、元件参数及电源的频率所决定的。

由式(3.4.1)可知，$|Z|$、R 和 X 可以组成一个直角三角形，称之为阻抗三角形。电压相量 $\dot{U}$、$\dot{U}_R$、$\dot{U}_X$ 也构成一个直角三角形，称之为电压三角形。

由于$\dfrac{\dot{U}_R}{\dot{U}_X}=\dfrac{\dot{I}R}{\dot{I}X}=\dfrac{R}{X}$，所以阻抗三角形和电压三角形为相似三角形。它们之间的相互关系如图 3.4.6所示。

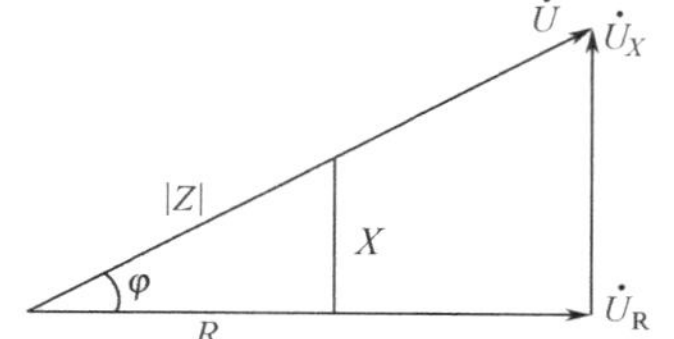

图 3.4.6　电压三角形和阻抗三角形

3.5　电路定律的相量形式

如前所述，电路中电压、电流存在两种约束关系，一种是元件约束，它用欧姆定律来表示；一种是拓扑约束，它用基尔霍夫定律来表示。这两个定律是分析电路的基本依据。当然分析正弦稳态电路也不例外。现在来讨论电路定律的相量形式。

3.5.1　相量形式

在上节，利用相量法建立了元件伏安关系的相量形式，并在引入阻抗概念时，得到

$$\dot{U}=Z\dot{I},\quad \frac{\dot{U}}{\dot{I}}=Z \tag{3.5.1}$$

该式统一了电阻元件、电感元件和电容元件中电压相量和电流相量的三个关系式，即

$$Z=\frac{\dot{U}}{\dot{I}}=\left(R,\mathrm{j}\omega L,\frac{1}{\mathrm{j}\omega C}\right)$$

式(3.5.1)被称为欧姆定律的相量形式。

与上式相似，可以得出基尔霍夫定律的相量形式。

基尔霍夫电压定律(KVL)的数学表达式为

$$\sum_{k=1}^{n}u_k(t)=0$$

在正弦稳态电路中，响应一定是与电源同频率的正弦量，所以电路中全部电压都是同频率的，这样就可以用其相量来表示

$$u_k=\mathrm{Im}\left[\dot{U}_k\mathrm{e}^{\mathrm{j}\omega t}\right]$$

代入 KVL 方程中，便得

$$\sum_{k=1}^{n}u_k=\sum_{k=1}^{n}\mathrm{Im}[\sqrt{2}\dot{U}_k\mathrm{e}^{\mathrm{j}\omega t}]=0 \tag{3.5.2}$$

由于式(3.5.2)适用于任何时刻，故其相量关系也必然成立。即

$$\sum_{k=1}^{n}\dot{U}_k=0 \tag{3.5.3}$$

式(3.5.3)就是 KVL 定律的相量形式。它表示对于具有相同频率的正弦电流电路中的任一回路，沿该回路全部支路电压相量的代数和等于零。在列写相量形式 KVL 方程时，对于参考方向与回路绕行方向相同的电压取“+”号，相反的电压取“-”号。

在上节讨论 N_0 网络内 R、L、C 串联的电路时，我们已经推出了 $\dot{U}=\dot{U}_R+\dot{U}_L+\dot{U}_C$。这个表达式就是 KVL 的表达式。

同理可得 KCL 的相量形式是

$$\sum_{k=1}^{n}\dot{I}_k=0$$

注意:在正弦稳态下,电流相量和电压相量是分别满足 KCL 和 KVL 的,而电流、电压的有效值一般情况下不满足 KCL 和 KVL。

即一般来说

$$\sum_{k=1}^{n}U_k\neq 0,\quad \sum_{k=1}^{n}I_k\neq 0$$

【例 3.5.1】 图 3.5.1(a)所示正弦稳态电路中,交流电压表Ⓥ₁、Ⓥ₂、Ⓥ₃的读数分别为 30V、60V 和 20V,求交流电压表Ⓥ的读数。

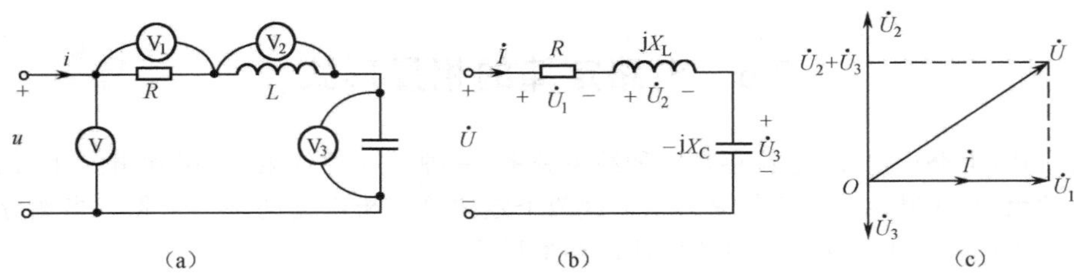

图 3.5.1 例 3.5.1 图

【解法 1】 先做出用相量表示正弦量的电路,如图 3.5.1(b)所示,并设电流 $\dot{I}$ 为参考相量,即:$\dot{I}=I\angle 0°$。

由元件伏安关系的相量形式及Ⓥ₁、Ⓥ₂、Ⓥ₃表的读数,可得 $\dot{U}_1=30\angle 0°\text{V}$,$\dot{U}_2=60\angle 90°\text{V}$ 和 $\dot{U}_3=20\angle -90°\text{V}$。

由 KVL 的相量形式,有

$$\begin{aligned}\dot{U}=\dot{U}_1+\dot{U}_2+\dot{U}_3&=30\angle 0°+60\angle 90°+20\angle -90°\\&=30+\text{j}40=50\angle 53.1°(\text{V})\end{aligned}$$

故表Ⓥ的读数为 50V。

从中可以看出,若将Ⓥ₁、Ⓥ₂、Ⓥ₃三个电压表的读数相加。作为表Ⓥ的读数,即(30+60+20)=110V,这便是错误的结果,也就是说在正弦稳态电路中,电压的有效值一般不满足 KVL,即 $\sum U_k\neq 0$。

【解法 2】 利用相量图求解。

以 $\dot{I}$ 为参考相量,由各元件伏安关系的相量形式和各电压表的读数,在复平面上做出电压相量 $\dot{U}_1$、$\dot{U}_2$ 和 $\dot{U}_3$,如图 3.5.1(c)所示。

由 KVL 的相量形式,有

$$\dot{U}=\dot{U}_1+\dot{U}_2+\dot{U}_3$$

按矢量合成的平行四边形法则,可以得出相量 $\dot{U}$,且可算出

$$U=\sqrt{U_1^2+(U_2-U_3)^2}=\sqrt{30^2+(60-20)^2}=50(\text{V})$$

即表Ⓥ的读数为 50V。

也应指出,在利用相量图求解时,参考相量的选择是很重要的,在一个正弦稳态电路中,虽然各量的相量其相对位置是不变的,但整个相量图的位置是可变的,选择好了参考相量,便可很方便地画出相量图来。一般来说,在串联电路中应以电流为参考相量,如本例所示,而在并联电路中却应以电压为参考相量。

3.5.2 相量模型

用元件伏安关系的相量形式和基尔霍夫定律的相量形式所描述的电路模型,称为电路的相

量模型。以前所画的电路模型是电路的时域模型。因此，电路的相量模型是很容易由电路的时域模型得出来的。具体的做法是：在电路的时域模型中，将所有正弦量都用其对应的相量代替；将所有的元件都用它们的相量模型代替。

电路的相量模型只适用于输入为同频率的正弦量，且已处于稳定状态的电路，即电路的相量模型只能用于正弦稳态电路中。

图 3.5.2(a)是电路的时域模型，图 3.5.2(b)是电路的相量模型，很容易看出，将图(a)中的电压、电流用其相量代替，R、L、C 分别用其相量模型 R、$\mathrm{j}X_{\mathrm{L}}$(或 $\mathrm{j}\omega L$)、$-\mathrm{j}X_{\mathrm{C}}$(或 $1/\mathrm{j}\omega C$)代替就得到了图(b)所示的电路的相量模型。

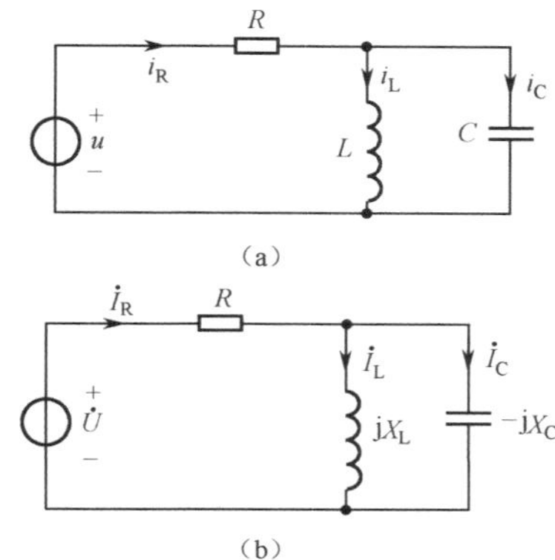

图 3.5.2　电路的时域模型、相量模型图

按图 3.5.2(a)去求解该电路时，应列出如下时域形式的方程

$$\left.\begin{aligned}&i_{\mathrm{R}}=i_{\mathrm{L}}+i_{\mathrm{C}}\\&Ri_{\mathrm{R}}+L\frac{\mathrm{d}i_{\mathrm{L}}}{\mathrm{d}t}=u(t)\\&\frac{1}{C}\int i_{\mathrm{C}}\mathrm{d}t=L\frac{\mathrm{d}i_{\mathrm{L}}}{\mathrm{d}t}\end{aligned}\right\}\tag{3.5.4}$$

按图 3.5.2(b)去求解该电路时，则可列出相量形式的方程

$$\left.\begin{aligned}&\dot I_{\mathrm{R}}=\dot I_{\mathrm{L}}+\dot I_{C}\\&R\dot I_{\mathrm{R}}+\mathrm{j}X_{\mathrm{L}}\dot I_{\mathrm{L}}=\dot U\\&-\mathrm{j}X_{\mathrm{C}}\dot I_{\mathrm{C}}=\mathrm{j}X_{\mathrm{L}}\dot I_{\mathrm{L}}\end{aligned}\right\}\tag{3.5.5}$$

式(3.5.4)是一组微分方程，而式(3.5.5)是一组复数代数方程，显而易见，解式(3.5.5)一组复数代数方程要比解式(3.5.4)一组微分方程要简便得多。而求解式(3.5.5)一组复数代数方程后，就能得出所求响应的相量，进而得出响应的正弦量。

【例 3.5.2】 已知一电路如图 3.5.3 所示。①求出此电路的相量模型；②画出此电路中各元件电压、电流的相量图。

【解】 ① 将电路中电压 u、u_{L} 和 u_{C} 及电流 i_{C}、i_{L} 和 i_{R} 用对应的电压相量 $\dot U$、$\dot U_{\mathrm{L}}$ 和 $\dot U_{\mathrm{C}}$，电流相量 $\dot I_{\mathrm{C}}$、$\dot I_{\mathrm{L}}$ 和 $\dot I_{\mathrm{R}}$ 代替。R、L 和 C 用相量模型代替，就可得到图 3.5.3 所示电路的相量模型，如图 3.5.4(a)所示。

② 选 $\dot U_{\mathrm{L}}$ 为参考相量，即设它的初相位为零。由元件的伏安关系得 $\dot I_{\mathrm{L}}$ 落后 $\dot U_{\mathrm{L}}90°$，$\dot I_{\mathrm{R}}$ 和 $\dot U_{\mathrm{L}}$ 同相；根据 KCL 有：$\dot I_{\mathrm{C}}=\dot I_{\mathrm{L}}+\dot I_{\mathrm{R}}$。由平行四边形法则，得到电容电流相量 $\dot I_{\mathrm{C}}$；电容电压 $\dot U_{\mathrm{C}}$ 落后 $\dot I_{\mathrm{C}}90°$，最后由 KVL 得：$\dot U=\dot U_{\mathrm{C}}+\dot U_{\mathrm{L}}$，即得总电压相量 $\dot U$。

根据以上分析，可画出各电压、电流的相量图，如图 3.5.4(b)所示。

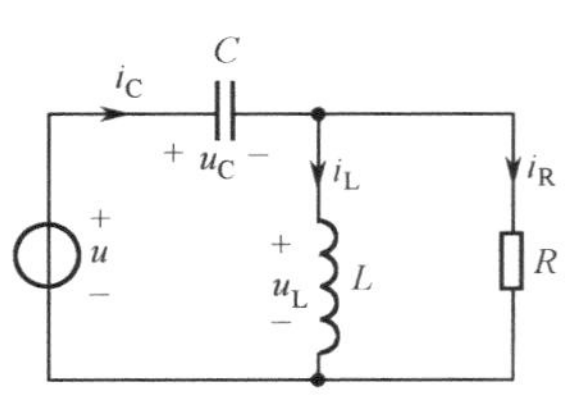

图 3.5.3　例 3.5.2 图

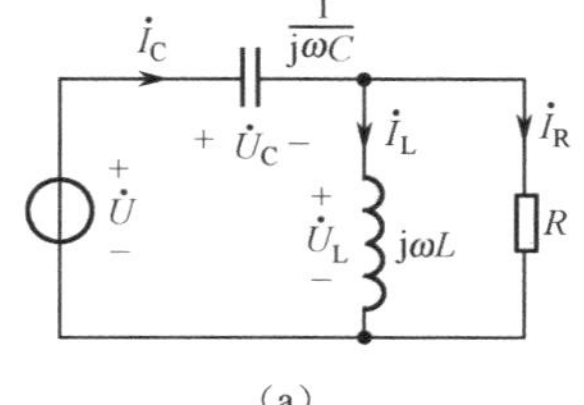

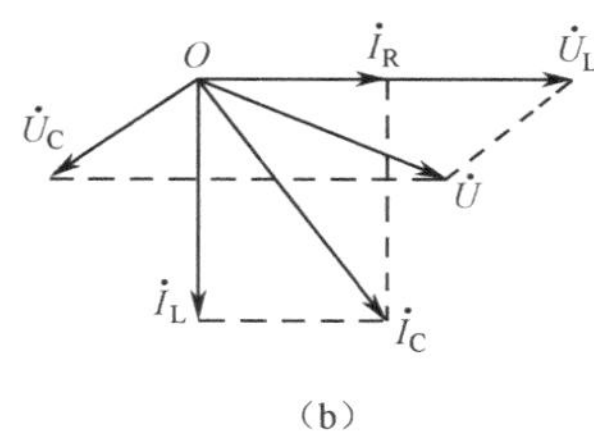

图 3.5.4　电路的相量模型和电压、电流相量图

3.6 正弦稳态电路的分析与计算

3.6.1 正弦稳态电路的分析方法

由前面的讨论可知，将正弦量用相量来表示，再引入阻抗、导纳的概念以后，欧姆定律和基尔霍夫定律均可用相量的形式来描述，而且在形式上与线性电阻电路相似，对于电阻电路有

$$\sum i=0,\qquad \sum u=0$$

$$u=Ri,\qquad i=Gu$$

对于正弦稳态电路有

$$\sum \dot{I}=0,\qquad \sum \dot{U}=0$$

$$\dot{U}=Z\dot{I},\qquad \dot{I}=Y\dot{U}$$

所以在分析正弦稳态电路时，完全可以采用线性电阻电路的各种分析方法。具体地说，线性电阻元件的串、并联规则，各种等效变换方法，支路法、节点电压法、网孔法等一般分析方法，以及叠加定理、戴维南和诺顿定理等均可推广到正弦稳态电路中来，差别仅在于所得的方程是以相量形式表示的代数方程，以及用相量形式描述的电路定理。

【例 3.6.1】 电路如图 3.6.1(a)所示。试列出该电路的节点电流方程和回路电压方程。电路中的独立电源全都是同频率正弦量。

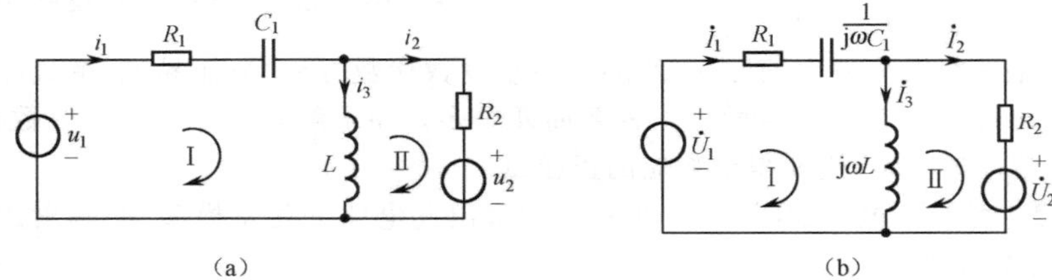

图 3.6.1 例 3.6.1 图

【解】 根据图 3.6.1(a)做出该电路的相量模型，如图 3.6.1(b)所示。

令
$$Z_1=R_1+\frac{1}{j\omega C_1},\quad Z_2=R_2,\quad Z_3=j\omega L$$

则该电路的节点电流方程为

$$\dot{I}_1-\dot{I}_2-\dot{I}_3=0$$

回路电压方程为：

回路Ⅰ
$$\dot{I}_1Z_1+\dot{I}_3Z_3-\dot{U}_1=0$$

回路Ⅱ
$$Z_2\dot{I}_2+\dot{U}_2-Z_3\dot{I}_3=0$$

【例 3.6.2】 求图 3.6.2(a)所示二端网络的戴维南等效电路。

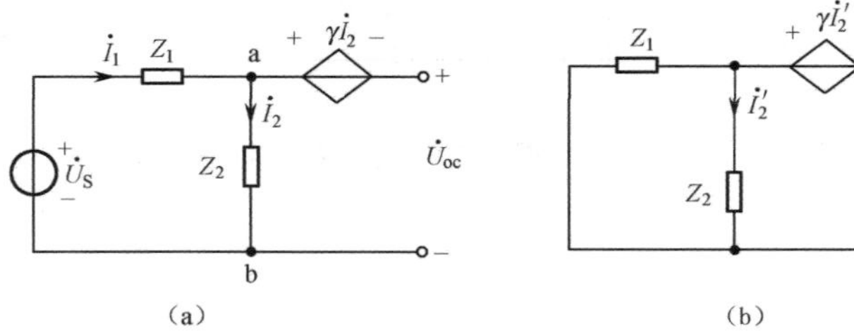

图 3.6.2 例 3.6.2 图

【解】 戴维南等效电路的开路电压 $\dot{U}_{oc}$ 与等效阻抗 Z_o 的求解方法与电阻电路相似。

先求 $\dot{U}_{oc}$

$$\dot{I}_2=\frac{\dot{U}_S}{Z_1+Z_2}$$

则

$$\dot{U}_{oc}=-r\dot{I}_2+\dot{U}_{ab}=\frac{Z_2}{Z_1+Z_2}\dot{U}_S-\frac{r\dot{U}_S}{Z_1+Z_2}=\frac{(Z_2-r)}{Z_1+Z_2}\dot{U}_S$$

去掉网络内的独立电源，得图 3.6.2(b)，再按此图用外施电压法求出等效阻抗 Z_o。

在端口置一电压源 $\dot{U}_o$，设 $\dot{I}'_2$ 为已知，得如下方程

$$\dot{I}_o=\dot{I}'_2+Z_2Y_1\dot{I}'_2,\quad \dot{U}_o=Z_2\dot{I}'_2-r\dot{I}'_2$$

解得

$$Z_o=\frac{\dot{U}_o}{\dot{I}_o}=\frac{(Z_2-r)\dot{I}'_2}{(1+Z_2Y_1)\dot{I}'_2}=\frac{Z_2-r}{1+Z_2Y_1}$$

3.6.2 正弦稳态电路的分析计算

分析计算正弦稳态电路的主要步骤如下：

① 建立电路的相量模型。将电路中的电压和电流用相量表示，各个电路元件用其相量模型表示，即得电路的相量模型。此时需先计算出各元件的阻抗、容抗和感抗。

② 确定分析电路的方法，并按分析方法的要求，列出相应电流相量和电压相量代数方程。

③ 将所列的方程求解，得出电压和电流的相量。在计算过程中，j 和 −j 一定要一起参加运算；因为 j 和 −j 不仅是虚数的单位，而且也应视为旋转因子。同时，阻抗与相量不同，它的实部和虚部均是有意义的，实部表示电阻，虚部表示电抗。

④ 根据要求，将电压和电流的相量，变换成它们的瞬时值表达式。

【例 3.6.3】 图 3.6.3(a)所示电路中，已知 $u_S=10\sqrt{2}\sin10000t\,\text{V}$，$R_1=R_2=R_3=1\Omega$，$R_4=4\Omega$，$C=400\mu\text{F}$，$L=0.4\text{mH}$，试用节点电压法求电阻 R_4 两端的电压 u_3。

【解】 建立电路图 3.6.3(a)的相量模型，如图 3.6.3(b)所示。

计算感抗和容抗

$$X_L=\omega L=10000\times0.4\times10^{-3}=4(\Omega)$$

$$X_C=\frac{1}{\omega C}=\frac{1}{10000\times400\times10^{-6}}=\frac{1}{4}(\Omega)$$

设图中电路各节点电压分别为 $\dot{U}_1$、$\dot{U}_2$ 和 $\dot{U}_3$，运用节点电压法可得下述方程

$$\left(\frac{1}{R_1}+\frac{1}{R_2}+\frac{1}{-jX_C}\right)\dot{U}_1-\frac{1}{R_2}\dot{U}_2-\frac{1}{-jX_C}\dot{U}_3=\frac{\dot{U}_S}{R_1}$$

$$-\frac{1}{R_2}\cdot\dot{U}_1+\left(\frac{1}{R_2}+\frac{1}{R_3}+\frac{1}{jX_L}\right)\dot{U}_2-\frac{\dot{U}_3}{R_3}=0$$

$$-\frac{1}{-jX_C}\dot{U}_1-\frac{1}{R_3}\dot{U}_2+\left(\frac{1}{R_3}+\frac{1}{R_4}+-\frac{1}{jX_C}\right)\dot{U}_3=0$$

代入数据，得

$$(2+j4)\dot{U}_1-\dot{U}_2-j4\dot{U}_3=10\angle0^\circ$$

$$-\dot{U}_1+(2-j\frac{1}{4})\dot{U}_2-\dot{U}_3=0$$

$$-j4\dot{U}_1-\dot{U}_2+(\frac{5}{4}+j4)\dot{U}_3=0$$

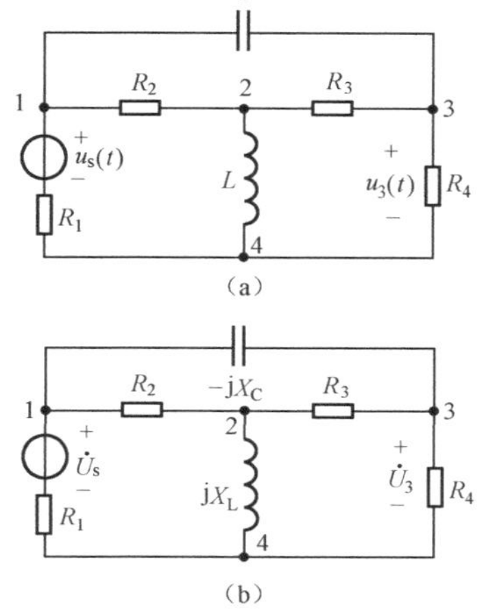

图 3.6.3　例 3.6.3 图

联立求解以上方程，得各节点电压相量为

$$\dot{U}_1=7.61\angle10.1^\circ\ (\text{V})$$

$$\dot{U}_2 = 7.62\angle 19.2°\ (\text{V})$$

$$\dot{U}_3 = 7.76\angle 14.0°\ (\text{V})$$

由此，电阻 R_4 两端电压的三角函数表达式为

$$u_3 = 7.76\sqrt{2}\sin(10000t + 14°)\ (\text{V})$$

在对正弦稳态电路进行分析计算时，有时先画出相量图再求解往往会十分简便和直观。

【例 3.6.4】 在图 3.6.4(a)中，$I_1 = 10\text{A}$，$I_2 = 10\sqrt{2}\text{A}$，$U = 200\text{V}$，$R_1 = 5\Omega$，$R_2 = X_L$，试求 I、X_C、X_L 及 R_2。

【解】 根据该题的已知条件和电路相量模型，若选电容二端的电压 $\dot{U}_C$ 为参考相量，便可画出相量图，如图 3.6.4(b)所示，再由相量图便可很简便地求解该题。

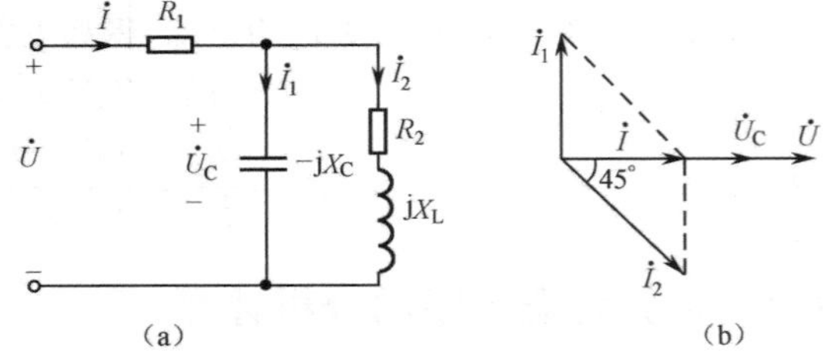

图 3.6.4　例 3.6.4 图

由 $X_L = R_2$ 可得 $\dot{I}_2$ 落后 $\dot{U}_C 45°$，而 $\dot{I} = \dot{I}_1 + \dot{I}_2$，从相量图可知

$$\dot{I} = 10\angle 0°(\text{A})$$

故 $I = 10\text{A}$，得 $\dot{U}$、$\dot{U}_{R1}$ 和 $\dot{U}_C$ 同相，且

$$U_{R1} = I \cdot R_1 = 10 \times 5 = 50(\text{V})$$

$$U_C = U - U_{R_1} = 200 - 50 = 150(\text{V})$$

则

$$X_C = \frac{U_C}{I_1} = \frac{150}{10} = 15(\Omega)$$

$$|Z_2| = \sqrt{R_2^2 + Z_L^2} = \sqrt{2}R_2,\quad |Z_2| = \frac{U_C}{I_2} = \frac{150}{10\sqrt{2}} = \frac{15}{\sqrt{2}}(\Omega)$$

故

$$R_2 = X_L = \frac{15}{\sqrt{2}\times\sqrt{2}} = 7.5(\Omega)$$

由上述可知，对该题而言，先画出相量图，再求解是极为简便的。

【例 3.6.5】 求图 3.6.5 所示电路中的 $\dot{I}_1$ 和 $\dot{I}_2$。

【解】 $\dot{I}_1$、$\dot{I}_2$ 恰为两个网孔电流，用网孔电流法求解。列出网孔电流法的方程

$$(1 - \text{j}2)\dot{I}_1 - (-\text{j}2)\dot{I}_2 = 1\angle 0°$$

$$-(-\text{j}2)\dot{I}_1 + (\text{j}2 + 1 - \text{j}2)\dot{I}_2 = -2\dot{I}$$

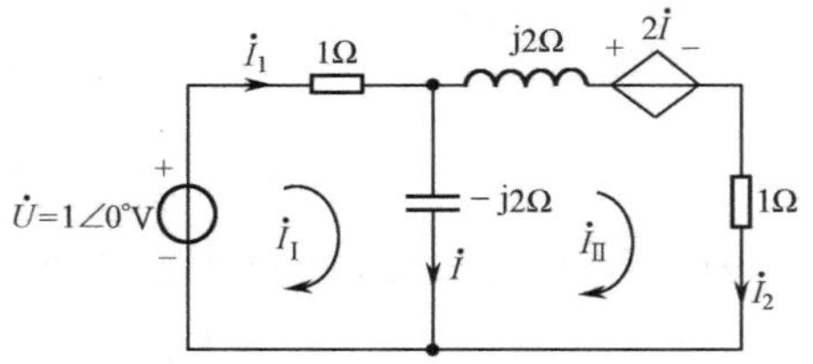

将受控源控制量 $\dot{I} = \dot{I}_1 - \dot{I}_2$ 代入上式，整理后，得

$$(1 - \text{j}2)\dot{I}_1 + \text{j}2\dot{I}_2 = 1$$

$$(2 + \text{j}2)\dot{I}_1 - \dot{I}_2 = 0$$

图 3.6.5　例 3.6.5 图

解上面的方程组，得

$$\dot{I}_1 = \frac{1}{-3 + \text{j}2} = 0.277\angle -146°(\text{A})$$

$$\dot{I}_2 = 2(1 + \text{j})\dot{I}_1 = 2\sqrt{2}\angle 45° \times 0.277\angle -146.3° = 0.784\angle 101°(\text{A})$$

3.7　正弦稳态电路的功率

在 2.3 节中，讨论了 R、L、C 元件的功率，在交流电路中，由于储能元件参与作用，所以除了能量的消耗外，还存在能量的相互转换，这样，交流电路的功率问题便复杂得多。本书将从分析正弦稳态电路的瞬时功率出发讨论有功功率、无功功率、功率因数、复功率及它们的相互关系。

3.7.1　瞬时功率、有功功率、无功功率和视在功率

1. 瞬时功率

图 3.7.1 所示二端网络，在端口电压和电流采用关联参考方向的条件下，它吸收的功率为$p=ui$。

当它工作于正弦稳态时，端口电压和电流是同频率的正弦量。设

$$i=\sqrt{2}I\sin\omega t,u=\sqrt{2}U\sin(\omega t+\varphi)$$

则二端网络吸收的瞬时功率为

$$\begin{aligned}p&=ui=2UI\sin\omega t\sin(\omega t+\varphi)\\&=UI[\cos\varphi-\cos(2\omega t+\varphi)]\end{aligned}\tag{3.7.1}$$

由式(3.7.1)可知，瞬时功率由一个恒定分量和一个频率为 2ω 的正弦分量两部分组成，它随时间周期性变化。

图 3.7.2 所示为该二端网络的瞬时功率波形图。由波形图可知，瞬时功率有正有负，当$p>0$时，二端网络吸收功率，从外部获得能量；当 $p<0$ 时，二端网络发出功率，向外部输出能量。

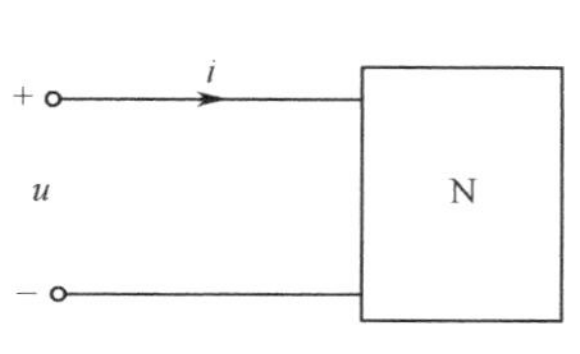

图 3.7.1　二端网络

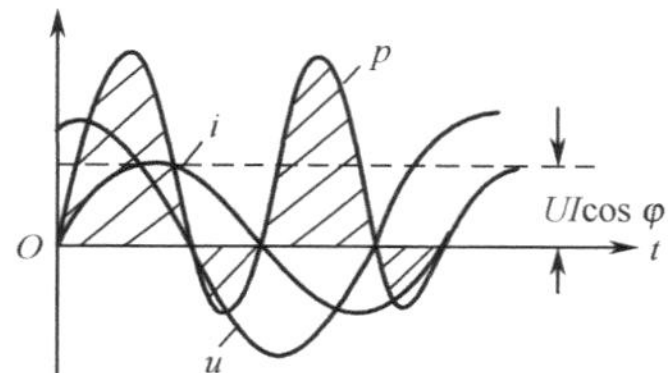

图 3.7.2　二端网络的瞬时功率

2. 平均功率

瞬时功率在一个周期内的平均值称为平均功率，用大写字母 P 表示；平均功率也称有功功率。即

$$\begin{aligned}P&=\frac{1}{T}\int_0^T p\,\mathrm{d}t=\frac{1}{T}\int_0^T[UI\cos\varphi-UI\cos(2\omega t+\varphi)]\mathrm{d}t\\&=UI\cos\varphi\end{aligned}\tag{3.7.2}$$

可见，二端网络的平均功率不仅是与电压、电流有效值乘积有关，还与电压、电流相位差的余弦有关。有功功率的单位为瓦(W)。式(3.7.2)中的因子 $\cos\varphi$ 称为功率因数，φ 角称为功率因数角。平均功率是一个重要概念，得到广泛应用，通常所说某个家用电器消耗多少瓦的功率，就是指它的平均功率，简称功率。

若 N 为无独立电源的二端网络，则

$$\varphi=\varphi_u-\varphi_i=\varphi_Z=-\varphi_Y$$

故

$$P=UI\cos\varphi=UI\cos\varphi_Z=UI\cos\varphi_Y$$

式中，φ_Z 为阻抗角，φ_Y 为导纳角。

当二端网络仅为电阻、电感和电容单个元件时，其功率情况已在 2.3 节详细论述了，这里不再赘述。当二端网络由电阻、电感和电容元件构成时，其相量模型等效为一个电阻与电抗的串联，或一个电导与电纳的并联，其端口电压与电流的相位差应在$+90°\sim-90°$之间变化，功率因数 $\cos\varphi$ 在 $0\sim1$ 之间变化。此时瞬时功率 p 随时间作周期性变化，其函数式如式(3.7.1)所示。当 $p<0$ 时，二端网络发出功率，向外部输出能量。当 $p>0$ 时，二端网络吸收功率，从外部获得能量。在一个周期内，从外部获得的能量比输出的能量多。总的说来，二端网络获得能量，所吸收的平均功率为

$$P=UI\cos\varphi=I^2\mathrm{Re}[Z]=U^2\mathrm{Re}[Y]\tag{3.7.3}$$

式中，Re[Z]是二端网络等效阻抗的电阻分量。因为二端网络相量模型等效于一个电阻与电抗

的串联，而电抗元件吸收的平均功率为零，因此电阻分量消耗的平均功率，就是二端网络吸收的平均功率。Re[Y]是二端网络等效导纳的分量，电导分量消耗的平均功率，就是二端网络吸收的平均功率。

当二端网络包含有独立电源和受控源时，计算平均功率的式(3.7.2)仍然适应。但此时的电压与电流的相位差 φ 可能在 90°～270°之间变化，功率因数 $\cos\varphi$ 在 1～－1 之间变化，导纳平均功率为负值。就意味着二端网络向外部提供能量。

在用 $UI\cos\varphi$ 计算二端网络吸收的平均功率时，一定要采用电压、电流的关联参考方向；否则会影响相位差 φ 的数值，从而影响到功率因数 $\cos\varphi$ 及平均功率的正负。

3. 无功功率

由电压三角形可得 $\dot{U}=\dot{U}_R+\dot{U}_X$

将该式转换成瞬时值表达式为

$$u=u_R+u_X=\sqrt{2}U_R\sin\omega t+\sqrt{2}U_X\sin(\omega t+\frac{\pi}{2})$$

式中，$U_R=U\cos\varphi$，$U_X=U\sin\varphi$

$$\begin{aligned}p&=ui=(u_R+u_X)i=p_R+p_X\\&=2UI\cos\varphi\sin^2(\omega t)+2UI\sin\varphi\sin(\omega t+\frac{\pi}{2})\sin\omega t\\&=UI\cos\varphi[1-\cos(2\omega t)]+UI\sin\varphi\sin(2\omega t)^{①}\end{aligned}\tag{3.7.4}$$

式(3.7.4)表明，瞬时功率 p 可分为 p_R 和 p_X 二项。其中 p_R 是电流 i 与电压 u 的有功分量 u_R 之积；在一个周期内 p_R 的平均值为 $UI\cos\varphi$，等于二端网络的有功功率。p_X 是电流 i 与电压 u 的另一个分量 u_X 之积，p_X 以 2ω 角频率随时间做正弦变化，在一个周期内的平均值为零，它代表外电路与二端网络内储能元件能量往返交换的速率，其最大值定义为二端网络吸收的无功功率，用符号 Q 表示，即

$$Q=UI\sin\varphi\tag{3.7.5}$$

无功功率的单位是乏(var)。

若二端网络是 RLC 串联电路，则 $Z=R+j(X_L-X_C)$，故

$$\sin\varphi=\sin\varphi_Z=\frac{X_L-X_C}{\sqrt{R^2+(X_L-X_C)^2}}=\frac{X_L-X_C}{|Z|}$$

将上式代入式(3.7.5)得

$$Q=UI\frac{X_L-X_C}{|Z|}=I^2X_L-I^2X_C=Q_L+Q_C$$

上式表明，二端网络内电感无功功率与电容无功功率相互补偿。当 $X_L=X_C$ 时，$Q=0$，此时能量的往返交换只在电感和电容之间进行，二端网络与外电路不再有能量的来回转换。

虽然无功功率并非二端网络真正吸收的功率，只是与外电路进行能量交换的最大速率，但无功功率并非无用。在工程实际中，无功功率是电动机、变压器等电气设备正常工作所必须的。

4. 视在功率

许多电气设备的容量是由它们的额定电压和额定电流的乘积决定的，为此引入了视在功率的概念。将二端网络电压有效值和电流有效值的乘积，称为视在功率，用 S 表示。

$$S=UI\tag{3.7.6}$$

视在功率的量纲和有功功率的相同，为了和有功功率相区别，视在功率的单位用伏安[VA]或千伏安[kVA]表示。

在通常情况下，使用电气设备时，电压和电流都不能超过其额定值，因此，视在功率表征了电

① 利用三角函数可以证明：式(3.7.1)与式(3.7.4)是恒等的。

气设备“容量”的大小。

以上各功率的概念。虽然均以一个二端网络来阐述的，很显然，它们都适应于正弦稳态电路。

比较 P、Q、S 的计算式，有功功率、无功功率、视在功率也构成一个直角三角形，称之为功率三角形。由于

$$P=U_R I=I^2 R,\quad Q=U_X I=I^2 X,\quad S=UI=I^2|Z|$$

故功率三角形、电压三角形和阻抗三角形是一组相似三角形，它们之间的关系如图 3.7.3 所示。

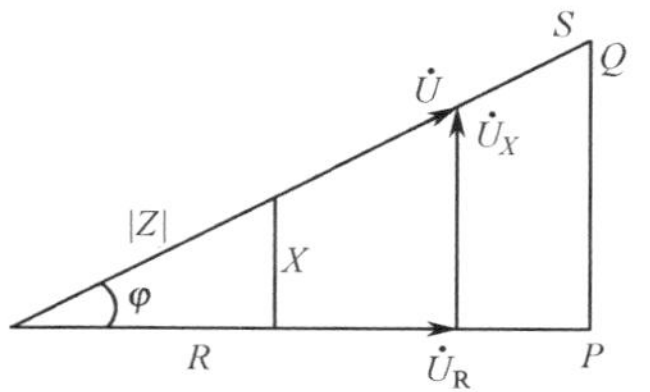

图 3.7.3　功率三角形、电压三角形和阻抗三角形

【例 3.7.1】　如图 3.7.4(a)所示。$i_S=10\sqrt{2}\sin(100t)$ A，$R_1=R_2=1\Omega$，$C_1=C_2=0.01$F，$L=0.02$H，求电源提供的有功功率、无功功率；各电阻元件吸收的有功功率及各储能元件吸收的无功功率。

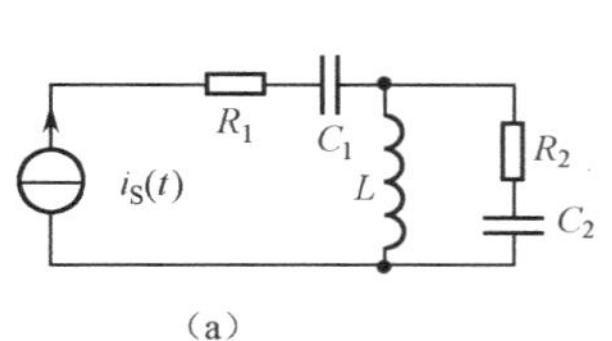

(a)

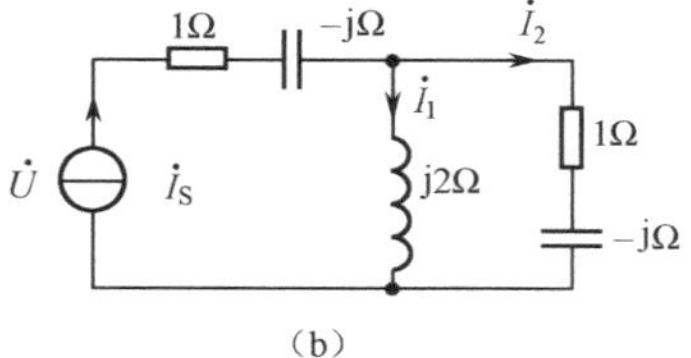

(b)

图 3.7.4　例 3.7.1 图

【解】　做出电路的相量模型，如图 3.7.4(b)所示，$\dot{I}_S=10\angle 0°$(A)。

计算容抗、感抗和阻抗

$$X_{C1}=X_{C2}=\frac{1}{\omega C_1}=\frac{1}{100\times 0.01}=1(\Omega)$$

$$X_L=\omega L=100\times 0.02=2(\Omega)$$

$$Z=1-\mathrm{j}+\frac{(1-\mathrm{j})\mathrm{j}2}{1-\mathrm{j}+\mathrm{j}2}=3-\mathrm{j}(\Omega)$$

故

$$P=UI_S\cos\varphi=I_S^2\cdot R=10^2\times 3=300(\mathrm{W})$$

$$Q=UI_S\sin\varphi=I_S^2 X=10^2\times(-1)=-100(\mathrm{var})$$

为计算各电阻元件吸收的有功功率和各储能元件吸收的无功功率，先计算各支路电流，由分流公式得

$$\dot{I}_1=\frac{1-\mathrm{j}}{\mathrm{j}2+1-\mathrm{j}}\dot{I}_S=-\mathrm{j}10=10\angle-90°(\mathrm{A})$$

$$\dot{I}_2=\frac{\mathrm{j}2}{\mathrm{j}2+1-\mathrm{j}}\dot{I}_S=(1+\mathrm{j})\times 10=10\sqrt{2}\angle 45°(\mathrm{A})$$

R_1、R_2 吸收的有功功率分别为

$$P_1=I_S^2\cdot R_1=10^2\times 1=100(\mathrm{W})$$

$$P_2=I_2^2\cdot R_2=(10\sqrt{2})^2\times 1=200(\mathrm{W})$$

而 L、C_1、C_2 吸收的无功功率分别为

$$Q_1=I_1^2\cdot X_L=10^2\times 2=200(\mathrm{var})$$

$$Q_2=-I_S^2\cdot X_{C1}=-10^2\times 1=-100(\mathrm{var})$$

$$Q_3=-I_2^2\cdot X_{C2}=-(10\sqrt{2})^2\times 1=-200(\mathrm{var})$$

由上面的计算结果可见

$$P_1+P_2=100+200=300=P$$

即电源提供的有功功率等于 R_1 和 R_2 吸收的有功功率之和。

$$Q_1+Q_2+Q_3=200+(-100)+(-200)=-100=Q$$

即电源提供的无功功率等于电路内储能元件 L、C_1、C_2 吸收的无功功率之和。

由此可得出以下结论：电路中有功功率 P 等于各电阻的有功功率之和；而无功功率 Q 等于各储能元件的无功功率之和。即

$$P=\sum_{k=1}^{n}P_k,\quad Q=\sum_{k=1}^{n}Q_k \tag{3.7.7}$$

以上结论适用于任何正弦稳态电路。

【例 3.7.2】 图 3.7.5 电路是测定电感线圈参数 R、L 的实验电路。设电源电压频率为 50Hz，电压表、电流表和功率表的读数为 220V、0.55A 和 80W，试求 R、L 之值。

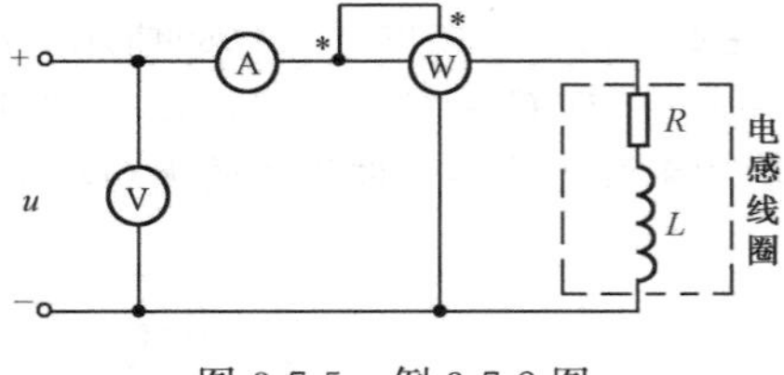

图 3.7.5　例 3.7.2 图

【解】 由电压表、电流表及功率表的读数可求得线圈的阻抗和阻抗角，即

$$|Z|=\frac{U}{I}=\frac{220}{0.55}=400\ (\Omega)$$

$$\cos\varphi=\frac{P}{UI}=\frac{80}{220\times0.55}=0.661$$

$$\varphi=48.6°$$

设线圈的阻抗 $\quad Z=R+\mathrm{j}X=|Z|\angle\varphi$

故 $\quad R=|Z|\cos\varphi=400\times0.661=264.4\ (\Omega)$

$$X=|Z|\sin\varphi=400\times0.75=300\ (\Omega)$$

$$X=\omega L=2\pi fL=300(\Omega),\quad L=955\ (\mathrm{mH})$$

3.7.2　功率因数及功率因数的提高

前述有功功率的表达式为

$$P=UI\cos\varphi$$

它代表电路中实际消耗的功率。故由该表达式可知，在一定大小的电压、电流下，负载获得的有功功率大小取决于 $\cos\varphi$，故称 $\cos\varphi$ 为功率因数，并用 λ 来表示，即有 $\lambda=\cos\varphi$，φ 称为功率因数角。由于 $\cos\varphi\leqslant1$，$P=S\cos\varphi$，因此 $P\leqslant S$。

在电力系统中，电源(如发电机、变压器等电气设备)的容量是一定的，它输出的有功功率，便与负载的功率因数相关。负载的功率因数愈高，则输出的有功功率便愈多，因此要充分利用电气设备的容量，就必须提高功率因数。

另外提高负载的功率因数，还可以减少线路上的电能损耗，提高供电效率和质量。在图 3.7.6所示供电线路模型中，Z_L 和 Z_1 分别代表负载和线路阻抗。若 P_2 和 P_1 分别是负载吸收的有功功率和电源提供的有功功率。在负载两端电压 U_2 和 P_2 一定的条件下，若提高负载的功率因数则会使：

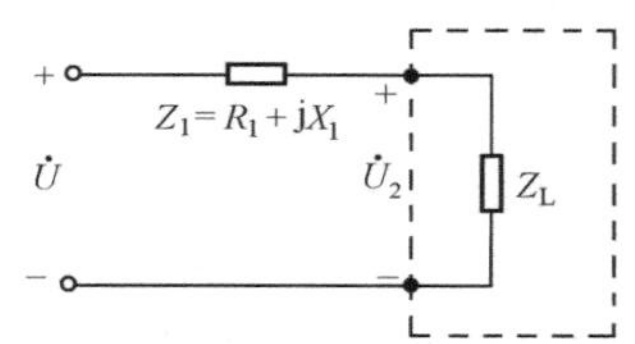

图 3.7.6　供电线路模型

① 线路电流 $I=P_2/(U_2\cos\varphi)$减小，从而减少线路的电能损耗，电源提供的有功功率 P 减少，$\eta=P_2/P$将增加，即提高了供电效率。

② 线路上的电压降 $I|Z_1|$，由于 I 的减少而减少，易于维持负载的额定电压从而提高供电质量。

通常，供电线路中的负载多为感性负载，(如三相异步电动机、变压器、日光灯等)，所以往往采用在负载两端并联电容的方法来提高这类电路的功率因数。并联电容的电容值计算如下：

设图 3.7.7(a)所示感性负载，其端电压为 $\dot{U}$，有功功率为 P，若要将功率因数由 $\cos\varphi_1$，提高到 $\cos\varphi$ 所需并联的电容值可如下确定。

画出并联电容后的相量图如图 3.7.7(b)所示，根据 KCL 有 $\dot{I}_2=\dot{I}_1+\dot{I}_C$，由于并联电容以后

P 和 U 均不变，所以

$$I_2=\frac{P}{U\cos\varphi},\quad I_1=\frac{P}{U\cos\varphi_1}$$

而
$$I_C=I_1\sin\varphi_1-I_2\sin\varphi=\omega CU$$

故
$$\omega CU=\frac{P}{U\cos\varphi_1}\sin\varphi_1-\frac{P}{U\cos\varphi}\sin\varphi=\frac{P}{U}(\tan\varphi_1-\tan\varphi)$$

得
$$C=\frac{P}{\omega U^2}(\tan\varphi_1-\tan\varphi) \tag{3.7.8}$$

式(3.7.8)就是为了提高功率因数所需并联电容值的计算公式。

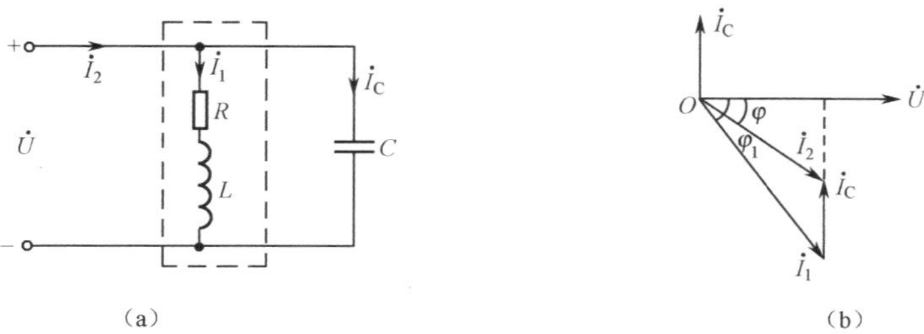

图 3.7.7　功率因数的提高

【例 3.7.3】　有一感性负载，有功功率为 20kW，外接 50Hz、380V 的正弦电压，其功率因数为 0.6。若要将功率因数提高到 0.9，应在负载两端并联多大的电容？

【解】　对应于 $\cos\varphi_1=0.6$、$\cos\varphi=0.9$ 的功率因数角分别为 $\varphi_1=53.1°$、$\varphi=25.8°$，则

$$C=\frac{P}{2\pi fU^2}(\tan\varphi_1-\tan\varphi)$$
$$=\frac{20\times10^3}{2\times3.14\times50\times380^2}(\tan53.1°-\tan25.8°)=37.5(\mu\text{F})$$

注意：并联电容后功率因数的提高，是对整个负载（包括并联电容）而言的，而原感性负载的功率因数并没有改变。

从功率角度看，并联电容前，负载的有功功率 P 和无功功率 Q 都由电源提供；并联电容后，有功功率仍由电源提供，而无功功率由电源提供一部分，由电容提供一部分。

3.7.3　复功率

由前面所述，正弦交流电路的瞬时功率等于两个同频率的正弦量的乘积，在一般情况下，其结果是一个非正弦量，同时它的变化频率也不同于电压或电流的频率，因此不能用相量法来讨论；但是有功功率、无功功率、视在功率和功率因数角之间的关系是可以用一个复数来统一表述的。这一复数便是复功率。

设二端网络端口电压、电流相量分别为 $\dot{U}=U\angle\varphi_u$、$\dot{I}=I\angle\varphi_i$，引入电流相量 $\dot{I}$ 的共轭复数 $\dot{I}^*$，即 $\dot{I}^*=I\angle-\varphi_i$，则

$$\overline{S}=\dot{U}\dot{I}^*=UI\underline{/\varphi_u-\varphi_i}=UI\angle\varphi$$
$$=UI\cos\varphi+\text{j}UI\sin\varphi=P+\text{j}Q$$

可见由二端网络端口电压相量乘以端口电流相量的共轭复数 $\dot{I}^*$，所得复数的模等于视在功率，辐角等于功率因数角；用代数形式表示时，其实部为有功功率，虚部为无功功率。称这个复数为复数功率，简称复功率，用 $\overline{S}$ 表示。即

$$\overline{S}=\dot{U}\dot{I}^*=S\angle\varphi=P+\text{j}Q \tag{3.7.9}$$

复功率的单位为伏安(VA)。

由式(3.7.7),有

$$\overline{S}=P+\mathrm{j}Q=\sum_{k=1}^{n}P_k+\mathrm{j}\sum_{k=1}^{n}Q_k=\sum_{k=1}^{n}(P_k+\mathrm{j}Q_k) \tag{3.7.10}$$

令 $\overline{S}_k=P_k+\mathrm{j}Q_k$ 为每 k 条支路的复功率,则

$$\overline{S}=\sum_{k=1}^{n}\overline{S}_k$$

这说明二端网络吸收的复功率,等于网络内部各支路吸收的复功率之和,称为复功率守恒。显然,复功率包括了有功功率守恒和无功功率守恒,但在一般情况下,不存在视在功率守恒,即 $S\neq\sum_{k=1}^{n}S_k$ 。同时,也应注意,视在功率与有功功率和无功功率之间不存在复数关系,即 $S\neq P+\mathrm{j}Q$。

【例 3.7.4】 在图 3.7.8 所示电路中,$\dot{I}_S=5\angle0°\mathrm{A}$,$Z_1=(2-\mathrm{j})\Omega$,$Z_2=(1+\mathrm{j})\Omega$,$Z_3=2\Omega$。求 Z_1、Z_2、Z_3 吸收的复功率和电源提供的复功率 $\overline{S}$。

【解】 $Z_{ab}=Z_3+\dfrac{Z_1\cdot Z_2}{Z_1+Z_2}=2+\dfrac{(1+\mathrm{j})(2-\mathrm{j})}{(1+\mathrm{j})+(2-\mathrm{j})}=3+\mathrm{j}\,\dfrac{1}{3}(\Omega)$

$$\dot{U}_{ab}=\dot{I}_SZ_{ab}=5\angle0°\times\left(3+\mathrm{j}\,\frac{1}{3}\right)=15+\mathrm{j}\,\frac{5}{3}(\mathrm{V})$$

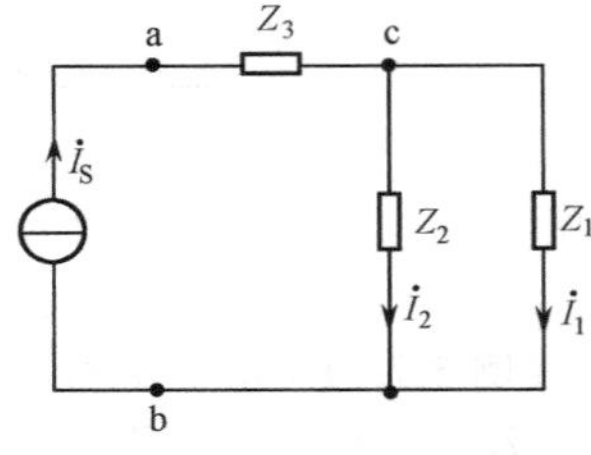

图 3.7.8 例 3.7.4 图

故电源提供的复功率为

$$\overline{S}=\dot{U}_{ab}\cdot\dot{I}_S^{\,*}=\left(15+\mathrm{j}\,\frac{5}{3}\right)\times5=75+\mathrm{j}\,\frac{25}{3}(\mathrm{VA})$$

为求得各支路的复功率,先求得各支路的电压、电流

$$\dot{I}_1=\frac{Z_2}{Z_1+Z_2}\dot{I}_S=\frac{1+\mathrm{j}}{(1+\mathrm{j})+(2-\mathrm{j})}\times5\angle0°=\frac{5}{3}(1+\mathrm{j})(\mathrm{A})$$

$$\dot{I}_2=\dot{I}_S-\dot{I}_1=5-\frac{5}{3}(1+\mathrm{j})=\frac{5}{3}(2-\mathrm{j})(\mathrm{A})$$

$$\dot{U}_{cb}=\dot{I}_S\frac{Z_1\times Z_2}{Z_1+Z_2}=5\times\left(\frac{3+\mathrm{j}}{3}\right)=\frac{5}{3}(3+\mathrm{j})\ (\mathrm{V})$$

$$\dot{U}_{ac}=\dot{I}_SZ_3=5\times2=10\ (\mathrm{V})$$

则

$$\overline{S}_1=\dot{U}_{cb}\cdot\dot{I}_1^*=\frac{5}{3}(3+\mathrm{j})\times\frac{5}{3}(1-\mathrm{j})=\frac{100}{9}-\mathrm{j}\,\frac{50}{9}\ (\mathrm{VA})$$

$$\overline{S}_2=\dot{U}_{cb}\cdot\dot{I}_2^*=\frac{5}{3}(3+\mathrm{j})\times\frac{5}{3}(2+\mathrm{j})=\frac{125}{9}+\mathrm{j}\,\frac{125}{9}\ (\mathrm{VA})$$

$$\overline{S}_3=\dot{U}_{ac}\cdot\dot{I}_S^{\,*}=10\times5=50\ (\mathrm{VA})$$

由上面的计算结果,可得

$$\overline{S}_1+\overline{S}_2+\overline{S}_3=\left(\frac{100}{9}-\mathrm{j}\,\frac{50}{9}\right)+\left(\frac{125}{9}+\mathrm{j}\,\frac{125}{9}\right)+50=75+\mathrm{j}\,\frac{25}{3}=\overline{S}$$

$$P_1+P_2+P_3=\frac{100}{9}+\frac{125}{9}+50=75=P$$

$$Q_1+Q_2+Q_3=-\frac{50}{9}+\frac{125}{9}+0=\frac{25}{3}=Q$$

从中可以看出,均满足有功功率守恒、无功功率守恒和复功率守恒的规律。

3.7.4 最大功率传输定理

在通信系统、电子电路中由于传输的功率较小,而不必计较传输效率,但往往要求在信号源一定的情况下,负载能获得最大功率,因此下面讨论获得最大功率的条件。

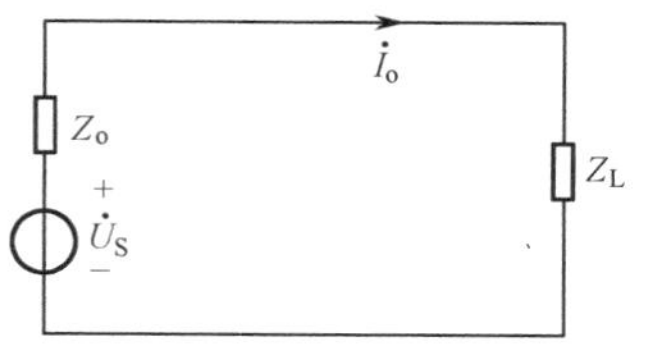

图 3.7.9　最大功率传输

在图 3.7.9 所示电路中，$\dot{U}_S$ 和 $Z_o(Z_o=R_o+jX_o)$分别为信号源电压相量和内阻抗；$Z_L=R+jX$ 为负载阻抗。在 $\dot{U}_S$ 和 Z_o 不变的情况下，负载吸收的有功功率为

$$P=\frac{U_S^2R}{(R_o+R)^2+(X_o+X)^2}$$

式中，R，X 是可变的。

显然，对任意 R 来说，$X=-X_o$ 时，分母最小，负载能得到的功率最大，其值为

$$P=\frac{U_S^2R}{(R_o+R)^2}$$

因 U_S 和 R_o 是不变的，故可求出极值点时 R 的值。令

$$\frac{dP}{dR}=\frac{d}{dR}\left[\frac{U_S^2R}{(R_o+R)^2}\right]=0$$

解得 $R=R_o$。因此，负载吸收最大功率的条件是

$$\begin{cases}X=-X_o\\R=R_o\end{cases}$$

或

$$Z_L=R_o-jX_o=Z_o^* \tag{3.7.11}$$

此时负载阻抗和信号源内阻抗是一对共轭复数，负载所获得的最大功率为

$$P_{max}=\frac{U_S^2}{4R_o} \tag{3.7.12}$$

但这时的效率只有 50%，而信号源输出的功率为 $P_S=\frac{U_S^2}{2R_o}$。

上述获最大功率的条件称为最佳匹配，也称为共轭匹配。

【例 3.7.5】　在图 3.7.10 中，若使 R_L 获得最大功率，求 R_L 和 C_L 之值。设 $\dot{U}=100\angle0°$V，$R=100\Omega$，$L=0.3$H，$\omega=10^3$ rad/s 。

【解】　将电容和电阻并联形式转换为串联形式得

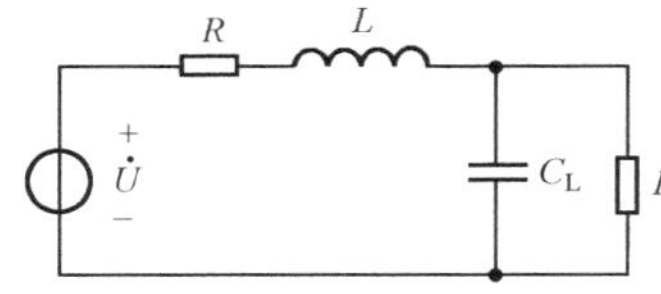

图 3.7.10　例 3.7.5 图

$$Z_L=\frac{R_L\cdot\frac{1}{j\omega C_L}}{R_L+\frac{1}{j\omega C_L}}=\frac{1}{\frac{1}{R_L}+j\omega C_L}=\frac{\frac{1}{R_L}}{\frac{1}{R_L^2}+(\omega C_L)^2}-j\frac{\omega C_L}{\frac{1}{R_L^2}+(\omega C_L)^2}$$

而 R 与 L 串联的阻抗为

$$Z_o=R+j\omega L$$

根据最大功率传输定理，由实部相等可得

$$R=\frac{\frac{1}{R_L}}{\frac{1}{R_L^2}+(\omega C_L)^2} \tag{3.7.13}$$

化简得

$$\omega C_L=\frac{1}{R_L}\sqrt{\frac{R_L}{R}-1} \tag{3.7.14}$$

由虚部相等可得

$$\omega L=\frac{\omega C_L}{\frac{1}{R_L^2}+(\omega C_L)^2} \tag{3.7.15}$$

将式(3.7.14)平方后代入式(3.7.15)得

$$\omega L=\frac{\omega C_L}{\frac{1}{R_LR}}=\omega C_LR_LR \tag{3.7.16}$$

则
$$C_L=\frac{L}{R_L R}$$

将式(3.7.14)代入式(3.7.15)得

$$R_L=\frac{(\omega L)^2+R^2}{R}=\frac{(0.3\times 10^3)^2+100^2}{100}=1000(\Omega)$$

代入具体数据得

$$C_L=\frac{L}{R_L R}=\frac{0.3}{100\times 1000}=3(\mu F)$$

3.8 谐振电路

本章前几节所讨论的电压和电流都是时间的函数，在时间领域内对电路进行分析，所以常称为时域分析。本节是在频率域内对两种典型谐振电路的分析，属于频域分析。

3.8.1 正弦交流电路的频率特性

在交流电路中，电容元件的容抗和电感元件的感抗均与频率有关，在电源频率一定时，它们有一确定值；当电源电压或电流的频率改变，即使电源电压或电流的幅值不变，容抗和感抗的值也会随之变化，从而使电路各部分产生的电流和电压(即响应)的大小和相位也随着改变。这种响应与频率的关系就称为频率特性，也称为频率响应。

前已述及，含有电阻、电感和电容元件而不含独立电源的二端网络的性质，可分为电容性质、电感性质和纯电阻性质三种。像这样的二端网络，在一般情况下，该网络不会是电阻性的；但是当频率变化时由于容抗和感抗均会发生变化，尽管该二端网络仍含有电感和电容元件，但会使其表现为电阻性的现象，该现象称为谐振现象。此时的频率便称为谐振频率，又称为电路的固有频率，它是由网络的结构和电容、电感的参数决定的。产生谐振的由电阻、电容、电感元件组成的电路称为谐振电路。R、L、C 串联及并联谐振电路是两种典型的谐振电路。

研究谐振现象是很有实际意义的。一方面谐振现象得到了广泛应用，特别是在电子技术中；另一方面，在某些情况下，电路发生谐振会破坏正常的工件，甚至造成事故，例如电力线路中就如此。

3.8.2 串联谐振电路

在图 3.8.1 所示的 R、L 和 C 串联谐振电路中，在正弦激励下其阻抗

$$Z(j\omega)=R+j\left(\omega L-\frac{1}{\omega C}\right)=R+j(X_L-X_C)=R+jX$$

式中，感抗 $\omega L(X_L)$、容抗$\frac{1}{\omega C}(X_C)$及电抗 X 随频率而变化，它们的频率特性如图 3.8.2所示。

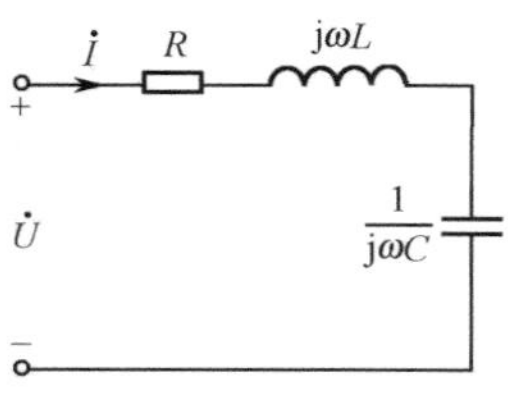

图 3.8.1 串联谐振电路

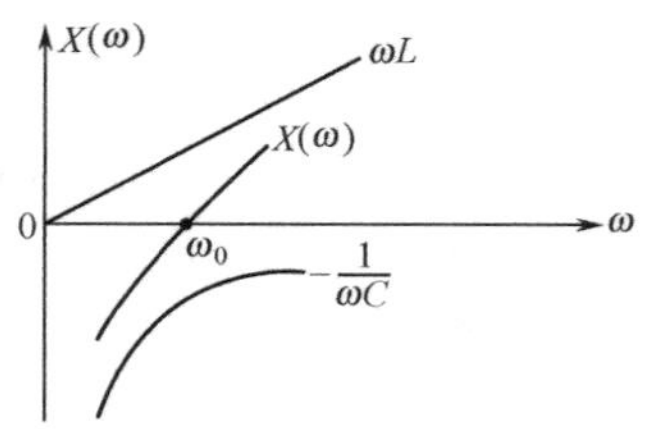

图 3.8.2 电抗 X 的频率特性

从图 3.8.2 可知，当 $\omega<\omega_0$ 时，$X<0$，电路呈电容性；当 $\omega>\omega_0$ 时，$X>0$，电路呈电感性；当 $\omega=\omega_0$ 时，$X=0$，电路呈电阻性。因此产生谐振的条件为

$$X(\omega_0)=\omega_0 L-\frac{1}{\omega_0 C}=X_L-X_C=0$$

这种在 R、L、C 串联电路中发生的谐振现象称为串联谐振，发生谐振的角频率称为谐振角频率。且此推得谐振频率为

$$\omega_0=\frac{1}{\sqrt{LC}},\qquad f_0=\frac{1}{2\pi\sqrt{LC}} \tag{3.8.1}$$

可见，串联谐振频率只有一个，是由串联电路中的 L、C 参数决定的，与 R 无关。因此，为了实现谐振或消去谐振，可以固定电路参数 L 和 C，改变激励频率；也可以固定激励频率，改变电路参数 L 或 C。例如，调谐收音机接收广播信号时，就是靠调节电容量的大小使电路达到谐振而实现接收所属广播信号的目的的。

现在再来分析串联谐振时的特征。

从阻抗的频率特性可知，达到谐振时，电路的阻抗为

$$Z(\omega_0)=R+\mathrm{j}X(\omega_0)=R$$

即谐振时，阻抗为实数，阻抗角为零，阻抗模 $|Z|=R$ 为最小。

谐振时电路中的电流

$$\dot{I}_0=\frac{\dot{U}}{Z(\omega_0)}=\frac{\dot{U}}{R} \tag{3.8.2}$$

即谐振时，电流与电压同相位，在外加电压一定时，电流最大，这是串联谐振电路的一个重要特征。可根据这一特征来判断电路是否发生了谐振。

谐振时，电路中各元件上的电压为

$$\dot{U}_R=R\dot{I}_0=R\,\frac{\dot{U}}{R}=\dot{U}$$

$$\dot{U}_L=\mathrm{j}\omega_0 L\dot{I}_0=\mathrm{j}\omega_0 L\,\frac{\dot{U}}{R}$$

$$\dot{U}_C=-\mathrm{j}\,\frac{1}{\omega_0 C}\dot{I}_0=-\mathrm{j}\,\frac{1}{\omega_0 C}\,\frac{\dot{U}}{R}$$

由于谐振时，$X_L=X_C$，即 $1/\omega_0 C=\omega_0 L$，故 $\dot{U}_L=-\dot{U}_C$。即电感电压和电容电压大小相等，相位相反，相互抵消。这种状态是串联谐振电路所特有的，因此串联谐振又称为电压谐振。该电路的相量图如图 3.8.3 所示。

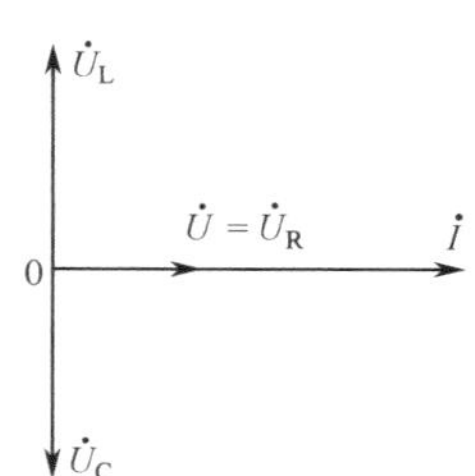

图 3.8.3　串联谐振相量图

注意：当 $\omega_0 L$（或 $1/\omega_0 C$）远大于 R 时，电感（或电容）电压就会远大于电源电压。正因为如此，在无线电工程中往往用串联谐振，在电容或电感上获得高于微弱信号电压许多倍的响应电压。但在电力系统中，由于电源电压本身较高，串联谐振可能产生危及设备的过电压，所以应尽量避免。

$\dot{U}_C$ 或 $\dot{U}_L$ 与电源电压的比值称为电路的品质因数，用 Q 表示，即

$$Q=\frac{U_C}{U}=\frac{U_L}{U}=\frac{1}{\omega_0 CR}=\frac{\omega_0 L}{R}=\frac{1}{R}\sqrt{\frac{L}{C}} \tag{3.8.3}$$

品质因数的意义是：表示在谐振时，电容或电感元件上的电压是电源电压的 Q 倍。

下面对串联谐振时电路中的功率进行分析。谐振时，电压与电流同相，功率因数 $\lambda=\cos\varphi=1$，电路的无功功率为零值，电路吸收的有功功率为

$$P=UI\cos\varphi=UI=I^2R=\frac{U^2}{R} \tag{3.8.4}$$

虽然，整个电路的无功功率为零值，但电容和电感吸收的无功功率并不为零，而分别是

$$Q_L = \omega_0 L I^2, Q_C = -\frac{1}{\omega_0 C} I^2$$

这说明谐振时，外电路不提供无功功率，但电路内部的电感与电容之间在周期性地进行磁场能量与电场能量的交换，这一能量的总和为

$$W = \frac{1}{2} L i^2 + \frac{1}{2} c u_c^2 \tag{3.8.5}$$

设谐振时激励电压 $u = U_m \sin(\omega_0 t)$，则电流和电容电压分别为

$$i = \frac{U_m}{R} \sin(\omega_0 t) = I_m \sin(\omega_0 t)$$

$$u_C = \frac{I_m}{\omega_0 C} \sin\left(\omega_0 t - \frac{\pi}{2}\right) = -U_{cm} \cos(\omega_0 t)$$

将上式代入式(3.8.5)，可得 L 和 C 中能量的总和为

$$W(t) = \frac{1}{2} L I_m^2 \sin^2(\omega_0 t) + \frac{1}{2} C U_{cm}^2 \cos^2(\omega_0 t)$$

由于 $U_{cm} = \frac{1}{\omega_0 C} I_m = \sqrt{\frac{L}{C}} I_m$ 和 $U_{cm} = Q U_m$，所以总电磁能量为

$$W = \frac{1}{2} L I_m^2 = \frac{1}{2} C U_{cm}^2 = \frac{1}{2} C Q^2 U_m^2 = C Q^2 U^2 = \text{常量} \tag{3.8.6}$$

通过以上分析可知，在 RLC 串联电路发生谐振时，外电路只提供有功功率，而与谐振回路的储能元件不再有能量的相互交换。电感和电容中的磁场能量和电场能量随时间作周期性变化，此增彼减，相互转化，总的电磁能量是个常数。

串联电阻的大小虽然不影响谐振电路的固有频率，但有控制和调节电压和电流谐振时幅值的作用。

【例 3.8.1】 图 3.8.4 所示电路中，电源电压 $U = 10\text{mV}$，$\omega = 10^4 \text{rad/s}$，调节电容 C 以使电路中电流达到最大值 $100\mu\text{A}$，这时电容上的电压为 600mV。

① 求 R、L、C 的值及电路的品质因数。

② 若电源角频率下降 10%，R、L、C 参数不变，求电路中的电流和电容电压。

【解】 ① 因电路电流达到最大值，所以电路处于串联谐振状态。而谐振时

$$\dot{I} = \frac{\dot{U}}{R}$$

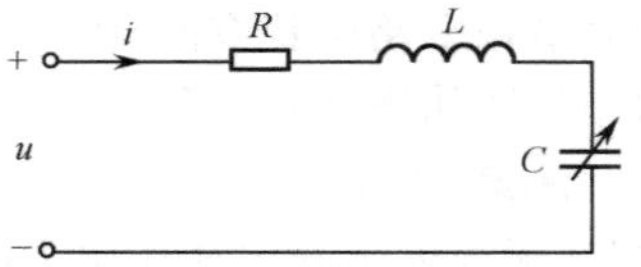

故
$$R = \frac{U}{I} = \frac{10 \times 10^{-3}}{100 \times 10^{-6}} = 100(\Omega)$$

因为
$$U_C = \frac{I}{\omega_0 C}$$

则
$$C = \frac{I}{\omega_0 U_C} = \frac{100 \times 10^{-6}}{10^4 \times 600 \times 10^{-3}} = 0.017(\mu\text{F})$$

图 3.8.4 例 3.8.1 图

又因
$$U_C = U_L = \omega_0 L I$$

故
$$L = \frac{U_C}{\omega_0 I} = \frac{600 \times 10^{-3}}{10^4 \times 100 \times 10^{-6}} = 0.6(\text{H})$$

$$Q = \frac{\omega_0 L}{R} = \frac{U_C}{U} = \frac{600 \times 10^{-3}}{10 \times 10^{-3}} = 60$$

② 当电源角频率下降 10%，即 $\omega = (1 - 10\%)\omega_0 = 0.9 \times 10^4 = 9 \times 10^3$ 时

$$\omega L = 9 \times 10^3 \times 0.6 = 5.4 \times 10^3 (\Omega)$$

$$\frac{1}{\omega C} = \frac{1}{9 \times 10^3 \times 0.017 \times 10^{-6}} = 6.54 \times 10^3 (\Omega)$$

$$Z = 100 + \mathrm{j}(5.4 - 6.54) \times 10^3 = 100 - \mathrm{j}1.14 \times 10^3 (\Omega)$$

$$|Z| = \sqrt{100^2 + (1.14 \times 10^3)^2} \approx 1.14 \times 10^3 (\Omega)$$

由此得电路电流

$$I = \frac{U}{|Z|} = \frac{10 \times 10^{-3}}{1.14 \times 10^3} = 8.77(\mu\mathrm{A})$$

电容电压

$$U_\mathrm{C} = I \frac{1}{\omega C} = 8.77 \times 10^{-6} \times 6.54 \times 10^3 = 57.36(\mathrm{mV})$$

由上述结果可知，当电源频率偏离谐振频率时，电路电流和电容电压都显著下降。收音机中的调谐电路就是利用这一特点来选择要收听的电台信号的。

从上例可知，在 RLC 串联电路中，电压、电流的有效值和阻抗等均随频率而变化，它们随频率而变化的曲线，称为谐振曲线。为做出该曲线，将有关特性做如下变换。

电路阻抗的频率特性可变换成下述形式。

$$Z(\mathrm{j}\omega) = R + \mathrm{j}\left(\omega L - \frac{1}{\omega C}\right) = R + \mathrm{j}Q\left(\frac{\omega L}{Q} - \frac{1}{\omega C Q}\right)$$

$$= R\left[1 + \mathrm{j}Q\left(\eta - \frac{1}{\eta}\right)\right]$$

式中，$\eta = \omega/\omega_0$，$Q = \dfrac{\omega_0 L}{R} = \dfrac{1}{\omega_0 C R}$ 为品质因数，于是电阻电压的有效值与频率的关系可表示为

$$U_\mathrm{R}(\eta) = I \cdot R = \frac{U \cdot R}{R\sqrt{1 + Q^2\left(\eta - \dfrac{1}{\eta}\right)^2}} = \frac{U}{\sqrt{1 + Q^2\left(\eta - \dfrac{1}{\eta}\right)^2}}$$

使得

$$\frac{U_\mathrm{R}(\eta)}{U} = \frac{1}{\sqrt{1 + Q^2\left(\eta - \dfrac{1}{\eta}\right)^2}} \tag{3.8.7}$$

式(3.8.7)中所用的变量都是相对值，所以对具有不同参数的 RLC 串联电路都适用，因而这种曲线也称为 RLC 串联电路的通用曲线。图 3.8.5 给出 3 个不同 Q 值($Q_3 > Q_2 > Q_1$)的通用曲线。很显然，谐振曲线的形状与 Q 值有关，Q 值越大，曲线在谐振点附近的形状就越尖锐；当稍微偏离谐振频率，输出就急剧下降，说明对非谐振频率的输入具有较强的抑制能力，选择性能越好；反之 Q 值越小曲线越平坦，选择性也越差。

用同样的方法可以得出 U_C 和 U_L 的频率特性如下

$$U_\mathrm{C} = \frac{1}{\omega C} I = \frac{U}{\dfrac{\omega}{\omega_0} \cdot \omega_0 C R \sqrt{1 + Q^2\left(\eta - \dfrac{1}{\eta}\right)^2}} = \frac{QU}{\sqrt{\eta^2 + Q^2(\eta^2 - 1)}} \tag{3.8.8}$$

$$U_\mathrm{L} = \omega L I = \frac{\omega}{\omega_0} \cdot \omega_0 L \cdot \frac{U}{R\sqrt{1 + Q^2\left(\eta - \dfrac{1}{\eta}\right)^2}}$$

$$= \eta \frac{\omega_0 L U^2}{R \cdot \sqrt{1 + Q^2\left(\eta - \dfrac{1}{\eta^2}\right)}} = \frac{QU}{\sqrt{\dfrac{1}{\eta^2} + Q^2(\eta^2 - 1)}} \tag{3.8.9}$$

相应的谐振曲线如图 3.8.6 所示。

当 $\eta = 0(\omega = 0)$时，L 相当于短路，C 相当于开路，$U_L = 0$，$U_C = U$；当 $\eta = \infty(\omega = \infty)$时，L 相当于开路，C 相当于短路，$U_L = U$，$U_C = 0$；谐振时 $\eta = 1(\omega = \omega_0)$，$U_L = U_C = QU$，但此时 U_L 和 U_C 并不是最大值。

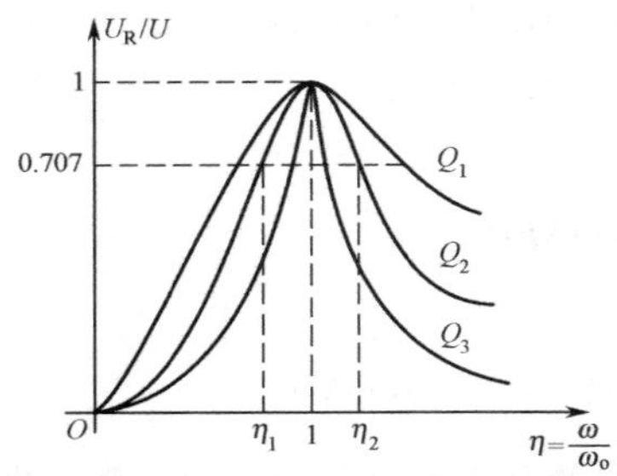

图 3.8.5　串联谐振电路的通用曲线

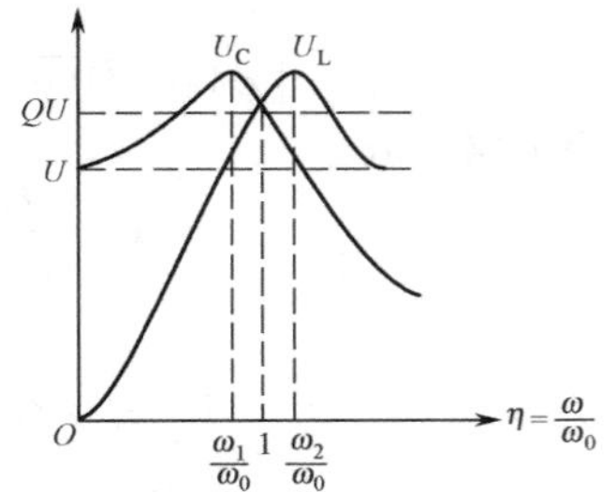

图 3.8.6　串联谐振电路 U_C、U_L 谐振曲线

可以证明，当 $Q>\frac{1}{\sqrt{2}}=0.707$ 时，U_C 和 U_L 才可能出现最大值。它们分别出现在谐振点的左侧和右侧，且两个峰值电压总是相等的。即有

$$U_{Cmax}=U_{Lmax}=\frac{QU}{\sqrt{1-\frac{1}{4Q^2}}}>QU$$

当 Q 值增大，两峰值向谐振频率靠近，同时峰值也增大。Q 值很大时，U_C 和 U_L 出现峰值的频率都接近于谐振频率。U_C 和 U_L 的最大值都趋于电源电压的 Q 倍。即

$$U_{Cmax}=U_{Lmax}\approx QU$$

3.8.3　并联谐振电路

图 3.8.7(a)所示为一 RLC 并联电路，是另一种典型的并联谐振电路。

RLC 并联电路的导纳为

$$Y=G+\mathrm{j}\left(\omega C-\frac{1}{\omega L}\right)=G+\mathrm{j}B$$

在 $\omega=\omega_0=\frac{1}{\sqrt{LC}}$ 时，$B(\omega_0)=\omega_0 C-\frac{1}{\omega_0 L}=0$。

因此电路呈电阻性，电压与电流同相位，电路发生谐振。由于谐振发生在并联电路中，所以称为并联谐振。并联谐振时的角频率和频率分别为

$$\omega_0=\frac{1}{\sqrt{LC}},\quad f_0=\frac{1}{2\pi\sqrt{LC}} \tag{3.8.10}$$

该频率也称为固有频率。

并联谐振时有

$$Y(\mathrm{j}\omega)=G+\mathrm{j}\left(\omega_0 C-\frac{1}{\omega_0 L}\right)=G$$

$$\dot{I}=Y\dot{U}=G\dot{U}=\dot{I}_G$$

$$\dot{I}_L+\dot{I}_C=0 \tag{3.8.11}$$

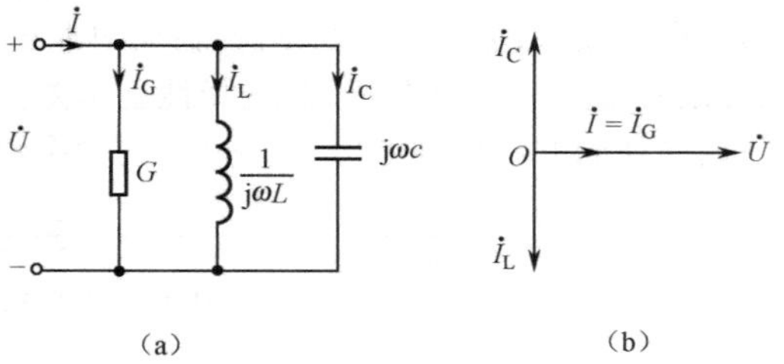

(a)　　(b)

图 3.8.7　并联谐振电路

由此可知，并联谐振时，电路导纳最小或者说阻抗最大，流过电感和电容的电流大小相等、相位相反；所以并联谐振也称为电流谐振。若保持电压大小一定，则在并联谐振时，电流 I 最小。并联谐振电路的相量图如图 3.8.7(b)所示。

并联谐振时，流过电感和电容的电流为

$$\dot{I}_L=-\mathrm{j}\frac{1}{\omega_0 L}\dot{U}=-\mathrm{j}Q\dot{I},\qquad \dot{I}_C=\mathrm{j}\omega_0 C\dot{U}=\mathrm{j}Q\dot{I}$$

式中，$Q=\frac{\omega_0 C}{G}=\frac{1}{\omega_0 LG}$ 为并联谐振电路的品质因数。如果 $Q\gg 1$，则谐振时在电感和电容中会出现过电流；但从 L、C 两端看进去的等效电纳等于零，即阻抗为无限大，相当于开路。

同串联谐振一样，并联谐振时，电源也仅提供有功功率，不提供无功功率；电感的磁场能量与电容的电场能量彼此相互交换，两种能量的总和也是一个常数。

并联谐振的谐振曲线利用对偶关系，参照串联谐振曲线获得。

工程上常采用电感线圈和电容器并联组成谐振电路。由于实际电感线圈的电阻不能忽略，故用 R 与 L 的串联组合表示，与电容器并联时其电路模型如图 3.8.8(a)所示。上述电路的导纳为

$$Y=\frac{1}{R+\mathrm{j}\omega L}+\mathrm{j}\omega C=\frac{R}{R^2+\omega^2L^2}+\mathrm{j}\left(\omega C-\frac{\omega L}{R^2+\omega^2L^2}\right)$$

谐振时，电纳为零，即

$$\omega_0C-\frac{\omega_0L}{R^2+\omega_0^2L^2}=0$$

解之，得

$$\omega_0=\sqrt{\frac{1}{LC}-\frac{R^2}{L^2}}=\frac{1}{\sqrt{LC}}\sqrt{1-\frac{CR^2}{L}} \tag{3.8.12}$$

显然，只有当 $1-\frac{CR^2}{L}>0$，即 $R<\sqrt{\frac{L}{C}}$ 时，ω_0 才是实数，电路才能发生谐振，谐振频率为 $f_0=\frac{1}{2\pi\sqrt{LC}}\sqrt{1-\frac{CR^2}{L}}$；在 $\omega_0L\gg R$ 的条件下为 $f_0=\frac{1}{2\pi\sqrt{LC}}$，与 RLC 并联电路的谐振频率一样。

而在 $R>\sqrt{\frac{L}{C}}$ 时，电路是不会发生谐振的，因为频率不可能为虚数。但调节电容量 C，不论 R、L 为何值，均可达到谐振状态的。谐振时的相量图如图 3.8.8(b)所示。

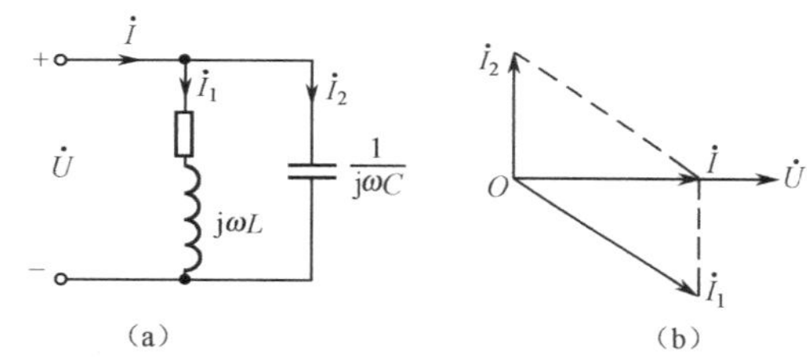

图 3.8.8　电感线圈与电容并联谐振电路

同时，在图 3.8.8 电路中，通常电感线圈的电阻 R 是很小的，谐振时满足 $\omega_0L\gg R$ 的条件，此时电路阻抗的计算公式可简化如下

$$Z_0=|Z_0|=\frac{1}{|Y_0|}=\frac{R^2+\omega_0^2L^2}{R}\approx\frac{\omega_0^2L^2}{R}=\frac{\omega_0L}{R\omega_0C}=\frac{L}{RC} \tag{3.8.13}$$

【例 3.8.2】 在图 3.8.8(a)中，若 $L=2\text{mH}$，$C=500\text{pF}$，$R=10\Omega$，试求谐振频率 f_0 和谐振时电路的阻抗。

【解】 谐振频率

$$\begin{aligned}f_0&=\frac{1}{2\pi\sqrt{LC}}\sqrt{1-\frac{CR^2}{L}}\\&=\frac{1}{2\times3.14\sqrt{2\times10^{-3}\times500\times10^{-12}}}\sqrt{1-\frac{500\times10^{-12}\times10^2}{(2\times10^{-3})}}\\&=0.1572(\text{MHz})\end{aligned}$$

若按简化近似公式计算

$$f_0=\frac{1}{2\pi\sqrt{LC}}=0.1592(\text{MHz})$$

两者所得结果相差甚少，故计算谐振频率时，常用 $f_0=\frac{1}{2\pi\sqrt{LC}}$ 的公式去计算。

阻抗为

$$Z_0=|Z_0|=\frac{L}{RC}=\frac{2\times10^{-3}}{10\times500\times10^{-12}}=4(\text{M}\Omega)$$

3.9 本章小结及典型题解

3.9.1 本章小结

1. 正弦量的基本概念

(1) 正弦量

随时间按正弦规律变化的电压、电流等电量统称为正弦交流电，正弦电压和正弦电流等物理量统称为正弦量。

(2)正弦量的三要素

频率、振幅和初相位称为正弦量的三要素。

① 频率和周期：它表示了正弦量变化的快慢程度。

周期：正弦量变化一次所需要的时间称为周期，用 T 表示，单位为 s。

频率：正弦量每秒内变化的次数称为频率，用 f 表示，单位为 Hz。

角频率：正弦量在一秒钟内经历的角度称为角频率，用 ω 来表示，单位是 rad/s(弧度每秒)。

周期、频率、角频率之间的关系为

$$T=\frac{1}{f},\quad \omega=2\pi f=\frac{2\pi}{T}$$

② 振幅：也称幅值，它表示了正弦量变化的范围。

瞬时值：正弦量在任一瞬间的值，称为瞬时值，用小写字母来表示。

幅值：瞬时值中最大的值，称为幅值。

③ 初相位：它反映了正弦量变化的进程。

$(\omega t+\varphi)$称为正弦量的相位角或相位。φ 则称为初相位。

(3)正弦电压、电流的有效值

① 有效值：在一个周期时间里，不论是周期性变化的电流(电压)还是直流电流(电压)，只要它们通过同一电阻时，二者产生的热效应相等，则该直流电流(电压)的数值便称为周期性变化电流(电压)的有效值，用大写字母表示。

② 正弦电流、电压有效值的公式为：

$$I=\sqrt{\frac{1}{T}\int_0^T i^2\,\mathrm{d}t},\quad U=\sqrt{\frac{1}{T}\int_0^T u^2\,\mathrm{d}t}$$

③有效值与最大值之间的关系为：

$$I=I_m/\sqrt{2},\qquad U=U_m/\sqrt{2},\qquad E=E_m/\sqrt{2}$$

(4) 相位差

① 相位差：两个同频率正弦量的相位之差，称做相位差。即

$$\varphi=(\omega t+\varphi_1)-(\omega t+\varphi_2)=\varphi_1-\varphi_2$$

对不同频率的正弦量来说，其相位差是没有意义的。

② 超前和滞后，当 $\varphi>0$ 时，φ_1 所在的正弦量超前 φ_2 所在的正弦量；或称 φ_2 所在的正弦量滞后 φ_1 所在的正弦量。

③ 反相：当 $\varphi=\pm180°$时，φ_1 和 φ_2 所在的两个正弦量为反相。

④ 同相：当 $\varphi=0°$时，φ_1 和 φ_2 所在的两个正弦量同相。

2. 相量和相量图

(1) 相量

表示正弦量的复常数称为正弦量的相量，用英文大写字母上加一点来表示。应当注意，相量只能代表正弦量，但它并不等于正弦量。

(2)相量图

相量在复平面上的图形称为相量图。它是按正弦量的大小和相位用初始值在复平面上画出的有向线段。如果几个同频率的正弦量在同一复平面上用其图形表示出来时，就能形象地看出各个正弦量的大小和相互间的相位关系。

(3)相量的有关运算

① 同频率正弦量的代数和：正弦量之和的相量等于各正弦量的相量之和。

② 正弦量的微分：正弦量的导数是一个同频率的正弦量，其相量等于原正弦量的相量乘以 $\mathrm{j}\omega$。

③ 正弦量的积分：正弦量的积分也是一个同频率的正弦量，其相量等于原正弦量的相量除以 $\mathrm{j}\omega$。

3. 阻抗与导纳

(1) 阻抗

一个不含独立电源的二端网络的端口电压相量和电流相量之比就是二端网络的阻抗，用符号 Z 表示，即

$$Z=\frac{\dot{U}}{\dot{I}}=\frac{U}{I}\angle(\varphi_u-\varphi_i)=|Z|\angle\varphi_z=R+\mathrm{j}X$$

式中，$|Z|$ 为阻抗模，φ_z 为阻抗角，R 为电阻，X 为电抗；$X=X_{\mathrm{L}}-X_{\mathrm{C}}$，其中 X_{L} 为感抗，X_{C} 为容抗，且

$$X_{\mathrm{L}}=\omega \mathrm{L}=2\pi f\mathrm{L},\qquad X_{\mathrm{C}}=\frac{1}{\omega C}=\frac{1}{2\pi fC}$$

它们的单位均为欧姆(Ω)。

(2) 阻抗的意义

阻抗全面反映了正弦稳态电路中电压和电流之间的关系，阻抗模反映了它们之间的大小关系，而阻抗角则反映了它们之间的相位关系。同时阻抗角是由电路中负载的参数决定的。

(3) 导纳

阻抗的倒数便是导纳，用符号 Y 表示。

$$Y=\frac{\dot{I}}{\dot{U}}=\frac{I}{U}\angle(\varphi_i-\varphi_u)=|Y|\angle\varphi_Y=G+\mathrm{j}B$$

式中，$|Y|$ 为导纳模；φ_Y 为导纳角；G 称为电导；B 称为电纳；它们的单位均为西门子(S)。

(4) 阻抗和导纳的串联和并联

阻抗(导纳)的串联和并联电路中的计算，在形式上与电阻(电导)的串联和并联电路的计算相似。一般来说串联电路以阻抗来计算较为方便，而在并联电路中，则以导纳来计算较为方便。

①串联电路中等效阻抗的计算公式：$Z=Z_1+Z_2+\cdots+Z_n$ 。

② 并联电路中等效导纳的计算公式：$Y=Y_1+Y_2+\cdots+Y_n$ 。

(5) 正弦交流电路的性质

① 正弦交流电路的性质：一般分为电阻性电路、电容性电路和电感性电路三种。

② 正弦交流电路性质的判别：电路的性质是由 R 和 X 这两种参数决定的，而 R 总为正值，故利用 X 就可判别电路的性质。当 $X>0$ 时，电路属电感性；$X<0$ 时，电路属电容性；$X=0$ 时，电路属电阻性。而且也应注意，频率的改变会影响电路的性质。因为感抗和容抗均会因频率的改变而改变。

4. 电路定律的相量形式

(1) 欧姆定律的相量形式

$$\dot{U}=Z\dot{I},\qquad Z=\dot{U}/\dot{I}$$

(2) 基尔霍夫定律的相量形式

① KCL 的相量形式 $\sum_{k=1}^{n}\dot{I}_k=0$

② KUL 的相量形式 $\sum_{k=1}^{n}\dot{U}_k=0$

5. 正弦稳态电路的分析与计算

(1)电路的相量模型

在电路的时域模型中,将所有的正弦量(电压和电流)都用其对应的相量代替,将所有的元件用它们的复阻抗来代替,就得到电路的相量模型。

(2)正弦稳态电路的分析方法

在引入相量的概念和阻抗以后,线性电阻电路的各种分析法(如支路法、节点法、网孔法)及叠加定理、戴维南定理和诺顿定理等均可用来分析正弦稳态电路。差别仅在于所得的方程是以相量形式表示的代数方程,以及用相量形式描述的电路定理。

(3) 分析计算正弦稳态电路的步骤

① 建立电路的相量模型,此时需先计算出各元件的阻抗、容抗和感抗。

② 确定分析方法,并按分析方法的要求,列出相应的以相量形式来表示的方程。

③ 对所列方程求解,得出电压和电流的相量。应当注意,在计算过程中,j 和－j 要一起参加运算。因为 j 和－j 不仅是虚数单位,而且也是旋转因子。

④ 根据要求,将电压和电流的相量,变换成它们的瞬时值表达式。

6. 正弦稳态电路的功率

(1)瞬时功率

采用关联参考方向,设端口电压和电流分别为

$$i=\sqrt{2}I\sin\omega t,\qquad u=\sqrt{2}U\sin(\omega t+\varphi)$$

则

$$p=ui=UI[\cos\varphi-\cos(2\omega t+\varphi)]$$

它表示瞬时功率由一个恒定分量和一个频率为 2ω 的正弦分量两部分组成,它随时间作周期性变化。

(2) 平均功率

也称有功功率,是瞬时功率在一个周期内的平均值,即 $P=UI\cos\varphi$,其值不仅与电压、电流有效值的乘积有关,还与电压、电流相位差的余弦有关,它的单位为瓦(W)。

在电路中,有功功率 P 等于各电阻的有功功率之和,即 $P=\sum_{k=1}^{n}P_k$ 。

(3)无功功率

$$Q=UI\sin\varphi$$

称为无功功率。它表示外电路与电路中储能元件之间能量往返交换的最大速率。单位为乏(var)。

若仍以电流为参考相量,对于电感元件,则 $\varphi=90°$,故 $Q_L=UI$;而对于电容元件,$\varphi=-90°$,故 $Q_C=-UI$,于是 $Q=Q_L+Q_C$。它表示在电路中,电感的无功功率与电容的无功功率是相互补偿的。

在电路中,总的无功功率 Q 等于各储能元件的无功功率之和,即

$$Q=\sum_{k=1}^{n}Q_k$$

(4)视在功率

$$S=UI$$

式中 S 称为视在功率,其单位为伏安(VA)。

通常在使用电气设备时,电压和电流都不能超过其额定值,所以,视在功率便表征了电气设备“容量”的大小。

(5) 阻抗三角形、电压三角形和功率三角形

阻抗三角形：电阻、电抗、阻抗组成的直角三角形称为阻抗三角形。

电压三角形：电阻、电抗、阻抗上的电压组成的直角三角形称为电压三角形。

功率三角形：有功功率、无功功率、视在功率组成的直角三角形称为功率三角形。以上三个直角三角形为相似三角形。

(6) 功率因数及功率因数的提高

① 功率因数：$\cos\varphi$ 称为功率因数，φ 称为功率因数角，φ 角只与电路中的阻抗有关，它便是阻抗角。

② 功率因数的提高：在电力系统中，电源的容量是一定的。要输出愈多的有功功率，就要求功率因数愈高。同时，提高负载的功率因数，还可以减少线路上的能量损耗。提高供电效率和供电质量。

③ 提高功率因数的方法：提高功率因数是采用在负载两端并联电容的方法来达到目的的。应当注意，采用此方法提高功率因数时，提高的是整个电路的功率因数，而原负载的功率因数并不会改变。

并联电容值的计算公式为

$$C=\frac{P}{\omega U^2}(\tan\varphi_1-\tan\varphi)$$

7. 谐振电路

(1) 谐振

在含有电阻、电感、电容元件的电路中，随着频率的改变，或频率一定，改变 L 和 C，电路若呈纯电阻性的现象，称为谐振现象，即该电路发生了谐振。发生谐振的频率称为谐振频率。又称为电路的固有频率。

(2) 串联谐振

在 RLC 串联电路中发生的谐振现象，称为串联谐振。其谐振频率为 $f_0=\frac{1}{2\pi\sqrt{LC}}$。此时，电路中的阻抗最小，在外加电压一定时，电流量大。电源的电压就等于电阻上的电压，而电感和电容上的电压大小相等，方向相反。当感抗远大于电阻时，电感或电容上的电压就会远大于电源电压。因此，串联谐振也称为电压谐振。

(3) 并联谐振

在 RLC 并联电路中发生的谐振现象，称为并联谐振。工程上常用电感线圈与电容并联组成谐振电路。此时的谐振频率也可用 $f_0=\frac{1}{2\pi\sqrt{LC}}$来计算。同时电路阻抗的计算公式也可简化为 $|Z_0|=\frac{L}{RC}$。

电路发生并联谐振时，电路的导纳最小，或者说阻抗最大。流过电感和电容的电流大小相等，方向相反，故并联谐振也称为电流谐振。若电源的电压一定，则在并联谐振时，电流最小。

电路中只要发生谐振现象，电源便只提供有功功率，而不提供无功功率。电感和电容中的磁场能量和电场能量随时间作周期性变化，此增彼减，相互转化，总的电磁能量是个常数。

(4) 品质因数 Q

电路发生谐振时，电感或电容上的电压与电源电压的比值称为品质因数，且

$$Q=\frac{U_L}{U}=\frac{U_C}{U}=\frac{\omega_0 L}{R}=\frac{1}{\omega_0 CR}$$

它表示在谐振时，电感或电容元件上的电压是电源电压的 Q 倍。

3.9.2 典型题解

【例 3.9.1】 将下列复数表示为极坐标型或指数型。

①4＋3j；②4－3j；③3＋4j；④－3－4j。

【解】

① $4+3j=5(0.8+0.6j)=5\angle 36.87°$

② $4-3j=5(0.8-0.6j)=5\angle -36.87°$

③ $3+4j=5(0.6+0.8j)=5\angle 53.13°$

④ $-3-4j=5(-0.6-0.8j)=5\angle -126.87°$

【例 3.9.2】 将下列复数表示成代数形式：

①$60\angle 45°$； ②$60\angle -45°$； ③$60\angle 135°$； ④$60\angle -135°$。

【解】

① $60\angle 45°=60(\cos 45°+j\sin 45°)=30\sqrt{2}+30j\sqrt{2}$

② $60\angle -45°=60[\cos(-45°)+j\sin(-45°)]=30\sqrt{2}-30j\sqrt{2}$

③ $60\angle 135°=60(\cos 135°+j\sin 135°)=-30\sqrt{2}+30j\sqrt{2}$

④ $60\angle -135°=60[\cos(-135°)+j\sin(-135°)]=-30\sqrt{2}-30j\sqrt{2}$

【例 3.9.3】 已知 $u=220\sqrt{2}\cos(100\pi t-30°)\text{V}$，$i=14.1\cos(100\pi t+45°)\text{A}$，试写出各正弦量的振幅相量和有效值相量，并作出相量图。

【解】 $u=220\sqrt{2}\cos(100\pi t-30°)(\text{V})$

$=220\sqrt{2}\sin(100\pi t+60°)(\text{V})$

则振幅相量 $\dot{U}_m=220\sqrt{2}\angle 60°(\text{V})$，有效值相量为

$$\dot{U}=220\angle 60°(\text{V})$$

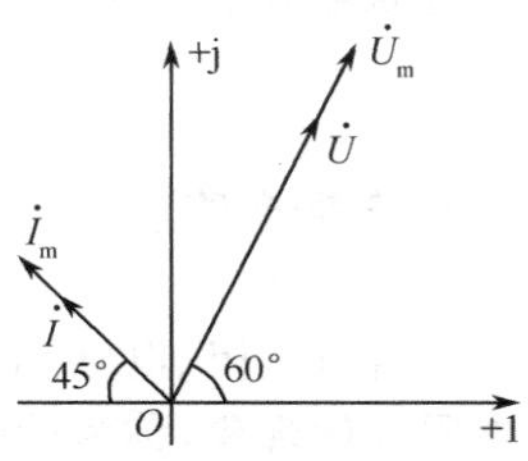

图 3.9.1 例题 3.9.3 相量图

$$i=14.1\cos(100\pi t+45°)\text{A}=14.1\sin(100\pi t+135°)(\text{A})$$

则振幅相量 $\dot{I}_m=14.1\angle 135°(\text{A})$，有效值相量 $\dot{I}=10\angle 135°(\text{A})$。

【例 3.9.4】 已知图 3.9.2 所示电路中，$\dot{U}_S=120\angle 0°\text{V}$，$\dot{U}_C=100\angle -35°\text{V}$，$\dot{I}_S=10\angle 60°\text{A}$，$\dot{U}_L=10\angle -70°\text{V}$。试求电流 $\dot{I}_1$、$\dot{I}_2$、$\dot{I}_3$。

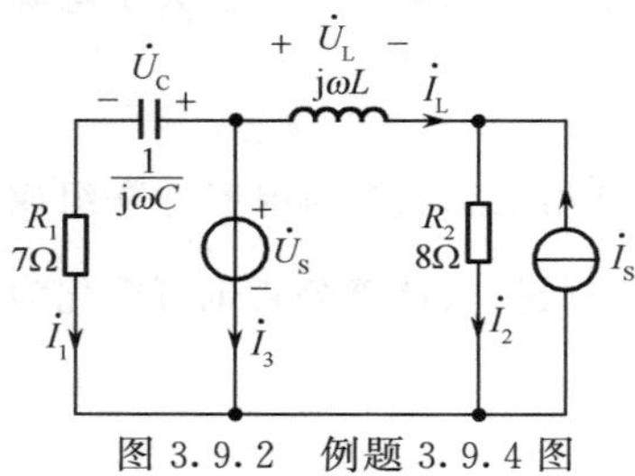

图 3.9.2 例题 3.9.4 图

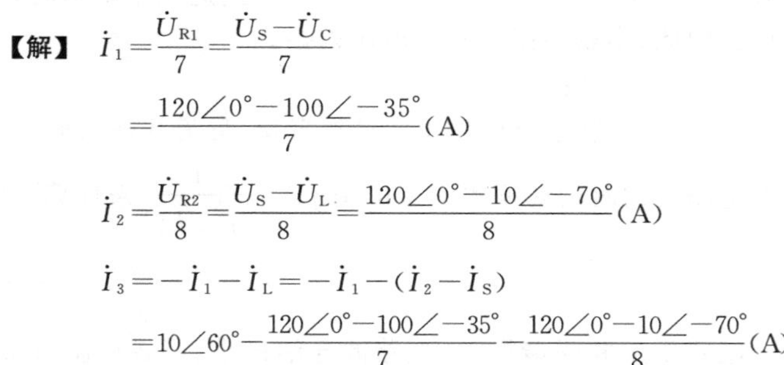

【解】 $\dot{I}_1=\dfrac{\dot{U}_{R1}}{7}=\dfrac{\dot{U}_S-\dot{U}_C}{7}$

$$=\frac{120\angle 0°-100\angle -35°}{7}(\text{A})$$

$$\dot{I}_2=\frac{\dot{U}_{R2}}{8}=\frac{\dot{U}_S-\dot{U}_L}{8}=\frac{120\angle 0°-10\angle -70°}{8}(\text{A})$$

$$\dot{I}_3=-\dot{I}_1-\dot{I}_L=-\dot{I}_1-(\dot{I}_2-\dot{I}_S)$$

$$=10\angle 60°-\frac{120\angle 0°-100\angle -35°}{7}-\frac{120\angle 0°-10\angle -70°}{8}(\text{A})$$

【例 3.9.5】 求图 3.9.3 所示电路的端口等效阻抗 Z_{ab}。

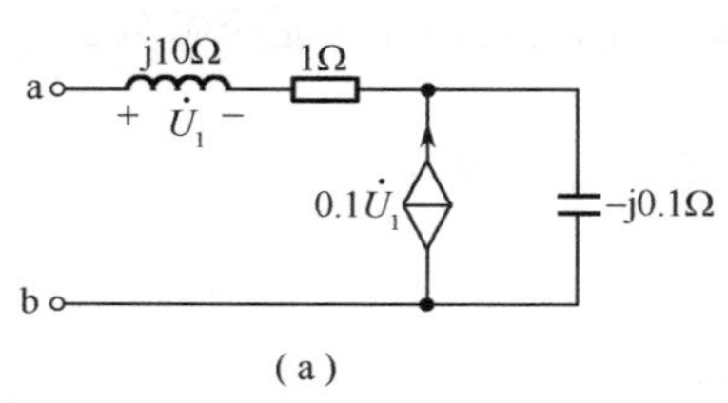

(a)

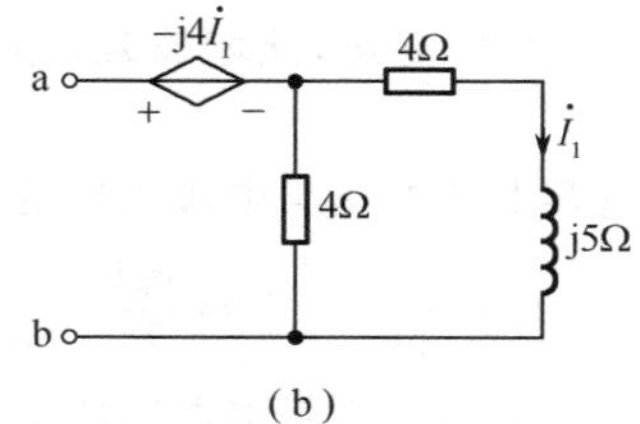

(b)

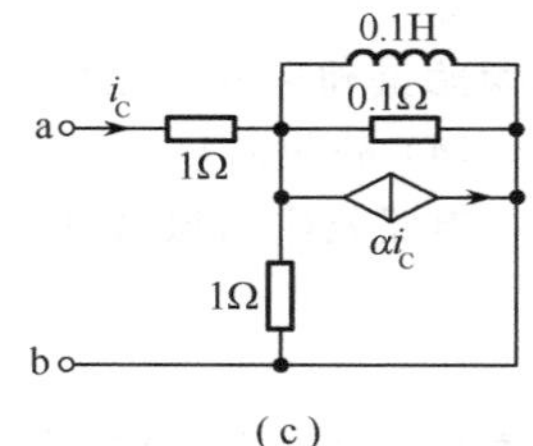

(c)

图 3.9.3 例题 3.9.5 图

【解】 图(a) $Z_{ab}=10j+1+\dfrac{-0.1j(0.1\dot{U}_1+\dot{U}_1/10j)}{\dot{U}_1/10j}=1.1+9.9j(\Omega)$

图(b)
$$Z_{ab}=\frac{-4\dot{I}_1 j+(4+5j)\dot{I}_1}{\dot{I}_1+\dfrac{4+5j}{4}\dot{I}_1}=\frac{592-192j}{89}(\Omega)$$

图(c)
$$Z_{ab}=\frac{i_c\times 1+(1-\alpha)i_c\times 1/\left(1+10+\dfrac{1}{j\omega L}\right)}{i_c}$$
$$=1+(1-\alpha)/(11-10j/\omega)(\Omega)$$

【例 3.9.6】 电路如图 3.9.4 所示，已知图(a)中 $\dot{U}_S=4\angle 0°\text{V}$，$\dot{I}_S=8\angle 0°\text{A}$；图(b)中 $\dot{U}_S=6\angle 0°\text{V}$，$\dot{I}_S=3\angle 0°\text{A}$。求节点电位 $\dot{V}_1$ 和 $\dot{V}_2$。

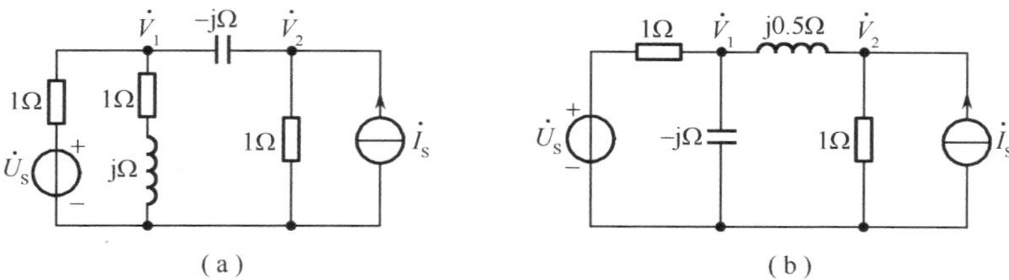

图 3.9.4　例题 3.9.6 图

【解】 由节点分析法可得：图(a)
$$\begin{cases}\left(1+\dfrac{1}{1+j}+\dfrac{1}{-j}\right)\dot{V}_1+\dfrac{1}{j}\dot{V}_2=\dot{U}_S/1\\ \dfrac{1}{j}\dot{V}_1+\left(1+\dfrac{1}{-j}\right)\dot{V}_2=\dot{I}_S\end{cases}\Rightarrow\begin{cases}\dot{V}_1=4+2j\ (\text{V})\\ \dot{V}_2=5-j\ (\text{V})\end{cases}$$

图(b)
$$\begin{cases}\left(1+\dfrac{1}{-j}+\dfrac{1}{0.5j}\right)\dot{V}_1-\dot{U}_S-\dfrac{1}{0.5j}\dot{V}_2=0\\ -\dfrac{1}{0.5j}\dot{V}_1+\left(1+\dfrac{1}{0.5j}\right)\dot{V}_2=\dot{I}_S\end{cases}\Rightarrow\begin{cases}\dot{V}_1=4-2j\ (\text{V})\\ \dot{V}_2=3-2j\ (\text{V})\end{cases}$$

【例 3.9.7】 如图 3.9.5 所示电路，已知 $\dot{I}_S=6\angle 0°\text{A}$，求电压 $\dot{U}_{ab}$ 和 $\dot{I}$。

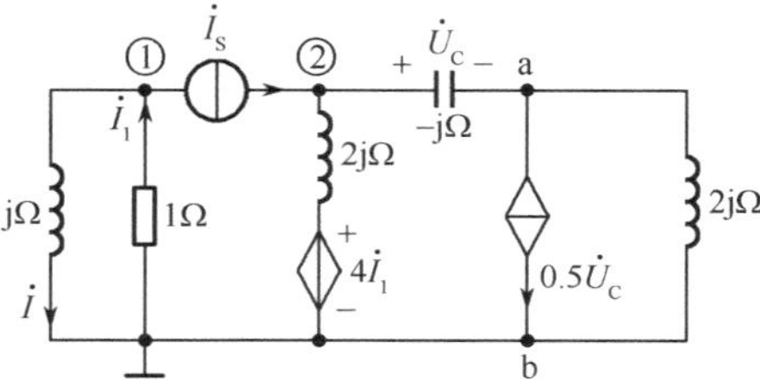

图 3.9.5　例题 3.9.7 图

【解】 由节点电压法可得
$$\begin{cases}\left(\dfrac{1}{j}+1\right)\dot{U}_1=-\dot{I}_S\\ \left(\dfrac{1}{2j}+\dfrac{1}{-j}\right)\dot{U}_2-\dfrac{1}{-j}\dot{U}_a-\dfrac{1}{2j}4\dot{I}_1=\dot{I}_S\\ -\dfrac{1}{-j}\dot{U}_2+\left(\dfrac{1}{-j}+\dfrac{1}{2j}\right)\dot{U}_a=-0.5\dot{U}_C\\ \dot{U}_2-\dot{U}_a=\dot{U}_C\\ -\dot{I}_1=\dfrac{\dot{U}_1}{1}\end{cases}\Rightarrow\begin{cases}\dot{U}_1=-3-3j\ (\text{V})\\ \dot{U}_a=21.6-31.2j\ (\text{V})\end{cases}$$

又
$$\dot{U}_{ab}=\dot{U}_a=21.6-31.2j(\text{V}),\ \dot{I}=\frac{\dot{U}_1}{j\Omega}=3j-3(\text{A})$$

【例 3.9.8】 在图 3.9.6 所示正弦电路中，$\dot{I}_S=10e^{30°j}\text{A}$，$\dot{U}=100e^{-60°j}\text{V}$，$\omega L=\dfrac{1}{\omega C}=20\Omega$，$R=4\Omega$。试求出各个电源供给电路的有功功率和无功功率。

【解】 由于电流源串联电阻等效于电流源，所以可以得到等效电路，则由节点电压法可得

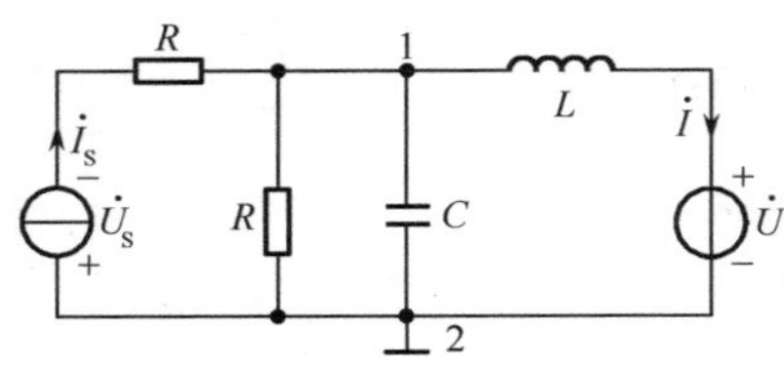

图 3.9.6　例题 3.9.8 图

$$\left(\frac{1}{R}+\frac{1}{j\omega L}+j\omega C\right)\dot{U}_1-\frac{1}{j\omega L}\dot{U}=\dot{I}_S$$

解得 $\dot{U}_1=20e^{j30^\circ}$ V，又因 $\dot{I}=\dfrac{\dot{U}_1-\dot{U}}{j\omega L}=5.1e^{j18.7^\circ}$ A，则电压源的有功功率为

$$P=UI\cos\varphi=100\times5.1\cos(-60^\circ-18.7^\circ)\approx100(\text{W})$$

无功功率为

$$Q=UI\sin\varphi=100\times5.1\times\sin(-60^\circ-18.7^\circ)=-500(\text{var})$$

电流源两端电压

$$\dot{U}_S=-(\dot{U}_1+\dot{I}_SR)=-60e^{j30^\circ}(\text{V})$$

则电流源的有功功率为

$$P=U_SI_S\cos\varphi=-60\times10\times\cos(30^\circ-30^\circ)=-600(\text{W})$$

无功功率为

$$Q=U_SI_S\sin\varphi=0(\text{Var})$$

【例 3.9.9】 正弦稳态相量模型电路如图 3.9.7 所示，已知 $\dot{U}_C=10\angle0^\circ$V，$R=3\Omega$，$\omega L=\dfrac{1}{\omega C}=4\Omega$，求电路的平均功率、无功功率、视在功率和功率因数。

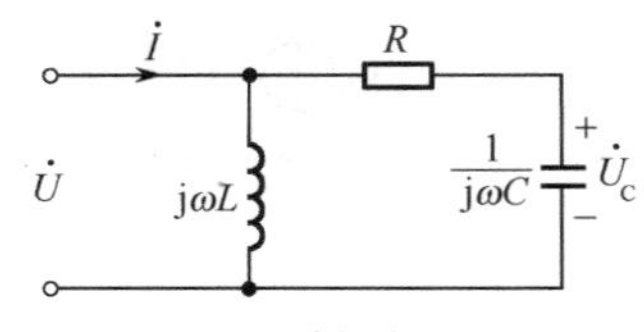

图 3.9.7　例题 3.9.9 图

【解】 此为无源二端网络，则平均功率为电阻所消耗的功率，$P=I_R^2R=I_C^2R=(\omega CU_C)^2R=\left(\dfrac{1}{4}\times10\right)^2\times3=18.75(\text{W})$。

无功功率为电感和电容上所消耗的功率，即

$$Q=Q_L+Q_C=\omega LI_L^2-\omega CU_C^2$$

又
$$\dot{I}_L=\frac{\dot{U}_C+\dot{U}_R}{j\omega L}=\frac{\dot{U}_C+R\times\dot{I}_C}{j\omega L}=\frac{\dot{U}_C+R\times j\omega C\dot{U}_C}{j\omega L}\Rightarrow I_L=3.125(\text{A})$$

则
$$Q=4\times3.125^2-100/4=14.0625(\text{var})$$

视在功率
$$S=\sqrt{P^2+Q^2}=23.4375(\text{VA})$$

功率因数
$$\lambda=\cos\varphi=\frac{P}{S}=0.8(\text{滞后})$$

【例 3.9.10】 正弦稳态相量模型电路如图 3.9.8(a)和(b)所示，求负载 Z_L 获得最大功率时的阻抗值及负载吸收的最大功率。

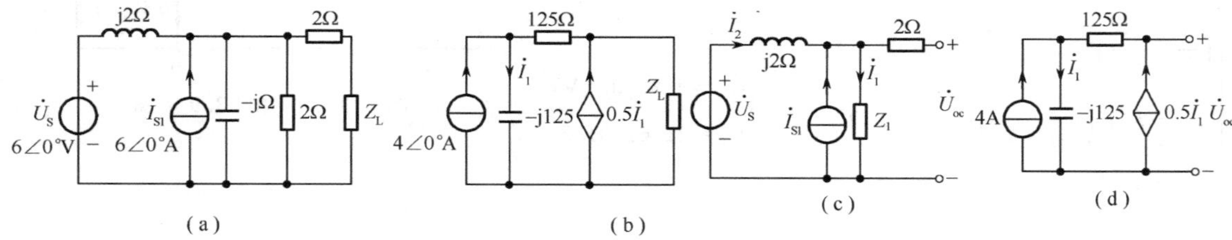

图 3.9.8　例题 3.9.10 图

【解】 图 3.9.8(a)：求从 Z_L 往左看过去的戴维南等效电路，电路如图 3.9.8(c)所示。

$$Z_1=2/\!/-j=2/5-4j/5$$

$$\begin{cases}\dot{U}_S=2j\dot{I}_2+\dot{I}_1Z_1\\ \dot{I}_2+\dot{I}_{S1}=\dot{I}_1\end{cases}$$

$$\dot{U}_{oc}=\frac{\dot{U}_S}{2j+2/\!/(-j)}\times 2/\!/(-j)+\dot{I}_{s1}\times(2j/\!/2/\!/-j)=3-9j$$

$$Z_0=2+(2j/\!/2/\!/-j)=3-j\ (\Omega)$$

因此，
$$Z_L=(3+j)(\Omega),\quad P_{max}=\frac{U_{oc}^2}{4R_o}\approx 7.5(W)$$

图 3.9.8(b)：求从 Z_L 往左看过去的戴维南等效电路，电路如图(d)所示。

$$\dot{U}_{oc}=-125j\dot{I}_1+0.5\dot{I}_1\times 125,\text{又 }\dot{I}_1=4\angle 0°+0.5\dot{I}_1$$

解得
$$\dot{U}_{oc}=500-1000j\approx 1118\angle -63.4°(V)$$

将独立电流源置 0，外加电压源，可得

$$Z_0=\frac{\dot{U}}{\dot{I}}=\frac{(125-125j)\dot{I}_1}{\dot{I}_1-0.5\dot{I}_1}=250-250j(\Omega)$$

则当 $Z_L=Z_0^*=250+250j(\Omega)$ 时，负载 Z_L 获得最大功率，且最大功率为

$$P_{max}=\frac{U_{oc}^2}{4R_o}=1250(W)$$

【例 3.9.11】 在 RLC 串联谐振电路中，$R=50\Omega$，$L=400mH$，$C=0.254\mu F$，电源电压大小 $U=10V$。①求电路的谐振频率、品质因数、谐振时电路中的电流，各元件的电压大小和总的电磁能量。

②谐振时，如果在电容 C 两端并入一电阻 R_1，并调节电源频率，使电路能重新达到谐振状态，求 R_1 的取值范围。

【解】 ①RLC 串联电路的谐振频率为 $f_0=\dfrac{1}{2\pi\sqrt{LC}}=0.5(kHz)$；品质因数为 $Q=\omega_0 L/R=25$；

谐振时电路中的电流为 $I=U/R=10/50=0.2(A)$。

R 上电压为 $U_R=U=10(V)$，L 上电压为 $U_L=QU=250(V)$，C 上电压为 $U_C=QU=250(V)$，且 $\dot{U}_C=-\dot{U}_L$。

总电磁能量 $W=CQ^2U^2=15.875(mJ)$。

②如果在电容 C 两端并入一电阻 R_1，则电路的阻抗变为

$$Z=R+j\omega L+\frac{1}{j\omega C}/\!/R_1=\left(R+\frac{R_1}{1+\omega^2C^2R_1^2}\right)+\left(\omega L-\frac{\omega CR_1^2}{1+\omega^2C^2R_1^2}\right)j$$

由于谐振时，阻抗角为 0，即 $\omega L-\dfrac{\omega CR_1^2}{1+\omega^2C^2R_1^2}=0$，则 $R_1=\sqrt{\dfrac{L}{C-C^2L\omega^2}}$。

习　题　3

3.1　试求下列正弦量的振幅、角频率和初相角，并画出其波形。

① $i(t)=10\sqrt{2}\cos(314t+30°)$ A。

② $i(t)=9\sin(2t-45°)$ A。

③ $u(t)=-4\sin(4t-120°)$ V。

④ $u(t)=5\sqrt{2}\cos(100t+45°)$ V。

3.2　写出下列正弦电流或电压的瞬时值表达式。

① $I_m=10A$，$\omega=10^4 rad/s$，$\varphi_i=45°$。

② $I=10A$，$f=10^4 Hz$，$\varphi_i=-45°$。

③ $U_m=220\sqrt{2}V$，$\omega=2\pi\times 50rad/s$，$\varphi_i=0°$。

④ $U=380V$，$f=50Hz$，$\varphi_i=120°$。

3.3　已知电压 $2\sin\left(\dfrac{\pi}{4}t+\dfrac{\pi}{6}\right)$V，分别画出以 t 和 ωt 为横坐标轴变量时的电压波形，并求：

① 当纵坐标轴向左移动 1s 时，该电压的初相。

② 当纵坐标轴向右移动$\frac{\pi}{6}$时，该电压的初相。

3.4 计算下列正弦量的相位差。

① $i_1(t)=8\cos(10t+20°)$A 和 $i_2(t)=4\sin(10t+20°)$A；

② $u_1(t)=220\sqrt{2}\sin(100\pi t+\frac{\pi}{4})$V 和 $u_2(t)=380\sqrt{2}\cos(100\pi t-\frac{\pi}{4})$V。

3.5 将下列复数表示为极坐标型或指数型

① $-4+j3$； ② $-4-j3$； ③ $-3+j4$； ④ $-3-j4$。

3.6 将下列复数表示成代数型

① $60\angle 60°$； ② $60\angle -60°$； ③ $60\angle 120°$； ④ $60\angle -120°$。

3.7 已知 $u=220\sqrt{2}\cos(100\pi t+30°)$V，$i=14.1\cos(100\pi t-45°)$A，试写出各正弦量的振幅相量和有效值相量，并作出相量图。

3.8 写出下列相量所表示的正弦信号的瞬时值表达式（假设角频率为 ω）：

① $\dot{I}_{1m}=4+j3$ A。

② $\dot{I}_2=11.18\angle -30°$ A。

③ $\dot{U}_{1m}=-6-4j$ V。

④ $\dot{U}_2=12\angle -45°$ V。

3.9 RC 并联电路如图 T3.9 所示，已知 $R=20\text{k}\Omega$，$C=0.1\mu\text{F}$，$i_C=\sqrt{2}\cos(10^3t+30°)$ A。试求电流源 $i_S(t)$，并画出电流相量图。

3.10 如图 T3.10 所示，已知 $R=10\Omega$，$L=1\text{mH}$，电阻上的电压 $u_R(t)=\sqrt{2}\sin 10^5 t$ V。试求电源电压 $u_S(t)$，并画出电压相量图。

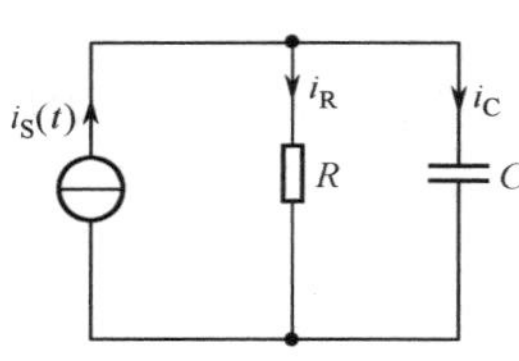

图 T3.9 习题 3.9 图

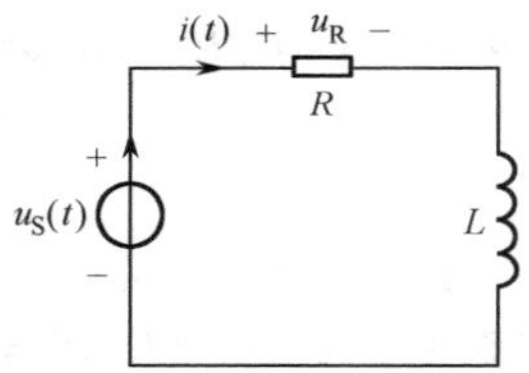

图 T3.10 习题 3.10 图

3.11 一个有损耗的电容器，$C=10\mu\text{F}$，当施以频率 $f=50\text{Hz}$ 的正弦电压 $U=220\text{V}$ 时，消耗功率 $P=5\text{W}$。请先用并联等效电路表示该电容器，求出等效参数，再等效变换为串联等效电路，并求出此等效参数。

3.12 如图 T3.12 所示，设伏特计内阻为无穷大，安培计内阻为零。图中已标明伏特计和安培计的读数，试求正弦电压 u_C 和电流 i 的有效值。

3.13 如图 T3.13 所示。已知电压相量 $\dot{U}=20+j100$ V，电流相量 $\dot{I}=1\angle 0°$ A，频率 $f=159.2\text{Hz}$，求电容C。

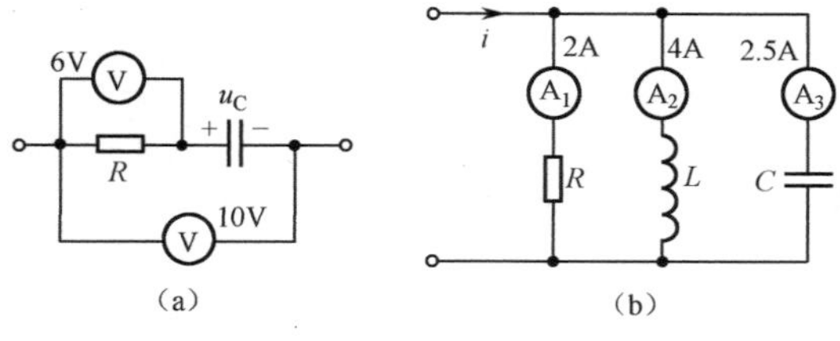

图 T3.12 习题 3.12 图

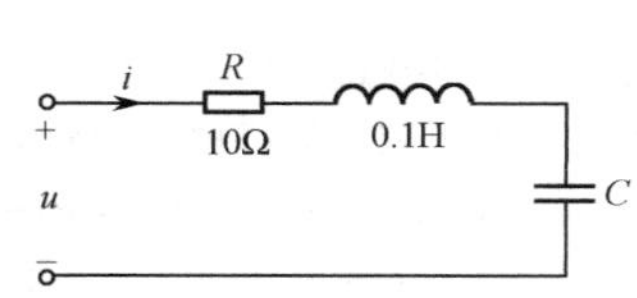

图 T3.13 习题 3.13 图

3.14 图 T3.14 所示电路为正弦电路，试判断下列表达式对错，对者标“√”，错者标“×”。

①$u_R=Ri$，$U_R=RI$，$\dot{U}_R=R\dot{I}$。

②$u_L=\omega Li$，$U_L=\omega LI$，$\dot{U}_L=j\omega L\dot{I}$。

③$u_C=\frac{1}{\omega C}i$，$U_C=\frac{I}{\omega C}$，$\dot{U}_C=\frac{\dot{I}}{j\omega C}$。

④ $u=u_R+u_L+u_C$，$U=U_R+U_L+U_C$，$\dot{U}=\dot{U}_R+\dot{U}_L-\dot{U}_C$。

3.15　如图 T3.15 所示。已知 $\dot{U}_L=2\angle 0°$ V，$\omega=2$rad/s，求 $\dot{U}_C$ 与 $\dot{U}_L$ 的相位差角 $\theta=$是多少？

3.16　正弦稳态电路如图 T3.16 所示。已知 $\dot{U}_S=120\angle 0°$ V，$\dot{U}_C=100\angle-35°$ V，$\dot{I}_S=10\angle 60°$ A，$\dot{U}_L=10\angle-70°$ V。试求电流 $\dot{I}_1$、$\dot{I}_2$ 和 $\dot{I}_3$。

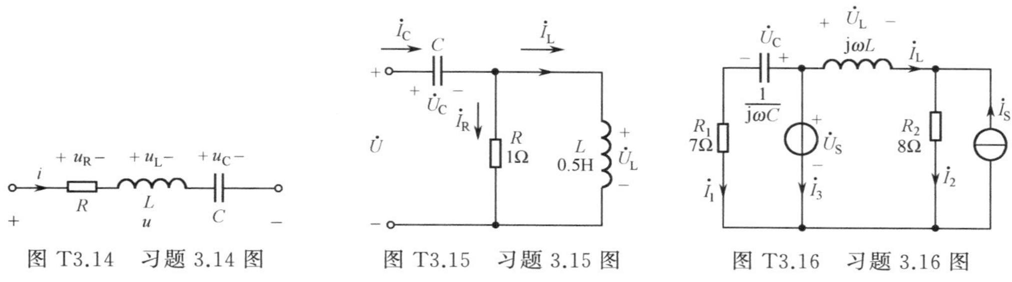

图 T3.14　习题 3.14 图　　图 T3.15　习题 3.15 图　　图 T3.16　习题 3.16 图

3.17　求图 T3.17 中 ab 端口等效阻抗和导纳。

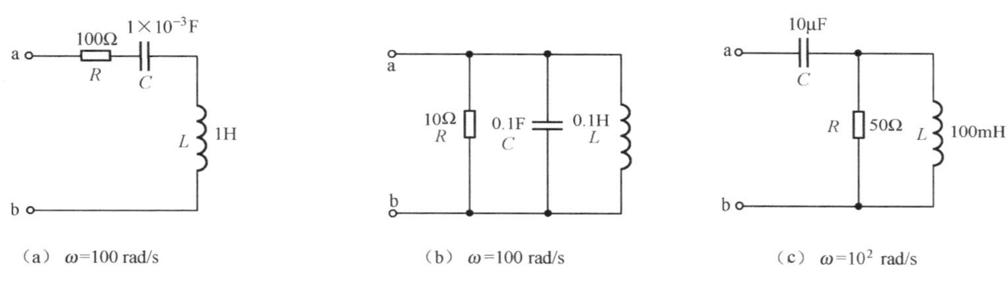

(a) ω=100 rad/s　　(b) ω=100 rad/s　　(c) $\omega=10^2$ rad/s

图 T3.17　习题 3.17 图

3.18　求图 T3.18 所示电路的端口等效阻抗 Z_{ab}，图中，$a=5$，$\omega=20$rad/s。

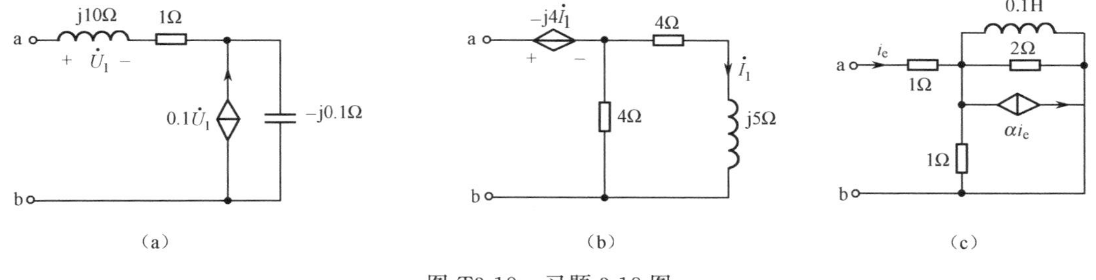

(a)　　(b)　　(c)

图 T3.18　习题 3.18 图

3.19　单口电路时域模型如图 T3.19 所示，已知 $f=50$Hz，试求电阻和电抗串联形式、电导与电纳并联形式的等效相量模型，并计算模型中各元件的参数。

3.20　实验室常用图 T3.20 所示电路测量电感线圈参数 L、r。已知电源频率 $f=50$Hz，电阻 $R=25\Omega$，伏特计 V_1、V_2 和 V_3 的读数分别为 40V、120V 和 110V。求 L 和 r。

3.21　阻容相移电路如图 T3.21 所示。

① 为使输出电压 $\dot{U}_o$ 与输入电压 $\dot{U}_i$ 反相 180°，R、C 应满足什么条件？

② 如果 R、C 位置互换，R、C 又应满足何种条件？

3.22　在如图 T3.22 所示电路中 $R=20$kΩ，$C=5000$PF。求当频率 f 为多少时，电压 $\dot{U}_2$ 与 $\dot{U}_1$ 同相。

3.23　如图 T3.23 所示。已知 $\dot{I}_S=100\angle 0°$ A，求各支路电流相量。

3.24　如图 T3.24 所示。已知 $\dot{U}_S=100\angle 0°$ V，求电压相量 $\dot{U}_{ab}$。

3.25　采用电源变换法求图 T3.25 所示电路中 $R=3\Omega$ 时的 $\dot{I}_{ab}$，$\dot{U}_{ab}$ 及其消耗的功率 P。

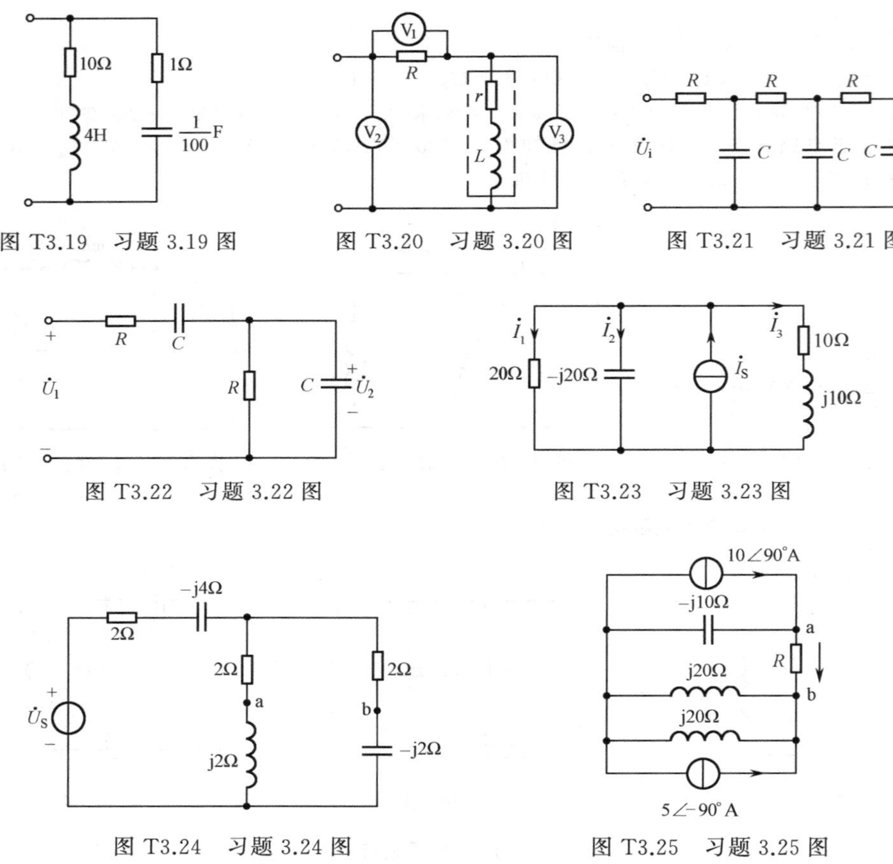

图 T3.19 习题 3.19 图　图 T3.20 习题 3.20 图　图 T3.21 习题 3.21 图

图 T3.22 习题 3.22 图　图 T3.23 习题 3.23 图

图 T3.24 习题 3.24 图　图 T3.25 习题 3.25 图

3.26 如图 T3.26 所示。已知(a)图中 $\dot{U}_S=4\angle 0°$ V，$\dot{I}_S=8\angle 0°$ A；(b)图中 $\dot{U}_S=6\angle 0°$ V，$\dot{I}_S=3\angle 0°$ A。求节点电位 $\dot{V}_1$ 和 $\dot{V}_2$。

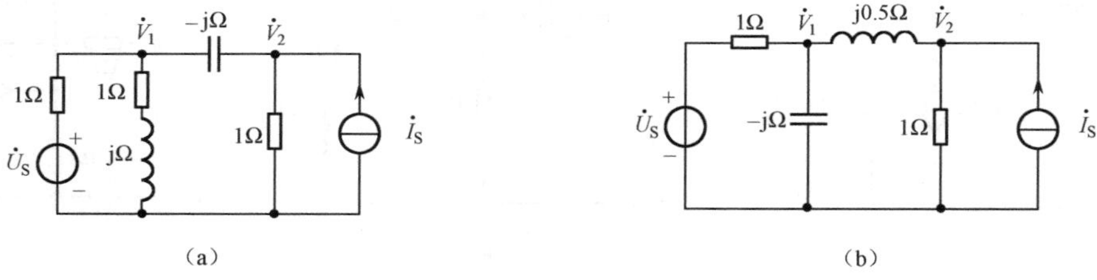

图 T3.26 习题 3.26 图

3.27 图 T3.27 所示电路处于正弦稳态，各激励源的角频率均为 ω，写出网孔电流方程式。

3.28 如图 T3.28 所示，已知 $\dot{I}_S=6\angle 0°$ A，试求电压 $\dot{U}_{ab}$ 和 $\dot{I}$。

3.29 正弦稳态相量模型电路如图 T3.29 所示，已知 $\dot{I}_S=20\angle 0°$ A，试求电压 $\dot{U}_{ab}$。

3.30 求图 T3.30 所示电路在正弦稳态下电压源 E、电流源 $\dot{I}_S$ 所发出的功率(有功功率)。已知 $\dot{U}=10\angle 0°$V，$\dot{I}_S=5\angle 0°$ A，$X_{L1}=2\Omega$，$R_C=1\Omega$，$X_C=1\Omega$，$R_L=2\Omega$，$X_L=3\Omega$。

3.31 在图 T3.31 所示的正弦电路中，$\dot{I}_S=10e^{j30°}$ A，$\dot{U}_S=100e^{-j60°}$ V，$\omega L=20\Omega$，$R=4\Omega$，$\frac{1}{\omega C}=4\Omega$。试求出各个电源供给电路的有功功率和无功功率。

3.32 正弦稳态相量模型电路如图 T3.32 所示。已知 $\dot{U}_c=40\angle 0°$ V，$R=6\Omega$，$\omega L=\frac{1}{\omega C}=8\Omega$，求电路的平均功率 P，无功功率 Q，视在功率 S 和功率因数 λ。

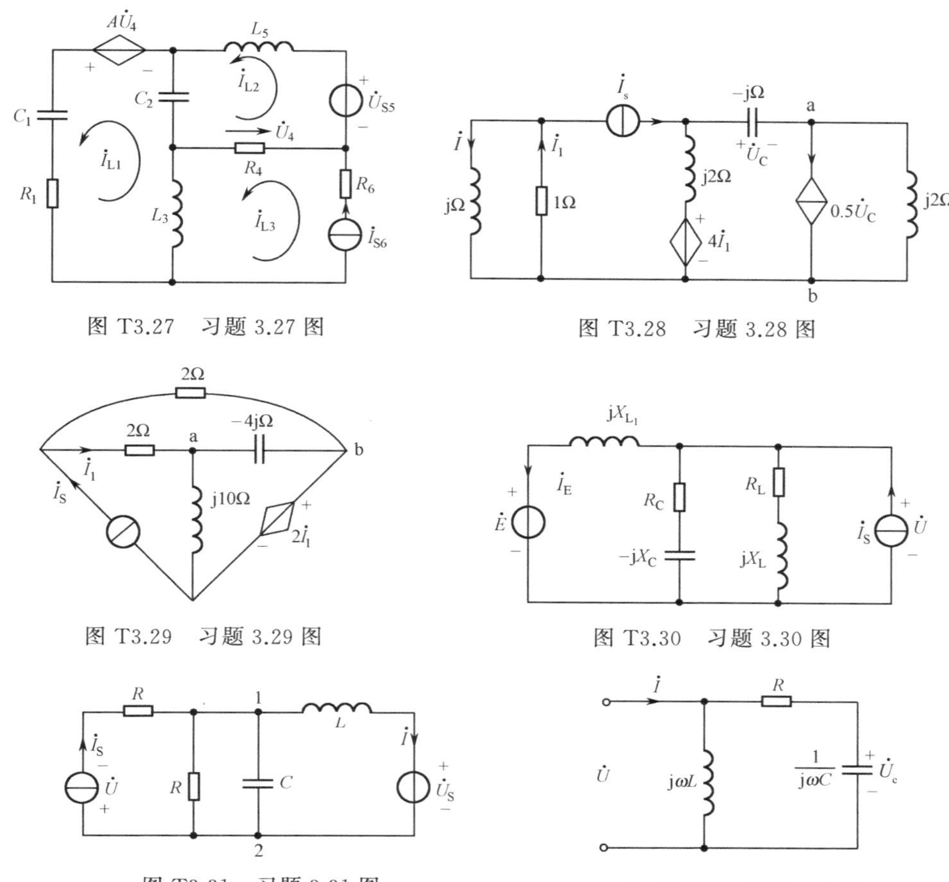

图 T3.27　习题 3.27 图

图 T3.28　习题 3.28 图

图 T3.29　习题 3.29 图

图 T3.30　习题 3.30 图

图 T3.31　习题 3.31 图

图 T3.32　习题 3.32 图

3.33　有源单口网络 N 如图 T3.33 所示，已知 $u_S=4\cos(0.5t+30°)$ V，受控源的转移电阻 $r=1\Omega$。

① 求单口网络 N 的戴维南和诺顿等效电路。

② 若在端口 ab 处接负载 $Z_L=(1-j0.2)\Omega$，计算 Z_L 的吸收功率。

③ 若在端口 ab 处接可变电阻性负载 $Z_L=R_L$，则 R_L 为何值时可从网络 N 获得最大功率？求该最大功率值。

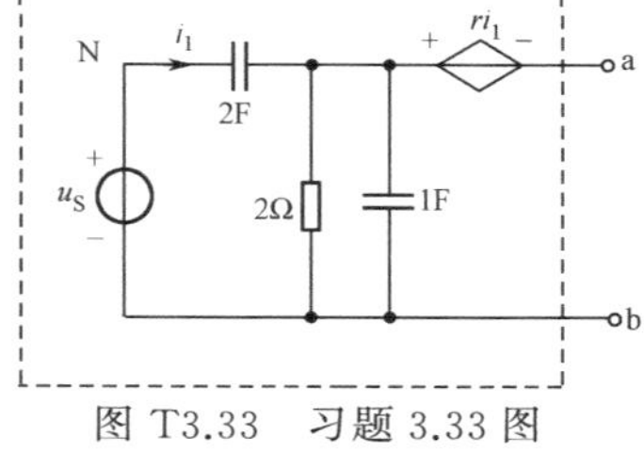

图 T3.33　习题 3.33 图

3.34　正弦稳态相量模型电路如图 T3.34 所示。求负载 Z_L 获得最大功率时的阻抗值及负载吸收的最大功率。

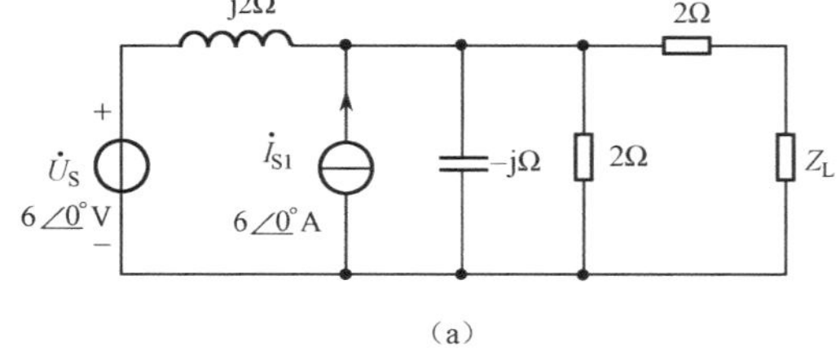

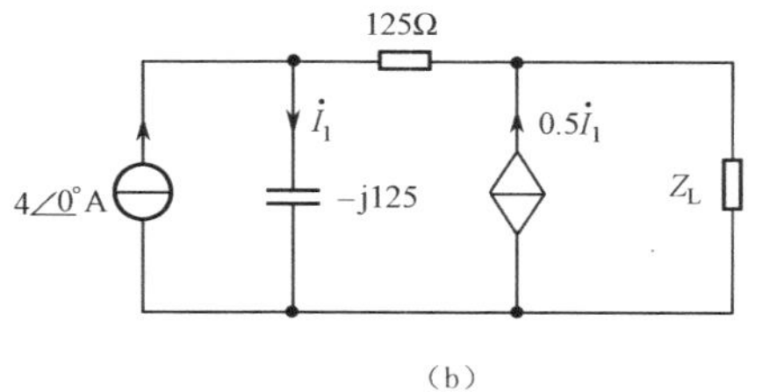

图 T3.34　习题 3.34 图

3.35　如图 T3.35 所示的正弦稳态双 T 形网络，在正弦电源 $u_i(t)$ 激励下产生输出电压 $u_o(t)$。证明当电源角频率 $\omega=1/RC$ 时，其输出电压 $u_o(t)=0$。

3.36　在 RLC 串联谐振电路中，$R=25\Omega$，$L=400\text{mH}$，$C=0.254\mu\text{F}$，电源电压大小 $U=20\text{V}$。

① 求电路的谐振频率、品质因数、谐振时电路中的电流，各元件的电压大小和总的电磁能量。

② 谐振时，如果在电容两端并入一电阻 R_1，并调节电源频率，使电路能重新达到谐振状态，求 R_1 的取值范围。

3.37 已知题图 T3.37 所示电路中 $R=10\Omega$，$L=250\mu\text{H}$，C_1、C_2 可以调节，今先调节 C_2，使并联电路部分在 $f_1=10^4\text{Hz}$ 时阻抗达最大，然后调节 C_1，使整个电路在 $f_2=0.5\times10^4\text{Hz}$ 时阻抗达最小，试求(1)电容 C_1 和 C_2；(2)外加电压为 1V，$f=10^4\text{Hz}$ 时各支路电流。

3.38 题图 T3.38 所示电路处于谐振状态，已知 $U=100\text{V}$，$I_1=I_2=10\text{A}$，求电阻 R 以及谐振时的感抗和容抗。

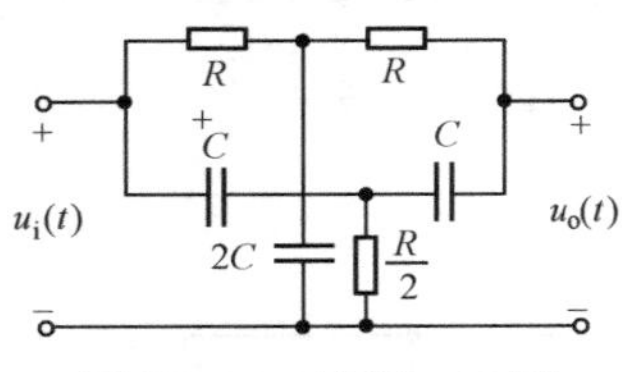

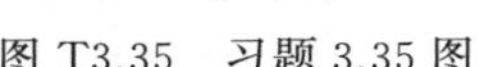
图 T3.35 习题 3.35 图

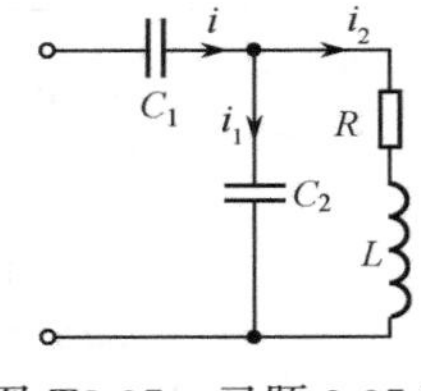

图 T3.37 习题 3.37 图

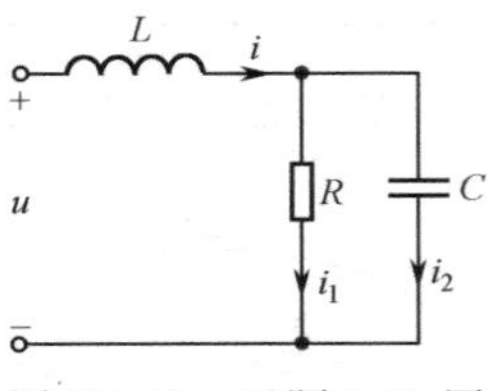

图 T3.38 习题 3.38 图

3.39 已知题图 T3.39 所示电路中 $U=240\text{V}$，$L=40\text{mH}$，$C=1\mu\text{F}$，r_1、r_2 未给定，电流表内阻忽略不计。求电路谐振时电流表的读数。

3.40 在题图 T3.40 所示电路中，$\dot{U}=200\angle0°\text{V}$，$X_{L1}=40\Omega$，$R_1=40\Omega$，$X_{C1}=40\Omega$，$X_{L2}=20\Omega$，$X_{C2}=20\Omega$，$X_{L3}=100\Omega$，求电压表和电流表的读数。

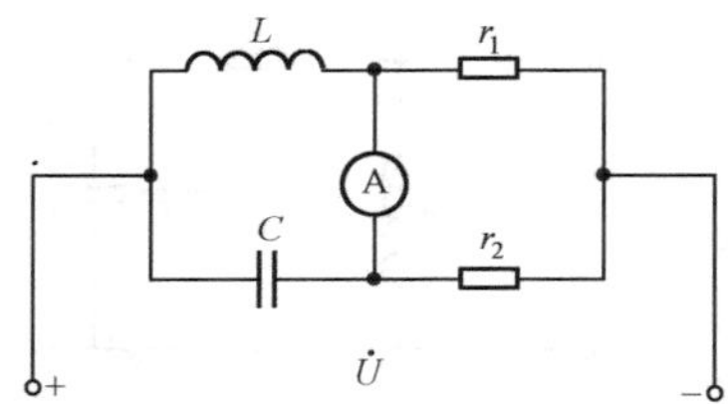

图 T3.39 习题 3.39 图

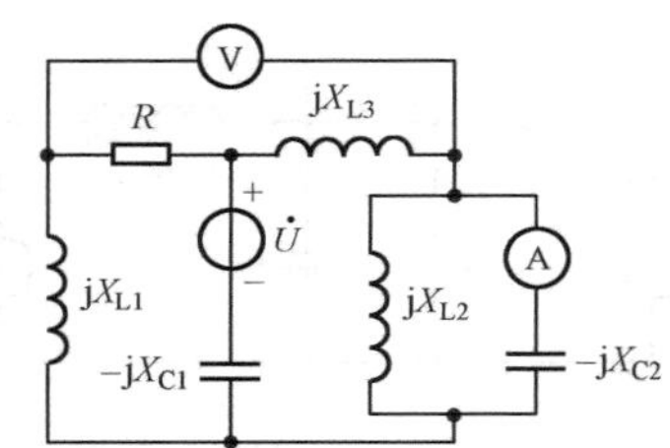

图 T3.40 习题 3.40 图

第 4 章　含耦合电感的电路

[内容提要]

本章主要介绍耦合电感元件中的磁耦合现象。互感、同名端和耦合系数的概念、含耦合电感电路的电压、电流关系及相应计算,同时还对空心变压器和理想变压器进行了分析,并得出了它们的伏安关系及阻抗变换性质。

4.1　耦合电感元件

通电线圈之间,通过彼此的磁场相互联系的现象称为磁耦合。存在磁耦合的线圈称为耦合线圈或互感线圈。其电路模型由耦合电感元件组成。

4.1.1　耦合电感的电压、电流关系

图 4.1.1(a)所示为两个相互有磁耦合关系的线圈,线圈的匝数分别为 N_1 和 N_2。当线圈 1 通以电流 i_1 时,产生的磁通除穿过线圈 1 外,有一部分还穿过线圈 2;在线圈 1 全部匝数 N_1 中形成的磁链称为自感磁链,用 ψ_{11} 表示;在线圈 2 全部匝数 N_2 中形成的磁链称为互感磁链用 ψ_{21} 表示。同样,当线圈 2 通以电流 i_2 时,在线圈 2 中会形成自感磁链 ψ_{22},在线圈 1 中会形成互感磁链 ψ_{12}。为讨论方便,规定:每个线圈的电压、电流方向取关联参考方向,且每个线圈电流的方向和该电流所产生的磁通的方向,符合右手螺旋定则,如图 4.1.1(a)所示。各磁链与各电流的关系如下:

$$\psi_{11}=L_1 i_1,\quad \psi_{21}=M_{21} i_1,\quad \psi_{22}=L_2 i_2,\quad \psi_{12}=M_{12} i_2$$

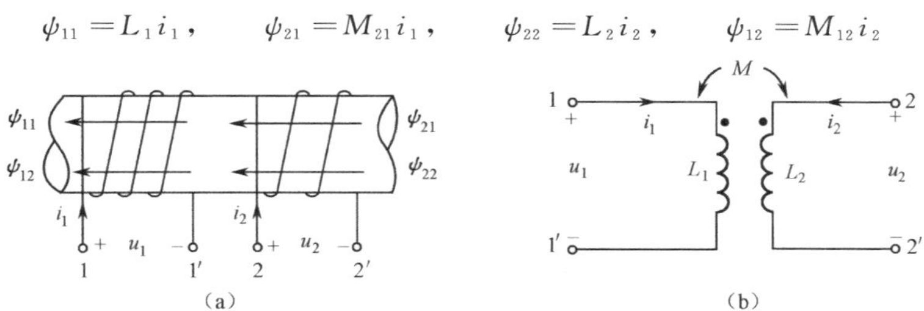

图 4.1.1　两个线圈的互感

式中,L_1 和 L_2 分别为线圈 1 和线圈 2 的自感系数,简称自感;M_{21} 和 M_{12} 是两线圈间的互感系数,简称互感。它们的单位为亨利,用 H 表示。在上述参考方向下,互感总为正值。可以证明,只要磁场的媒质是静止的,则有 $M_{21}=M_{12}$,以后统一用 M 表示。

工程上常用耦合系数 k 表示两个线圈磁耦合的紧密程度,定义为

$$k \overset{\text{def}}{=} \frac{M}{\sqrt{L_1 L_2}} \tag{4.1.1}$$

由自感与互感的定义,有

$$k^2=\frac{M_{12}M_{21}}{L_1 L_2}=\frac{\psi_{12}\psi_{21}}{\psi_{11}\psi_{22}}=\frac{N_1\Phi_{12}N_2\Phi_{21}}{N_1\Phi_{11}N_2\Phi_{22}}=\frac{\Phi_{12}\Phi_{21}}{\Phi_{11}\Phi_{22}}$$

式中,Φ_{11} 和 Φ_{22} 分别为线圈 1 和线圈 2 的自感磁通;Φ_{12} 为线圈 2 对线圈 1 的互感磁通,Φ_{21} 为线圈 1 对线圈 2 的互感磁通。

因为 $\Phi_{12}\leqslant\Phi_{22}$,$\Phi_{21}\leqslant\Phi_{11}$,所以 $k\leqslant 1$,互感磁通越接近自感磁通,k 值就越大,表示两个线圈

之间耦合越紧密;当 $k=1$ 时,称为全耦合。很显然,此时 k 为最大值 1,$M=\sqrt{L_1L_2}$,而 k 的最小值为零,即 $M=0$,表示无互感的情况。

若两个线圈中同时有电流 i_1 和 i_2 存在,则每个线圈中总磁链为本身的磁链和由另一个线圈中电流形成的互感磁链的代数和。对于图 4.1.1(a)所示的情况与线圈 1 和线圈 2 交链的磁链 ψ_1 和 ψ_2 分别为

$$\left.\begin{aligned}\psi_1&=\psi_{11}+\psi_{12}=L_1i_1+Mi_2\\\psi_2&=\psi_{22}+\psi_{21}=L_2i_2+Mi_1\end{aligned}\right\}\tag{4.1.2}$$

由于图 4.1.1(a)中,两个线圈的自感磁链和互感磁链参考方向相同,它们相互加强,所以上式中,ψ_{12}、ψ_{21}、Mi_1、Mi_2 各项前均为“+”号。

当电流 i_1 和 i_2 随时间变化时,线圈中磁场及其磁链也随时间变化,根据电磁感应定律,将在线圈中产生感应电动势,便得:

$$\left.\begin{aligned}u_1&=\frac{\mathrm{d}\psi_1}{\mathrm{d}t}=\frac{\mathrm{d}\psi_{11}}{\mathrm{d}t}+\frac{\mathrm{d}\psi_{12}}{\mathrm{d}t}=L_1\frac{\mathrm{d}i_1}{\mathrm{d}t}+M\frac{\mathrm{d}i_2}{\mathrm{d}t}\\u_2&=\frac{\mathrm{d}\psi_2}{\mathrm{d}t}=\frac{\mathrm{d}\psi_{21}}{\mathrm{d}t}+\frac{\mathrm{d}\psi_{22}}{\mathrm{d}t}=M\frac{\mathrm{d}i_1}{\mathrm{d}t}+L_2\frac{\mathrm{d}i_2}{\mathrm{d}t}\end{aligned}\right\}\tag{4.1.3}$$

在正弦稳态下,上式可用相量形式来表示

$$\left.\begin{aligned}\dot{U}_1&=\mathrm{j}\omega L_1\dot{I}_1+\mathrm{j}\omega M\dot{I}_2=\mathrm{j}X_{L_1}\dot{I}_1+\mathrm{j}X_M\dot{I}_2\\\dot{U}_2&=\mathrm{j}\omega M\dot{I}_1+\mathrm{j}\omega L_2\dot{I}_2=\mathrm{j}X_M\dot{I}_1+\mathrm{j}X_{L_2}\dot{I}_2\end{aligned}\right\}\tag{4.1.4}$$

由此可知,每个线圈的电压均由自感磁链产生的自感电压和互感磁链产生的互感电压两部分组成,是这两部分叠加的结果。

4.1.2 同名端

式(4.1.2)、式(4.1.3)和式(4.1.4)是按关联参考方向及两个线圈如图 4.1.1(a)的相对位置推导出来的。而在磁耦合时,互感磁链对自感磁链有两种作用,一是增强自感磁链,此时互感磁链与自感磁链的方向一致;二是削弱自感磁链,此时互感磁链与自感磁链方向相反。到底是哪种作用,这与两个线圈的相对位置和绕法有关,也与电压和电流的参考方向有关。为便于反映“增强”或“削弱”作用和简化图形表示,人们在两个耦合线圈上各取一个端子,标注出特殊的符号,如小圆点或“*”号,这样的一对端子便称为同名端。当电流 i_1 和 i_2 从同名端流进(或流出)各自线圈时,互感起增强作用,M 前面取“+”号,否则取“−”号。两个有耦合的线圈,其同名端可以根据它们的绕向和相对位置来判别,也可以用实验的方法来确定。当有两个以上的电感线圈彼此之间存在磁耦合时,同名端应当一对一对地加以标记,每一对宜用不同的符号。

图 4.1.1(b)是从图 4.1.1(a)中抽象出来的理想化电路模型是一种线性时不变双口元件,称为耦合电感元件,它由 L_1、L_2 和 M 三个参数来表征。由此电路模型便可直接得出电压和电流之间的关系。即

$$u_1=L_1\frac{\mathrm{d}i_1}{\mathrm{d}t}+M\frac{\mathrm{d}i_2}{\mathrm{d}t},\quad u_2=M\frac{\mathrm{d}i_1}{\mathrm{d}t}+L_2\frac{\mathrm{d}i_2}{\mathrm{d}t}\tag{4.1.5}$$

若耦合电感的电路模型如图 4.1.2 所示,则磁链电压与电流之间的关系如下

$$\left.\begin{aligned}\psi_1&=\psi_{11}-\psi_{12}=L_1i_1-Mi_2\\\psi_2&=-\psi_{21}+\psi_{22}=-Mi_1+L_2i_2\end{aligned}\right\}\tag{4.1.6}$$

$$u_1=L_1\frac{\mathrm{d}i_1}{\mathrm{d}t}-M\frac{\mathrm{d}i_2}{\mathrm{d}t},\qquad u_2=-M\frac{\mathrm{d}i_1}{\mathrm{d}t}+L_2\frac{\mathrm{d}i_2}{\mathrm{d}t}\tag{4.1.7}$$

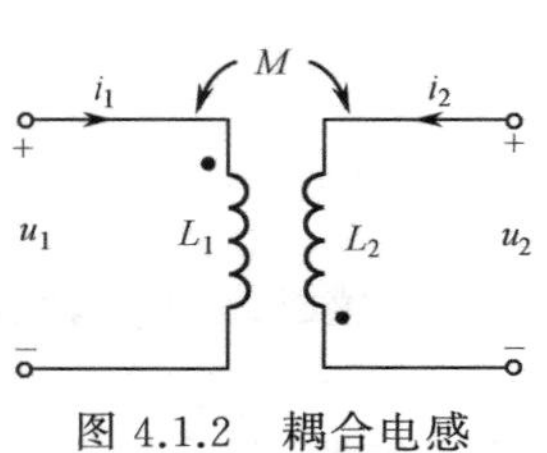

图 4.1.2 耦合电感

当耦合线圈中的电阻不能忽略时,其电路模型可用两个电阻与一个耦合电感组成,如图 4.1.3 所示。在耦合线圈含有铁心时,磁链与电流不再存在线性参数,参数 L_1、L_2 和 M 将随电流而变化,其电

路模型也将改变。但是在线圈电流很小或在小信号工作的条件下，仍可用线性电感来构成由铁心耦合的线圈的电路模型。

耦合电感除上述电路模型外，还可用电感元件和受控电压源来模拟。例如，若用电流控制的电压源(CCVS)表示互感电压的作用，则图 4.1.1(b)的电路可用图 4.1.4 的电路来代替。

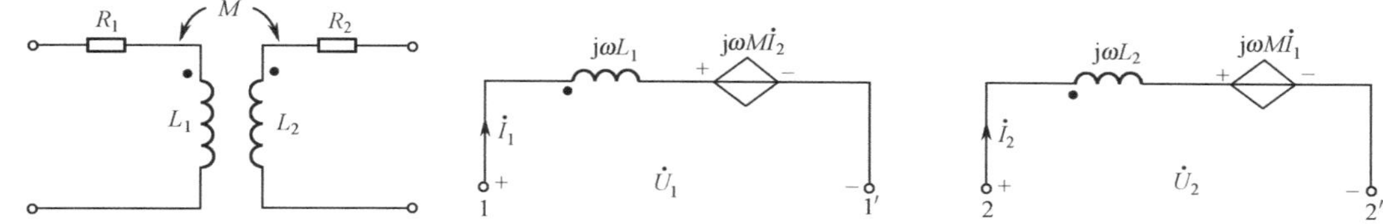

图 4.1.3　耦合线圈的电路模型　　图 4.1.4　用 CCVS 表示的耦合电感电路

不难看出，受控源电压(互感电压)的极性与产生它的变化电流的参考方向对同名端是一致的。即若一线圈中的电流参考方向由同名端指向异名端，则由此电流引起的在另一线圈上的互感电压极性由“+”到“−”的方向也是从同名端到异名端的方向。

【例 4.1.1】　在图 4.1.4 中，$i_1=10\sqrt{2}\sin(100t)$ A，$i_2=5\sqrt{2}\sin(100t)$ A，$L_1=2$H，$L_2=3$H，$M=1$H。求两耦合线圈中的磁链和端电压 u_1 和 u_2。

【解】　由于电流 i_1、i_2 都是从同名端流进线圈，故互感磁链与自感磁链的方向一致。各磁链的计算如下

$$\psi_{11}=L_1 i_1=20\sqrt{2}\sin(100t)\,(\text{Wb})$$

$$\psi_{22}=L_2 i_2=15\sqrt{2}\sin(100t)\,(\text{Wb})$$

$$\psi_{12}=Mi_2=5\sqrt{2}\sin(100t)\quad(\text{Wb})$$

$$\psi_{21}=Mi_1=10\sqrt{2}\sin(100t)\,(\text{Wb})$$

两个线圈的磁链分别为

$$\psi_1=\psi_{11}+\psi_{12}=25\sqrt{2}\sin(100t)\,(\text{Wb})$$

$$\psi_2=\psi_{22}+\psi_{21}=25\sqrt{2}\sin(100t)\,(\text{Wb})$$

同理，互感电压与自感电压的方向也是一致的。

$$u_1=L_1\frac{\mathrm{d}i_1}{\mathrm{d}t}+M\frac{\mathrm{d}i_2}{\mathrm{d}t}=\frac{\mathrm{d}\psi_1}{\mathrm{d}t}=2500\sqrt{2}\cos(100t)=2500\sqrt{2}\sin\left(100t+\frac{\pi}{2}\right)(\text{V})$$

$$u_2=M\frac{\mathrm{d}i_1}{\mathrm{d}t}+L_2\frac{\mathrm{d}i_2}{\mathrm{d}t}=\frac{\mathrm{d}\psi_2}{\mathrm{d}t}=2500\sqrt{2}\sin\left(100t+\frac{\pi}{2}\right)(\text{V})$$

在耦合线圈的相对位置和绕向不能识别时，可用实验的方法来确定同名端。图4.1.5便是这一方法的一种实验电路，图中 U_S 是直流电源，R 为限流电阻，Ⓥ是高电阻直流电压表。

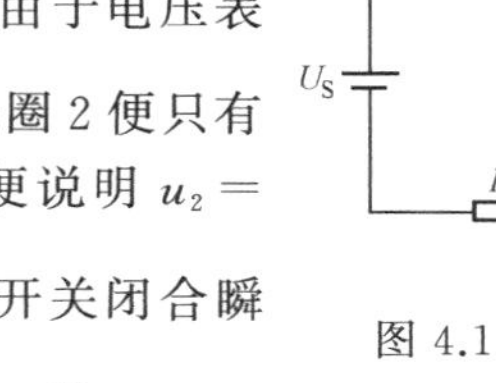

图 4.1.5　测定同名端的电路

在图 4.1.5 中，当开关 S 闭合时，电流 i_1 由零增加到某一量值，电流 i_1 对时间的变化率大于零，即$\frac{\mathrm{d}i_1}{\mathrm{d}t}>0$，由于电压表内阻非常大，线圈 2 中的电流则为零，即 $i_2=0$，线圈 2 便只有互感电压。此时，若发现电压表指针正向偏转，便说明 $u_2=u_{2M}=M\frac{\mathrm{d}i_1}{\mathrm{d}t}>0$，则可断定 1 和 2 是同名端；如果开关闭合瞬间，发现电压表指针反向偏转，说明$u_2=u_{2M}=-M\frac{\mathrm{d}i_1}{\mathrm{d}t}<0$，则 1 和 2′是同名端。

上述分析说明：当电压表正向偏转时，与电压表正极相联的端钮和与直流电压源正极相联的端钮是同名端。

4.2 含有耦合电感电路的分析

含有耦合电感的电路与一般电路的区别仅在于耦合电感中除存在自感电压之外，还存在互感电压。因此，在分析含有耦合电感的电路时，只要处理好互感电压及其作用，其余的就与一般电路的分析方法相同。正弦稳态分析时，仍可采用相量法。只是应注意在列 KVL 方程时，由于耦合电感支路的电压不仅与本支路电流有关，还与其他某些支路电流有关，故要正确利用同名端计入互感电压，必要时可引用 CCVS 来表示互感电压的作用。

4.2.1 耦合电感的串联

耦合电感的串联有两种方式——顺接和反接。顺接是将两个线圈的异名端接在一起。如图 4.2.1(a)所示，电流均以同名端流入，互感磁场与自感磁场方向相同，起增强作用；反接是将两个线圈的同名端相连，如图 4.2.1(b)所示，电流从两个线圈的异名端流入，互感磁场与自感磁场方向相反起削弱作用。

在耦合电感串联时，无论是哪一种连接，都可用一个不含互感的电路来等效替代。在图 4.2.2(a)所示的顺接电路中，设两个线圈的电阻分别为 R_1 和 R_2，自感分别为 L_1 和 L_2，它们之间的互感为 M，则可得顺接串联线圈两端的电压和电流的关系式为

$$\begin{aligned} u &= R_1 i + L_1 \frac{\mathrm{d}i}{\mathrm{d}t} + M\frac{\mathrm{d}i}{\mathrm{d}t} + R_2 i + L_2 \frac{\mathrm{d}i}{\mathrm{d}t} + M\frac{\mathrm{d}i}{\mathrm{d}t} \\ &= (R_1+R_2)i + (L_1+L_2+2M)\frac{\mathrm{d}i}{\mathrm{d}t} = Ri + L'\frac{\mathrm{d}i}{\mathrm{d}t} \end{aligned}$$

式中，$L'=L_1+L_2+2M$；$R=R_1+R_2$。

由上式可知，含耦合电感的顺接串联电路，可用 R 和 L 串联的电路来等效，成为无耦合的电感电路，这样的电路称为去耦等效电路。图 4.2.2(a)的去耦等效电路如图 4.2.2(b)所示。

如果两个线圈为反接串联，由于互感磁场是削弱自感磁场的，故 M 前应取"－"号，则可得反接串联线圈两端的电压和电流的关系为

$$\begin{aligned} u &= R_1 i + L_1 \frac{\mathrm{d}i}{\mathrm{d}t} - M\frac{\mathrm{d}i}{\mathrm{d}t} + R_2 i + L_2 \frac{\mathrm{d}i}{\mathrm{d}t} - M\frac{\mathrm{d}i}{\mathrm{d}t} \\ &= (R_1+R_2)i + (L_1+L_2-2M)\frac{\mathrm{d}i}{\mathrm{d}t} = Ri + L''\frac{\mathrm{d}i}{\mathrm{d}t} \end{aligned}$$

式中，$L''=L_1+L_2-2M$。

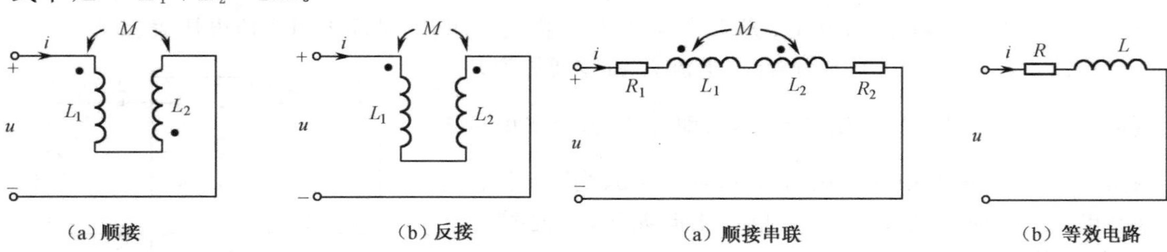

(a) 顺接　　(b) 反接

图 4.2.1　耦合电感的串接

(a) 顺接串联　　(b) 等效电路

图 4.2.2　耦合电感顺接串联的等效电路

综合以上讨论，得到耦合电感串联时的等效电感为

$$L = L_1 + L_2 \pm 2M \tag{4.2.1}$$

据上所知，耦合电感在顺接串联时的等效电感比反接串联时的等效电感大 $4M$。由此，可用实验方法测量出互感的量值，即测出顺接串联时的电感 L' 和反接串联时的电感 L''，就可确定互

感值

$$M=\frac{L'-L''}{4} \tag{4.2.2}$$

同时，也可根据电感值较大(或较小)时线圈的连接情况来判断其同名端。

对正弦稳态电路，上述电压和电流的关系，可用相量形式表示：

顺接串联时　$$\dot{U}=[R_1+R_2+j\omega(L_1+L_2+2M)]\dot{I} \tag{4.2.3}$$

反接串联时　$$\dot{U}=[R_1+R_2+j\omega(L_1+L_2-2M)]\dot{I} \tag{4.2.4}$$

【例 4.2.1】　图 4.2.2(a)所示电路中，$R_1=2\Omega$，$\omega L_1=16\Omega$，$R_2=4\Omega$，$\omega L_2=27\Omega$，$\omega M=18\Omega$，$U=20\text{V}$。试求电路中的电流 $\dot{I}$、电路吸收的复功率和耦合电感的耦合系数。

【解】

$$Z_1=R_1+j(\omega L_1+\omega M)=2+j34(\Omega)$$

$$Z_2=R_2+j(\omega L_2+\omega M)=4+j45(\Omega)$$

$$Z=Z_1+Z_2=2+j34+4+j45=6+j79=79.2\angle 85.7°(\Omega)$$

设

$$\dot{U}=U\angle 0°=20\angle 0°(\text{V})$$

则

$$\dot{I}=\frac{\dot{U}}{Z}=\frac{20\angle 0°}{79.2\angle 85.7°}=0.25\angle -85.7°(\text{A})$$

而

$$\dot{I}^*=0.25\angle 85.7°(\text{A})$$

故

$$\bar{S}=\dot{U}\dot{I}^*=20\angle 0°\times 0.25\angle 85.7°=5\angle 85.7°$$

$$=0.37+j4.99(\text{VA})$$

耦合系数为

$$K=\frac{M}{\sqrt{L_1L_2}}=\frac{\omega M}{\sqrt{(\omega L_1)(\omega L_2)}}=\frac{18}{\sqrt{16\times 27}}=0.9$$

【例 4.2.2】　图 4.2.3 所示的是确定互感线圈同名端及 M 值的交流实验电路。电源电压为 $U=220\text{V}$，$f=50\text{Hz}$。按图 4.2.3(a)所示连接时，端口电流 $I=2.5\text{A}$，$P=62.5\text{W}$；按图 4.2.3(b)所示连接时(线圈位置不变)，$I=5\text{A}$。试根据实验结果确定两线圈同名端及互感值 M。

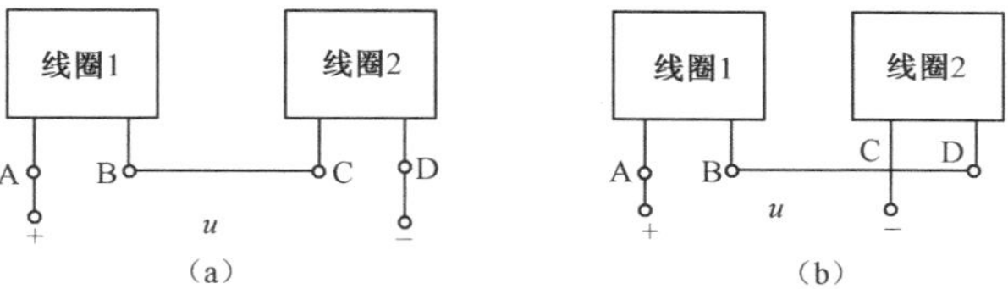

图 4.2.3　例 4.2.2 图

【解】　由式(4.2.1)可知，两个线圈顺接时，等效阻抗必是大于反接时的等效阻抗，因此端电压相同时，顺接时的端口电流必定小于反接时的端口电流。而图 4.2.3(a)的端口电流(2.5A)小于图 4.2.3(b)的端口电流，故图 4.2.3(a)为顺接，图 4.2.3(b)为反接。因此，A 和 C 是同名端。

设线圈 1、2 的电阻和自感分别为 R_1、R_2 和 L_1、L_2，互感为 M。对于图 4.2.3(a)所示的接法，便有

$$I=\frac{220}{\sqrt{(R_1+R_2)^2+\omega^2(L_1+L_2+2M)^2}}=2.5(\text{A}) \tag*{①}$$

因为

$$P=I^2(R_1+R_2)=(R_1+R_2)\times 2.5^2=62.5(\text{W})$$

所以

$$(R_1+R_2)=\frac{P}{I^2}=\frac{62.5}{2.5^2}=10(\Omega)$$

对于图 4.2.3(b)所示的接法

$$I=\frac{220}{\sqrt{(R_1+R_2)^2+\omega^2(L_1+L_2-2M)^2}}=5(\text{A}) \tag*{②}$$

将 $R_1+R_2=10\Omega$ 及 $\omega=2\pi f=314\text{rad/s}$ 代入式①和式②，得方程组如下

$$\left.\begin{aligned}\frac{220^2}{10^2+314^2(L_1+L_2+2M)^2}&=2.5^2\\ \frac{220^2}{10^2+314^2(L_1+L_2-2M)^2}&=5^2\end{aligned}\right\}$$

解上述方程组，便得

$$M=35.5(\text{mH})$$

4.2.2　耦合电感的并联

耦合电感也可以并联连接，连接的方式也有两种。一种是线圈的同名端连接在同一点上，称为同侧并联，如图4.2.4(a)所示；另一种是线圈的异名端连接在一点上，称为异侧并联，如图4.2.4(b)所示。

对同侧并联电路，按图中标出的参考方向，有

$$\left.\begin{aligned}u&=L_1\frac{di_1}{dt}+M\frac{di_2}{dt}\\ u&=L_2\frac{di_2}{dt}+M\frac{di_1}{dt}\\ i&=i_1+i_2\end{aligned}\right\}$$

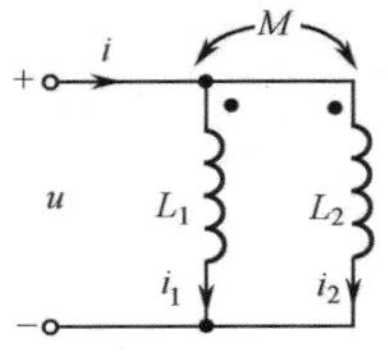

(a) 同侧并联电路

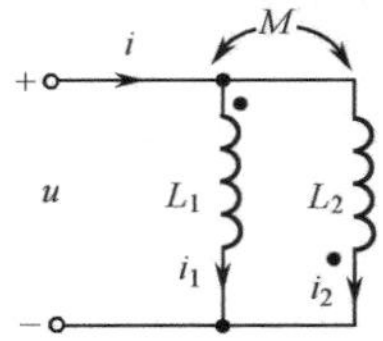

(b) 异侧并联电路

图4.2.4　耦合电感的并联电路

在正弦稳态下，上述方程用相量形式表示为

$$\left.\begin{aligned}\dot{U}&=j\omega L_1\dot{I}_1+j\omega M\dot{I}_2\\ \dot{U}&=j\omega L_2\dot{I}_2+j\omega M\dot{I}_1\\ \dot{I}&=\dot{I}_1+\dot{I}_2\end{aligned}\right\}$$

联立求解上面的方程，可得输入阻抗

$$Z=\frac{\dot{U}}{\dot{I}}=j\omega\frac{L_1L_2-M^2}{L_1+L_2-2M}$$

即并联等效电感为

$$L=\frac{L_1L_2-M^2}{L_1+L_2-2M}$$

同理可推出异侧并联时的等效电感为

$$L=\frac{L_1L_2-M^2}{L_1+L_2+2M}$$

综合以上讨论，耦合电感并联时的等效电感为

$$L=\frac{L_1L_2-M^2}{L_1+L_2\mp 2M}\tag{4.2.5}$$

式(4.2.5)中$2M$项前符号确定的原则是：同侧并联时取负号，异侧并联时取正号。

4.2.3　去耦等效电路

在对含有耦合电感的电路进行分析时，如上所述，关键是如何处理互感和互感电压。解决这一问题后，耦合电感电路的分析就与一般电路完全相同了。无互感的等效电路，称为去耦等效电路。耦合电感电路的去耦方法不同，所得的去耦等效电路也不相同。

1. 采用等效电感的去耦电路

当耦合电感串联时，前面已经讨论。它的等效电感如式(4.2.1)所示。在电路中，将这一等效电感去替代耦合电感所得的电路，便是耦合电感串联时的去耦电路。这时只要注意顺接时$2M$前取正号，反接时$2M$前取负号。顺接串联的去耦等效电路如图4.2.2(b)所示。

同样，当耦合电感并联时，它的等效电感便为式(4.2.5)所示。将该电感替代电路中的耦合

电感，就得耦合电感并联时的去耦电路。

如果耦合电感只有一个公共端，则可用三个电感连接成星形网络来等效，它们的等效条件推导如下。

图 4.2.5(a)为有一个公共端的耦合电感电路，其电压、电流方程为

$$u_1 = L_1 \frac{di_1}{dt} + M\frac{di_2}{dt}, \quad u_2 = M\frac{di_1}{dt} + L_2\frac{di_2}{dt} \tag{4.2.6}$$

图 4.2.5(b)为它的去耦等效电路，则网孔电压方程为

$$u_1 = (L_a + L_b)\frac{di_1}{dt} + L_b\frac{di_2}{dt}, \quad u_2 = L_b\frac{di_1}{dt} + (L_b + L_c)\frac{di_2}{dt} \tag{4.2.7}$$

令式(4.2.6)与式(4.2.7)各系数分别相等，则得

$$\left.\begin{array}{l} L_1 = L_a + L_b \\ L_2 = L_b + L_c \\ M = L_b \end{array}\right\}$$

由此解得

$$\left.\begin{array}{l} L_a = L_1 - M \\ L_b = M \\ L_c = L_2 - M \end{array}\right\} \tag{4.2.8}$$

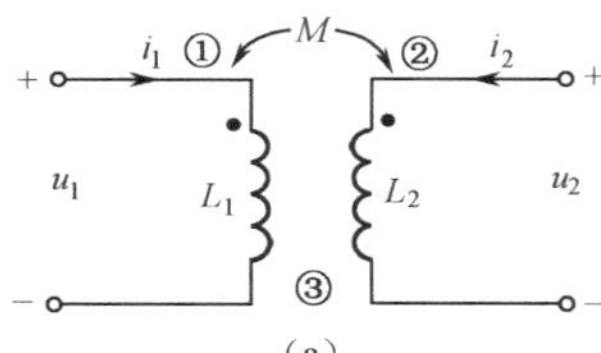

(a)

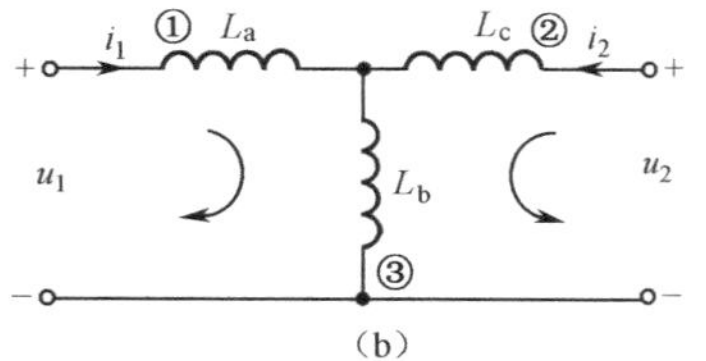

(b)

图 4.2.5　耦合电感的等效

这便是耦合电感与其去耦等效电路的等效条件，若图 4.2.5(a)中的同名端改变位置，则 M 前的符号也要改变。在含耦合电感的电路中，将耦合电感用没有耦合关系的等效电感的星形连接替代后，也常常可以简化电路的分析。

耦合电感并联时的等效电感也可按上述等效电路得出。

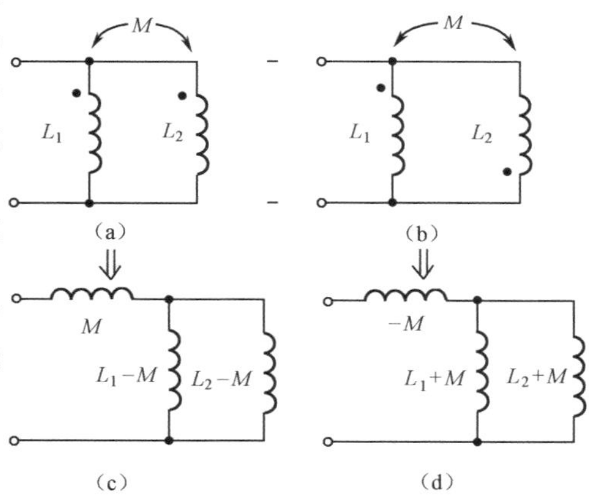

图 4.2.6　耦合电感的并联及去耦电路

图 4.2.6(a)和图 4.2.6(b)分别是耦合电感的同侧并联和异侧并联。而图 4.2.6(c)和图 4.2.6(d)则分别是它们的去耦等效电路。

同侧并联时，耦合电感并联的等值电感为

$$L = M + \frac{(L_1 - M)(L_2 - M)}{(L_1 - M) + (L_2 - M)} = \frac{L_1L_2 - M^2}{L_1 + L_2 - 2M}$$

异侧并联时，耦合电感并联的等值电感为

$$L = -M + \frac{(L_1 + M)(L_2 + M)}{(L_1 + M) + (L_2 + M)} = \frac{L_1L_2 - M^2}{L_1 + L_2 + 2M}$$

很显然，所得的结果与前面推出的式(4.2.5)完全一致。由此，耦合电感并联时的去耦等效电路，也可用图 4.2.6(c)和图 4.2.6(d)分别表示。

【例 4.2.3】　试求图 4.2.7(a)所示单口网络的等效电路。图中 $R=5\Omega$，$L_1=6\text{H}$，$L_2=4\text{H}$，

$L_3=5\text{H}, M=2\text{H}$。

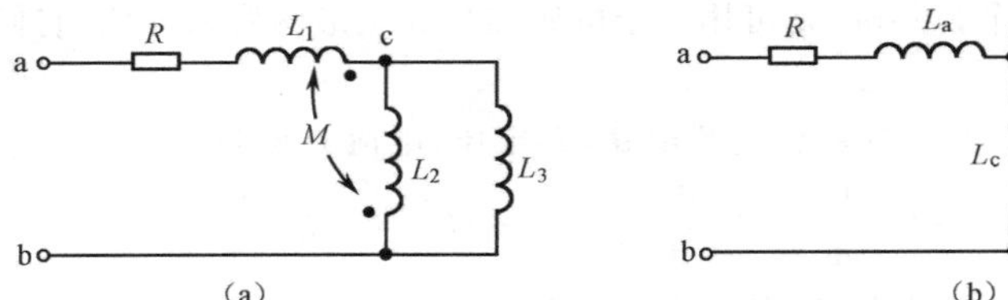

图 4.2.7 例 4.2.3 图

【解】 L_1 和 L_2 是有互感的两个线圈,将它们用星形网络的三个电感代替,得图4.2.7(b)去耦等效后的电路。由于有互感的两个线圈是异名端相连的,故式(4.2.8)中 M 前的符号要改变。由此得出的三个电感的电感值为

$$L_a=L_1+M=6+2=8(\text{H})$$
$$L_b=-M=-2(\text{H})$$
$$L_c=L_2+M=4+2=6(\text{H})$$

由图 4.2.7(b)可得总电感为(注:利用电感串并联公式)

$$L=8+\frac{6\times(5-2)}{6+(5-2)}=8+2=10(\text{H})$$

于是图 4.2.7(a)所示单口网络的等效电路为 5Ω 电阻与 10H 电感的串联电路。

2. 采用受控源的去耦等效电路

对具有互感耦合的电路,还可以将互感电压的作用看做是电流控制的电压源(CCVS),就能得到含有受控源的去耦等效电路。只是应注意受控源的电压方向,它应与产生它的变化电流的参考方向对同名端是一致的。

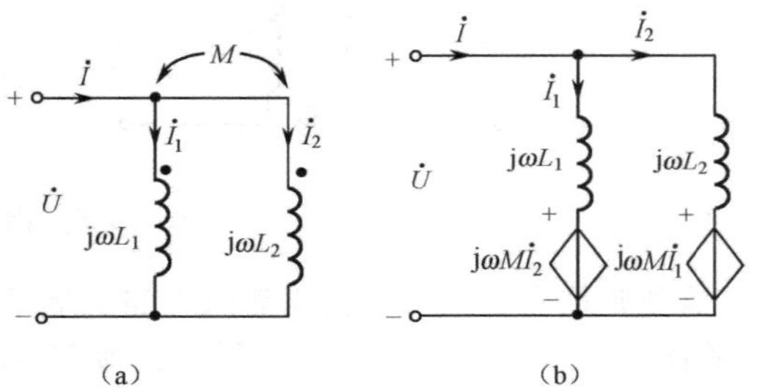

图 4.2.8 同侧并联及其去耦等效电路

图 4.2.8(a)为耦合电感同侧并联电路的相量模型,图 4.2.8(b)则是它的用受控源表示的去耦等效电路模型。图中受控源电压的方向均与产生它的电流对同名端的方向是一致的。

【例 4.2.4】 电路如图 4.2.9(a)所示,设 $\dot{U}_{S1}=9\angle 0°\text{V}, \dot{U}_{S2}=6\angle 90°\text{V}, X_{L1}=4\Omega, X_{L2}=3\Omega, X_C=1\Omega, X_M=1\Omega$。求电压 $\dot{U}_{AB}$。

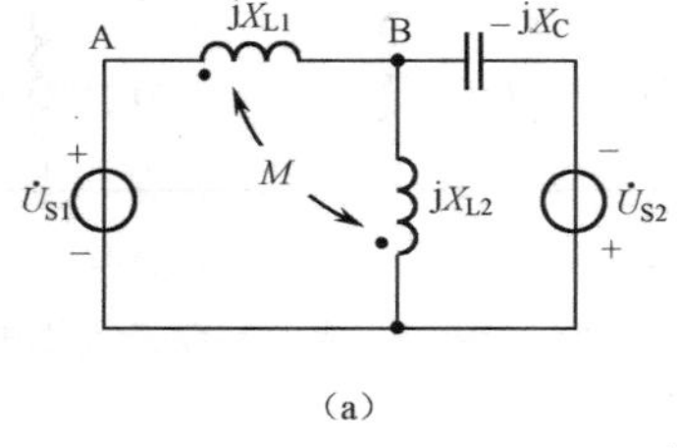

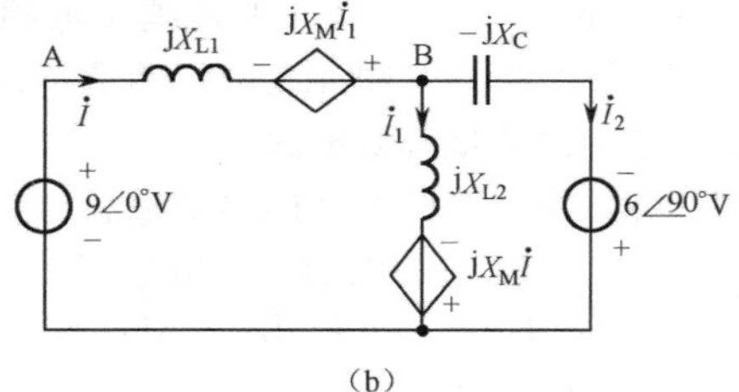

图 4.2.9 例 4.2.4 图

【解】 将互感电压用 CCVS 代替,可得图 4.2.9(b)的采用受控源的等效电路模型。按此图列出的方程如下

$$\text{j}4\dot{I}-\text{j}\dot{I}_1+\text{j}3\dot{I}_1-\text{j}\dot{I}=9 \quad ①$$
$$-\text{j}\dot{I}_2+\text{j}\dot{I}-\text{j}3\dot{I}_1=\text{j}6 \qquad (\text{注 } \dot{U}_{S2}=6\angle 90°=\text{j}6) \quad ②$$
$$\dot{I}=\dot{I}_1+\dot{I}_2 \quad ③$$

将式③代入式②,得

$$-j\dot{I}_2+j\dot{I}_1+j\dot{I}_2-j3\dot{I}_1=j6$$

解之　　$\dot{I}_1=-3(\text{A})$，　$\dot{I}=\dot{I}_2-3(\text{A})$

将上两式代入式①，得，$\dot{I}_2=5-j3$ 所以

$$\dot{I}=2-j3(\text{A})$$

由此得

$$\dot{U}_{AB}=jX_{L1}\dot{I}-jX_M\dot{I}_1=j4(2-j3)+j3$$
$$=12+j11=16.28\angle 42.5°(\text{V})$$

4.3　空心变压器

变压器是由耦合线圈绕在一个共同的芯子上制成的，接电源的线圈为初级线圈或原边线圈，接负载的线圈称为次级线圈或副边线圈。电源提供的能量通过磁场耦合传递到负载。芯子是非铁磁材料的变压器，称为空心变压器。

两线圈空心变压器电路的相量模型如图 4.3.1 所示，图中 R_1、R_2 分别为初、次级线圈的电阻，L_1、L_2 分别是它们的自感，M 为它们的互感，Z_L 为负载阻抗。按图中的参考方向，原、副边回路的电压方程为

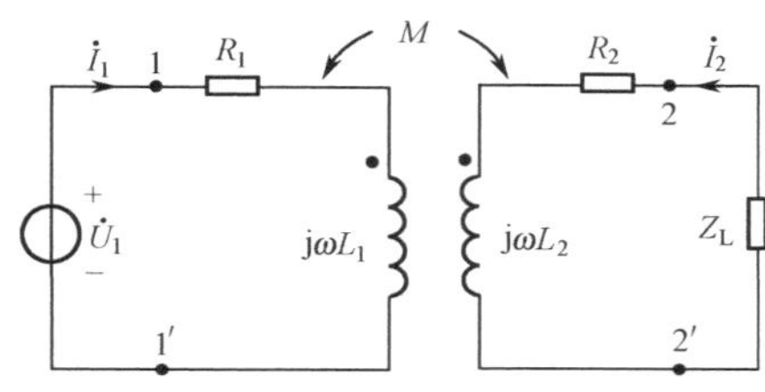

图 4.3.1　空心变压器电路模型

$$\left.\begin{aligned}(R_1+j\omega L_1)\dot{I}_1+j\omega M\dot{I}_2&=\dot{U}_1\\ j\omega M\dot{I}_1+(R_2+j\omega L_2+Z_L)\dot{I}_2&=0\end{aligned}\right\}\quad(4.3.1)$$

令 $Z_{11}=R_1+j\omega L_1$，称为原边回路阻抗；$Z_{22}=R_2+j\omega L_2+Z_L$ 称为副边回路阻抗，$Z_{12}=Z_{21}=j\omega M$ 为原、副边回路互阻抗。则式(4.3.1)可写成

$$\left.\begin{aligned}Z_{11}\dot{I}_1+Z_{12}\dot{I}_2&=\dot{U}_1\\ Z_{21}\dot{I}_1+Z_{22}\dot{I}_2&=0\end{aligned}\right\}\quad(4.3.2)$$

4.3.1　原边等效电路

由图 4.3.1 可知，从电源端 1－1′看进去，空心变压器和负载阻抗 Z_L 一起可以看成是电源的负载。既然是一个负载，则可以用一个阻抗来等效它，这就是从 1－1′两端看进去的输入阻抗。

解方程组(4.3.2)，可得

$$\dot{U}_1=Z_{11}\dot{I}_1-\frac{Z_{12}Z_{21}}{Z_{22}}\dot{I}_1=\left[Z_{11}+\frac{(\omega M)^2}{Z_{22}}\right]\dot{I}_1$$

于是，该输入阻抗为

$$Z_i=\frac{\dot{U}_1}{\dot{I}_1}=Z_{11}+\frac{(\omega M)^2}{Z_{22}}=Z_{11}+Z_{r12}\quad(4.3.3)$$

式中，$Z_{11}=R_1+j\omega L_1$ 是原边回路阻抗；$Z_{r12}=\dfrac{(\omega M)^2}{Z_{22}}=\dfrac{(\omega M)^2}{R_2+j\omega L_2+Z_L}$ 称为反映阻抗，用 Z_{r12} 表示。它是副边回路阻抗通过互感反映到原边回路的等效阻抗。若负载开路，$Z_{22}\to\infty$，$Z_{r12}=0$，则 $Z_i=Z_{11}=R_1+j\omega L_1$，不受副边回路的影响。若接入负载 Z_L，$\dot{I}_2\neq 0$，则输入阻抗 $Z_i=Z_{11}+Z_{r12}$，其中 Z_{r12} 反映出副边回路的影响，实部反映副边回路中电阻的能量损耗，虚部反映副边回路中储能元件与原边回路的能量交换；也就是说，负载的存在给原边回路增加了“负担”，这一“负担”相当于在原边回路中增加了一个阻抗 Z_{r12}。

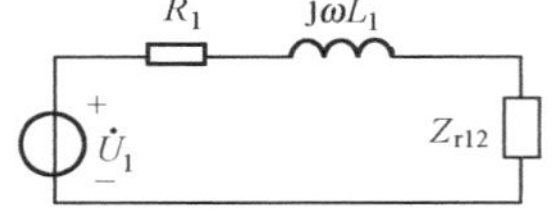

图 4.3.2　原边回路等效电路

由式(4.3.3)可给出空心变压器原边回路的等效电路图来，如图 4.3.2 所示。

在进行空心变压器电路的分析计算时，先由原边等效电

路求得原边回路电流 $\dot{I}_1$,即

$$\dot{I}_1=\frac{\dot{U}_1}{Z_{11}+\dfrac{(\omega M)^2}{Z_{22}}} \tag{4.3.4}$$

再利用式(4.3.2)求出副边回路电流 $\dot{I}_2$,即

$$\dot{I}_2=\frac{-\mathrm{j}\omega M\dot{I}_1}{R_2+\mathrm{j}\omega L_2+Z_L}=\frac{-\mathrm{j}\omega M\dot{I}_1}{Z_{22}} \tag{4.3.5}$$

若只改变图 4.3.1 电路中的同名端,则式(4.3.1)和式(4.3.5)中 M 前的符号应改变,但不会影响输入阻抗、反映阻抗和等效电路。

【例 4.3.1】 电路如图 4.3.3 所示,已知 $\dot{U}_S=10\angle 0°\mathrm{V}$,$R_1=1\Omega$,$R_2=0.4\Omega$,$R_L=1.6\Omega$,$X_{L1}=3\Omega$,$X_{L2}=2\Omega$,$X_M=2\Omega$,求 $\dot{I}_1$ 和 $\dot{I}_2$。

【解】 先求反映阻抗

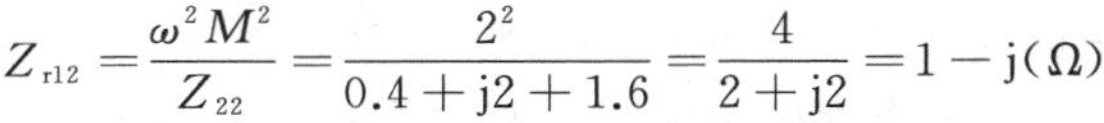

$$Z_{r12}=\frac{\omega^2M^2}{Z_{22}}=\frac{2^2}{0.4+\mathrm{j}2+1.6}=\frac{4}{2+\mathrm{j}2}=1-\mathrm{j}(\Omega)$$

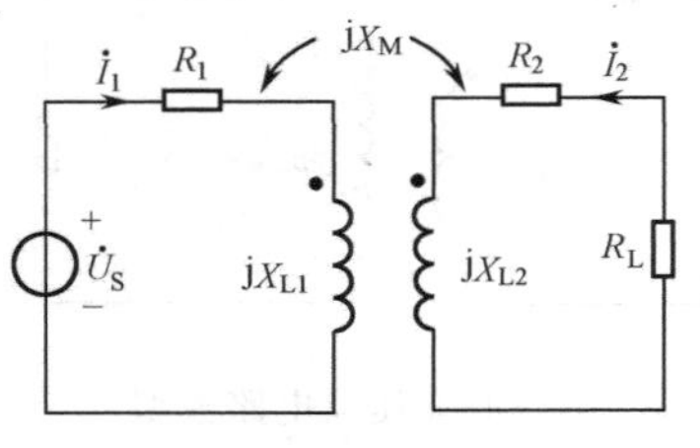

图 4.3.3　例 4.3.1 图

结果表明:反映阻抗的性质与 Z_{22} 相反,即感性阻抗变为容性阻抗了。

再求输入阻抗

$$Z_i=Z_{11}+Z_{r12}=(1+\mathrm{j}3)+(1-\mathrm{j})=2+\mathrm{j}2(\Omega)$$

故原边电流和副边电流为

$$\dot{I}_1=\frac{\dot{U}_S}{Z_i}=\frac{10\angle 0°}{2+\mathrm{j}2}=2.5\sqrt{2}\angle-45°(\mathrm{A})$$

$$\dot{I}_2=\frac{-\mathrm{j}\omega M\dot{I}_1}{Z_{22}}=\frac{-\mathrm{j}2\times 2.5\sqrt{2}\angle-45°}{2+\mathrm{j}2}=-2.5(\mathrm{A})$$

4.3.2 副边等效电路

从图 4.3.1 的 2—2′两端向左看进去,这是一个含源二端网络,利用戴维南定理,可得到副边戴维南等效电路如图 4.3.4 所示。2—2′端的开路电压为

$$\dot{U}_{oc}=\mathrm{j}\omega M\dot{I}_1=\frac{\mathrm{j}\omega M\dot{U}_1}{R_1+\mathrm{j}\omega L_1}=\frac{Z_{21}}{Z_{11}}\dot{U}_1 \tag{4.3.6}$$

注意:$\dot{U}_{oc}$的极性与同名端是有关的。

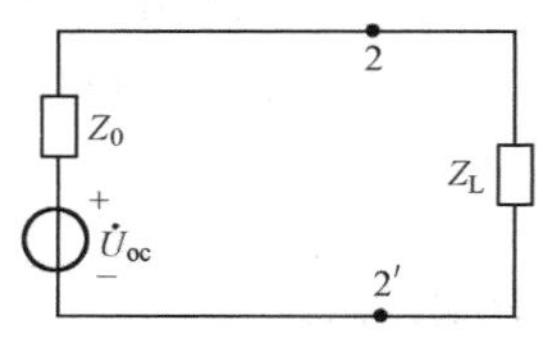

图 4.3.4　副边戴维南等效电路

戴维南等效阻抗为

$$Z_0=R_2+\mathrm{j}\omega L_2+\frac{(\omega M)^2}{Z_{11}}=R_2+\mathrm{j}\omega L_2+Z_{r21}=R_0+\mathrm{j}X_0 \tag{4.3.7}$$

式中,$Z_{r21}=\dfrac{(\omega M)^2}{Z_{11}}$ 称为原边回路在副边回路的反映阻抗。

它是副边戴维南等效阻抗 Z_0 的一部分,也应注意,反映阻抗 Z_{r21} 与 Z_{r12} 一样与同名端无关。

而 R_0 和 X_0 分别为

$$R_0=R_2+\frac{R_1\omega^2M^2}{R_1^2+\omega^2L_1^2},\ X_0=\omega L_2-\frac{\omega^3M^2L_1}{R_1^2+\omega^2L_1^2}$$

得到副边等效电路之后,便可直接求得副边电流及负载的电压和功率。根据最大功率传输定理,当负载 Z_L 与 Z_0 共轭匹配时,即 $Z_L=Z_0^*$,可获得最大功率为

$$P_{max}=U_{oc}^2/4R_0$$

【例 4.3.2】 在图 4.3.3 中,若参数不变,试求负载电阻 R_L 所吸收的功率。若负载阻抗可调整,试求获得最大功率时的负载值及获得的最大功率。

【解】 由例 4.3.1 可知，当电路各参数不变时

$$\dot{I}_2=-2.5(\mathrm{A})$$

负载电阻 R_L 吸收的平均功率为

$$P=R_L I_2^2=1.6\times 2.5^2=10(\mathrm{W})$$

为求得获取最大功率时的负载值，先将 R_L 断开，求出含源二端网络的戴维南等效电路。由式(4.3.6)求得开路电压为

$$\dot{U}_{oc}=\frac{\mathrm{j}\omega M\dot{U}_1}{R_1+\mathrm{j}\omega L_1}=\frac{\mathrm{j}2\times 10}{1+\mathrm{j}3}=6.325\angle 18.44°(\mathrm{V})$$

由式(4.3.7)求出戴维南等效阻抗为

$$Z_0=R_2+\mathrm{j}\omega L_2+\frac{\omega^2 M^2}{R_1+\mathrm{j}\omega L_1}=0.4+\mathrm{j}2+\frac{4}{1+\mathrm{j}3}=0.8+\mathrm{j}0.8(\Omega)$$

再根据最大功率传输定理，当 $Z_L=Z_0^*$ 时，才能获得最大功率，所以此时的负载值是

$$Z_L=Z_0^*=0.8-\mathrm{j}0.8(\Omega)$$

所获得的最大功率为

$$P_{\max}=\frac{U_{oc}^2}{4R_0}=\frac{(6.325)^2}{4\times 0.8}=12.5(\mathrm{W})$$

4.4　理想变压器

4.4.1　理想变压器的特性方程

空心变压器的芯子是非铁磁材料，若芯子是铁磁材料的变压器，则称为铁心变压器，如图 4.4.1所示。

设原、副绕组的匝数分别为 N_1 和 N_2，当原边线圈接上交流电压 u_1 时，原线圈中便有电流 i_1 通过，其磁动势 $N_1 i_1$ 产生的磁通绝大部分通过铁心而闭合，从而在副边线圈上产生感应电动势。若副线圈接有负载，那么副线圈中就有电流 i_2 通过。副线圈的磁动势 $N_2 i_2$ 也产生磁通，其绝大部分也通过铁心闭合。故铁心中的磁通是由原、副线圈的磁动势共同产生的，称之为主磁通，用 Φ 表示，主磁通穿过原、副线圈而在其中感应出的电动势分别为 e_1 和 e_2。此外，原、副绕组的磁动势产生的磁通有一小部分通过空气而闭合，称为漏磁通，它仅与本绕组相交链，从而在各自的绕组中分别产生漏磁电动势。

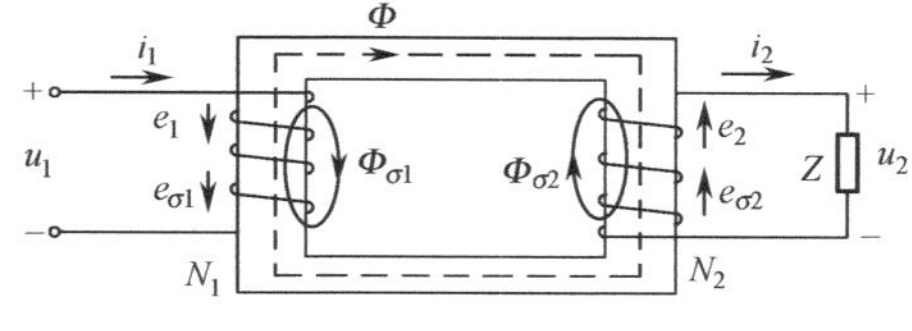

图 4.4.1　铁心变压器

仍采用关联参考方向，可列出原、副线圈电路的电压方程，原边回路电压方程为

$$u_1+e_1+e_{\sigma 1}=R_1 i_1 \tag{4.4.1}$$

副边回路电压方程为

$$e_2+e_{\sigma 2}=R_2 i_2+u_2 \tag{4.4.2}$$

另外，由安培环路定律，可得铁心变压器磁动势和磁通的关系为

$$i_1 N_1+i_2 N_2=Hl=\frac{B}{\mu}l=\frac{\Phi}{\mu S}l \tag{4.4.3}$$

式中，B、H 分别为铁心中的磁感应强度和磁场强度，S 为铁心截面积，l 为铁心中平均磁路长度，μ 为铁心的磁导率。

将铁心变压器理想化，便是理想变压器。所谓理想变压器，就是耦合系数为 1 且不消耗能量的变压器。铁心磁导率极高，远大于空气的磁导率，这样便可略去漏磁通不计；磁通 Φ 就全部集中于铁心，与原、副线圈全部匝数交链。此时线圈的互感磁通必等于自感磁通，耦合系数为 1。略去

漏磁通，则由此产生的感生电动势 $e_{\sigma1}$ 和 $e_{\sigma2}$ 也会略去。此外，铁心变压器的线圈由铜(或铝)导线绕制而成，电阻较小，所消耗的能量与磁通的磁场能相比，也可忽略不计，即变压器不消耗能量。这样理想化后，铁心变压器便成为理想变压器。理想变压器的电路符号如图 4.4.2 所示。其中 $n=N_1/N_2$ 称为变压器的变比，N_1 和 N_2 分别为原、副绕组的匝数，该参数也是理想变压器的唯一参数。

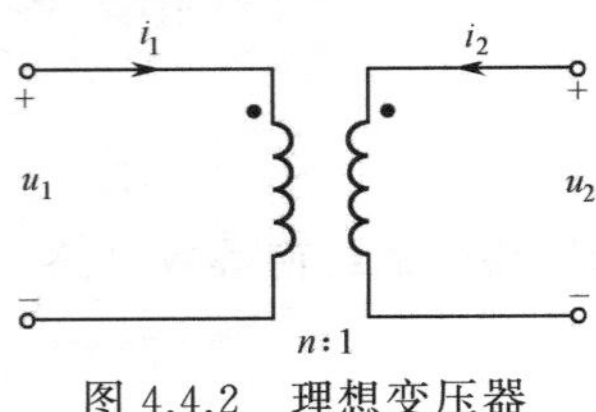

图 4.4.2　理想变压器

在进行理想化、略去线圈的电阻和漏磁通后，由电磁感应定律则得

$$u_1=\frac{\mathrm{d}\psi_1}{\mathrm{d}t}=N_1\frac{\mathrm{d}\Phi}{\mathrm{d}t},\quad u_2=\frac{\mathrm{d}\psi_2}{\mathrm{d}t}=N_2\frac{\mathrm{d}\Phi}{\mathrm{d}t}$$

即

$$u_1=\frac{N_1}{N_2}u_2=nu_2 \tag{4.4.4}$$

该方程表示了理想变压器变换电压的作用。在式(4.4.3)中，μ 为铁磁材料的磁导率，它是非常大的，如果理想化，则 $\mu=\infty$，而磁通 Φ 又为有限值，因此式(4.4.3)便成为

$$i_1N_1+i_2N_2=0$$

即

$$i_1=-\frac{1}{n}i_2 \tag{4.4.5}$$

该方程表示了理想变压器变换电流的作用。

式(4.4.4)和式(4.4.5)便是理想变压器的特性方程。在正弦稳态电路中，u_1、u_2、i_1、i_2 可用相应相量表示；方程中的“±”号，必须根据 u_1、u_2 和 i_1、i_2 的参考方向与同名端的关系确定。如果 u_1 和 u_2 与同名端极性相同时，则 u_1、u_2 关系式中取“+”号，反之取“−”号；如果 i_1、i_2 均从同名端流入(或流出)时，则 i_1、i_2 关系式中取“−”号，否则取“+”号。特性方程表明了变压器有变换电压和变换电流的作用。

将式(4.4.4)与式(4.4.5)两边相乘，得

$$u_1i_1=n\,u_2\left(-\frac{1}{n}\right)i_2=-u_2i_2$$

即

$$p=u_1i_1+u_2i_2=0$$

也就是说，理想变压器吸收的瞬时功率恒等于零，它不是耗能元件。

【例 4.4.1】 在图 4.4.3 中，变压器为理想变压器，变比 $n=\dfrac{1}{2}$，$\dot{I}_S=10\angle0°\,\mathrm{A}$，$R=1\Omega$，$X_L=2\Omega$，$X_C=1\Omega$，$R_L=1\Omega$，求流过电阻 R_L 中的电流 $\dot{I}$。

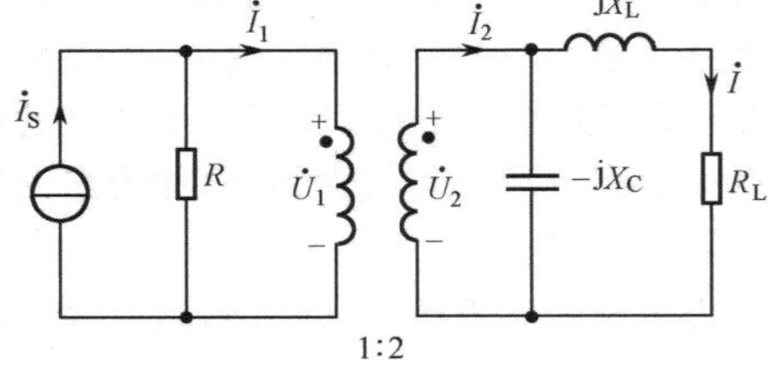

图 4.4.3　例 4.4.1 图

【解】 设理想变压器原副边电压、电流分别为 $\dot{U}_1$、$\dot{I}_1$ 和 $\dot{U}_2$、$\dot{I}_2$。原副边电路的 KCL 方程是

$$\frac{\dot{U}_1}{1}+\dot{I}_1=10\angle0°,\quad \frac{\dot{U}_2}{1+\mathrm{j}2}+\frac{\dot{U}_2}{-\mathrm{j}}=\dot{I}_2$$

对于所设定的 $\dot{U}_1$、$\dot{I}_1$、$\dot{U}_2$、$\dot{I}_2$ 的参考方向，理想变压器的特性方程为

$\dot{U}_1=\dfrac{1}{2}\dot{U}_2$　　(两电压的参考方向，在同名端极性相同时，取“+”号)

$\dot{I}_1=2\dot{I}_2$　　(两电流不同时从同名端流入，取“+”号)

联立求解上述 4 个方程，得

$$\dot{U}_2=\frac{5}{\dfrac{1}{4}+\dfrac{1}{1+\mathrm{j}2}+\dfrac{1}{-\mathrm{j}}}=\frac{100}{9+\mathrm{j}12}(\mathrm{V})$$

所以
$$\dot{I}=\frac{\dot{U}_2}{1+\mathrm{j}2}=\frac{100}{(9+\mathrm{j}12)(1+\mathrm{j}2)}=2.98\angle-116.6^\circ(\mathrm{A})$$

4.4.2　理想变压器变换阻抗的性质

前面已阐述，理想变压器有变换电压和电流的作用，这种按变比变换的作用，还可以反映在阻抗的变换上。在图 4.4.4 所示电路中，当理想变压器副边终端 2－2′接有负载阻抗 Z_L 时，则从 1－1′端口看进去的等效阻抗为

$$Z_{11'}=\frac{\dot{U}_1}{\dot{I}_1}=\frac{n\dot{U}_2}{-\frac{1}{n}\dot{I}_2}=n^2\left(\frac{\dot{U}_2}{\dot{I}_2}\right)=n^2Z_L \quad (4.4.6)$$

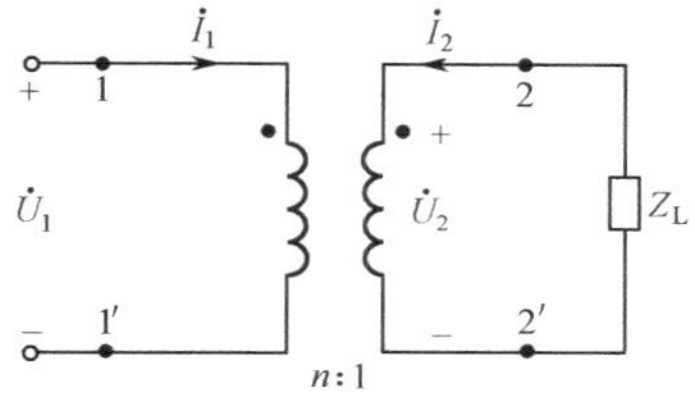

图 4.4.4　理想变压器变换阻抗作用

上式表明，当副边接阻抗 Z_L 时，对原边来说相当于在原边接了一个值为 n^2Z_L 的阻抗，即副边折合至原边的等效阻抗。这就是理想变压器变换阻抗的性质。折合阻抗的计算与同名端无关。

在分析含理想变压器电路时，由于原副边回路没有直接的电路联系，是磁场将它们联系在一起的，所以分析计算起来较为复杂。而利用阻抗变换的性质，将副边阻抗折合到原边回路中去后，则与一般电路的分析计算一样，就简化了这种电路的分析计算。

在电子技术中，常利用变压器的阻抗变换作用来实现阻抗匹配。

【例 4.4.2】　在图 4.4.5(a)所示电路中，变压器为理想变压器，变比 $n=2$，$\dot{U}_1=100\angle0^\circ\mathrm{V}$，$R=4\Omega$，$X_C=4\Omega$，$Z_L=(1+\mathrm{j})\Omega$。求理想变压器副边电流 $\dot{I}_2$ 和负载吸收的功率。

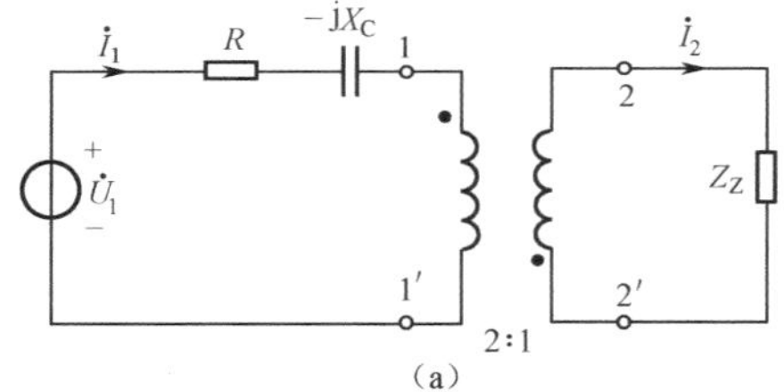

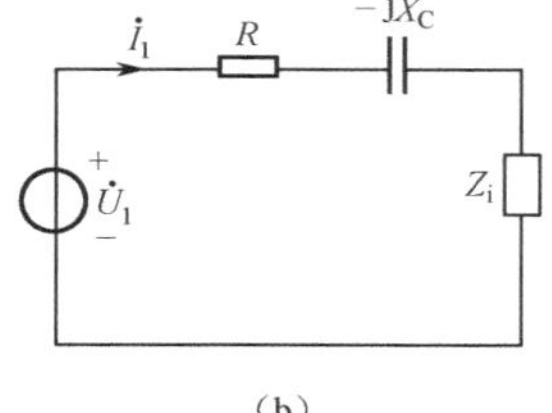

图 4.4.5　例 4.4.2 图

【解】　方法 1：先计算出 $\dot{I}_1$，再计算 $\dot{I}_2$ 和负载功率。

将副边回路的负载 Z_L 折合到原边回路，得
$$Z_i=n^2Z_L=2^2\times(1+\mathrm{j})=4+\mathrm{j}4(\Omega)$$
得出原边的等效电路如图 4.4.5(b)所示，由此解得原边电流
$$\dot{I}_1=\frac{\dot{U}_1}{R_1-\mathrm{j}X_L+Z_i}=\frac{100\angle0^\circ}{4-\mathrm{j}4+4+\mathrm{j}4}=12.5\angle0^\circ(\mathrm{A})$$
依据特性方程，可得副边电流
$$\dot{I}_2=-n\dot{I}_1=-2\times12.5\angle0^\circ=25\angle180^\circ(\mathrm{A})$$
负载吸收的功率为
$$P=I_2^2\,Re\,[Z_L]=25^2\times1=625(\mathrm{W})$$
方法 2：用戴维南定理求副边电流 $\dot{I}_2$ 及负载功率。

将图 4.4.5(a)的副边 2－2′端断开，求出其左边的戴维南等效电路。$\dot{U}_{oc}$ 和 Z_0 可分别从图 4.4.6(b)和图 4.4.6(c)中求得。

副边开路，$\dot{I}_2=0$；由理想变压器的特性，$\dot{I}_1=0$，故
$$\dot{U}_1'=100\angle0^\circ(\mathrm{V})$$
则
$$\dot{U}_{oc}=\frac{-1}{n}\dot{U}_1'=-\frac{1}{2}\times100=50\angle180^\circ(\mathrm{V})$$

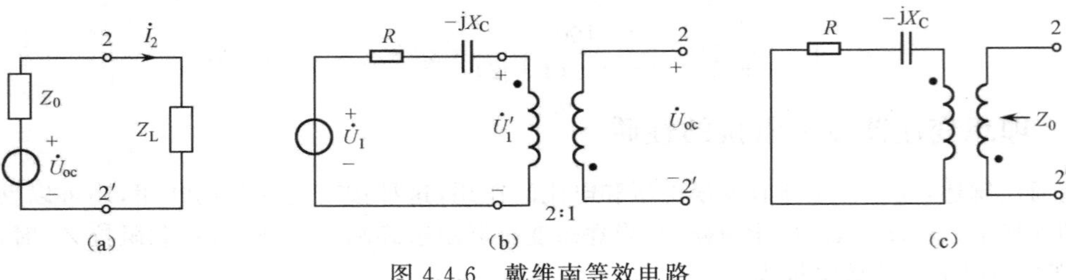

图 4.4.6　戴维南等效电路

在图 4.4.6(c)中，由阻抗变换性质有

$$Z_0=\frac{1}{n^2}(R-\mathrm{j}X_c)=\frac{1}{4}\times(4-\mathrm{j}4)=(1-\mathrm{j})(\Omega)$$

Z_0 是原边阻抗折合到副边的等效值。

式中由此得出戴维南等效电路如图 4.4.6(a)所示。

则
$$\dot{I}_2=\frac{\dot{U}_{oc}}{Z_0+Z_L}=\frac{50\angle 180°}{(1-\mathrm{j})+(1+\mathrm{j})}=25\angle 180°(\mathrm{A})$$

$$P=I_2{}^2Re[Z_L]=25^2\times 1=625(\mathrm{W})$$

4.5　本章小结及典型题解

4.5.1　本章小结

1. 耦合电感元件

(1) 耦合线圈

存在磁耦合的线圈叫做耦合线圈，也称为互感线圈，而磁耦合是指通电线圈之间，通过彼此的磁场相互联系的现象。

(2) 自感与互感

两个相互有磁耦合关系的线圈通以电流时，会产生磁通，该磁通在本线圈形成的磁链称为自感磁链，用 ψ_{11}、ψ_{22} 表示；在另一线圈形成的磁链称为互感磁链，用 ψ_{21}、ψ_{12} 表示。若规定每个线圈的电压电流方向取关联参考方向，且每个线圈的电流方向和该电流所产生的磁通的方向符合右手螺旋定则，则各磁链与各电流的关系为

$$\psi_{11}=L_1i_1\quad \psi_{21}=M_{21}i_1\quad \psi_{22}=L_2i_2\quad \psi_{12}=M_{12}i_2$$

式中，L_1、L_2 分别为线圈 1 和线圈 2 的自感系数，简称自感，M_{12} 和 M_{21} 为两线圈之间的互感系数，简称互感。它们的单位为亨利，用 H 表示，在上述参考方向下，互感总为正值，只要磁场的媒质是静止的，则有 $M_{21}=M_{12}$，一般互感统一用 M 表示。

(3) 耦合系数

耦合系数表示了两个线圈磁耦合的紧密程度，用 k 表示，即

$$k=\frac{M}{\sqrt{L_1L_2}}$$

当$k=1$时，$M=\sqrt{L_1L_2}$，称为全耦合，当 $k=0$ 时，表示无互感的情况。

(4) 同名端

在两个耦合线圈中，有这样一对端子，当电流从该对端子流进各自线圈时，互感起增强作用，这对端子就称为同名端，用符号小圆点或“ * ”号表示。两个有耦合的线圈其同名端可以根据它们的绕向和相对位置来判别，也可以用实验的方法来确定。

2. 耦合电感中电压和电流的关系

(1) 耦合电感的电路模型

① 用 L_1、L_2 和 M 三个参数来表示的电路模型，该电路模型如图 4.5.1 所示。如果线圈中的电阻不能忽略，则在电路中加入各自的电阻即可。应当注意，若耦合线圈中含有铁心，参数 L_1、L_2 和 M 将随电流而变化，其电路模型也将改变。

② 用电感元件和受控电压源来表示的电路模型。其模型如图 4.5.2 所示。

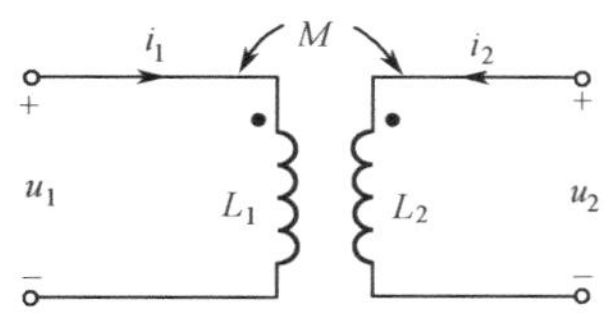

图 4.5.1　电路模型 1

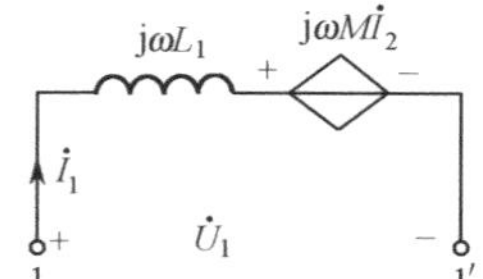

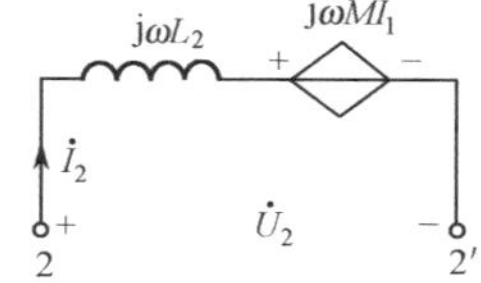

图 4.5.2　电路模型 2

从图中可知：受控电压源的极性与产生它的变化电流的参考方向是一致的，即一线圈中的电流参考方向由同名端指向异名端的话，则由此电流引起的在另一线圈上的互感电压极性也是由同名端指向异名端。

③ 用无耦合的电感支路替代耦合电感电路的去耦等效电路，采用去耦等效电路后，耦合电感电路的分析就与一般电路一样了。

(2) 两耦合电感的电压、电流关系

若 u_1、i_1 和 u_2、i_2 分别为 L_1 和 L_2 的电压和电流，互感为 M，且电压和电流均取关联参考方向，则两耦合电感的电压电流关系为

$$u_1=L_1\frac{\mathrm{d}i_1}{\mathrm{d}t}\pm M\frac{\mathrm{d}i_2}{\mathrm{d}t},\quad u_2=L_2\frac{\mathrm{d}i_2}{\mathrm{d}t}\pm M\frac{\mathrm{d}i_1}{\mathrm{d}t}$$

各电压前的符号按如下方向确定：在 u、i 关联参考方向下，自感电压 $\left(L_1\frac{\mathrm{d}i_1}{\mathrm{d}t},L_2\frac{\mathrm{d}i_2}{\mathrm{d}t}\right)$ 前均为“＋”号；若互感磁链与自感磁链相互加强时，互感电压 $\left(M\frac{\mathrm{d}i_2}{\mathrm{d}t},M\frac{\mathrm{d}i_1}{\mathrm{d}t}\right)$ 前面取“＋”号；当互感磁链与自感磁链相互削弱时，则互感电压 $\left(M\frac{\mathrm{d}i_2}{\mathrm{d}t},M\frac{\mathrm{d}i_1}{\mathrm{d}t}\right)$ 前为“－”号。

3. 含耦合电感电路的分析方法

(1) 分析方法

分析含耦合电感电路时，只要处理好互感电压及其作用，其余的就与一般电路的分析方法相同，即先用去耦等效电路替代含耦合电感的电路，再用一般的电路分析方法去分析。

(2) 耦合电感串联的电路分析

耦合电感串联时，等效电感为 $L=L_1+L_2\pm 2M$，M 前面符号的确定原则是：顺接串联（两个线圈的异名端连在一起）时，取“＋”号；反接串联（两个线圈的同名端连在一起）时，取“－”号，用去耦等效电感替代耦合电感之后，按以前的电路分析方法去分析，就可以了。

(3) 耦合电感并联时的电路分析

两个有互感的线圈并联时，也可用一个等效电感来代替，其值为

$$L=\frac{L_1L_2-M^2}{L_1+L_2\mp 2M}$$

式中，$2M$ 项前面符号的确定原则是：同侧并联（两个线圈的同名端连接在同一点上）时，取“－”号；异侧并联（两个线圈的异名端连接在同一点上）时，取“＋”号。用等效电感替代耦合电感后，耦合电感电路的分析就与一般电路完全相同了。此外，如果耦合电感只有一个公共端时，则可用三个电感连接成星形网络来等效，其值分别为：$L_c=\pm M$，M 前的符号确定原则：同侧取“＋”，异侧取“－”，L_c 为公共端所在支路的电感。$L_a=L_1\mp M$，$L_b=L_2\mp M$，M 前所取符号与 L_c 中的相反，L_a、L_b 为非公共端所在支路的等效电感。同样，用这一去耦电感代替原电路后其分析方法也就与一般电路完全相同了。

(4) 采用受控源的去耦等效电路的分析方法

此种方法是将互感电压的作用看做是电流控制的电压源,就可得到含有受控源的去耦等效电路。应当注意:受控源的电压方向与产生它的变化电流的参考方向对同名端是一致的,得到含有受控源的去耦等效电路后,就可用一般的电路分析方法去分析了。

4. 空心变压器

(1) 空心变压器

它是由两个耦合线圈绕在一个共同的芯子上制成的电气设备,接电源的线圈称为初级线圈或原边线圈,接负载的线圈称为次级线圈或副边线圈,而芯子是由非铁磁材料制成的。变压器通过耦合作用,将原边的输入传递到副边输出。

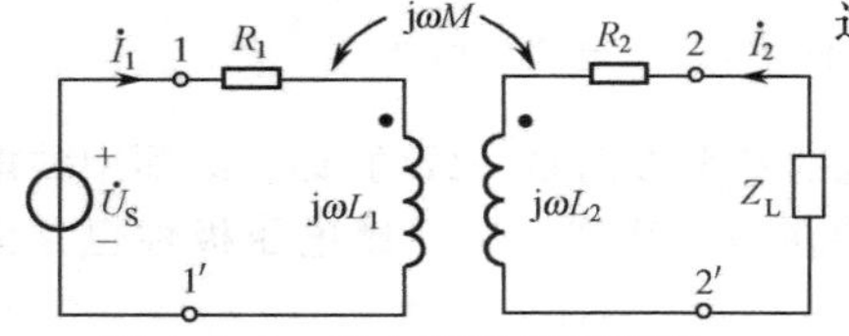

图 4.5.3　空心变压器原理图

(2) 空心变压器的原、副边电压方程

图 4.5.3 为空心变压器原理图,其原、副边电压方程为

$$\begin{cases} Z_{11}\dot{I}_1+Z_{12}\dot{I}_2=\dot{U}_S \\ Z_{21}\dot{I}_1+Z_{22}\dot{I}_2=0 \end{cases}$$

式中,Z_{11}为原边回路自阻抗,$Z_{11}=R_1+j\omega L_1$;Z_{22}为副边回路自阻抗,$Z_{22}=R_2+j\omega L_2+Z_L$;$Z_{12}$、$Z_{21}$为原、副边回路间互阻抗,$Z_{12}=Z_{21}=j\omega M$。

(3) 原、副边回路的反映阻抗

① 原边回路的输入阻抗为

$$Z_i=\frac{\dot{U}_S}{\dot{I}_1}=Z_{11}+\frac{(\omega M)^2}{Z_{22}}=Z_{11}+Z_{r12}$$

它是从图 4.5.3 中电源端 1-1′看进去的阻抗,由两部分组成,一部分为原边回路自阻抗 Z_{11},另一部分是副边回路在原边回路中的反映阻抗,即

$$Z_{r12}=\frac{(\omega M)^2}{Z_{22}}=\frac{(\omega M)^2}{R_2+j\omega L_2+Z_L}$$

该反映阻抗相当于副边回路在原边回路中增加了一个阻抗——Z_{r12}。

② 副边回路中的反映阻抗

$$Z_{r21}=\frac{(\omega M)^2}{Z_{11}}$$

它是从负载端 2-2′向左看进去的戴维南等效电路中阻抗中的一部分,是原边回路在副边回路中的反映,引入该反映阻抗后,便可得到副边的等效电路,进而直接求得副边电流及负载的电压和功率。

注意:反映阻抗 Z_{r12}、Z_{r21}与同名端是无关的。

5. 理想变压器

(1) 理想变压的条件

① 耦合系数为 1,即 $k=\dfrac{M}{\sqrt{L_1L_2}}=1$;

② 变压器本身无损耗。即任一时刻,理想变压器吸收的瞬时功率恒等于零;

③ 理想变压器变比 n 与原副绕组的电感 L_1 和 L_2 的关系为 $n=\sqrt{\dfrac{L_1}{L_2}}$,且不变。

由上述条件可知:理想变压器与电感及耦合电感不同,它不是储能元件,也不是记忆元件;与电阻也不同。它不是耗能元件。因此,描述理想变压特性的参数只有一个——变比 n。

(2) 理想变压器的特性方程

理想变压器的电路符号如图 4.5.4 所示。

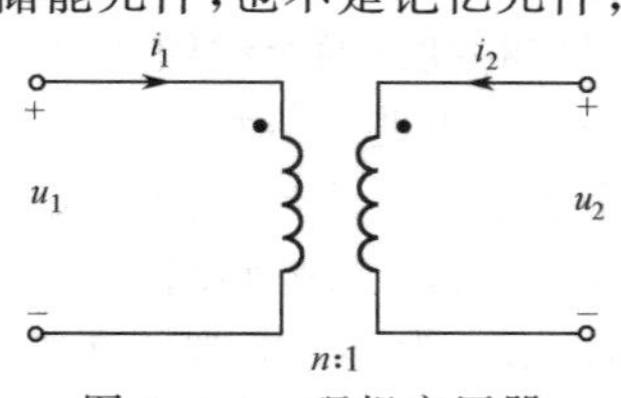

图 4.5.4　理想变压器

由此得出的特性方程为

$$u_2=\frac{N_2}{N_1}u_1 \text{ 和 } i_2=-\frac{N_1}{N_2}i_1$$

方程中的"±"号必须根据 u_1、u_2 和 i_1、i_2 的参考方向与同名端的关系确定。如果 u_1 和 u_2 与同名端极性相同时，则 u_1、u_2 关系式取"+"号，反之取"−"号。如果 i_1、i_2 均从同名端流入(或流出)，则 i_1、i_2 关系式中取"−"号，否则取"+"号。特性方程表明了变压器有变换电压和变换电流的作用。

(3) 理想变压器变换阻抗的性质

理想变压有变换电压和电流的作用。这种按变比变换的作用还可以反映在阻抗的变换上。当副边线圈终端接有负载阻抗 Z_L 时，对原边来说相当于在原边接了一个阻抗。其阻抗的值为 n^2Z_L，即 $Z_L'=n^2Z_L$。折合阻抗的计算与同名端无关。这就是理想变压器变换阻抗的性质。在电子技术中，常利用变压器的变换阻抗的作用来实现阻抗匹配。

4.5.2 典型题解

【例 4.5.1】 如图 4.5.5(a)所示。已知 $u_S(t)=10\sqrt{2}\cos(10^3t)\text{V}$。

① 画出去耦等效电路；

② 求电流 $i_1(t)$ 和 $i_2(t)$；

③ 当负载 Z_L 为何值时可获得最大功率，并求负载可获得的最大功率。

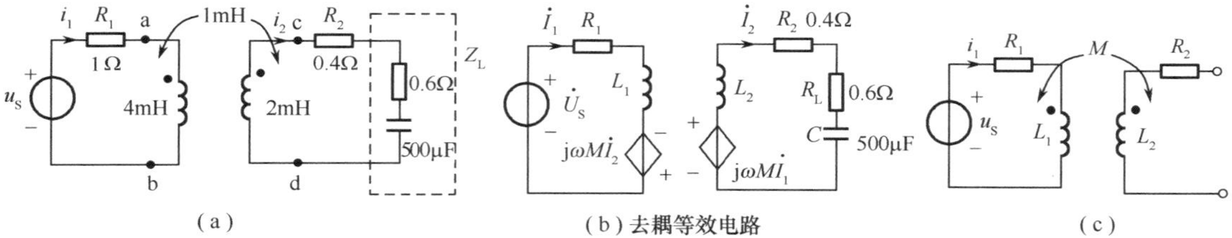

图 4.5.5　例题 4.5.1 图

【解】 ① 画出去耦等效电路如图 4.5.5(b)所示。

② 求电流 $i_1(t)$、$i_2(t)$。列回路方程组

$$\begin{cases}(R_1+j\omega L_1)\dot I_1-j\omega M\,\dot I_2=\dot U_S\\ -j\omega M\,\dot I_1+\left(R_2+j\omega L_2+R_L+\dfrac{1}{j\omega_C}\right)\dot I_2=0\end{cases}$$

将数值代入方程组并化简得

$$\begin{cases}(1+j4)\dot I_1-j\dot I_2=10\angle 90^\circ\\ j\dot I_1+\dot I_2=0\end{cases}$$

解上述方程组得

$$\dot I_1=2.5(\text{A}),\quad \dot I_2=-2.5j(\text{A})$$

于是

$$i_1(t)=2.5\sqrt{2}\sin(10^3t)(\text{A})$$

$$i_2(t)=2.5\sqrt{2}\sin(10^3t-90^\circ)(\text{A})$$

③ 当负载 Z_L 为何值时可获得最大功率输出，并求负载可获得的最大功率。

这类问题可利用戴维南定理，先求出图(c)所示电路的开路电压 $\dot U_{oc}$ 及阻抗 Z_0。

$$\dot U_{oc}=\frac{\dot U_S}{R_1+j\omega L_1}\cdot j\omega M=\frac{10j}{1+4j}\cdot j=-\frac{10}{17}(1-4j)=\frac{10\sqrt{20}\angle 90^\circ}{0.8+j4}\cdot j$$

$$=\frac{10\sqrt{20}\angle 90^\circ\times 1\angle 90^\circ}{4.08\angle 78.70^\circ}=3.46\angle 101.3^\circ$$

$$Z_0=R_2+j\omega L_2+\frac{(\omega M)^2}{Z_{11}}=0.4+2j+\frac{1}{1+4j}=\frac{39}{85}+\frac{30}{17}j(\Omega)$$

当 $Z_L=Z_0^*=\frac{39}{85}-\frac{30}{17}j(\Omega)$时,负载可获得最大功率为

$$P_{max}=\frac{U_{oc}^2}{4R_o}$$

【例 4.5.2】 列出图 4.5.6 所示电路的回路方程(设角频率为 ω)。

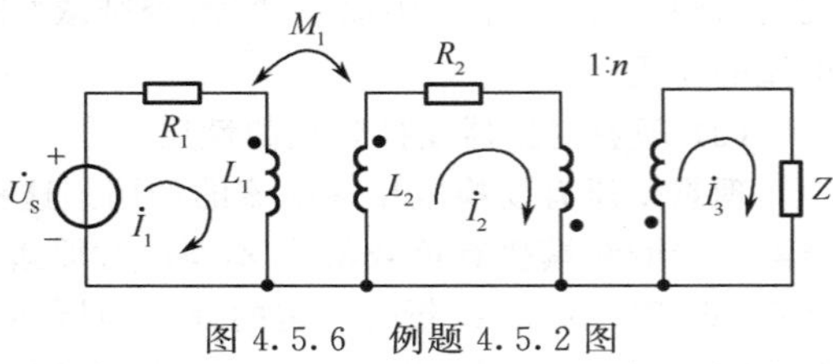

图 4.5.6 例题 4.5.2 图

【解】 列回路方程

$$\begin{cases}(R_1+j\omega L_1)\dot{I}_1-j\omega M_1\dot{I}_2=\dot{U}_S\\ -j\omega M_1\dot{I}_1+(R_2+j\omega L_2)\dot{I}_2+\frac{1}{n}\dot{I}_3Z=0\\ \dot{I}_2\cdot\frac{1}{n}=\dot{I}_3\end{cases}$$

【例 4.5.3】 含理想变压器的电路如图 4.5.7(a)所示,负载 Z_L 可调。问 Z_L 为何值时可获得最大功率?并求出该最大功率值。

【解】 将负载 Z_L 开路,计算开路电压的等效电路如图 4.5.7(b)所示。则

$$\dot{U}_2=2\dot{U}_S=8\angle 0°\ (\text{V})$$

$$\dot{U}_{oc}=\frac{-j5}{1+j2-j5}\times\dot{U}_2=4(3-j)=4\sqrt{10}\angle 18.4°\ (\text{V})$$

$$Z_0=1+(-j5)\,/\!/\,(1+j2)=1+2.5+j2.5=3.5+j2.5(\Omega)$$

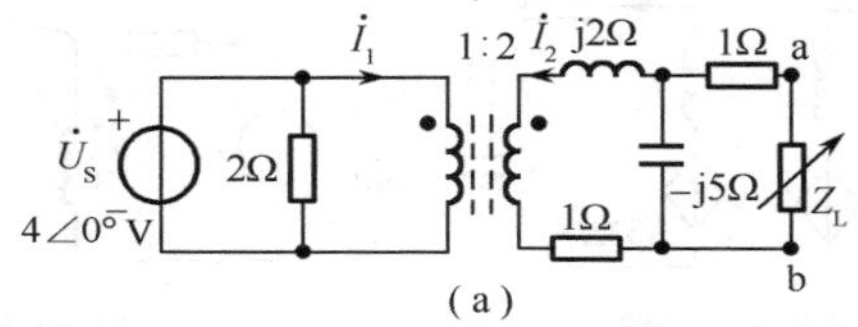

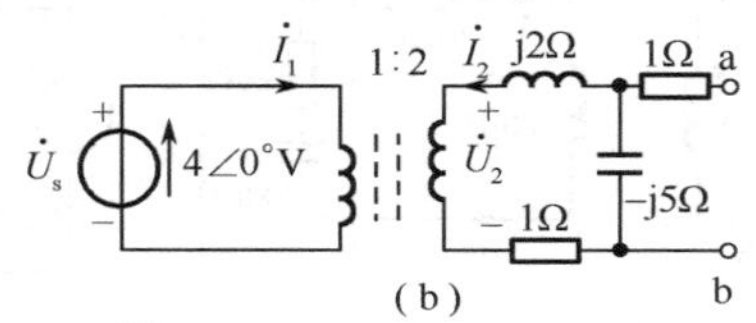

图 4.5.7 例题 4.5.3 图

当 $Z_L=Z_0^*=3.5-j2.5(\Omega)$时可获得最大输出功率,且

$$P_{max}=\frac{U_{oc}^2}{4R_o}=\frac{(4\sqrt{10})^2}{4\times 3.5}=\frac{80}{7}(\text{W})$$

习 题 4

4.1 如图 T4.1 所示,已知 $i_S=(10t+e^{-2t})$A,$L_1=5$H,$L_2=4$H,$M=3$H,试求$u_{ac}(t)$、$u_{ab}(t)$和 $u_{bc}(t)$。

4.2 如图 T4.2 所示,已知 $\dot{U}_S=2\angle 0°$ V,电源角频率 $\omega=2$rad/s。求 ab 端开路电压 $\dot{U}_{ab}$和短路电流 $\dot{I}_{ab}$。

4.3 如图 T4.3 所示,已知 $U_S=1.5$V,当开关 S 闭合时,电压表指针呈现反向偏转,试判断耦合电感的同名端。

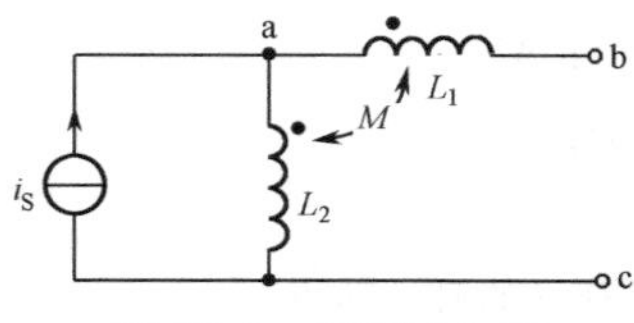

图 T4.1 习题 4.1 图

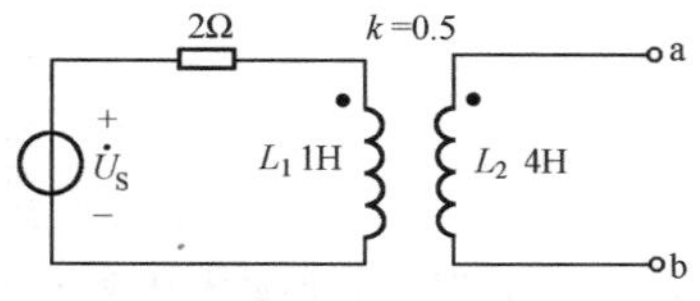

图 T4.2 习题 4.2 图

4.4 如图 T4.4 所示。已知 $u_S(t)=10\sqrt{2}\cos 10t$ V。试求:

(1) $i_1(t)$、$i_2(t)$。

(2) 1.5Ω 负载电阻吸收的功率。

(3) R_L 为何值时,获得的功率最大?

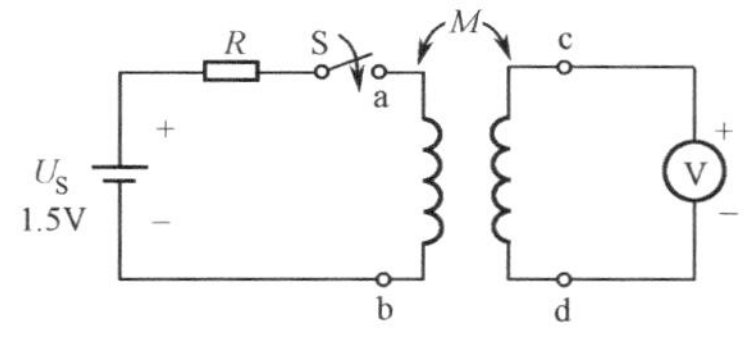

图 T4.3　习题 4.3 图

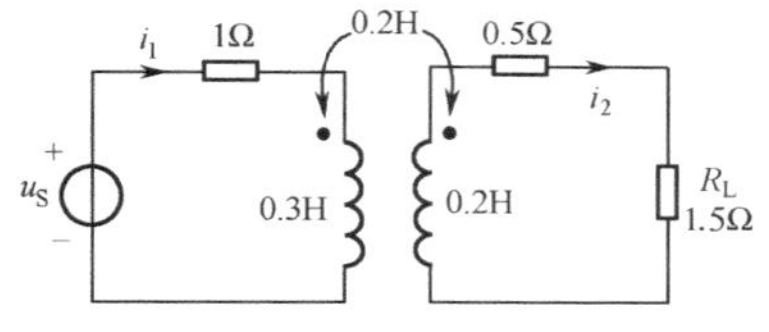

图 T4.4　习题 4.4 图

4.5　如图 T4.5 所示。已知 $u_S(t)=10\sqrt{2}\cos(10^3 t)$ V,画出去耦等效电路;求电流 $i_1(t)$、$i_2(t)$和负载可获得的最大功率。

4.6　含耦合电感的正弦稳态电路如图 T4.6 所示,负载 Z_L 可变。向 Z_L 为何值时可获得最大功率?并计算该最大功率值。

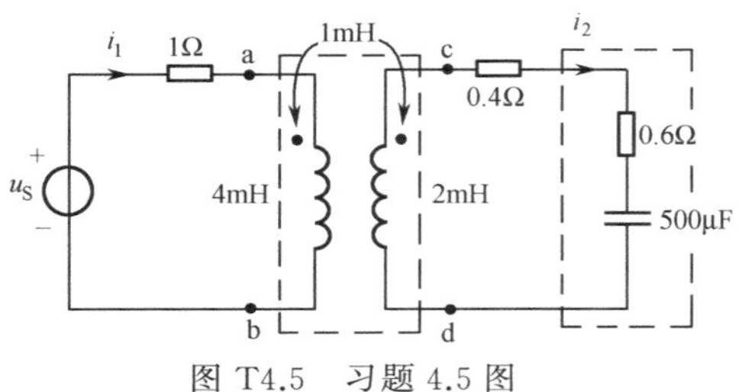

图 T4.5　习题 4.5 图

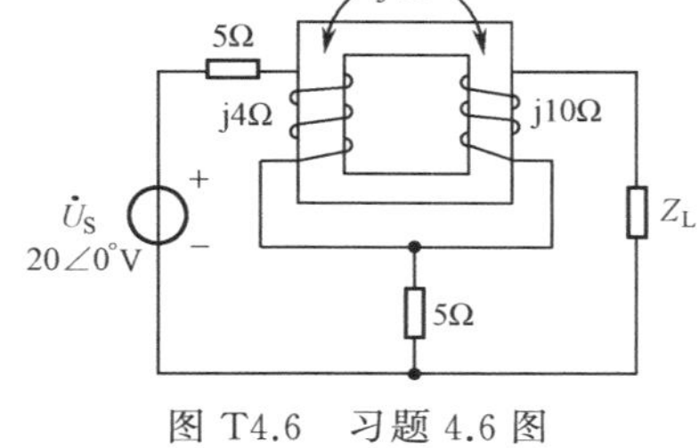

图 T4.6　习题 4.6 图

4.7　列出图 T4.7 所示电路的回路方程(设角频率为 ω)。

4.8　含理想变压器电路如图 T4.8 所示,负载 Z_L 可调。问 Z_L 为何值时其上可获得最大功率?并求出该最大功率值。

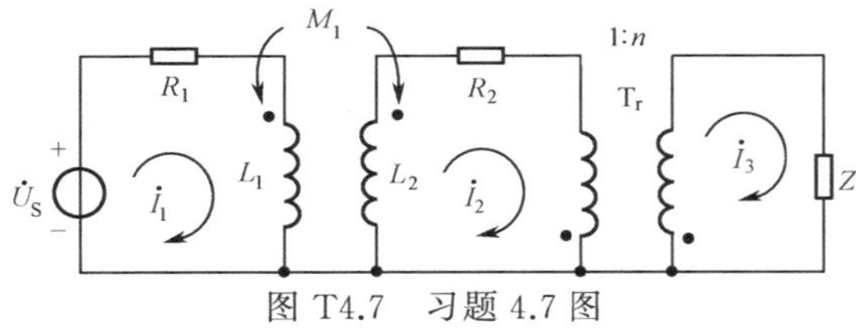

图 T4.7　习题 4.7 图

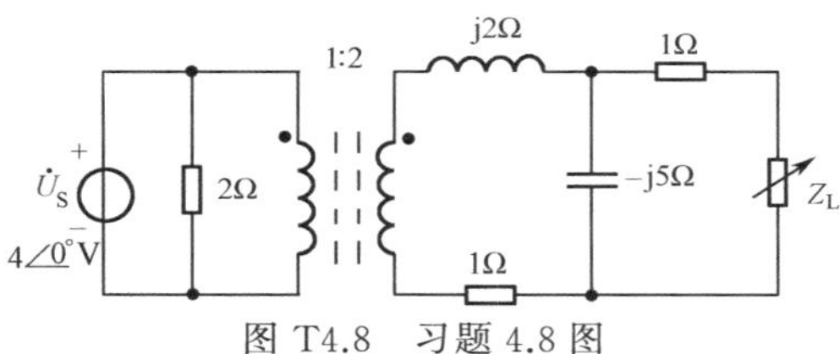

图 T4.8　习题 4.8 图

第5章 三相电路

[内容提要]

本章的主要内容有:三相电路的组成及连接方式,对称三相电路的分析与计算,不对称三相电路的分析与计算,三相电路功率的计算和测量。

从电路理论的角度来说,三相电路属于复杂的正弦稳态电路。因此,可用第3章所述的方法进行分析计算。但三相电路有它自身的特点,特别是对称三相电路。所以在分析三相电路时也应注意充分利用这些特点。

5.1 三相电压

由三个频率相同,但初相位不同的正弦电源与三组负载按特定方式连接组成的电路称为三相电路。当今各国的电力系统大多采用三相电路来产生和传输大量的电能。三相供电系统由三相电源、三相输电线路和三相负载组成。与单相供电系统相比,它具有许多优点,例如,相同尺寸的发电机,三相发电机比单相发电机的功率大;三相变压器比单相变压器经济;三相系统的传输线也比单相系统节省。而且三相电流流经三相电动机的定子绕组时,会产生旋转磁场,使三相电动机平稳转动等。所以三相电路才得到广泛的应用。

图5.1.1是三相交流发电机的原理图。从图中可看出,三相交流发电机主要由定子与转子两部分组成。转子是一个磁极,它以角速度 ω 旋转。定子是不动的,在定子的槽中嵌有3组同样的绕阻(线圈),即AX,BY和CZ,每组称为一相,分别称为A相、B相和C相。它们的始端标以A,B,C,末端标以X,Y,Z,要求绕组的始端之间或末端之间彼此相隔120°。同时,工艺上保证定子与转子之间磁感应强度沿定子内表面按正弦规律分布。最大值在转子磁极的北极N和南极S处。这样,当转子以角速度 ω 顺时针旋转时,将在各相绕组的始端和末端间产生随时间按正弦规律变化的感应电压。这些电压的频率、幅值均相同,彼此间的相位相差120°,相当于三个独立的正弦电源。三相电源的各相电压分别为

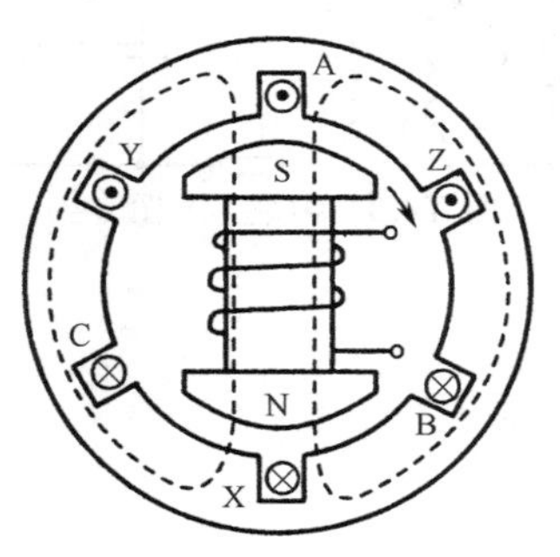

图5.1.1 三相交流发电机的原理图

$$\left.\begin{aligned} u_A &= \sqrt{2}U\sin\omega t \\ u_B &= \sqrt{2}U\sin(\omega t - 120^\circ) \\ u_C &= \sqrt{2}U\sin(\omega t + 120^\circ) \end{aligned}\right\} \tag{5.1.1}$$

在式(5.1.1)中,以A相电压 u_A 作为参考相量,则它们相量分别为

$$\left.\begin{aligned} \dot{U}_A &= U\angle 0^\circ \\ \dot{U}_B &= U\angle -120^\circ \\ \dot{U}_C &= U\angle 120^\circ \end{aligned}\right\} \tag{5.1.2}$$

三个频率、幅值相同,彼此间相位相差120°的电压,称为对称三相电压。其相量图及波形如图5.1.2和图5.1.3所示。

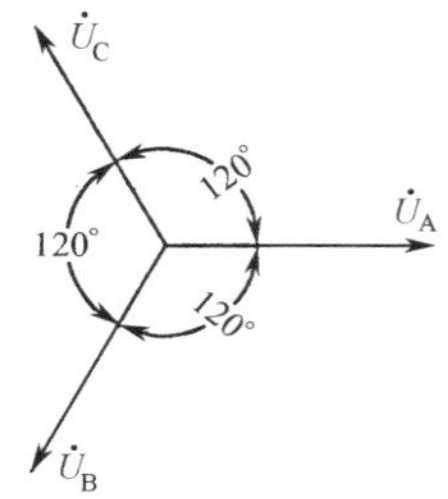

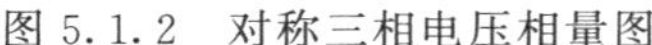

图 5.1.2　对称三相电压相量图

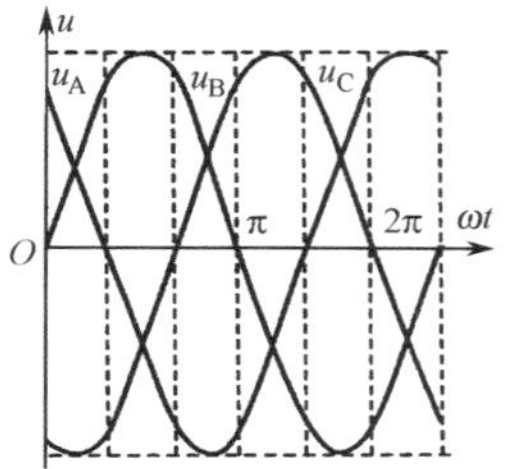

图 5.1.3　对称三相电压的波形

上述三相电压到达正幅值(或相应零值)的先后次序称为相序。图 5.1.2 所示三相电压的相序为 A→B→C,称为正序或顺序。与此相反,如 B 相超前 A 相 120°,C 相超前 B 相 120°,这种相序称为负序或逆序。今后如无特殊声明,均按正序处理。

对称三相电压的一个特点是

$$\left.\begin{aligned} u_A + u_B + u_C = 0 \\ \text{或}\quad \dot{U}_A + \dot{U}_B + \dot{U}_C = 0 \end{aligned}\right\} \tag{5.1.3}$$

虽然三相发电机的三相电源相当于 3 个独立的正弦电源,但在实践应用中,三相发电机的三相绕组一般都要按某种方式连接成一个整体后再对外供电。三相绕组有星形连接(简称 Y 连接)与三角形连接(简称△连接)两种连接方式。

如果把发电机的 3 个定子绕组的末端连接在一起,对外形成 A,B,C 和 N 共 4 个端,称为星形连接。中点 N 引出的导线称为中线或零线。A,B 和 C 分别向外引出 3 根导线,这 3 根导线称为端线或相线,俗称火线,如图 5.1.4 所示。

星形连接的三相电源(简称星形电源)的每一相电压(火线与零线间的电压)称为相电压,其有效值用 U_A,U_B 和 U_C 表示,一般通用 U_p 表示。相电压的定义如式(5.1.1),相量图如图 5.1.2 所示。端线 A、B 和 C 之间的电压(火线与火线之间的电压)称为线电压,其有效值用 U_{AB},U_{BC}和 U_{CA}表示,一般通用 U_l 表示。

根据基尔霍夫电压定律的相量形式,有

$$\left.\begin{aligned} \dot{U}_{AB} &= \dot{U}_A - \dot{U}_B \\ \dot{U}_{BC} &= \dot{U}_B - \dot{U}_C \\ \dot{U}_{CA} &= \dot{U}_C - \dot{U}_A \end{aligned}\right\} \tag{5.1.4}$$

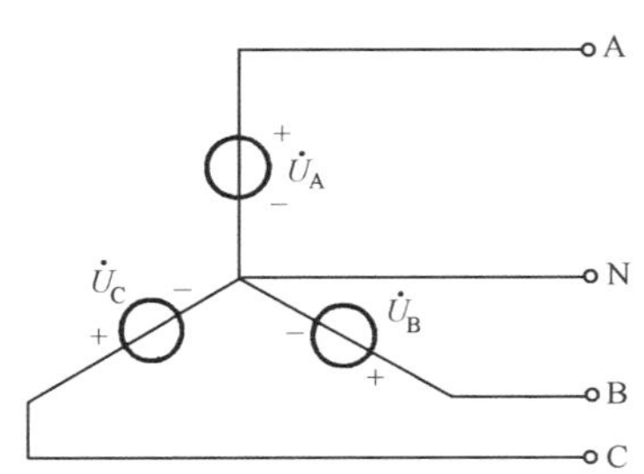

图 5.1.4　三相绕组的星形连接

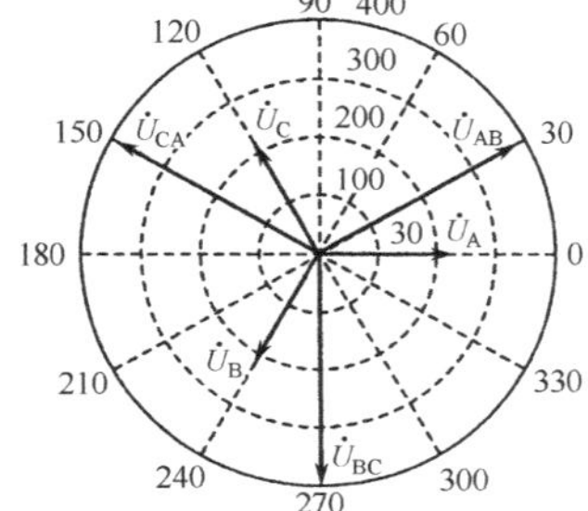

图 5.1.5　星形连接的相量图

由式(5.1.4),可做出星形连接三相电源的相量图,如图 5.1.5 所示(MATLAB 仿真分析图,图中假定相电压有效值为 220V)。从相量图可得出$\dfrac{U_{AB}}{2}=U_A\cos30°=\dfrac{\sqrt{3}}{2}U_A$,又 $\dot{U}_{AB}$超前 $\dot{U}_A$30°,由此得

$$\left.\begin{aligned}\dot{U}_{AB}&=\sqrt{3}\dot{U}_{A}\angle 30^{\circ}\\ \dot{U}_{BC}&=\sqrt{3}\dot{U}_{B}\angle 30^{\circ}\\ \dot{U}_{CA}&=\sqrt{3}\dot{U}_{C}\angle 30^{\circ}\end{aligned}\right\}\tag{5.1.5}$$

由上可见，三相线电压也是一组对称正弦量，线电压超前相应相电压 30°，线电压的有效值为相电压的有效值的$\sqrt{3}$倍，即

$$U_l=\sqrt{3}U_p\tag{5.1.6}$$

式中，U_l 和 U_p 分别代表线电压、相电压的有效值。

星形电源向外引出了 4 根导线，可给负载提供线电压、相电压两种电压。通常低压配电系统中的相电压为 220V，线电压为 380V。

如果将发电机的 3 个定子绕组的始端、末端顺次相接，再从各连接点向外引出三根导线，称为三角形连接。三角形接法没有中点，对外只有三个端子，如图 5.1.6 所示。

一般情况下，三角形连接的三相电源电压是对称的，所以，回路电压相量之和为零，即

$$\dot{U}_{AB}+\dot{U}_{BC}+\dot{U}_{CA}=0\tag{5.1.7}$$

其电压相量图如图 5.1.7 所示。在不接负载的状态下，电源回路中无电流通过。

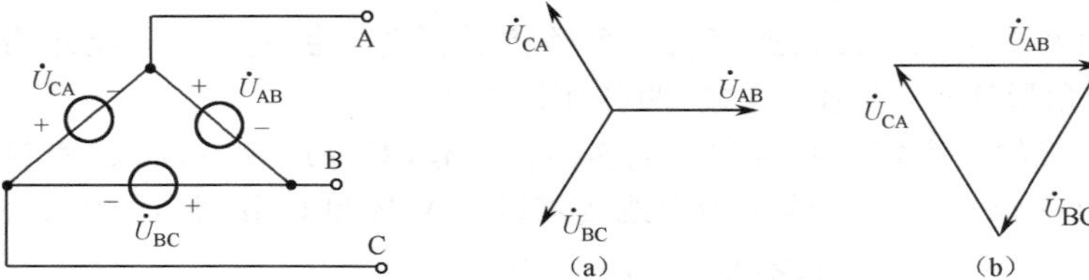

图 5.1.6　三角形连接　　　　图 5.1.7　三角形连接相量图

由图可见，三角形连接的三相电源的线电压有效值等于相电压的有效值，而且相位相同，即

$$\dot{U}_l=\dot{U}_p\tag{5.1.8}$$

必须指出，三相电源各绕组做三角形连接时，每相始端、末端应连接正确，否则 3 个相电压之和不为零，在回路内将形成很大的电流，从而烧坏绕组。

5.2　对称三相电路的电压、电流和平均功率

三相电源一般都要按某种方式连接成一个整体后再对外供电。三相电源的连接方式有两种：一种是星形连接，另一种是三角形连接。三相负载也有星形和三角形两种接法。若每相负载都相同，称为对称负载。对称三相电源和对称三相负载相连接，称为对称三相电路(一般情况下，电源总是对称的)。三相电源与负载之间的连接方式有 Y-Y、△-△、Y-△、△-Y 连接方式。Y-Y 连接方式即星形电源与星形负载连接，又分为三相四线制(有中线)与三相三线制(无中线)。其余连接方式均属于三相三线制。

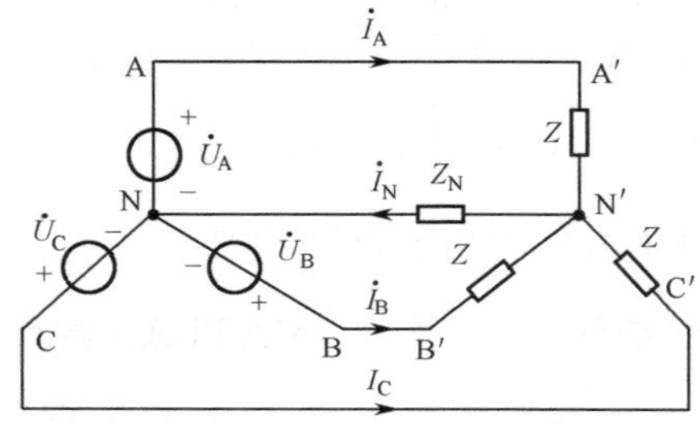

图 5.2.1　对称 Y-Y 连接的三相电路

下面分析对称的 Y-Y 连接的三相四线制电路。

电路如图 5.2.1 所示。设每相负载阻抗都为 $Z=|Z|\angle\varphi$，电源中点 N 与负载中点 N′的连接线

称为中线，图中电源中点与负载中点之间接入中线阻抗 Z_N。各相负载的电流称为相电流，端线中的电流称为线电流。显然 Y-Y 三相电路中，每根端线的线电流就是该线所连接的电源或负载的相电流，即

$$\dot{I}_l = \dot{I}_p \tag{5.2.1}$$

三相电路实际上是正弦交流电路的一种特殊类型。因此，前面对正弦电路的分析方法完全适用于三相电路。也就是先画出相量模型，然后应用电路的基本定律和分析方法求出电压和电流，再确定三相功率。对于对称三相电路来说，还可使分析计算得以简化。

先用节点电压法求出负载中点 N′与电源中点 N 之间的电压 $\dot{U}_{N'N}$，根据节点电压公式，可列出下面节点电压方程

$$\dot{U}_{N'N} = \frac{1}{Z}(\dot{U}_A + \dot{U}_B + \dot{U}_C)\Big/\left(\frac{1}{Z_N} + \frac{3}{Z}\right)$$

由于 $\dot{U}_A + \dot{U}_B + \dot{U}_C = 0$，所以，$\dot{U}_{N'N} = 0$，即负载中点与电源中点是等电位点，因此每相电源及负载与其他各相电源及负载是相互独立的。各相电源和负载中的电流等于线电流，它们是

$$\dot{I}_A = \frac{\dot{U}_A}{Z}$$

$$\dot{I}_B = \frac{\dot{U}_B}{Z} = \frac{\dot{U}_A\angle -120^\circ}{Z} = \dot{I}_A\angle -120^\circ$$

$$\dot{I}_C = \frac{\dot{U}_C}{Z} = \frac{\dot{U}_A\angle -120^\circ}{Z} = \dot{I}_A\angle +120^\circ$$

中线的电流为

$$\dot{I}_N = \dot{I}_A + \dot{I}_B + \dot{I}_C = 0 \tag{5.2.2}$$

所以，在对称 Y-Y 电路中，中线如同开路。

由以上看出，由于 $\dot{U}_{N'N} = 0$，各相电路相互独立；又由于三相电源与负载对称，所以三相电流也对称。因此，对称 Y-Y 三相电路可归结为单相（通常为 A 相）计算的方法。算出 $\dot{I}_A$ 后，根据对称性，可推知其他两相电流 $\dot{I}_B$ 和 $\dot{I}_C$。注意在单相计算电路中，$\dot{U}_{N'N} = 0$，且与中线阻抗无关。

由于 $\dot{U}_{N'N} = 0$，所以负载的线电压、相电压的关系同电源的线电压、相电压关系相同。

综上所述，在对称 Y-Y 电路中，负载中点与电源中点是等电位点，流过中线的电流为零，每相电路相互独立，对称 Y-Y 三相电路可归结为单相的计算。线电流、相电流、线电压和相电压都分别是一组对称量。线电流等于相电流；线电压超前相电压 30°，有效值为相电压的$\sqrt{3}$倍。

中线中既然没有电流通过，中线在许多场合下可以不要。电路如图 5.2.2 所示。从图中可以看出：对称的三相发电机与对称的三相负载之间只有 3 根线相连，这就是三相三线制电路。

三相三线制电路在生产上应用极为广泛，因为生产上的三相负载（通常所见的是三相电动机）一般都是对称的。

对于对称△-Y 连接的三相电路，只要把三角形电源等效为星形电源；对称 Y-△连接的三相电路，只要把三角形负载等效为星形负载，简化为对称 Y-Y 连接电路，然后用归结为单相的计算方法计算。

三相对称△-△连接三相电路如图 5.2.3 所示。每相负载阻抗为 $Z=|Z|\angle\varphi$。由于每相负载直接连接在每相电源的两端线之间，所以三角形连接的线电压等于相电压，即

$$\dot{U}_l = \dot{U}_p$$

但线电流并不等于相电流。根据基尔霍夫电流定律的相量形式可以写出

$$\left.\begin{aligned}\dot{I}_A &= \dot{I}_{AB} - \dot{I}_{CA} \\ \dot{I}_B &= \dot{I}_{BC} - \dot{I}_{AB} \\ \dot{I}_C &= \dot{I}_{CA} - \dot{I}_{BC}\end{aligned}\right\} \tag{5.2.3}$$

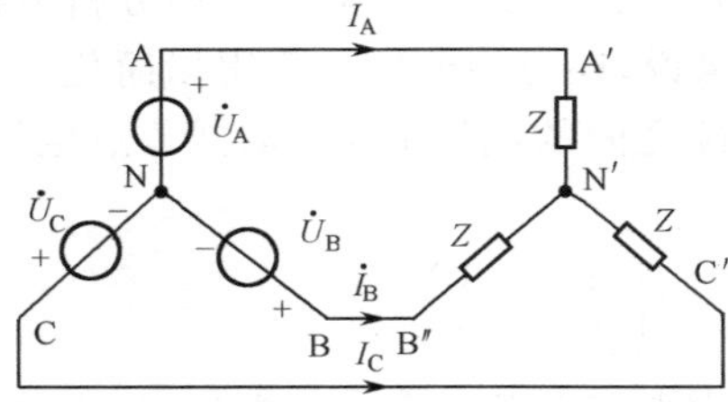

图 5.2.2　三相三线制的三相电路

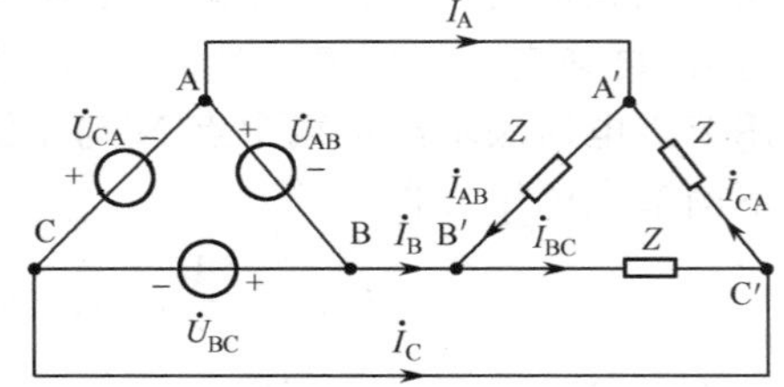

图 5.2.3　对称△-△连接三相电路

相电流相量可由相电压相量求出,由式(5.2.3),可做出相量图,如图 5.2.4 所示。

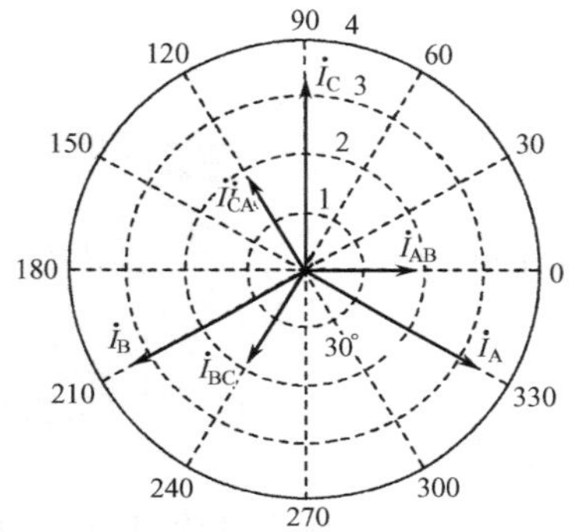

图 5.2.4　相电流相量图

从相量图可得出 $\frac{I_A}{2} = I_{AB}\cos 30° = \frac{\sqrt{3}}{2} I_{AB}$,又 $\dot{I}_A$ 滞后 $\dot{I}_{AB}$ 30°。由此得

$$\left.\begin{aligned}\dot{I}_A &= \sqrt{3}\,\dot{I}_{AB}\angle -30° \\ \dot{I}_B &= \sqrt{3}\,\dot{I}_{BC}\angle -30° \\ \dot{I}_C &= \sqrt{3}\,\dot{I}_{CA}\angle -30°\end{aligned}\right\} \tag{5.2.4}$$

可以看出,3 个线电流也是一组对称正弦量。线电流滞后相应相电流 30°,线电流的有效值为相电流有效值的$\sqrt{3}$倍。即

$$I_l = \sqrt{3}\, I_p \tag{5.2.5}$$

式中,I_l 和 I_p 分别代表线电流、相电流的有效值。

综上所述,对称△-△三相电路中,线电压等于相电压,线电流滞后相电流 30°,线电流的有效值等于相电流的$\sqrt{3}$倍。线电压、相电压、线电流和相电流都是一组对称正弦量。

应当注意,在三相电路中,三相负载的连接方式决定于负载每相的额定电压和电源的线电压。例如,三相电动机的额定相电压等于三相电源的线电压,应接成三角形。如果二者不相等,额定相电压为 220V 的三相电动机与线电压为 380V 的三相电源连接,应接成星形。

现在讨论对称三相电路的平均功率。

正弦交流电路中功率的守恒性也适用于三相交流电路。即:一个三相负载吸收的有功功率应等于其各相所吸收的有功功率之和,一个三相电源发出的有功功率等于其各相所发出的有功功率之和,即

$$P = P_A + P_B + P_C$$

由于对称三相电路中每组响应都是与激励同相序的对称量,所以,每相不但相电压有效值相等,相电流有效值相等,而且每相电压与电流的相位差也相等,从而每相的有功功率相等,三相总有功功率就是一相有功功率的 3 倍,则三相总有功功率为

$$P = 3P_p = 3U_p I_p \cos\varphi \tag{5.2.6}$$

在实际应用中,式(5.2.6)通常用线电压 U_l 和线电流 I_l 的乘积形式来表示。

对于对称星形接法，有

$$U_p = 1/\sqrt{3}U_l, \qquad I_p = I_l$$

对于对称三角形接法，有

$$U_l = U_p, \qquad I_p = 1/\sqrt{3}I_l$$

因此，无论对称星形接法或对称三角形接法，三相电路总有功功率为

$$P = \sqrt{3}U_l I_l \cos\varphi \tag{5.2.7}$$

注意，φ 是某相电压与相电流间的相位差。

无功功率、视在功率守恒性也适用于三相电路。无功功率可表示为

$$Q = 3U_p I_p \sin\varphi = \sqrt{3}U_l I_l \sin\varphi \tag{5.2.8}$$

视在功率可表示为

$$S = 3U_p I_p = \sqrt{3}U_l I_l \tag{5.2.9}$$

5.3 不对称三相电路的分析

在三相电路中，电源、负载和线路阻抗，只要有一部分不对称，则该电路就称为不对称三相电路。一般来说，三相电源是对称的，三相负载不对称是常见的事情；所以我们只讨论三相电源对称，三相负载不对称的三相电路。

低压配电系统中，广泛采用的是三相四线制。如前所述，这一供电制可同时提供两种电压，大大方便了用户，而且由于有中线，各相相对而言是独立的，可不受其他相的影响。如果中线断了，情况又会怎样呢？为此，不对称三相电路的分析，分如下两种情况来讨论。

5.3.1 有中线时不对称三相电路的分析

图 5.3.1 所示电路，电源和负载均为星形连接，Z_A、Z_B、Z_C 是不对称三相负载，电源中点 N 与负载中点 N′间接有中线，在不考虑中线阻抗，即 $Z_N=0$ 时，负载相电压就是相应电源的相电压，也是对称的，各相互不影响，于是各相负载通过的电流为

$$\left.\begin{aligned} \dot{I}_A &= \frac{\dot{U}_A}{Z_A} \\ \dot{I}_B &= \frac{\dot{U}_B}{Z_B} \\ \dot{I}_C &= \frac{\dot{U}_C}{Z_C} \end{aligned}\right\} \tag{5.3.1}$$

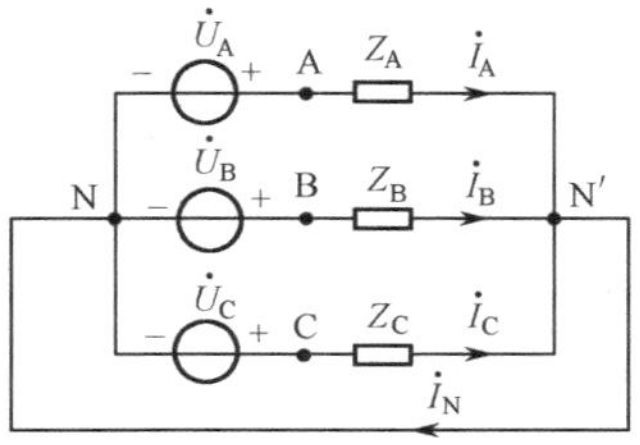

图 5.3.1 有中线的不对称三相电路

中线电流为

$$\dot{I}_N = \dot{I}_A + \dot{I}_B + \dot{I}_C \tag{5.3.2}$$

其相量图如图 5.3.2 所示。由图可知，在三相四线制中，负载若不对称，当中线阻抗 $Z_N=0$ 时，仍能保证负载各相电压对称而正常工作，但相电流不再对称，中线电流也不为零。实际上导线总是存在阻抗的，这样电源中性点和负载中性点就不会重合，会产生位移，所以在电气设计时应尽量调整各相负载使之趋于对称。

【例 5.3.1】 在图 5.3.3 所示电路中，$U_A=U_B=U_C=220\text{V}$，$R=10\Omega$，$X_L=10\Omega$，$X_C=10\Omega$，试求各相负载的相电流，并画出相量图。

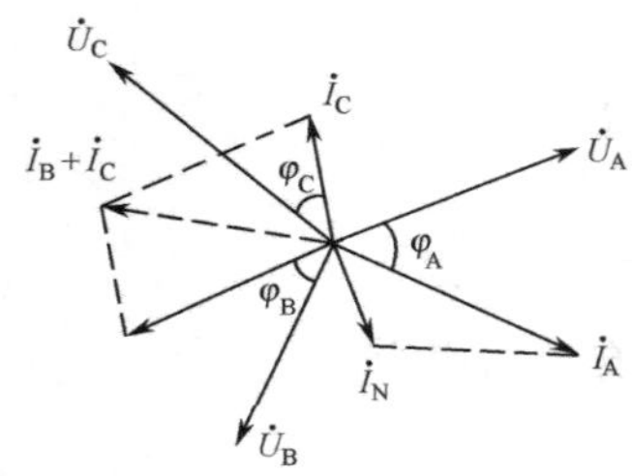

图 5.3.2　不对称三相电路的相量图

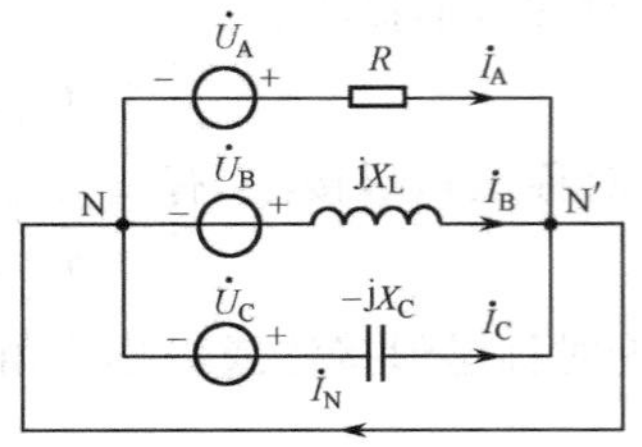

图 5.3.3　例 5.3.1 电路图

【解】　由于有中线,所以负载各相电压就是该相电源电压。

令 $\dot{U}_A=220\angle 0°$ V,则

$$\dot{U}_B=220\angle -120° \text{ V},\dot{U}_C=220\angle 120° \text{ (V)}$$

由此求得各相负载通过的电流为

$$\dot{I}_A=\frac{\dot{U}_A}{R}=\frac{220\angle 0°}{10}=22\angle 0° \text{ (A)}$$

$$\dot{I}_B=\frac{\dot{U}_B}{jX_L}=\frac{220\angle -120°}{10\angle 90°}=22\angle -210° \text{ (A)}$$

$$\dot{I}_C=\frac{\dot{U}_C}{-jX_C}=\frac{220\angle 120°}{10\angle -90°}=22\angle 210° \text{ (A)}$$

中线电流为

$$\begin{aligned}\dot{I}_N&=\dot{I}_A+\dot{I}_B+\dot{I}_C\\&=22\angle 0°+22\angle -210°+22\angle 210°\\&=16\angle 180°\text{(A)}\end{aligned}$$

相量图如图 5.3.4 所示。

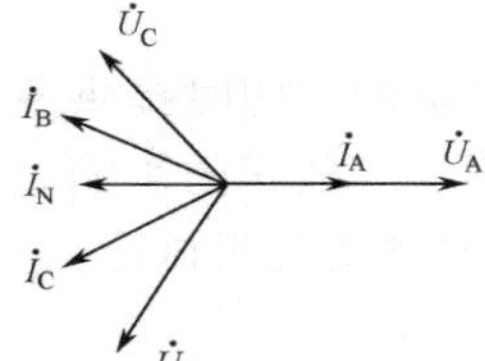

图 5.3.4　电流相量图

显然,此时中线电流并不等于零,中线在负载不对称时,是有电流通过的,这在实际工程中是要特别注意的。

5.3.2　无中线时不对称三相电路的分析

将图 5.3.1 所示电路的中线 NN′断开。由于负载不对称,该电路便是无中线的不对称三相电路。两中点间的电压可由节点电压法求出,即

$$\dot{U}_{N'N}=\left(\frac{\dot{U}_A}{Z_A}+\frac{\dot{U}_B}{Z_B}+\frac{\dot{U}_C}{Z_C}\right)\bigg/\left(\frac{1}{Z_A}+\frac{1}{Z_B}+\frac{1}{Z_C}\right) \tag{5.3.3}$$

因为负载不对称,电压 $\dot{U}_{NN'}$ 一般不为零,各相电压也不等于相应的电源相电压。其电压相量图如图 5.3.5 所示。

由图 5.3.5 可知,二中性点 N 和 N′不再重合,这种负载中性点 N′和电源中性点 N 在相量图上不重合的现象称为中性点位移。

从图 5.3.5 还可以看出,由于中性点发生了位移,负载各相电压不再与相应的电源相电压相等。有的电压较低,如图中 A 相。有的电压较高,如图中的 B、C 相。当中性点位移较大时,会造成负载端的电压严重不对称,使负载不能正常工作,甚至烧坏用电设备。除此之外,由于无中线,因此各相不再相对独立,各相的工作将相互关联,彼此都互有影响,这也是在低压配电系统中采用三相四线制的原因之一。

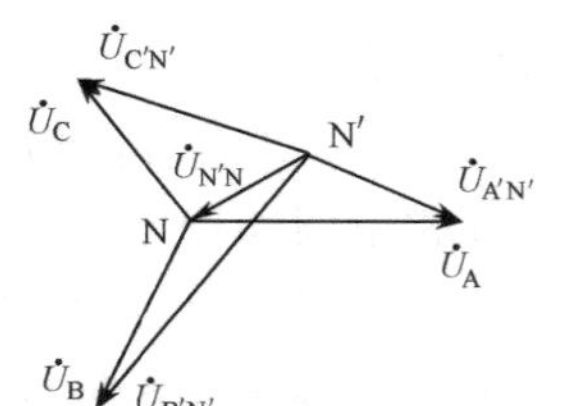

图 5.3.5　无中线不对称三相电路电压相量图

从以上的分析中可见,在不对称三相电路中,中线的存在是很重要的,因此,在中线上是不允许接开关和保险丝的。

【例 5.3.2】 某大楼的照明系统如图 5.3.6(a)所示，每相均接入 30 只，220V、100W 的白炽灯，对称三相电源的相电压为 220V，若 A 相断开，中线在 M 处断开，C 相 30 只灯全闭合，B 相只闭合 10 只白炽灯，试求此时各相负载的相电压和相电流。

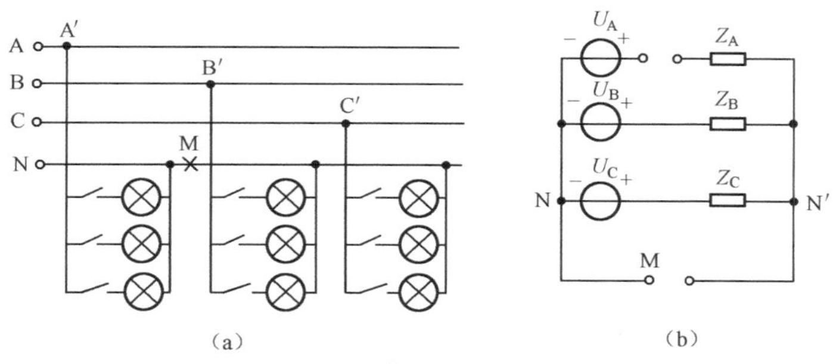

图 5.3.6　例 5.3.2 电路图

【解】 根据给定条件，可将图 5.3.6(a)用图 5.3.6(b)所示的中线断开的不对称三相电路表示。

令 $\dot{U}_A=220\angle 0^\circ$ (V)，则

$$\dot{U}_B=220\angle -120^\circ \text{ (V)},\quad \dot{U}_C=220\angle 120^\circ \text{ (V)}$$

由于是白炽灯，可看成是电阻，每盏灯的电阻为

$$R_{灯}=\frac{U^2}{P}=\frac{220^2}{100}=484\ (\Omega)$$

按给定条件，此时 B 相和 C 相的负载分别为

$$Z_B=\frac{484}{10}=48.4\ (\Omega),\quad Z_C=\frac{484}{30}=16.1\ (\Omega)$$

因为 A 相断开，所以 $\dot{I}_A=0$，$\dot{U}_{A'N'}=0$。

中线此时在 M 处也断开，这样 B 相和 C 相便成为一个回路，线电压 $\dot{U}_{BC}$ 加在负载 Z_B 和 Z_C 上，且 $\dot{I}_B=-\dot{I}_C$，故

$$\dot{I}_B=-\dot{I}_C=\frac{\dot{U}_{BC}}{Z_B+Z_C}=\frac{380\angle -90^\circ}{48.4+16.1}=5.9\angle -90^\circ\ \text{(A)}$$

B、C 相负载上的电压分别为

$$\dot{U}_{B'N'}=5.9\angle -90^\circ\times 48.4=284.6\angle -90^\circ\ \text{(V)}$$

$$\dot{U}_{C'N'}=-5.9\angle -90^\circ\times 16.1=-94.7\angle -90^\circ\ \text{(V)}$$

由计算结果可知，在中线断开后，各相负载的相电压已不对称，由于 B 相负载电阻是 C 相负载电阻的 3 倍，其相电压也是 C 相相电压的 3 倍。因此，很可能将 B 相已经打开的白炽灯烧毁。

【例 5.3.3】 图 5.3.7 所示电路为相序指示器，其中 A 相接入电容器，B、C 相接入规格相同的灯泡，灯泡的电阻为 R。若使 $1/\omega C=R$，试分析电源相序与两灯泡亮度的关系。

【解】 设 $\dot{U}_A=U\angle 0^\circ$ V，则中性点之间的位移电压为

$$\dot{U}_{N'N}=\frac{\dot{U}_A\mathrm{j}\omega C+\dot{U}_B/R+\dot{U}_C/R}{\mathrm{j}\omega C+\dfrac{1}{R}+\dfrac{1}{R}}=\frac{\mathrm{j}\dot{U}_A+\dot{U}_B+\dot{U}_C}{\mathrm{j}+2}=0.632U\angle 108.4^\circ\ \text{(V)}$$

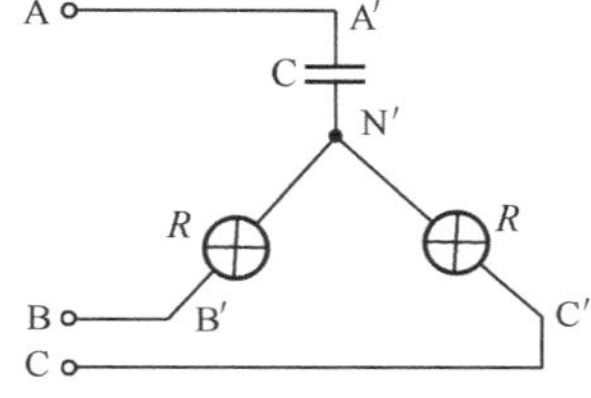

图 5.3.7　相序指示器

B 相灯泡上的电压为

$$\dot{U}_{B'N'}=\dot{U}_B-\dot{U}_{N'N}=U\angle -120^\circ-0.632U\angle 108.4^\circ=1.5U\angle -101.5^\circ\ \text{(V)}$$

C 相灯泡上的电压为

$$\dot{U}_{C'N'}=\dot{U}_C-\dot{U}_{N'N}=0.4U\angle 138.4^\circ\text{(V)}$$

由所得结果可知，B 相灯比 C 相灯亮。若接电容相为 A 相，则灯亮的一相为 B 相，灯暗的一相便是 C 相，这就实现了相序的测定。

5.4 三相电路功率的测量

三相电路中，负载所吸收的有功功率可用功率表来进行测量，其测量方法随三相电路的连接方式和负载是否对称而不同。

三相电路若为三相四线制，由于有中线，故可用三个功率表进行测量，这种测量方法称为三表法。三表法的接线方式如图 5.4.1 所示。

将每只功率表的读数相加，就是三相负载吸收的功率，即

$$P=P_A+P_B+P_C$$

在三相三线制电路中，由于没有中线，直接测量各相负载的功率不方便。此时，不管负载对称与否，均可用两表法来测量三相电路的功率。两表法的连接方式如图 5.4.2 所示。两只电流表的电流线圈可分别串接在任意两端线上，如图中的 A、B 线。但电压线圈的非同名端必须共同接到第三条端线上，如图中 C 线。这种测量方法与电源和负载的连接方式无关。在两表法中，三相负载的有功功率，等于两只功率表读数之和。

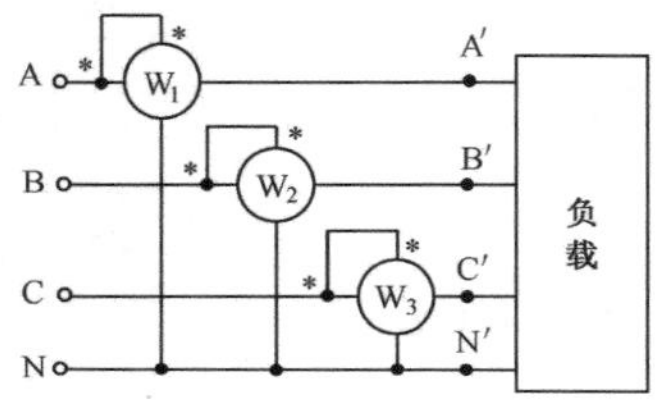

图 5.4.1　三表法接线方式

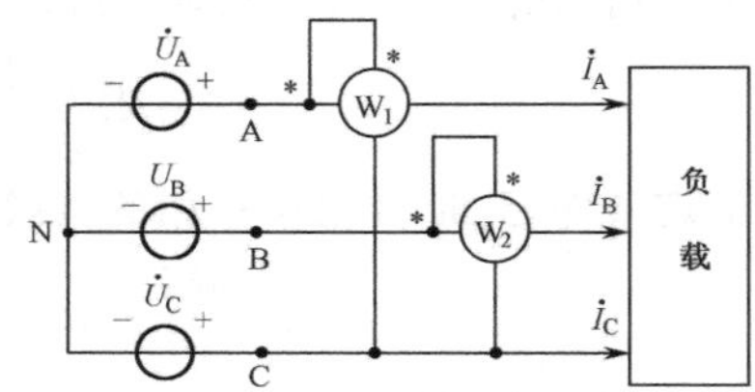

图 5.4.2　二表法接线方式

其原理如下：

设三相电源为图中星形连接的对称三相电源。则三相瞬时功率为

$$p=u_Ai_A+u_Bi_B+u_Ci_C$$

在三相三线制电路中 $i_A+i_B+i_C=0$，则有 $i_C=-i_A-i_B$。代入上式得

$$\begin{aligned}p&=u_Ai_A+u_Bi_B+u_C(-i_A-i_B)\\&=(u_A-u_C)i_A+(u_B-u_C)i_B=u_{AC}i_A+u_{BC}i_B\end{aligned}$$

故有功功率为

$$\begin{aligned}P&=\frac{1}{T}\int_0^T p\mathrm{d}t=\frac{1}{T}\int_0^T u_{AC}i_A\mathrm{d}t+\frac{1}{T}\int_0^T u_{BC}i_B\mathrm{d}t\\&=U_{AC}I_A\cos\varphi_1+U_{BC}I_B\cos\varphi_2=P_1+P_2\end{aligned}$$

式中，φ_1 为 u_{AC} 与 i_A 之间的相位差；φ_2 是 u_{BC} 与 i_B 的相位差。P_1 为表"W_1"的读数，P_2 为表"W_2"的读数。

必须注意：在用二表法测量三相负载功率时，每一功率表指示的功率值是没有确定意义的，而两个功率表指示的功率值之和，恰好是三相负载吸收的功率。而且在实际测量中，按上述规定接线时，在一定条件下，两个功率表之一的读数可能为负值，即指针出现反向偏转现象，此时，求代数和时，读数应取负值。

【例 5.4.1】 如图 5.4.3 所示，电路为三相对称电路，三相负载为电感，线电压为 380V，相电流为 $I_{A'B'}=2\text{A}$，求图中功率表的读数。

【解】 设　$\dot{U}_{AB}=380\angle 0°\ (\text{V})$

则　$\dot{U}_{BC}=380\angle -120°\ (\text{V})$，　$\dot{U}_{CA}=380\angle 120°\ (\text{V})$

故　$\dot{U}_{AC}=380\angle -60°\ (\text{V})$

根据题意，做出线电压与线电流的相量如图 5.4.4 所示。

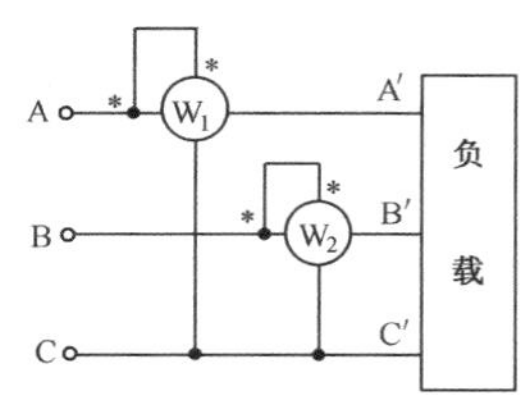

图 5.4.3　例 5.4.1 电路图

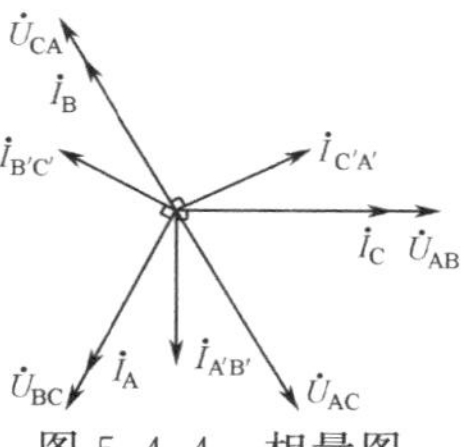

图 5.4.4　相量图

由相量图 5.4.4 可知

$$\dot{I}_A=\dot{I}_{AB}-\dot{I}_{CA}=2\sqrt{3}\angle-120°\ (A)$$

$$\dot{I}_B=\dot{I}_{BC}-\dot{I}_{AB}=2\sqrt{3}\angle120°\ (A)$$

$\dot{U}_{AC}$与 $\dot{I}_A$ 的相位差为

$$\varphi_1=-60°+120°=60°$$

$\dot{U}_{BC}$与 $\dot{I}_B$ 的相位差为

$$\varphi_2=-120°-120°=-240°$$

故得

$$P_1=U_{AC}I_A\cos\varphi_1=380\times2\sqrt{3}\times\cos60°=658.2(W)$$

$$P_2=U_{BC}I_B\cos\varphi_2=380\times2\sqrt{3}\times\cos(-240°)$$
$$=380\times2\sqrt{3}\times\cos120°=-658.2(W)$$

5.5　本章小结及典型题解

5.5.1　本章小结

1. 三相电源和三相电路

(1) 三相电源

三个大小相等、频率相同而相位互差 120°的电源称为三相电源，也叫对称三相电源。在三相电路中，我们只考虑对称三相电源。

(2) 三相电源的表达式

① 三相电源的瞬时值表达式为

$$u_A=U_m\sin\omega t\ (V)$$
$$u_B=U_m\sin(\omega t-120°)\ (V)$$
$$u_C=U_m\sin(\omega t+120°)\ (V)$$

② 三相电源的相量表达式为

$$\dot{U}_A=U\angle0°\ (V)$$
$$\dot{U}_B=U\angle-120°\ (V)$$
$$\dot{U}_C=U\angle120°\ (V)$$

(3) 对称三相电源的特点

$$u_A+u_B+u_C=0,\qquad \dot{U}_A+\dot{U}_B+\dot{U}_C=0$$

(4) 相序

在三相电源中，每相电压依次达到同一值的先后次序称为相序，有正相序和负相序两种。

(5) 三相电路

由三相电源供电的电路，称为三相电路。

2. 三相电路的连接方式

(1) 星形连接

将三个电源线圈的首端或末端连接在一起的连接方式,叫做星形连接(也称Y连接)。三个负载有一个公共点的连接方式,为负载的星形连接。

(2) 三角形连接

将三个电源线圈的首末端或三个负载依次相连的连接方式,便是三角形连接(也称△连接)。

(3) 三相电路的连接方式

三相电源与负载之间的连接方式理论上有四种,即Y-Y连接、Y-△连接、△-△连接和△-Y连接。其中Y-Y连接又可分为两种,有中线的连接称为三相四线制;无中线的连接称为三相三线制。Y-△连接、△-△连接和△-Y连接这三种方式也均属于三相三线制。

3. 对称三相电路的分析计算

(1) 对称三相电路

电源对称、负载也对称的三相电路称为对称三相电路。

(2) 对称三相电路中线量与相量的关系

在Y-Y连接的三相电路中,线电压有效值是相电压有效值的$\sqrt{3}$倍,即$U_l=\sqrt{3}U_P$,而在相位上线电压则分别超前相应相电压30°。但线电流和相电流则分别对应相等。在△-△连接的对称三相电路中,线电压等于相应的相电压。线电流有效值等于相电流有效值的$\sqrt{3}$倍,即$I_l=\sqrt{3}I_p$,而线电流却分别滞后相应相电流30°。

(3) Y-Y对称三相电路的分析计算

方法是:(1)先取一相,如A相,若有中线阻抗,该阻抗也不要出现在单相电路中。(2)用正弦稳态电路的分析方法计算该单相电路。(3)利用对称关系及A相的计算结果,直接写出其他两相的电压或电流。

(4) △-△对称三相电路的分析计算

由于三相电源总是对称的,因此对△连接的电源,根据△连接时的线电压总可以用一个对称三相Y连接的电压源代替。对于△连接的负载,利用△/Y转换的公式也可化成等效的Y连接,于是△-△连接的对称三相电路便可转换成Y-Y连接的对称三相电路,这样就可用Y-Y对称三相电路的分析方法进行分析计算了。

(5) 复杂对称三相电路的分析计算

对于这类电路,一般的处理方法是将△连接的电源和负载全部转化为Y连接,然后短接电源与负载的中性点,取出一相计算,再按对称关系,直接推出其他两相的电压或电流。

4. 不对称三相电路的分析

一般来说三相电源是对称的,因此,我们只要掌握三相电源对称、三相负载不对称的不对称三相电路的分析计算就可以了。

(1) 有中线时,不对称三相电路的分析

在不考虑中线阻抗时,负载相电压就是相应电源的相电压,因而也是对称的,各相互不影响。于是各相可以独立地进行分析计算。只是相电流已不再对称。中线电流也不为零了。

各相电流为

$$\dot{I}_A=\frac{\dot{U}_A}{Z_A},\quad \dot{I}_B=\frac{\dot{U}_B}{Z_B},\quad \dot{I}_C=\frac{\dot{U}_C}{Z_C}$$

中线电流为

$$\dot{I}_N=\dot{I}_A+\dot{I}_B+\dot{I}_C$$

(2) 无中线时,不对称三相电路的分析

由于没有中线,三相负载又不对称,因而电源中性点和负载中性点就不再重合,即会发生中性点位移，两中性点间的电压可由节点电压法求出。由于中性点发生了位移，负载各相电压不再与相应的电源相电压相等了，有的电压较低，有的电压较高，各相也不再相对独立，各相的工作将相互关联，彼此都互有影响。当中性点位移较大时，会造成负载端的电压严重不对称，使负载不能正常工作，甚至烧坏用电设备。

5. 三相电路的功率

(1) 瞬时功率

三相电路的瞬时功率等于各相瞬时功率之和。在对称三相电路中，其瞬时功率是一个与时间无关的常量，即

$$p = p_A + p_B + p_C = 3U_P I_P \cos\varphi$$

(2) 三相电路的有功功率

三相电路的有功功率是各相有功功率之和，即

$$P = P_A + P_B + P_C$$

若是对称三相电路，则其有功功率为

$$P = 3P_A = 3U_P I_P \cos\varphi = \sqrt{3} U_l I_l \cos\varphi$$

在三相电路中，很少用无功功率、视在功率和功率因数等概念。

(3) 三相功率的测量

三相功率的测量方法随三相电路的连接方式和负载是否对称而有所不同，一般有三表法和两表法。

① 三表法：适用于三相四线制，用三只单相功率表分别测出各相的功率，再相加便得该三相电路的功率，即 $P = P_A + P_B + P_C$。

② 两表法：适用于三相三线制，两只功率表的电流线圈分别串接在任意两端线上，电压线圈的非同名端共同接到第三条端线上。两表读数的代数和便是被测三相负载的有功功率。

5.5.2 典型题解

【例 5.5.1】 对称三相电路如图 5.5.1 所示。已知 $u_A(t) = 220\sqrt{2}\cos(314t)$ V，$Z_i = (0.1 + j1)\Omega$，$Z_1 = (2 + j1)\Omega$，$Z = (100 + j100)\Omega$。试求负载各相的电流和电压。

【解】 由题意

$\dot{U}_A = 220\angle 90°(\text{V})$，$\dot{U}_B = 220\angle -30°(\text{V})$，$\dot{U}_C = 220\angle 210°(\text{V})$

各相负载均相等，为

$$Z_T = Z_i + Z_1 + Z = 0.1 + j1 + 2 + j1 + 100 + j100$$
$$= 102.1 + j102 \approx 144.32\angle 45°(\Omega)$$

$$\dot{I}_A = \frac{\dot{U}_A}{Z_T} = \frac{220\angle 90°}{144.32\angle 45°} = 1.52\angle 45°(\text{A})$$

$$\dot{I}_B = \frac{\dot{U}_B}{Z_T} = \frac{220\angle -30°}{144.32\angle 45°} = 1.52\angle -75°(\text{A})$$

$$\dot{I}_C = \frac{\dot{U}_C}{Z_T} = \frac{220\angle 210°}{144.32\angle 45°} = 1.52\angle 165°(\text{A})$$

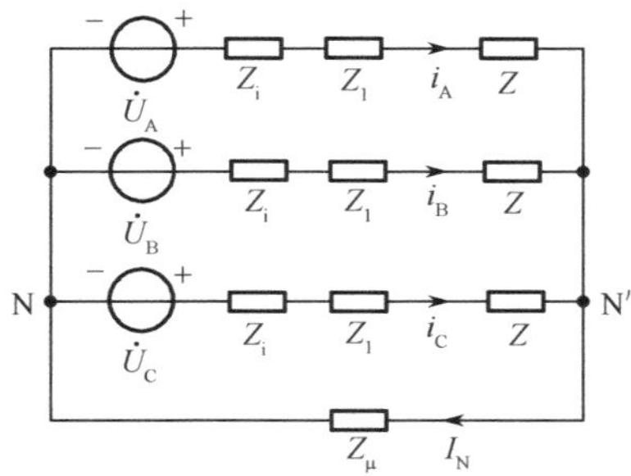

图 5.5.1 例题 5.5.1 图

【例 5.5.2】 如图 5.5.2(a)所示，ABC 为对称三相电源，已知 $u_A(t) = 220\sqrt{2}\cos(314t)$ V，当开关 S_1、S_2 闭合时，三个电流表的读数为 10A。求：

① S_1 闭合、S_2 断开时，各电流表的读数；

② S_1 断开、S_2 闭合时，各电流表的读数。

【解】 由题意 $I_L = 10$A，负载为△形连接，$I_L = \sqrt{3} I_P$，则

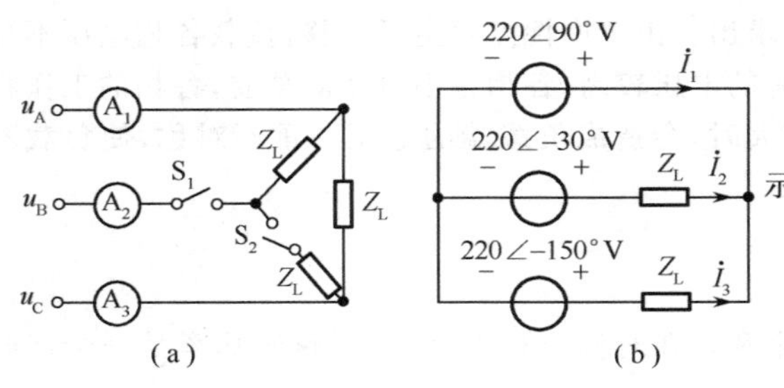

图 5.5.2　例题 5.5.2 图

$$|Z_L|=\frac{U_{AB}}{I_P}=\frac{\sqrt{3}U_A}{I_P}=\frac{220\times\sqrt{3}}{10/\sqrt{3}}=66(\Omega)$$

① 当 S_1 闭合、S_2 断开时,电路如图 5.3.3(b)所示。列网孔方程为

$$\begin{cases}Z_L\dot{I}_1+Z_L\dot{I}_3=220\angle 90°-220\angle -30°\\ -Z_L\dot{I}_1-2Z_L\dot{I}_3=220\angle -30°-220\angle -150°\\ \dot{I}_2=-\dot{I}_1-\dot{I}_3\end{cases}$$

联合解得

$$\dot{I}_3=\frac{110\sqrt{3}+330j}{-Z_L},\dot{I}_1=\frac{660j}{Z_L},\dot{I}_2=\frac{110\sqrt{3}+330j}{Z_L}$$

$$I_3=\frac{10}{3}\sqrt{3}A=5.8(A),I_1=10(A),I_2=5.8(A)$$

则电流表 A_1 的读数为 10A,电流表 A_2 和 A_3 的读数为 5.8A。

② 当 S_1 断开,S_2 闭合时,显然

$$I_2=0,I_{AB}=I_{BC}=\frac{I_{AC}}{2}=\frac{U_{AC}}{2|Z_L|}=\frac{\sqrt{3}\times 220}{2\times 66}=2.9(A)$$

$$I_1=I_3=I_{AB}+I_{AC}=2.9+5.8=8.7(A)$$

则电流表 A_1 和 A_3 的读数为 8.7A,电流表 A_2 的读数为 0A。

【例 5.5.3】 对称三相负载星形连接,已知每相阻抗为 $Z=31+j22\Omega$,电源线电压为 380V,求三相交流电路的有功功率、无功功率、视在功率和功率因数。

【解】 设 $\dot{U}_A=220\angle 0°$,$Z=38\angle 35.4°$,则

$$\dot{I}_A=\frac{\dot{U}_A}{Z}=\frac{220\angle 0°}{38\angle 35.4°}=5.8\angle -35.4°$$

故三相交流电路中:

功率因数　$\lambda=\cos\varphi=\cos 35.4°=0.8158$

有功功率　$P=3U_pI_p\cos\varphi=3\times 220\times 5.8\times 0.8158=3123(W)$

无功功率　$Q=3U_pI_p\sin\varphi=3\times 220\times 5.8\times 0.5789=2216(Var)$

视在功率　$S=3U_pI_p=3\times 220\times 5.8=3828(V\cdot A)$

习　题　5

5.1　对称三相 Y 形连接电路中,已知某相电压为 $\dot{U}_C=500\angle 30°$ V,相序是 ABC。求三个线电压 $\dot{U}_{AB}$,$\dot{U}_{BC}$,$\dot{U}_{CA}$,并画出相电压和线电压的相量图。

5.2　对称三相 Y 形连接电路中,已知某线电压 $\dot{U}_{BA}=380\angle -30°$ V,相序是 ABC。求三个相电压 $\dot{U}_A$,$\dot{U}_B$,$\dot{U}_C$。

5.3　对称三相电路中,已知线电压为 $\dot{U}_{AB}=380\angle 45°$ V,相序是 ABC,Y 形连接的负载阻抗 $Z=10\angle 30°$ Ω。求:①相电压;②相电流和线电流;③三相负载吸收的功率。

5.4　对称三相电路如图 T5.4 所示。已知 $u_A(t)=220\sqrt{2}\cos(314t)$ V,$Z_i=(0.1+j1)$ Ω,$Z_l=(2+j1)\Omega$,$Z=(100+j100)$ Ω。试求负载各相的电流和电压。

5.5　如图 T5.5 所示,ABC 为对称三相电源,已知 $u_A(t)=220\sqrt{2}\cos(314t)$ V,当开关 S_1、S_2 闭合时,三个电流表的读数为 20A。求:S_1 闭合,S_2 断开时,各电流表的读数;S_1 断开,S_2 闭合时,各电流表的读数。

5.6　如图 T5.6 所示,ABC 为三相对称电源,线电压 $U_l=380$ V。方框内是线性无源感性对称三相负载,它吸收三相总功率 $P=5$kW,功率因数 $\lambda=0.759$,图中三角形连接部分中,$Z=(16+j12)\Omega$,求:三角形连接部分所吸收的总平均功率;线电流 $\dot{I}_A$、$\dot{I}_B$、$\dot{I}_C$。

5.7　图 T5.7 所示的对称三相电路的三相功率为 45kW。欲使功率因数提高到 0.9,需并联多大 C?

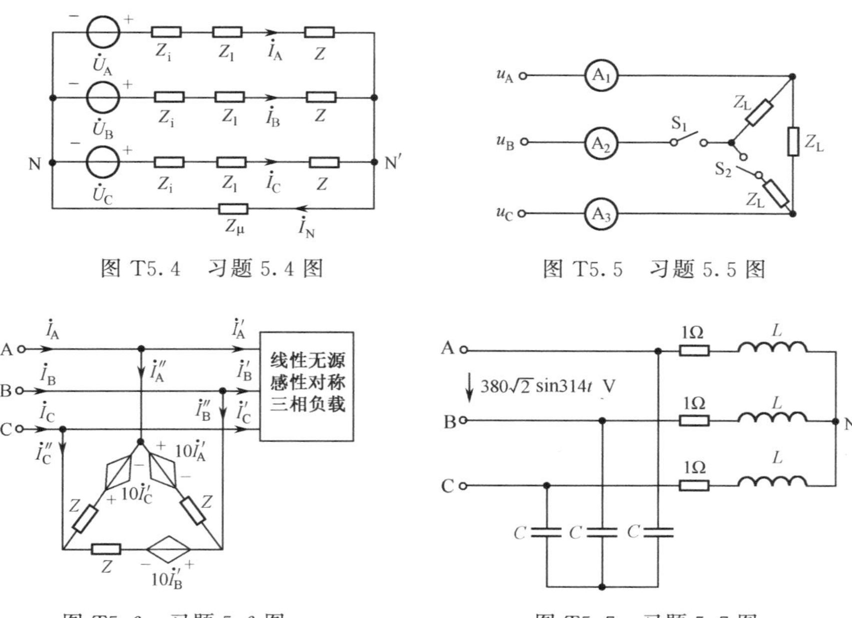

图 T5.4　习题 5.4 图

图 T5.5　习题 5.5 图

图 T5.6　习题 5.6 图

图 T5.7　习题 5.7 图

5.8　线电压为 380V 的对称三相电源向两组对称负载供电。其中，一组是星形联接的电阻性负载，每相电阻为 10Ω；另一组是感性负载，功率因数为 0.866，消耗功率为5.69kW，求电源的有功功率、视在功率、无功功率及输出电流。

5.9　对称三相电源，线电压 $U_L=380$V，对称三相感性负载作三角形连接，若测得线电流 $I_L=17.3$A，三相功率 $P=9.12$kW，求每相负载的电阻和感抗。

5.10　对称三相负载星形连接，已知每相阻抗为 $Z=31+\mathrm{j}22\Omega$，电源线电压为 380V，求三相交流电路的有功功率、无功功率、视在功率和功率因数。

第 6 章　非正弦周期电流电路

［内容提要］

本章主要介绍非正弦周期电流电路的分析方法——谐波分析法。即将非正弦周期激励信号，利用傅里叶级数分解为一系列不同频率的谐波分量，根据叠加原理，线性电路对非正弦周期性激励的响应，等于各谐波分量分别作用于电路时所产生的响应的叠加，而各谐波分量的响应可采用正弦稳态电路分析的相量法求得。

6.1　非正弦周期性电压、电流

在线性电路中有一个正弦电源作用或多个同频电源同时作用时，电路的稳态响应是同频的正弦量。但在工程技术中非正弦激励和响应也是经常遇到的。例如实际的交流发电机发出的电压波形不可能完全准确地按照正弦规律变化，严格讲是接近正弦函数的非正弦周期函数。在无线电工程和其他电子工程中，通过电路传输的各种信号，如由语言、音乐、图像等转换过来的电信号，都是非正弦信号，图 6.1.1 所示非正弦周期波形都是工程中常见的例子。

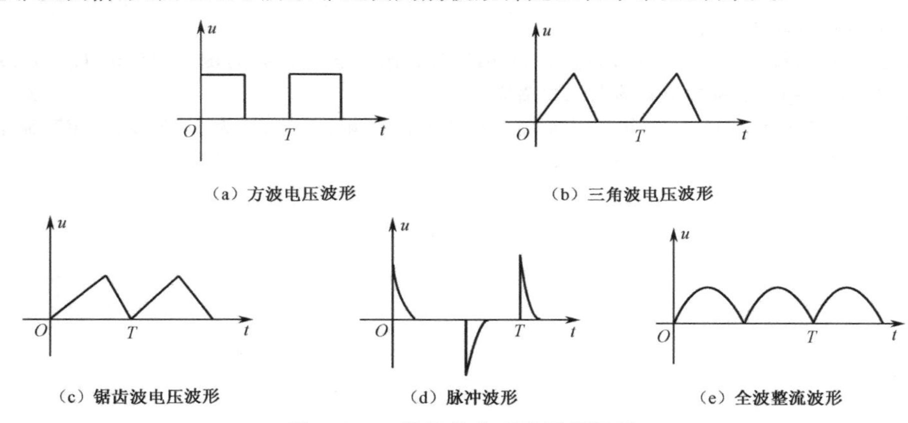

图 6.1.1　常见的非正弦周期波形

当电路中的非正弦电压、电流随时间做周期性变化时，称之为非正弦周期电流电路。

本章讨论激励为非正弦周期性函数，电路元件为线性时不变元件的非正弦电路的稳态分析。

非正弦电路的稳态分析可采用谐波分析法。其方法是首先应用在数学中的傅里叶级数，将电路中的非正弦周期性激励电压、电流分解为一系列不同频率的正弦量之和；再根据线性电路的叠加原理，将非正弦电路转化为一系列不同频率的正弦电路的叠加。谐波分析法实质上是把非正弦周期电流电路的计算化为一系列正弦电流电路的计算。

6.2　周期函数的傅里叶级数展开式及频谱

6.2.1　周期函数的傅里叶级数展开式

周期电流、电压信号都可以用一个周期函数表示，即

$$f(t)=f(t+kT)$$

式中，T 为周期函数 $f(t)$ 的周期，$k=0,1,2,\cdots$。

一个周期函数 $f(t)$，只要它满足狄里赫利条件，即(1)在一个周期内连续或仅有有限个第一类间断点；(2)在一个周期内只有有限个极值点，便可将它展为傅里叶级数，其展开式为

$$f(t)=a_0+\sum_{k=1}^{\infty}(a_k\cos k\omega_1 t+b_k\sin k\omega_1 t) \tag{6.2.1}$$

或

$$f(t)=A_0+\sum_{k=1}^{\infty}A_{km}\sin(k\omega_1 t+\psi_k) \tag{6.2.2}$$

式中，$\omega_1=\dfrac{2\pi}{T}$，k 为正整数，a_0、a_k、b_k、A_0、A_{km} 为傅里叶系数。

式(6.2.1)和式(6.2.2)为傅里叶级数的两种形式。其系数间的关系为

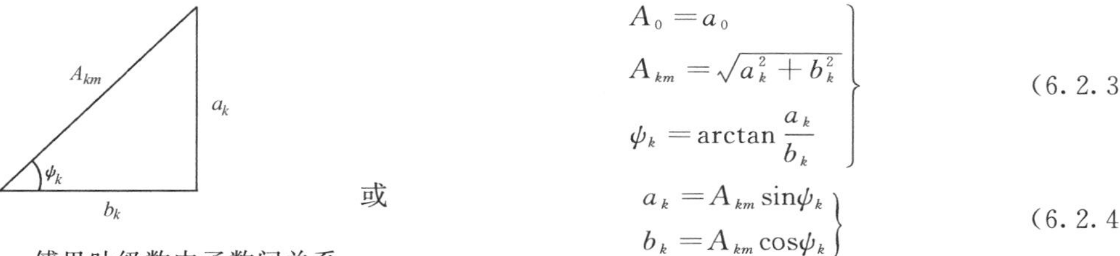

$$\left.\begin{aligned}A_0&=a_0\\A_{km}&=\sqrt{a_k^2+b_k^2}\\\psi_k&=\arctan\frac{a_k}{b_k}\end{aligned}\right\} \tag{6.2.3}$$

或

$$\left.\begin{aligned}a_k&=A_{km}\sin\psi_k\\b_k&=A_{km}\cos\psi_k\end{aligned}\right\} \tag{6.2.4}$$

图 6.2.1　傅里叶级数中函数间关系

上述关系可用图 6.2.1 所示的直角三角形表示。

由式(6.1.1)和式(6.1.2)可知，傅里叶级数为一无穷级数，它由常数项和一系列频率不同的正弦函数叠加而成。

式(6.2.2)中的常数项 A_0 称为周期函数 $f(t)$ 的恒定分量(或直流分量)；与函数 $f(t)$ 的周期相同的正弦分量 $A_{1m}\sin(\omega_1 t+\psi_1)$ 称为 $f(t)$ 的一次谐波或基波；而频率是一次谐波频率 k 倍的分量称为是$f(t)$的 k 次谐波。二次和二次以上的谐波可统称为高次谐波，且将 k 为奇数的谐波称奇次谐波；k 为偶数的谐波称为偶次谐波。式(6.1.1)中 $a_k\cos k\omega_1 t$ 称为 k 次谐波的余弦分量，$b_k\sin k\omega_1 t$ 称为 k 次谐波的正弦分量。这种将一个周期函数分解为一系列谐波之和的傅里叶级数称为谐波分析。

将一个周期函数展开为傅里叶级数，关键在于级数中各项系数的计算，式(6.2.1)中的系数可按下列公式求出

$$\left.\begin{aligned}a_0&=\frac{1}{T}\int_0^T f(t)\mathrm{d}t=\frac{1}{T}\int_{-\frac{T}{2}}^{\frac{T}{2}}f(t)\mathrm{d}t\\a_k&=\frac{2}{T}\int_0^T f(t)\cos k\omega_1 t\mathrm{d}t=\frac{2}{T}\int_{-\frac{T}{2}}^{\frac{T}{2}}f(t)\cos k\omega_1 t\mathrm{d}t\\b_k&=\frac{2}{T}\int_0^T f(t)\sin k\omega_1 t\mathrm{d}t=\frac{2}{T}\int_{-\frac{T}{2}}^{\frac{T}{2}}f(t)\sin k\omega_1 t\mathrm{d}t\end{aligned}\right\} \tag{6.2.5}$$

由上式代入式(6.2.3)即可求得式(6.2.2)中各系数 A_0、A_{km} 和 ψ_k。

【例 6.2.1】　求图 6.2.2 所示矩形波电压 $u(t)$ 的傅里叶级数展开式。

【解】　设电压波形在一个周期[0,T]内的表达式为

$$\begin{cases}u(t)=E_{\mathrm{m}} & 0\leqslant t\leqslant\dfrac{T}{2}\\u(t)=-E_{\mathrm{m}} & \dfrac{T}{2}\leqslant t<T\end{cases}$$

$u(t)$的周期 $T=2\pi/\omega_1$。

由式(6.1.5)求得傅里叶级数中的各系数为

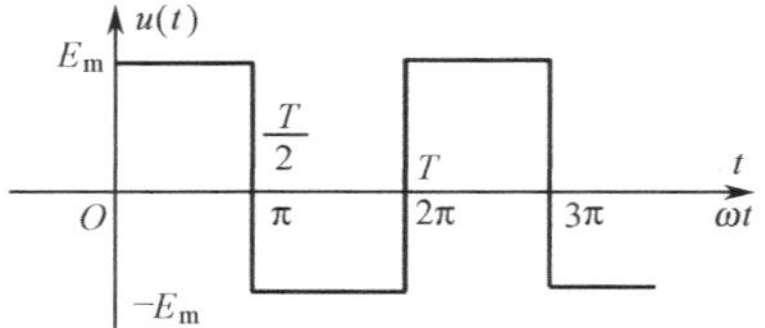

图 6.2.2　例 6.2.1 图

$$a_0=\frac{1}{T}\int_0^T u(t)\mathrm{d}t=0$$

$$\begin{aligned}a_k&=\frac{2}{T}\int_0^T u(t)\cos(k\omega_1 t)\mathrm{d}t=\frac{1}{\pi}\int_0^{2\pi}u(t)\ \cos(k\omega_1 t)\mathrm{d}(\omega_1 t)\\&=\frac{1}{\pi}\left[\int_0^{\pi}E_{\mathrm{m}}\cos(k\omega_1 t)\mathrm{d}(\omega_1 t)-\int_{\pi}^{2\pi}E_{\mathrm{m}}\ \cos(k\omega_1 t)\mathrm{d}(\omega_1 t)\right]\\&=\frac{2E_{\mathrm{m}}}{\pi}\int_0^{\pi}\cos(k\omega_1 t)\mathrm{d}(\omega_1 t)=0\end{aligned}$$

$$\begin{aligned}b_k&=\frac{2}{T}\int_0^T u(t)\sin(k\omega_1 t)\mathrm{d}t=\frac{1}{\pi}\int_0^{2\pi}u(t)\sin(k\omega_1 t)\mathrm{d}(\omega_1 t)\\&=\frac{1}{\pi}\left[\int_0^{\pi}E_{\mathrm{m}}\sin(k\omega_1 t)\mathrm{d}(\omega_1 t)-\int_{\pi}^{2\pi}E_{\mathrm{m}}\sin(k\omega_1 t)\mathrm{d}(\omega_1 t)\right]\\&=\frac{2E_{\mathrm{m}}}{\pi}\int_0^{\pi}\sin(k\omega_1 t)\mathrm{d}(\omega_1 t)=\frac{2E_{\mathrm{m}}}{\pi}\left[-\frac{1}{k}\cos(k\omega_1 t)\right]_0^{\pi}\\&=\frac{2E_{\mathrm{m}}}{k\pi}[1-\cos(k\pi)]\end{aligned}$$

易知，当 k 为偶数时，$b_k=0$；当 k 为奇数时，$b_k=\frac{4E_{\mathrm{m}}}{k\pi}$。

由此求得所给电压波形的傅里叶级数为

$$u(t)=\frac{4E_{\mathrm{m}}}{\pi}\left(\sin\omega_1 t+\frac{1}{3}\sin 3\omega_1 t+\frac{1}{5}\sin 5\omega_1 t+\cdots\right)$$

傅里叶级数是一无穷级数，从理论上讲仅当取无限多项时，它才准确地等于原有的周期函数。而在实际的分析工作中，只需根据所允许误差的大小，截取有限项。

级数收敛得越快，则截取的项数可越少。通常，函数的波形越光滑和越接近于正弦波，其展开级数就收敛得越快。

表 6.2.1 给出了几个典型的周期函数的傅里叶级数展开式。

表 6.2.1　典型的周期函数傅里叶级数展开式

波　　形	傅里叶级数	A(有效值)	A_{av}(平均值)
三角波	$f(\omega t)=\frac{8A_{\max}}{\pi^2}\left[\sin\omega t-\frac{1}{9}\sin 3\omega t+\frac{1}{25}\sin 5\omega t-\cdots+\frac{(-1)^{\frac{k-1}{2}}}{k^2}\sin k\omega t+\cdots\right]$ $(k=1,3,5,\cdots)$	$\frac{A_{\max}}{\sqrt{3}}$	$\frac{A_{\max}}{2}$
梯形波	$f(\omega t)=\frac{4A_{\max}}{\alpha\pi}(\sin\alpha\ \sin\omega t+\frac{1}{9}\sin 3\alpha\ \sin 3\omega t+\frac{1}{25}\sin 5\alpha\ \sin 5\omega t+\cdots+\frac{1}{k^2}\sin k\alpha\ \sin k\omega t+\cdots$ $(k=1,3,5,\cdots)$	$A_{\max}\sqrt{1-\frac{4\alpha}{3\pi}}$	$A_{\max}\left(1-\frac{\alpha}{\pi}\right)$

续表

波　形	傅里叶级数	A(有效值)	A_{av}(平均值)
锯齿波	$f(\omega t)=A_{max}\left[\frac{1}{2}-\frac{1}{\pi}\left(\sin\omega t+\frac{1}{2}\sin 2\omega t+\frac{1}{3}\sin 3\omega t+\cdots+\frac{1}{k}\sin k\omega t+\cdots\right)\right]$ $(k=1,2,3,\cdots)$	$\frac{A_{max}}{\sqrt{3}}$	$\frac{A_{max}}{2}$
方波	$f(\omega t)=\frac{4A_{max}}{\pi}\left(\sin\omega t+\frac{1}{3}\sin 3\omega t+\frac{1}{5}\sin 5\omega t+\cdots+\frac{1}{k}\sin k\omega t+\cdots\right)$ $(k=1,3,5,\cdots)$	A_{max}	A_{max}
矩形脉冲	$f(\omega t)=A_{max}\left[\alpha+\frac{2}{\pi}\left(\sin\alpha\pi\cos\omega t+\frac{1}{2}\sin 2\alpha\pi\cos 2\omega t+\cdots+\frac{1}{k}\sin k\alpha\pi\cos k\omega t+\cdots\right)\right]$ $(k=1,2,3,\cdots)$	$\sqrt{\alpha}A_{max}$	αA_{max}
半波整流	$f(\omega t)=\frac{2A_m}{\pi}\left(\frac{1}{2}+\frac{\pi}{4}\cos\omega t+\frac{1}{3}\cos 2\omega t-\frac{1}{15}\cos 4\omega t+\cdots-\frac{\cos\frac{k\pi}{2}}{k^2-1}\cos k\omega t+\cdots\right)$ $(k=2,4,6,\cdots)$	$\frac{A_m}{2}$	$\frac{A_m}{\pi}$
全波整流	$f(\omega t)=\frac{4A_m}{\pi}\left(\frac{1}{2}+\frac{1}{3}\cos 2\omega t-\frac{1}{15}\cos 4\omega t+\cdots-\frac{\cos\frac{k\pi}{2}}{k^2-1}\cos k\omega t+\cdots\right)$ $(k=2,4,6,\cdots)$	$\frac{A_m}{\sqrt{2}}$	$\frac{2A_m}{\pi}$

电工技术中遇到的周期函数常具有对称性，利用函数的对称性可简化傅里叶级数的计算。下面分别讨论四种具有对称性的周期函数的傅里叶级数展开式的特点。

1. 奇函数

奇函数 $f(t)$ 满足下列条件

$$f(t)=-f(-t) \tag{6.2.6}$$

奇函数的波形对称于坐标系的原点，图 6.2.3 为奇函数的波形的两个例子。

奇函数的傅里叶级数为

$$f(t)=\sum_{k=1}^{\infty}b_k\sin k\omega_1 t \tag{6.2.7}$$

即级数中不含有常数项和余弦项，只包含属于奇函数类型的谐波分量——$\sin k\omega_1 t$ 项。因此，在求奇函数的傅里叶级数时，只需计算系数 b_k。

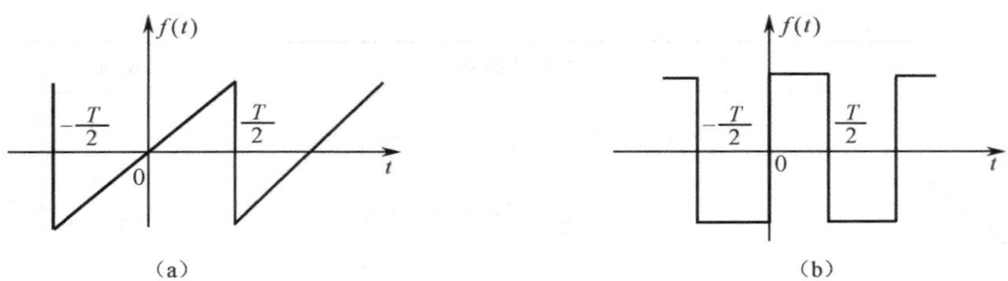

图 6.2.3　奇函数的波形示例

2. 偶函数

偶函数 $f(t)$满足下列条件

$$f(t)=f(-t) \tag{6.2.8}$$

偶函数的波形对称于坐标系的纵轴。图 6.2.4 给出两个偶函数波形的例子。

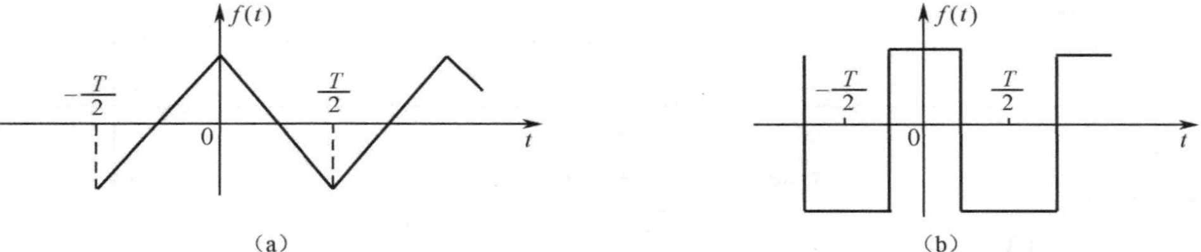

图 6.2.4　偶函数的波形示例

偶函数的傅里叶级数为

$$f(t)=a_0+\sum_{k=1}^{\infty}a_k\cos k\omega_1 t \tag{6.2.9}$$

即级数中不含正弦分量，只含有恒定分量和属于偶函数类型的谐波分量——$\cos k\omega_1 t$ 项。因此在求偶函数的傅里叶级数时，只需计算系数 a_0 和 a_k，而 $b_k=0$。

3. 奇谐波函数

奇谐波函数 $f(t)$满足下列条件

$$f(t)=-f\left(t\pm\frac{T}{2}\right) \tag{6.2.10}$$

奇谐波函数的波形特征是将波形移动半周期后与横轴对称，即具有镜对称性质。如图 6.2.5虚线所示。

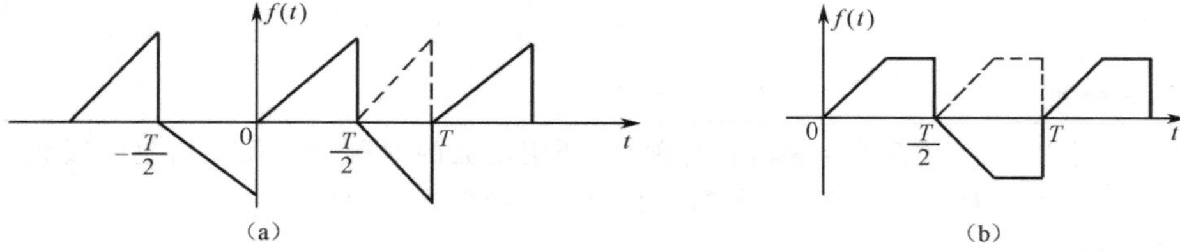

图 6.2.5　奇谐波函数的波形示例

奇谐波函数的傅里叶级数为

$$f(t)=\sum_{k=1}^{\infty}A_{km}\sin(k\omega_1 t+\psi_k)\quad(k=1,3,5,\cdots) \tag{6.2.11}$$

即级数中不含有常数项和偶次谐波，因此在求奇谐波函数的傅里叶级数时，有 $a_{2k}=b_{2k}=0$。

4. 偶谐波函数

偶谐波函数 $f(t)$满足下列关系

$$f(t)=f\left(t\pm\frac{T}{2}\right) \tag{6.2.12}$$

偶谐波函数的特征是其波形在一周期内前、后半周的形状完全一样，即将波形移动半个周期后波形重合，图 6.2.6 为偶谐波函数的例子。

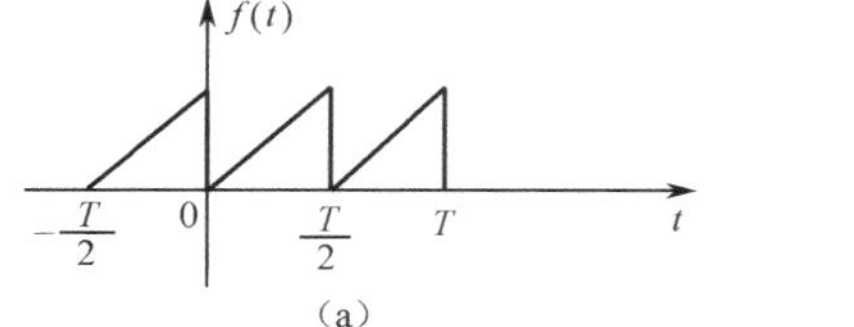

(a)

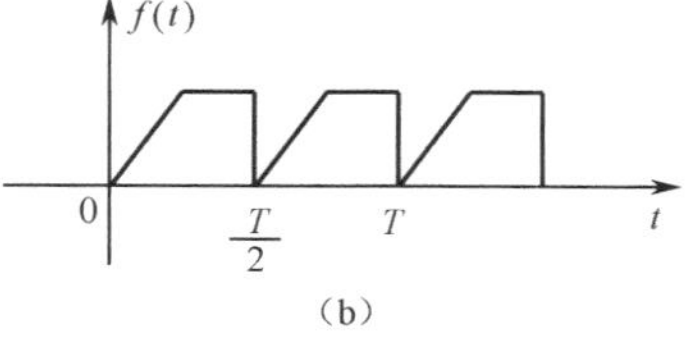

(b)

图 6.2.6 偶谐波函数的波形示例

偶谐波函数的傅里叶级数为

$$f(t)=A_0+\sum_{k=2}^{\infty}A_{km}\sin(k\omega_1 t+\psi_k) \quad (k=2,4,6,\cdots) \tag{6.2.13}$$

即级数中不含奇次谐波。因此，在求偶谐波函数的傅里叶级数时，只需计算 A_0、a_{2k}、b_{2k}。

应当注意的是一个周期函数是奇函数还是偶函数，既取决于波形的形状，也取决于坐标原点的位置（即计时起点）；而一个周期函数是奇谐波函数还是偶谐波函数，仅决定于函数的波形，与坐标原点的选择无关，即一个波形含有哪些次谐波（即 A_{km} 的确定）与坐标原点的选择无关，坐标原点的位置只影响谐波的初相位（ψ_k）。因此可适当选择坐标原点以简化分析计算工作。

【例 6.2.2】 试定性指出图 6.2.7 所示波形含有的谐波成分。

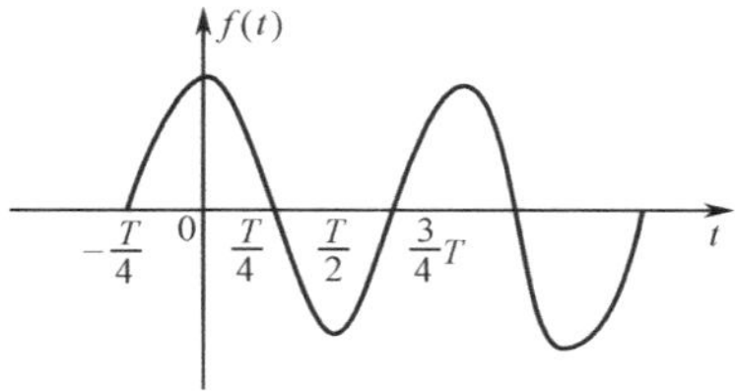

图 6.2.7 例 6.2.2 图

【解】 从波形特征可以看出，$f(t)$既是偶函数也是奇谐波函数，于是傅里叶级数中不含直流分量（$a_0=0$）和正弦分量（$b_k=0$），亦不含偶次谐波（$a_{2k}=b_{2k}=0$）。故 $f(t)$傅里叶级数的形式为

$$f(t)=\sum_{k=1}^{\infty}a_k\cos k\omega_1 t \qquad (k=1,3,5,\cdots)$$

6.2.2 非正弦周期函数的频谱

周期函数中各次谐波分量的振幅和初相位可用一种长度与振幅和初相位的大小相对应的线段，按频率的高低顺序依次排列起来所构成的图形来表示，这种图形称为周期函数的频谱图。频谱图分为幅值频谱和相位频谱。

以谐波角频率 $k\omega_1$ 为横坐标，在横坐标轴的各谐波角频率所对应的点上，做出一条条的垂直线，称为谱线，这一系列不连续的垂直线即谱线构成频谱图。如果每一条谱线的高度表示该频率谐波的幅值，则该频谱图称为幅值频谱；如果每一谱线的高度表示该频率谐波的初相角，则该频谱图称为相位频谱。

【例 6.2.3】 设周期电流函数 $i(t)$的傅里叶级数为

$$i(t)=\frac{\pi}{4}+\sin\left(\omega_1 t+\frac{\pi}{2}\right)+\frac{1}{3}\sin\left(3\omega_1 t-\frac{\pi}{2}\right)+\frac{1}{5}\sin\left(5\omega_1 t+\frac{\pi}{2}\right)+\frac{1}{7}\sin\left(7\omega_1 t-\frac{\pi}{2}\right)+\cdots \quad \text{(A)}$$

试画出其频谱图。

【解】 根据 $i(t)$的傅里叶级数展开式画出 $i(t)$的幅值频谱和相位频谱如图 6.2.8 所示。

由于各次谐波的振幅恒为正，因此幅值频谱图中的谱线总是位于横轴的上方。因周期信号的傅里叶级数是收敛的，故幅值频谱中谱线高度变化的总趋势是随 ω 的增加而降低的。

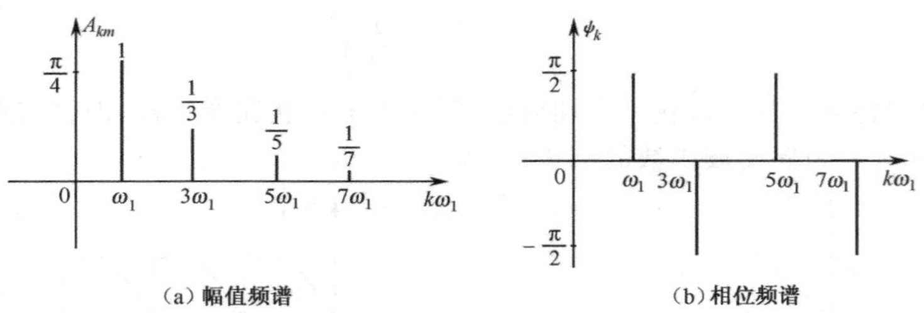

图 6.2.8　周期信号的频谱

由于初相位的取值范围在 $-180°$ 到 $+180°$ 之间,因而相位频谱的谱线可位于横轴的上方,也可位于横轴的下方。

频谱图直观而清晰地表示出一个信号包含有哪些谐波分量,以及各谐波分量所占的比重和其间的相位关系,便于分析周期信号通过电路后其谐波分量的幅值和初相位发生的变化。

6.3　非正弦周期性电压和电流的有效值、平均值和平均功率

6.3.1　有效值

前已指出,周期电流和电压的有效值就是它们的均方根值,如任一周期电流 i 的有效值 I 定义为

$$I=\sqrt{\frac{1}{T}\int_0^T i^2\,\mathrm{d}t} \tag{6.3.1}$$

现以周期电流 i 为例,导出计算周期电压、电流有效值的公式。

设一非正弦周期电流 i 可展开为傅里叶级数

$$i=I_0+\sum_{k=1}^{\infty}I_{km}\sin(k\omega_1 t+\psi_k)$$

上式代入式(6.3.1)得

$$I=\sqrt{\frac{1}{T}\int_0^T\left[I_0+\sum_{k=1}^{\infty}I_{km}\sin(k\omega_1 t+\psi_k)\right]^2\mathrm{d}t} \tag{6.3.2}$$

将式(6.3.2)的被积函数展开,再分别求各项在一周期内的平均值,结果为 4 种类型项:

① $\frac{1}{T}\int_0^T I^2\,\mathrm{d}t=I_0^2$

② $\frac{1}{T}\int_0^T I_{km}^2\sin^2(k\omega_1 t+\psi_k)\,\mathrm{d}t=\frac{I_{km}^2}{2}=I_k^2$

③ $\frac{1}{T}\int_0^T 2I_0I_{km}\sin(k\omega_1 t+\psi_k)\,\mathrm{d}t=0$

④ $\frac{1}{T}\int_0^T 2I_{km}\sin(k\omega_1 t+\psi_p)\sin(p\omega_1 t+\psi_p)\,\mathrm{d}t=0\quad(k\neq p)$

因此可求得周期电流 i 的有效值计算公式为

$$I=\sqrt{I_0^2+I_1^2+I_2^2+\cdots}=\sqrt{I_0^2+\sum_{k=1}^{\infty}I_k^2} \tag{6.3.3}$$

式中,$I_k=\frac{I_{km}}{\sqrt{2}}$ 为 k 次谐波分量的有效值,式(6.3.3)说明非正弦周期电流的有效值等于恒定分量(直流分量)及各谐波分量有效值的平方之和的平方根,此结论可推广用于其他非正弦周期量,如周期电压 U 的有效值计算公式为

$$U=\sqrt{U_0^2+\sum_{k=1}^{\infty}U_k^2}$$

【例 6.3.1】 试计算例 6.2.3 周期性电流 $i(t)$ 的有效值(高次谐波考虑到 7 次谐波为止)。

【解】 依题意有

$$i(t)=\left[\frac{\pi}{4}+\sin\left(\omega_1 t+\frac{\pi}{2}\right)+\frac{1}{3}\sin\left(3\omega_1 t-\frac{\pi}{2}\right)+\frac{1}{5}\sin\left(5\omega_1 t+\frac{\pi}{2}\right)+\frac{1}{7}\sin\left(7\omega_1 t-\frac{\pi}{2}\right)\right]\text{ (A)}$$

由式(6.3.2)有 $i(t)$ 的有效值为

$$\begin{aligned}I&=\sqrt{I_0{}^2+\sum_{k=1}^{\infty}I_k{}^2}=\sqrt{I_0{}^2+\frac{1}{2}\sum_{k=1}^{\infty}I_{km}{}^2}\\&=\sqrt{\left(\frac{\pi}{4}\right)^2+\frac{1}{2}\left[1^2+\left(\frac{1}{3}\right)^2+\left(\frac{1}{5}\right)^2+\left(\frac{1}{7}\right)^2\right]}\\&=1.097\text{ (A)}\end{aligned}$$

6.3.2 平均值

周期函数 $f(t)$ 的平均值定义为

$$F_{\text{av}}=\frac{1}{T}\int_0^T|f(t)|\,\mathrm{d}t \tag{6.3.4}$$

【例 6.3.2】 试计算正弦电流 $i=\sqrt{2}I\sin\omega t$ 的平均值。

【解】 由式(6.3.4) 有

$$\begin{aligned}I_{\text{av}}&=\frac{1}{T}\int_0^T|i|\,\mathrm{d}t=\frac{1}{T}\int_0^T\left|\sqrt{2}I\sin\omega t\right|\mathrm{d}t=\frac{2}{T}\int_0^{\frac{T}{2}}\sqrt{2}I\ \sin\omega t\,\mathrm{d}t\\&=\frac{2\sqrt{2}I}{\omega T}\left[-\cos\omega t\right]\Big|_0^{\frac{T}{2}}=0.9I\end{aligned}$$

6.3.3 平均功率

如图 6.3.1 所示,设二端网络 N 输入端口的周期电压及周期电流分别为 u 和 i,二者取关联参考方向,设 u 和 i 可展开为傅里叶级数,即

$$u=U_0+\sum_{k=1}^{\infty}U_{km}\sin(k\omega_1 t+\psi_{ku})$$

$$i=I_0+\sum_{k=1}^{\infty}I_{km}\sin(k\omega_1 t+\psi_{ki})$$

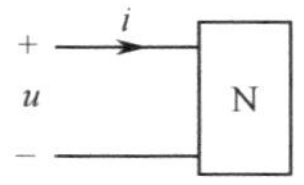

图 6.3.1　非正弦二端网络

则 N 吸收的瞬时功率为

$$p=ui=\left[U_0+\sum_{k=1}^{\infty}U_{km}\sin(k\omega_1 t+\psi_{ku})\right]\left[I_0+\sum_{k=1}^{\infty}I_{km}\sin(k\omega_1 t+\psi_{ki})\right] \tag{6.3.5}$$

N 吸收的平均功率定义为

$$P=\frac{1}{T}\int_0^T p\,\mathrm{d}t$$

将式(6.3.5)代入上式,有非正弦网络的平均功率为

$$\begin{aligned}P&=U_0I_0+U_1I_1\cos\varphi_1+U_2I_2\cos\varphi_2+\cdots\\&=U_0I_0+\sum_{k=1}^{\infty}U_kI_k\cos\varphi_k\\&=P_0+\sum_{k=1}^{\infty}P_k=\sum_{k=0}^{\infty}P_k\end{aligned} \tag{6.3.6}$$

式中,$\varphi_k=\psi_{ku}-\psi_{ki}$ 为 k 次谐波电压、电流的相位差。即平均功率等于恒定分量构成的功率与各次谐波的有功功率代数和。由于 φ_k 取值可能大于 90°或小于−90°,故 P_k 可能为负值。

式(6.3.6)说明只有同频率的电压谐波与电流谐波才能构成平均功率,不同频率的电压谐波和电流谐波只能构成瞬时功率,不产生平均功率。

非正弦电路中的视在功率也定义为

$$S=UI=\sqrt{\sum_{k=1}^{\infty}U_k^{\ 2}\sum_{k=1}^{\infty}I_k^{\ 2}} \tag{6.3.7}$$

等效功率因数定义为

$$\cos\varphi=\frac{P}{S}=\frac{\sum_{k=1}^{\infty}P_k}{\sqrt{\sum_{k=1}^{\infty}U_k^2\sum_{k=1}^{\infty}I_k^{\ 2}}} \tag{6.3.8}$$

可以证明,在电路中出现高次谐波电流后,将使电路的等效功率因数下降。因而在电力系统中,应避免出现高次谐波电流。

6.4 非正弦周期性稳态电路的计算

如前所述,本书所讨论的非正弦电路指由非正弦周期激励作用下的线性电路,其计算步骤如下:

① 将非正弦周期激励分解为傅里叶级数,根据所允许误差之大小,取级数的前几项。

② 分别求出电源的恒定分量及各次谐波分量单独作用时的响应。恒定分量作用的电路即直流电路。求解时将电容开路,电感短路处理。对各次谐波分量作用的电路,可以用相量法求解,注意将计算结果转换为时域形式。

③ 应用叠加定理将步骤②的结果进行叠加,从而求得所需响应。注意叠加时,是在时域进行,即对瞬时值叠加,不能直接用相量叠加。

现举例说明。

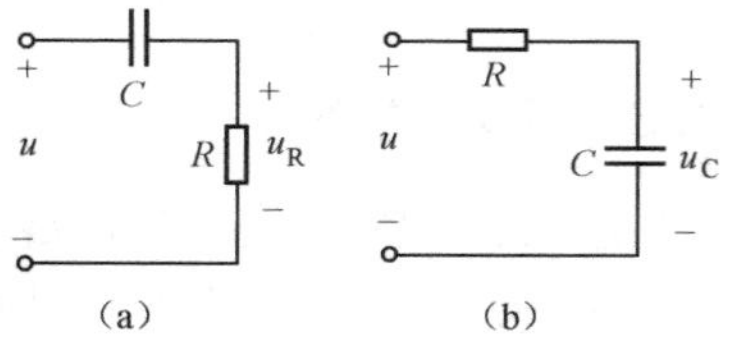

【例 6.4.1】 图 6.4.1(a)所示电路,已知 $R=100\Omega$, $C=10\mu\text{F}$, $\omega_1=500\text{rad/s}$,外加电压是例 6.2.1 所给矩形波电压 u, $E_\text{m}=10\text{V}$,试求输出电压 u_R,并计算 u_R 的有效值 U_R 及电阻吸收的平均功率 P。

(a) (b)

图 6.4.1 例 6.4.1 图

【解】 ① 由例 6.2.1 知 u 的傅里叶级数展开式为

$$u=\frac{4E_\text{m}}{\pi}\left(\sin\omega_1 t+\frac{1}{3}\sin 3\omega_1 t+\frac{1}{5}\sin 5\omega_1 t+\frac{1}{7}\sin 7\omega_1 t+\cdots\right)(\text{V})$$

若取前 4 项进行计算并将 $E_\text{m}=10\text{V}$ 及 $\omega_1=500\text{rad/s}$ 代入,则上式可写为

$$u=[12.73\sin 500t+4.24\sin 3\times 500t+2.55\sin 5\times 500t+1.82\sin 7\times 500t](\text{V})$$

② 对各次谐波采用相量法求解

$$\frac{1}{\omega_1 C}=\frac{1}{500\times 10\times 10^{-6}}=200(\Omega)$$

电路对 k 次谐波的输出电压 u_R 的相量表达式为

$$\dot{U}_{\text{Rm}(k)}=\frac{R\dot{U}_{\text{m}(k)}}{R-\text{j}\dfrac{1}{k\omega_1 C}}=\frac{100\dot{U}_{\text{m}(k)}}{100-\text{j}\dfrac{200}{k}}$$

基波($k=1$)作用时

$$\dot{U}_{\text{m}(1)}=12.73\underline{/0^\circ}\ \text{V}$$

$$\dot{U}_{Rm(1)}=\frac{100\times 12.73\angle 0^\circ}{100-j200}=5.69\angle 63.43^\circ\ (V)$$

$$P_{(1)}=\frac{1}{2}U_{Rm(1)}^2/R=\frac{1}{200}U_{Rm(1)}^2=0.162(W)$$

三次谐波($k=3$)作用时

$$\dot{U}_{m(3)}=4.24\angle 0^\circ\ V$$

$$\dot{U}_{Rm(3)}=\frac{100\times 4.24\angle 0^\circ}{100-j\dfrac{200}{3}}=3.53\angle 33.7^\circ\ V$$

$$P_{(3)}=\frac{1}{200}U_{Rm(3)}{}^2=0.062(W)$$

同理求得

$$\dot{U}_{Rm(5)}=2.37\angle 21.8^\circ\ (V)$$

$$P_{(5)}=0.028(W)$$

$$\dot{U}_{Rm(7)}=1.75\angle 15.95^\circ\ (V)$$

$$P_{(7)}=0.015\ (W)$$

各次谐波作用的响应其时域表达式为

$$u_{R(1)}=5.69\sin(500t+63.43^\circ)\ (V)$$

$$u_{R(3)}=3.53\sin(3\times 500t+33.7^\circ)\ (V)$$

$$u_{R(5)}=2.37\sin(5\times 500t+21.8^\circ)\ (V)$$

$$u_{R(7)}=1.75\sin(7\times 500t+15.95^\circ)\ (V)$$

③ 按时域形式叠加为

$$\begin{aligned}u_R&=u_{R(1)}+u_{R(3)}+u_{R(5)}+u_{R(7)}\\&=5.69\sin(500t+63.43^\circ)+3.53\sin(3\times 500t+33.7^\circ)+\\&\quad 2.37\sin(5\times 500t+21.8^\circ)+1.75\sin(7\times 500t+15.95^\circ)\ (V)\end{aligned}$$

$$P=P_{(1)}+P_{(3)}+P_{(5)}+P_{(7)}=0.267(W)$$

$$U_R=\sqrt{U_{R(1)}{}^2+U_{R(3)}{}^2+U_{R(5)}{}^2+U_{R(7)}{}^2}=5.17(V)$$

从本例看出，随着谐波频率升高(k 增加)，容抗 $X_{C(k)}=\dfrac{1}{k\omega_1 C}=\dfrac{1}{k}X_{(0)}$ 减小，该次谐波输出电压分量和输入电压分量的有效值之比增大。例如对于基波，$\dfrac{U_{R(1)}}{U_1}=\dfrac{5.69}{12.73}=0.45$，而五次谐波有 $\dfrac{U_{R(5)}}{U_5}=\dfrac{2.37}{2.55}=0.93$，即输入电压中的五次谐波在电容 C 上的压降很小，大部分传送到输出端，所以高次谐波很容易通过这个电路。利用感抗和容抗对各次谐波的反应不同，将电感和电容组成各种不同电路，让某些所需频率分量顺利通过而抑制某些不需要的分量，这种电路称为滤波器。本例让高次谐波顺利通过，故称高通滤波器。

若对本例如图 6.4.1(b)所示，从电容 C 输出，通过分析知电路的特性正好与图 6.4.1(a)相反，只有低频信号才能顺利通过，称为低通滤波器，读者可自行分析。

【例 6.4.2】 图 6.4.2 所示电路中，已知

$$i_S=\left[\frac{I_m}{2}+\frac{2I_m}{\pi}\left(\sin\omega_1 t+\frac{1}{3}\sin 3\omega_1 t+\frac{1}{5}\sin 5\omega_1 t+\cdots\right)\right]\ (A)$$

且 $R=20\Omega$，$L=1mH$，$C=1000pF$，$I_m=157\mu A$，$\omega=10^6\ rad/s$，求电路的端电压 u(计算到 3 次谐波)。

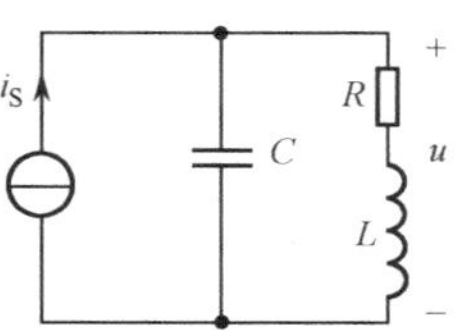

图 6.4.2　例 6.4.2 图

【解】 ① 依题意有，i_S 的傅里叶级数为

$$i_S = 78.5 + 100\left(\sin\omega_1 t + \frac{1}{3}\sin 3\omega_1 t\right)\mu A$$

② 求恒定(直流)分量及各次谐波分量作用：

直流分量单独作用时，电容相当于开路，电感相当于短路，易知直流分量电压为

$$U_0 = RI_0 = 20 \times 78.5 \times 10^{-6} = 0.00157(V)$$

一次谐波单独作用

$$X_{L(1)} = \omega_1 L = 10^6 \times 10^{-3} = 1000\ (\Omega)$$

$$X_{C(1)} = \frac{1}{\omega_1 C} = \frac{1}{10^6 \times 1000 \times 10^{-12}} = 1000(\Omega)$$

$$Z_{(1)} = \frac{-jX_{C(1)}(R + jX_{L(1)})}{-jX_{C(1)} + (R + jX_{L(1)})} = \frac{-j1000(20 + j1000)}{-j1000 + 20 + j1000}$$

$$= 50 \times 10^3 \underline{/-0.11^\circ}\ (\Omega) \approx 50 \times 10^3(\Omega)$$

$$\dot{U}_{m(1)} = Z_{(1)}\dot{I}_m\ (1) = 50 \times 10^3 \times 100 \times 10^{-6} = 5(V)$$

同理对于三次谐波作用有

$$X_{L(3)} = 3\omega_1 L = 3000(\Omega)$$

$$X_{C(3)} = \frac{1}{3\omega_1 C} = 333(\Omega)$$

$$Z_{(3)} = 374.5\underline{/-89.95^\circ}\ (\Omega)$$

$$\dot{U}_{m(3)} = Z_{(3)}\dot{I}_{(3)} = 0.0125\underline{/-89.95^\circ}\ (V)$$

③ 在时域叠加，得端电压 u 为

$$u = [0.00157 + 5\sin\omega_1 t + 0.0125\sin(3\omega_1 t - 89.95^\circ) + \cdots](V)$$

由本例可知：基波作用时，由于 $Z_{(1)}$ 的阻抗角非常小，故可以认为此时整个电路呈电阻性质，电压 $\dot{U}_1$ 与电流 $\dot{I}_1$ 同相，即电路在基波产生并联谐振。从 u 表达式中可见基波很大而直流分量和其他谐波非常小，即 u 中的一次谐波远远大于其他次谐波。这种能将输入激励转换为某个特定频率的正弦输出电压的电路称为选频电路。

6.5 本章小结及典型题解

6.5.1 本章小结

① 非正弦电路的稳态分析可采用谐波分析法，即首先应用数学中的傅里叶级数，将电路中的非正弦周期性激励信号分解为一系列不同频率的正弦分量之和，再根据线性电路的叠加原理，将非正弦电路转化为一系列不同频率的正弦电路的叠加。

② 频谱图是谐波分析的一个重要手段。频谱图可方便而直观地表示出一个非正弦周期信号含有哪些谐波以及各谐波振幅和初相位的大小。频谱图由一系列不连续的直线条构成，每一直线条表示一个谐波的振幅或初相位。

③ 非正弦周期性电量的有效值等于恒定分量及各次谐波分量有效值的平方和的平方根。

④ 非正弦周期性稳态电路的有功功率即平均功率等于恒定分量和各次谐波的有功功率的代数和。P_k 可能为负值，只有同频率的电压、电流才产生有功功率，不同频率的电压和电流不产生平均功率，只能构成瞬时功率。

⑤ 非正弦电路的计算中各次谐波的电压、电流叠加时，只能是对瞬时值叠加，不能直接用相量叠加。

6.5.2 典型题解

【例 6.5.1】 已知某信号半周期的波形如图 6.5.1(a)所示，试在下列各不同条件下画出整个周期的波形。

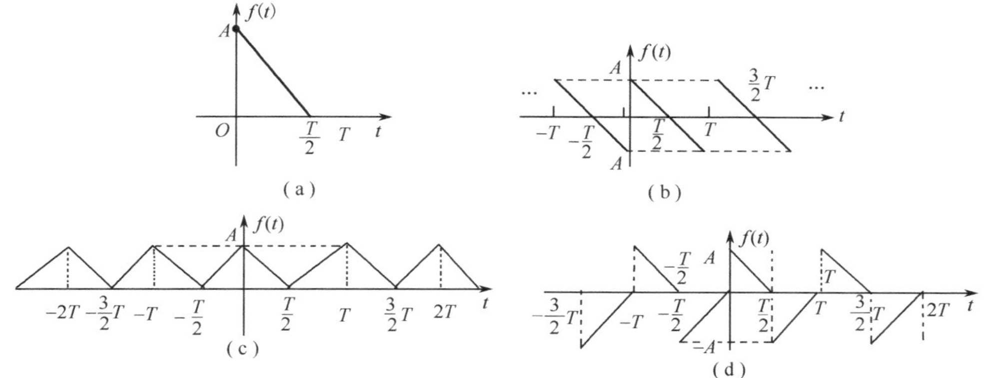

图 6.5.1　例题 6.5.1 图

① $a_0=0$；

② 对所有 k，$b_k=0$；

③ 对所有 k，$a_k=0$；

④ 当 k 为偶数时，a_k 和 b_k 为零。

【解】

① $a_0=0$，则信号是对称于坐标原点的奇函数，其波形如图 6.5.1(b)所示。

② 对所有 k，$b_k=0$，则信号是对称于纵轴的偶函数，其波形如图 6.5.1(c)所示。

③ 对所有 k，$a_k=0$，则信号是对称于坐标原点的奇函数，其波形同图 6.5.1(b)。

④ 当 k 为偶数时，$a_k=b_k=0$ 则信号是镜对称的奇谐波函数，其波形如图 6.5.1(d)所示。

【例 6.5.2】 图 6.5.2 所示电路中，$i_S=[10+5\sqrt{2}\sin t-4\sqrt{2}\cos(3t-30°)]$A，求 i_1、i_2 和电流源发出的功率及电源电压、电流的有效值。

【解】 利用叠加定理，当直流源 $i_S=10$A 单独作用时，电感短路，电容开路可得

$$i_1=0(\text{A}),i_2=10(\text{A})$$

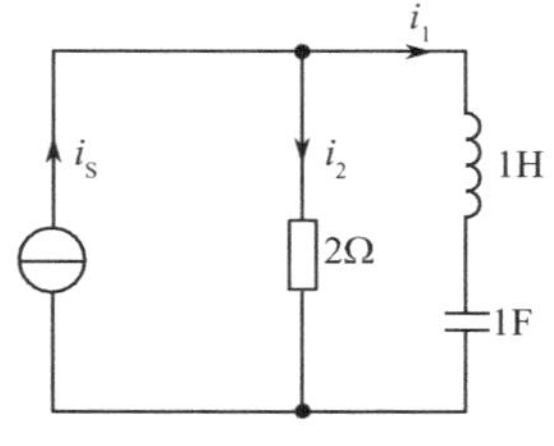

图 6.5.2　例题 6.5.2 图

当电流源 $i_S=5\sqrt{2}\sin t$ A 单独作用时，则

$$i_1=5\sqrt{2}\sin t(\text{A}),i_2=0(\text{A})$$

当电流源 $i_S=4\sqrt{2}\cos(3t-30°)$A 单独作用时，可得

$$\dot{I}_1=\frac{4\angle-30°}{2+3\text{j}-\dfrac{\text{j}}{3}}\times 2=\frac{24\angle-30°}{6+8\text{j}}=2.4\angle-83.1°(\text{A})$$

$$\dot{I}_2=\frac{4\angle-30°}{2+3\text{j}-\dfrac{\text{j}}{3}}\times\left(3\text{j}-\frac{\text{j}}{3}\right)=3.2\angle 6.9°(\text{A})$$

则

$$i_1=5\sqrt{2}\sin t-2.4\sqrt{2}\cos(3t-81.3°)(\text{A}),i_2=10-3.2\sqrt{2}\cos(3t+6.9°)(\text{A})$$

电流源两端电压为　$u=20-6.4\sqrt{2}\cos(3t+6.9°)(\text{V})$

电流源电压有效值为　$U=\sqrt{20^2+6.4^2}=21(\text{V})$

电流源电流有效值为　$I=\sqrt{10^2+5^2+4^2}=\sqrt{141}\approx 11.87(\text{A})$

电流源发出的功率为　$P=200+6.4\times 4\times\cos(6.9°+30°)=220.5(\text{W})$

【例 6.5.3】 如图 6.5.3(a)所示电路，已知 $u_S(t)=[10\sin t+20\sin 2t]$V，$L_1=3$H，$L_2=\dfrac{1}{3}$H，$C=\dfrac{3}{4}$F，

$M=1\text{H}$,试求各电流读数。

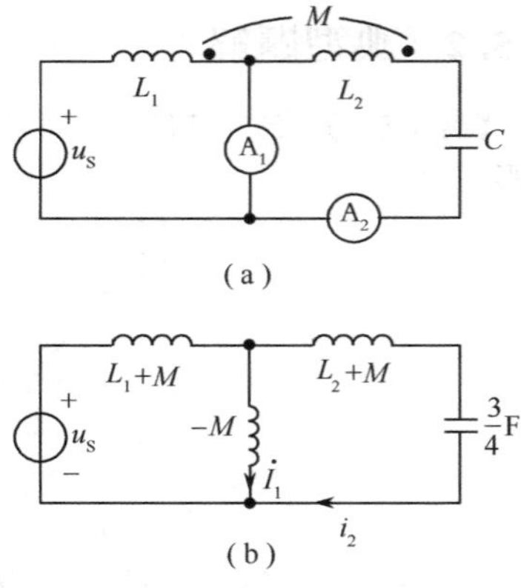

图 6.5.3 例题 6.5.3 图

【解】 去耦等效电路图如图 6.3.11(b)所示。因为

$$u_S=10\sin t+20\sin 2t,\omega_1=1,\omega_2=2$$

当 $\omega_1=1$ 时,有

$$Z=4\text{j}+(-\text{j})/\!/\left(\frac{4}{3}\text{j}-\frac{4}{3}\text{j}\right)=4\text{j}$$

$$\dot{I}=\frac{10}{\sqrt{2}}/4\text{j}=\frac{5\sqrt{2}}{4}\angle-90°$$

$$\dot{I}_1=0,\dot{I}_2=\dot{I}=\frac{5\sqrt{2}}{4}\angle-90°$$

当 $\omega_2=2$ 时,有

$$Z=8\text{j}+(-2\text{j})/\!/\left(\frac{8}{3}\text{j}-\frac{2\text{j}}{3}\right)=8\text{j}+(-2\text{j})/\!/2\text{j}$$

产生并联谐振,有

$$\dot{I}'_1=\frac{20/\sqrt{2}}{-2\text{j}}=5\sqrt{2}\text{j}=5\sqrt{2}\angle 90°,\dot{I}'_2=\frac{20/\sqrt{2}}{2\text{j}}=-5\sqrt{2}\angle 90°$$

$$i_{A2}=i_2+i'_2=\frac{5\sqrt{2}}{4}\times\sqrt{2}\sin(\omega t-90°)+(-5\sqrt{2}\times\sqrt{2}\sin(2\omega t+90°)$$

所以 A_1 表读数为:$5\sqrt{2}\approx7.07(\text{A})$;$A_2$ 表读数为:$\sqrt{\left(\frac{5\sqrt{2}}{4}\right)^2+(5\sqrt{2})^2}=7.29(\text{A})$。

【例 6.5.4】 如图 6.5.4(a)所示电路中,$L=2\text{H},C=\frac{2}{3}\text{F},R=1\Omega,u_{S1}=[1.5+5\sqrt{2}\sin(2t+90°)]\text{V}$,电流源电流 $i_{S2}=2\sin(1.5t)\text{A}$,求 u_R 及电压源 u_{S1} 发出的功率。

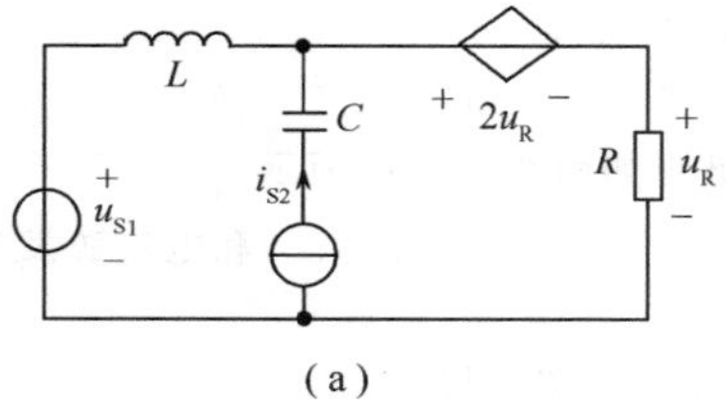

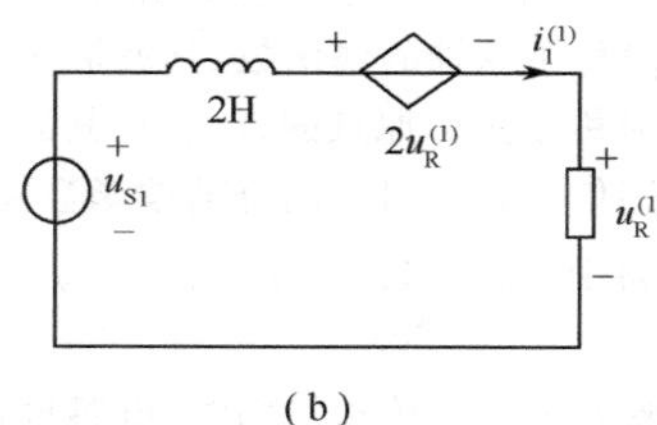

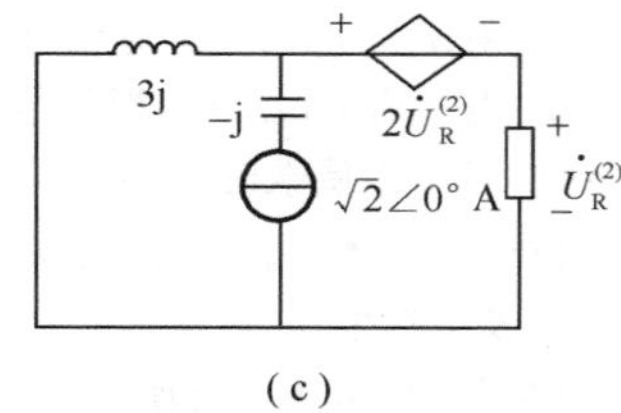

图 6.5.4 例题 6.5.4 图

【解】 电压源单独作用时电路如图(b)所示,直流分量为:

$$i'_1=0.5(\text{A}),u'_R=0.5(\text{V}),P'_{S1}=1.5\times0.5=0.75(\text{W})$$

交流分量为 $\dot{I}''_1=\frac{1}{5}(4+3\text{j})$,则 $\dot{U}''_R=\frac{1}{5}(4+3\text{j})$,$P''_{S1}=5\times1\times\cos53°=3(\text{W})$;故 $u''_R=\sqrt{2}\sin(2t+37°)$。所以 $u_R^{(1)}=u'_R+u''_R=0.5+\sqrt{2}\sin(2t+37°)(\text{V})$。

电流源单独作用时,电路如图(c)所示。此时 $\dot{U}^{(2)}{}_R=\frac{\sqrt{2}}{2}(1+\text{j})$,则 $u_R^{(2)}=\sqrt{2}\sin(1.5t+45°)\text{V}$,故

$$u_R=u_R^{(1)}+u_R^{(2)}=0.5+\sqrt{2}\sin(2t+37°)+\sqrt{2}\sin(1.5t+45°)(\text{V})$$

求得 u_{S1} 发出的功率为 3.75W。

习　题　6

6.1 试求图 T6.1 所示波形的傅里叶级数。

6.2 试求图 T6.2 所示全波整流波形的傅里叶级数,并画出频谱图。

6.3 已知某信号半周期的波形如图 T6.3 所示,试在 $a_0=0$;对所有 k,$b_k=0$;对所有 k,$a_k=0$,以及当 k 为偶数时,a_k 和 b_k 为零等不同条件下画出整个周期的波形。

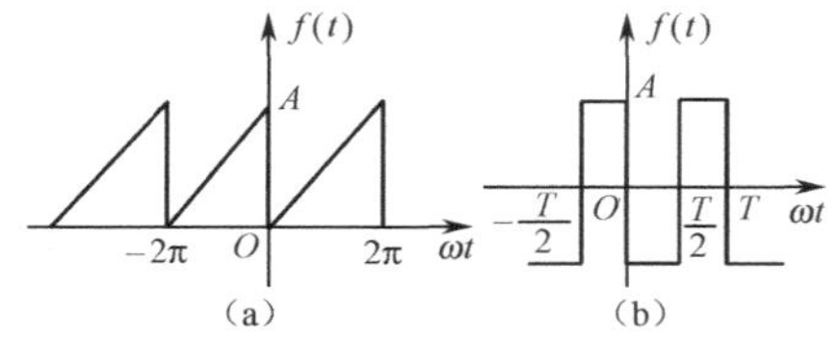

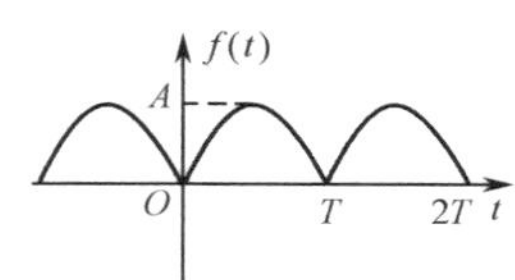

图 T6.1　习题 6.1 图

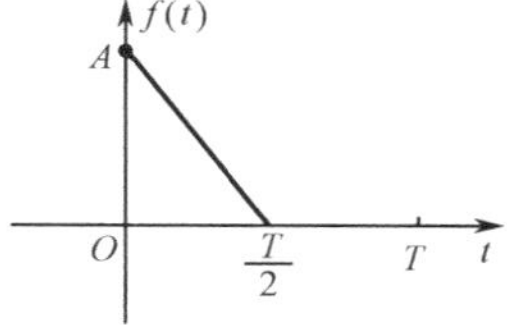

图 T6.2　习题 6.2 图

图 T6.3　习题 6.3 图

6.4　图 T6.4 所示电路中，$i_S=[10+5\sqrt{2}\sin 3t-4\sqrt{2}\cos(t-30°)]$A，求 i_1、i_2 和电流源发出的功率及电源电压、电流的有效值。

6.5　如图 T6.5 所示电路，已知 $R=100\Omega$，$\omega L=\dfrac{1}{\omega C}=200\Omega$，$u(t)=[10+100\sin\omega t+60\sin(2\omega t+30°)]$V，试求 u_{ab}。

6.6　图 T6.6 所示低通滤波电路的输入电压为 $u_1(t)=[400+100\sin(3\times 314t)-20\sin(6\times 314t)]$V，试求负载电压 $u_2(t)$。

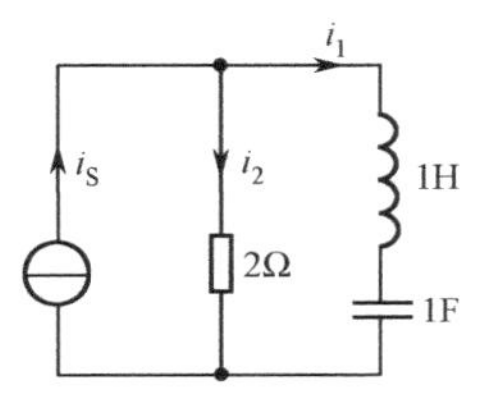

图 T6.4　习题 6.4 图

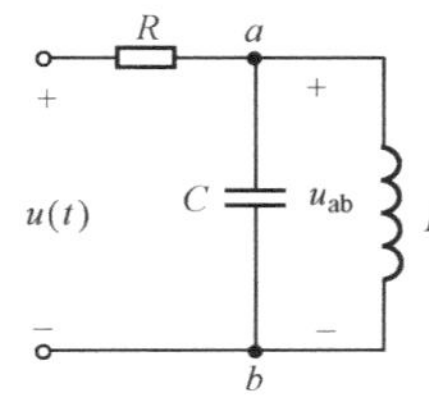

图 T6.5　习题 6.5 图

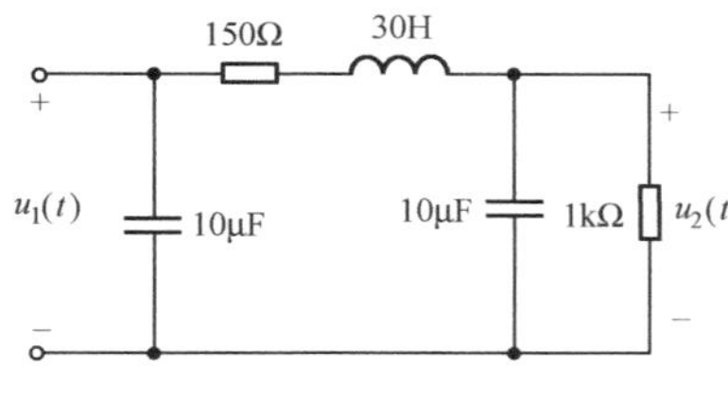

图 T6.6　习题 6.6 图

6.7　在图 T6.7 所示电路中，已知 $u_{S1}=2$V，$u_{S2}=(2+4\sqrt{2}\sin 2t)$V，求 u_0。

6.8　图 T6.8 所示电路中 u_S 为非正弦周期电压，其中含有 $3\omega_1$ 及 $7\omega_1$ 的谐波分量。如果要求在输出电压 u 中不含这两个谐波分量，问 L、C 应为多少？

6.9　已知某二端网络的端口电压和电流分别为

$$u(t)=(50+50\sin 500t+30\sin 1000t+20\sin 1500t)\ (\text{V})$$

$$i(t)=[1.667\sin(500t+86.19°)+15\sin 1000t+1.191\sin(1500t-83.16°)](\text{A})$$

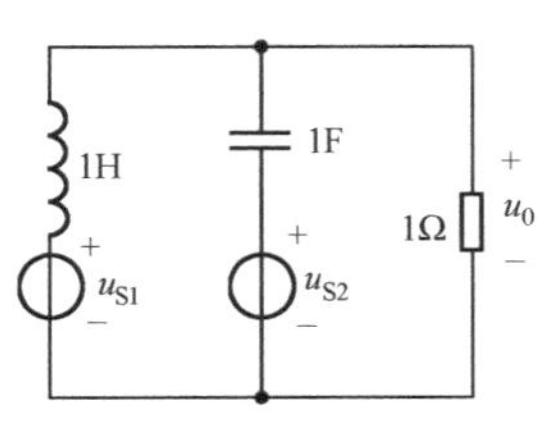

图 T6.7　习题 6.7 图

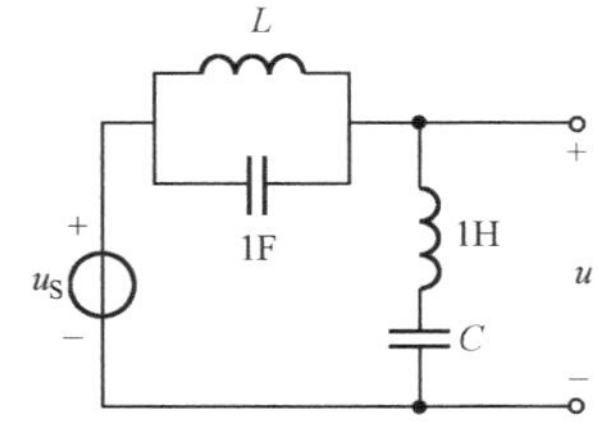

图 T6.8　习题 6.8 图

① 求此二端网络吸收的功率；② 若用一个 RLC 串联电路来模拟这个二端网络，问 R、L、C 应取何值？

6.10　图 T6.9 所示电路中，已知 $u_{S1}=20\sin 3t$ V，$u_{S2}=5$V，求电压表和功率表的读数。

6.11　如图 T6.10 所示电路，已知 $i_S=[5+10\cos(10t-20°)-5\sin(30t+60°)]$A，$L_1=L_2=2$H，$M=0.5$H，求图中电流表的读数和 u_2。

6.12　如图 T6.11 所示电路，已知 $u_S=[10\sin t++20\sin 2t]$V，$L_1=3$H，$L_2=\dfrac{1}{3}$H，$C=\dfrac{3}{4}$F，$M=1$H，试求各电流表读数。

6.13　如图 T6.12 所示电路中，$L=2$H，$C=\dfrac{2}{3}$F，$R=1\Omega$，$u_{S1}=[1.5+5\sqrt{2}\sin(2t+90°)]$V，电流源电流为 $i_{S2}=2\sin(1.5t)$A，求 u_R 及电压源 u_{S1} 发出的功率。

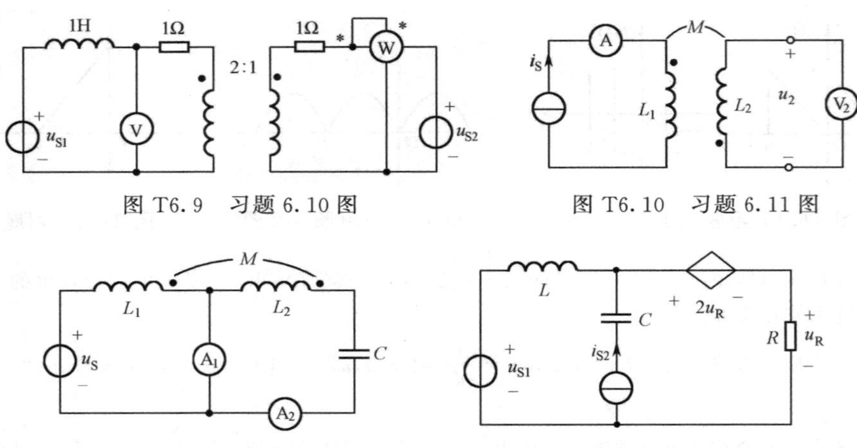

图 T6.9　习题 6.10 图

图 T6.10　习题 6.11 图

图 T6.11　习题 6.12 图

图 T6.12　习题 6.13 图

第 7 章　网络函数

［内容提要］

本章主要介绍网络函数及其在电路分析中的应用。讨论了网络函数零点和极点对于时域响应和频率特性的影响。

7.1　网络函数的定义和分类

7.1.1　网络函数的定义

在仅有一个激励源的零状态线性动态网络中，零状态响应 $r(t)$ 的象函数 $R(s)$ 与激励 $e(t)$ 的象函数 $E(s)$ 之比定义为该网络的网络函数，用 $H(s)$ 表示，即

$$H(s) \xlongequal{\text{def}} \frac{R(s)}{E(s)} \tag{7.1.1}$$

于是有

$$R(s)=H(s)\cdot E(s) \tag{7.1.2}$$

式(7.1.1)表明，网络函数反映网络的零状态响应与输入间的关系，电路的零状态响应象函数等于网络函数乘以激励象函数。

设网络的输入为单位冲激函数，即 $e(t)=\delta(t)$，则 $E(s)=\mathscr{L}[\delta(t)]=1$，则有

$$H(s)=\frac{R(s)}{E(s)}=R(s)$$

即网络函数就是冲激响应的象函数，或者说网络函数的原函数 $h(t)$ 是电路的单位冲激响应，即

$$h(t)=r(t) \tag{7.1.3}$$

式(7.1.3)表明可由计算冲激响应来求得网络函数。

7.1.2　网络函数的分类

按照激励和响应的类型，网络函数可分为两类 6 种表现形式。

1. 策动点函数

当电路中只有一个激励源作用时，激励源所连接的端口称为策动点(或驱动点)。若响应也在策动点上，即网络的响应与激励处于同一端口，则相应的网络函数称为策动点函数(或驱动点函数)，此时包含有如下两种形式。

(1)策动点阻抗

策动点阻抗为策动点的电压响应象函数与激励电流象函数之比，如图 7.1.1(a)所示，策动点阻抗表示的网络函数为

$$H(s)=Z_{11}(s)=\frac{U_1(s)}{I_1(s)} \tag{7.1.4}$$

由式(7.1.4)可知，$Z_{11}(s)$具有阻抗的量纲。$Z_{11}(s)$也可是输入端口看进去的等效运算阻抗。

(2)策动点导纳

策动点导纳为策动点的电流响应象函数与电压激励象函数之比，如图 7.1.1(b)所示，用策动点导纳表示的网络函数为

$$H(s)=Y_{11}(s)=\frac{I_1(s)}{U_1(s)} \tag{7.1.5}$$

由式(7.1.5)可知 $Y_{11}(s)$ 具有导纳的量纲。$Y_{11}(s)$ 也可是从输入看进去的等效运算导纳。

由式(7.1.4)与式(7.1.5)知 $Y_{11}(s)$ 与 $Z_{11}(s)$ 互为倒数。

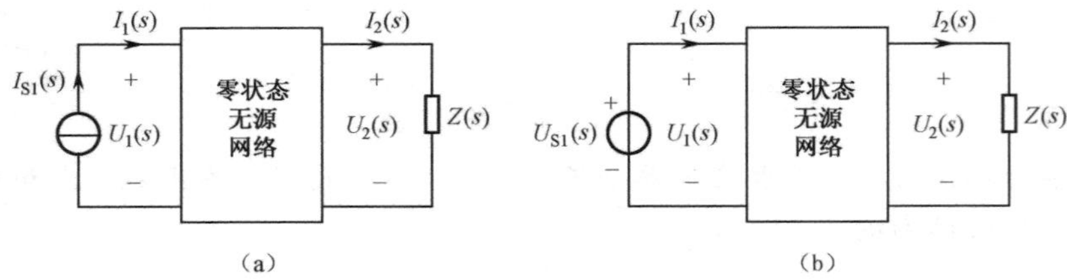

图 7.1.1　网络函数示意图

2. 转移函数

如果响应不在策动点上,即响应和激励分别在不同的端口,则网络函数被称为转移函数,此时有如下四种表现形式。

(1)转移阻抗

非策动点的电压响应象函数与策动点的电流激励象函数之比称为转移阻抗,如图 7.1.1(a)所示。转移阻抗可表示的网络函数为

$$H(s)=Z_{21}(s)=\frac{U_2(s)}{I_1(s)} \tag{7.1.6}$$

由式(7.1.6)可知,$Z_{21}(s)$ 具有阻抗的量纲。

(2)转移导纳

非策动点的电流响应象函数与策动点电压激励象函数之比称为转移导纳,如图 7.1.1(b)中所示。转移导纳可表示的网络函数为

$$H(s)=Y_{21}(s)=\frac{I_2(s)}{U_1(s)} \tag{7.1.7}$$

由式(7.1.7)可知 $Y_{21}(s)$ 具有导纳的量纲。

(3)转移电流比

非策动点的电流响应象函数与策动点的电流激励象函数之比称为转移电流比,如图 7.1.1(a)所示,转移电流比网络函数可表示为

$$H(s)=H_i(s)=\frac{I_2(s)}{I_1(s)} \tag{7.1.8}$$

$H_i(s)$ 量纲为 1。

(4)转移电压比

非策动点的电压响应象函数与策动点电压激励象函数之比称为转移电压比,如图 7.1.1(b)所示,转移电压比网络函数可表示为

$$H(s)=H_u(s)=\frac{U_2(s)}{U_1(s)} \tag{7.1.9}$$

同样 $H_u(s)$ 量纲也为 1。

由于网络函数对应的是零状态网络,故运算电路中的附加电源为零,若将运算感抗(sL)运算容抗$\left(\frac{1}{sC}\right)$中的 s 换为 $\mathrm{j}\omega$,即运算感抗变为 $\mathrm{j}\omega L$,运算容抗换为$\frac{1}{\mathrm{j}\omega C}$,则运算电路变为相量形式的电路。$H(s)$ 也随之变为 $H(\mathrm{j}\omega)$,此时的 $H(\mathrm{j}\omega)$ 称为正弦稳态电路的网络函数。通常将 $H(s)$ 称为 s 域或复频域中的网络函数,而将 $H(\mathrm{j}\omega)$ 称为频域中的网络函数。

下面举例说明网络函数的求取方法。

【例 7.1.1】　图 7.1.2(a)中电路激励为 $i_S(t)$,$u_C(t)$ 为零状态响应,求网络函数。

【解法 1】 根据运算电路，求出响应，再由网络函数的定义求取网络函数。

图 7.1.2(a)对应的运算电路如图 7.1.2(b)所示，响应 $U(s)$ 为

$$U_C(s)=\frac{1}{sC+G}I_S(s)$$

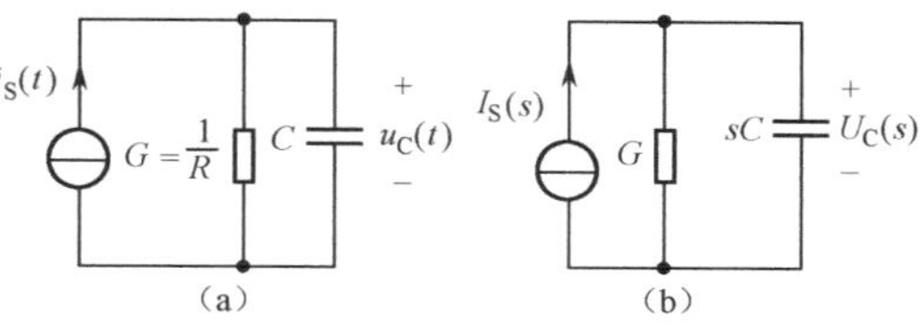

图 7.1.2　例 7.1.1 图

由网络函数定义得

$$H(s)=\frac{U_C(s)}{I_S(s)}=\frac{1}{sC+G}=\frac{1}{C}\ \frac{1}{s+\frac{1}{RC}}$$

由于激励与响应在同一端口，由此可知此处 $H(s)$ 为策动点阻抗 $Z(s)$。

【解法 2】 根据时域电路，求出冲激响应，其象函数即为所求网络函数。

设 $i_S(t)=\delta(t)$，则由式(5.3.33(a))知冲激响应

$$h(t)=u_C(t)=\frac{1}{C}e^{-\frac{1}{RC}t}\varepsilon(t)$$

故

$$H(s)=\mathscr{L}\left[\frac{1}{C}e^{-\frac{1}{RC}t}\varepsilon(t)\right]=\frac{1}{C}\ \frac{1}{s+\frac{1}{RC}}$$

【例 7.1.2】 图 7.1.3(a)所示 RLC 串联电路中，激励为 $u_S(t)$，零状态响应为 $u_C(t)$，求网络函数。

【解】 根据运算电路求出网络函数，画出运算电路如图 7.1.3(b)所示。

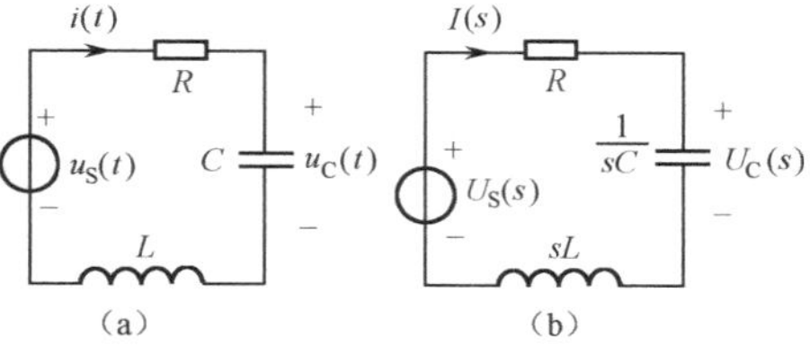

图 7.1.3　例 7.1.2 图

响应 $U_C(s)$ 为

$$U_C(s)=\frac{\frac{1}{sC}}{R+sL+\frac{1}{sC}}U_S(s)=\frac{1}{LCs^2+RCs+1}U_S(s)$$

故网络函数即转移电压比为

$$H_u(s)=\frac{U_C(s)}{U_S(s)}=\frac{1}{LCs^2+RCs+1}$$

实际上，对 $H_u(s)$ 求拉普拉斯反变换即可获得电路的冲激响应。

7.2　网络函数的极点和零点及其与冲激响应的关系

7.2.1　网络函数的极点和零点

线性电路中的网络函数可以表示为

$$H(s)=\frac{N(s)}{D(s)}=\frac{b_ms^m+b_{m-1}s^{m-1}+\cdots+b_1s+b_0}{a_ns^n+a_{n-1}s^{n-1}+\cdots+a_1s+a_0}$$

$$=\frac{b_m(s-Z_1)(s-Z_2)\cdots(s-Z_m)}{a_n(s-P_1)(s-P_2)\cdots(s-P_n)}=k\frac{\prod_{i=1}^{m}(s-Z_i)}{\prod_{j=1}^{n}(s-P_j)}\qquad(7.2.1)$$

式中，常数 $k=b_m/a_n$ 称为比例因子；$Z_1,Z_2,\cdots,Z_m$ 是 $N(s)=0$ 的根，为网络函数的零点，当 $s=Z_i$ 时，$H(s)=0$；P_1、P_2，…，P_n 是 $D(s)=0$ 的根，为网络函数的极点，当 $S=P_j$ 时，$H(s)$将趋近无限大。

网络函数的零点和极点可能是实数、虚数或复数。而实数与虚数可视为复数的特例，这样网络函数的零点和极点都可在复频域平面(S 平面，σ 为实轴，jω 为纵轴)上的对应的点表示。一般

在复频域平面上,零点用圈"○"表示,极点用叉"×"表示,从而得到网络函数的零极点分布图,简称极零图。

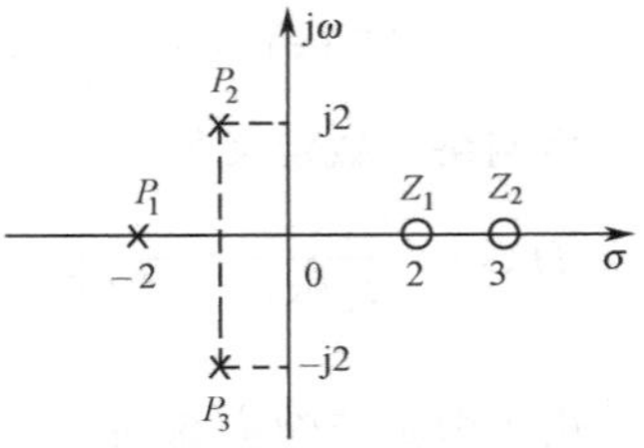

【例 7.2.1】 给出 $H(s)=\dfrac{s^2-5s+6}{s^3+4s^2+9s+10}$ 的极零图。

【解】 式中分子为

$$N(s)=s^2-5s+6=(s-2)(s-3) \qquad (7.2.2)$$

式(7.2.2)的分母为

$$D(s)=s^3+4s^2+9s+10=(s+2)(s+1-\mathrm{j}2)(s+1+\mathrm{j}2)$$

图 7.2.1 例 7.2.1 图

所以有 $H(s)$ 的零点和极点分别为

$$Z_1=2;\ Z_2=3;\ P_1=-2;\ P_2=-1+\mathrm{j}2;\ P_3=-1-\mathrm{j}2$$

绘出极零图如图 7.2.1 所示。

7.2.2 极点、零点与冲激响应的关系

若式(7.2.1)所示网络函数为真分式,且分母具有单根,则可展开为部分分式,即

$$H(s)=\sum_{i=1}^{n}\frac{K_i}{S-P_i}$$

对上式求拉普拉斯反变换,便可得到与网络函数 $H(s)$ 相对应的冲激响应为

$$h(t)=\mathscr{L}^{-1}[H(s)]=\mathscr{L}^{-1}\left[\sum_{i=1}^{n}\frac{K_i}{S-P_i}\right]=\sum_{i=1}^{n}K_i\mathrm{e}^{P_it}\varepsilon(t)$$

式中,P_i 为 $H(s)$ 的极点,由此可以看出,网络函数的极点决定了冲激响应的变化规律。或者说时域中冲激响应的波形,决定于网络函数的极点在 s 平面的位置。

当 P_i 为负实根时,e^{P_it} 为衰减的指数函数,当 P_i 为正实数根时,e^{P_it} 为增长的指数函数,而且 $|P_i|$ 越大,衰减或增长的速度越快,这说明若 $H(s)$ 的极点都位于负实轴上,则 $h(t)$ 将随 t 的增大而衰减,这种电路是稳定的,如图 7.2.2 中曲线 $h_{1(t)}$ 所示,若有一个极点位于正实轴上,则 $h(t)$ 将随 t 的增长而增长,这种电路是不稳定的。如图 7.2.2 中曲线 $h_2(t)$ 所示。

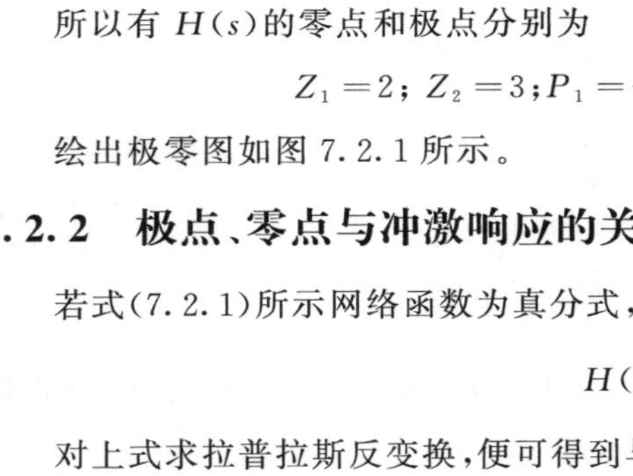

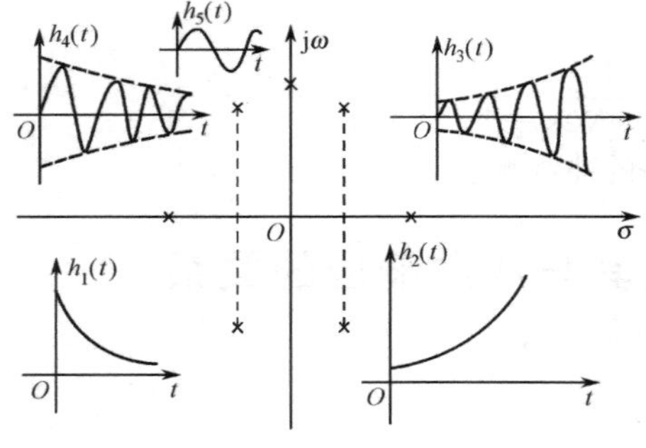

图 7.2.2 极点与冲激响应关系

当极点 P_i 为共轭复数时,即 P_i 位于第一、四象限或二、三象限对称的位置,$h(t)$ 是以指数曲线为包络线的正弦函数;其实部的正或负确定增长或衰减的正弦曲线。如图 7.2.2中 $h_3(t)$,$h_4(t)$ 所示,当 P_i 为虚根时,即极点位于虚轴上时,则 $h(t)$ 为正弦函数,即冲激响应为等幅正弦振荡波。如图 7.2.2 中的 $h_5(t)$ 所示。

【例 7.2.2】 图 7.2.3(a)、(b)为 GLC 并联电路及其复频域模型,设 $i(t)=\delta(t)$,根据网络函数 $H(s)=Z(s)=\dfrac{U(s)}{I(s)}$ 的极点分布情况分析 $u(t)$ 变化规律。

【解】

$$H(s)=Z(s)=\frac{1}{sC+G+\dfrac{1}{sL}}=\frac{1}{C}\,\frac{s}{s^2+\dfrac{G}{C}s+\dfrac{1}{LC}}$$

令分母为零得方程

$$s^2+\frac{G}{C}s+\frac{1}{LC}=0$$

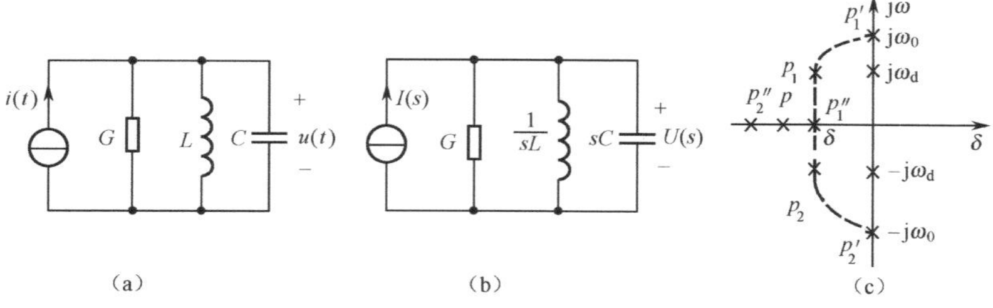

图 7.2.3　例 7.2.2 图

此方程实际上就是电路的时域微分方程的特征方程。

故网络函数的极点即方程的根为

$$p_{1,2}=-\delta\pm\sqrt{\delta^2-\omega_0^2}$$

式中
$$\delta=\frac{G}{2C},\ \omega_0=\frac{1}{\sqrt{LC}}$$

由上易知，网络函数的极点完全由网络的参数 G,L,C 来确定，现研究仅 G 改变，对极点的影响。

① 当 $0<G<2\sqrt{\frac{C}{L}}$ 时，特征根为一对共轭复根

$$p_{1,2}=-\delta\pm \mathrm{j}\omega_d\text{，其中 }\omega_d=\sqrt{\omega_0{}^2-\delta^2}$$

如图 7.2.3(c)中的 p_1、p_2，在 s 平面上，p_1、p_2 位于二、三象限中，因此 $u(t)$的自由分量 $u''(t)$，或者说与网络函数相应的冲激响应为衰减的正弦振荡，其包络线的指数为 $\mathrm{e}^{-\delta t}$，振荡角频率为 ω_d，图中 p_1、p_2 两点距原点的距离为

$$\sqrt{\omega_d{}^2+\delta^2}=\omega_0=\frac{1}{\sqrt{LC}}$$

其值与 G 无关，当 G 在 $0<G<2\sqrt{\frac{C}{L}}$ 区域变化时，极点移动的轨迹是以原点为圆心，ω_0 为半径的圆，极点离开虚轴越远，振荡衰减越快。

② 当 $G=0$ 时，即 $\delta=0,\omega_d=\omega_0$，故有

$$p'_{1,2}=\pm \mathrm{j}\omega_0$$

此时两极点位于虚轴上，且关于原点对称，如图 7.2.3(c)上 $p_1{}'$、$p_2{}'$，相应的冲激响应为等幅正弦振荡。

③ 当 $G>2\sqrt{\frac{C}{L}}$，即 $\delta>\omega_0$ 时，极点为不相等的负实根，即

$$p''_{1,2}=\frac{-G}{2C}\pm\sqrt{\left(\frac{G}{2C}\right)^2-\frac{1}{LC}}$$

两极点位于负实轴上，如图 7.2.3(c)中 $p_1{}''$、$p_2{}''$。相应的冲激响应由两个衰减速度不同的指数函数组成，且极点离原点越远，函数衰减越快。随着 G 的增加，$p_1{}''\to 0$，$p_2{}''\to-\infty$。

④ 当 $G=2\sqrt{\frac{C}{L}}$，即 $\delta=\omega_0$ 时，极点为相等的负实根，在 s 平面上，两极点位于负实轴上，重合于一点，如图 7.2.3(c)p 点，相应的冲激响应为非振荡性响应，是由振荡过渡到非振荡的临界情形。

7.3 网络函数的极点和零点与频率响应的关系

在频率为 ω 的单一正弦激励下，正弦稳态响应(输出)相量 $Y(\mathrm{j}\omega)$ 与激励(输入)相量 $X(\mathrm{j}\omega)$ 之比，称为正弦稳态的网络函数，记为

$$H(\mathrm{j}\omega)=\frac{\text{输出相量}}{\text{输入相量}}=\frac{Y(\mathrm{j}\omega)}{X(\mathrm{j}\omega)} \tag{7.3.1}$$

易知，将零状态响应电路 s 域模型中的 sL 和 $\frac{1}{sC}$ 转换为 $\mathrm{j}\omega L$ 和 $\frac{1}{\mathrm{j}\omega C}$，即 s 用 $\mathrm{j}\omega$ 替代，即可得正弦稳态电路的相量模型。从而只需将如前所述的网络函数 $H(s)$ 中的 s 用 $\mathrm{j}\omega$ 替代，即可得正弦稳态的网络函数 $H(\mathrm{j}\omega)$。分析 $H(\mathrm{j}\omega)$ 随 ω 变化的情况，就可以预见相应的转移函数或驱动点函数在正弦稳态情况下随 ω 变化的特性。

正弦稳态的网络函数可由正弦稳态电路的相量模型得出，也可将 $H(s)$ 中复频率 s 用 $\mathrm{j}\omega$ 替代得到 $H(\mathrm{j}\omega)$。

【例 7.3.1】 求图 7.3.1(a)所示正弦稳态电路以 u_2 为输出时的网络函数。

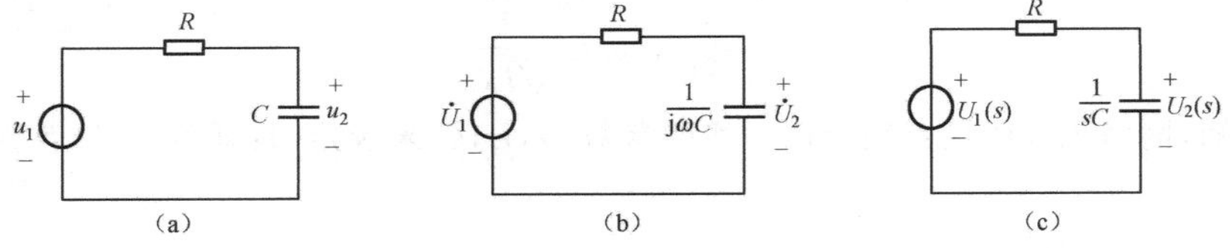

图 7.3.1 例 7.3.1 图

【解法 1】 画出相量模型如图 7.3.1(b)所示。

$$H(\mathrm{j}\omega)=\frac{\dot{U}_2}{\dot{U}_1}=\frac{\frac{1}{\mathrm{j}\omega C}}{R+\frac{1}{\mathrm{j}\omega C}}=\frac{\frac{1}{RC}}{\mathrm{j}\omega+\frac{1}{RC}}$$

【解法 2】 画出网络零状态 s 域模型如 7.3.1(c)所示。

则
$$H(s)=\frac{U_2(s)}{U_1(s)}=\frac{\frac{1}{sC}}{R+\frac{1}{sC}}=\frac{\frac{1}{RC}}{s+\frac{1}{RC}}$$

将 s 用 $\mathrm{j}\omega$ 代替得
$$H(\mathrm{j}\omega)=\frac{1}{RC}\Big/\left(\mathrm{j}\omega+\frac{1}{RC}\right)$$

网络函数式中，频率 ω 是作为一个变量出现在函数式中的。对于某一固定角频率 ω，$H(\mathrm{j}\omega)$ 通常是一个复数，即可以表示为

$$H(\mathrm{j}\omega)=|H(\mathrm{j}\omega)|\mathrm{e}^{\mathrm{j}\varphi}=|H(\mathrm{j}\omega)|\underline{/\varphi(\omega)} \tag{7.3.2}$$

式中，$|H(\mathrm{j}\omega)|$ 反映网络函数振幅随 ω 的变化关系，称为幅度频率响应，简称幅频特性，$\varphi=\arg[H(\mathrm{j}\omega)]$ 反映网络函数相位随 ω 变化的关系，称为相位频率响应，简称相频特性。

可以用振幅或相位作纵坐标，画出以频率为横坐标的曲线，这些曲线分别称为网络函数的幅频特性曲线和相频特性曲线，由幅频和相频特性曲线，可直观地看出网络对不同频率正弦波呈现出的不同特性。

由式(7.2.1)有

$$H(\mathrm{j}\omega)=K\frac{\prod_{i=1}^{m}(\mathrm{j}\omega-Z_i)}{\prod_{j=1}^{n}(\mathrm{j}\omega-P_j)} \tag{7.3.3}$$

于是有

$$\left.\begin{aligned}|H(\mathrm{j}\omega)|&=K\frac{\prod\limits_{i=1}^{m}|(\mathrm{j}\omega-Z_i)|}{\prod\limits_{j=1}^{n}|(\mathrm{j}\omega-P_j)|}\\ \arg[H(\mathrm{j}\omega)]&=\sum_{i=1}^{m}\arg(\mathrm{j}\omega-Z_i)-\sum_{j=1}^{n}\arg(\mathrm{j}\omega-P_j)\end{aligned}\right\}\tag{7.3.4}$$

可知若已知网络函数的极点和零点，则按上式便可计算对应的频率响应，同时还可以通过在 S 平面作图的方法定性描绘出频率响应，下面举例说明。

【例 7.3.2】 试定性分析例 7.3.1 中以 u_2 为输出时电路的频率响应。

【解】 由例 7.3.1 知电路对应的网络函数为

$$H(s)=\frac{U_2(s)}{U_1(s)}=\frac{1}{RC}\bigg/\left(s+\frac{1}{RC}\right)$$

其极点 $P_1=-\dfrac{1}{RC}$，如图 7.3.2(a)所示的 P_1 点。

将 $H(s)$ 中 s 用 $\mathrm{j}\omega$ 代替，得

$$H(\mathrm{j}\omega)=\frac{\dot{U}_2}{\dot{U}_1}=\frac{1}{RC}\bigg/\left(\mathrm{j}\omega+\frac{1}{RC}\right),\qquad |H(\mathrm{j}\omega)|=\left|\frac{1}{RC}\right|\bigg/\left|\mathrm{j}\omega+\frac{1}{RC}\right|$$

$$\varphi=-\arg\left(\mathrm{j}\omega+\frac{1}{RC}\right)$$

即 $H(\mathrm{j}\omega)$ 在 ω 时的模值为 $1/RC$ 除以图 7.3.2(a)中的线段长度 M，对应的相位是图中 θ 的负值。易知当 $\omega\to\infty$ 时，$|H(\mathrm{j}\omega)|$ 由 $1\to0$，而相位 φ 由 $0°\to-90°$，由此定性画出幅频特性和相频特性分别如图 7.3.2(b)和图 7.3.2(c)所示。

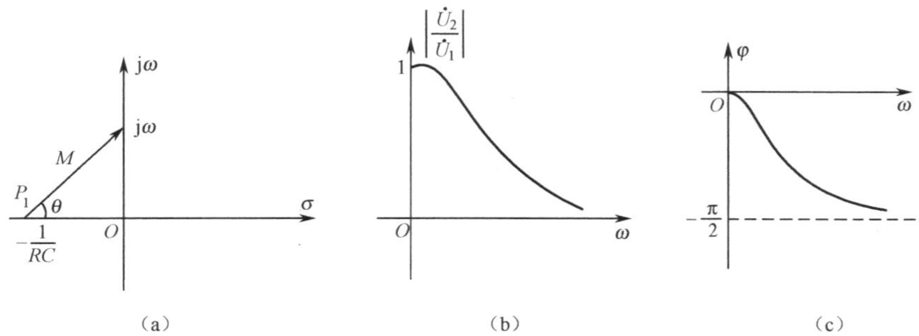

图 7.3.2　RC 串联电路的频率响应

由幅频特性曲线可以看出，该电路对频率较高的正弦信号有较大的衰减，而频率较低的正弦信号却能顺利通过，因而电路具有低通滤波特性。由相频特性曲线可以看出，该电路对输入正弦信号有移相作用，移相范围为 0°～−90°。

7.4　本章小结及典型题解

7.4.1　本章小结

① 网络函数的概念只适用于单一激励的零状态网络。其表达式为

$$H(s)=\frac{R(s)}{E(s)}=\frac{零状态响应的象函数}{激励的象函数}$$

根据响应和激励的类型及两者所处的位置,网络函数可分为两类六种形式。

② 网络函数实际上是冲激响应的象函数,或者说网络函数的原函数 $h(t)$ 就是电路的单位冲激响应。即可由计算冲激函数来求得网络函数。

③ 网络函数反映网络本身特性,仅取决于网络结构和参数,与外施激励无关。

④ 由于网络函数对应的是零状态响应,故运算电路中的附加电源为零,运算电路中的网络函数 $H(s)$ 可由正弦稳态电路的相量模型导出。即求得 $H(\mathrm{j}\omega)$ 后,将其中的 $\mathrm{j}\omega$ 用 s 代换便可,反之亦然。

⑤ 网络函数的零点和极点都可在复频率平面(s 平面)上以对应的点表示,由此可得网络函数的极零图。

⑥ 网络函数的性质由零点和极点决定。网络函数的极点完全由网络的参数 G、L、C 来确定,它决定了冲激响应的变化规律。或者说时域中冲激响应的波形,决定于网络函数的极点在 s 平面的位置。

⑦ 网络函数 $H(\mathrm{j}\omega)$ 通常是一个复数。其模 $|H(\mathrm{j}\omega)|$ 反映网络函数的振幅随 ω 的变化关系,称幅频特性;幅角 $\varphi=\arg[H(\mathrm{j}\omega)]$ 反映网络函数相位随 ω 变化的关系,称相频特性。

已知网络函数的极点和零点便可计算对应的频率响应,同时还可以通过在 s 平面作用的方法定性描绘出频率响应。

7.4.2　典型题解

【例 7.4.1】 某网络函数 $H(s)$ 的极零点分布如图 7.4.1 所示,且已知 $H(s)|_{s=0}=8$,求该网络函数。

【解】 如图 7.4.1 所示,零点为 -1,-4,极点为 -3,$-2+\mathrm{j}$,$-2-\mathrm{j}$。

设 $H(s)=A\dfrac{(s+1)(s+4)}{(s+3)(s+2-\mathrm{j})(s+2+\mathrm{j})}$,又因为 $H(0)=8$,故 $A=30$,则

$$H(s)=\frac{30(s+1)(s+4)}{(s+3)(s+2-\mathrm{j})(s+2+\mathrm{j})}$$

【例 7.4.2】 求图 7.4.2 所示电路的网络函数 $H(s)=\dfrac{I_2(s)}{U_S(s)}$ 及单位冲激响应。

【解】

$$I_2(s)=\left[\frac{\left(4+\frac{10}{s}\right)\times 6}{4+\frac{10}{s}+6}\right]\Bigg/\left[\frac{\left(4+\frac{10}{s}\right)\times 6}{4+\frac{10}{s}+6}+0.2s\right]\times\frac{1}{4+\frac{10}{s}}\times U_S(s)$$

$$H(s)=\frac{I_2(s)}{U_S(s)}=\frac{3s}{(s+10)(s+3)}$$

$$h(t)=\mathscr{L}^{-1}[H(s)]=\mathscr{L}^{-1}\left[\frac{30}{7}\times\frac{1}{s+10}-\frac{9}{7}\times\frac{1}{s+3}\right]=\frac{30}{7}\mathrm{e}^{-10t}\varepsilon(t)-\frac{9}{7}\mathrm{e}^{-3t}\varepsilon(t)$$

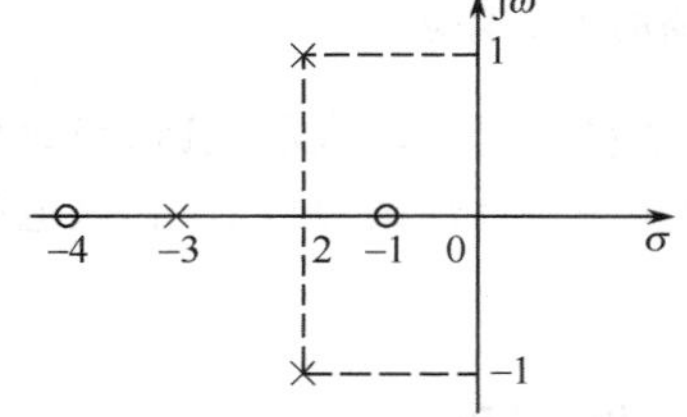

图 7.4.1　例题 7.4.1 图

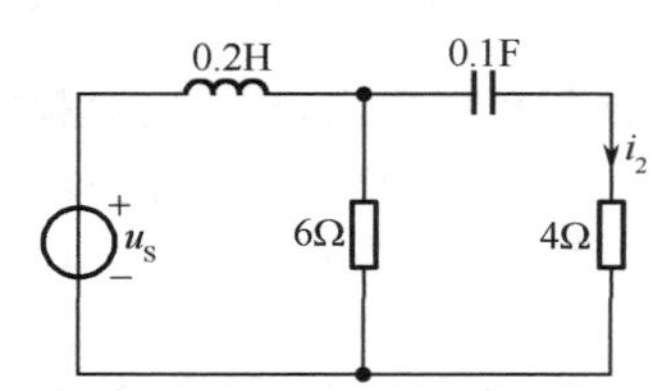

图 7.4.2　例题 7.4.2 图

【例 7.4.3】 试求图 7.4.3(a)、(b)所示电路的转移电压比,并画出幅频特性曲线。

【解】 图(a)中$\dfrac{U_2(s)}{U_1(s)}=\dfrac{\frac{1}{sC}+R}{\frac{1}{sC}+R+\frac{R}{sC}\Big/\left(\frac{1}{sC}+R\right)}=\dfrac{(sCR+1)^2}{(sCR+1)^2+sCR}$

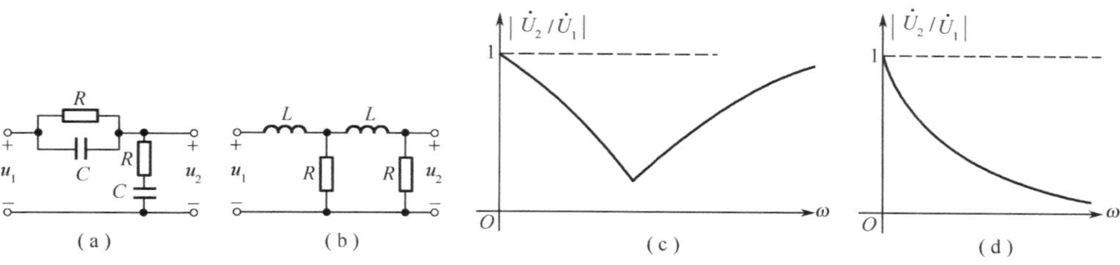

图 7.4.3　例题 7.4.3 图

图(b)中
$$\frac{U_2(s)}{U_1(s)}=\frac{\dfrac{(R+sL)R}{2R+sL}}{\dfrac{(R+sL)R}{2R+sL}+sL}\frac{R}{R+sL}=\frac{R^2}{(sL)^2+3sLR+R^2}$$

其幅频特性如图 7.4.3(c)、(d)所示。

【例 7.4.4】 已知某一阶电路的激励函数 $f(t)=te^{-t}\varepsilon(t)$，网络函数为 $H(s)=\dfrac{s+6}{(s+2)(s+5)}$，求零状态响应 $r(t)$。

【解】 已知 $f(t)=te^{-t}\varepsilon(t)$，则 $F(s)=\dfrac{1}{(s+1)^2}$，且

$$R(s)=H(s)F(s)=\frac{s+6}{(s+2)(s+5)}\frac{1}{(s+1)^2}$$

则
$$R(s)=\frac{4}{3}\frac{1}{s+2}-\frac{1}{48}\frac{1}{s+5}-\frac{21}{16}\frac{1}{s+1}+\frac{5}{4}\frac{1}{(s+1)^2}$$

$$r(t)=\left(\frac{4}{3}e^{-2t}-\frac{1}{48}e^{-5t}-\frac{21}{16}e^{-t}+\frac{5}{4}te^{-t}\right)\varepsilon(t)$$

习　题　7

7.1　试求图 T7.1 所示电路的驱动点阻抗 $Z(s)$ 的表达式，并在 s 平面上绘出极点和零点。

7.2　试求图 T7.2 所示电路的驱动点导纳 $Y(s)$，并在 s 平面上绘出零点和极点。

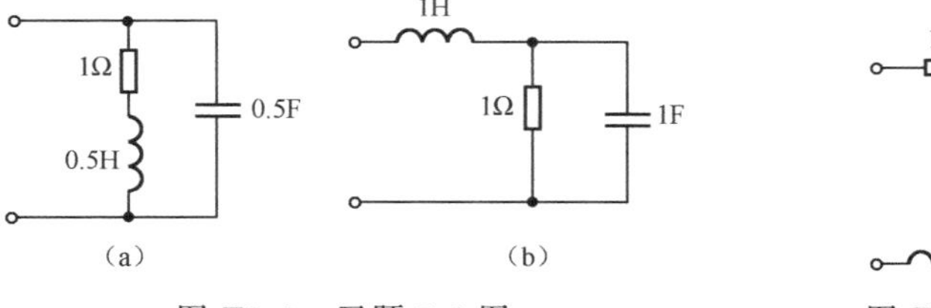

图 T7.1　习题 7.1 图　　图 T7.2　习题 7.2 图

7.3　求图 T7.3 所示电路网络函数 $H(s)=\dfrac{I_2(s)}{I_1(s)}$。

7.4　求图 T7.4 所示转移阻抗 $Z_t(s)=\dfrac{U_2(s)}{I_S(s)}$，并在 s 平面上绘出极点和零点。

7.5　某网络函数 $H(s)$ 的极零点分布如图 T7.5 所示，且已知 $H(s)|_{S=0}=8$，求该网络函数。

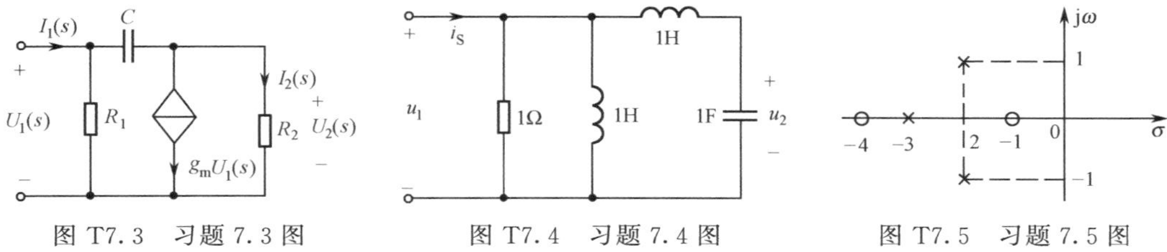

图 T7.3　习题 7.3 图　　图 T7.4　习题 7.4 图　　图 T7.5　习题 7.5 图

7.6　求图 T7.6 所示电路的网络函数 $H(s)=\dfrac{I_2(s)}{U_S(s)}$ 及单位冲激响应。

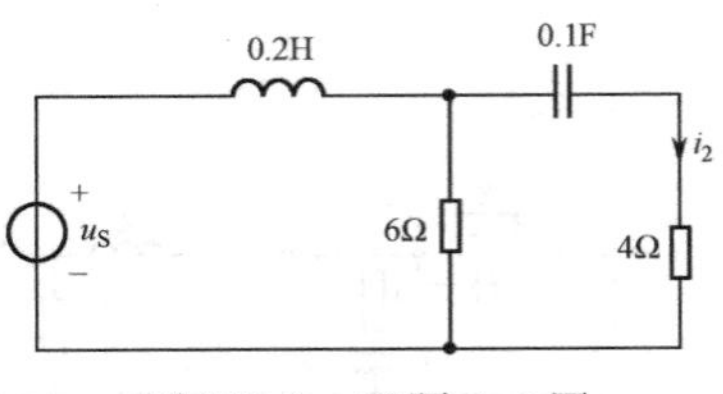

图 T7.6　习题 7.6 图

7.7　已知网络函数为

①$H(s)=\dfrac{2}{s-0.5}$；②$H(s)=\dfrac{s-5}{s^2-10s+125}$；

③$H(s)=\dfrac{s+10}{s^2+20s+120}$。

试定性地做出单位冲激响应的波形。

7.8　设某线性电路的冲激响应 $h(t)=2e^{-t}+3e^{-2t}$，试求相应的网络函数，并绘出极、零点图。

7.9　设网络的冲激响应为 $h(t)=e^{-\alpha t}\sin(\omega t+\theta)$，试求出相应的网络函数的极点。

7.10　试求图 T7.7 所示电路转移电压比 $\dot{U}_2/\dot{U}_1$ 的表达式，并画出幅频和相频特性曲线。

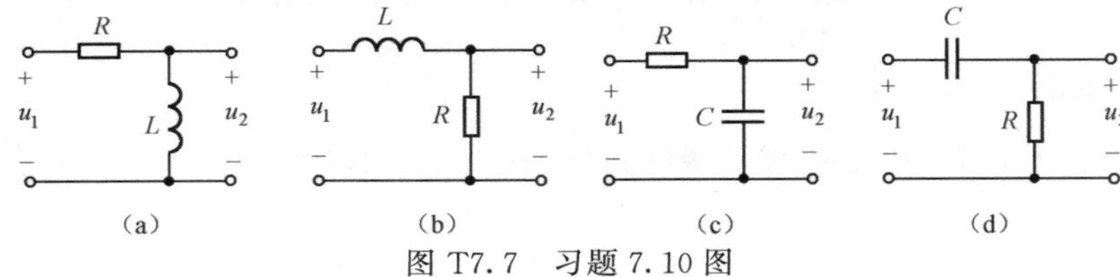

图 T7.7　习题 7.10 图

7.11　试求图 T7.8 所示电路的转移电压比，并画出幅频特性曲线。

7.12　试画出与图 T7.9 所示零极点分布相应的幅频响应曲线。

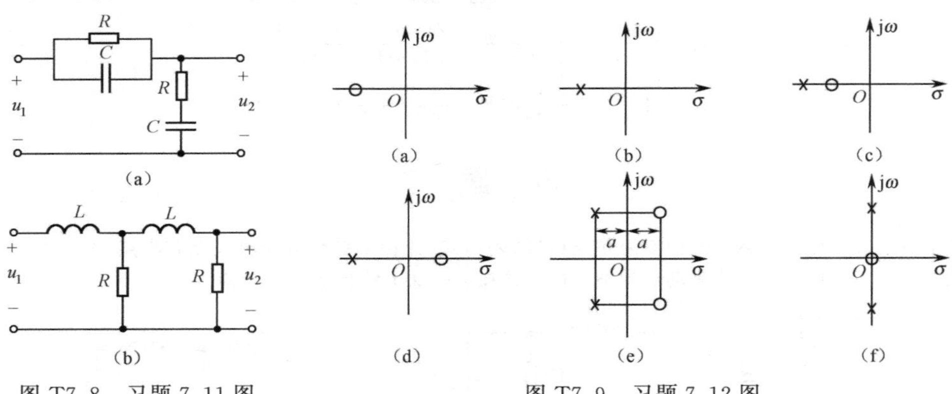

图 T7.8　习题 7.11 图　　图 T7.9　习题 7.12 图

7.13　图 T7.10 所示 RL 串联电路，试用网络函数的图解法分析 $H(j\omega)=\dot{U}_2/\dot{U}_1$ 的频率响应特性。

7.14　图 T7.11 所示滤波电路中，其中 $C=0.2$F，$R=1\Omega$。试求：

① 网络函数 $H(s)=\dfrac{U_2(s)}{U_1(s)}$。

② 绘出 $H(s)$的极点和零点，以及幅频和相频特性曲线。

③ 冲激响应。

④ 阶跃响应。

7.15　已知某一阶电路的激励函数 $f(t)=te^{-t}\varepsilon(t)$ 的网络函数为 $H(s)=\dfrac{s+6}{(s+2)(s+5)}$，求零状态响应$r(t)$。

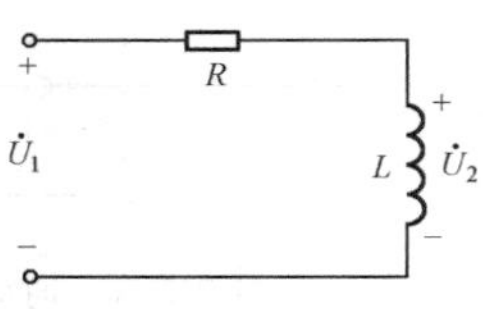

图 T7.10　习题 7.13 图

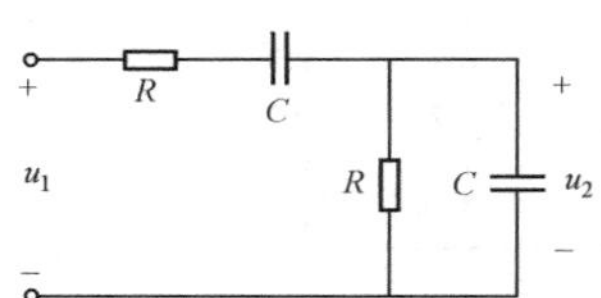

图 T7.11　习题 7.14 图

第 8 章　二端口网络

[内容提要]

本章讨论双口网络及其方程，双口网络的 Y、Z、$T(A)$、H 等参数矩阵及它们之间的相互关系，还讨论双口网络的连接和等效，最后介绍双口网络的网络函数。

8.1　双口网络

具有多个端子的网络称为多端网络。如图 8.1.1(a)所示。网络 N 具有 n 个端子，称为 n 端网络。若网络的外部端子中，两两成对构成多个端口，如果构成端口的多对端子满足端口条件，即对于所有时间 t，从其中一个端子流入网络 N 的电流等于网络 N 经另一端子流出的电流，这种电路称为多端口网络。如图 8.1.1(b)所示的网络具有 n 个端口，且 $i_1=i_1'$，…，$i_n=i_n'$称为 n 端口网络，简称 n 口网络。

当 $n=2$ 时，称为二端口网络或双口网络，双口网络是四端网络的特例。

本章讨论的双口网络有如下约定：

① 双口网络的一个端口接输入信号称输入端口，另一端口用于输出信号称输出端口，且输入口变量及参数用下标“1”表示，输出口变量及参数用下标“2”表示。两端口之间的网络用方框表示，如图 8.1.2 所示。

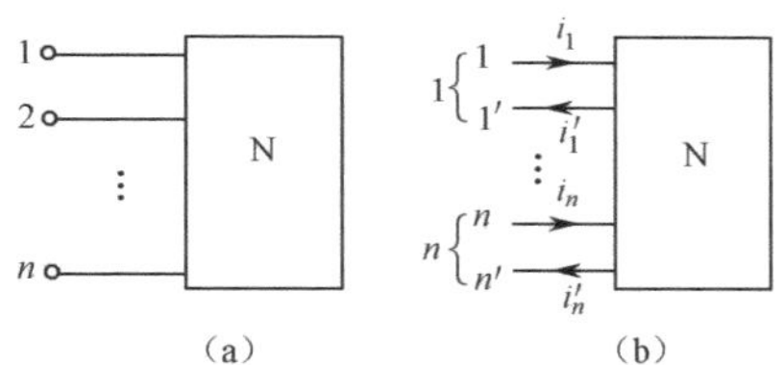

图 8.1.1　n 端网络与 n 口网络

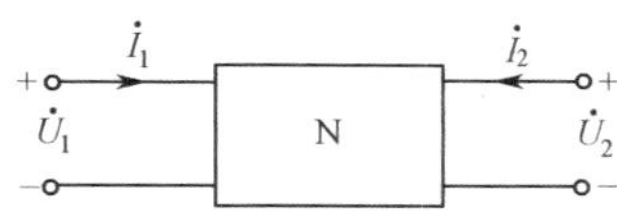

图 8.1.2　双口网络

② N 中仅含线性时不变电路元件，不含独立电源，如用运算法分析，动态元件的初始状态为零。

(3) 本章分析时按正弦稳态考虑采用相量模型，端口电压、电流取关联参考方向。

8.2　双口网络的方程和参数

在分析双口网络时，人们通常关心的是双口网络的端口特性，即两个端口上电压、电流的关系，这种相互关系可以通过一些参数来表示。双口网络共有四个端口相量，即 $\dot{I}_1$、$\dot{U}_1$、$\dot{I}_2$ 和 $\dot{U}_2$，共有六种形式的双口网络方程，对应有六种网络参数，下面讨论最常用的四种参数，即 Z 参数、Y 参数、H 参数和 $T(A)$参数。

8.2.1　Z 参数

1. z 方程与 Z 参数

假设图 8.1.2 所示双口网络的 $\dot{I}_1$、$\dot{I}_2$ 是已知的，利用替代定理，可将 $\dot{I}_1$、$\dot{I}_2$ 看做是外施等效电流源的电流，$\dot{U}_1$、$\dot{U}_2$ 作为响应，根据叠加定理，可得

$$\left.\begin{aligned}\dot{U}_1&=z_{11}\dot{I}_1+z_{12}\dot{I}_2\\ \dot{U}_2&=z_{21}\dot{I}_1+z_{22}\dot{I}_2\end{aligned}\right\}\tag{8.2.1}$$

式(8.2.1)称为双口网络的 z 方程,其中 z_{11}、z_{12}、z_{21}、z_{22} 称为 Z 参数,式(8.2.1)还可以写成矩阵形式

$$\begin{bmatrix}\dot{U}_1\\ \dot{U}_2\end{bmatrix}=\begin{bmatrix}z_{11} & z_{12}\\ z_{21} & z_{22}\end{bmatrix}\begin{bmatrix}\dot{I}_1\\ \dot{I}_2\end{bmatrix} \tag{8.2.2}$$

或

$$\dot{\boldsymbol{U}}=\boldsymbol{Z}\dot{\boldsymbol{I}} \tag{8.2.3}$$

式中,$\dot{\boldsymbol{U}}=[\dot{U}_1\ \dot{U}_2]^{\mathrm{T}}$,$\dot{\boldsymbol{I}}=[\dot{I}_1\ \dot{I}_2]^{\mathrm{T}}$ 分别为端口电压、电流的列向量;而 $\boldsymbol{Z}=\begin{bmatrix}z_{11} & z_{12}\\ z_{21} & z_{22}\end{bmatrix}$ 称为 Z 参数矩阵。

2. Z 参数的确定

Z 参数可由 z 方程求得。对式(8.2.1)分别令 $\dot{I}_2=0$,$\dot{I}_1=0$,可得 Z 参数的定义及相应的物理意义。即

$$\left.\begin{aligned}
z_{11}&=\left.\frac{\dot{U}_1}{\dot{I}_1}\right|_{\dot{I}_2=0} &&\text{输出口开路时的输入阻抗}\\
z_{21}&=\left.\frac{\dot{U}_2}{\dot{I}_1}\right|_{\dot{I}_2=0} &&\text{输出口开路时的正向转移阻抗}\\
z_{12}&=\left.\frac{\dot{U}_1}{\dot{I}_2}\right|_{\dot{I}_1=0} &&\text{输入口开路时的反向转移阻抗}\\
z_{22}&=\left.\frac{\dot{U}_2}{\dot{I}_2}\right|_{\dot{I}_1=0} &&\text{输入口开路时的输出阻抗}
\end{aligned}\right\} \tag{8.2.4}$$

显然,Z 参数具有阻抗的量纲。由于 Z 参数都是由某端口开路条件下定义的,故 Z 参数又称开路阻抗参数,$\boldsymbol{Z}$ 矩阵又称开路阻抗矩阵。

式(8.2.4)也表明了获取 Z 参数的实验方法。如将输出端口开路($\dot{I}_2=0$),输入端口加电流源 $\dot{I}_1$,测得两端口电压 $\dot{U}_1$ 及 $\dot{U}_2$,由式(8.2.4)可得

$$z_{11}=\frac{\dot{U}_1}{\dot{I}_1},\qquad z_{21}=\frac{\dot{U}_2}{\dot{I}_1}$$

类似地,将输入端口开路($\dot{I}_1=0$),在输出端口施加一电流源 $\dot{I}_2$,测量两端口电压 $\dot{U}_1$、$\dot{U}_2$,根据式(8.2.4)有

$$z_{12}=\frac{\dot{U}_1}{\dot{I}_2},\qquad z_{22}=\frac{\dot{U}_2}{\dot{I}_2}$$

对于不含独立源、受控源的线性双口网络(即互易双口网络),根据互易定理,满足

$$\left.\frac{\dot{U}_1}{\dot{I}_2}\right|_{\dot{I}_1=0}=\left.\frac{\dot{U}_2}{\dot{I}_1}\right|_{\dot{I}_2=0}$$

上式与式(8.2.4)比较,可知

$$z_{12}=z_{21} \tag{8.2.5}$$

式(8.2.5)表明互易双口网络的 Z 参数中只有3个参数是相互独立的。对于非互易网络而言,一般 $z_{12}\neq z_{21}$。

如果互易双口网络的参数 $z_{11}=z_{22}$,则称之为对称互易双口网络。对于对称互易双口网络,两个端口可不加区别,从任一端口看进去,其电气特性是一样的,因而也称为电气上对称的双口网络,简称对称双口网络。连接方式、元件性质及参数大小均具对称性的双口网络称为结构上对称的双口网络。结构上对称的双口网络显然一定是对称双口网络,但是电气上对称的网络不一定结构上都是对称的。

对于对称的双口网络,有

$$z_{12}=z_{21}, \qquad z_{11}=z_{22} \tag{8.2.6}$$

可见，此时 Z 参数中只有两个是独立参数。

Z 参数的计算有两种方法，一种是根据定义由式(8.2.4)求得，另一种是根据 z 方程由式(8.2.1)求得。

【例 8.2.1】 求图 8.2.1 所示双口网络的 Z 参数。

【解】 根据 Z 参数定义即式(8.2.4)得

$$z_{11}=\left.\frac{\dot{U}_1}{\dot{I}_1}\right|_{\dot{I}_2=0}=\frac{(Z_1+Z_2)\dot{I}_1}{\dot{I}_1}=Z_1+Z_2$$

$$z_{21}=\left.\frac{\dot{U}_2}{\dot{I}_1}\right|_{\dot{I}_2=0}=\frac{\dot{I}_1\cdot Z_2}{\dot{I}_1}=Z_2$$

$$z_{12}=\left.\frac{\dot{U}_1}{\dot{I}_2}\right|_{\dot{I}_1=0}=\frac{\dot{I}_2\cdot Z_2}{\dot{I}_2}=Z_2$$

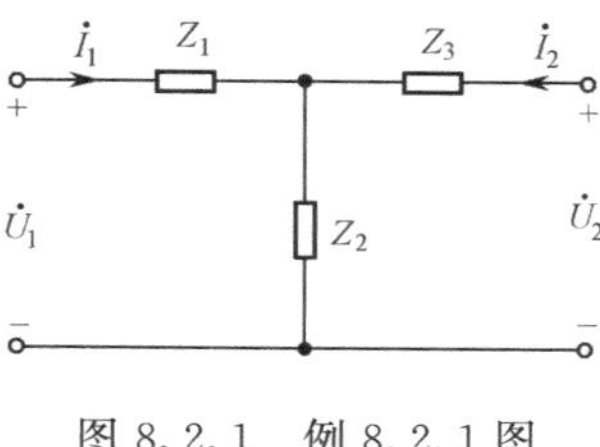

图 8.2.1　例 8.2.1 图

实际上，根据互易网络特性有

$$z_{12}=z_{21}=Z_2$$

$$z_{22}=\left.\frac{\dot{U}_2}{\dot{I}_2}\right|_{\dot{I}_1=0}=\frac{(Z_2+Z_3)\cdot\dot{I}_2}{\dot{I}_2}=Z_2+Z_3$$

若 $Z_1=Z_3$ 则有

$$z_{11}=z_{22}=Z_1+Z_2$$

此时为对称双口网络。

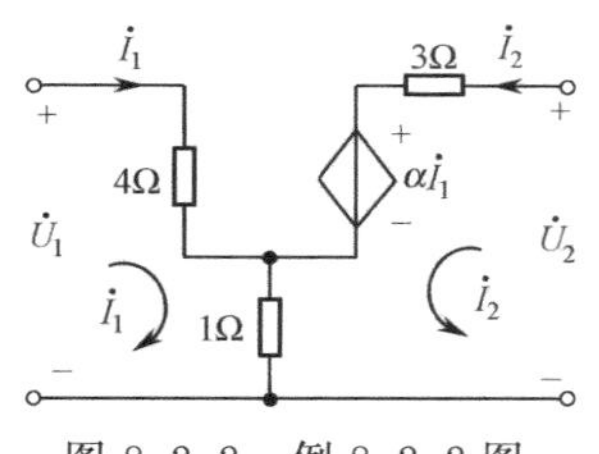

图 8.2.2　例 8.2.2 图

【例 8.2.2】 如图 8.2.2 所示，求双口网络的 Z 参数。

【解】 本题采用根据 z 方程来求解 Z 参数的方法较为方便。

设回路电流为 $\dot{I}_1$、$\dot{I}_2$(图 8.2.2)，则回路电流方程为

$$5\dot{I}_1+\dot{I}_2=\dot{U}_1, \quad \dot{I}_1+4\dot{I}_2=\dot{U}_2-\alpha\dot{I}_1$$

整理成 z 方程的标准形式，有

$$\dot{U}_1=5\dot{I}_1+\dot{I}_2, \quad \dot{U}_2=(1+\alpha)\dot{I}_1+4\dot{I}_2$$

对比式(8.2.1)可得 Z 参数为

$$z_{11}=5\ (\Omega), \quad z_{12}=1\ (\Omega), \quad z_{21}=(1+\alpha)\ (\Omega), \quad z_{22}=4\ (\Omega)$$

可见非互易双口网络一般，$z_{12}\neq z_{21}$。

8.2.2　Y 参数

1. y 方程与 Y 参数

在图 8.1.2 所示双口网络中，假设两个端口电压 $\dot{U}_1$ 和 $\dot{U}_2$ 已知，利用替代定理，可将 $\dot{U}_1$、$\dot{U}_2$ 看做是外施的独立电压源，$\dot{I}_1$、$\dot{I}_2$ 作为响应，根据叠加定理，可得

$$\left.\begin{aligned}\dot{I}_1&=y_{11}\dot{U}_1+y_{12}\dot{U}_2\\ \dot{I}_2&=y_{21}\dot{U}_1+y_{22}\dot{U}_2\end{aligned}\right\} \tag{8.2.7}$$

上式称为双口网络的 y 方程，其中 y_{11}，y_{12}，y_{21}，y_{22} 称为 Y 参数。y 方程也可写成矩阵形式，即

$$\begin{bmatrix}\dot{I}_1\\ \dot{I}_2\end{bmatrix}=\begin{bmatrix}y_{11} & y_{12}\\ y_{21} & y_{22}\end{bmatrix}\begin{bmatrix}\dot{U}_1\\ \dot{U}_2\end{bmatrix} \tag{8.2.8}$$

或

$$\dot{\boldsymbol{I}}=\boldsymbol{Y}\dot{\boldsymbol{U}} \tag{8.2.9}$$

式中，$\boldsymbol{Y}=\begin{bmatrix}y_{11} & y_{12}\\ y_{21} & y_{22}\end{bmatrix}$称为 Y 参数矩阵。

2. Y 参数的确定

在 y 方程式(8.2.7)中，若令 $\dot{U}_1=0$，$\dot{U}_2=0$，就可得到 Y 参数的定义式及相应的物理意义，即

$$\left.\begin{aligned}
y_{11}&=\left.\frac{\dot{I}_1}{\dot{U}_1}\right|_{\dot{U}_2=0} &&\text{输出口短路时的输入导纳}\\
y_{21}&=\left.\frac{\dot{I}_2}{\dot{U}_1}\right|_{\dot{U}_2=0} &&\text{输出口短路时的正向转移导纳}\\
y_{12}&=\left.\frac{\dot{I}_1}{\dot{U}_2}\right|_{\dot{U}_1=0} &&\text{输入口短路时的反向转移导纳}\\
y_{22}&=\left.\frac{\dot{I}_2}{\dot{U}_2}\right|_{\dot{U}_1=0} &&\text{输入口短路时的输出导纳}
\end{aligned}\right\} \tag{8.2.10}$$

可见 Y 参数具有导纳的量纲。

由于 Y 参数都是在某一端口短路条件下定义的，故 Y 参数又称为短路导纳参数，**Y** 矩阵又称为短路导纳矩阵。与 Z 参数类似，式(8.2.10)也表明了 Y 参数可由实验方法测得。

对于互易网络，同样有

$$y_{12}=y_{21} \tag{8.2.11}$$

式(8.2.11)表明在互易网络中 Y 参数也只有 3 个参数是相互独立的。

对于对称双口网络，有

$$\left.\begin{aligned}y_{12}&=y_{21}\\ y_{11}&=y_{22}\end{aligned}\right\} \tag{8.2.12}$$

所以对称双口网络的 Y 参数中也只有两个是独立参数。

Y 参数也可根据定义式(8.2.10)或 y 方程式(8.2.7)求得。Y 参数广泛应用于高频晶体管等效电路中。

【例 8.2.3】 求图 8.2.3(a)所示双口网络的 Y 参数。

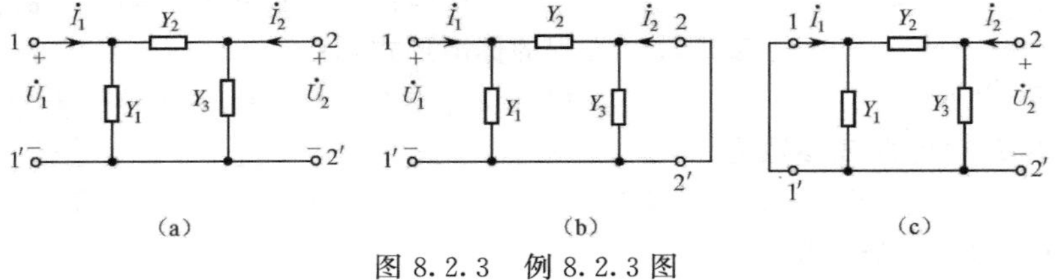

图 8.2.3 例 8.2.3 图

【解】 本例可根据 Y 参数定义式(8.2.10)，求得 Y 参数。

画出输出口短路即 $\dot{U}_2=0$ 时，等效电路如图 8.2.3(b)所示，根据定义可求得

$$y_{11}=\left.\frac{\dot{I}_1}{\dot{U}_1}\right|_{\dot{U}_2=0}=Y_1+Y_2$$

$$y_{21}=\left.\frac{\dot{I}_2}{\dot{U}_1}\right|_{\dot{U}_2=0}=-Y_2 \quad \text{(注意电压和电流的参考方向)}$$

同理由 $\dot{U}_1=0$ 等效电路图 8.2.3(c)有

$$y_{12}=\left.\frac{\dot{I}_1}{\dot{U}_2}\right|_{\dot{U}_1=0}=-Y_2$$

$$y_{22}=\left.\frac{\dot{I}_2}{\dot{U}_2}\right|_{\dot{U}_1=0}=Y_2+Y_3$$

由此可知 $y_{12}=y_{21}$，此网络为互易网络。当 $Y_1=Y_3$ 时，有

$$y_{12}=y_{21}, \qquad y_{11}=y_{22}$$

此时网络为对称网络。

8.2.3　T 参数

在工程实际中，常常需要考虑输出口电压、电流（$\dot{U}_2$、$\dot{I}_2$）对输入口电压、电流（$\dot{U}_1$、$\dot{I}_1$）的影响情况，此时可以设 $\dot{U}_2$、$\dot{I}_2$ 为激励信号，$\dot{U}_1$、$\dot{I}_1$ 为响应信号，这样由图 8.1.2 便可列出方程

$$\left.\begin{aligned}\dot{U}_1&=A\dot{U}_2+B(-\dot{I}_2)\\ \dot{I}_1&=C\dot{U}_2+D(-\dot{I}_2)\end{aligned}\right\} \tag{8.2.13}$$

式(8.2.13)称为 T 方程，式中 A、B、C、D 称为双口网络的 T 参数，即传输参数，也称为一般参数或 A 参数。

分别令 $\dot{I}_2=0$、$\dot{U}_2=0$，便可得 T 参数的定义式和相应的物理意义，即

$$\left.\begin{aligned}A&=\frac{\dot{U}_1}{\dot{U}_2}\bigg|_{\dot{I}_2=0} &&\text{输出口开路时的电压比}\\ B&=\frac{\dot{U}_1}{(-\dot{I}_2)}\bigg|_{\dot{U}_2=0} &&\text{输出口短路时的转移阻抗}\\ C&=\frac{\dot{I}_1}{\dot{U}_2}\bigg|_{\dot{I}_2=0} &&\text{输出口开路时的转移导纳}\\ D&=\frac{\dot{I}_1}{-\dot{I}_2}\bigg|_{\dot{U}_2=0} &&\text{输出口短路时的电流比}\end{aligned}\right\} \tag{8.2.14}$$

由式(8.2.14)可知参数 A、D 为无量纲的比例常数；B、C 的单位分别为欧姆(Ω)和西门子(S)。

式(8.2.14)还可写成矩阵形式，即得 T 矩阵方程

$$\begin{bmatrix}\dot{U}_1\\ \dot{I}_1\end{bmatrix}=\begin{bmatrix}A & B\\ C & D\end{bmatrix}\begin{bmatrix}\dot{U}_2\\ -\dot{I}_2\end{bmatrix}=\boldsymbol{T}\begin{bmatrix}\dot{U}_2\\ -\dot{I}_2\end{bmatrix} \tag{8.2.15}$$

式中

$$\boldsymbol{T}=\begin{bmatrix}A & B\\ C & D\end{bmatrix}$$

称为 $\boldsymbol{T}$ 参数矩阵。

对于互易双口网络，可以证明 $|T|=1$，即

$$AD-BC=1 \tag{8.2.16}$$

可见，T 参数中只有 3 个独立参数。若网络是对称的，则有

$$\left.\begin{aligned}A&=D\\ AD-BC&=1\end{aligned}\right\} \tag{8.2.17}$$

此时，T 参数只有两个独立参数。

8.2.4　H 参数

若以 $\dot{I}_1$、$\dot{U}_2$ 为自变量，$\dot{U}_1$、$\dot{I}_2$ 为因变量，由图(8.1.2)可得方程

$$\left.\begin{aligned}\dot{U}_1&=h_{11}\dot{I}_1+h_{12}\dot{U}_2\\ \dot{I}_2&=h_{21}\dot{I}_1+h_{22}\dot{U}_2\end{aligned}\right\} \tag{8.2.18}$$

式(8.2.18)称为 H 方程。式中 h_{11}、h_{12}、h_{21}、h_{22} 称为双口网络的 H 参数或混合参数。

分别令 $\dot{U}_2=0$，$\dot{I}_1=0$，由式(8.2.18)便可得 H 参数的定义式和物理意义，即

$$\left.\begin{aligned} h_{11} &= \frac{\dot{U}_1}{\dot{I}_1}\bigg|_{\dot{U}_2=0} && \text{输出口短路时的输入阻抗} \\ h_{21} &= \frac{\dot{I}_2}{\dot{I}_1}\bigg|_{\dot{U}_2=0} && \text{输出口短路时的正向电流增益} \\ h_{12} &= \frac{\dot{U}_1}{\dot{U}_2}\bigg|_{\dot{I}_1=0} && \text{输入口开路时的反向电压增益} \\ h_{22} &= \frac{\dot{I}_2}{\dot{U}_2}\bigg|_{\dot{I}_1=0} && \text{输入口开路时的输出导纳} \end{aligned}\right\} \tag{8.2.19}$$

式中,h_{11}、h_{22}的量纲分别是欧姆(Ω)和西门子(S),而h_{12}、h_{21}是无量纲的比例常数。

由式(8.2.18)得 H 参数的矩阵方程为

$$\begin{bmatrix} \dot{U}_1 \\ \dot{I}_2 \end{bmatrix} = \begin{bmatrix} h_{11} & h_{12} \\ h_{21} & h_{22} \end{bmatrix} \begin{bmatrix} \dot{I}_1 \\ \dot{U}_2 \end{bmatrix} \tag{8.2.20}$$

式中

$$\boldsymbol{H} = \begin{bmatrix} h_{11} & h_{12} \\ h_{21} & h_{22} \end{bmatrix} \tag{8.2.21}$$

称 $\boldsymbol{H}$ 为 H 参数矩阵。

可以证明,对于互易网络有

$$h_{12} = -h_{21} \tag{8.2.22}$$

这说明 H 参数中只有 3 个独立参数。当网络对称时,则有

$$\left.\begin{aligned} h_{12} &= -h_{21} \\ |H| &= h_{11}h_{22} - h_{12}h_{21} = 1 \end{aligned}\right\} \tag{8.2.23}$$

说明对称网络 H 参数中只有两个是独立的。

H 参数广泛应用于低频晶体管等效电路中。

【例 8.2.4】 图 8.2.4(a)为一晶体管共射放大器的微变等效电路,试求其 H 参数。

【解】 将输出口短路($\dot{U}_2=0$),如图 8.2.4(b)所示,根据定义有

$$h_{11} = \frac{\dot{U}_1}{\dot{I}_1}\bigg|_{\dot{U}_2=0} = R_1$$

$$h_{21} = \frac{\dot{I}_2}{\dot{I}_1}\bigg|_{\dot{U}_2=0} = \beta$$

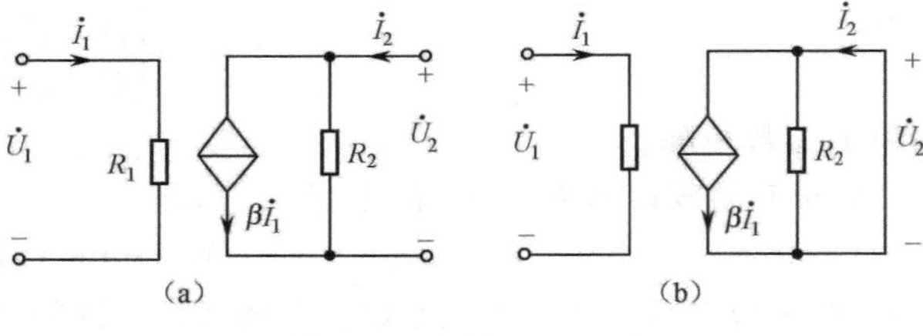

图 8.2.4　例 8.2.4 图

类似有

$$h_{12} = \frac{\dot{U}_1}{\dot{U}_2}\bigg|_{\dot{I}_1=0} = 0,\quad h_{22} = \frac{\dot{I}_2}{\dot{U}_2}\bigg|_{\dot{I}_1=0} = \frac{1}{R_2}$$

8.2.5　双口网络参数间的关系

双口网络的参数除了上述 4 种外,还有两种,即 G 参数和 T'参数。G 参数和 T'参数分别与 H 参数和 T 参数相似,只是把电路方程等号两边的端口变量互换而已。由此可知 $\boldsymbol{G}$ 参数矩阵和 $\boldsymbol{H}$ 参数矩阵互为逆阵,$\boldsymbol{T}$ 参数矩阵和 $\boldsymbol{T}'$参数矩阵互为逆阵,即有 $\boldsymbol{G}=\boldsymbol{H}^{-1}$,或 $\boldsymbol{H}=\boldsymbol{G}^{-1}$,$\boldsymbol{T}=\boldsymbol{T}'^{-1}$,此处不再作详细分析。

一般情况下,可求出双口网络的六种参数,这六种参数都可以用来描述双口网络的特性,因

此对同一个双口网络来说，只要它的各组参数有定义，则各组参数之间一定可以互相转换，即可由某种参数得到另一种参数。

转换的方法是写出参数的网络方程，然后将其进行方程变换，使之成为所求参数对应的网络方程形式，再进行系数比较，即得到不同参数间的转换关系。

如已知双口网络的 Y 参数，欲求 T 参数，可写出 Y 参数方程为

$$\left.\begin{aligned}\dot{I}_1 &= y_{11}\dot{U}_1 + y_{12}\dot{U}_2\\ \dot{I}_2 &= y_{21}\dot{U}_1 + y_{22}\dot{U}_2\end{aligned}\right\}$$

将此方程转换为 T 参数方程，即

$$\dot{U}_1 = -\frac{y_{22}}{y_{21}}\dot{U}_2 + \frac{1}{y_{21}}\dot{I}_2$$

$$\dot{I}_1 = \left(y_{12} - \frac{y_{11}y_{22}}{y_{21}}\right)\dot{U}_2 + \frac{y_{11}}{y_{21}}\dot{I}_2$$

对比 T 参数方程式(8.2.13)，可得 T 参数为

$$\left.\begin{aligned}&A = -\frac{y_{22}}{y_{21}},\quad B = -\frac{1}{y_{21}}\\ &C = y_{12} - \frac{y_{11}y_{22}}{y_{21}},\quad D = -\frac{y_{11}}{y_{21}}\end{aligned}\right\} \tag{8.2.24}$$

类似可导出其他各组参数间转换关系，如表 8.2.1 所列。我们可由表 8.2.1 得出任意两种参数间的关系。

表 8.2.1　常用双口网络的参数间关系

	Z	Y	H	T
Z	$\begin{matrix} z_{11} & z_{12} \\ z_{21} & z_{22}\end{matrix}$	$\begin{matrix} \frac{y_{22}}{\det\boldsymbol{Y}} & -\frac{y_{12}}{\det\boldsymbol{Y}} \\ -\frac{y_{21}}{\det\boldsymbol{Y}} & \frac{y_{11}}{\det\boldsymbol{Y}}\end{matrix}$	$\begin{matrix} \frac{\det\boldsymbol{H}}{h_{12}} & \frac{h_{12}}{h_{21}} \\ -\frac{h_{21}}{h_{22}} & \frac{1}{h_{22}}\end{matrix}$	$\begin{matrix} \frac{A}{C} & \frac{\det\boldsymbol{T}}{C} \\ \frac{1}{C} & \frac{D}{C}\end{matrix}$
Y	$\begin{matrix} \frac{z_{22}}{\det\boldsymbol{Z}} & -\frac{z_{12}}{\det\boldsymbol{Z}} \\ -\frac{z_{21}}{\det\boldsymbol{Z}} & \frac{z_{11}}{\det\boldsymbol{Z}}\end{matrix}$	$\begin{matrix} y_{11} & y_{12} \\ y_{21} & y_{22}\end{matrix}$	$\begin{matrix} \frac{1}{h_{11}} & -\frac{h_{12}}{h_{11}} \\ \frac{h_{21}}{h_{11}} & \frac{\det\boldsymbol{H}}{h_{11}}\end{matrix}$	$\begin{matrix} \frac{D}{B} & -\frac{\det\boldsymbol{T}}{B} \\ -\frac{1}{B} & \frac{A}{B}\end{matrix}$
H	$\begin{matrix} \frac{\det\boldsymbol{Z}}{z_{22}} & \frac{z_{12}}{z_{22}} \\ -\frac{z_{21}}{z_{22}} & \frac{1}{z_{22}}\end{matrix}$	$\begin{matrix} \frac{1}{y_{11}} & -\frac{y_{12}}{y_{11}} \\ \frac{y_{21}}{y_{11}} & \frac{\det\boldsymbol{Y}}{y_{11}}\end{matrix}$	$\begin{matrix} h_{11} & h_{12} \\ h_{21} & h_{22}\end{matrix}$	$\begin{matrix} \frac{B}{D} & \frac{\det\boldsymbol{T}}{D} \\ -\frac{1}{D} & \frac{C}{D}\end{matrix}$
T	$\begin{matrix} \frac{z_{11}}{z_{21}} & \frac{\det\boldsymbol{Z}}{z_{21}} \\ \frac{1}{z_{21}} & \frac{z_{22}}{z_{21}}\end{matrix}$	$\begin{matrix} -\frac{y_{22}}{y_{21}} & -\frac{1}{y_{21}} \\ -\frac{\det\boldsymbol{Y}}{y_{21}} & -\frac{y_{11}}{y_{21}}\end{matrix}$	$\begin{matrix} -\frac{\det\boldsymbol{H}}{h_{21}} & -\frac{h_{11}}{h_{21}} \\ -\frac{h_{22}}{h_{21}} & -\frac{1}{h_{21}}\end{matrix}$	$\begin{matrix} A & B \\ C & D\end{matrix}$

注：表中黑体字母代表矩阵的行列式，如 $\boldsymbol{Z}=\begin{vmatrix} z_{11} & z_{12} \\ z_{21} & z_{22}\end{vmatrix}=z_{11}z_{22}-z_{12}z_{21}$，简写为 $\det\boldsymbol{Z}$。

8.3　双口网络的等效电路

如同单口网络一样，任何一个复杂的双口网络可用一个简单的双口网络等效。本节主要介绍双口网络的 Z 参数等效电路和 Y 参数等效电路。

8.3.1 Z 参数等效电路

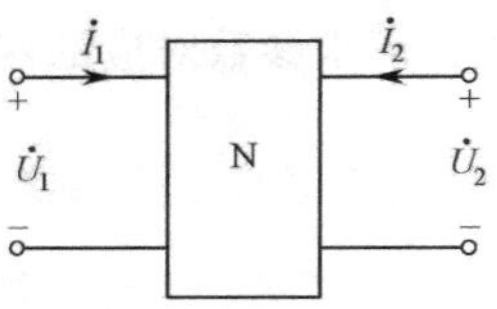

图 8.3.1 线性双口网络

图 8.3.1 为任意线性双口网络，其 z 方程即式(8.2.1)为

$$\left.\begin{aligned}\dot{U}_1 &= z_{11}\dot{I}_1 + z_{12}\dot{I}_2\\ \dot{U}_2 &= z_{21}\dot{I}_1 + z_{22}\dot{I}_2\end{aligned}\right\}\tag{8.3.1}$$

根据式(8.3.1)可画出含双受控源的 Z 参数等效电路如图 8.3.2(a)所示。

若将 z 方程式(8.2.1)进行适当的数学变形，可得

$$\left.\begin{aligned}\dot{U}_1 &= (z_{11}-z_{12})\dot{I}_1 + z_{12}(\dot{I}_1+\dot{I}_2)\\ \dot{U}_2 &= (z_{22}-z_{12})\dot{I}_2 + (z_{21}-z_{12})\dot{I}_1 + z_{12}(\dot{I}_1+\dot{I}_2)\end{aligned}\right\}\tag{8.3.2}$$

由式(8.3.2)可画出只含一个受控源的 Z 参数等效电路。

即双口网络的 T 形等效电路，如图 8.3.2(b)所示。

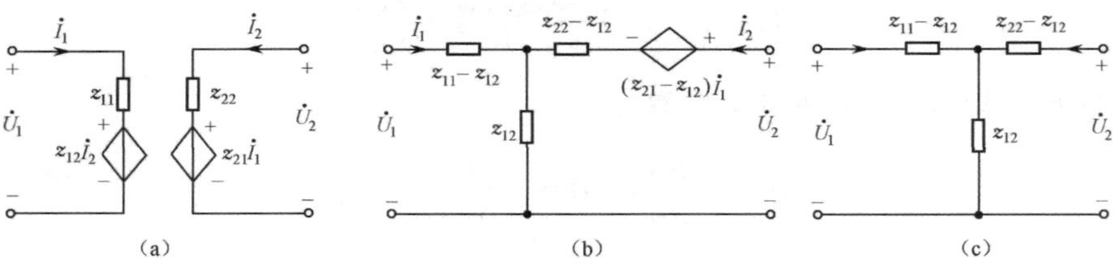

图 8.3.2 Z 参数等效电路

对于互易网络，$z_{12}=z_{21}$，受控源的输出为零，等效电路成为如图 8.3.2(c)所示的简单形式。欲求双口网络的 Z 参数等效电路，应先对等效电路求出 Z 参数，然后再由 Z 参数表达式求出等效电路参数。

【例 8.3.1】 如图 8.3.3(a)所示，已知互易双口网络的 Z 参数，求其 T 形等效电路。

【解】 画出互易网络的 T 形等效电路如图 8.3.3(b)所示，由例 8.2.1 知 T 形等效电路的 Z 参数为

$$\left.\begin{aligned}z_{11} &= z_1 + z_2\\ z_{12} &= z_{21} = z_2\\ z_{22} &= z_2 + z_3\end{aligned}\right\}$$

由上述三式即可解出

$$\left.\begin{aligned}z_1 &= z_{11} - z_{12}\\ z_2 &= z_{12}\\ z_3 &= z_{22} - z_{12}\end{aligned}\right\}\tag{8.3.3}$$

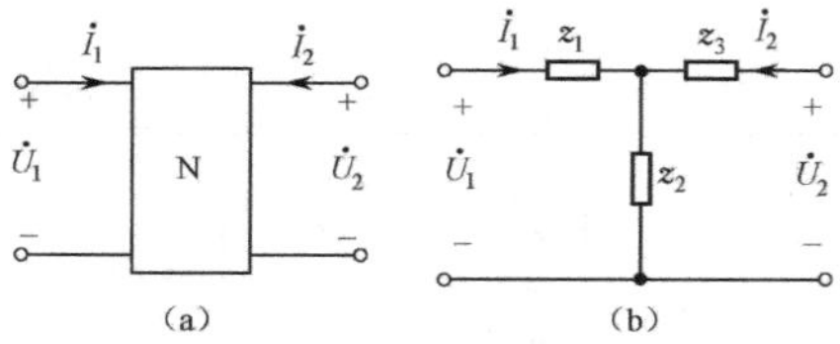

图 8.3.3 例 8.3.1 图

式(8.3.3)与图 8.3.2(c)中参数值一致。

8.3.2 Y 参数等效电路

由式(8.2.7)知图 8.3.1 所示网络的 y 方程为

$$\left.\begin{aligned}\dot{I}_1 &= y_{11}\dot{U}_1 + y_{12}\dot{U}_2\\ \dot{I}_2 &= y_{21}\dot{U}_1 + y_{22}\dot{U}_2\end{aligned}\right\}\tag{8.3.4}$$

由式(8.3.4)画出含双受控源的 Y 参数等效电路如图 8.3.4(a)所示。

同样对 y 方程进行适当的数学变形，得

$$\left.\begin{aligned}\dot{I}_1 &= (y_{11}+y_{12})\dot{U}_1 - y_{12}(\dot{U}_1-\dot{U}_2)\\ \dot{I}_2 &= (y_{21}-y_{12})\dot{U}_1 + (y_{22}+y_{12})\dot{U}_2 - y_{12}(\dot{U}_2-\dot{U}_1)\end{aligned}\right\}\tag{8.3.5}$$

由式(8.3.5)可画出只含一个受控源的 Y 参数等效电路如图 8.3.4(b)所示，经电源等效变换可得图 8.3.4(c) 即 π 形等效电路。

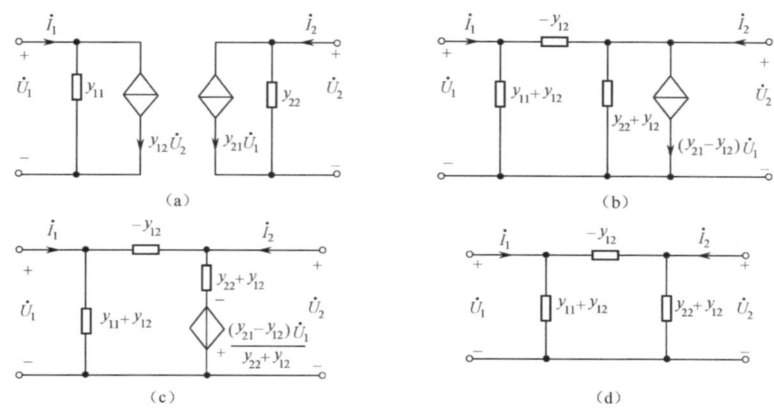

图 8.3.4　Y 参数等效电路

对于互易网络，由于 $y_{12}=y_{21}$，则受控源输出为零，即受控电压源短路，等效电路变为图 8.3.4(d) 所示简单形式。

已知 Y 参数求 π 形等效电路的方法与已知 Z 参数求 T 形等效电路的方法类似，现举例说明。

【例 8.3.2】 已知图 8.3.5(a)所示的互易双口网络 Y 参数，求其 π 形等效电路。

【解】 画出互易网络的 π 形等效电路如图 8.3.5(b)所示，根据例 8.2.3 知等效电路 Y 参数为

$$\left.\begin{aligned} y_{11}&=y_1+y_2\\ y_{12}&=y_{21}=-y_2\\ y_{22}&=y_2+y_3\end{aligned}\right\}$$

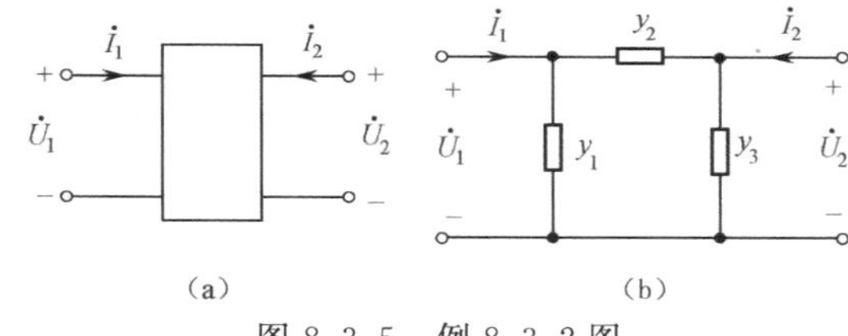

图 8.3.5　例 8.3.2 图

由上述三个方程可解得

$$\left.\begin{aligned} y_1&=y_{11}+y_{12}\\ y_2&=-y_{12}\\ y_3&=y_{22}+y_{12}\end{aligned}\right\} \tag{8.3.6}$$

式(8.3.6)即反映了图 8.3.4(d)中参数值。

以上分析了已知 Z 参数求 T 形等效电路和已知 Y 参数求 π 形等效电路的方法，如果给定二端口的其他参数，则可通过查表 8.2.1，把其他参数变换成 Z 参数或 Y 参数，然后根据图 8.3.2(b)及图 8.3.4(c)确定电路参数值。或者按前面例题所述方法，先求出等效电路的 Z 参数或 Y 参数，再反过来求得 T 形等效电路或 π 形等效电路的电路参数值。

8.4　双口网络的连接

为了简化分析，常常把一个复杂的双口网络看成是由若干个简单的双口网络按某种方式连接而成。将由多个双口网络采用一定方式连接起来的复杂双口网络称复合双口网络。

双口网络的连接方式有级联、串联、并联与串并联等多种，这里主要介绍级联、串联和并联。双口网络的连接必须在有效性连接条件下进行。所谓有效性连接是指连接后各子双口网络及复合双口网络仍能满足端口条件(即端口上流入一个端子的电流等于流出另一个端子的电流)，称这样的连接是有效的。

8.4.1　双口网络的串联

1. 串联方式及 Z 参数

双口网络的串联方式如图 8.4.1 所示。

对于串联方式,采用 Z 参数分析较为方便。设网络 N_a、N_b 的 Z 参数矩阵分别为 $\boldsymbol{Z}_a$、$\boldsymbol{Z}_b$,若连接是有效的,即图 8.4.1 中端口电流关系满足

$$\begin{bmatrix}\dot{I}_1\\ \dot{I}_2\end{bmatrix}=\begin{bmatrix}\dot{I}_{1a}\\ \dot{I}_{2a}\end{bmatrix}=\begin{bmatrix}\dot{I}_{1b}\\ \dot{I}_{2b}\end{bmatrix}$$

即

$$\dot{\boldsymbol{I}}=\dot{\boldsymbol{I}}_a=\dot{\boldsymbol{I}}_b \tag{8.4.1}$$

而端口电压关系满足

$$\begin{bmatrix}\dot{U}_1\\ \dot{U}_2\end{bmatrix}=\begin{bmatrix}\dot{U}_{1a}\\ \dot{U}_{2a}\end{bmatrix}+\begin{bmatrix}\dot{U}_{1b}\\ \dot{U}_{2b}\end{bmatrix}$$

即

$$\dot{\boldsymbol{U}}=\dot{\boldsymbol{U}}_a+\dot{\boldsymbol{U}}_b \tag{8.4.2}$$

由双口网络 z 方程式(8.2.3)知

$$\left.\begin{aligned}\dot{\boldsymbol{U}}_a&=\boldsymbol{Z}_a\dot{\boldsymbol{I}}_a\\ \dot{\boldsymbol{U}}_b&=\boldsymbol{Z}_b\dot{\boldsymbol{I}}_b\end{aligned}\right\} \tag{8.4.3}$$

由式(8.4.1)、式(8.4.2)和式(8.4.3)可得

$$\dot{\boldsymbol{U}}=(\boldsymbol{Z}_a+\boldsymbol{Z}_b)\dot{\boldsymbol{I}} \tag{8.4.4}$$

此复合网络的 z 方程为

$$\dot{\boldsymbol{U}}=\boldsymbol{Z}\dot{\boldsymbol{I}} \tag{8.4.5}$$

式中,$\boldsymbol{Z}$ 为复合网络的 Z 参数矩阵。

比较式(8.4.4)及式(8.4.5)得

$$\boldsymbol{Z}=\boldsymbol{Z}_a+\boldsymbol{Z}_b \tag{8.4.6}$$

式(8.4.6)表明,由两个子双口网络串联而成的复合双口网络的 Z 参数等于相串联的两子双口网络的 Z 参数之和。

2. 串联方式的有效性检验

为了保证子网络连接后满足端口条件,应该进行连接的有效性检验。串联有效性检验的原理图如图 8.4.2 所示。

先对输入口做有效性检验,电路如图 8.4.2(a)所示,令网络 N_a、N_b 的输出口开路,此时输入口满足端口条件有

$$\dot{I}_{1a}=\dot{I}'_{1a},\qquad \dot{I}_{1b}=\dot{I}'_{1b}$$

当电压 $\dot{U}_m=0$ 时,2a′、2b 短接后,2a′、2b 短路线上电流为零,这说明串联后网络的各电流不变,两子网络输入口仍满足端口条件,因而两输入口串联连接是有效的。

类似地,可采用图 8.4.2(b)对两输出口串联做有效性检验。经检验,如果输入口、输出口均满足端口条件,即图 8.4.2 中 $\dot{U}_m=\dot{U}_n=0$时串联是有效的,Z 参数计算式(8.4.6)才成立。

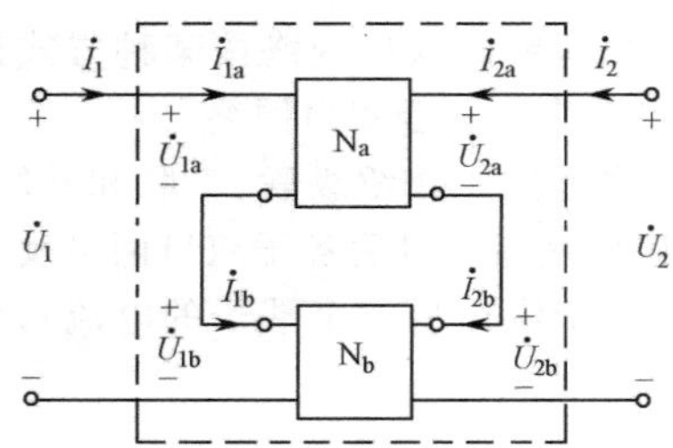

图 8.4.1　双口网络的串联方式

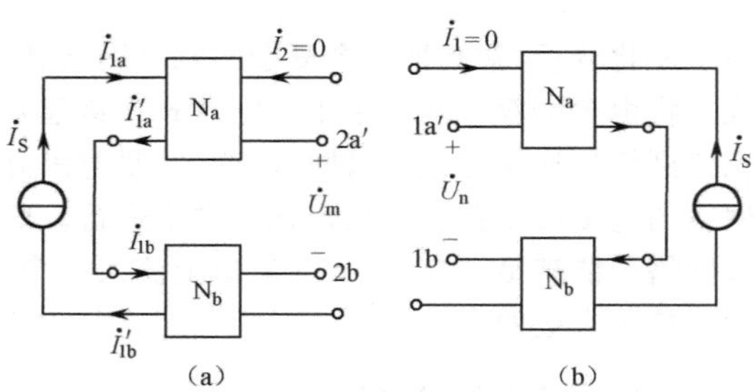

图 8.4.2　串联有效性检验的原理图

8.4.2　双口网络的并联

1. 并联方式及Y 参数

双口网络并联方式如图 8.4.3 所示。

对于并联方式，采用 Y 参数分析比较方便。设 $\boldsymbol{Y}_a$,$\boldsymbol{Y}_b$ 分别为相并联的两子双口网络 N_a、N_b 的 Y 参数矩阵，$\boldsymbol{Y}$ 为复合双口网络的 Y 参数矩阵，若连接是有效的，则由图 8.4.3 可看出端口电压、电流关系满足

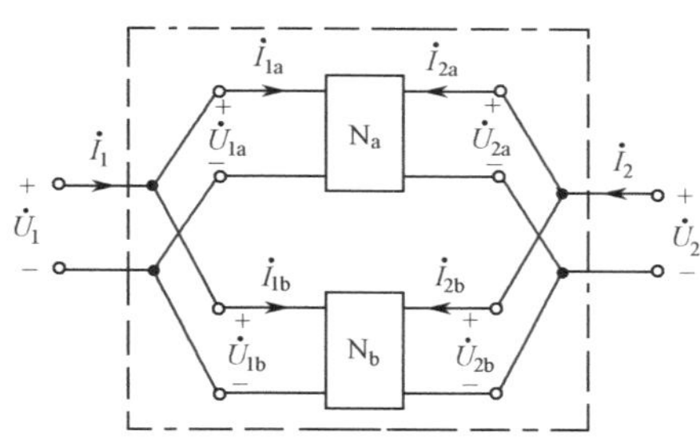

图 8.4.3　双口网络的并联方式

$$\dot{\boldsymbol{U}} = \dot{\boldsymbol{U}}_a = \dot{\boldsymbol{U}}_b \tag{8.4.7}$$

$$\dot{\boldsymbol{I}} = \dot{\boldsymbol{I}}_a + \dot{\boldsymbol{I}}_b \tag{8.4.8}$$

由双口网络 y 方程式(8.2.9)可知

$$\left.\begin{array}{l} \dot{\boldsymbol{I}}_a = \boldsymbol{Y}_a \dot{\boldsymbol{U}}_a \\ \dot{\boldsymbol{I}}_b = \boldsymbol{Y}_b \dot{\boldsymbol{U}}_b \\ \dot{\boldsymbol{I}} = \boldsymbol{Y} \dot{\boldsymbol{U}} \end{array}\right\} \tag{8.4.9}$$

合并式(8.4.9)，有

$$\dot{\boldsymbol{I}} = (\boldsymbol{Y}_a + \boldsymbol{Y}_b)\dot{\boldsymbol{U}} \tag{8.4.10}$$

$$\boldsymbol{Y} = \boldsymbol{Y}_a + \boldsymbol{Y}_b \tag{8.4.11}$$

上式表明，由两个子双口网络并联而成的复合双口网络的 Y 参数等于相关联的两个子双口网络的 Y 参数之和。

2. 并联方式的有效性检验

并联有效性检验原理图如图 8.4.4 所示。

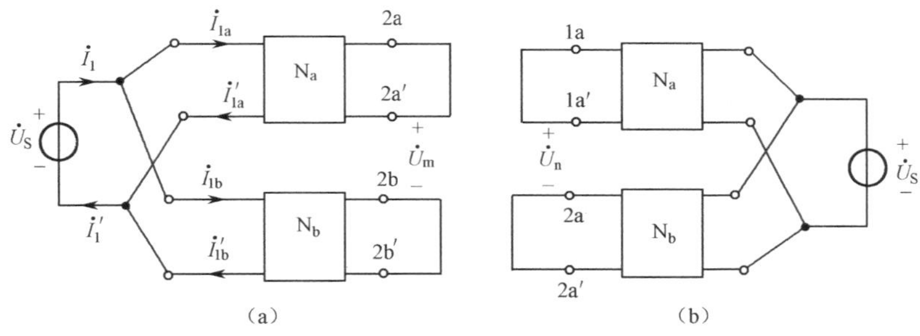

图 8.4.4　并联有效性检验

图 8.4.4(a)为输入口的有效性检验原理图，图 8.4.4(b)为输出口的有效性检验原理图。

可以证明：当图中 $\dot{U}_n = \dot{U}_m = 0$ 时，电路有效性条件是满足的。

如图 8.4.4(a)中，令 N_a、N_b 的输出口短路，此时有

$$\dot{I}_{1a} = \dot{I}'_{1a},\quad \dot{I}_{1b} = \dot{I}'_{1b}$$

从而有 $\dot{I}_1 = \dot{I}'_1$。如果 2a′、2b 间电压 $\dot{U}_m = 0$，那么将 2a′、2b 短接后其上电流也为零，这表明并联后网络各端口电流不变，保证输入口并联连接有效。

关于输出口的有效性检验与输入口的有效性检验类似。

只有当 $\dot{U}_m = \dot{U}_n = 0$ 时，输入口、输出口并联连接均有效，此时式(8.4.11)才成立。

8.4.3　双口网络的级联

双口网络的级联方式如图 8.4.5 所示，级联时采用 T 参数分析，设 N_a、N_b 的 T 参数分别为

$$\boldsymbol{T}_a = \begin{bmatrix} A_a & B_a \\ C_a & D_a \end{bmatrix},\quad \boldsymbol{T}_b = \begin{bmatrix} A_b & B_b \\ C_b & D_b \end{bmatrix}$$

网络 N_a、N_b 的 T 参数方程为

$$\begin{bmatrix}\dot{U}_{1a}\\ \dot{I}_{1a}\end{bmatrix}=\begin{bmatrix}A_a & B_a\\ C_a & D_a\end{bmatrix}\begin{bmatrix}\dot{U}_{2a}\\ -\dot{I}_{2a}\end{bmatrix} \tag{8.4.12}$$

$$\begin{bmatrix}\dot{U}_{1b}\\ \dot{I}_{1b}\end{bmatrix}=\begin{bmatrix}A_b & B_b\\ C_b & D_b\end{bmatrix}\begin{bmatrix}\dot{U}_{2b}\\ -\dot{I}_{2b}\end{bmatrix} \tag{8.4.13}$$

图 8.4.5　双口网络的级联方式

观察图 8.4.5,显然有

$$\begin{bmatrix}\dot{U}_1\\ \dot{I}_1\end{bmatrix}=\begin{bmatrix}\dot{U}_{1a}\\ \dot{I}_{1a}\end{bmatrix} \tag{8.4.14}$$

$$\begin{bmatrix}\dot{U}_{2a}\\ -\dot{I}_{2a}\end{bmatrix}=\begin{bmatrix}\dot{U}_{1b}\\ \dot{I}_{1b}\end{bmatrix} \tag{8.4.15}$$

$$\begin{bmatrix}\dot{U}_{2b}\\ -\dot{I}_{2b}\end{bmatrix}=\begin{bmatrix}\dot{U}_2\\ -\dot{I}_2\end{bmatrix} \tag{8.4.16}$$

联合以上各式可得

$$\begin{bmatrix}\dot{U}_1\\ \dot{I}_1\end{bmatrix}=\begin{bmatrix}A_a & B_a\\ C_a & D_a\end{bmatrix}\begin{bmatrix}A_b & B_b\\ C_b & D_b\end{bmatrix}\begin{bmatrix}\dot{U}_2\\ -\dot{I}_2\end{bmatrix}=\boldsymbol{T}\begin{bmatrix}\dot{U}_2\\ -\dot{I}_2\end{bmatrix} \tag{8.4.17}$$

式中

$$\boldsymbol{T}=\boldsymbol{T}_a\boldsymbol{T}_b$$

上式表明:由两子双口网络级联构成的复合双口网络的 T 参数矩阵等于相级联两子双口网络 T 参数矩阵之乘积。

级联形式下双口网络二端口条件总是满足的,因此,双口网络级联不必做有效性检验,计算式 $\boldsymbol{T}=\boldsymbol{T}_a\boldsymbol{T}_b$ 恒成立。

8.5　双口网络的输入阻抗、输出阻抗与特性阻抗

双口网络的各种参数,表明了双口网络自身的特性,它们与负载及激励源无关。在实际使用双口网络时,往往是有载双口网络(即带有负载的双口网络),本节将讨论有载双口网络的输入阻抗、输出阻抗及特性阻抗。

8.5.1　双口网络的输入阻抗、输出阻抗

这里讨论有载双口网络的策动阻抗,即输入阻抗与输出阻抗。

1. 输入阻抗

从有载双口网络输入端口看进去的阻抗称为其输入阻抗 Z_{in}。Z_{in} 可用双口网络的各种参数及负载 Z_L 表示,在此讨论用 T 参数表示的双口网络输入阻抗。

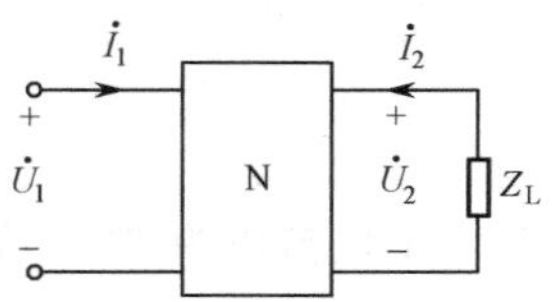

图 8.5.1　有载双口网络

对图 8.5.1 所示有载双口网络,根据输入阻抗定义有

$$Z_{in}=\frac{\dot{U}_1}{\dot{I}_1} \tag{8.5.1}$$

双口网络的 T 方程为

$$\left.\begin{aligned}\dot{U}_1&=A\dot{U}_2+B(-\dot{I}_2)\\ \dot{I}_1&=C\dot{U}_2+D(-\dot{I}_2)\end{aligned}\right\} \tag{8.5.2}$$

从而有

$$Z_{in}=\frac{A\dot{U}_2+B(-\dot{I}_2)}{C\dot{U}_2+D(-\dot{I}_2)}$$

因 $\dot{U}_2=-\dot{I}_2Z_L$,代入上式得

$$Z_{in}=\frac{AZ_L+B}{CZ_L+D} \tag{8.5.3}$$

式(8.5.3)表明双口网络的输入阻抗与网络参数、负载及电源频率有关，而与电源大小及内阻抗无关。若是对称双口网络，因 $A=D$，则

$$Z_{in}=\frac{AZ_L+B}{CZ_L+A} \tag{8.5.4}$$

由式(8.5.3)可求得输出端口短路($Z_L=0$)输入阻抗 Z_{in0} 以及开路($Z_L=\infty$)输入阻抗 $Z_{in\infty}$，其分别为

$$Z_{in0}=\frac{B}{D},\quad Z_{in\infty}=\frac{A}{C} \tag{8.5.5}$$

2. **输出阻抗**

双口网络的输出阻抗是指在输入口接具有内阻抗 Z_S 的激励源时，从输出口向网络看的戴维南等效阻抗。

将原输入口理想激励源置零，内阻抗保留，得双口网络输出阻抗计算电路如图 8.5.2 所示。根据输出阻抗定义有

$$Z_{out}=\frac{\dot{U}_2}{\dot{I}_2} \tag{8.5.6}$$

考虑双口网络的 T 方程，可得

$$Z_{out}=\frac{DZ_S+B}{CZ_S+A} \tag{8.5.7}$$

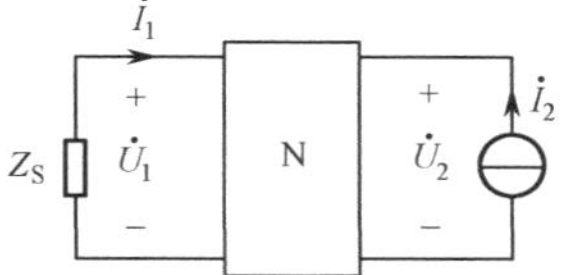

图 8.5.2　双口网络输出阻抗

上式表明双口网络的输出阻抗只与网络参数，电源内阻抗及频率有关，而与负载无关。

由 $Z_S=0$，$Z_S=\infty$ 可得输入口短路输出阻抗 Z_{out0} 和输入口开路输出阻抗 $Z_{out\infty}$，即

$$Z_{out0}=\frac{B}{A},Z_{out\infty}=\frac{D}{C} \tag{8.5.8}$$

特殊情况，当网络对称时，由 $A=D$ 有

$$\left.\begin{aligned}Z_{in0}=Z_{out0}=\frac{B}{A}=Z_0\\ Z_{in\infty}=Z_{out\infty}=\frac{A}{C}=Z_\infty\end{aligned}\right\} \tag{8.5.9}$$

式中，称 Z_0 为对称双口网络短路阻抗，Z_∞ 为对称双口网络开路阻抗。

8.5.2　传输网络函数

传输网络函数有电压传输函数、电流传输函数及传输阻抗和传输导纳。

1. **电压传输函数 K_u**

双口网络传输函数的原理图如图 8.5.3 所示，电压传输函数 K_u 定义为

$$K_u=\frac{\dot{U}_2}{\dot{U}_1} \tag{8.5.10}$$

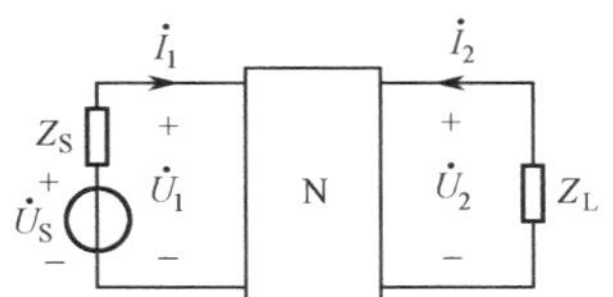

图 8.5.3　双口网络传输函数原理图

将双口网络 T 方程 $\dot{U}_1$ 表达式，代入上式考虑 $\dot{U}_2=-Z_L\cdot\dot{I}_2$，则用 T 参数表示的电压传输函数为

$$K_u=\frac{\dot{U}_2}{A\dot{U}_2+B(-\dot{I}_2)}=\frac{Z_L}{AZ_L+B} \tag{8.5.11}$$

2. **电流传输函数 K_i**

电流传输函数也称为电流比，与前类似推导，可得用 T 参数表示的电流传输函数为

$$K_i=\frac{\dot{I}_2}{\dot{I}_1}=\frac{-1}{CZ_L+D} \tag{8.5.12}$$

3. **传输阻抗和传输导纳**

根据传输阻抗和传输导纳的定义同样可以导出由 T 参数表示的传输阻抗 Z_t 和传输导纳 Y_t,即

$$Z_t=\frac{\dot{U}_2}{\dot{I}_1}=\frac{Z_L}{CZ_L+D} \tag{8.5.13}$$

$$Y_t=\frac{\dot{I}_2}{\dot{U}_1}=\frac{-1}{AZ_L+B} \tag{8.5.14}$$

关于双口网络的网络函数亦可用其他参数表示,读者可自行推导。

8.5.3 特性阻抗

1. **特性阻抗概念**

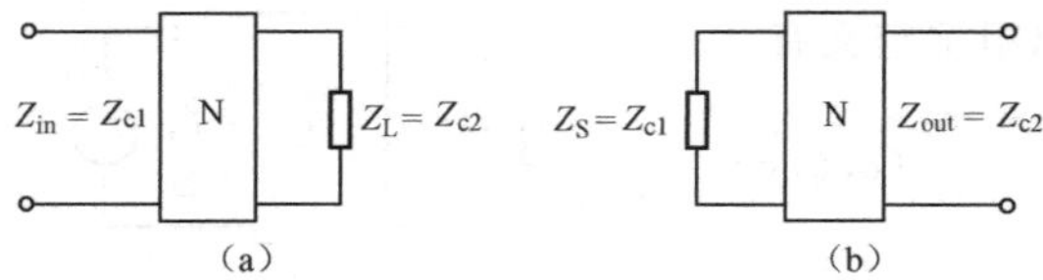

图 8.5.4 双口网络的特性阻抗

如图 8.5.4 所示双口网络 N,若输出口接负载 $Z_L=Z_{c2}$ 时,网络 $Z_{in}=Z_{c1}$;而当输入口接阻抗 $Z_S=Z_{c1}$ 时,有 $Z_{out}=Z_{c2}$,则 Z_{c1} 称为双口网络的输入口特性阻抗,而 Z_{c2} 称输出口的特性阻抗。易知 Z_{c1}、Z_{c2} 是特定条件下的输入阻抗和输出阻抗。

由特性阻抗定义,结合输入阻抗、输出阻抗定义可求得

$$\left.\begin{aligned} Z_{c1}&=\sqrt{\frac{AB}{CD}}=\sqrt{Z_{in0}Z_{in\infty}} \\ Z_{c2}&=\sqrt{\frac{BD}{AC}}=\sqrt{Z_{out0}Z_{out\infty}} \end{aligned}\right\} \tag{8.5.15}$$

式(8.5.15)表明,Z_{c1}、Z_{c2} 只与网络自身的参数有关,与负载阻抗、信号源内阻抗无关。

2. **对称双口网络的特性阻抗**

对于对称双口网络有 $A=D$,由式(8.5.10)可得

$$Z_{c1}=Z_{c2}=Z_L=\sqrt{\frac{B}{C}}=\sqrt{Z_0Z_\infty} \tag{8.5.16}$$

对于双口网络 N,可通过选择负载或电源内阻抗等于特性阻抗,使负载与网络或电源与网络达到匹配。

当 $Z_S=Z_{c1}$ 时,称电源与双口网络匹配,或称输入口匹配。

当 $Z_L=Z_{c2}$ 时,称负载与双口网络匹配,或称输出口匹配。

同时满足 $Z_S=Z_{c1}$,$Z_L=Z_{c2}$ 时,称双口网络全匹配。

*8.6 回转器和负阻抗变换器

本节介绍两个二端口元件,回转器和负阻抗变换器。

*8.6.1 回转器

理想回转器的电路符号如图 8.6.1 所示,其中 r,g 下的箭头"→"表示回转方向,其端口电压、电流的关系式为

$$\left.\begin{aligned} u_1 &= -ri_2 \\ u_2 &= ri_1 \end{aligned}\right\} \tag{8.6.1}$$

或写为

$$\left.\begin{aligned} i_1 &= gu_2 \\ i_2 &= -gu_1 \end{aligned}\right\} \tag{8.6.2}$$

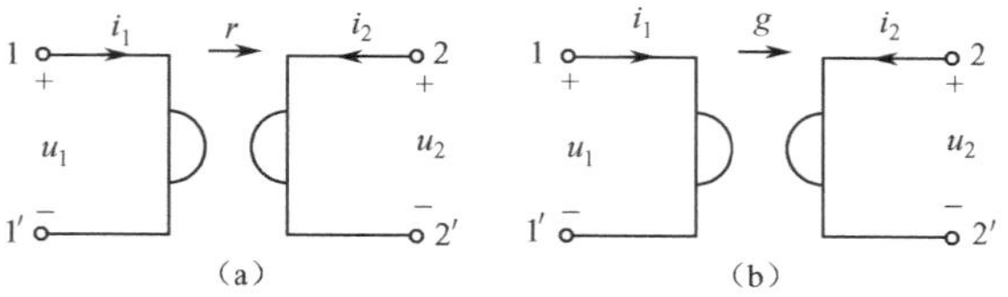

图 8.6.1　回转器

式中，r 和 g 分别具有电阻和电导的量纲，称之为回转电阻和回转电导，两者互为倒数，是表示回转器特性的参数。

回转器特性方程式(8.6.1)和式(8.6.2)用矩阵表示时，可写为

$$\begin{bmatrix} u_1 \\ u_2 \end{bmatrix} = \begin{bmatrix} 0 & -r \\ r & 0 \end{bmatrix} \begin{bmatrix} i_1 \\ i_2 \end{bmatrix} \qquad \begin{bmatrix} i_1 \\ i_2 \end{bmatrix} = \begin{bmatrix} 0 & g \\ -g & 0 \end{bmatrix} \begin{bmatrix} u_1 \\ u_2 \end{bmatrix}$$

表明回转器的 Z 参数矩阵和 Y 参数矩阵分别为

$$\boldsymbol{Z} = \begin{bmatrix} 0 & -r \\ r & 0 \end{bmatrix}, \quad \boldsymbol{Y} = \begin{bmatrix} 0 & g \\ -g & 0 \end{bmatrix}$$

根据理想回转器的特性方程式(8.6.1)，回转器的功率为

$$p = u_1 i_1 + u_2 i_2 = -ri_1 i_2 + ri_1 i_2 = 0$$

这表明理想回转器在任何时刻功率为零，即它既不消耗功率又不产生功率，为一无源线性元件。

从回转器的特性方程可看出回转器具有将一个端口上的电流“回转”为另一端口上的电压或相反过程的性质。这使得回转器具有将一个电容元件“回转”为一个电感元件或反之的本领。这一特性在微电子工业中有着重要应用，即可利用回转器和易于集成的电容，实现难于集成的电感。

在图 8.6.2 所示的电路中，根据式(8.6.1)及式(8.6.2)并考虑 $\dot{I}_2 = -\mathrm{j}\omega C \dot{U}_2$，有

$$\dot{U}_1 = -r\dot{I}_2 = \mathrm{j}r^2\omega C\dot{I}_1$$

或

$$\dot{I}_1 = g\dot{U}_2 = -g\,\frac{1}{\mathrm{j}\omega C}\dot{I}_2 = g^2\,\frac{1}{\mathrm{j}\omega C}\dot{U}_1$$

于是电路输入阻抗为

$$Z_{\mathrm{in}} = \frac{\dot{U}_1}{\dot{I}_1} = \mathrm{j}r^2\omega C = \mathrm{j}\,\frac{1}{g^2}\omega C$$

可见对于图 8.6.2 所示电路从输入端看，相当于一个电感值 $L = r^2 C = \dfrac{C}{g^2}$ 的电感元件。若 $C = 10\mu\mathrm{F}$，$r = 5\mathrm{k}\Omega$，则 $L = 250\mathrm{H}$，相当于回转器将一个 $10\mu\mathrm{F}$ 的电容回转成 250H 的电感。

当回转器的回转方向改变，其符号如图 8.6.3 所示，此时有回转器传输方程的另一种形式为

$$\left.\begin{aligned} u_1 &= ri_2 \\ u_2 &= -ri_1 \end{aligned}\right\} \tag{8.6.3}$$

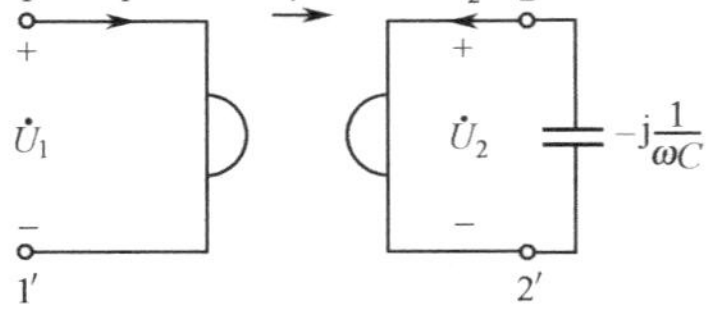

图 8.6.2　用回转器实现电感

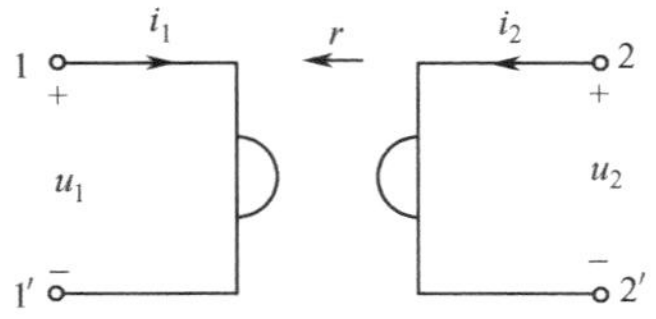

图 8.6.3　改变回转方向的回转器

∗8.6.2　负阻抗变换器

负阻抗变换器简称 NIC，它的符号如图 8.6.4 所示。

其端口特性方程用 T 参数描述为

$$\begin{bmatrix}\dot{U}_1\\ \dot{I}_1\end{bmatrix}=\begin{bmatrix}1 & 0\\ 0 & -k\end{bmatrix}\begin{bmatrix}\dot{U}_2\\ -\dot{I}_2\end{bmatrix} \tag{8.6.4}$$

或

$$\begin{bmatrix}\dot{U}_1\\ \dot{I}_1\end{bmatrix}=\begin{bmatrix}-k & 0\\ 0 & 1\end{bmatrix}\begin{bmatrix}\dot{U}_2\\ -\dot{I}_2\end{bmatrix} \tag{8.6.5}$$

式中,k 为正实常数。

从式(8.6.4)可见,经 NIC 变换后 $\dot{U}_2=\dot{U}_1$,电压的大小和方向均未发生变化;但 $\dot{I}_1$ 经传输后变为 $k\dot{I}_2$,即电流经传输后改变了方向,因此该式定义的 NIC 称为电流反向型的 NIC。

由式(8.6.5)可看出经 NIC 后,电压改变了方向而电流的大小和方向均不变,所以该式定义的 NIC 称为电压反向型的 NIC。

NIC 具有把正阻抗变为负阻抗的性质。如图 8.6.5 所示电路,设 NIC 为电流反向型的,则从 1-1′端口看进去的输入阻抗为

$$Z_{\text{in}}=\frac{\dot{U}_1}{\dot{I}_1}=\frac{\dot{U}_2}{k\dot{I}_2}$$

而 $\dot{U}_2=-Z_2\dot{I}_2$ 代入上式得

$$Z_{\text{in}}=-\frac{Z_2}{k} \tag{8.6.6}$$

由此可见,该电路的输入阻抗 Z_{in}是负载阻抗 Z_2 的$\frac{1}{k}$倍的负值。所以 NIC 具有把一个正阻抗变为负阻抗的本领。它为电路设计中实现负 R、L、C 提供了可能性。

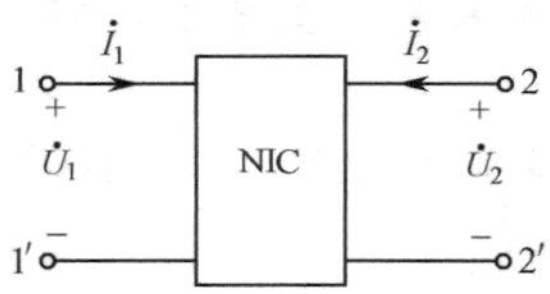

图 8.6.4　负阻抗变换器

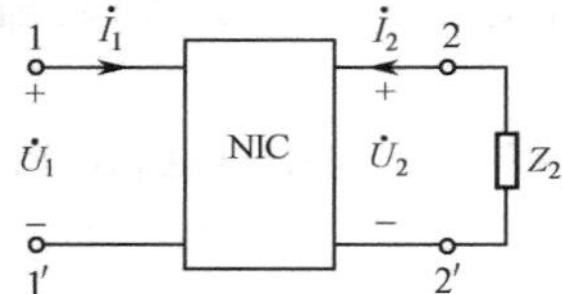

图 8.6.5　带负载的 NIC

8.7　本章小结及典型题解

8.7.1　本章小结

① 双口网络具有两个端口,在分析双口网络时,人们通常关心的是双口网络的端口特性,即两个端口上电压、电流的关系。线性电阻双口网络的电压电流关系由两个线性代数方程来描述,共有 6 种形式的双口网络方程,对应有 6 种网络参数,但并非任何双口网络都同时存在 6 种网络参数。

② 线性电阻双口网络可用含受控源的电路来等效,当为互易双口网络时,可以等效成由三个电阻构成的 T 形和 π 形电路。

③ 一个复杂的双口网络可以看成是由若干个简单的双口网络口按某种方式连接而成,双口网络的连接有串联、并联、级联和串并联等方式。双口网络的连接必须进行有效性检验,即使连接后各子双口网络及复合双口网络仍能满足端口条件。

④ 双口网络的输入阻抗是指从有载双口网络输入端口看进去的阻抗。它与网络参数、负载及电源频率有关,而与电源大小及内阻抗无关。

双口网络的输出阻抗是指在输入口接具有内阻抗 Z_S 的激励源时,从输出口向网络看的戴维南等效阻抗。

⑤ 双口网络的特性阻抗是特定条件下的输入阻抗和输出阻抗,它只与网络自身的参数有

关，与负载阻抗、信号源内阻抗无关。对于双口网络 N，可通过选择负载或电源内阻抗等于特性阻抗，使负载与网络或电源与网络达到匹配。

⑥ 传输网络函数有电压传输函数、电流传输函数、传输阻抗和传输导纳。

⑦ 回转器和负阻抗变换器均为二端口元件。

回转器具有将一个端口上的电流"回转"为另一端口上的电压或相反过程的性质，使得其具有将一个电容元件"回转"为一个电感元件或反之的本领。

负阻抗变换器具有把正阻抗变为负阻抗的性质。

8.7.2　典型题解

【例 8.7.1】 求图 8.7.1 所示双口网络的 $\boldsymbol{Z}$ 参数矩阵并等效换算出 $\boldsymbol{Y}$ 参数，$\boldsymbol{T}$ 参数和 $\boldsymbol{H}$ 参数。

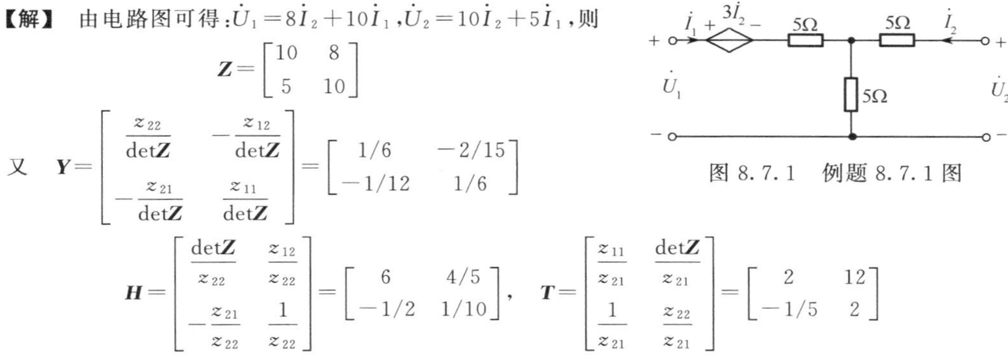

【解】 由电路图可得：$\dot U_1=8\dot I_2+10\dot I_1$，$\dot U_2=10\dot I_2+5\dot I_1$，则

$$\boldsymbol{Z}=\begin{bmatrix}10 & 8\\ 5 & 10\end{bmatrix}$$

又

$$\boldsymbol{Y}=\begin{bmatrix}\dfrac{z_{22}}{\det\boldsymbol{Z}} & -\dfrac{z_{12}}{\det\boldsymbol{Z}}\\ -\dfrac{z_{21}}{\det\boldsymbol{Z}} & \dfrac{z_{11}}{\det\boldsymbol{Z}}\end{bmatrix}=\begin{bmatrix}1/6 & -2/15\\ -1/12 & 1/6\end{bmatrix}$$

图 8.7.1　例题 8.7.1 图

$$\boldsymbol{H}=\begin{bmatrix}\dfrac{\det\boldsymbol{Z}}{z_{22}} & \dfrac{z_{12}}{z_{22}}\\ -\dfrac{z_{21}}{z_{22}} & \dfrac{1}{z_{22}}\end{bmatrix}=\begin{bmatrix}6 & 4/5\\ -1/2 & 1/10\end{bmatrix},\quad \boldsymbol{T}=\begin{bmatrix}\dfrac{z_{11}}{z_{21}} & \dfrac{\det\boldsymbol{Z}}{z_{21}}\\ \dfrac{1}{z_{21}} & \dfrac{z_{22}}{z_{21}}\end{bmatrix}=\begin{bmatrix}2 & 12\\ -1/5 & 2\end{bmatrix}$$

【例 8.7.2】 试判断图 8.7.2 所示双口网络是否为互易网络和对称网络。

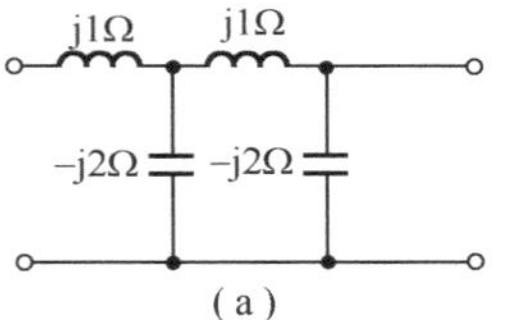

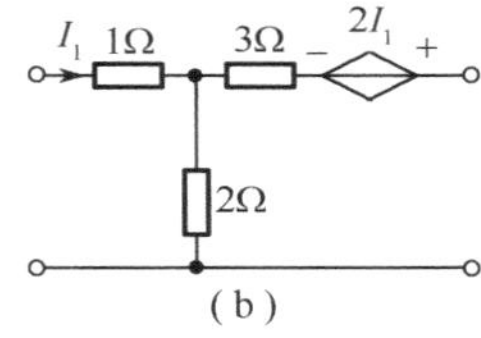

图 8.7.2　例题 8.7.2 图

【解】 由于图(a)的双口网络只含线性非时变二端元件，所以是互易双口，又

$$z_{11}=\left.\frac{\dot U_1}{\dot I_1}\right|_{\dot I_2=0}=\mathrm{j}+(-2\mathrm{j})/\!/(-\mathrm{j})=\frac{1}{3}\mathrm{j}$$

而

$$z_{22}=\left.\frac{\dot U_2}{\dot I_2}\right|_{\dot I_1=0}=(-2\mathrm{j})/\!/(-\mathrm{j})=-\frac{2}{3}\mathrm{j}$$

即 $z_{11}\neq z_{22}$，所以不是对称网络。

由电路图(b)可得：$\dot U_1=3\dot I_1+2\dot I_2$，$\dot U_2=4\dot I_1+5\dot I_2$；由于 $z_{11}\neq z_{22}$，且 $z_{12}\neq z_{21}$，可知此网络既不是互易也不是对称网络。

【例 8.7.3】 求图 8.7.3 所示双口网络的 $\boldsymbol{Z}$ 参数，已知 N 的 $\boldsymbol{Z}$ 参数矩阵为 $\boldsymbol{Z}_{\mathrm N}=\begin{bmatrix}4 & 1\\ 1 & 2\end{bmatrix}$。

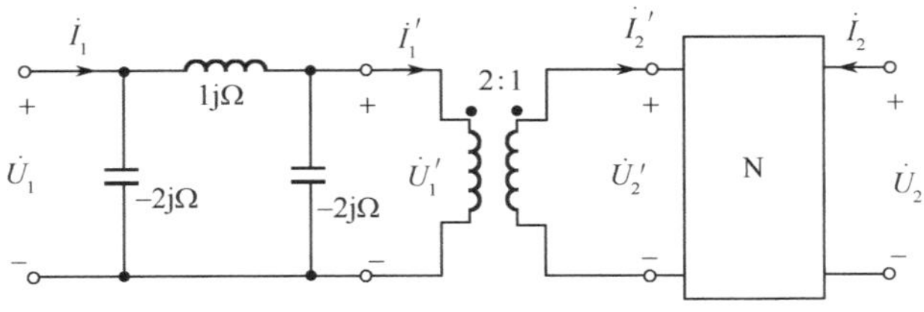

图 8.7.3　例题 8.7.3 图

【解】 对于理想变压器有

$$\dot U_1'=2\dot U_2',\ \dot I_1'=\frac{1}{2}\dot I_2' \tag{1}$$

由 N 网络的 $\boldsymbol{Z}$ 参数矩阵 $\boldsymbol{Z}_{\mathrm N}=\begin{bmatrix}4 & 1\\ 1 & 2\end{bmatrix}$ 可得

$$\dot{U}_2'=4\dot{I}_2'+\dot{I}_2,\dot{U}_2=\dot{I}_2'+2\dot{I}_2 \tag{2}$$

又因 $\dot{U}_1=\dot{U}_1'+\mathrm{j}\left(\dot{I}_1'+\dfrac{\dot{U}_1'}{-2\mathrm{j}}\right)$，将式(1)和式(2)代入可得

$$\dot{U}_1=(8+\mathrm{j})\dot{I}_1'+\dot{I}_2 \tag{3}$$

又

$$\dot{I}_1=\frac{\dot{U}_1}{-2\mathrm{j}}+\left(\dot{I}_1'+\frac{\dot{U}_1'}{-2\mathrm{j}}\right)=\frac{\mathrm{j}}{2}\dot{U}_1+(1+8\mathrm{j})\dot{I}_1'+\mathrm{j}\dot{I}_2 \tag{4}$$

联立式(3)和式(4)可得

$$\dot{U}_1=\frac{16+2\mathrm{j}}{24\mathrm{j}+1}\dot{I}_1+\frac{4}{24\mathrm{j}+1}\dot{I}_2$$

$$\dot{U}_2=\dot{I}_2'+2\dot{I}_2=2\dot{I}_1'+2\dot{I}_2=\frac{4+32\mathrm{j}}{(1+8\mathrm{j})(24\mathrm{j}+1)}\dot{I}_1+\frac{-334+34\mathrm{j}}{(1+8\mathrm{j})(24\mathrm{j}+1)}\dot{I}_2$$

所以

$$\boldsymbol{Z}=\begin{bmatrix}\dfrac{16+2\mathrm{j}}{24\mathrm{j}+1} & \dfrac{4}{24\mathrm{j}+1}\mathrm{j}\\ \dfrac{4+32\mathrm{j}}{(1+8\mathrm{j})(24\mathrm{j}+1)} & \dfrac{-334+34\mathrm{j}}{(1+8\mathrm{j})(24\mathrm{j}+1)}\end{bmatrix}$$

【例 8.7.4】 试证明两个回转器级联后[见图 8.7.4(a)]，可等效为一个理想变压器(见图 8.7.4(b))，并求出变比 n 与两个回转器的回转电导 g_1 和 g_2 的关系。

【解】 证明略。

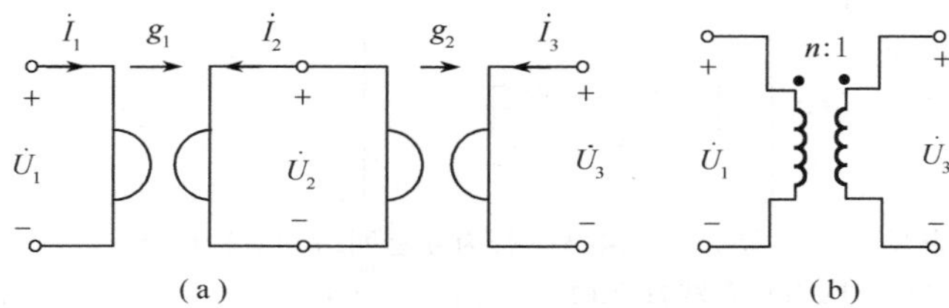

图 8.7.4　例题 8.7.4 图

对回转器 1 有：$\dot{I}_1=g_1\dot{U}_2,\dot{I}_2=-g_1\dot{U}_1$；对回转器 2 有：$\dot{I}_2=-g_2\dot{U}_3,\dot{I}_3=-g_2\dot{U}_2$，故$n=\dfrac{\dot{U}_1}{\dot{U}_3}=\dfrac{g_2}{g_1}$。

【8.7.5】 求图 8.7.5 所示电路的输入阻抗 Z_{in}。

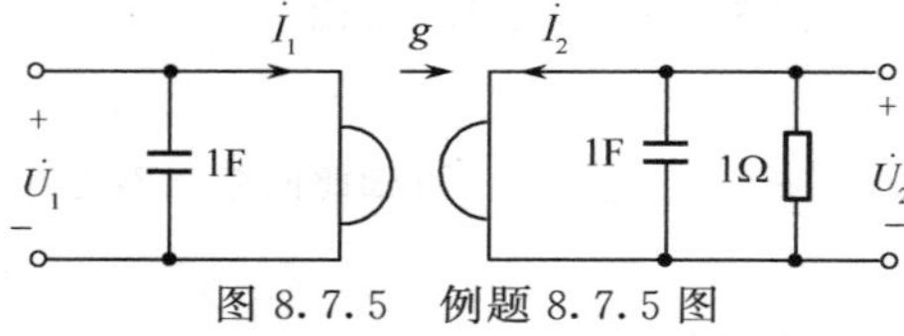

图 8.7.5　例题 8.7.5 图

【解】 由电路图可知，对于回转器满足：$\dot{I}_1=g\,\dot{U}_2$，$\dot{I}_2=-g\,\dot{U}_1$。所以根据上式可得出：

$$Z=\frac{\dot{U}_1}{\dot{I}_1}=\frac{\dot{I}_2}{-g^2\dot{U}_2}=-\frac{1}{g^2}(1+\mathrm{j}\omega)$$

故

$$Z_{\mathrm{in}}=\frac{1}{\mathrm{j}\omega}/\!/Z=\frac{1+\mathrm{j}\omega}{\mathrm{j}\omega-g^2-\omega^2}(\Omega)$$

习　题　8

8.1　求图 T8.1 所示双口网络的 Z 参数。

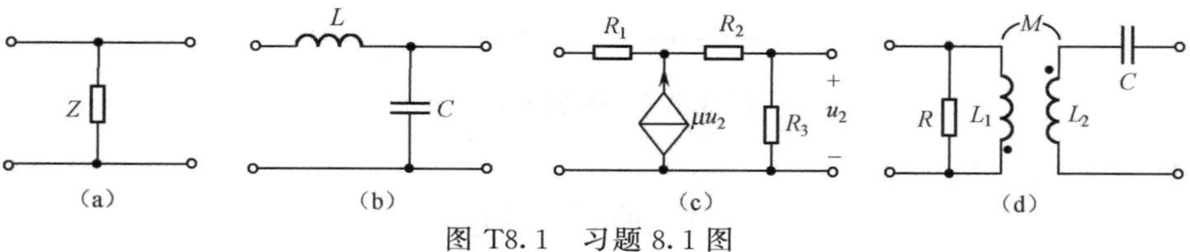

图 T8.1　习题 8.1 图

8.2　求图 T8.2 所示双口网络的 Y 参数。

8.3　求图 T8.3 所示双口网络的 T 参数。

8.4　求图 T8.4 所示双口网络的 H 参数。

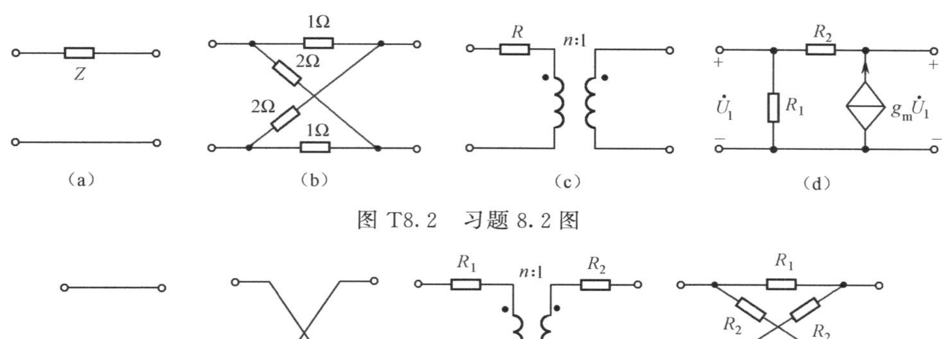

图 T8.2　习题 8.2 图

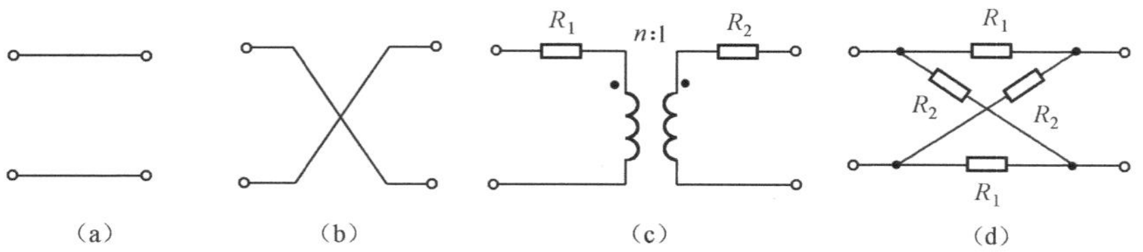

图 T8.3　习题 8.3 图

8.5　求图 T8.5 所示双口网络的 Z 参数矩阵并等效换算出 Y 参数，T 参数和 H 参数。

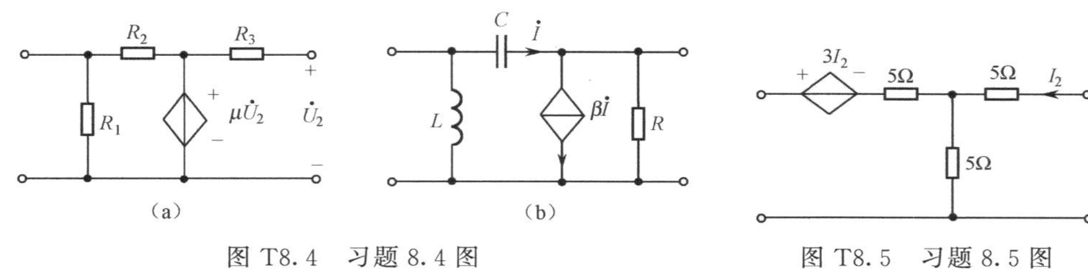

图 T8.4　习题 8.4 图　　　　图 T8.5　习题 8.5 图

8.6　求图 T8.6 所示双口网络的 Z 参数，Y 参数，T 参数，H 参数。

8.7　试判断图 T8.7 所示双口网络是否为互易网络和对称网络。

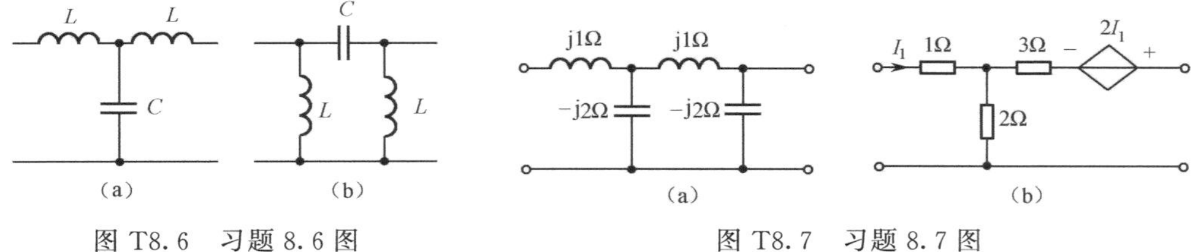

图 T8.6　习题 8.6 图　　　　图 T8.7　习题 8.7 图

8.8　已知双口网络 Z 参数矩阵为

$$\boldsymbol{Z}=\begin{bmatrix}6 & 8\\ 8 & 10\end{bmatrix}$$

说明该双口网络是否有受控源，并求其 T 形等效电路。

8.9　已知双口网络的 Y 参数矩阵为

$$\boldsymbol{Y}=\begin{bmatrix}8 & -4\\ 0 & 8\end{bmatrix}$$

试问该双口网络是否有受控源，并求其 π 形等效电路。

8.10　求图 T8.8 所示双口网络的 Z 参数矩阵和 Y 参数矩阵。

8.11　求图 T8.9 所示双 T 形网络的 Y 参数。

8.12　求图 T8.10 所示 RC 梯形网络的 T 参数矩阵。

8.13　求图 T8.11 所示双口网络的 Z 参数，已知 N 的 Z 参数矩阵为

$$\boldsymbol{Z}_{\mathrm{N}}=\begin{bmatrix}4 & 1\\ 1 & 2\end{bmatrix}$$

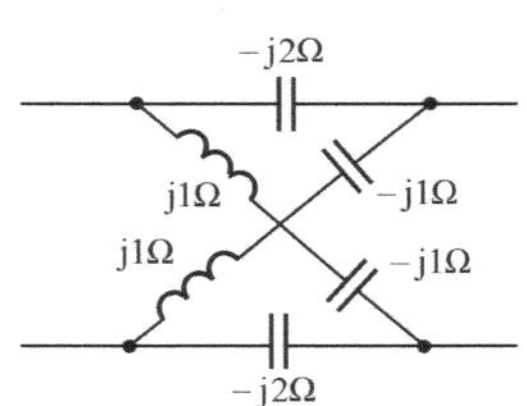

图 T8.8　习题 8.10 图

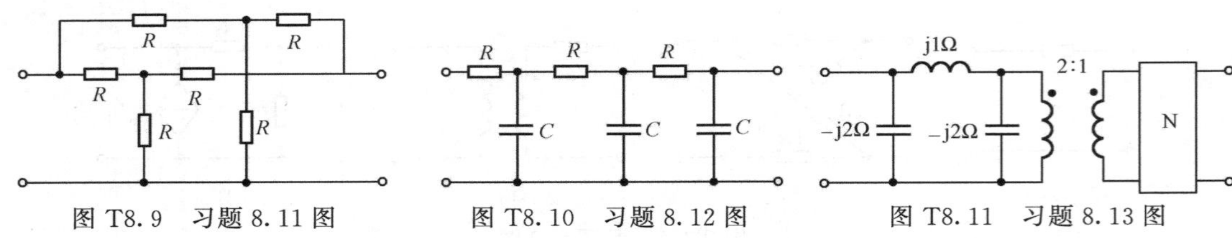

图 T8.9　习题 8.11 图　　图 T8.10　习题 8.12 图　　图 T8.11　习题 8.13 图

8.14　求图 T8.12 所示双口网络的特性阻抗。

8.15　求图 T8.13 所示的复合双口网络的输入阻抗和输出阻抗。已知 $\boldsymbol{T}_a=\boldsymbol{T}_b=\begin{bmatrix}1 & 4\Omega\\ 2\text{S} & 1\end{bmatrix}$，$R_s=10\Omega$，$R_L=5\Omega$。

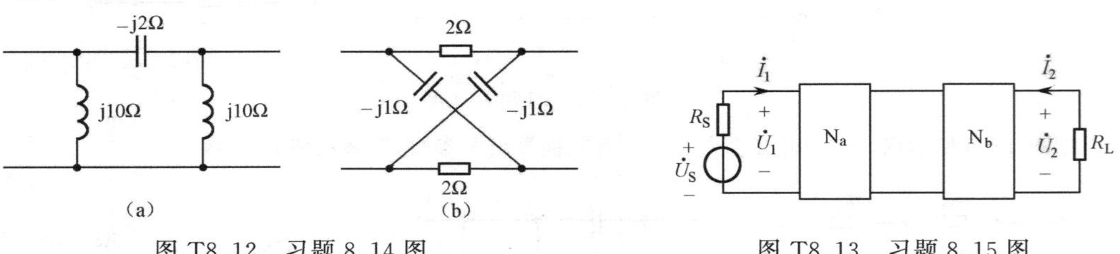

图 T8.12　习题 8.14 图　　图 T8.13　习题 8.15 图

8.16　试证明两个回转器级联后[见图 T8.14(a)]，可等效为一个理想变压器[见图 T8.14(b)]，并求出变比 n 与两个回转器的回转电导 g_1 和 g_2 的关系。

8.17　求图 T8.15 所示电路的输入阻抗 Z_{in}。

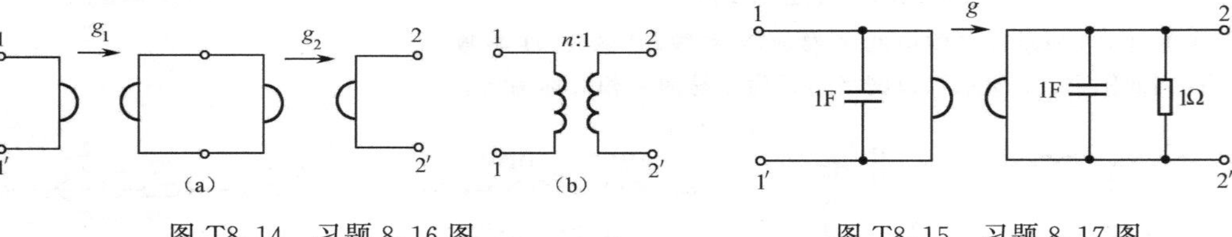

图 T8.14　习题 8.16 图　　图 T8.15　习题 8.17 图

第 9 章　网络图论基础

[内容提要]

本书前面有关章节介绍了一些列写电路方程的基本方法，对于规模较小的电路，用那些方法列写所需要的方程并不困难，但当电路结构比较复杂时，前面的方法就显得很不适应，特别是如何在计算机上把描述电路的数据自动地转换为所需要的方程，就需要利用网络拓扑和矩阵代数的概念去完成这一任务。网络图论是应用图论研究网络的几何结构及其基本性质的理论。本章对网络图论的一些基本概念和这一理论在电路分析中的应用作简单的介绍。

9.1　网络图论的基本概念

众所周知，任何一个电路都是由电路元件按照一定的方式连接而成的，每一种元件各自代表不同的电特性。如果暂时不关心元件的性质差别，只注意其连接方式，用抽象的线段来代替元件或元件的某种组合，则电路变为由线段和节点构成的图。图 9.1.1 画出了一个具体电路和它对应的图。

用图表示的点和线段的连接关系，以及由此产生的全部几何性质统称为图的拓扑性质。网络图论有时又称为网络拓扑。下面给出一些与之有关的基本定义和术语。

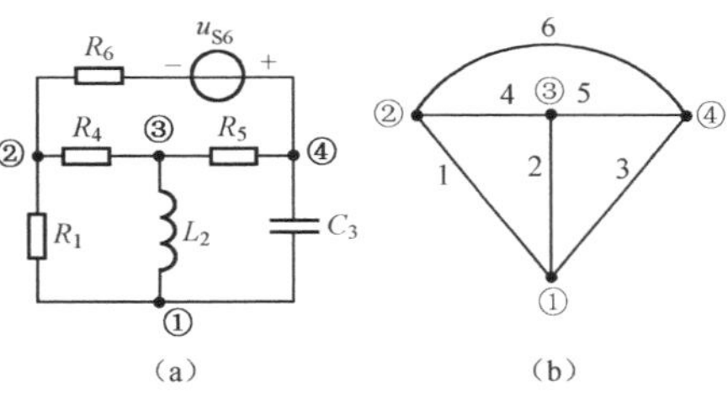

图 9.1.1　具体电路和它对应的图

(1) 图

一个图 G 是节点和支路的集合，每条支路的两端分别连接到一个节点，并称这条支路与其端点连接的节点关联。例如，图 9.1.1 中的图共有 6 条支路、4 个节点，支路 1 与节点①和节点②相关联，节点①与支路 1、2、3 相关联。应该指出，在一个图中，允许孤立的节点存在，不允许有孤立的支路存在。我们有时说移走某些支路，但这并不意味着同时把该支路所连接的两个节点也移走；有时说移走某个节点，则意味着将连接于该节点的所有支路同时移走。

(2) 子图

若图 G_1 的所有支路和节点都是图 G 的支路和节点，则称图 G_1 是图 G 的一个子图。图 9.1.2中各图均是图 9.1.1 的子图。

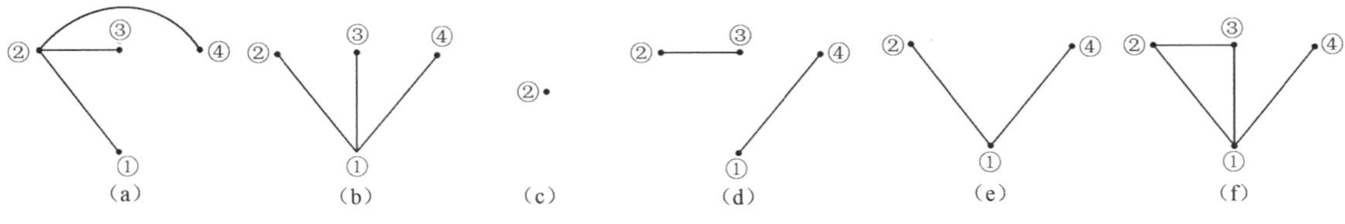

图 9.1.2　子图示例

(3) 有向图

若图 G 的每条支路都被标有一个方向，则称之为有向图，否则称为无向图。

(4) 连通图

若图中的任意两个节点之间均至少存在一条由支路构成的路径，则称之为连通图。图9.1.2所示各图除(d)为非连通图以外，其他均为连通图，孤立的节点也是连通图。

(5) 回路

从图中某个节点出发，经过一些支路(仅经过一次)和一些节点(仅经过一次)又回到出发节点所经闭合路径称为回路。

(6) 树

树是连通图的一个重要概念。其定义为：若图 G_1 是图 G 的一个子图，并且它满足：①是连通的；②包含图 G 中所有节点；③不包含回路。图 9.1.2(a)、(b)是图 9.1.1 的树，而图 9.1.2 的(c)、(d)、(e)、(f)图均不满足上述条件，不是图 9.1.1 的树。显然，树是全部节点和连接这些节点所需最少支路的集合，多一条支路就会存在回路，少一条支路就不连通。

(7) 树支　构成树的支路，称为树支。

(8) 连支　树支以外的支路称为连支。

设一个连通图 G 树支数为 b_t、连支数为 b_l、节点数为 n 和支路数为 b，根据树的定义，很容易知道，连接 n 个节点所需要的最少支路为 $n-1$，于是有以下关系

$$b_t = n-1$$
$$b_l = b-b_t = b-n+1$$

(9) 割集

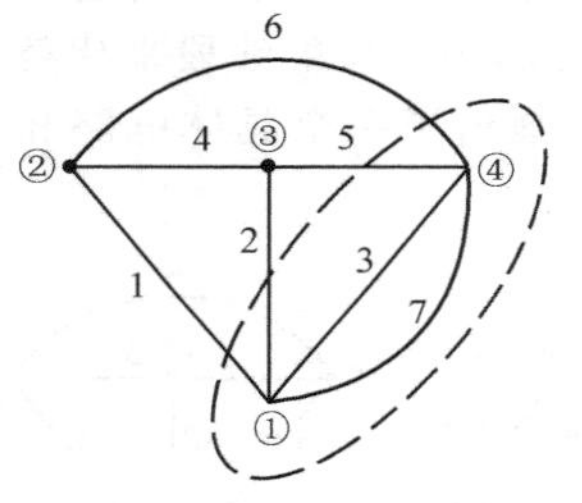

图 9.1.3　连通图 G 的一个割集

对于连通图 G，通常可作一闭合面，使它切割图 G 的某些支路，如果将这些支路移走，则剩下的图将分离为两部分。这样，被切割的支路集合就构成一个割集。

割集的定义：连通图 G 中的一个割集 Q 是它的有以下性质的一个最少支路的集合，如果把 Q 的全部支路移走，剩下的图将分成两部分，少移走一条支路，则图仍将是连通的。如图 9.1.3 所示，支路(1,2,5,6)构成一割集，支路(1,4,6)是它的一割集，支路(3,5,6,7)也是它的一割集。一个连通图中有许多不同的割集。

显然，在连通图中，任何连支的集合不能构成割集，因为将任何连支集合移走后所得的图仍然是连通的。因此，每一割集应至少包含一个树支。

9.2　关联矩阵、回路矩阵、割集矩阵和 KCL、KVL 方程的矩阵形式

图的支路与节点、支路与回路、支路与割集的关联性质均可以用相应的矩阵来描述。电路的基本定律 KCL、KVL 仅与图的结构有关而与元件性质无关，因此可以用上述有关矩阵来表示。

9.2.1　关联矩阵 A

关联矩阵 **A** 又称为节点支路关联矩阵，它反映的是节点与支路的关联情况。

设一有向图的节点数为 n、支路数为 b，对所有节点和支路分别加以编号，则节点与支路的关联情况可以用一个 $n\times b$ 的矩阵来表示，记为 $\mathbf{A}_a$，称之为图的增广关联矩阵。$\mathbf{A}_a$ 的每一行对应一个节点，每一列对应一个支路，其第 i 行第 j 列的元素 a_{ij} 定义为

$$a_{ij}=\begin{cases}1 & \text{若支路 } j \text{ 与节点 } i \text{ 关联且支路方向背离节点}\\ 0 & \text{若支路 } j \text{ 与节点 } i \text{ 不关联}\\ -1 & \text{若支路 } j \text{ 与节点 } i \text{ 关联且支路方向指向节点}\end{cases}$$
$$(i=1,2,3,\cdots,n;j=1,2,3,\cdots,b)$$

对于图 9.2.1 的有向图 G，它的增广矩阵为

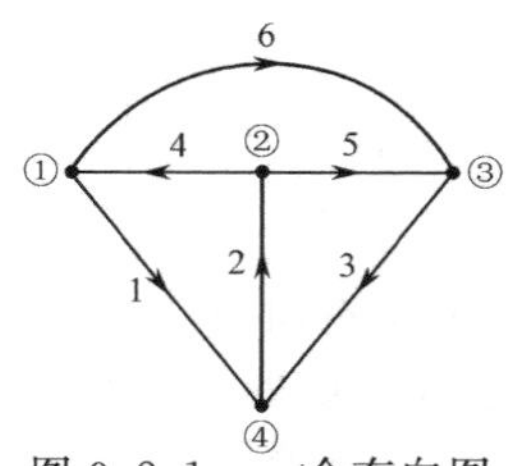

图 9.2.1　一个有向图

$$\boldsymbol{A}_a=\text{节点}\begin{cases}①\\②\\③\\④\end{cases}\overset{\text{支路}}{\overbrace{\begin{bmatrix}1&0&0&-1&0&1\\0&-1&0&1&1&0\\0&0&1&0&-1&-1\\-1&1&-1&0&0&0\end{bmatrix}}}$$

（列依次对应支路 1、2、3、4、5、6）

$\boldsymbol{A}_a$ 的每一行对应于一个节点，且表明该节点上连有哪些支路，支路的方向相对于该节点而言，它的方向如何。如第 1 行表示节点①与支路 1、4、6 相连，支路 1 和支路 6 的方向是背离节点①的，而支路 4 的方向是指向节点①的。

$\boldsymbol{A}_a$ 的每一列对应于一个支路，且表明该支路连接在哪两个节点上。例如第 1 列表示支路 1 连接于节点①和节点④，它的方向是从节点①流入节点④(背离节点①而指向节点④)。很明显，$\boldsymbol{A}_a$ 中的每一列不为零的元素只有两个，并且必然是一个为+1、一个为−1，即每一列元素之和等于 0。也就是说，所有行元素相加就得到元素全为 0 的行，因此，它的行并不都是独立的，即任意一行的元素均可从其他三行中导出。

如果将增广关联矩阵 $\boldsymbol{A}_a$ 的其中一行删去，将得一个$(n-1)\times b$ 矩阵，此新矩阵用 $\boldsymbol{A}$ 表示，称之为降阶关联矩阵，简称关联矩阵。例如上例中删去第 4 行，则

$$\boldsymbol{A}=\begin{bmatrix}1&0&0&-1&0&1\\0&-1&0&1&1&0\\0&0&1&0&-1&-1\end{bmatrix}$$

由关联矩阵可以导出其增广关联矩阵，因此，关联矩阵 $\boldsymbol{A}$ 完全反映了图的支路与节点的关联关系。有向图 G 与关联矩阵 $\boldsymbol{A}$ 有完全确定的对应关系，由有向图 G 可得到 $\boldsymbol{A}$，反过来由 $\boldsymbol{A}$ 也可作出有向图 G，被删去的一行对应的节点即为参考节点。

9.2.2 回路矩阵 *B*

回路矩阵又称回路支路关联矩阵，它反映的是回路与支路的关联情况。

如果一回路包含某一支路，则称此回路与该支路相关联。

n 个节点、b 条支路的有向图 G，树支是连接 n 节点最少的支路的集合，每添一根连支则构成一个回路，因此，有向图 G 的独立回路数与连支数是相同的，独立回路数为

$$l=b-n+1$$

对于 l 个独立回路，选定回路的参考方向，则可定义独立回路矩阵 $\boldsymbol{B}$。回路矩阵 $\boldsymbol{B}$ 有 l 行 b 列，其中每一行对应一个回路，每一列对应一支路，它的第 i 行第 j 列元素 b_{ij} 定义为

$$b_{ij}=\begin{cases}1 & \text{若支路 } j \text{ 与回路 } i \text{ 关联，且它们的方向一致}\\-1 & \text{若支路 } j \text{ 与回路 } i \text{ 关联，且它们的方向相反}\\0 & \text{若支路 } j \text{ 与回路 } i \text{ 无关联}\end{cases}$$

$$(i=1,2,3,\cdots,l;j=1,2,3,\cdots,b)$$

以图 9.2.2 为例，选网孔为其独立回路，并任意假定其回路方向，则回路矩阵为

$$\boldsymbol{B}=\text{回路}\begin{cases}l_1\\l_2\\l_3\end{cases}\overset{\text{支路}}{\overbrace{\begin{bmatrix}-1&-1&0&-1&0&0\\0&1&1&0&1&0\\0&0&0&1&-1&1\end{bmatrix}}}$$

（列依次对应支路 1、2、3、4、5、6）

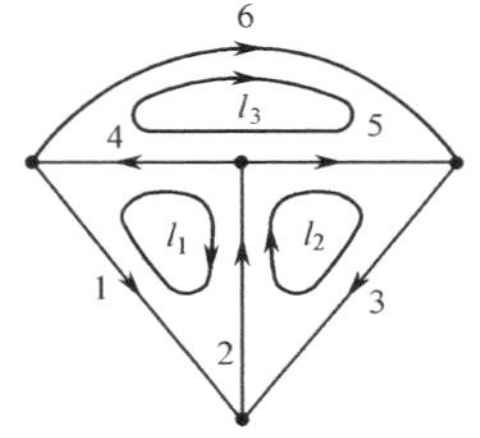

图 9.2.2 图 G 的独立回路

对于一个图来说，可以取许多不同的回路，问题是如何选取一组独立回路。对于简单网络，可以通过观察选取独立回路，可是，对于大规模网络选取独立回路用观察法选取独立回路则有一定困难，此时，可以利用图中的树来确定一组独立回路。以图 9.2.3 为

例，选支路1、2、3为树支，对于这个树，分别加入连支4、5、6，便形成了三个独立回路l_1、l_2、l_3。在这些回路中，每个回路只包含一个连支，其余均为树支，故称为单连支回路或基本回路。所有这些单连支回路称为单连支回路组或基本回路组，当选取不同的树时，可获得不同的基本回路组。

表示基本回路组的回路矩阵称为基本回路矩阵，用$\boldsymbol{B}_\text{f}$来表示。为了规范化，对于基本回路组的支路按先树支后连支的顺序进行编号，且回路的参考方向与连支方向一致，对于图9.2.3所示基本回路矩阵如下

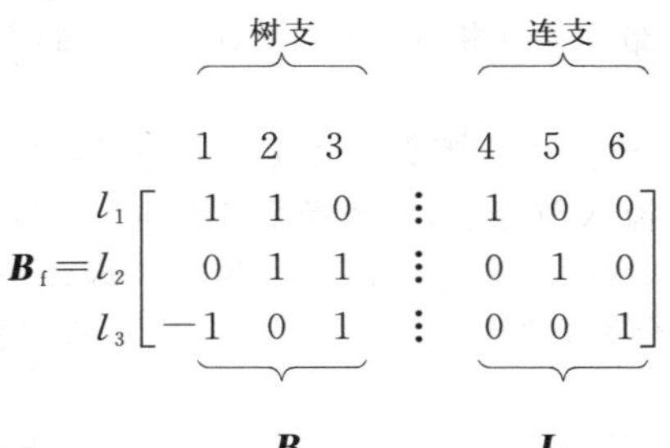

$$\boldsymbol{B}_\text{f}=\begin{matrix} l_1 \\ l_2 \\ l_3 \end{matrix}\overset{\begin{matrix}\text{树支} & & \text{连支}\\ 1\quad 2\quad 3 & & 4\quad 5\quad 6\end{matrix}}{\left[\begin{array}{ccc|ccc} 1 & 1 & 0 & 1 & 0 & 0 \\ 0 & 1 & 1 & 0 & 1 & 0 \\ -1 & 0 & 1 & 0 & 0 & 1 \end{array}\right]}$$

$$\underbrace{\qquad\qquad}_{\boldsymbol{B}_\text{t}}\qquad\underbrace{\qquad\qquad}_{\boldsymbol{I}_\text{l}}$$

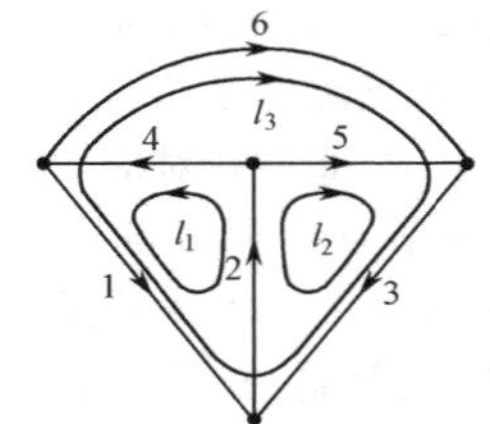

图9.2.3　基本(单连支)回路

显然，$\boldsymbol{B}_\text{f}$中包含了一个$(b-n+1)$阶单位矩阵，即$\boldsymbol{B}_\text{f}$由下列两个子块组成

$$\boldsymbol{B}_\text{f}=[\boldsymbol{B}_\text{t} \vdots \boldsymbol{I}_\text{l}]$$

式中，下标t、l分别表示树支和连支。

9.2.3　割集矩阵Q

割集是支路的集合，移走割集中所有支路，将使图分成两部分，从其中一部分指向另一部分的方向即为割集的方向，每个割集只有两个可能的方向，任意假定一个方向为割集的方向，即为该割集的参考方向。

连通图G有许多割集，独立的割集数与树支数相同，即独立割集数为$(n-1)$个。对于一个独立的割集组，割集中的支路与割集的关联性质可以用割集矩阵$\boldsymbol{Q}$来反映。割集矩阵$\boldsymbol{Q}$是一个$(n-1)\times b$阶矩阵，第i行第j列的元素q_{ij}定义如下

$$q_{ij}=\begin{cases}1 & \text{若支路}\,j\,\text{与割集}\,i\,\text{关联，且它们的方向一致}\\ -1 & \text{若支路}\,j\,\text{与割集}\,i\,\text{关联，且它们的方向相反}\\ 0 & \text{若支路}\,j\,\text{与割集}\,i\,\text{无关联}\end{cases}$$

$$(i=1,2,3,\cdots,(n-1);\ j=1,2,3,\cdots,b)$$

选取独立割集组可以借助树的概念。在连通图G中任选一个树，对于每一树支与一些相应的连支即可构成一个割集。对于图9.2.4所示连通图G，选支路1、2、3为树支，分别取树支1、2、3和相应的连支可构成三个单树枝割集$Q_1(1,5,6)$、$Q_2(2,4,5,6)$、$Q_3(3,4,5)$。在这些割集中，每一个割集仅含一个树支，其他为连支，这样的割集称为单树支割集或称为基本割集，用$\boldsymbol{Q}_\text{f}$表示。由全部单树支割集组成单树支割集组，显然，单树支割集组是独立的割集组。为了规范化，按先树支后连支的顺序编号，并且割集的方向与树支的方向一致，对于图9.2.4，基本割集矩阵为

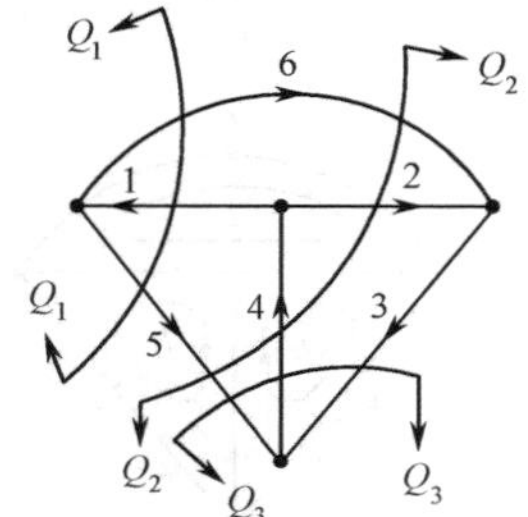

图9.2.4　基本(单树支)割集组

$$\boldsymbol{Q}_\text{f}=\begin{matrix} Q_1 \\ Q_2 \\ Q_3 \end{matrix}\overset{\begin{matrix}\text{树支} & & \text{连支}\\ 1\quad 2\quad 3 & & 4\quad 5\quad 6\end{matrix}}{\left[\begin{array}{ccc|ccc} 1 & 0 & 0 & 0 & -1 & -1 \\ 0 & 1 & 0 & -1 & 1 & 1 \\ 0 & 0 & 1 & -1 & 1 & 0 \end{array}\right]}$$

$$\underbrace{\qquad\qquad}_{\boldsymbol{I}_\text{t}}\qquad\underbrace{\qquad\qquad}_{\boldsymbol{Q}_\text{l}}$$

显然，$\boldsymbol{Q}_{\mathrm{f}}$ 中包含有一个 $(n-1)$ 阶的单位矩阵，所以它可用下列两个子块表示

$$\boldsymbol{Q}_{\mathrm{f}}=[\boldsymbol{I}_{\mathrm{t}}\ \vdots\ \boldsymbol{Q}_{\mathrm{l}}]$$

式中，下标 t、l 分别表示树支和连支。

9.2.4　矩阵表示的 KCL 和 KVL 方程

以图 9.2.1 为例，对节点①、②、③(节点④为参考节点)分别列 KCL 方程，则有

$$i_1-i_4+i_6=0,\ -i_2+i_4+i_5=0,\ i_3-i_5-i_6=0$$

写成矩阵形式为

$$\begin{bmatrix}1 & 0 & 0 & -1 & 0 & 1\\ 0 & -1 & 0 & 1 & 1 & 0\\ 0 & 0 & 1 & 0 & -1 & -1\end{bmatrix}\begin{bmatrix}i_1\\ i_2\\ i_3\\ i_4\\ i_5\\ i_6\end{bmatrix}=\begin{bmatrix}0\\ 0\\ 0\end{bmatrix}$$

即

$$\boldsymbol{A}\boldsymbol{i}=0 \tag{9.2.1}$$

式中，$\boldsymbol{A}$ 为关联矩阵；$\boldsymbol{i}=[i_1\quad i_2\quad i_3\quad i_4\quad i_5\quad i_6]^{\mathrm{T}}$ 为支路电流列向量。

式(9.2.1)即为关联矩阵 $\boldsymbol{A}$ 表示的 KCL 方程。

同样以图 9.2.1 为例，以节点④为参考节点，设节点①、②、③的节点电压分别为 u_{n1}、u_{n2}、u_{n3}，则各支路电压可用节点电压表示为

$$u_1=u_{n1},\ u_2=-u_{n2},\ u_3=u_{n3}$$

$$u_4=-u_{n1}+u_{n2},\ u_5=u_{n2}-u_{n3},\ u_6=u_{n1}-u_{n3}$$

写成矩阵表示为

$$\begin{bmatrix}u_1\\ u_2\\ u_3\\ u_4\\ u_5\\ u_6\end{bmatrix}=\begin{bmatrix}1 & 0 & 0\\ 0 & -1 & 0\\ 0 & 0 & 1\\ -1 & 1 & 0\\ 0 & 1 & -1\\ 1 & 0 & -1\end{bmatrix}\begin{bmatrix}u_{n1}\\ u_{n2}\\ u_{n3}\end{bmatrix}$$

即

$$\boldsymbol{u}=\boldsymbol{A}^{\mathrm{T}}\boldsymbol{u}_n \tag{9.2.2}$$

式中，$\boldsymbol{u}=[u_1\quad u_2\quad u_3\quad u_4\quad u_5\quad u_6]^{\mathrm{T}}$ 为支路电压列向量；$\boldsymbol{u}_n=[u_{n1}\quad u_{n2}\quad u_{n3}]^{\mathrm{T}}$ 为节点电压列向量；$\boldsymbol{A}^{\mathrm{T}}$ 为 $\boldsymbol{A}$ 的转置矩阵。式(9.2.2)即为 $\boldsymbol{A}$ 矩阵表示的 KVL 方程。

对于图 9.2.3，选(1,2,3)为树支，则对于图示基本回路组 KVL 方程为

$$u_1+u_2+u_4=0$$

$$u_2+u_3+u_5=0$$

$$-u_1+u_3+u_6=0$$

写成矩阵形式为

$$\begin{bmatrix}1 & 1 & 0 & 1 & 0 & 0\\ 0 & 1 & 1 & 0 & 1 & 0\\ -1 & 0 & 1 & 0 & 0 & 1\end{bmatrix}\begin{bmatrix}u_1\\ u_2\\ u_3\\ u_4\\ u_5\\ u_6\end{bmatrix}=\begin{bmatrix}0\\ 0\\ 0\end{bmatrix}$$

即

$$\boldsymbol{B}_{\mathrm{f}}\boldsymbol{u}=0 \tag{9.2.3}$$

式中，$\boldsymbol{B}_{\mathrm{f}}$ 为基本回路矩阵；$\boldsymbol{u}=[u_1\quad u_2\quad u_3\quad u_4\quad u_5\quad u_6]^{\mathrm{T}}$ 为支路电压列向量；式(9.2.3)即为用

基本回路矩阵 $\boldsymbol{B}_{\mathrm{f}}$ 表示的KVL方程。

对于图9.2.3基本回路,设回路电流分别为 i_{l1}、i_{l2}、i_{l3},则各支路电流可用回路电流来表示

$$i_1=i_{l1}-i_{l3},i_2=i_{l1}+i_{l2},i_3=i_{l2}+i_{l3}$$
$$i_4=i_{l1},i_5=i_{l2},i_6=i_{l3}$$

写成矩阵形式为

$$\begin{bmatrix} i_1\\ i_2\\ i_3\\ i_4\\ i_5\\ i_6 \end{bmatrix}=\begin{bmatrix} 1 & 0 & -1\\ 1 & 1 & 0\\ 0 & 1 & 1\\ 1 & 0 & 0\\ 0 & 1 & 0\\ 0 & 0 & 1 \end{bmatrix}\begin{bmatrix} i_{l1}\\ i_{l2}\\ i_{l3} \end{bmatrix}$$

即
$$\boldsymbol{i}=\boldsymbol{B}_{\mathrm{f}}^{\mathrm{T}}\boldsymbol{i}_l \tag{9.2.4}$$

式中,$\boldsymbol{i}=[i_1\quad i_2\quad i_3\quad i_4\quad i_5\quad i_6]^{\mathrm{T}}$ 为支路电流列向量;$\boldsymbol{B}_{\mathrm{f}}^{\mathrm{T}}$ 为基本回路矩阵的转置矩阵,$\boldsymbol{i}_l=[i_{l1}\quad i_{l2}\quad i_{l3}]^{\mathrm{T}}$为回路电流列向量。式(9.2.4)即为用基本回路矩阵表示的KCL方程。

以图9.2.4为例,推导用基本割集矩阵 $\boldsymbol{Q}_{\mathrm{f}}$ 表示的KCL和KVL方程。

以(1,2,3)为树支,对于基本割集组应用闭合面KCL,可得

$$i_1-i_5-i_6=0$$
$$i_2-i_4+i_5+i_6=0$$
$$i_3-i_4+i_5=0$$

写成矩阵形式为

$$\begin{bmatrix} 1 & 0 & 0 & 0 & -1 & -1\\ 0 & 1 & 0 & -1 & 1 & 1\\ 0 & 0 & 1 & -1 & 1 & 0 \end{bmatrix}\begin{bmatrix} i_1\\ i_2\\ i_3\\ i_4\\ i_5\\ i_6 \end{bmatrix}=\begin{bmatrix} 0\\ 0\\ 0 \end{bmatrix}$$

即
$$\boldsymbol{Q}_{\mathrm{f}}\boldsymbol{i}=0 \tag{9.2.5}$$

式中,$\boldsymbol{i}=[i_1\quad i_2\quad i_3\quad i_4\quad i_5\quad i_6]^{\mathrm{T}}$ 为支路电流列向量。式(9.2.5)即为用基本回路矩阵 $\boldsymbol{Q}_{\mathrm{f}}$ 表示的KCL方程。

设树支电压分别为 u_{t1}、u_{t2}、u_{t3},显然有 $u_{\mathrm{t1}}=u_1$、$u_{\mathrm{t2}}=u_2$、$u_{\mathrm{t3}}=u_3$,各支路电压可用树支电压来表示

$$u_1=u_{\mathrm{t1}},u_2=u_{\mathrm{t2}},u_3=u_{\mathrm{t3}}$$
$$u_4=-u_{\mathrm{t2}}-u_{\mathrm{t3}},u_5=-u_{\mathrm{t1}}+u_{\mathrm{t2}}+u_{\mathrm{t3}},u_6=-u_{\mathrm{t1}}+u_{\mathrm{t2}}$$

写成矩阵形式为

$$\begin{bmatrix} u_1\\ u_2\\ u_3\\ u_4\\ u_5\\ u_6 \end{bmatrix}=\begin{bmatrix} 1 & 0 & 0\\ 0 & 1 & 0\\ 0 & 0 & 1\\ 0 & -1 & -1\\ -1 & 1 & 1\\ -1 & 1 & 0 \end{bmatrix}\begin{bmatrix} u_{\mathrm{t1}}\\ u_{\mathrm{t2}}\\ u_{\mathrm{t3}} \end{bmatrix}$$

即
$$\boldsymbol{u}=\boldsymbol{Q}_{\mathrm{f}}^{\mathrm{T}}\boldsymbol{u}_{\mathrm{t}} \tag{9.2.6}$$

式中,$Q_{\mathrm{f}}^{\mathrm{T}}$ 为基本割集矩阵的转置矩阵;$\boldsymbol{u}=[u_1\quad u_2\quad u_3\quad u_4\quad u_5\quad u_6]^{\mathrm{T}}$ 为支路电压列向量;$\boldsymbol{u}_{\mathrm{t}}=[u_{\mathrm{t1}}\quad u_{\mathrm{t2}}\quad u_{\mathrm{t3}}]^{\mathrm{T}}$ 为树支电压的列向量。式(9.2.6)即为用基本割集矩阵表示的KVL方程。

9.3　典型支路及其电压电流约束(VCR)方程的矩阵形式

在分析电路时，除根据电路的图列出 KCL、KVL 方程外，还需知道电路各支路的电压电流的约束关系。支路上的元件不同约束关系亦不一样，为了规范化，定义一种通用的典型的支路模型是必要的，实际支路可以看成是典型支路元件某种组合。

图 9.3.1 定义了正弦稳态的一个典型支路模型。其中：Z_k 为支路复阻抗；$\dot{U}_{Sk}$、$\dot{I}_{Sk}$ 分别表示支路独立电压源和独立电流源；$\dot{U}_k$、$\dot{I}_k$ 分别表示支路电压和电流；$\dot{U}_{ek}$、$\dot{I}_{ek}$ 分别表示无源元件两端的电压和电流，各参数中的下标 k 表示第 k 条支路。各电压电流的参考方向如图 9.3.1 所示。实际支路可以是上述典型支路元件的组合。下面推导典型支路的支路电压与支路电流关系的矩阵形式，即 VCR 的矩阵形式。

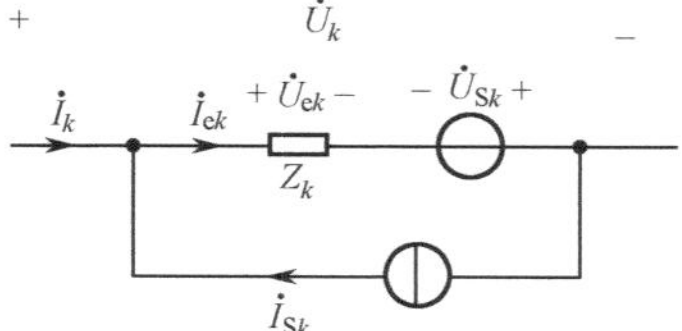

图 9.3.1　典型支路

$$\dot{U}_k = Z_k \dot{I}_{ek} - \dot{U}_{Sk} \tag{9.3.1}$$

$$\dot{I}_{ek} = \dot{I}_k + \dot{I}_{Sk} \tag{9.3.2}$$

将式(9.3.2)代入式(9.3.1)中，并整理得

$$\dot{U}_k = Z_k \dot{I}_k - \dot{U}_{Sk} + Z_k \dot{I}_{Sk} \tag{9.3.3}$$

即

$$\begin{bmatrix} \dot{U}_1 \\ \dot{U}_2 \\ \vdots \\ \dot{U}_b \end{bmatrix} = \begin{bmatrix} Z_1 & 0 & \cdots & 0 \\ \vdots & Z_2 & \cdots & 0 \\ \vdots & \vdots & \ddots & \vdots \\ 0 & 0 & \cdots & Z_b \end{bmatrix} \begin{bmatrix} \dot{I}_1 \\ \dot{I}_2 \\ \vdots \\ \dot{I}_b \end{bmatrix} - \begin{bmatrix} \dot{U}_{S1} \\ \dot{U}_{S2} \\ \vdots \\ \dot{U}_{Sb} \end{bmatrix} + \begin{bmatrix} Z_1 & 0 & \cdots & 0 \\ \vdots & Z_2 & \cdots & 0 \\ \vdots & \vdots & \ddots & \vdots \\ 0 & 0 & \cdots & Z_b \end{bmatrix} \begin{bmatrix} \dot{I}_{S1} \\ \dot{I}_{S2} \\ \vdots \\ \dot{I}_{Sb} \end{bmatrix}$$

写成矩阵形式为

$$\dot{\boldsymbol{U}} = \boldsymbol{Z}\dot{\boldsymbol{I}} - \dot{\boldsymbol{U}}_S + \boldsymbol{Z}\dot{\boldsymbol{I}}_S \tag{9.3.4}$$

式中，$\dot{\boldsymbol{U}} = [\dot{U}_1 \quad \dot{U}_2 \quad \cdots \quad \dot{U}_b]^T$——支路电压列向量；

$\dot{\boldsymbol{I}} = [\dot{I}_1 \quad \dot{I}_2 \quad \cdots \quad \dot{I}_b]^T$——支路电流列向量；

$\dot{\boldsymbol{U}}_S = [\dot{U}_{S1} \quad \dot{U}_{S2} \quad \cdots \quad \dot{U}_{Sb}]^T$——支路独立电压源列向量；

$\dot{\boldsymbol{I}}_S = [\dot{I}_{S1} \quad \dot{I}_{S2} \quad \cdots \quad \dot{I}_{Sb}]^T$——支路独立电流源列向量。

$$\boldsymbol{Z} = \begin{bmatrix} Z_1 & 0 & \cdots & 0 \\ \vdots & Z_2 & \cdots & 0 \\ \vdots & \vdots & \ddots & \vdots \\ 0 & 0 & \cdots & Z_b \end{bmatrix} = \mathrm{diag}[Z_1 \quad Z_2 \quad \cdots \quad Z_b]$$

为支路阻抗矩阵。“diag”表示对角矩阵。

式(9.3.4)即为矩阵表示的支路电压电流的关系，即矩阵形式的支路 VCR。

如果将式(9.3.4)左乘阻抗矩阵 $\boldsymbol{Z}$ 的逆矩阵 $\boldsymbol{Z}^{-1}$，则有

$$\boldsymbol{Z}^{-1}\dot{\boldsymbol{U}} = \boldsymbol{Z}^{-1}\boldsymbol{Z}\dot{\boldsymbol{I}} - \boldsymbol{Z}^{-1}\dot{\boldsymbol{U}}_S + \boldsymbol{Z}^{-1}\boldsymbol{Z}\dot{\boldsymbol{I}}_S$$

即

$$\boldsymbol{Z}^{-1}\dot{\boldsymbol{U}} = \dot{\boldsymbol{I}} - \boldsymbol{Z}^{-1}\dot{\boldsymbol{U}}_S + \dot{\boldsymbol{I}}_S \tag{9.3.5}$$

令 $\boldsymbol{Y} = \boldsymbol{Z}^{-1}$ 为支路导纳矩阵，则得到用支路导纳矩阵表示的支路电压电流关系，即

$$\dot{\boldsymbol{I}} = \boldsymbol{Y}\dot{\boldsymbol{U}}_S - \dot{\boldsymbol{I}}_S + \boldsymbol{Y}\dot{\boldsymbol{U}} \tag{9.3.6}$$

式(9.3.4)和式(9.3.6)是典型支路的支路电压和支路电流关系(VCR)的矩阵形式。式(9.3.4)是以支路电流表示的支路电压，用于回路电流法；式(9.3.6)是以支路电压表示的支路电流，用于节点电压法和割集电压法。

【例 9.3.1】　写出图 9.3.2(a)所示电路的支路电压和支路电流的约束关系。

【解】　图 9.3.2(b)画出了电路的拓扑图，则电路的阻抗矩阵为

$$\boldsymbol{Z}=\operatorname{diag}\begin{bmatrix}R_1 & \mathrm{j}\omega L_2 & \mathrm{j}\omega L_3 & -\mathrm{j}\dfrac{1}{\omega C_4} & R_5 & R_6\end{bmatrix}$$

支路导纳矩阵为

$$\boldsymbol{Y}=\boldsymbol{Z}^{-1}=\operatorname{diag}\begin{bmatrix}\dfrac{1}{R_1} & -\mathrm{j}\dfrac{1}{\omega L_2} & -\mathrm{j}\dfrac{1}{\omega L_3} & \mathrm{j}\omega C_4 & \dfrac{1}{R_5} & \dfrac{1}{R_6}\end{bmatrix}$$

支路电压列向量为　　$\dot{\boldsymbol{U}}=[\dot{U}_1\ \ \dot{U}_2\ \ \dot{U}_3\ \ \dot{U}_4\ \ \dot{U}_5\ \ \dot{U}_6]^{\mathrm{T}}$

支路电流列向量为　　$\dot{\boldsymbol{I}}=[\dot{I}_1\ \ \dot{I}_2\ \ \dot{I}_3\ \ \dot{I}_4\ \ \dot{I}_5\ \ \dot{I}_6]^{\mathrm{T}}$

支路电压源列向量为　　$\dot{\boldsymbol{U}}_{\mathrm{S}}=[0\ \ 0\ \ 0\ \ 0\ \ \dot{U}_{\mathrm{S5}}\ \ 0]^{\mathrm{T}}$

支路电流源列向量为　　$\dot{\boldsymbol{I}}_{\mathrm{S}}=[0\ \ 0\ \ 0\ \ 0\ \ 0\ \ -\dot{I}_{\mathrm{S6}}]^{\mathrm{T}}$

将上述列向量或矩阵代入式(9.3.4),即得支路电流和电压的关系式,即

$$\begin{bmatrix}\dot{U}_1\\ \dot{U}_2\\ \dot{U}_3\\ \dot{U}_4\\ \dot{U}_5\\ \dot{U}_6\end{bmatrix}=\begin{bmatrix}R_1 &&&&&\\ & \mathrm{j}\omega L_2 &&&&\\ && \mathrm{j}\omega L_3 &&&\\ &&& -\mathrm{j}\dfrac{1}{\omega C_4} &&\\ &&&& R_5 &\\ &&&&& R_6\end{bmatrix}\begin{bmatrix}\dot{I}_1\\ \dot{I}_2\\ \dot{I}_3\\ \dot{I}_4\\ \dot{I}_5\\ \dot{I}_6\end{bmatrix}-\begin{bmatrix}0\\ 0\\ 0\\ 0\\ \dot{U}_{\mathrm{S5}}\\ 0\end{bmatrix}+$$
$$\begin{bmatrix}R_1 &&&&&\\ & \mathrm{j}\omega L_2 &&&&\\ && \mathrm{j}\omega L_3 &&&\\ &&& -\mathrm{j}\dfrac{1}{\omega C_4} &&\\ &&&& R_5 &\\ &&&&& R_6\end{bmatrix}\begin{bmatrix}0\\ 0\\ 0\\ 0\\ 0\\ -\dot{I}_{\mathrm{S6}}\end{bmatrix}$$

将上述列向量或矩阵代入式(9.3.6)即可得到以支路电压表示支路电流的支路电流和电压关系式(略)。

应该指出,上述论述没有考虑互感和含受控源的情况,因此,支路阻抗矩阵和支路导纳矩阵是一个对角阵。支路之间有互感或支路含有受控源时,支路阻抗矩阵和支路导纳矩阵将不再是对角阵。

【例 9.3.2】 例 9.3.1 中电感两个电感线圈有互感,如图 9.3.3所示,图中 M_{23} 和 M_{32} 分别表示电感 L_3 对 L_2 的互感与电感 L_2 对 L_3 的互感。它的拓扑图仍为图 9.3.2(b)所示,试写出其电压和电流的约束关系。

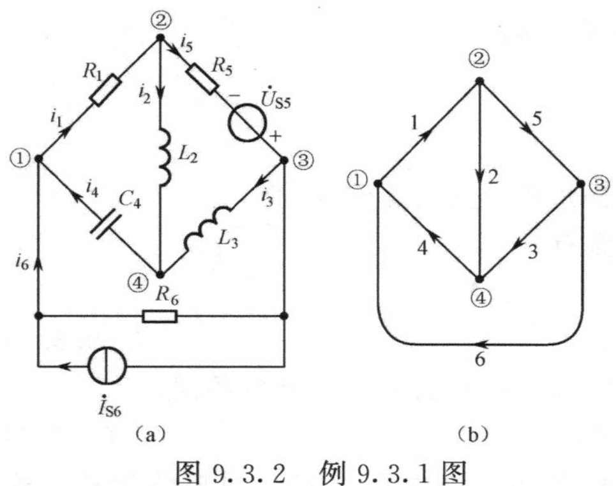

图 9.3.2　例 9.3.1 图

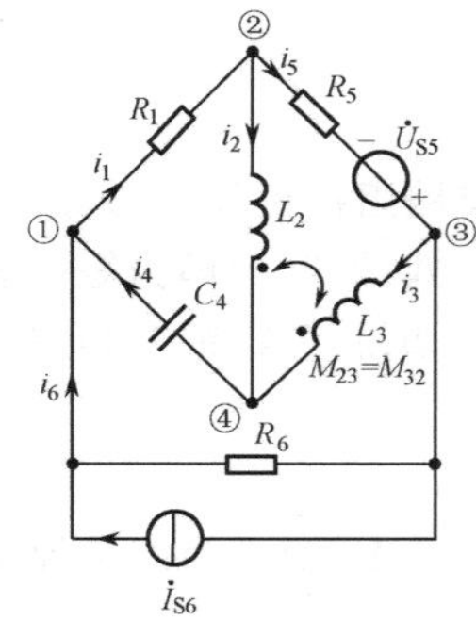

图 9.3.3　例 9.3.2 图

【解】 显然,支路 2 和支路 3 应包含互感电压,根据图中互感线圈的同名端关系,可以写出其电流电压约束关系为

$$
\begin{bmatrix}\dot{U}_1\\ \dot{U}_2\\ \dot{U}_3\\ \dot{U}_4\\ \dot{U}_5\\ \dot{U}_6\end{bmatrix}=\begin{bmatrix}R_1 & 0 & 0 & 0 & 0 & 0\\ 0 & \mathrm{j}\omega L_2 & \mathrm{j}\omega M_{23} & 0 & 0 & 0\\ 0 & \mathrm{j}\omega M_{32} & \mathrm{j}\omega L_3 & 0 & 0 & 0\\ 0 & 0 & 0 & -\mathrm{j}\dfrac{1}{\omega C_4} & 0 & 0\\ 0 & 0 & 0 & 0 & R_5 & 0\\ 0 & 0 & 0 & 0 & 0 & R_6\end{bmatrix}\begin{bmatrix}\dot{I}_1\\ \dot{I}_2\\ \dot{I}_3\\ \dot{I}_4\\ \dot{I}_5\\ \dot{I}_6\end{bmatrix}-\begin{bmatrix}0\\ 0\\ 0\\ 0\\ \dot{U}_{S5}\\ 0\end{bmatrix}+
$$

$$
\begin{bmatrix}R_1 & 0 & 0 & 0 & 0 & 0\\ 0 & \mathrm{j}\omega L_2 & \mathrm{j}\omega M_{23} & 0 & 0 & 0\\ 0 & \mathrm{j}\omega M_{32} & \mathrm{j}\omega L_3 & 0 & 0 & 0\\ 0 & 0 & 0 & -\mathrm{j}\dfrac{1}{\omega C_4} & 0 & 0\\ 0 & 0 & 0 & 0 & R_5 & 0\\ 0 & 0 & 0 & 0 & 0 & R_6\end{bmatrix}\begin{bmatrix}0\\ 0\\ 0\\ 0\\ 0\\ -\dot{I}_{S6}\end{bmatrix}
$$

从例9.3.2可以看出，当电路中含有互感时，支路VCR的矩阵形式不变，只是其支路阻抗矩阵不再是对角矩阵。此时，支路阻抗矩阵 $\boldsymbol{Z}$ 的对角元素仍为支路阻抗，而非对角线元素则是相应支路之间的互感阻抗。例9.3.2中，支路2与支路3有互感，则 $\boldsymbol{Z}$ 的第二行第三列元素是 $\mathrm{j}\omega M_{23}$，而第三行第二列元素是 $\mathrm{j}\omega M_{32}$。由于互感 $M_{ij}=M_{ji}$，所以，当电路含互感，不含受控源时，支路阻抗矩阵 $\boldsymbol{Z}$ 虽不是对角矩阵，但仍是对称矩阵。

不难看出，有互感时，只要将支路阻抗矩阵 $\boldsymbol{Z}$ 中添加相应的元素，则其逆矩阵 $\boldsymbol{Z}^{-1}$ 仍为支路导纳矩阵 $\boldsymbol{Y}$，即 $\boldsymbol{Y}=\boldsymbol{Z}^{-1}$。

因此，有互感时，支路电压与支路电流的关系式(9.3.4)和式(9.3.6)仍成立，只是 $\boldsymbol{Z}$ 和 $\boldsymbol{Y}$ 中考虑了互感。

9.4　节点电压法的矩阵形式

节点电压法是以节点电压为变量的一种分析电路的方法，是当前计算机辅助分析和设计中应用最广泛的一种方法。

将前几节推导的电路方程的矩阵形式重列于下

$$\boldsymbol{A}\dot{\boldsymbol{I}}=\boldsymbol{0} \tag{9.4.1}$$

$$\dot{\boldsymbol{U}}=\boldsymbol{A}^{\mathrm{T}}\dot{\boldsymbol{U}}_n \tag{9.4.2}$$

$$\dot{\boldsymbol{I}}=\boldsymbol{Y}\dot{\boldsymbol{U}}-\dot{\boldsymbol{I}}_{\mathrm{S}}+\boldsymbol{Y}\dot{\boldsymbol{U}}_{\mathrm{S}} \tag{9.4.3}$$

式中，$\boldsymbol{A}$ 为关联矩阵；$\dot{\boldsymbol{I}}$ 和 $\dot{\boldsymbol{U}}$ 分别为支路电流和支路电压列向量；$\dot{\boldsymbol{U}}_n$ 为节点电压列向量；$\dot{\boldsymbol{I}}_{\mathrm{S}}$ 和 $\dot{\boldsymbol{U}}_{\mathrm{S}}$ 分别为支路独立电流源和独立电压源列向量；$\boldsymbol{Y}$ 为支路导纳矩阵。

由式(9.4.1)、式(9.4.2)、式(9.4.3)消去 $\dot{\boldsymbol{I}}$ 和 $\dot{\boldsymbol{U}}$，即得

$$\boldsymbol{AYA}^{\mathrm{T}}\dot{\boldsymbol{U}}_n=\boldsymbol{A}\dot{\boldsymbol{I}}_{\mathrm{S}}-\boldsymbol{AY}\dot{\boldsymbol{U}}_{\mathrm{S}} \tag{9.4.4}$$

式(9.4.4)即为节点电压方程的矩阵形式，或称用节点电压表示的KCL。

若令

$$\boldsymbol{Y}_n=\boldsymbol{AYA}^{\mathrm{T}} \tag{9.4.5}$$

$$\dot{\boldsymbol{I}}_n=\boldsymbol{A}\dot{\boldsymbol{I}}_{\mathrm{S}}-\boldsymbol{AY}\dot{\boldsymbol{U}}_{\mathrm{S}} \tag{9.4.6}$$

则得到节点电压方程的矩阵形式的另一形式

$$\boldsymbol{Y}_n\dot{\boldsymbol{U}}_n=\dot{\boldsymbol{I}}_n \tag{9.4.7}$$

式中，$\boldsymbol{Y}_n$ 称为节点导纳矩阵；$\dot{\boldsymbol{I}}_n$ 称为节点电流源等效列向量。

对于 n 个节点、b 条支路的电路，$\boldsymbol{Y}_n$ 为 $(n-1)\times(n-1)$ 阶矩阵，$\dot{\boldsymbol{U}}_n$ 为 $(n-1)$ 维列向量，则 $\boldsymbol{Y}_n\dot{U}_n$ 为 $(n-1)\times 1$ 阶矩阵；$\dot{\boldsymbol{I}}_n$ 也为 $(n-1)$ 维列向量。

由式(9.4.7)可求得节点电压为

$$\dot{\boldsymbol{U}}_n=\boldsymbol{Y}_n^{-1}\dot{\boldsymbol{I}}_n \tag{9.4.8}$$

求得节点电压后,即可由式(9.4.2)求得支路电压,进而可由式(9.4.3)求得支路电流。

【例 9.4.1】 列出图 9.3.2(例 9.3.1 图)中节点电压方程。

【解】 以节点④为参考节点,则待求的节点电压向量为

$$\dot{\boldsymbol{U}}_n=[\dot{U}_{n1}\quad \dot{U}_{n2}\quad \dot{U}_{n3}]^{\mathrm{T}}$$

$$\boldsymbol{A}=\begin{bmatrix}1&0&0&-1&0&-1\\-1&1&0&0&1&0\\0&0&1&0&-1&1\end{bmatrix}$$

$$\boldsymbol{Y}_n=\boldsymbol{AYA}^{\mathrm{T}}=\begin{bmatrix}1&0&0&-1&0&-1\\-1&1&0&0&1&0\\0&0&1&0&-1&1\end{bmatrix}\times$$

$$\begin{bmatrix}\frac{1}{R_1}&&&&&\\&-\mathrm{j}\frac{1}{\omega L_2}&&&&\\&&-\mathrm{j}\frac{1}{\omega L_3}&&&\\&&&\mathrm{j}\omega C_4&&\\&&&&\frac{1}{R_5}&\\&&&&&\frac{1}{R_6}\end{bmatrix}\times\begin{bmatrix}1&-1&0\\0&1&0\\0&0&1\\-1&0&0\\0&1&-1\\-1&0&1\end{bmatrix}$$

$$=\begin{bmatrix}\frac{1}{R_1}+\frac{1}{R_6}+\mathrm{j}\omega C_4&-\frac{1}{R_1}&-\frac{1}{R_6}\\-\frac{1}{R_1}&\frac{1}{R_1}+\frac{1}{R_5}-\mathrm{j}\frac{1}{\omega L_2}&-\frac{1}{R_5}\\-\frac{1}{R_6}&-\frac{1}{R_5}&\frac{1}{R_5}+\frac{1}{R_6}-\mathrm{j}\frac{1}{\omega L_3}\end{bmatrix}$$

节点等效电流源向量为

$$\dot{\boldsymbol{I}}_n=\boldsymbol{A}\dot{\boldsymbol{I}}_{\mathrm{S}}-\boldsymbol{AY}\dot{\boldsymbol{U}}_{\mathrm{S}}$$

$$=\begin{bmatrix}1&0&0&-1&0&-1\\-1&1&0&0&1&0\\0&0&1&0&-1&1\end{bmatrix}\begin{bmatrix}0\\0\\0\\0\\0\\-\dot{I}_{\mathrm{S6}}\end{bmatrix}-$$

$$\begin{bmatrix}1&0&0&-1&0&-1\\-1&1&0&0&1&0\\0&0&1&0&-1&1\end{bmatrix}\times$$

$$\begin{bmatrix}\frac{1}{R_1}&&&&&\\&-\mathrm{j}\frac{1}{\omega L_2}&&&&\\&&-\mathrm{j}\frac{1}{\omega L_3}&&&\\&&&\mathrm{j}\omega C_4&&\\&&&&\frac{1}{R_5}&\\&&&&&\frac{1}{R_6}\end{bmatrix}\begin{bmatrix}0\\0\\0\\0\\\dot{U}_{\mathrm{S5}}\\0\end{bmatrix}=\begin{bmatrix}\dot{I}_{\mathrm{S6}}\\-\frac{\dot{U}_{\mathrm{S5}}}{R_5}\\-\dot{I}_{\mathrm{S6}}+\frac{\dot{U}_{\mathrm{S5}}}{R_5}\end{bmatrix}$$

将以上矩阵代入节点电压方程 $\boldsymbol{Y}_n\dot{\boldsymbol{U}}_n=\dot{\boldsymbol{I}}_n$ 即可。

以上求出的 $\boldsymbol{Y}_n$ 和 $\dot{\boldsymbol{I}}_n$ 中的各元素，与直观方法得出的相应结果是一致的。

【例 9.4.2】 用 M 表示图 9.3.3(例 9.3.2 例题)两电感线圈之间的互感，试列出节点电压方程。

【解】 本题中电路两电感线圈有互感，在例 9.3.2 中已列出其支路阻抗矩阵，因此，其支路导纳矩阵为

$$\boldsymbol{Y}=\boldsymbol{Z}^{-1}=\begin{bmatrix} R_1 & 0 & 0 & 0 & 0 & 0 \\ 0 & \mathrm{j}\omega L_2 & \mathrm{j}\omega M & 0 & 0 & 0 \\ 0 & \mathrm{j}\omega M & \mathrm{j}\omega L_3 & 0 & 0 & 0 \\ 0 & 0 & 0 & -\mathrm{j}\dfrac{1}{\omega C_4} & 0 & 0 \\ 0 & 0 & 0 & 0 & R_5 & 0 \\ 0 & 0 & 0 & 0 & 0 & R_6 \end{bmatrix}^{-1}$$

$$=\begin{bmatrix} \boldsymbol{Z}_{11} & 0 \\ 0 & \boldsymbol{Z}_{22} \end{bmatrix}^{-1}=\begin{bmatrix} \boldsymbol{Z}_{11}^{-1} & 0 \\ 0 & \boldsymbol{Z}_{22}^{-1} \end{bmatrix}$$

式中

$$\boldsymbol{Z}_{11}=\begin{bmatrix} R_1 & 0 & 0 \\ 0 & \mathrm{j}\omega L_2 & \mathrm{j}\omega M \\ 0 & \mathrm{j}\omega M & \mathrm{j}\omega L_3 \end{bmatrix} \qquad \boldsymbol{Z}_{22}=\begin{bmatrix} -\mathrm{j}\dfrac{1}{\omega C_4} & 0 & 0 \\ 0 & R_5 & 0 \\ 0 & 0 & R_6 \end{bmatrix}$$

$$\boldsymbol{Z}_{11}^{-1}=\begin{bmatrix} \dfrac{1}{R_1} & 0 & 0 \\ 0 & \dfrac{\mathrm{j}\omega L_3}{\boldsymbol{\Delta}} & -\dfrac{\mathrm{j}\omega M}{\boldsymbol{\Delta}} \\ 0 & -\dfrac{\mathrm{j}\omega M}{\boldsymbol{\Delta}} & \dfrac{\mathrm{j}\omega L_2}{\boldsymbol{\Delta}} \end{bmatrix} \qquad \boldsymbol{Z}_{22}^{-1}=\begin{bmatrix} \mathrm{j}\omega C_4 & 0 & 0 \\ 0 & \dfrac{1}{R_5} & 0 \\ 0 & 0 & \dfrac{1}{R_6} \end{bmatrix}$$

其中

$$\boldsymbol{\Delta}=\begin{vmatrix} \mathrm{j}\omega L_2 & \mathrm{j}\omega M \\ \mathrm{j}\omega M & \mathrm{j}\omega L_3 \end{vmatrix}=\omega^2(M^2-L_2L_3)$$

$$\boldsymbol{Y}_n=\boldsymbol{AYA}^{\mathrm{T}}=\begin{bmatrix} \dfrac{1}{R_1}+\dfrac{1}{R_2}+\mathrm{j}\omega C_4 & -\dfrac{1}{R_1} & -\dfrac{1}{R_6} \\ -\dfrac{1}{R_1} & \dfrac{1}{R_1}+\dfrac{1}{R_5}+\dfrac{\mathrm{j}\omega L_3}{\boldsymbol{\Delta}} & \dfrac{1}{R_5}-\dfrac{\mathrm{j}\omega M}{\boldsymbol{\Delta}} \\ -\dfrac{1}{R_6} & \dfrac{1}{R_5}-\dfrac{\mathrm{j}\omega M}{\boldsymbol{\Delta}} & \dfrac{1}{R_5}+\dfrac{1}{R_6}+\dfrac{\mathrm{j}\omega L_2}{\boldsymbol{\Delta}} \end{bmatrix}$$

节点等效电流源向量与上例相同。将以上矩阵代入节点电压方程 $\boldsymbol{Y}_n\dot{\boldsymbol{U}}_n=\dot{\boldsymbol{I}}_n$ 即可。

例 9.4.2 是含有互感情况的节点电压方程的列写。可以看出，其过程是先列写其支路阻抗矩阵，再求其逆而得到支路导纳矩阵。当不含受控源时，其支路导纳矩阵是一个对称的非对角矩阵。

下面讨论含受控源时，节点电压方程的列写方法。

当电路中含有受控源时，由于受控源有四种类型，节点电压方程比较复杂，在这里仅考虑电压控制的电流源，且电路中不含互感的情况。图 9.4.1(a)所示电路是具有受控源的典型支路，图中 $\dot{I}_{\mathrm{d}k}$ 是受第 j 条支路中无源元件电压 $\dot{U}_{\mathrm{e}j}$ 控制的 VCCS。即

$$\dot{I}_{\mathrm{d}k}=g_{kj}\dot{U}_{\mathrm{e}j}\text{。}$$

$$\dot{I}_k=Y_k\dot{U}_{\mathrm{e}k}+\dot{I}_{\mathrm{d}k}-\dot{I}_{\mathrm{S}k}=Y_k\dot{U}_{\mathrm{e}k}+g_{kj}\dot{U}_{\mathrm{e}j}-\dot{I}_{\mathrm{S}k}$$

其他支路

$$\dot{I}_j=Y_j\dot{U}_{\mathrm{e}j}-\dot{I}_{\mathrm{S}j} \qquad (j=1,2,3,\cdots;j\neq k)$$

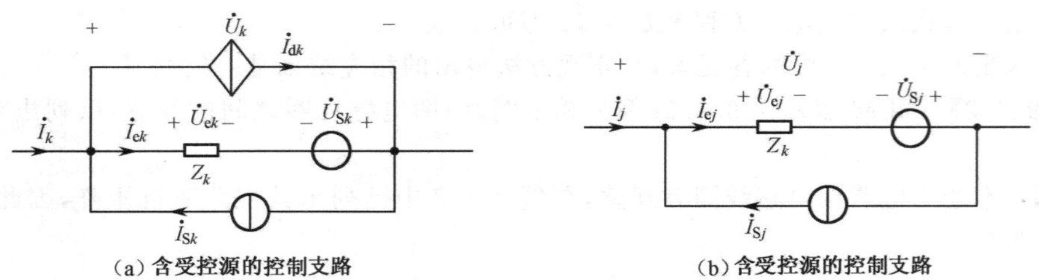

(a) 含受控源的控制支路　　(b) 含受控源的控制支路

图 9.4.1　含受控源的典型支路

所有支路的支路电流方程可写为

$$\begin{bmatrix}\dot{I}_1\\ \dot{I}_2\\ \vdots\\ \dot{I}_j\\ \vdots\\ \dot{I}_k\\ \vdots\\ \dot{I}_b\end{bmatrix}=\begin{bmatrix}Y_1 & 0 & \cdots & 0 & \cdots & 0 & \cdots & 0\\ 0 & Y_2 & \cdots & 0 & \cdots & 0 & \cdots & 0\\ \vdots & \vdots & \ddots & \vdots & \cdots & \vdots & \cdots & \vdots\\ 0 & 0 & \cdots & Y_j & \cdots & 0 & \cdots & 0\\ \vdots & \vdots & \vdots & \vdots & \ddots & \vdots & \vdots & \vdots\\ 0 & 0 & \cdots & g_{kj} & \cdots & Y_k & \cdots & 0\\ \vdots & \vdots & \vdots & \vdots & \cdots & \vdots & \ddots & \vdots\\ 0 & 0 & \cdots & 0 & \cdots & 0 & \cdots & Y_b\end{bmatrix}\begin{bmatrix}\dot{U}_{e1}\\ \dot{U}_{e2}\\ \vdots\\ \dot{U}_{ej}\\ \vdots\\ \dot{U}_{ek}\\ \vdots\\ \dot{U}_{eb}\end{bmatrix}-\begin{bmatrix}\dot{I}_{S1}\\ \dot{I}_{S2}\\ \vdots\\ \dot{I}_{Sj}\\ \vdots\\ \dot{I}_{Sk}\\ \vdots\\ \dot{I}_{Sb}\end{bmatrix}$$

或写成 $\dot{\boldsymbol{I}}=\boldsymbol{Y}\dot{\boldsymbol{U}}_e-\dot{\boldsymbol{I}}_S$，式中 $\dot{\boldsymbol{U}}_e=\dot{\boldsymbol{U}}+\dot{\boldsymbol{U}}_S$ 为无源元件电压列向量，代入上式即得支路电流与支路电压关系式，与式(9.4.3)相同，只是此时的支路导纳矩阵已是考虑了含受控源的情况。写出支路导纳矩阵后，同样根据式(9.4.4)写出节点电压方程即可。

【例 9.4.3】 电路如图 9.4.2(a)所示，图 9.4.2(b)是它的有向图。设 $\dot{I}_{d1}=g_{12}\dot{U}_2$、$\dot{I}_{d4}=\beta_{46}\dot{I}_6$。试写出支路 VCR 方程。

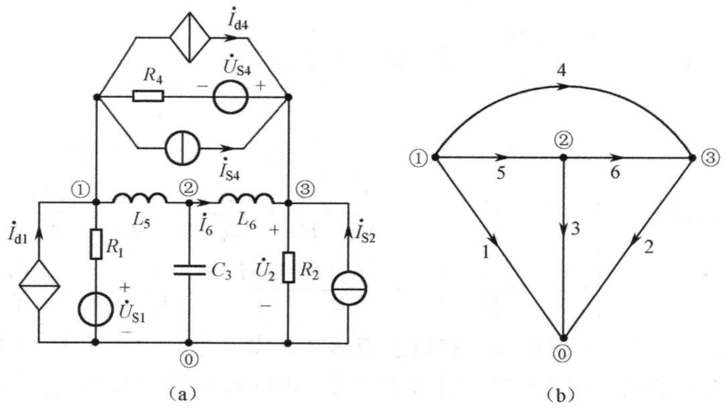

图 9.4.2　例 9.4.3 图

【解】 $\dot{I}_{d4}$ 是一个 CCCS，可将其转换为 L_6 两端电压控制的 VCCS，即

$$\dot{I}_{d4}=\beta_{46}\dot{I}_6=\beta_{46}\frac{\dot{U}_{e6}}{j\omega L_6}$$

支路导纳矩阵为

$$\boldsymbol{Y}=\begin{bmatrix}\frac{1}{R_1} & g_{12} & 0 & 0 & 0 & 0\\ 0 & \frac{1}{R_2} & 0 & 0 & 0 & 0\\ 0 & 0 & \mathrm{j}\omega C_3 & 0 & 0 & 0\\ 0 & 0 & 0 & \frac{1}{R_4} & 0 & \frac{\beta_{46}}{\mathrm{j}\omega L_6}\\ 0 & 0 & 0 & 0 & \frac{1}{\mathrm{j}\omega L_5} & 0\\ 0 & 0 & 0 & 0 & 0 & \frac{1}{\mathrm{j}\omega L_6}\end{bmatrix}$$

电流源向量和电压源向量为

$$\dot{\boldsymbol{I}}_{\mathrm{S}}=[0 \quad \dot{I}_{\mathrm{S2}} \quad 0 \quad -\dot{I}_{\mathrm{S4}} \quad 0 \quad 0]^{\mathrm{T}}$$
$$\dot{\boldsymbol{U}}_{\mathrm{S}}=[-\dot{U}_{\mathrm{S1}} \quad 0 \quad 0 \quad \dot{U}_{\mathrm{S4}} \quad 0 \quad 0]^{\mathrm{T}}$$

支路 VCR 方程为

$$\begin{bmatrix}\dot{I}_1\\ \dot{I}_2\\ \dot{I}_3\\ \dot{I}_4\\ \dot{I}_5\\ \dot{I}_6\end{bmatrix}=\begin{bmatrix}\frac{1}{R_1} & g_{12} & 0 & 0 & 0 & 0\\ 0 & \frac{1}{R_2} & 0 & 0 & 0 & 0\\ 0 & 0 & \mathrm{j}\omega C_3 & 0 & 0 & 0\\ 0 & 0 & 0 & \frac{1}{R_4} & 0 & \frac{\beta_{46}}{\mathrm{j}\omega L_6}\\ 0 & 0 & 0 & 0 & \frac{1}{\mathrm{j}\omega L_5} & 0\\ 0 & 0 & 0 & 0 & 0 & \frac{1}{\mathrm{j}\omega L_6}\end{bmatrix}\begin{bmatrix}\dot{U}_1-\dot{U}_{\mathrm{S1}}\\ \dot{U}_2+0\\ \dot{U}_3+0\\ \dot{U}_4+\dot{U}_{\mathrm{S4}}\\ \dot{U}_5+0\\ \dot{U}_6+0\end{bmatrix}-\begin{bmatrix}0\\ \dot{I}_{\mathrm{S2}}\\ 0\\ -\dot{I}_{\mathrm{S4}}\\ 0\\ 0\end{bmatrix}$$

9.5 割集电压方程的矩阵形式

以$(n-1)$个割集电压为变量列写的电路方程即为割集电压方程。通常以基本割集作为独立割集，每一基本割集只包含一个树支，所谓割集电压就是指该割集所含的树支支路电压。

按 9.3 节中定义的典型支路，对所给定的电路，画出它的图 G，从图 G 中任选一树，设树支电压列向量为 $\dot{\boldsymbol{U}}_{\mathrm{t}}$、支路电流列向量为 $\dot{\boldsymbol{I}}$、基本割集矩阵为 $\boldsymbol{Q}_{\mathrm{f}}$、支路导纳矩阵为 $\boldsymbol{Y}$、电压源列向量为 $\dot{\boldsymbol{U}}_{\mathrm{S}}$ 和电流源列向量为 $\dot{\boldsymbol{I}}_{\mathrm{S}}$，将式(9.2.5)和式(9.2.6)相量形式和支路约束方程(9.3.6)重列于下

$$\boldsymbol{Q}_{\mathrm{f}}\dot{\boldsymbol{I}}=0 \tag{9.5.1}$$

$$\dot{\boldsymbol{U}}=\boldsymbol{Q}_{\mathrm{f}}^{\mathrm{T}}\dot{\boldsymbol{U}}_{\mathrm{t}} \tag{9.5.2}$$

$$\dot{\boldsymbol{I}}=\boldsymbol{Y}\dot{\boldsymbol{U}}-\dot{\boldsymbol{I}}_{\mathrm{S}}+\boldsymbol{Y}\dot{\boldsymbol{U}}_{\mathrm{S}} \tag{9.5.3}$$

从上述三式中消去变量 $\dot{\boldsymbol{I}}$ 和 $\dot{\boldsymbol{U}}$，得

$$\boldsymbol{Q}_{\mathrm{f}}\boldsymbol{Y}\boldsymbol{Q}_{\mathrm{f}}^{\mathrm{T}}\dot{\boldsymbol{U}}_{\mathrm{t}}=\boldsymbol{Q}_{\mathrm{f}}\dot{\boldsymbol{I}}_{\mathrm{S}}-\boldsymbol{Q}_{\mathrm{f}}\boldsymbol{Y}\dot{\boldsymbol{U}}_{\mathrm{S}} \tag{9.5.4}$$

进一步令

$$\boldsymbol{Y}_{\mathrm{t}}=\boldsymbol{Q}_{\mathrm{f}}\boldsymbol{Y}\boldsymbol{Q}_{\mathrm{f}}^{\mathrm{T}} \tag{9.5.5}$$

$$\dot{\boldsymbol{I}}_{\mathrm{t}}=\boldsymbol{Q}_{\mathrm{f}}\dot{\boldsymbol{I}}_{\mathrm{S}}-\boldsymbol{Q}_{\mathrm{f}}\boldsymbol{Y}\dot{\boldsymbol{U}}_{\mathrm{S}} \tag{9.5.6}$$

$\boldsymbol{Y}_{\mathrm{t}}$ 和 $\dot{\boldsymbol{I}}_{\mathrm{t}}$ 分别称为割集导纳矩阵和割集等效电流源列向量，于是式(9.5.4)可写为

$$\boldsymbol{Y}_{\mathrm{t}}\dot{\boldsymbol{U}}_{\mathrm{t}}=\dot{\boldsymbol{I}}_{\mathrm{t}} \tag{9.5.7}$$

式(9.5.4)或式(9.5.7)为树支电压方程的矩阵形式。由此可解出树支电压为

$$\dot{\boldsymbol{U}}_{\mathrm{t}}=\boldsymbol{Y}_{\mathrm{t}}^{-1}\dot{\boldsymbol{I}}_{\mathrm{t}} \tag{9.5.8}$$

求出树支电压以后,可由式(9.5.2)求出各支路电压,由式(9.5.3)求出各支路电流。

【例 9.5.1】 用割集法列出图 9.5.1 所示电路的方程。

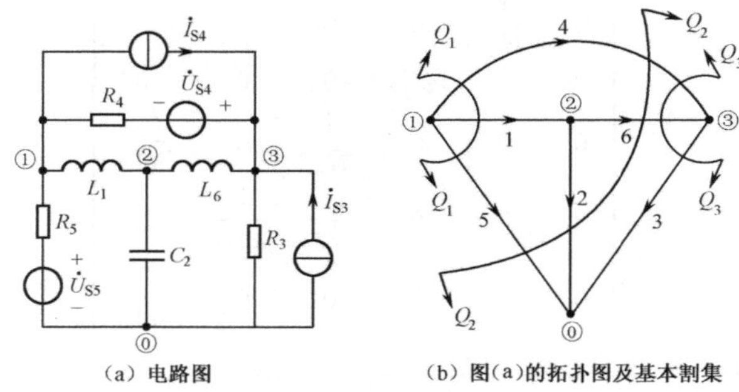

图 9.5.1 例 9.5.1 图

【解】 选支路 1,2,3 为树支,设待求树支电压向量 $\dot{\boldsymbol{U}}_t=[\dot{U}_1 \quad \dot{U}_2 \quad \dot{U}_3]^T$,树支电压方程为

$$\boldsymbol{Y}_t\dot{\boldsymbol{U}}_t=\dot{\boldsymbol{I}}_t$$

基本割集矩阵

$$\boldsymbol{Q}_f=\begin{bmatrix}1&0&0&1&1&0\\0&1&0&1&1&1\\0&0&1&-1&0&-1\end{bmatrix}$$

支路导纳矩阵

$$\boldsymbol{Y}=\mathrm{diag}\left[\frac{1}{j\omega L_1} \quad j\omega C_2 \quad \frac{1}{R_3} \quad \frac{1}{R_4} \quad \frac{1}{R_5} \quad \frac{1}{j\omega L_6}\right]$$

割集导纳矩阵

$$\boldsymbol{Y}_t=\boldsymbol{Q}_f\boldsymbol{Y}\boldsymbol{Q}_f^T=\begin{bmatrix}\frac{1}{j\omega L_1}+\frac{1}{R_4}+\frac{1}{R_5} & \frac{1}{R_4}+\frac{1}{R_5} & -\frac{1}{R_4}\\ \frac{1}{R_4}+\frac{1}{R_5} & j\omega C_2+\frac{1}{R_4}+\frac{1}{R_5}+\frac{1}{j\omega L_6} & -\frac{1}{R_4}-\frac{1}{j\omega L_6}\\ -\frac{1}{R_4} & -\frac{1}{R_4}-\frac{1}{j\omega L_6} & \frac{1}{R_3}+\frac{1}{R_4}+\frac{1}{j\omega L_6}\end{bmatrix}$$

支路电流源列向量和电压源列向量为

$$\dot{\boldsymbol{I}}_S=[0 \quad 0 \quad \dot{I}_{S3} \quad -\dot{I}_{S4} \quad 0 \quad 0]^T$$
$$\dot{\boldsymbol{U}}_S=[0 \quad 0 \quad 0 \quad \dot{U}_{S4} \quad -\dot{U}_{S5} \quad 0]^T$$

割集等效电流源列向量

$$\dot{\boldsymbol{I}}_t=\boldsymbol{Q}_f\dot{\boldsymbol{I}}_S-\boldsymbol{Q}_f\boldsymbol{Y}\dot{\boldsymbol{U}}_S=\begin{bmatrix}-\dot{I}_{S4}-\frac{\dot{U}_{S4}}{R_4}+\frac{\dot{U}_{S5}}{R_5}\\ -\dot{I}_{S4}-\frac{\dot{U}_{S4}}{R_4}+\frac{\dot{U}_{S5}}{R_5}\\ \dot{I}_{S4}+\dot{I}_{S3}+\frac{\dot{U}_{S4}}{R_4}\end{bmatrix}$$

从上例的结果可以看出,用割集法列写方程和用节点法很相似。割集导纳矩阵 $\boldsymbol{Y}_t$ 中的各元素有如下物理含义,对于不含有受控电源的电路,$\boldsymbol{Y}_t$ 中的对角线元素等于第 j 个割集所含支路的支路导纳之和;$\boldsymbol{Y}_t$ 的非对角线元素 Y_{jk} 等于第 j 和第 k 割集所共有的支路的支路导纳之和,且当公共支路的方向与第 j 和第 k 割集方向均相同或均相反时则冠以正号,否则冠以负号;割集等效电流源列向量 $\dot{\boldsymbol{I}}_t$ 中的每一项是与割集相关联的电流源的代数和,电流源的方向与割集方向一致时冠以负号,相反时则冠以正号。

9.6 回路电流方程的矩阵形式

以$(b-n+1)$个独立回路电流为变量列写的电路方程即是回路电流方程。通常以基本回路为独立回路，每一基本回路只包含一个连支，因此，可以设连支电流为包含该连支的基本回路的回路电流。

为列写电路的矩阵方程，在电路的图 G 中任选一树，设连支电流列向量为$\dot{\boldsymbol{I}}_l$、支路电压列向量为$\dot{\boldsymbol{U}}$，其基本回路矩阵为$\boldsymbol{B}_f$，支路阻抗矩阵为$\boldsymbol{Z}$，支路电压电流列向量分别为$\dot{\boldsymbol{U}}_S$和$\dot{\boldsymbol{I}}_S$。则用基本回路矩阵表示的 KCL 和 KVL 方程重列于下

$$\dot{\boldsymbol{I}}=\boldsymbol{B}_f^T\dot{\boldsymbol{I}}_l \tag{9.6.1}$$

$$\boldsymbol{B}_f\dot{\boldsymbol{U}}=0 \tag{9.6.2}$$

支路电流电压约束方程重列如下

$$\dot{\boldsymbol{U}}=\boldsymbol{Z}\dot{\boldsymbol{I}}-\dot{\boldsymbol{U}}_S+\boldsymbol{Z}\dot{\boldsymbol{I}}_S \tag{9.6.3}$$

由式(9.6.1)、式(9.6.3)和式(9.6.2)消去$\dot{\boldsymbol{I}}$和$\dot{\boldsymbol{U}}$即得

$$\boldsymbol{B}_f\boldsymbol{Z}\boldsymbol{B}_f^T\dot{\boldsymbol{I}}_l=\boldsymbol{B}_f\dot{\boldsymbol{U}}_S-\boldsymbol{B}_f\boldsymbol{Z}\dot{\boldsymbol{I}}_S \tag{9.6.4}$$

令

$$\boldsymbol{Z}_l=\boldsymbol{B}_f\boldsymbol{Z}\boldsymbol{B}_f^T \tag{9.6.5}$$

$$\dot{\boldsymbol{E}}_l=\boldsymbol{B}_f\dot{\boldsymbol{U}}_S-\boldsymbol{B}_f\boldsymbol{Z}\dot{\boldsymbol{I}}_S \tag{9.6.6}$$

则

$$\boldsymbol{Z}_l\dot{\boldsymbol{I}}_l=\dot{\boldsymbol{E}}_l \tag{9.6.7}$$

式(9.6.4)或式(9.6.6)称为回路电流方程的矩阵形式。$\boldsymbol{Z}_l$称为回路阻抗矩阵，$\dot{\boldsymbol{E}}_l$称为回路等效电压源向量。

由式(9.6.7)可求得$\dot{\boldsymbol{I}}_l=\boldsymbol{Z}_l^{-1}\dot{\boldsymbol{E}}_l$，再由式(9.6.1)和式(9.6.3)可进一步求得支路电流和支路电压。

【例 9.6.1】 用回路法列出图 9.6.1 所示电路的方程。

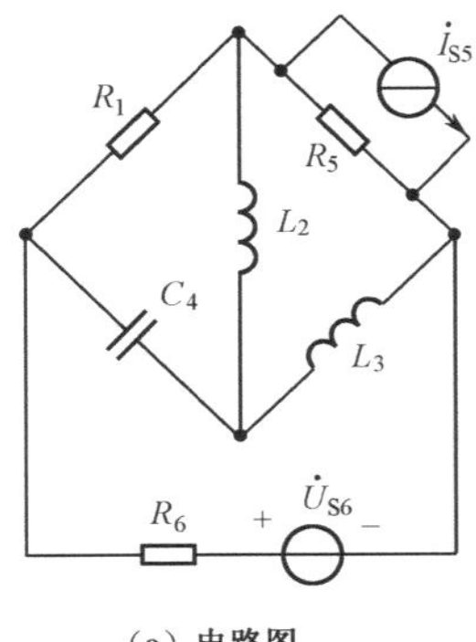

(a) 电路图

(b) 图(a)的拓扑图及基本回路

图 9.6.1 例 9.6.1 图

【解】 选支路 1,2,3 为树支，待求连支电流列向量为

$$\dot{\boldsymbol{I}}_l=\begin{bmatrix}\dot{I}_4 & \dot{I}_5 & \dot{I}_6\end{bmatrix}^T$$

基本回路矩阵为

$$\boldsymbol{B}_f=\begin{bmatrix}1 & 1 & 0 & 1 & 0 & 0\\ 0 & -1 & 1 & 0 & 1 & 0\\ 1 & 1 & -1 & 0 & 0 & 1\end{bmatrix}$$

支路阻抗矩阵

$$\boldsymbol{Z}=\operatorname{diag}\begin{bmatrix}R_1 & \mathrm{j}\omega L_2 & \mathrm{j}\omega L_3 & \dfrac{1}{\mathrm{j}\omega C_4} & R_5 & R_6\end{bmatrix}$$

回路阻抗矩阵为

$$\boldsymbol{Z}_l=\boldsymbol{B}_f\boldsymbol{Z}\boldsymbol{B}_f^{\mathrm{T}}$$

$$=\begin{bmatrix}R_1+\mathrm{j}\omega L_2-\mathrm{j}\dfrac{1}{\omega C_4} & -\mathrm{j}\omega L_2 & R_1+\mathrm{j}\omega L_2\\ -\mathrm{j}\omega L_2 & \mathrm{j}\omega L_2+\mathrm{j}\omega L_3+R_5 & -\mathrm{j}\omega L_2-\mathrm{j}\omega L_3\\ R_1+\mathrm{j}\omega L_2 & -\mathrm{j}\omega L_2-\mathrm{j}\omega L_3 & R_1+\mathrm{j}\omega L_2+\mathrm{j}\omega L_3+R_6\end{bmatrix}$$

支路电流源和支路电压源列向量为

$$\dot{\boldsymbol{I}}_{\mathrm{S}}=\begin{bmatrix}0 & 0 & 0 & 0 & -\dot{I}_{\mathrm{S5}} & 0\end{bmatrix}^{\mathrm{T}}$$

$$\dot{\boldsymbol{U}}_{\mathrm{S}}=\begin{bmatrix}0 & 0 & 0 & 0 & 0 & \dot{U}_{\mathrm{S6}}\end{bmatrix}^{\mathrm{T}}$$

回路等效电压源向量

$$\dot{\boldsymbol{E}}_l=\boldsymbol{B}_f\dot{\boldsymbol{U}}_{\mathrm{S}}-\boldsymbol{B}_f\boldsymbol{Z}\dot{\boldsymbol{I}}_{\mathrm{S}}=\begin{bmatrix}0\\ R_5\dot{I}_{\mathrm{S5}}\\ \dot{U}_{\mathrm{S6}}\end{bmatrix}$$

*9.7 列 表 法

从以上各节中介绍的节点电压法、回路电流法及割集电压法的矩阵形式可知，回路电流法不允许存在无伴电流源支路，且规定典型支路中不含受控电流源；节点电压法和割集电压法不允许存在无伴电压源支路，且规定典型支路不允许存在受控电压源，因此它们在分析电路时均存在局限性。列表法对支路类型无过多限制，适应性强，只是方程数目多，特别适用于计算机辅助分析电路采用。

对于 n 个节点、b 条支路的电路，可以用 $\boldsymbol{A}$、$\boldsymbol{Q}_f$、$\boldsymbol{B}_f$ 来描述网络的拓扑特性，后面两个矩阵是互相依赖的，得到它们比得到关联矩阵相对来说困难一些，因此，我们选用关联矩阵 $\boldsymbol{A}$ 作为列表法描述网络拓扑特性矩阵。

用 $\boldsymbol{A}$ 描述的 KCL、KVL 方程重列如下：

KCL $$\boldsymbol{A}\dot{\boldsymbol{I}}=\boldsymbol{0} \tag{9.7.1}$$

KVL $$\dot{\boldsymbol{U}}-\boldsymbol{A}^{\mathrm{T}}\dot{\boldsymbol{U}}_n=\boldsymbol{0} \tag{9.7.2}$$

列表法不采用典型支路概念，它将每个元件看成一条支路，且用阻抗描述电阻或电感支路，用导纳描述电导或电容支路，即各种支路的支路方程为：

对于电阻或电感支路有 $-\dot{U}_k+Z_k\dot{I}_k=0$，$Z_k=R_k$ 或 $Z_k=\mathrm{j}\omega L_k$

对于电导或电容支路有 $Y_k\dot{U}_k-\dot{I}_k=0$，$Y_k=G_k$ 或 $Y_k=\mathrm{j}\omega C_k$

对于电压源支路有 $\dot{U}_k=\dot{U}_{sk}$

对于电流源支路有 $\dot{I}_k=\dot{I}_{sk}$

对于 VCVS 支路有 $\dot{U}_k-\mu_{kj}\dot{U}_j=0$

对于 VCCS 支路有 $-g_{kj}\dot{U}_j+\dot{I}_k=0$

对于 CCVS 支路有 $\dot{U}_k-r_{kj}\dot{I}_j=0$

对于 CCCS 支路有 $\dot{I}_k-\beta_{kj}\dot{I}_j=0$

当电路中电感间有耦合时 $\dot{U}_k-\mathrm{j}\omega L_k\dot{I}_k\mp\mathrm{j}\omega M_{kj}\dot{I}_j=0$

$$\dot{U}_j - \mathrm{j}\omega L_j \dot{I}_j \mp \mathrm{j}\omega M_{jk} \dot{I}_k = 0$$

用矩阵来表示上述支路的约束方程为

$$\boldsymbol{M}\dot{\boldsymbol{U}} + \boldsymbol{N}\dot{\boldsymbol{I}} = \dot{\boldsymbol{U}}_{\mathrm{S}} + \dot{\boldsymbol{I}}_{\mathrm{S}} \tag{9.7.3}$$

式中，$\boldsymbol{M}$、$\boldsymbol{N}$ 表示支路约束的 $b \times b$ 阶系数矩阵。

式(9.7.1)、式(9.7.2)和式(9.7.3)三式可合写成矩阵形式的方程如下

$$\left[\begin{array}{c:c:c} 0 & 0 & \boldsymbol{A} \\ \hdashline -\boldsymbol{A}^{\mathrm{T}} & 1 & 0 \\ \hdashline 0 & \boldsymbol{M} & \boldsymbol{N} \end{array}\right] \left[\begin{array}{c} \dot{\boldsymbol{U}}_n \\ \hdashline \dot{\boldsymbol{U}} \\ \hdashline \dot{\boldsymbol{I}} \end{array}\right] = \left[\begin{array}{c} 0 \\ \hdashline 0 \\ \hdashline \dot{\boldsymbol{U}}_{\mathrm{S}} + \dot{\boldsymbol{I}}_{\mathrm{S}} \end{array}\right]$$

令

$$\boldsymbol{W} = \left[\begin{array}{c:c:c} 0 & 0 & \boldsymbol{A} \\ \hdashline -\boldsymbol{A}^{\mathrm{T}} & 1 & 0 \\ \hdashline 0 & \boldsymbol{M} & \boldsymbol{N} \end{array}\right]$$

$\boldsymbol{W}$ 称为系数矩阵，由上述的各子块组成。支路约束系数矩阵 $\boldsymbol{M}$、$\boldsymbol{N}$ 的元素根据支路的性质不同按如下规则填写。

① 当电路中无受控源、电感之间无耦合时，$\boldsymbol{M}$、$\boldsymbol{N}$ 为对角阵，其元素为：

当支路 k 为电阻支路或电感支路时

$$M_{kk} = -1, \quad N_{kk} = R_k \text{ 或 } \mathrm{j}\omega L_k$$

当支路 k 为电导支路或电容支路时

$$M_{kk} = G_k \text{ 或 } \mathrm{j}\omega C_k, \quad N_{kk} = -1$$

② 当电路中有 VCVS 和 VCCS，电感间无耦合时，$\boldsymbol{M}$ 将是非对角阵，而 $\boldsymbol{N}$ 则仍是对角阵，它们的元素为：

若支路 k 为 $\dot{U}_j$ 控制的 VCVS 支路，则

$$M_{kk} = +1,\ M_{kj} = -\mu_{kj}, \quad N_{kk} = 0$$

若支路 k 为 $\dot{U}_j$ 控制的 VCCS 支路，则

$$M_{kk} = 0,\ M_{kj} = -g_{kj}, \quad N_{kk} = +1$$

③ 当电路中有 CCVS 和 CCCS，电感间无耦合时，$\boldsymbol{M}$ 仍是对角阵，而 $\boldsymbol{N}$ 为非对角阵，它们的元素为：

若支路 k 为 $\dot{I}_j$ 控制的 CCVS 支路，则

$$M_{kk} = +1,\ N_{kj} = -r_{kj},\ N_{kk} = 0$$

若支路 k 为 $\dot{I}_j$ 控制的 CCCS 支路，则

$$M_{kk} = 0,\ N_{kj} = -\beta_{kj},\ N_{kk} = +1$$

④ 当支路 k 与支路 j 间有耦合时，$\boldsymbol{M}$ 和 $\boldsymbol{N}$ 的元素为

$$M_{kk} = +1,\ N_{kk} = -\mathrm{j}\omega L_k,\ N_{kj} = \mp \mathrm{j}\omega M_{kj}$$

$$M_{jj} = +1,\ N_{jj} = -\mathrm{j}\omega L_j,\ N_{jk} = \mp \mathrm{j}\omega M_{jk}$$

⑤ 当电路中含有理想变压器时，设理想变压器及其拓扑图如图 9.7.1 所示，由于 $\dot{U}_k = n\dot{U}_j$、$\dot{I}_j = -n\dot{I}_k$，故有

$$M_{kk} = +1 \qquad M_{kj} = -n \qquad M_{jj} = 0$$

$$N_{kk} = 0 \qquad N_{jk} = n \qquad N_{jj} = +1$$

⑥ 若支路 k 为独立电压源支路，则

$$M_{kk} = +1, N_{kk} = 0$$

⑦ 若支路 k 为独立电流源支路，则

$$M_{kk} = 0, N_{kk} = +1$$

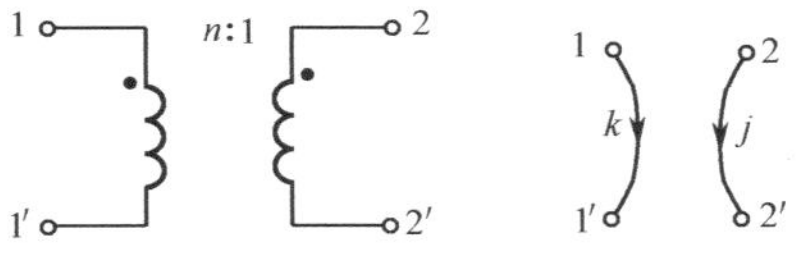

(a) 电路图　　(b) 拓扑图

图 9.7.1　理想变压器

从上述分析可见，建立系数矩阵 $\boldsymbol{W}$ 的规则很简单，相当于填写一张表格，易于用计算机来完成，而且通用性强，因此随着计算机的广泛应用，这种方法在求解大规模电路中日益受到重视。

应该指出，上述论述是用 $\boldsymbol{A}$ 矩阵来描述电路网络特性，除 b 个支路电压和 b 个支路电流变量外，增加的变量为 $(n-1)$ 个节点电压，此列表法称为节点电压列表法；如果用割集矩阵 $\boldsymbol{Q}_{\mathrm{f}}$ 来描述网络特性，增加变量为割集电压，则称为割集电压列表法；同样还有回路电流列表法。同时还应该指出，上述论述是以相量形式提出的，如果以运算形式，则必须考虑动态元件的初始值，即应先将电路化为运算电路形式再应用列表法。另一种适用性较强的方法是改进节点电压法，这里不再介绍。

【例 9.7.1】 写出图 9.7.2 所示电路的节点电压列表方程的矩阵形式(相量形式)。

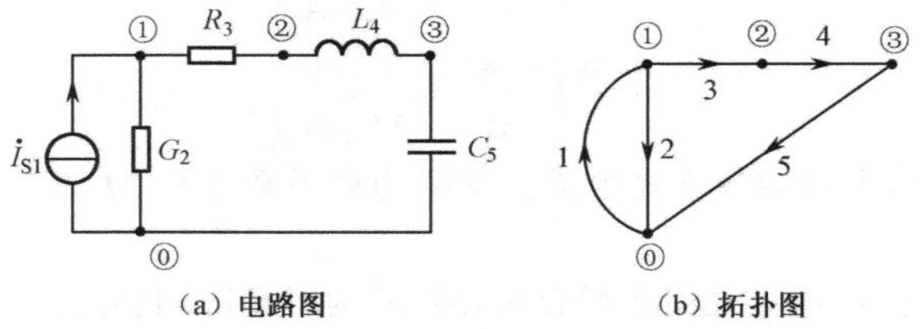

图 9.7.2　例 9.7.1 图

【解】 描述电路网络特性的 $\boldsymbol{A}$ 矩阵为

$$\boldsymbol{A}=\begin{bmatrix}-1 & 1 & 1 & 0 & 0\\ 0 & 0 & -1 & 1 & 0\\ 0 & 0 & 0 & -1 & 1\end{bmatrix}$$

所以列表方程的矩阵形式为

$$\left[\begin{array}{c:c:c}0 & 0 & \boldsymbol{A}\\ \hdashline -\boldsymbol{A}^{\mathrm{T}} & 1 & 0\\ \hdashline 0 & \boldsymbol{M} & \boldsymbol{N}\end{array}\right]\left[\begin{array}{c}\dot{\boldsymbol{U}}_n\\ \hdashline \dot{\boldsymbol{U}}\\ \hdashline \dot{\boldsymbol{I}}\end{array}\right]=\left[\begin{array}{c}0\\ \hdashline 0\\ \hdashline \dot{\boldsymbol{U}}_{\mathrm{S}}+\dot{\boldsymbol{I}}_{\mathrm{S}}\end{array}\right]$$

即

$$\left[\begin{array}{ccc:ccccc:ccccc}
 & & & & & & & & -1 & 1 & 1 & 0 & 0\\
 & 0 & & & & 0 & & & 0 & 0 & -1 & 1 & 0\\
 & & & & & & & & 0 & 0 & 0 & -1 & 1\\ \hdashline
-1 & 0 & 0 & 1 & & & & & & & & & \\
1 & 0 & 0 & & 1 & & & & & & & & \\
1 & -1 & 0 & & & 1 & & & & & 0 & & \\
0 & 1 & -1 & & & & 1 & & & & & & \\
0 & 0 & 1 & & & & & 1 & & & & & \\ \hdashline
 & & & 0 & & & & & 1 & & & & \\
 & & & & G_2 & & & & & -1 & & & \\
 & 0 & & & & -1 & & & & & R_3 & & \\
 & & & & & & -1 & & & & & \mathrm{j}\omega L_4 & \\
 & & & & & & & \mathrm{j}\omega C_5 & & & & & -1
\end{array}\right]
\left[\begin{array}{c}\dot{U}_{n1}\\ \dot{U}_{n2}\\ \dot{U}_{n3}\\ \hdashline \dot{U}_1\\ \dot{U}_2\\ \dot{U}_3\\ \dot{U}_4\\ \dot{U}_5\\ \hdashline \dot{I}_1\\ \dot{I}_2\\ \dot{I}_3\\ \dot{I}_4\\ \dot{I}_5\end{array}\right]=
\left[\begin{array}{c}0\\ 0\\ 0\\ \hdashline 0\\ 0\\ 0\\ 0\\ 0\\ \hdashline \dot{I}_{\mathrm{S1}}\\ 0\\ 0\\ 0\\ 0\end{array}\right]$$

9.8　本章小结及典型题解

9.8.1　本章小结

① 介绍图、有向图、连通图、树、树支、连支等基本概念。

② $\boldsymbol{A}$、$\boldsymbol{B}$、$\boldsymbol{Q}$ 矩阵分析。

$\boldsymbol{A}$ 矩阵：节点与支路关联矩阵，其中元素为

$$a_{ij}=\begin{cases}1 & \text{若支路 } j \text{ 与节点 } i \text{ 关联且支路方向背离节点}\\ 0 & \text{若支路 } j \text{ 与节点 } i \text{ 不关联}\\ -1 & \text{若支路 } j \text{ 与节点 } i \text{ 关联且支路方向指向节点}\end{cases}$$

$\boldsymbol{B}$ 矩阵：回路与支路关联矩阵，其中元素为

$$b_{ij}=\begin{cases}1 & \text{若支路 } j \text{ 与回路 } i \text{ 关联，且它们的方向一致}\\ -1 & \text{若支路 } j \text{ 与回路 } i \text{ 关联，且它们的方向相反}\\ 0 & \text{若支路 } j \text{ 与回路 } i \text{ 无关联}\end{cases}$$

$\boldsymbol{Q}$ 矩阵：割集与支路关联矩阵，其中元素为

$$q_{ij}=\begin{cases}1 & \text{若支路 } j \text{ 与割集 } i \text{ 关联，且它们的方向一致}\\ -1 & \text{若支路 } j \text{ 与割集 } i \text{ 关联，且它们的方向相反}\\ 0 & \text{若支路 } j \text{ 与割集 } i \text{ 无关联}\end{cases}$$

③ KCL、KVL 的矩阵形式表示。

用 $\boldsymbol{A}$ 矩阵表示的 KCL：$\boldsymbol{Ai}=0$；KVL：$\boldsymbol{u}=\boldsymbol{A}^{\mathrm{T}}\boldsymbol{u}_n$

用 $\boldsymbol{B}$ 矩阵表示的 KCL：$\boldsymbol{i}=\boldsymbol{B}_{\mathrm{f}}^{\mathrm{T}}\boldsymbol{i}_{\mathrm{t}}$；KVL：$\boldsymbol{B}_{\mathrm{f}}\boldsymbol{u}=0$

用 $\boldsymbol{Q}$ 矩阵表示的 KCL：$\boldsymbol{Q}_{\mathrm{f}}\boldsymbol{i}=0$；KVL：$\boldsymbol{u}=\boldsymbol{Q}_{\mathrm{f}}^{\mathrm{T}}\boldsymbol{u}_{\mathrm{t}}$

④ 典型支路的 VCR

$$\dot{\boldsymbol{U}}=\boldsymbol{Z}\dot{\boldsymbol{I}}-\dot{\boldsymbol{U}}_{\mathrm{S}}+\boldsymbol{Z}\dot{\boldsymbol{I}}_{\mathrm{S}}$$

⑤ 节点电压方程的矩阵形式

$$\boldsymbol{AYA}^{\mathrm{T}}\dot{\boldsymbol{U}}_{\mathrm{n}}=\boldsymbol{A}\dot{\boldsymbol{I}}_{\mathrm{S}}-\boldsymbol{AY}\dot{\boldsymbol{U}}_{\mathrm{S}}$$

⑥ 割集电压方程的矩阵形式

$$\boldsymbol{Q}_{\mathrm{f}}\boldsymbol{YQ}_{\mathrm{f}}^{\mathrm{T}}\dot{\boldsymbol{U}}_{\mathrm{t}}=\boldsymbol{Q}_{\mathrm{f}}\dot{\boldsymbol{I}}_{\mathrm{S}}-\boldsymbol{Q}_{\mathrm{f}}\boldsymbol{Y}\dot{\boldsymbol{U}}_{\mathrm{S}}$$

⑦ 回路电流方程的矩阵形式

$$\boldsymbol{B}_{\mathrm{f}}\boldsymbol{ZB}_{\mathrm{f}}^{\mathrm{T}}\dot{\boldsymbol{I}}_{\mathrm{t}}=\boldsymbol{B}_{\mathrm{f}}\dot{\boldsymbol{U}}_{\mathrm{S}}-\boldsymbol{B}_{\mathrm{f}}\boldsymbol{Z}\dot{\boldsymbol{I}}_{\mathrm{S}}$$

⑧ 节点电压列表法

$$\begin{bmatrix}0 & 0 & \boldsymbol{A}\\ -\boldsymbol{A}^{\mathrm{T}} & 1 & 0\\ 0 & \boldsymbol{M} & \boldsymbol{N}\end{bmatrix}\begin{bmatrix}\dot{\boldsymbol{U}}_n\\ \dot{\boldsymbol{U}}\\ \dot{\boldsymbol{I}}\end{bmatrix}=\begin{bmatrix}0\\ 0\\ \dot{\boldsymbol{U}}_{\mathrm{S}}+\dot{\boldsymbol{I}}_{\mathrm{S}}\end{bmatrix}$$

9.8.2　典型题解

【例 9.8.1】 图 9.8.1 所示有向图，以节点④为参考节点，写出 $\boldsymbol{A}$ 矩阵；以(1、2、3)为树支，写出 $\boldsymbol{B}_{\mathrm{f}}$ 和 $\boldsymbol{Q}_{\mathrm{f}}$ 矩阵，并验证 $\boldsymbol{AB}_{\mathrm{f}}^{\mathrm{T}}=0$、$\boldsymbol{B}_{\mathrm{f}}\boldsymbol{Q}_{\mathrm{f}}^{\mathrm{T}}=0$。

【解】 图 9.8.1 所示有向图，以节点④为参考节点，关联矩阵为

$$\boldsymbol{A}=\begin{bmatrix}-1 & 0 & 0 & 1 & -1 & 0\\ 0 & 1 & 1 & -1 & 0 & 0\\ 1 & -1 & 0 & 0 & 0 & 1\end{bmatrix}$$

以(①、②、③)为树支，得回路矩阵为

$$\boldsymbol{B}_{\mathrm{f}}=\begin{bmatrix}1 & 1 & 0 & 1 & 0 & 0\\ -1 & -1 & 1 & 0 & 1 & 0\\ 0 & 1 & -1 & 0 & 0 & 1\end{bmatrix}$$

以(①、②、③)为树支，得割集矩阵为

$$\boldsymbol{Q}_{\mathrm{f}}=\begin{bmatrix}1 & 0 & 0 & -1 & 1 & 0\\ 0 & 1 & 0 & -1 & 1 & -1\\ 0 & 0 & 1 & 0 & -1 & 1\end{bmatrix}$$

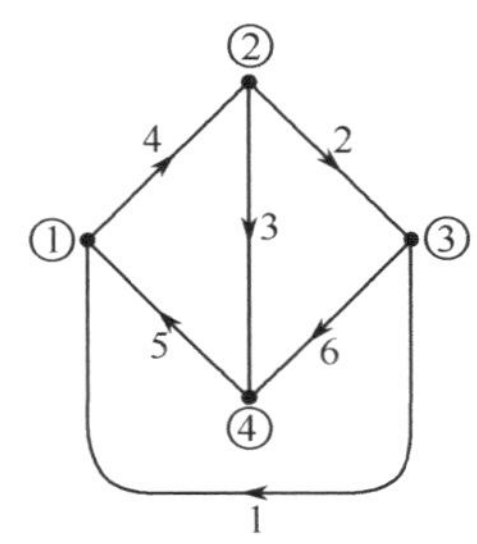

图 9.8.1　例题 9.8.1 图

$$\boldsymbol{A}\boldsymbol{B}_{\mathrm{f}}^{\mathrm{T}}=\begin{bmatrix}-1 & 0 & 0 & 1 & -1 & 0\\ 0 & 1 & 1 & -1 & 0 & 0\\ 1 & -1 & 0 & 0 & 0 & 1\end{bmatrix}\begin{bmatrix}1 & -1 & 0\\ 1 & -1 & 1\\ 0 & 1 & -1\\ 1 & 0 & 0\\ 0 & 1 & 0\\ 0 & 0 & 1\end{bmatrix}=0$$

$$\boldsymbol{B}_{\mathrm{f}}\boldsymbol{Q}_{1}^{\mathrm{T}}=\begin{bmatrix}1 & 1 & 0 & 1 & 0 & 0\\ -1 & -1 & 1 & 0 & 1 & 0\\ 0 & 1 & -1 & 0 & 0 & 1\end{bmatrix}\begin{bmatrix}1 & 0 & 0\\ 0 & 1 & 0\\ 0 & 0 & 1\\ -1 & -1 & 0\\ 1 & 1 & -1\\ 0 & -1 & 1\end{bmatrix}=0$$

【例 9.8.2】 图 9.8.2 所示,用相量形式,以支路(3、4、6)为树支,列出矩阵形式的回路电流方程。

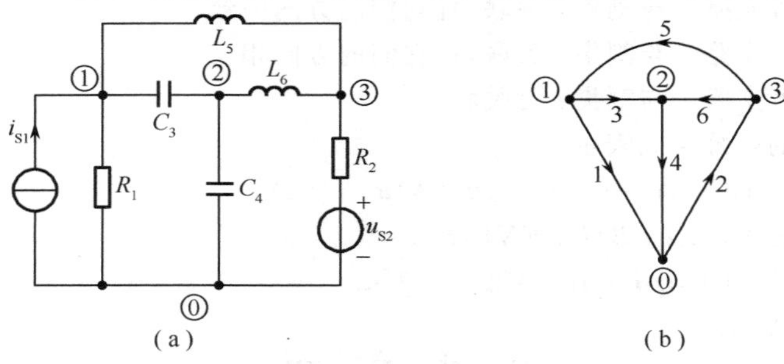

图 9.8.2　例题 9.8.2 图

【解】 选(3、4、6)为树支,待求连枝相量为 $\dot{\boldsymbol{I}}_1=[\dot{I}_1 \quad \dot{I}_2 \quad \dot{I}_5]^{\mathrm{T}}$

基本回路矩阵为

$$\boldsymbol{B}_{\mathrm{f}}=\begin{bmatrix}1 & 0 & -1 & -1 & 0 & 0\\ 0 & 1 & 0 & 1 & 0 & 1\\ 0 & 0 & 1 & 0 & 1 & -1\end{bmatrix}$$

支路阻抗矩阵为

$$\boldsymbol{Z}=\mathrm{diag}\left[R_1 \quad R_2 \quad \frac{1}{\mathrm{j}\omega C_3} \quad \frac{1}{\mathrm{j}\omega C_4} \quad \mathrm{j}\omega L_5 \quad \mathrm{j}\omega L_6\right]$$

回路阻抗矩阵为

$$\boldsymbol{Z}_1=\boldsymbol{B}_{\mathrm{f}}\boldsymbol{Z}\boldsymbol{B}_{\mathrm{f}}^{\mathrm{T}}=\begin{bmatrix}R_1+\dfrac{1}{\mathrm{j}\omega C_3}+\dfrac{1}{\mathrm{j}\omega C_4} & -\dfrac{1}{\mathrm{j}\omega C_4} & -\dfrac{1}{\mathrm{j}\omega C_3}\\ -\dfrac{1}{\mathrm{j}\omega C_4} & R_2+\dfrac{1}{\mathrm{j}\omega C_4}+\mathrm{j}\omega L_6 & -\mathrm{j}\omega L_6\\ -\dfrac{1}{\mathrm{j}\omega C_3} & -\mathrm{j}\omega L_6 & \dfrac{1}{\mathrm{j}\omega C_3}+\mathrm{j}\omega L_5+\mathrm{j}\omega L_6\end{bmatrix}$$

支路电流源和支路电压源列向量为

$$\dot{\boldsymbol{I}}_{\mathrm{S}}=[\dot{I}_{\mathrm{S1}} \quad 0 \quad 0 \quad 0 \quad 0 \quad 0]^{\mathrm{T}}$$

$$\dot{\boldsymbol{U}}_{\mathrm{S}}=[0 \quad \dot{U}_{\mathrm{S2}} \quad 0 \quad 0 \quad 0 \quad 0]^{\mathrm{T}}$$

回路等效电压源向量 $\dot{\boldsymbol{E}}_1=\boldsymbol{B}_{\mathrm{f}}\dot{\boldsymbol{U}}_{\mathrm{S}}-\boldsymbol{B}_{\mathrm{f}}\boldsymbol{Z}\dot{\boldsymbol{I}}_{\mathrm{S}}=[-R_1\dot{I}_{\mathrm{S1}} \quad \dot{U}_{\mathrm{S2}} \quad 0]^{\mathrm{T}}$,将以上矩阵代入回路电流方程 $\boldsymbol{Z}_1\dot{\boldsymbol{I}}_1=\dot{\boldsymbol{E}}_1$ 即可。

习　题　9

9.1　写出图 T9.1 所示图 G 5 个不同的树,树支数各为多少?

9.2　图 T9.2 所示,图中有多少个回路? 独立回路数有多少个? 以(1,4,5)为树,写出基本回路组。

9.3　写出图 T9.3 所示的图 G 的 6 个不同的割集。

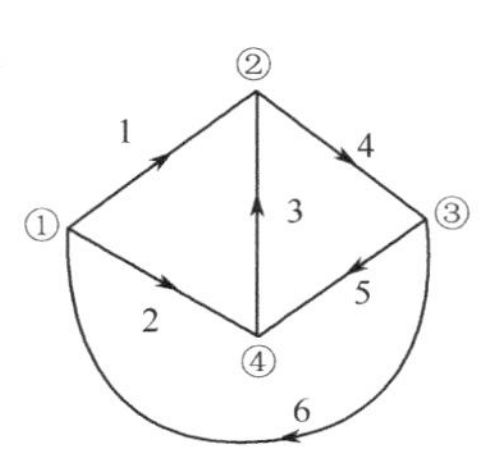

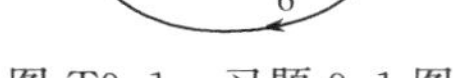
图 T9.1　习题 9.1 图

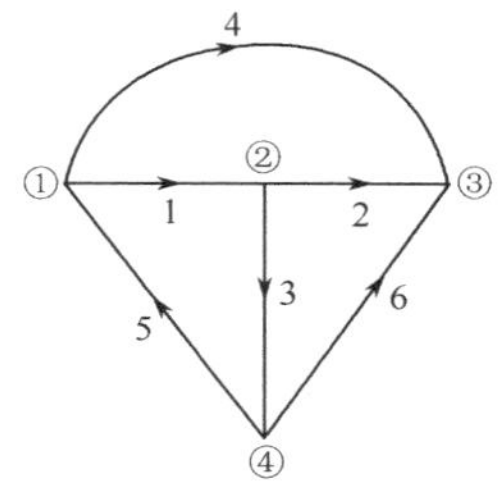

图 T9.2　习题 9.2 图

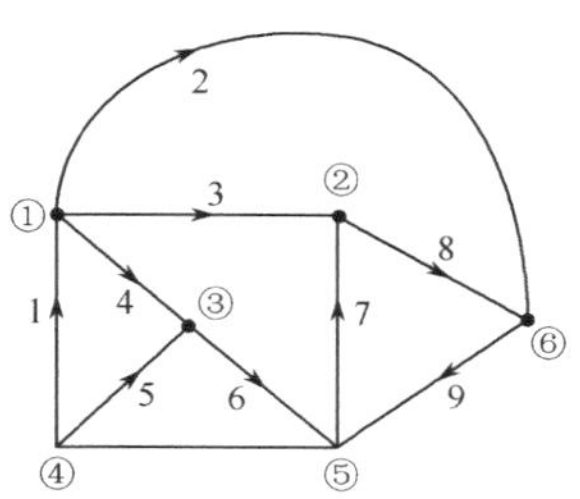

图 T9.3　习题 9.3 图

9.4　以节点④为参考节点，写出图 T9.4 所示各有向图的关联矩阵 $\boldsymbol{A}$。

9.5　画出对应于下列关联矩阵 $\boldsymbol{A}$ 的有向拓扑图。

$$\boldsymbol{A}=\begin{bmatrix} 0 & 0 & -1 & 1 & 1 & 0 & 0 & -1 \\ 0 & 1 & 0 & 0 & 0 & 1 & 0 & 1 \\ 0 & -1 & 0 & 0 & 0 & 0 & -1 & 0 \\ -1 & 0 & 0 & -1 & 0 & 0 & 1 & 0 \end{bmatrix}$$

9.6　对于图 T9.5 所示有向图，以节点⑤为参考节点，写出关联矩阵 $\boldsymbol{A}$；以(1、2、3、4)为树支，写出基本回路矩阵 $\boldsymbol{B}_{\mathrm{f}}$ 和基本割集矩阵 $\boldsymbol{Q}_{\mathrm{f}}$。

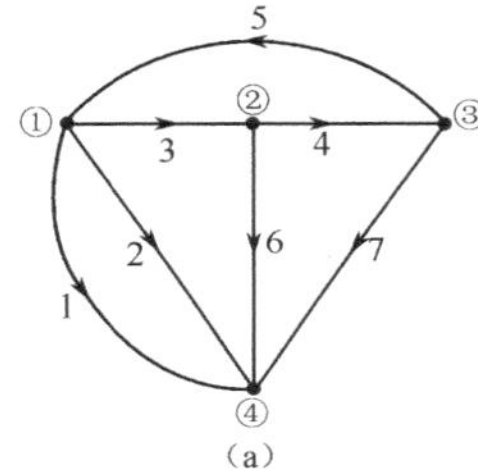

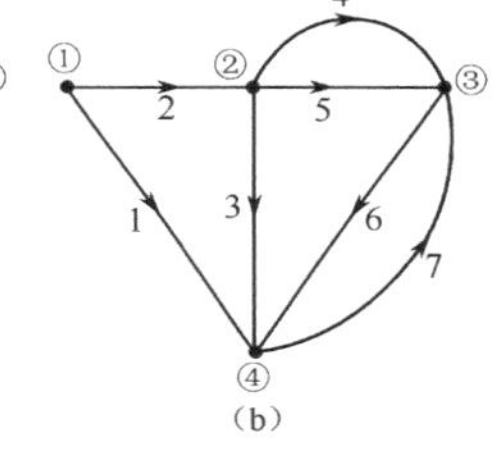

图 T9.4　习题 9.4 图

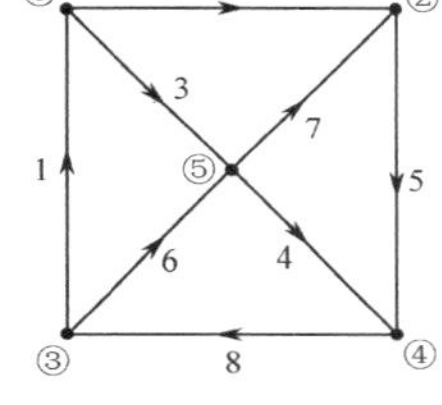

图 T9.5　习题 9.5 图

9.7　图 T9.6 所示有向图，以节点④为参考节点，写出 $\boldsymbol{A}$ 矩阵；以(2、3、4)为树支，写出 $\boldsymbol{B}_{\mathrm{f}}$ 和 $\boldsymbol{Q}_{\mathrm{f}}$ 矩阵，并验证 $\boldsymbol{A}\boldsymbol{B}_{\mathrm{f}}^{\mathrm{T}}=\boldsymbol{0}$、$\boldsymbol{B}_{\mathrm{f}}\boldsymbol{Q}_{\mathrm{f}}^{\mathrm{T}}=\boldsymbol{0}$。

9.8　写出图 T9.7 所示网络的矩阵形式的节点电压方程。

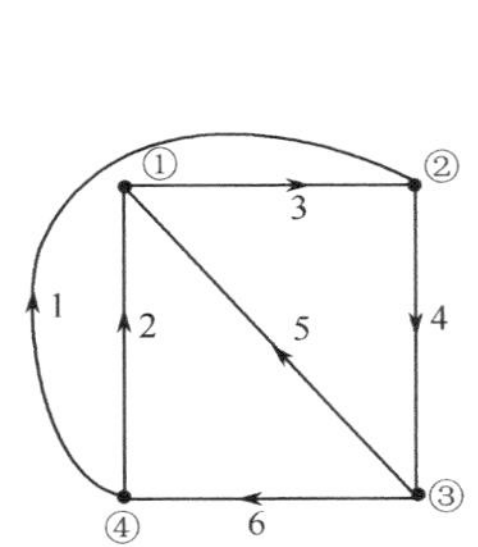

图 T9.6　习题 9.7 图

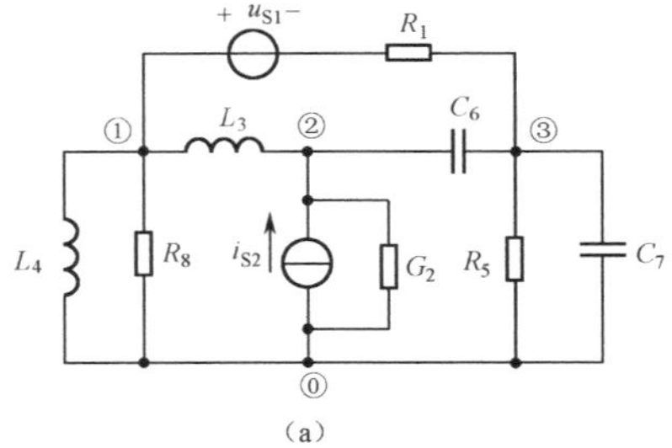

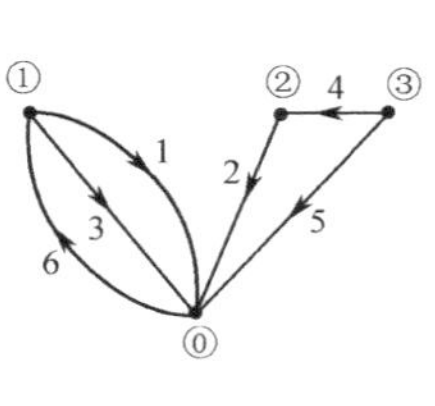

图 T9.7　习题 9.8 图

9.9　写出图 T9.8 所示网络的矩阵形式的节点电压方程。

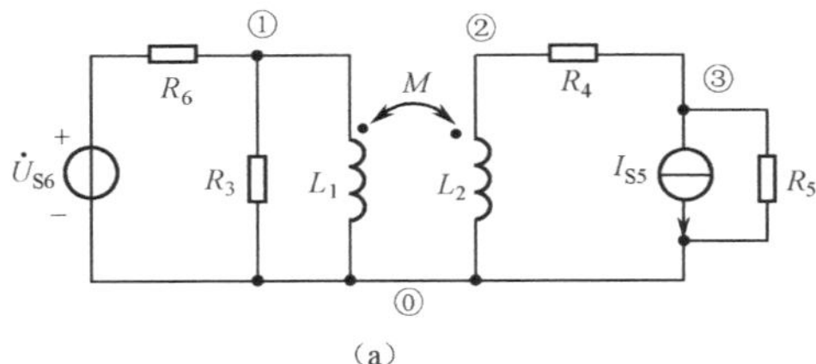

图 T9.8　习题 9.9 图

9.10 写出图 T9.9 所示网络的矩阵形式的节点电压方程,其中受控源 $\dot{I}_d = 2\dot{U}_2$。

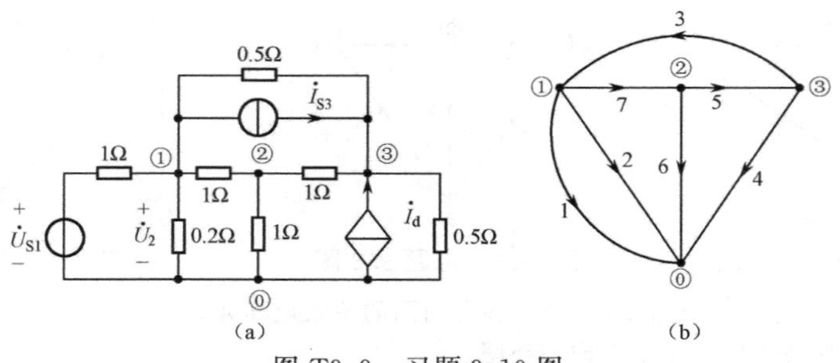

图 T9.9 习题 9.10 图

9.11 图 T9.10 所示电路,各支路电阻均为 5Ω,电压源的电压均为 3V,电流源的电流均为 2A。选支路(1、2、3、4、5)为树支,用矩阵形式列出回路电流方程和割集电压方程。

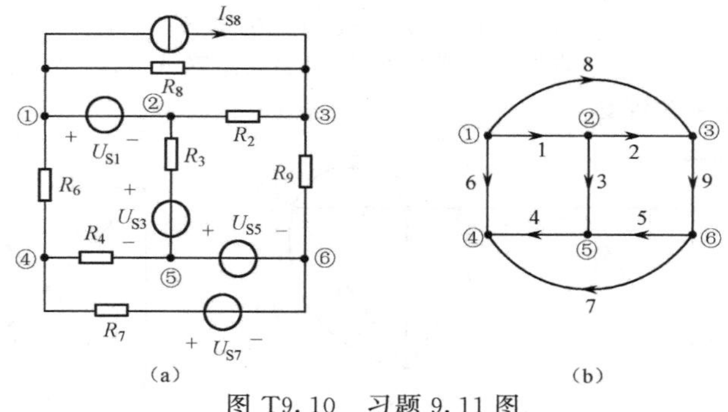

图 T9.10 习题 9.11 图

9.12 图 T9.11 所示,以支路(1、2、3)为树支,列出矩阵形式的回路电流方程。

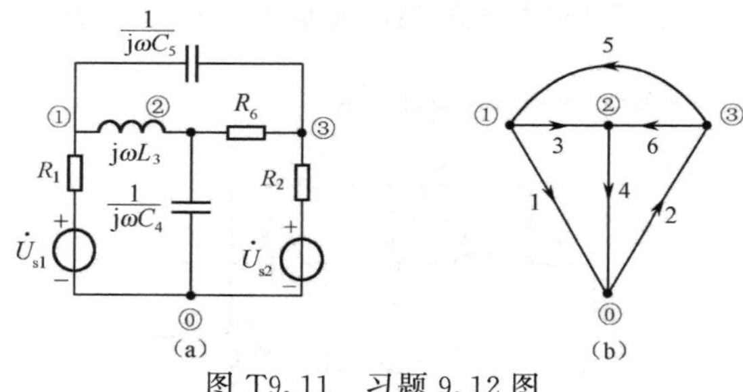

图 T9.11 习题 9.12 图

∗9.13 电路如图 T9.12 所示,列出节点列表方程的矩阵形式(以相量形式)。

∗9.14 电路如图 T9.13 所示,列出节点列表方程的矩阵形式(以相量形式)。

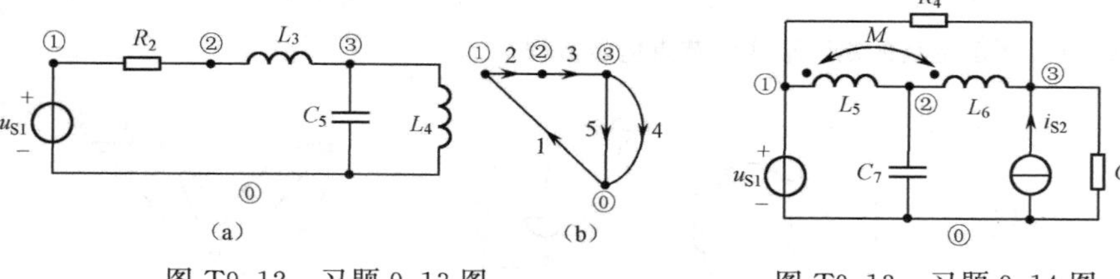

图 T9.12 习题 9.13 图　　图 T9.13 习题 9.14 图

第 10 章　状 态 方 程

［内容提要］

随着大规模网络的迅速发展和计算机的广泛应用，从 20 世纪 60 年代以来，在网络分析中应用了状态变量法。状态变量法是通过能代表网络内部特性的某些物理量——状态变量和输入激励一起来决定输出量的一种方法（又叫内部法）。这种方法最先被应用于控制理论中，随后又被应用于电网络分析中。

状态变量法不仅适用于线性网络，而且也适用于非线性网络；不仅适用于时不变网络，而且也适用于时变网络；不仅适用于单输入—单输出网络，而且也适用于多输入—多输出网络。状态变量方程一般是一组一阶的微分方程，便于利用计算机进行数值求解，因此，状态变量法近年来得到了广泛的应用。

本章将结合电路问题，简单介绍状态变量法的一些基本概念和状态方程的列写方法，关于状态方程的求解已超出本书范围，在这里不作介绍。

10.1　状态变量和状态方程

电路和系统理论中，“状态”量是一个抽象的概念。下面用一个实例来引入“状态变量”和“状态方程”的概念。

10.1.1　状态变量

图 10.1.1 是一个线性动态电路，以电容上的电压为变量列写的方程将是一个二阶的微分方程。如果取电容上的电压和电感中的电流为变量，可以得到如下联立方程

$$\begin{aligned}\frac{\mathrm{d}u_{\mathrm{C}}}{\mathrm{d}t}&=\frac{1}{C}\left(i_{\mathrm{S}}-\frac{1}{R_1}u_{\mathrm{C}}-i_{\mathrm{L}}\right)\\ \frac{\mathrm{d}i_{\mathrm{L}}}{\mathrm{d}t}&=\frac{1}{L}(u_{\mathrm{C}}-R_2 i_{\mathrm{L}})\end{aligned}\qquad(10.1.1)$$

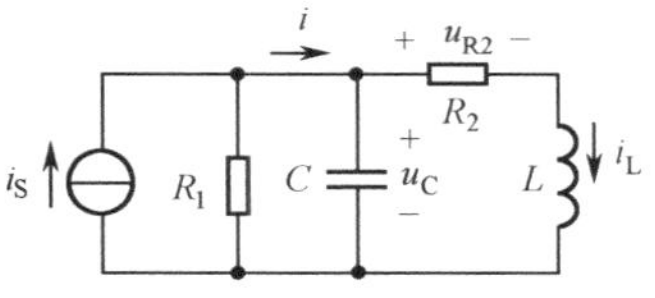

图 10.1.1　线性动态电路图

如果初始条件 $u_{\mathrm{C}}(0_-)$ 和 $i_{\mathrm{L}}(0_-)$ 及激励 $i_{\mathrm{S}}(t)$ 已知，则由上述方程组可唯一确定待求变量 $u_{\mathrm{C}}(t)$ 和 $i_{\mathrm{L}}(t)$ 在 $t\geqslant 0$ 时的值，$u_{\mathrm{C}}(t)$ 和 $i_{\mathrm{L}}(t)$ 求出后，电路其他支路的电流电压即可求出。也就是说，上述含两个动态元件的电路，$u_{\mathrm{C}}(0_-)$ 和 $i_{\mathrm{L}}(0_-)$ 及自计时起点（$t=0$）以后的激励，是决定电路在计时起点以后的性状的必要且充分的条件。

现在给出状态这一概念的定义：一电路的状态是指在任何时刻必需的最少量的信息，它们和自该时刻以后的输入（激励）足以确定该电路此后的性状。

状态变量就是描述电路状态的一组变量，这组变量在任何时刻的值表明了该时刻电路的状态。对于一个电路，状态变量的选取不是唯一的，但在电路分析中，常取电容上的电压和电感中的电流作为状态变量。在含 R、L、C 的动态电路中，状态变量的数目就等于电路图中独立储能元件的数目。

10.1.2　状态方程

以状态变量为电路待求变量列写的方程即是状态方程。将式（10.1.1）整理并写成矩阵形式

$$\begin{bmatrix} \dfrac{du_C}{dt} \\ \dfrac{di_L}{dt} \end{bmatrix} = \begin{bmatrix} -\dfrac{1}{R_1 C} & -\dfrac{1}{C} \\ \dfrac{1}{L} & -\dfrac{R_2}{L} \end{bmatrix} \begin{bmatrix} u_C \\ i_L \end{bmatrix} + \begin{bmatrix} \dfrac{1}{C} \\ 0 \end{bmatrix} [i_S] \qquad (10.1.2)$$

由上面例子可以看出，状态方程是一组一阶的微分方程，方程数目与状态变量数目一致。状态方程的左端是状态变量对时间的一阶导数，其右端是状态变量和激励。对于含有 n 个状态变量、r 个激励的线性时不变电路，状态方程的一般形式为

$$\dot{\boldsymbol{X}} = \boldsymbol{A}\boldsymbol{X} + \boldsymbol{B}\boldsymbol{V} \qquad (10.1.3)$$

式中，$\boldsymbol{X} = [x_1 \quad x_2 \quad \cdots \quad x_n]^T$ 为 n 维状态变量列向量；$\dot{\boldsymbol{X}} = [\dot{x}_1 \quad \dot{x}_2 \quad \cdots \quad \dot{x}_n]^T$ 为 n 维状态变量对时间的一阶导数列向量；$\boldsymbol{A}$ 为 $n \times n$ 阶常数矩阵；$\boldsymbol{V}$ 为 r 维输入(激励)列向量；$\boldsymbol{B}$ 为 $n \times r$ 阶常数矩阵。

10.1.3 输出方程

对电路的输出量列写的方程称为输出方程。在上例中，如果关心的输出是电流 i(图 10.1.1)和电阻 R_2 上的电压 u_{R_2}，则有

$$i = -\frac{1}{R_1}u_C + i_S, \quad u_{R_2} = R_2 i_L \qquad (10.1.4)$$

写成矩阵形式为

$$\begin{bmatrix} i \\ u_{R_2} \end{bmatrix} = \begin{bmatrix} -\dfrac{1}{R_1} & 0 \\ 0 & R_2 \end{bmatrix} \begin{bmatrix} u_C \\ i_L \end{bmatrix} + \begin{bmatrix} 1 \\ 0 \end{bmatrix} [i_S] \qquad (10.1.5)$$

电路中输出量可由状态变量和激励表示，其为代数方程，一般可写成如下矩阵形式

$$\boldsymbol{Y} = \boldsymbol{C}\boldsymbol{X} + \boldsymbol{D}\boldsymbol{V} \qquad (10.1.6)$$

式中，$\boldsymbol{Y}$ 为输出变量列向量，$\boldsymbol{C}$、$\boldsymbol{D}$ 为常数矩阵。

10.2 状态方程的列写方法

线性电路状态方程的列写方法多种多样，本节介绍观察法、叠加法和拓扑法。

10.2.1 观察法

对于简单电路，可以通过观察列写其状态方程。图 10.2.1 是一个给定的较简单的动态电路，选取 u_C 和 i_L 为状态变量。注意到：

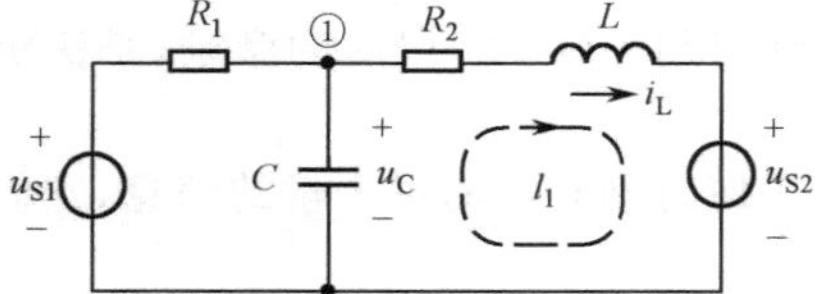

图 10.2.1　观察法列写状态方程图

电容电流　$i_C = C\dfrac{du_C}{dt} \propto \dfrac{du_C}{dt}$

电感电压　$u_L = L\dfrac{di_L}{dt} \propto \dfrac{di_L}{dt}$

为了使方程的左边出现 $\dfrac{du_C}{dt}$ 和 $\dfrac{di_L}{dt}$，必须对接有 C 的节点列出 KCL 方程，对含有 L 的回路列出 KVL 方程。因此，选图示节点①列 KCL 方程、回路 l_1 列 KVL 方程。

由节点①得

$$C\frac{du_C}{dt} = \frac{u_{S1} - u_C}{R_1} - i_L$$

对回路 l_1 有

$$L\frac{di_L}{dt} = -R_2 i_L + u_C - u_{S2}$$

将上述两式整理，得

$$\frac{\mathrm{d}u_C}{\mathrm{d}t}=-\frac{1}{R_1C}u_C-\frac{1}{C}i_L+\frac{1}{R_1C}u_{S1}$$

$$\frac{\mathrm{d}i_L}{\mathrm{d}t}=\frac{1}{L}u_C-\frac{R_2}{L}i_L-\frac{1}{L}u_{S2}$$

写成矩阵形式为

$$\begin{bmatrix}\frac{\mathrm{d}u_C}{\mathrm{d}t}\\ \frac{\mathrm{d}i_L}{\mathrm{d}t}\end{bmatrix}=\begin{bmatrix}-\frac{1}{R_1C} & -\frac{1}{C}\\ \frac{1}{L} & -\frac{R_2}{L}\end{bmatrix}\begin{bmatrix}u_C\\ i_L\end{bmatrix}+\begin{bmatrix}\frac{1}{R_1C} & 0\\ 0 & -\frac{1}{L}\end{bmatrix}\begin{bmatrix}u_{S1}\\ u_{S2}\end{bmatrix}\tag{10.2.1}$$

10.2.2　叠加法

对较为复杂的电路，通过观察列方程不方便，可采用叠加法。叠加法是基于替代定理和线性叠加定理的一种方法，基本思想是，用电压为 u_C 的电压源替代电路中的电容、用电流为 i_L 的电流源替代电路中的电感，这样替代后，电路中除了电源外，全部是线性电阻，可应用线性叠加定理，求得每个电源单独作用时在电容中产生的电流 i_C 和电感中的电压 u_L，最后将各分量叠加，即可得到所要得到的状态方程。

下面仍以图 10.2.1 为例，用 u_C 替代图中的电容、用 i_L 替代图中的电感后得图 10.2.2 所示电路。图中各独立电源单独作用时的等效电路如图 10.2.3 所示，从图中可知：

u_{S1} 单独作用时　　$i_C^{(1)}=\frac{1}{R_1}u_{S1}$，　$u_L^{(1)}=0$

u_{S2} 单独作用时　　$i_C^{(2)}=0$，　$u_L^{(2)}=-u_{S2}$

u_C 单独作用时　　$i_C^{(3)}=-\frac{1}{R_1}u_C$，　$u_L^{(3)}=u_C$

i_L 单独作用时　　$i_C^{(4)}=-i_L$，　$u_L^{(4)}=-R_2i_L$

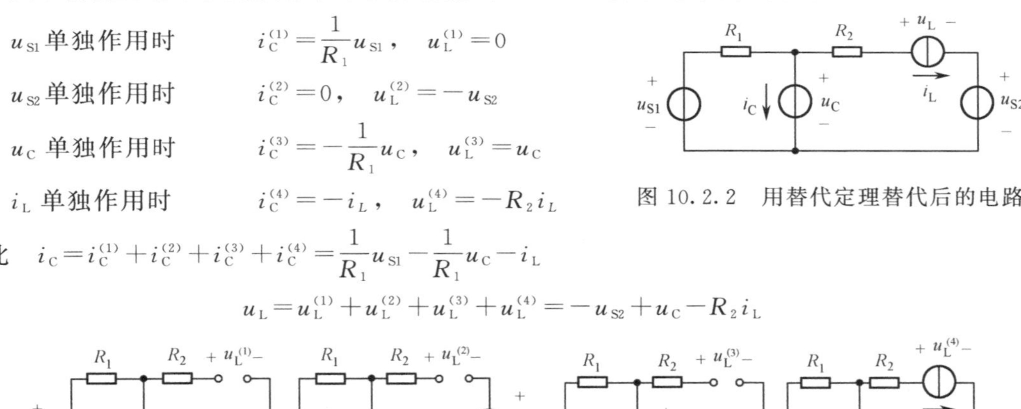

图 10.2.2　用替代定理替代后的电路

因此　$i_C=i_C^{(1)}+i_C^{(2)}+i_C^{(3)}+i_C^{(4)}=\frac{1}{R_1}u_{S1}-\frac{1}{R_1}u_C-i_L$

$$u_L=u_L^{(1)}+u_L^{(2)}+u_L^{(3)}+u_L^{(4)}=-u_{S2}+u_C-R_2i_L$$

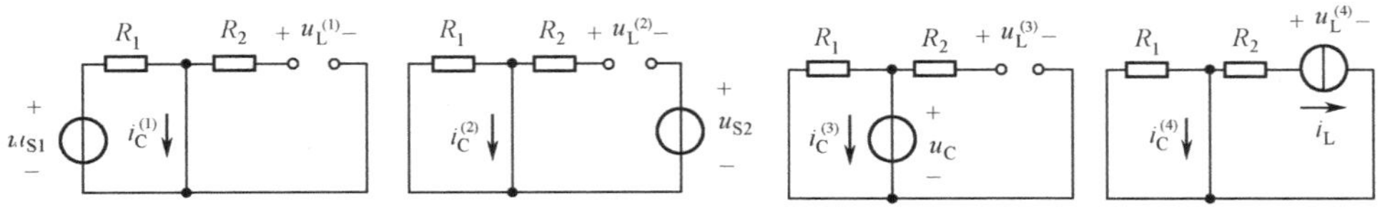

(a) u_{S1}单独作用时的电路　(b) u_{S2}单独作用时的电路　(c) u_C单独作用时的电路　(d) i_L单独作用时的电路

图 10.2.3　各独立电源单独作用时的等效电路

将 $i_C=C\frac{\mathrm{d}u_C}{\mathrm{d}t}$、$u_L=L\frac{\mathrm{d}i_L}{\mathrm{d}t}$代入，并整理得

$$\begin{bmatrix}\frac{\mathrm{d}u_C}{\mathrm{d}t}\\ \frac{\mathrm{d}i_L}{\mathrm{d}t}\end{bmatrix}=\begin{bmatrix}-\frac{1}{R_1C} & -\frac{1}{C}\\ \frac{1}{L} & -\frac{R_2}{L}\end{bmatrix}\begin{bmatrix}u_C\\ i_L\end{bmatrix}+\begin{bmatrix}\frac{1}{R_1C} & 0\\ 0 & -\frac{1}{L}\end{bmatrix}\begin{bmatrix}u_{S1}\\ u_{S2}\end{bmatrix}$$

此式与式(10.2.1)相同。

10.2.3　拓扑法

对复杂网络，观察法和叠加法已不适应，应该有更规范的方法，这就是借助网络图论列写状态方程的方法，称为拓扑法。拓扑法的基本思想是：将电路中每个元件看成一条支路，画出电路拓扑图。首先选一棵这样的常态树，它的树支包含了电路中所有电压源支路和电容支路，以及一些必

要的电阻支路，不包含任何电流源支路和电感支路。当电路中不存在仅由电容和电压源支路构成的回路和仅由电流源和电感支路构成的割集时，常态树总是存在的(存在常态树的电路叫常态电路)。然后，对单电容树支割集，列写 KCL 方程，对单电感连支回路列写 KVL 方程，最后消去非状态变量，整理成矩阵形式即可。下面通过实例介绍这种方法建立状态方程的过程。

【例 10.2.1】 列出图 10.2.4 所示电路的状态方程。

【解】 第一步，选 u_{C1}、u_{C2}、i_{L7}、i_{L8} 为状态变量。

第二步，选 1、2、3、4 支路为常态树。

第三步，对割集 Q_1、Q_2 列写 KCL 方程、对回路 l_1 和 l_2 列写 KVL 方程：

$$i_1=-i_5+i_6+i_8$$

$$i_2=-i_5+i_6+i_7+i_8$$

$$u_7=-u_2-u_3-u_4$$

$$u_8=-u_1-u_2$$

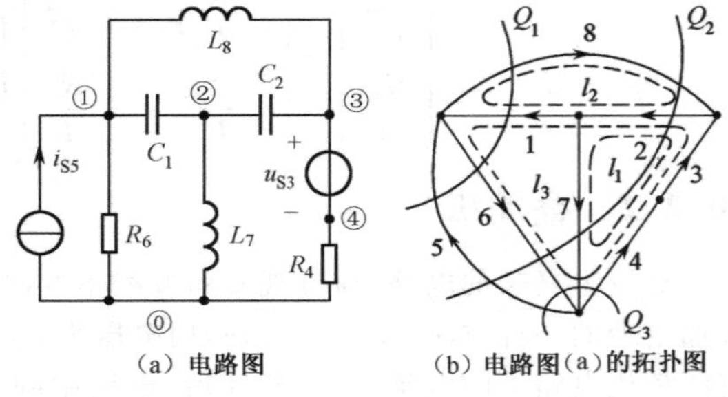

图 10.2.4　例 10.2.1 图

即

$$\left.\begin{aligned}C_1\frac{\mathrm{d}u_{C1}}{\mathrm{d}t}&=-i_{S5}+i_6+i_{L8}\\C_2\frac{\mathrm{d}u_{C2}}{\mathrm{d}t}&=-i_{S5}+i_6+i_{L7}+i_{L8}\\L_7\frac{\mathrm{d}i_{L7}}{\mathrm{d}t}&=-u_{C2}+u_{S3}-u_4\\L_8\frac{\mathrm{d}i_{L8}}{\mathrm{d}t}&=-u_{C1}-u_{C2}\end{aligned}\right\}\tag{10.2.2}$$

第四步，消去非状态变量 i_6 和 u_4：

对回路 l_3 列回路方程，并注意到 $u_6=R_6i_6$，于是有

$$R_6i_6+u_{C1}+u_{C2}-u_{S3}+u_4=0\tag{10.2.3}$$

对割集 Q_3 到割集电流方程，并注意到 $i_4=u_4/R_4$，故

$$\frac{u_4}{R_4}+i_{S5}-i_6-i_{L7}=0\tag{10.2.4}$$

由式(10.2.3)和式(10.2.4)联立解得

$$i_6=\frac{1}{R_4+R_6}(-u_{C1}-u_{C2}-R_4i_{L7}+u_{S3}+R_4i_{S5})$$

$$u_4=\frac{R_4}{R_4+R_6}(-u_{C1}-u_{C2}+R_6i_{L7}+u_{S3}-R_6i_{S5})$$

代入式(10.2.2)整理，并写成矩阵形式得

$$\begin{bmatrix}\frac{\mathrm{d}u_{C1}}{\mathrm{d}t}\\\frac{\mathrm{d}u_{C2}}{\mathrm{d}t}\\\frac{\mathrm{d}i_{L7}}{\mathrm{d}t}\\\frac{\mathrm{d}i_{L8}}{\mathrm{d}t}\end{bmatrix}=\begin{bmatrix}-\frac{1}{(R_4+R_6)C_1}&-\frac{1}{(R_4+R_6)C_1}&-\frac{R_4}{(R_4+R_6)C_1}&\frac{1}{C_1}\\-\frac{1}{(R_4+R_6)C_2}&-\frac{1}{(R_4+R_6)C_2}&\frac{R_6}{(R_4+R_6)C_2}&\frac{1}{C_2}\\\frac{R_4}{(R_4+R_6)L_7}&-\frac{R_6}{(R_4+R_6)L_7}&-\frac{R_4R_6}{(R_4+R_6)L_7}&0\\-\frac{1}{L_8}&-\frac{1}{L_8}&0&0\end{bmatrix}\begin{bmatrix}u_{C1}\\u_{C2}\\i_{L7}\\i_{L8}\end{bmatrix}+$$

$$\begin{bmatrix} \dfrac{1}{(R_4+R_6)C_1} & -\dfrac{R_6}{(R_4+R_6)C_1} \\ \dfrac{1}{(R_4+R_6)C_2} & -\dfrac{R_6}{(R_4+R_6)C_2} \\ \dfrac{R_6}{(R_4+R_6)L_7} & \dfrac{R_4R_6}{(R_4+R_6)L_7} \\ 0 & 0 \end{bmatrix}\begin{bmatrix} u_{S3} \\ i_{S5} \end{bmatrix}$$

在实际应用中，如果需要以支路4的电压和支路6的电流为输出，那就要导出 u_4、i_6 与状态变量之间的关系。在线性电路中，输出可表示为状态变量与输入（激励）的线性组合。本例中，u_4、i_6 输出方程为

$$\begin{bmatrix} u_4 \\ i_6 \end{bmatrix}=\begin{bmatrix} -\dfrac{R_4}{R_4+R_6} & -\dfrac{R_4}{R_4+R_6} & \dfrac{R_6}{R_4+R_6} & 0 \\ -\dfrac{1}{R_4+R_6} & -\dfrac{1}{R_4+R_6} & -\dfrac{R_4}{R_4+R_6} & 0 \end{bmatrix}\begin{bmatrix} u_{C1} \\ u_{C2} \\ i_{L7} \\ i_{L8} \end{bmatrix}+\begin{bmatrix} \dfrac{R_4}{R_4+R_6} & -\dfrac{R_4R_6}{R_4+R_6} \\ \dfrac{1}{R_4+R_6} & \dfrac{R_4}{R_4+R_6} \end{bmatrix}\begin{bmatrix} u_{S3} \\ i_{S5} \end{bmatrix}$$

10.3 本章小结及典型题解

10.3.1 本章小结

① 状态变量和状态方程。

一电路的状态是指在任何时刻必需的最少量的信息，它们和自该时刻以后的输入（激励）足以确定该电路此后的性状。

状态变量就是描述电路状态的一组变量，这组变量在任何时刻的值表征了该时刻电路的状态。

以状态变量为电路待求变量列写的方程即是状态方程。状态方程是以状态变量及其对时间的一阶导数来描述的方程。

② 状态方程的列写方法。

观察法：对仅含一个电容的节点列 KCL、对仅含一个电感的回路列 KVL。

叠加法：基本思想是，用电压为 u_C 的电压源替代电路中的电容、用电流为 i_L 的电流源替代电路中的电感，应用线性叠加定理，求得每个电源单独作用时在电容中产生的电流 i_C 和电感中的电压 u_L，最后将各分量叠加，即可得到所要得到的状态方程。

拓扑法：基本思想是，选一棵常态树，常态树是这样一种树，它的树支包含了电路中所有电压源支路和电容支路，以及一些必要的电阻支路，不包含任何电流源支路和电感支路，然后，对单电容树支割集列写 KCL，对单电感连支回路列写 KVL，最后消去非状态变量，整理成矩阵形式即可。

10.3.2 典型题解

【例 10.3.1】 试写出图 10.3.1 所示线性网络的状态方程。

①以电容电压和电感电流为状态变量；

②以电容电荷量和电感磁通链为状态变量。

【解】 (1)电路如图所示，对节点①列写 KCL 方程

$$i_1=i_C+i_L=C\frac{du_C}{dt}+i_L\text{，又 } i_1=\frac{u_S-u_C}{R_1}$$

对回路 i_1 列写 KVL 方程

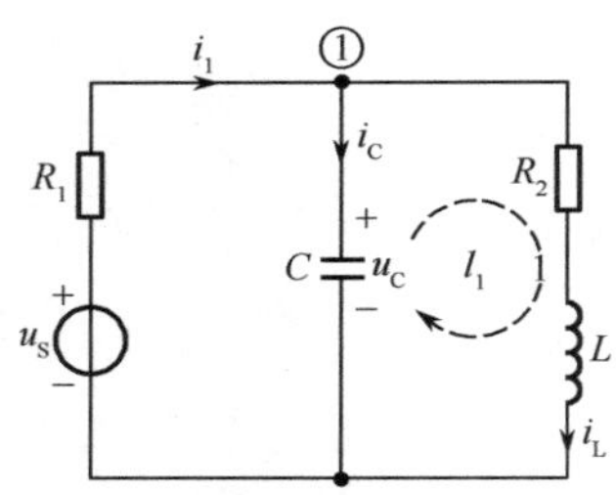

图 10.3.1 例题 10.3.1 图

$$u_C = R_2 i_L + u_L = R_2 i_L + L\frac{di_L}{dt}$$

将上两式整理,并写成矩阵形式,得

$$\begin{bmatrix}\frac{du_C}{dt}\\ \frac{di_L}{dt}\end{bmatrix}=\begin{bmatrix}-\frac{1}{CR_1} & -\frac{1}{C}\\ \frac{1}{L} & -\frac{R_2}{L}\end{bmatrix}\begin{bmatrix}u_C\\ i_L\end{bmatrix}+\begin{bmatrix}\frac{1}{CR_1}\\ 0\end{bmatrix}[u_S]$$

(2)对节点①列写 KCL:$i_1=i_C+i_L$,又 $i_C=\frac{dq}{dt}$,$i_L=\frac{\psi}{L}$,$u_C=\frac{q}{C}$,$i_1=\frac{u_S-u_C}{R_1}$,得

$$\frac{dq}{dt}=\frac{u_S}{R_1}-\frac{q}{CR_1}-\frac{\psi}{L}$$

对回路 l_1 列写 KVL 方程:$u_C=R_2i_L+u_L$,又 $u_L=\frac{d\psi}{dt}$,得:$\frac{d\psi}{dt}=\frac{q}{C}-\frac{R_2}{L}\psi$。

将上两式整理,并写成矩阵形式得

$$\begin{bmatrix}\frac{dq}{dt}\\ \frac{d\psi}{dt}\end{bmatrix}=\begin{bmatrix}-\frac{1}{CR_1} & -\frac{1}{L}\\ \frac{1}{C} & -\frac{R_2}{L}\end{bmatrix}\begin{bmatrix}q\\ \psi\end{bmatrix}+\begin{bmatrix}\frac{1}{R_1}\\ 0\end{bmatrix}[u_S]$$

【例 10.3.2】 试写出图 10.3.2(a)所示网络的状态方程。设 $M=1\text{H}$。

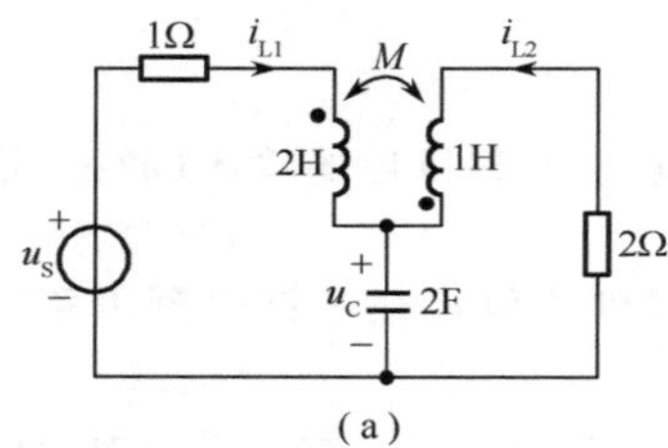

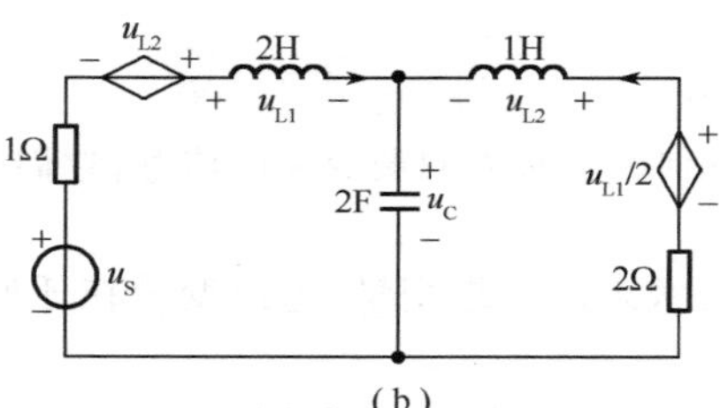

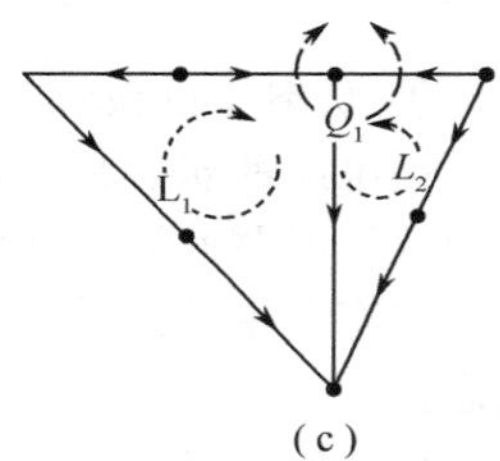

图 10.3.2 例题 10.3.2 图

【解】 画出电路的去耦等效电路如图(b)所示,有向图如图(c)所示。

对割集 Q_1 列写 KCL 方程 $i_C=i_{L1}+i_{L2}$ (1)

对回路 L_1 列写 KVL 方程 $u_{L1}=u_{L2}+u_S-i_{L1}-u_C$ (2)

对回路 L_2 列写 KVL 方程 $u_{L2}=\frac{u_{L1}}{2}-2i_{L2}-u_C$ (3)

整理式(1)、式(2)、式(3),可得网络的状态方程为

$$\begin{bmatrix}\frac{du_C}{dt}\\ \frac{di_{L1}}{dt}\\ \frac{di_{L2}}{dt}\end{bmatrix}=\begin{bmatrix}0 & 0.5 & 0.5\\ -2 & -1 & -2\\ -3 & -1 & -4\end{bmatrix}\begin{bmatrix}u_C\\ i_{L1}\\ i_{L2}\end{bmatrix}+\begin{bmatrix}0\\ 1\\ 1\end{bmatrix}[u_s]$$

习 题 10

10.1 试写出图 T10.1 所示电路状态方程。如果以节点电压为输出,试写出其输出方程。

10.2 试用拓扑法写出图 T10.2 所示电路的状态方程。

10.3 试写出图 T10.3 所示网络的状态方程。

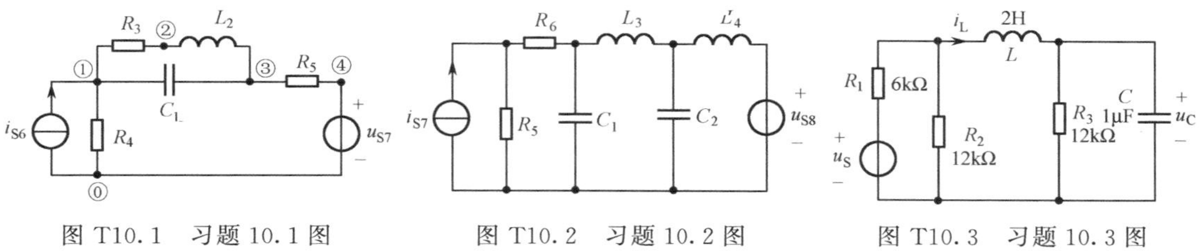

图 T10.1　习题 10.1 图　　　图 T10.2　习题 10.2 图　　　图 T10.3　习题 10.3 图

10.4　试写出图 T10.4 所示线性网络的状态方程。①以电容电压和电感电流为状态变量；②以电容电荷量和电感磁通链为状态变量。

10.5　图 T10.5(a)、(b)表示两个线性常态网络。试选出网络的常态树，并写出网络的状态方程。

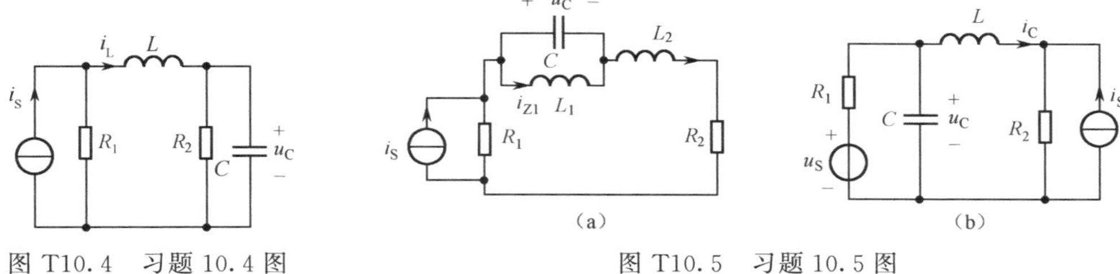

图 T10.4　习题 10.4 图　　　图 T10.5　习题 10.5 图

10.6　图 T10.6(a)、(b)表示两个线性常态网络。绘出每一网络的有向图及其常态树，写出对应于电容树支的基本割集电压方程和对应于电感连支的基本回路电流方程，并据此写出矩阵形式的状态方程。

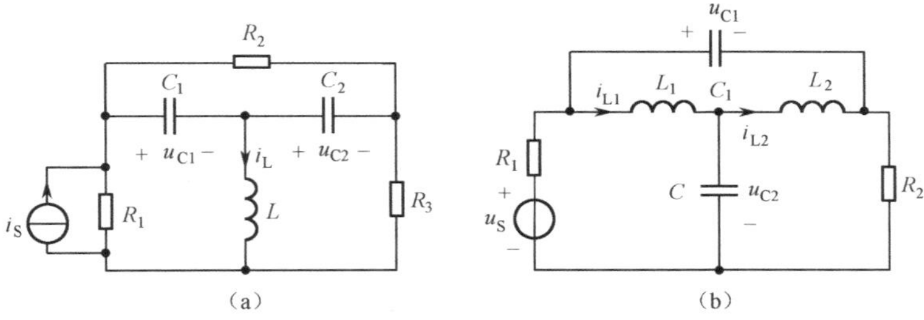

图 T10.6　习题 10.6 图

10.7　试写出图 T10.7 所示线性网络的状态方程。(提示：对含有受控源的网络，受控电压源支路应纳入常态树中，受控电流源支路则应纳入连支中。)

10.8　试写出图 T10.8 所示网络的状态方程。设 $M=1\text{H}$。

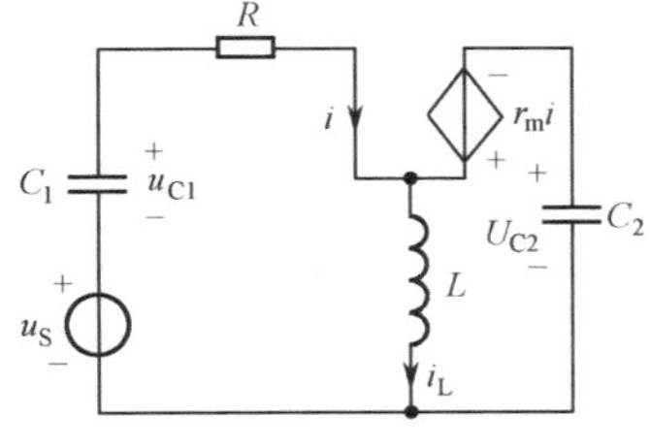

图 T10.7　习题 10.7 图

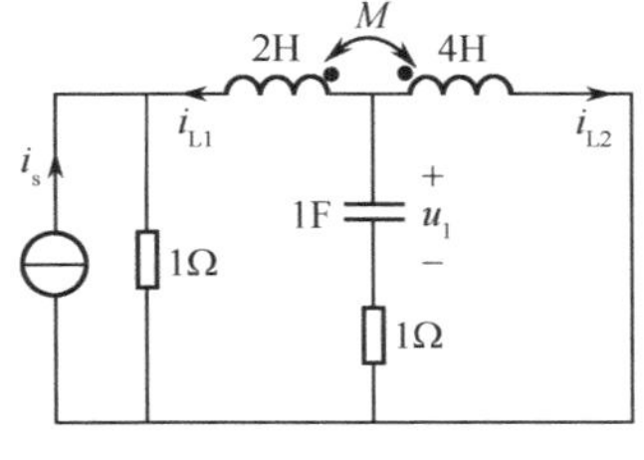

图 T10.8　习题 10.8 图

第 11 章　非线性电阻电路

[内容提要]

含有非线性元件的电路称为非线性电路,一切实际电路严格地说都是非线性电路,对于非线性程度比较微弱的电路元件,作为线性元件处理不会给结果带来本质上的差异。但是,有些电路元件的非线性特征不容忽视,如果当作线性元件处理,势必使分析结果与实际值相差太大而无意义,甚至还会带来本质上的差别。由于非线性电路具有本身的特殊性,所以分析研究非线性电路具有重要意义。非线性电路深层次的研究已超出本书的范围,本章仅对非线性电阻电路进行简单分析。

11.1　非线性电阻元件

实际电路中,许多电阻器件,它们的伏安特性曲线不像线性电阻那样,可以用欧姆定律 $u=Ri$ 来表示,而是遵循某种特定的非线性的函数关系。图 11.1.1 示出了几种非线性电阻的伏安特性,图 11.1.1(a)是碳化硅电阻伏安特性,常用做避雷器;图 11.1.1(b)是一个 PN 结二极管伏安特性;图 11.1.1(c)是隧道二极管的伏安特性;图 11.1.1(d)是气体放电管的伏安特性。

非线性电阻元件用图 11.1.2 所示电路符号来表示。

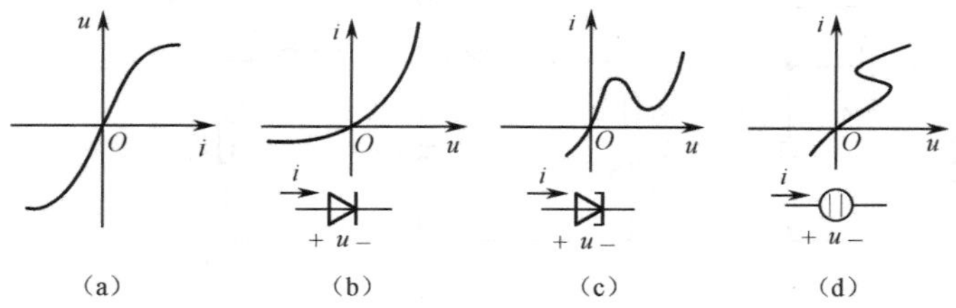

图 11.1.1　几种非线性电阻的伏安特性

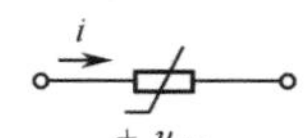

图 11.1.2　非线性电阻元件的符号

元件上的电压与电流的关系用函数或曲线来表示。如

$$u=f(i)\quad 或\ i=g(u)$$

凡是电压是电流的单值函数的非线性电阻,称为流控非线性电阻,用 $u=f(i)$表示其伏安特性;凡是电流是电压的单值函数的非线性电阻,称为压控非线性电阻,用 $i=g(u)$表示其伏安特性。如果非线性电阻的伏安特性曲线是单调增长或单调下降的,它同时是电流控制又是电压控制,合称为单调型非线性电阻。

图 11.1.1(c) 为电流是电压的单值函数,因此是压控制型非线性电阻;图 11.1.1(d)电压是电流的单值函数,是流控制型非线性电阻;而图 11.1.1(a)和图 11.1.1(b)则是单调型非线性电阻。

非线性电阻的伏安特性可由实验测得,有些可由理论推导分析得到。

对于非线性电阻可以引入静态电阻和动态电阻来描述其特性,其静态电阻定义为

$$R_S=\frac{u}{i}\tag{11.1.1}$$

与线性电阻不同的是,R_S 的大小与电阻两端电压的大小或流过的电流的大小有关,不是常

数。设一非线性电阻伏安曲线如图 11.1.3 所示，此时工作点 P 的电流与电压为 i 和 u，则此工作点下的静态电阻为 $R_S=\dfrac{u}{i}$，很显然，它等于工作点 P 与原点 O 的连线的斜率。这一斜率与图中的 $\tan\alpha$ 成正比。

非线性电阻的动态电阻定义为

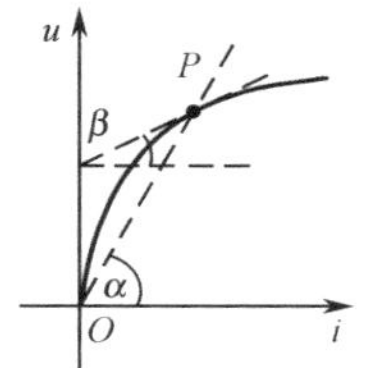

图 11.1.3　静态电阻与动态电阻伏安特性曲线

$$r_d=\frac{\mathrm{d}u}{\mathrm{d}i} \tag{11.1.2}$$

在图 11.1.3 中，P 点的动态电阻就等于伏安特性曲线过 P 点的切线的斜率。这一斜率为图中的 $\tan\beta$。

类似地，还可以定义非线性电阻的静态电导和动态电导，电导与电阻互为倒数，故静态电导定义为

$$G_S=\frac{i}{u} \tag{11.1.3}$$

动态电导定义为

$$g_d=\frac{\mathrm{d}i}{\mathrm{d}u} \tag{11.1.4}$$

非线性电阻的静态或动态电阻与电导均与非线性电阻元件中的电流或电压的大小有关。

对于其伏安特性仅在第一、第三象限内的非线性电阻，u、i 符号相同，因此其静态电阻 R_S 或静态电导 G_S 均为正值。在伏安特性呈现渐增长的线段上，动态电阻 r_d 和动态电导 g_d 均为正值；而在呈现下降的线段上，动态电阻 r_d 和动态电导 g_d 均为负值。

11.2　非线性电阻的串联与并联

含有非线性电阻电路的方程列写依据仍然是 KCL 方程和 KVL 方程及元件的 VCR，所不同的是在非线性电阻中，叠加定理不再适用，所列方程亦不再是线性方程组，而是一些高次函数关系方程组。下面介绍几种常用的分析方法。

11.2.1　非线性电阻的串联

图 11.2.1(a)是两个非线性电阻串联电路，串联电路中通过的是同一电流，设电流为 i，其他各电流电压的参考方向如图所示，由 KVL 知

$$u=u_1+u_2 \tag{11.2.1}$$

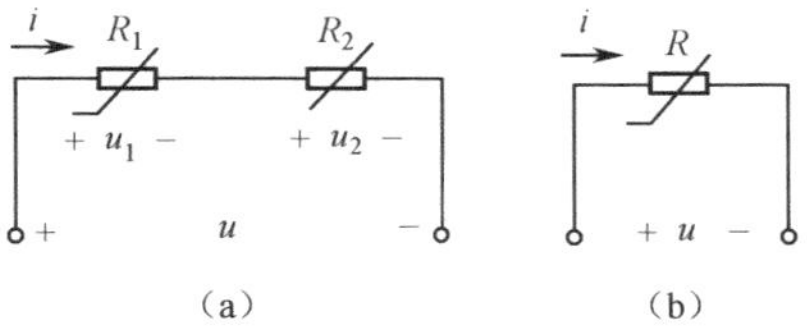

图 11.2.1　非线性电阻串联电路

设相串联的两电阻均是流控型或单调型非线性电阻，则它们的 VCR 分别为

$$u_1=f_1(i) \tag{11.2.2}$$

$$u_2=f_2(i) \tag{11.2.3}$$

将式(11.2.2)和式(11.2.3)代入式(11.2.1)得

$$u=u_1+u_2=f_1(i)+f_2(i)=f(i) \tag{11.2.4}$$

图 11.2.1(b)所示的非线性电阻为图 11.2.1(a)串联电路的等效电阻，它也是流控型或单调型非线性电阻，其 VCR 为

$$u=f(i) \tag{11.2.5}$$

式中

$$f(i)=f_1(i)+f_2(i) \tag{11.2.6}$$

由上述讨论可知，两个流控型或单调型非线性电阻串联等效电阻也是流控型或单调型非线性电阻，式(11.2.5)和式(11.2.6)表示了等效电路的 VCR。

对于非线性电阻串联电路分析，常用的是图解法。这是因为，对于大多数的非线性电阻，往往给出的是它们的 VCR 特性曲线，而有的曲线难以写出或无法写出其具体的函数关系，这就不便用

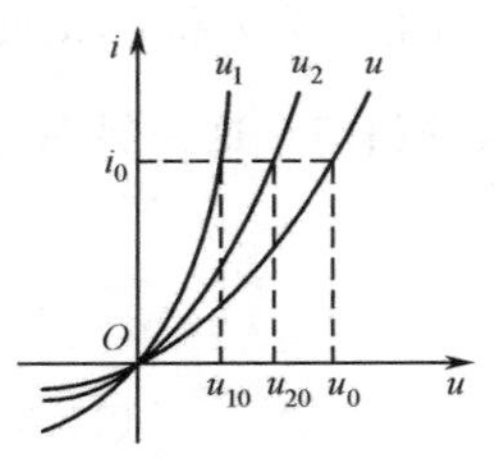

图 11.2.2 非线性电阻串联的图解法分析

式(11.2.6)来写出等效电阻的 VCR。

设两个流控型的非线性电阻的 VCR 曲线如图 11.2.2 所示。将同一电流值所对应的电压 u_1 和 u_2 相加即得该电流值对应的等效电阻的电压 u。例如,在 $i=i_0$ 处,有 $u_{10}=f_1(i_0)$、$u_{20}=f_2(i_0)$,则对应于 i_0 处的电压 $u_0=u_{10}+u_{20}$,取不同的电流值,逐点描绘,便可得到两非线性电阻串联后等效非线性电阻的 VCR 特性曲线。

以上讨论都是假定相串联的两个非线性电阻均是流控型或单调型的,若它们之中有一个是压控的非线性电阻,式(11.2.4)这种解析形式的分析法不便使用,但仍可用图解法得到等效的非线性电阻的 VCR 特性曲线,等效的非线性电阻将是压控型。

应该指出,用图解法逐点描绘的等效非线性电阻 VCR 特性还是比较麻烦,也存在一定的误差。在大多数情况下,在允许存在一定的工程误差的条件下,常对实际中的非线性电阻的 VCR 特性,使用折线近似作简化处理,从而简化分析过程。

例如,某非线性电阻 VCR 特性曲线如图 11.2.3(a)所示[图中的曲线是按 $i=2.5\times10^{-8}(e^{u/0.026}-1)$mA 绘制的],可以近似地用图 11.2.3(b)折线来简化处理。

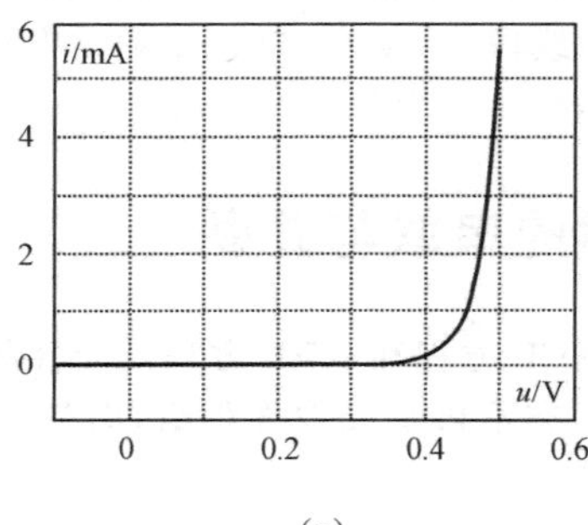

(a)

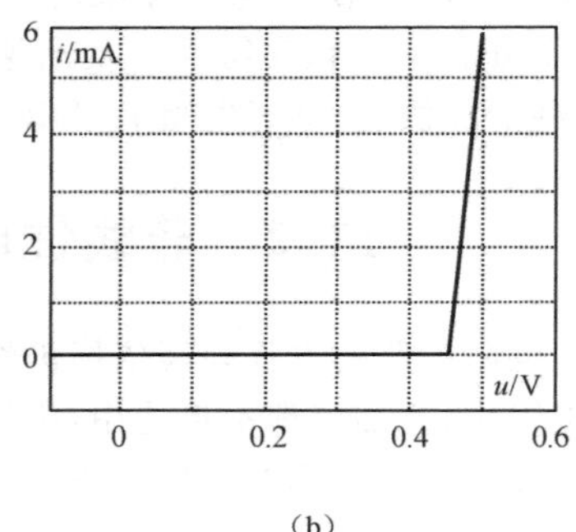

(b)

图 11.2.3 某非线性电阻的 VCR 特性曲线的折线近似法

11.2.2 非线性电阻的并联

图 11.2.4(a)是两个非线性电阻的并联电路,两电阻承受同一电压,设电压为 u,由 KCL 可知

$$i=i_1+i_2 \tag{11.2.7}$$

设两个并联的非线性电阻为压控型或单调型非线性电阻,它们的 VCR 分别为

$$i_1=g_1(u) \tag{11.2.8}$$

$$i_2=g_2(u) \tag{11.2.9}$$

将式(11.2.8)和式(11.2.9)代入式(11.2.7)即得

$$i=i_1+i_2=g_1(u)+g_2(u) \tag{11.2.10}$$

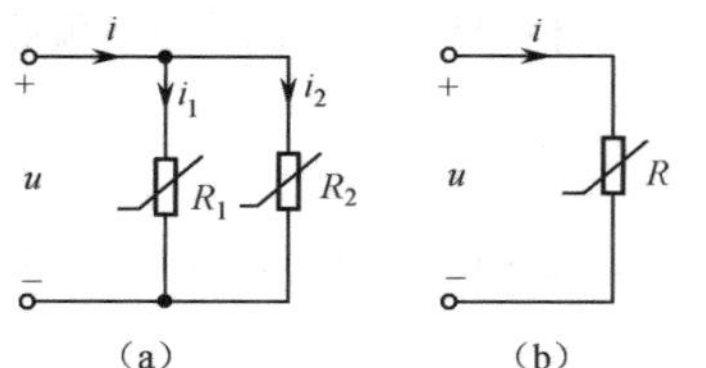

图 11.2.4 非线性电阻并联电路

图 11.2.4(b)是图 11.2.4(a)的等效非线性电阻,它也是压控型或单调型非线性电阻,其 VCR 特性函数为

$$i=g(u) \tag{11.2.11}$$

式中

$$g(u)=g_1(u)+g_2(u)$$

非线性电阻 VCR 有时很难用解析式表示,因此也常用图解法。图 11.2.5 说明了两压控型或单调型非线性电阻并联等效非线性电阻的 VCR 曲线逐点描绘的方法,即将同一电压对应的电流 i_1 和 i_2 相加即得该电压值对应的等效电阻的电流 i。例如,在 u_0 处,有 $i_{10}=g_1(u_0)$、$i_{20}=g_2(u_0)$,

则 $i_0=i_{10}+i_{20}$，取不同的 u 值，逐点描下去，便可得到两非线性电阻并联后等效非线性电阻的 VCR 特性曲线。

如果两个非线性电阻是流控型，则不便用式(11.2.10)表示等效后的非线性电阻的 VCR，但仍可用图解法得到其 VCR 特性曲线。

与串联电路一样，在允许存在一定的工程误差的前提下，可以对非线性电阻的 VCR 特性曲线用折线来作简化处理，从而简化分析过程。

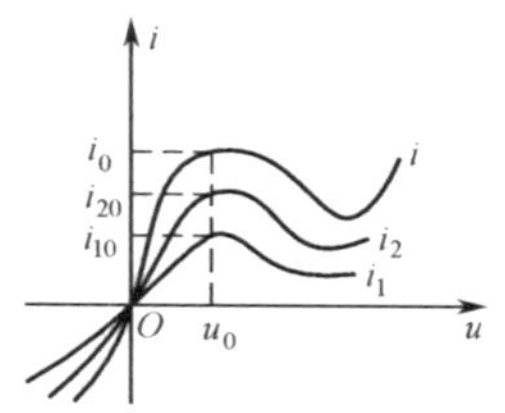

图 11.2.5　非线性电阻并联的图解法分析

11.3　非线性电阻电路的图解法

图 11.3.1(a)是一个简单的非线性电阻电路，设图中 R_1 为线性电阻，U_S 为理想电压源，R_2 为非线性电阻，依据图中的参考方向，虚线部分 u、i 的关系为

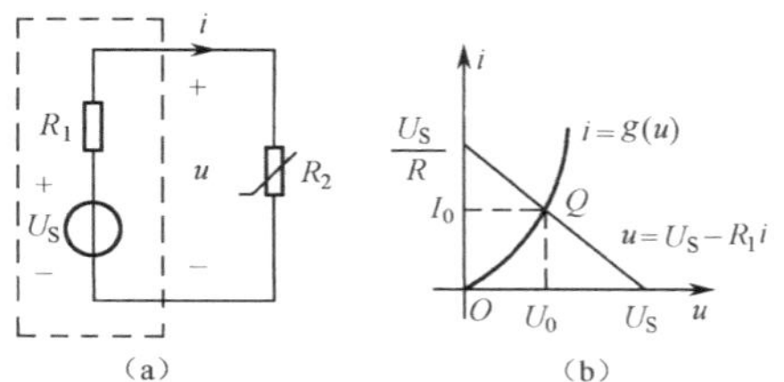

图 11.3.1　图解法分析示意图

$$u=U_S-R_1 i \tag{11.3.1}$$

而非线性电阻 R_2 的 VCR 特性曲线如图 11.3.1(b)所示，即

$$i=g(u) \tag{11.3.2}$$

式(11.3.1)和式(11.3.2)是非线性方程组，一般来说，非线性电阻的 VCR 的函数关系复杂，求解非线性方程组的解比较困难，可以用图解法求解。

式(11.3.1)表示的 u、i 之间的关系是一次函数，其图形为直线，如图 11.3.1(b)所示。图 11.3.1(a)所示的非线性电阻电路中的 u、i 应既满足式(11.3.1)又满足式(11.3.2)，从图形上看，其解答应是图 11.3.1(b)中直线与曲线的交点 Q 所对应的电压 U_0、电流 I_0，即所分析的电路的电压和电流为：$i=I_0$，$u=U_0$。在电子线路中，习惯上将式(11.3.1)对应的直线称做负载线，而 Q 称做工作点。

如果非线性电阻电路比较复杂，但仅含一个非线性电阻，则可将非线性电阻分离出来，对其余的线性电路进行戴维南等效变换，就得到图 11.3.1 类似单回路电路，再用图解法或解析法求解出非线性电阻上的电压和电流。如果不是求非线性电阻上的电压和电流，也需要通过上述过程先求得非线性电阻端子上的电压 U_0 和电流 I_0，再应用替换定理将非线性电阻用电压为 U_0 的独立电压源或用电流为 I_0 的独立电流源替代非线性电阻，替换后的电路为一线性电路，即可用线性电路的各种分析方法求出欲求的电路变量。

【例 11.3.1】　图 11.3.2(a)所示电路，R_1 为非线性电阻，其 VCR 如图 11.3.2(b)中曲线②所示。求：①非线性电阻上的电压 U_1 和电流 I_1，以及吸收的功率 P；②求电流 I_2。

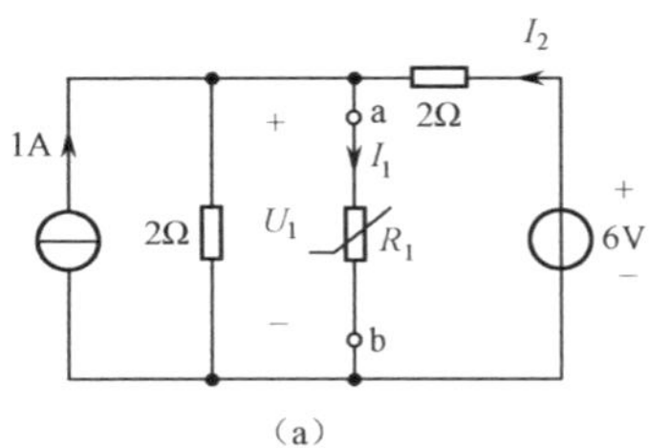

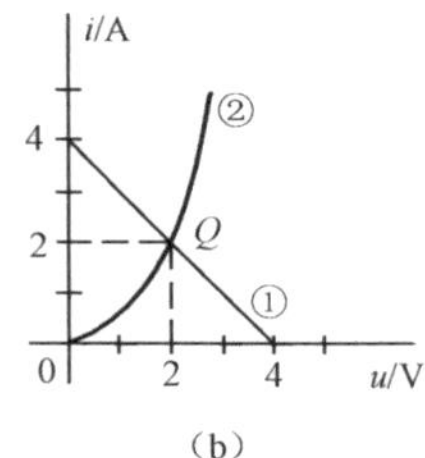

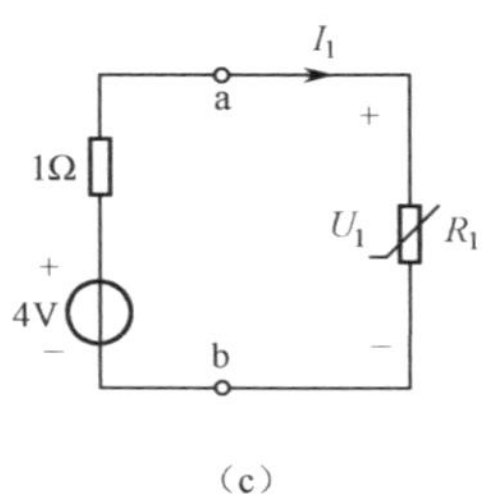

图 11.3.2　例 11.3.1 图

【解】 ①将电流自图 11.3.2(a)的 ab 处断开,得戴维南等效电路参数为

$$U_{oc}=4\text{V}, R_{eq}=1\Omega$$

画等效电路图如图 11.3.2(c)所示。直流负载线方程为

$$u=-i+4 \tag{11.3.3}$$

在图 11.3.2(b)中做出式(11.3.3)直线①,它与非线性电阻 VCR 特性曲线相交于 Q,Q 点的坐标即为非线性电阻的电压和电流,从图中可以得到

$$U_1=2(\text{V}),\quad I_1=2(\text{A})$$

吸收的功率为　　$P=U_1 I_1=2\times 2=4(\text{W})$

② 用 2V 的电压源替代非线性电阻,则

$$I_2=\frac{6-U_1}{2}=\frac{6-2}{2}=2(\text{A})$$

应该指出,非线性电阻电路的求解归结为求相应的一组非线性方程的实数解,而非线性方程组的实数解可能不是唯一的,也可能没有实数解。

例如,图 11.3.3 所示电路中,它是一个隧道二极管和一个线性电阻 R 接至一恒定电压源的电路,该电路的方程为

$$Ri+u=U_S, i=f(u) \tag{11.3.4}$$

其图解示意图如图 11.3.4 所示,在图示情况下,式(11.3.4)表示的直线和曲线交点有 A、B、C 三点,表明在这一情形下式(11.3.4)方程组有三组不同的实数解,每一组表示电路的一个工作点。从物理上考虑,任何实际电路在任何时刻只能工作在某一工作点下,这意味着,以图 11.3.3 作为某一实际电路的模型时,忽略了某些使此电路有唯一工作点的因素,因而出现了电路方程有多解的问题。

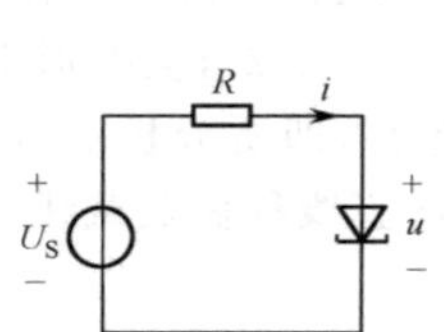

图 11.3.3　含有隧道二极管的电路

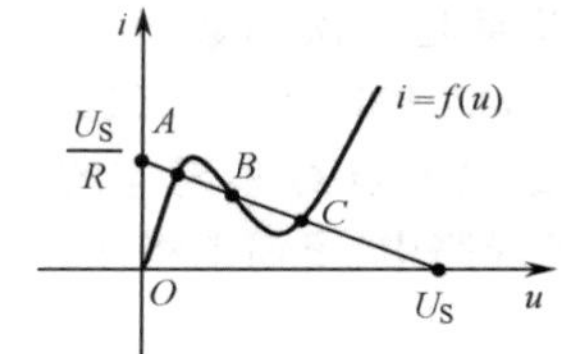

图 11.3.4　图 11.3.3 电路的图解示意图

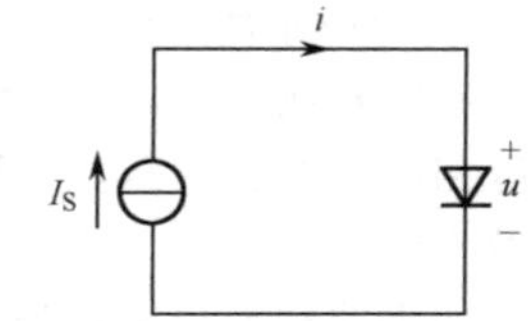

图 11.3.5　一个二极管接至电流源的电路

又如图 11.3.5 所示,这是一个二极管接至一恒定电流源的电路。二极管的伏安特性可用如下解析式表示

$$i=I_0(e^{\alpha u}-1) \tag{11.3.5}$$

式中,α 为一正实数。

这个电路的方程为

$$I_0(e^{\alpha u}-1)=I_S \tag{11.3.6}$$

当 $I_S<-I_0$ 时,式(11.3.6)方程无实数解,这说明,此时电路无解。

从上面的例子可以看出,非线性电阻电路的方程可能有唯一解,也可能有多个解,这意味着给定的电路模型不足以确定其唯一的工作情况;还有可能无解,这意味着所给定的电路模型中有着相矛盾的假设。

11.4　非线性电阻电路的分段线性化

分段线性化法又称折线近似法,它的基本思想是,在一定允许工程误差下,将非线性电阻复

杂的 VCR 特性曲线用若干直接段构成的折线近似表示，对应的折线中各直线段的非线性电阻的模型用不同的阻值的线性电阻或用线性电阻与独立电源的组合来表示，这样，即将复杂的非线性电阻电路问题分区段简化为若干个线性电阻电路问题，使得分析过程方便易行。

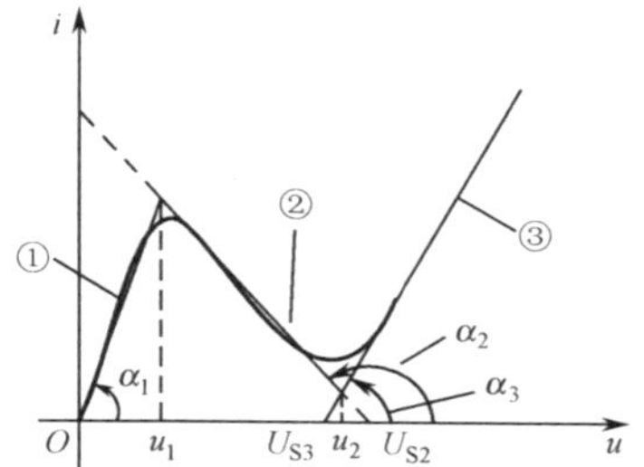

图 11.4.1　非线性电阻 VCR 分段线性化图

例如隧道二极管的 VCR 特性曲线如图 11.4.1 曲线所示，在允许存在一定工程误差前提下，可用图示①、②、③条直线来近似表示电压 $0\leqslant u<u_1$、$u_1\leqslant u<u_2$ 和 $u\geqslant u_2$ 区间的 VCR 特性。直线①表示的是线性电阻 $R_1(=\text{ctg}\alpha_1)$ 的伏安曲线，因此可用线性电阻 R_1 来分析；直线②表示的是一个独立电压源 U_{S2}（直线②与横坐标的交点）与线性电阻 $R_2(=\text{ctg}\alpha_2)$ 相串联的组合的伏安特性，如果电路的工作点落在这一区段，则可用 U_{S2} 与 R_2 相串联的组合来表示，很明显，此时的 R_2 是一个负电阻；直线③表示的也是一个独立电压源 U_{S3}（直线③与横坐标的交点）与一个电阻 $R_3(=\text{ctg}\alpha_3)$ 相串联的组合的伏安特性，只是，此时的 R_3 是一个正的电阻。上述论述中，电压源与电阻相串联组合，也可用电流源与电导并联组合来表示。

【例 11.4.1】　图 11.4.2(a)所示电路，R_1 为线性电阻，U_S 为独立电压源，R_2 为非线性电阻，其伏安特性由折线近似表示为

$$\begin{cases} i=\dfrac{5}{3}u\text{(A)} & 0\leqslant u<1.5\text{(V)} \\ i=-0.75u+3.625\text{(A)} & 1.5\text{V}\leqslant u<3.5\text{(V)} \\ i=1.2u-3.2\text{(A)} & u\geqslant 3.5\text{(V)} \end{cases}$$

① 若 $U_S=5\text{V}$，$R_1=2\Omega$，求电流 I 和电压 U。

② 若 $U_S=5\text{V}$，$R_1=1\Omega$，求电流 I 和电压 U。

【解】　由非线性电阻 VCR 特性折线方程可以画出其对应区段的等效电路，分别如图 11.4.2(c)、(d)、(e)所示。

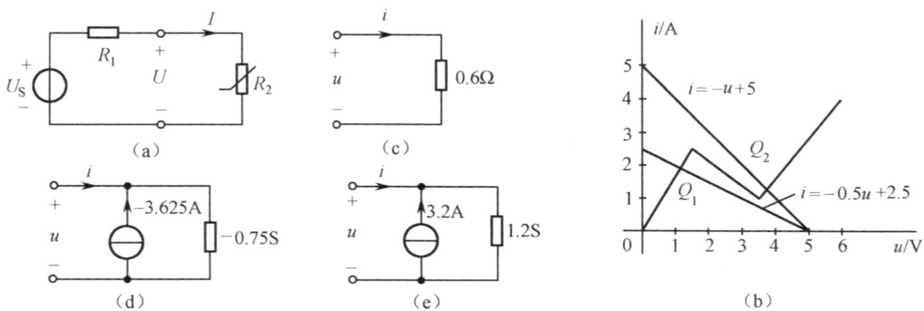

图 11.4.2　例 11.4.1 使用的电路图及曲线

按图 11.4.2(a)参考方向，独立电压源与电阻的串联组合在 $U_S=5\text{V}$、$R_1=2\Omega$ 和 $R_1=1\Omega$ 对应的电路方程分别为

$$i=-0.5u+2.5,\quad i=-u+2.5$$

它们对应的 VCR 曲线如图 11.4.2(b)所示，与非线性电阻的折线分别交于 Q_1、Q_2 点。

可见，两种情况对应的非线性电阻分别工作在方程 $i=\dfrac{5}{3}u$ 和 $i=1.2u-3.2$ 表示的直线段，其非线性电阻等效电路如图 11.4.2(c)、(e)所示。

根据上面分析，当 $U_S=5\text{V}$，$R_1=2\Omega$ 时可用图 11.4.3(a)等效电路计算；当 $U_S=5\text{V}$，$R_1=1\Omega$ 时可用图 11.4.3(b)等效电路计算。

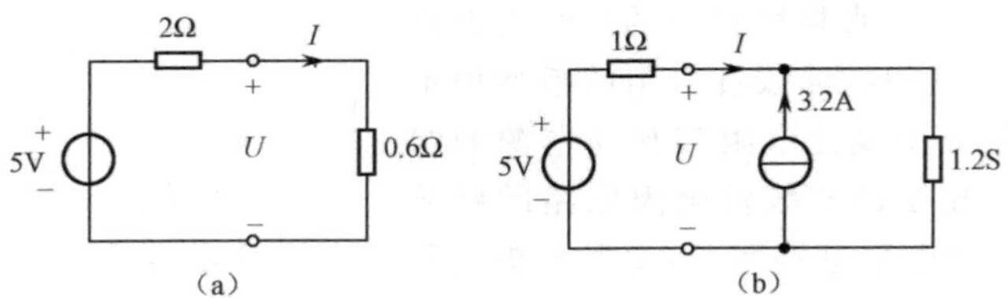

图 11.4.3　例 11.4.1 的等效电路

由图 11.4.3(a)得

$$I=\frac{5}{2+0.6}=1.92(\text{A}),\quad U=0.6I=1.15(\text{V})$$

由图 11.4.3(b)得

$$U=\frac{\frac{5}{1}+3.2}{\frac{1}{1}+1.2}=3.73(\text{V}),\quad I=1.2u-3.2=1.27(\text{A})$$

本题也可以通过解方程或者图解法求解。

11.5　非线性电阻电路的小信号分析法

电路在直流激励下各处的电流电压将是恒定不变的，这样的工作情形称为直流工作情形或称为静态工作情形。如电子线路中，没有信号时，晶体二极管和晶体三极管的电流电压由直流激励所产生，此时的电流电压称为直流工作点或称为静态工作点。如果在静态工作下的非线性电阻电路里加入幅值很小的随时间而变化的信号激励，此时电路将发生怎样的变化呢？本节介绍的小信号分析法就是分析此类问题的一种近似方法。其基本思想是，在静态工作状态下，将非线性电阻电路的方程式线性化，得到相应的以计算小信号的激励所产生的小信号响应的线性化电路和方程，然后，就可以用分析线性电路的方法进行分析计算。小信号分析法是电子线路中常用的一种重要分析方法。

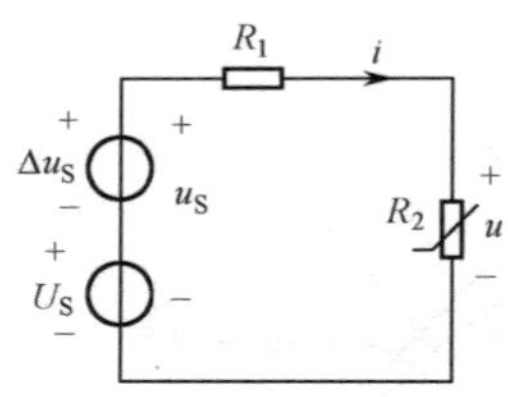

图 11.5.1　说明小信号分析法用的电路

下面以图 11.5.1 为例，说明小信号分析法的原理。图中 R_1 是一线性电阻，R_2 是一非线性电阻，其伏安特性 $i=f(u)$ 如图 11.5.2(a)所示。首先求出其静态工作点，即当 $\Delta u_S=0$ 时的工作点，用图解法，在 u-i 平面上，做直流负载线 $u=-R_1 i+U_S$，即图 11.5.2(a)中直接①，交非线性电阻伏安曲线于 Q，静态工作点为 I_0、U_0。在恒定电压源上叠加一小信号 Δu_S，当 $\Delta u_S>0$ 时，直流负载线右移，如图 11.5.2(a)中直线②所示，交非线性电阻伏安曲线于 Q_1，此时工作点电流和电压分别为 $I_0+\Delta i$、$U_0+\Delta u$，电流和电压的增量为 Δi、Δu。下面推导 Δi 和 Δu 和激励增量 Δu_S 之间的关系，并由此得出等效电路。

设静态工作点 Q 处的非线性电阻的动态电阻为 r_d，即

$$r_d=\left.\frac{1}{f'(u)}\right|_{u=U_0}$$

在 Q-Q_1 区段，因 Δu_S 足够小，可近似地用 Q 点的切线代替非线性电阻伏安曲线，即 Q_1 可以看成是负载线②与切线的交点，从 Q 点作横轴的平行线并交直线②于 P，将 $\triangle QQ_1P$ 放大，如图 11.5.2(b)所示，图中

$$\tan\alpha=f'(u)=\frac{1}{r_d},\quad \tan\beta=\frac{U_S/R_1}{U_S}=\frac{1}{R_1}$$

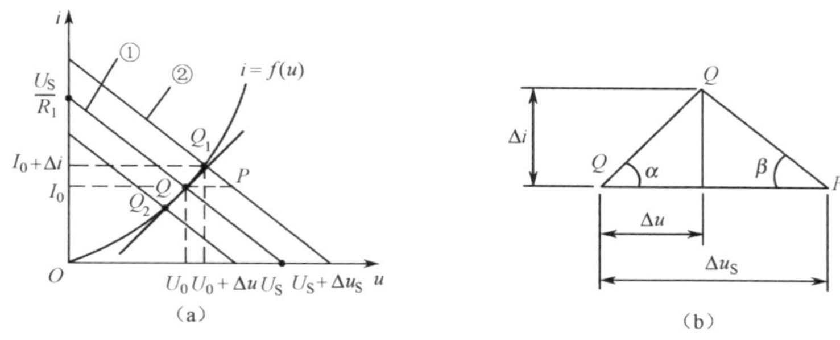

图 11.5.2　图 11.5.1 电路工作情况图解用图

线段$\overline{QP}$长度为激励增量 Δu_S。

从图 11.5.2(b)，可得

$$\Delta i = \Delta u \cdot \tan\alpha = (\Delta u_S - \Delta u) \cdot \tan\beta$$

即

$$\frac{\Delta u}{r_d} = \frac{\Delta u_S - \Delta u}{R_1}$$

$$\Delta u = \frac{r_d}{r_d + R_1} \cdot \Delta u_S \qquad (11.5.1)$$

$$\Delta i = \Delta u \cdot \tan\alpha = \frac{\Delta u}{r_d} \qquad (11.5.2)$$

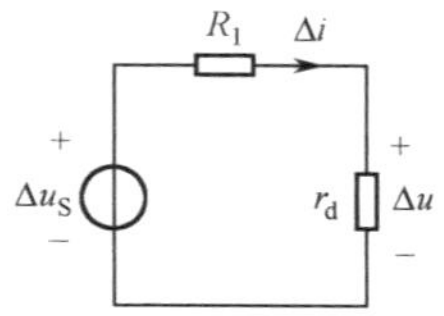

图 11.5.3　图 11.5.1 电路增量计算电路

从式(11.5.1)和式(11.5.2)，可以得出计算因激励 Δu_S 引起的响应 Δu 和 Δi 的等效电路，如图 11.5.3 所示。

工作点从 Q 左移到 Q_2 时，分析过程相同，同样可得出图 11.5.3的等效电路。值得注意的是，图11.5.3是一个线性电阻电路，原电路的非线性电阻在这里被静态工作点的动态电阻 r_d 代替，它与原电路有相同的拓扑结构。由于这样的等效电路是通过将非线性电阻的特性直线化后得到的，所以这一电路只在 Δu_S 很小(Δu 和 Δi 都很小)时才适用。

【例 11.5.1】 电路如图 11.5.4 所示，已知非线性电阻 R_2 的 VCR 特性为

$$i = f(u) = \begin{cases} 0\,(\text{A}) & u < 0 \\ 10^{-3}u^2\,(\text{A}) & u \geq 0 \end{cases}$$

已知直流电压源的电压为 $U_S = 11.9\text{V}$，线性电阻为 $R_1 = 100\Omega$，小信号电压源为 $u_S(t) = 0.12\sin\omega t\,\text{V}$，求电压 $u(t)$ 和电流 $i(t)$。

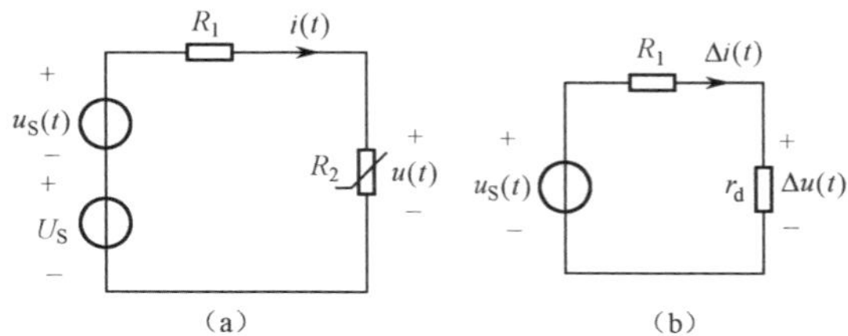

图 11.5.4　例 11.5.1 图

【解】 先求出静态工作点，静态工作点是直流负载线方程 $u = -100i + 11.9$ 和非线性电阻伏安曲线的交点，即由下列方程组联立

$$\left.\begin{aligned} u &= -100i + 11.9 \\ i &= 10^{-3}u^2 \end{aligned}\right\}$$

解得

$$U_Q = 7\ (\text{V}),\quad I_Q = 49\ (\text{mA})$$

再求得静态工作点处的非线性电阻的动态电阻，即

$$r_d = \frac{1}{\left.\frac{\text{d}i}{\text{d}u}\right|_{u=7}} = \left.\frac{1}{2 \times 10^{-3}u}\right|_{u=7} = \frac{500}{7}\ (\Omega)$$

增量计算电路如图 11.5.4(b)所示，由图可知

$$\Delta i(t)=\frac{u_S(t)}{R_1+r_d}=\frac{0.12\sin\omega t}{100+\frac{500}{7}}=7\times10^{-4}\sin\omega t\ (\text{A})$$

$$\Delta u(t)=r_d\cdot\Delta i(t)=\frac{500}{7}\times7\times10^{-4}\sin\omega t=0.05\sin\omega t\ (\text{V})$$

因此
$$u(t)=U_Q+\Delta u(t)=7+0.05\sin\omega t\ (\text{V})$$
$$i(t)=I_Q+\Delta i(t)=49+0.7\sin\omega t\ (\text{mA})$$

11.6 本章小结及典型题解

11.6.1 本章小结

① 非线性电阻元件。

伏安特性曲线不像线性电阻那样,可以用欧姆定律 $u=Ri$ 来表示,而是遵循某种特定的非线性的函数关系的元件称为非线性电阻元件。

② 非线性电阻元件的串联和并联。

两个非线性电阻元件可以通过KCL或KVL将它们的伏安曲线合并,而得到一个等效的非线性元件。可以通过非线性电阻元件的VCR关系式合并,不能用函数关系式显性表出的VCR或不便于用上述方法合并的,可以用图解法合并。

③ 非线性电阻电路常见分析方法。

图解法:通过作图的方法,求电路中的电流电压。

分段线性法:基本思想是,在一定允许工程误差下,将非线性电阻复杂的VCR特性曲线用几根直线段构成的折线近似表示,对应的折线中各直线段的非线性电阻的模型用不同阻值的线性电阻或用线性电阻与独立电源的组合来表示,这样,即将复杂的非线性电阻电路问题分区段简化为若干个线性电阻电路问题,使得分析过程方便易行。

小信号分析法:基本思想是,在静态工作状态下,将非线性电阻电路的方程式线性化,得到相应的以计算小信号的激励所产生的小信号响应的线性化电路和方程,然后,就可以用分析线性电路的方法进行分析计算。

11.6.2 典型题解

【例 11.6.1】 电路如图11.6.1所示,非线性电阻元件特性的表达式为 $i=2u^2(u>0)$,i、u 的单位分别为A、V,并设 $i_S=10\text{A}$,$\Delta i_S=\sin\omega t\,\text{A}$,$R_1=1\Omega$。试用小信号分析法求非线性电阻元件的端电压 u。

【解】 先求出静态工作点,静态工作点是直流负载线方程和非线性电阻伏安曲线的交点,即由下列方程组联立

$$\begin{cases}i=10-u\\ i=2u^2\end{cases}$$

解得
$$U_Q=2(\text{V}),I_Q=8(\text{A})$$

再求得静态工作点处的非线性电阻的动态电阻,即

$$r_d=1\Big/\frac{\mathrm{d}i}{\mathrm{d}u}\bigg|_{u=2}=\frac{1}{4u}\bigg|_{u=2}=\frac{1}{8}(\Omega)$$

则小信号等效电路如图11.6.2所示。

$$\Delta u=\Delta i_S\times\left(1/\!/\frac{1}{8}\right)=\frac{1}{9}\sin\omega t(\text{V})$$

因此
$$u=U_Q+\Delta u=2+\frac{1}{9}\sin\omega t(\text{V})$$

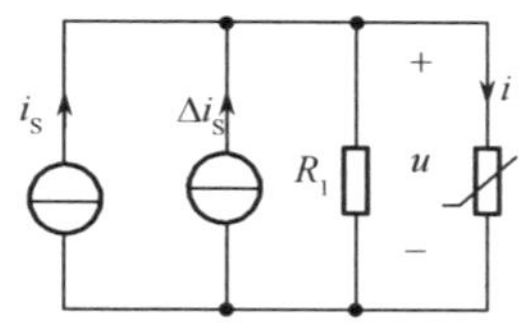

图 11.6.1　例题 11.6.1 图

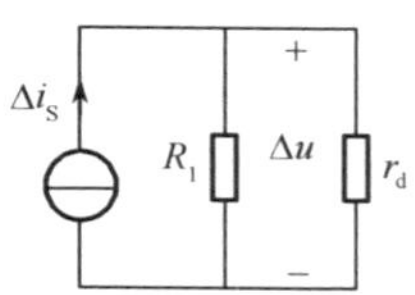

图 11.6.2　小信号等效电路

【例 11.6.2】 电路如图 11.6.3 所示，非线性电阻元件特性的表达式为 $u=\frac{1}{5}i^3-2i$，i、u 的单位分别为 A、V，并设 $u_S=25\text{V}$，$\Delta u_S=0.15\sin(\omega t+30°)\text{V}$，$R=2\Omega$。试用小信号分析法求电流 i。

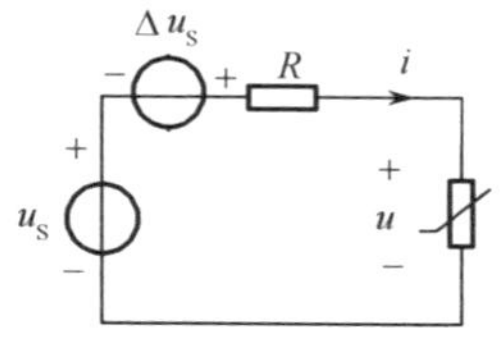

图 11.6.3　例题 11.6.2 图

【解】 先求出静态工作点，静态工作点是直流负载线方程和非线性电阻伏安曲线的交点，即由下列方程组联立

$$\begin{cases}25=u+2i\\ u=\frac{1}{5}i^3-2i\end{cases}$$

解得

$$U_Q=15(\text{V}),I_Q=5(\text{A})$$

再求得静态工作点处的非线性电阻的动态电阻，即

$$r_d=\left.\frac{\mathrm{d}u}{\mathrm{d}i}\right|_{i=5}=\left.\frac{3}{5}i^2-2\right|_{i=5}=13(\Omega)$$

则小信号等效电路如图 11.6.4 所示，由图可知

$$\Delta i=\Delta u_S/(2+13)=0.01\sin(\omega t+30°)(\text{A})$$

因此

$$i=I_Q+\Delta i=5+0.01\sin(\omega t+30°)(\text{A})$$

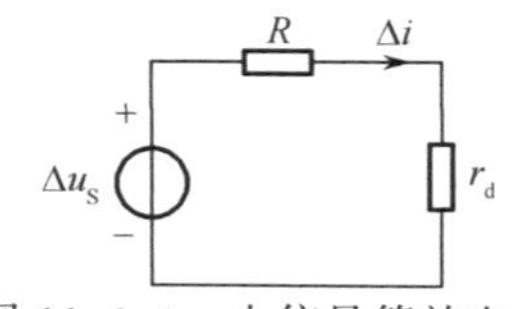

图 11.6.4　小信号等效电路

习　题　11

11.1　已知某非线性电阻在图 T11.1(a)所示的参考方向下，其 VCR 特性曲线如图(b)所示。试画出图(c)、图(d)所示参考方向下的非线性电阻的 VCR 特性曲线。

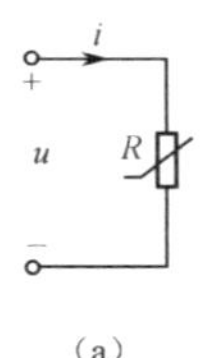

(a)

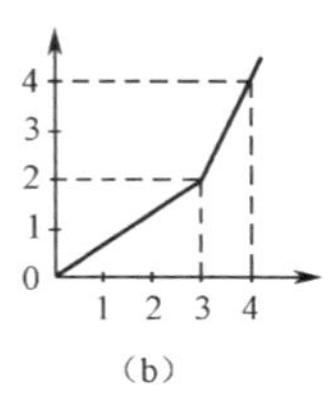

(b)

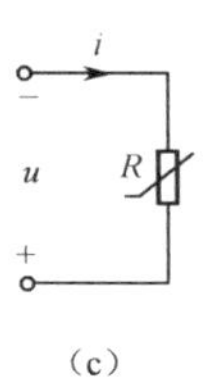

(c)

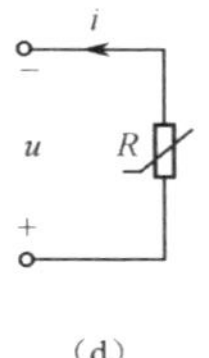

(d)

图 T11.1　习题 11.1 图

11.2　如图 T11.2(a)所示，非线性电阻 R_1 和 R_2 串联，其 VCR 特性曲线分别如图(b)中的折线①和折线②所示，试画出对 1，2 端等效的非线性电阻 R（图(c)）的 VCR 特性曲线。

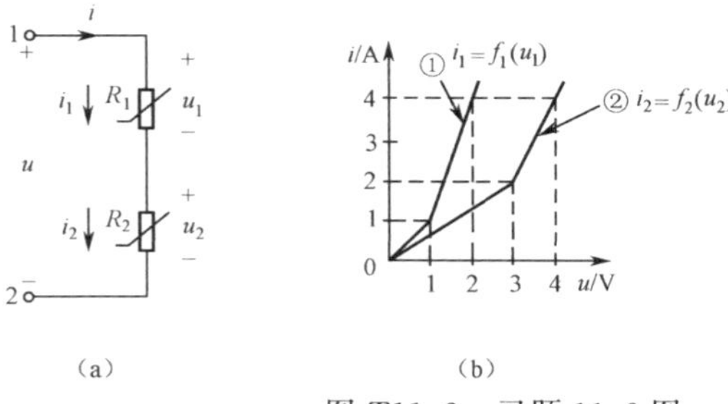

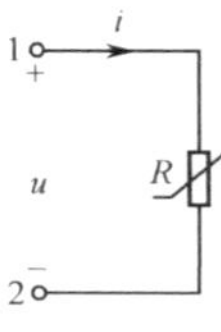

(a)　　(b)　　(c)

图 T11.2　习题 11.2 图

11.3 如图 T11.3(a)所示,非线性电阻 R_1 和 R_2 并联,其 VCR 特性曲线如图(b)所示。试画出对 1,2 端等效的非线性电阻 R 的 VCR 特性曲线。

11.4 用图解法求图 T11.4 所示电路中通过二极管的电流。已知 $u_S=1\text{V}$,$R=1\Omega$;二极管的伏安特性可表示为 $i=10^{-6}(e^{40u}-1)$,i、u 的单位分别为 A 和 V。

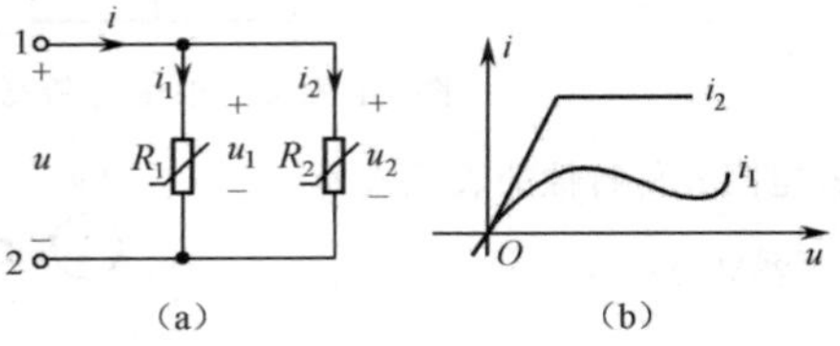

图 T11.3 习题 11.3 图

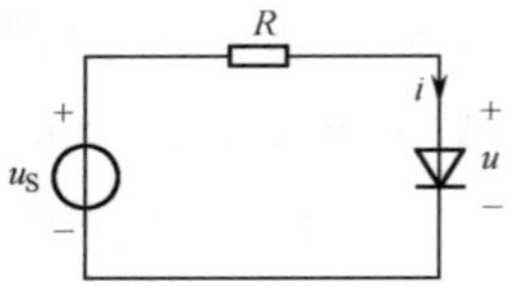

图 T11.4 题 11.4 图

11.5 电路如图 T11.5 所示,$u_S=5\text{V}$,$R_1=R_2=2\Omega$,非线性电阻元件的特性用 $i_3=2u_3^2$ 表示,i、u 的单位分别为 A、V。试用图解法求非线性电阻元件的端电压 u_3 和电流 i_3,并进而求出电流 i_1 和 i_2。

11.6 电路如图 T11.6 所示,非线性电阻元件特性的表达式为 $i=2u^2-11(u>0)$,i、u 的单位分别为 A 和 V,并设 $i_S=10\text{A}$,$\Delta i_S=\sin\omega t\,\text{A}$,$R_1=1\Omega$。试用小信号分析法求非线性电阻元件的端电压 u。

11.7 电路如图 T11.7 所示,非线性电阻元件特性的表达式为 $u=2i^2+21(i>0)$,i、u 的单位分别为 A 和 V,并设 $u_S=25\text{V}$,$\Delta u_S=0.12\sin(\omega t+30°)\text{V}$,$R=2\Omega$。试用小信号分析法求电流 i。

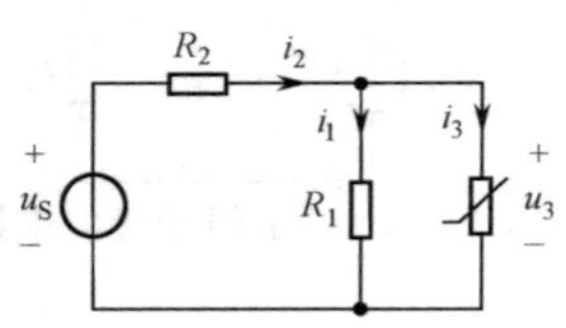

图 T11.5 习题 11.5 图

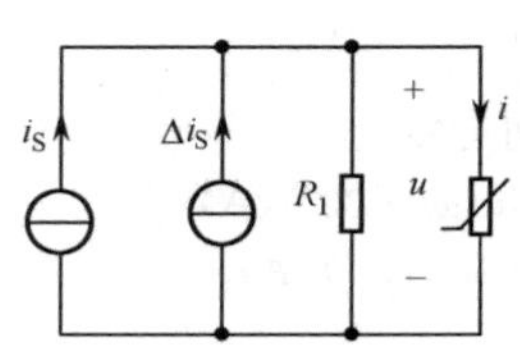

图 T11.6 习题 11.6 图

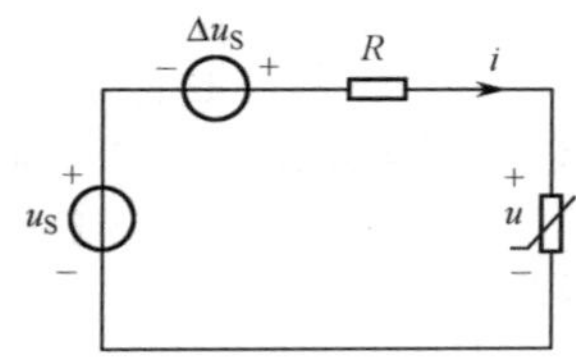

图 T11.7 习题 11.7 图

附录 A　TINA 简介

A.1　软件基本情况介绍

德州仪器公司(TI)与 DesignSoft 公司联合为客户提供了一个强大的电路仿真工具 TINA－TI。TINA－TI 适用于对模拟电路和开关式电源(SMPS)电路的仿真，是进行电路开发与测试的有力助手。TINA 基于 SPICE 引擎，是一款功能强大且易于使用的电路仿真工具，而 TINA－TI 加载了 TI 公司的宏模型以及无源和有源器件模型。TI 之所以选择 TINA 仿真软件而不是其他基于 SPICE 技术的仿真器，是因为它同时具有强大的分析能力和简单、直观的图形界面，并且易于使用。TINA－TI 提供了多种分析功能，包括 SPICE 的所有传统直流、交流、瞬态、频域、噪声分析等功能。虚拟仪器功能丰富，允许用户选择输入波形、探针电路节点电压和波形。TINA 的原理图捕捉非常直观，使用户真正能够“快速入门”。另外，它还具有广泛的后处理功能，允许用户设置输出结果的格式。

TINA－TI 软件启动后，首先出现在屏幕上的界面为原理图编辑器，如图 A.1.1 所示。图中空白的工作区是设计窗口，用于搭建测试电路。原理图编辑器标题栏的下面包括四行工具。

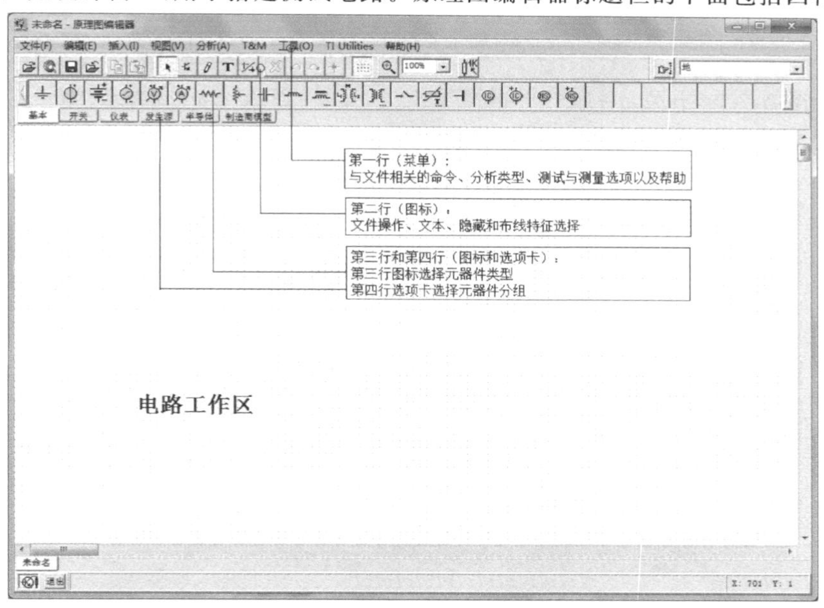

图 A.1.1　TINA－TI 原理图编辑器界面

第一行是一个可操作的菜单行选项，如文件相关命令、分析类型、测试与测量选项及帮助等。第二行位于菜单行下方，是一行与文件操作或 TINA 任务相关联的快捷图标。第三行图标是可供选择的特定的元器件符号，这些元器件包括基本的无源元件、半导体器件以及精密器件的宏模型，可以利用这些元器件来搭建电路原理图。第四行是元件库选项卡，用于选择不同的元器件分组，包括基本元件、开关元件、仪表、发生源、半导体、制造商模型等。当选定某个选项卡之后，相应的元器件库中的元器件符号将显示于第三行。

A.2　基本库元器件介绍

TINA－TI为用户提供了比较丰富的基本元件、测试仪器及大量的TI公司制造的器件。根据不同类型将元件分为5个器件库和1个仪表库,基本元件库如图A.2.1所示,基本元件工具栏提供了基本元件,如地、电池、电压源、信号发生器、无源元件(R、L、C)等。为了使用方便某些元件也重复地出现在其他工具栏中。开关元件库如图A.2.2所示,该工具栏提供了各种类型的开关及简单型、转换型、时间和电压控制继电器。仪表元件库如图A.2.3所示,该工具栏提供了各种仪表、指示器和显示器。可以在原理图中添加任意数量的此类元件。发生源库如图A.2.4所示,该工具栏包含模拟发生源,包括直流电压源和电流源,模拟受控源。半导体元件库如图A.2.5所示,需要从目录中选择指定工业器件型号。制造商模型元件库如图A.2.6所示,包括众多的TI公司器件的SPICE模型。可以按照功能和器件编号方式选择元器件。执行【视图】→【元件栏】菜单命令,可对元件栏进行显示与关闭操作。仪器仪表的使用留给读者自学,这里不再赘述。

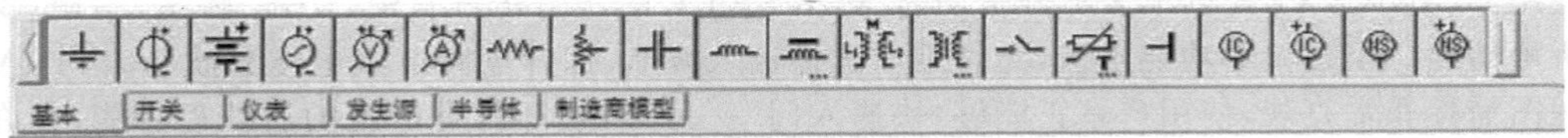

图A.2.1　基本元件库

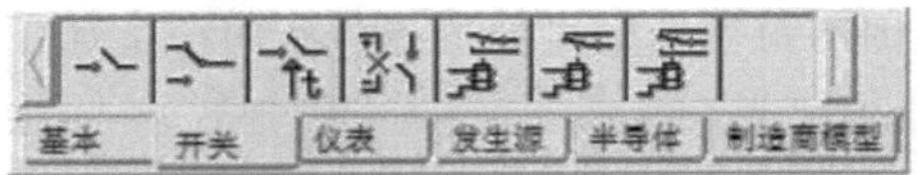

图A.2.2　开关元件库

图A.2.3　仪表元件库

图A.2.4　发生源元件库

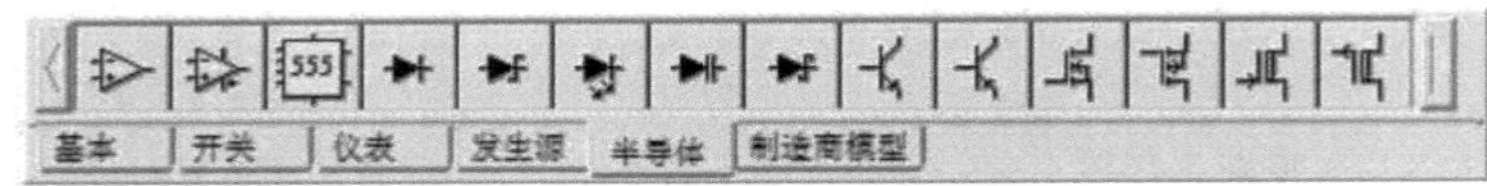

图A.2.5　半导体元件库

图A.2.6　制造商模型元件库

A.3　应用举例

现列举典型的电路,介绍如何使用软件进行基础电路的分析计算。

A.3.1　直流电路分析

绘制如图A.2.7所示的叠加定理验证电路,电压源:V1＝12V,V2＝6V;电阻:R1＝R3＝R4＝510Ω,R2＝1kΩ,R5＝330Ω;电流箭头:AM1、AM2、AM3;SW1和SW2取自开关元件库标签中的选择性开关。

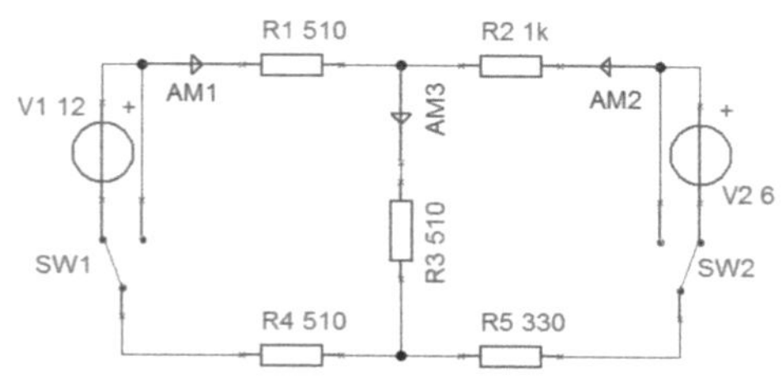

图 A.2.7　叠加定理验证电路

① 接入电压源 V1,不接入 V2 的直流分析结果:执行【分析】→【直流分析】→【直流结果表】菜单命令,电路图编辑窗口如图 A.2.8 所示,显示直流电压/电流分析结果表。

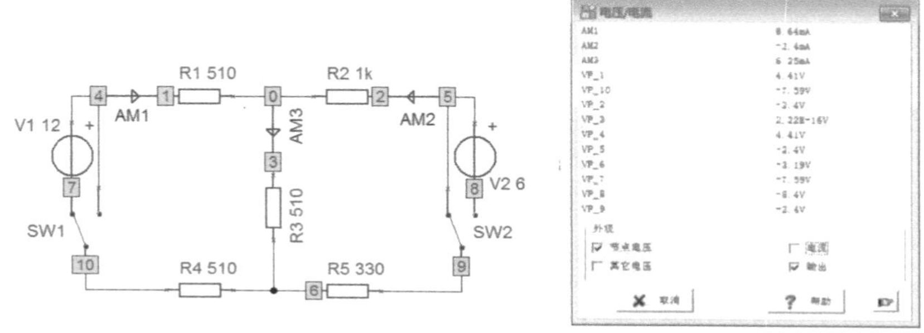

图 A.2.8　接入电压源 V1,不接入 V2 的直流分析结果

② 接入电压源 V2,不接入 V1 的直流分析结果:执行【分析】→【直流分析】→【直流结果表】菜单命令,电路图编辑窗口如图 A.2.9 所示,右图显示直流电压/电流结果表。

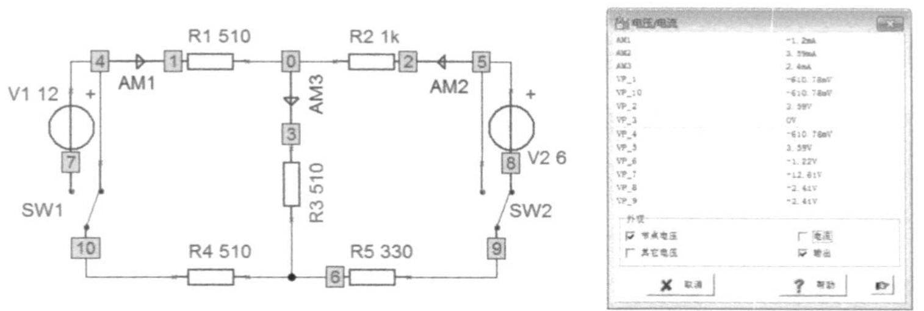

图 A.2.9　接入电压源 V2,不接入 V1 的直流分析结果

③ 同时接入电压源 V1 和 V2 的电路直流分析结果:执行【分析】→【直流分析】→【直流结果表】菜单命令,电路图编辑窗口如图 A.2.10 所示,可见图 A.2.10 的电压值和电流值是图 A.2.8 和图 A.2.9 数值的叠加,因此验证了叠加定理。

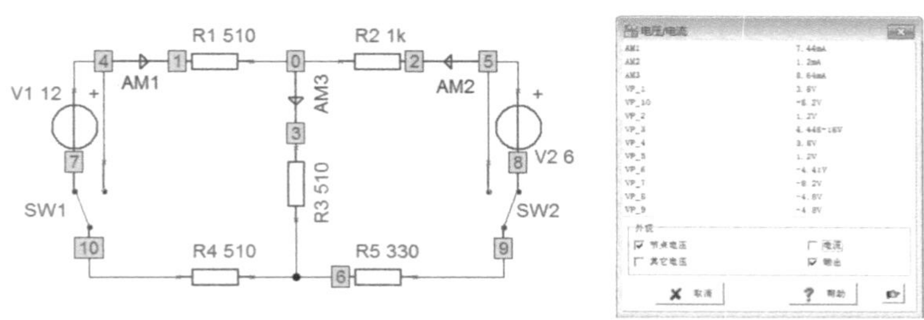

图 A.2.10　同时接入电压源 V1 和 V2 的直流分析结果

A.3.2 动态电路分析

绘制如图 A.2.11 所示的 RC 积分电路,修改各元件的属性,电阻 R1=10kΩ,电容 C1=1μF。设置输入方波信号 VGl 的幅度为 lV,频率为 50Hz。

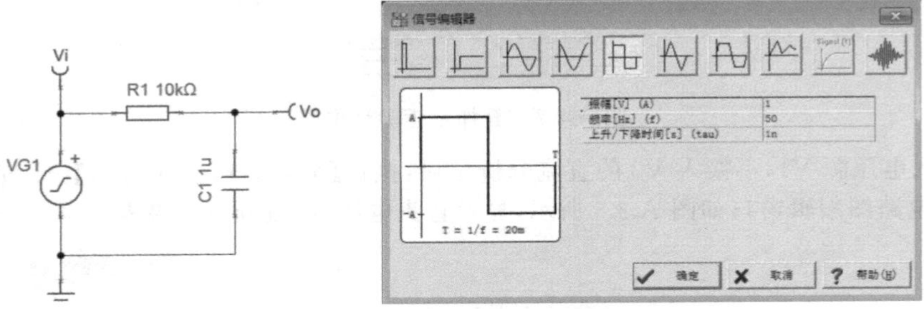

图 A.2.11 RC 积分电路图

执行【T&M】→【示波器】菜单命令,选择 Time/Div 为 10ms,Volt/Div 为 1V,Channel 为 Vo,单击示波器中的【Run】按钮,示波器立即显示波形。再单击【Stop】按钮,得到如图 A.2.12 所示的示波器显示波形。可见,方波信号经过 RC 积分电路之后,变成了近似三角波。

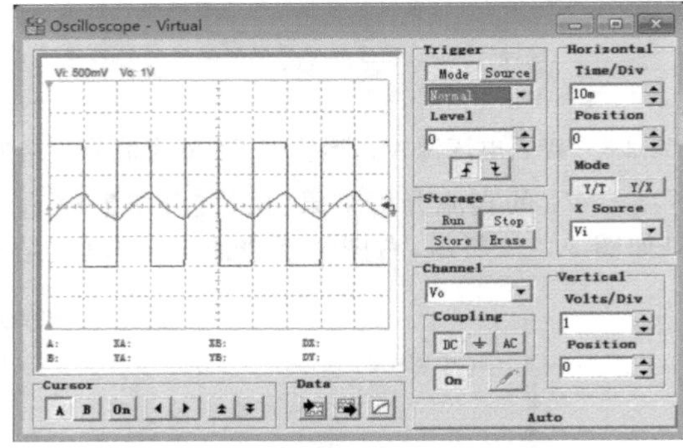

图 A.2.12 示波器显示的波形

A.3.3 交流电路分析

绘制如图 A.2.13 所示的 RLC 正弦交流电路。修改各元件的属性,设置输入正弦波信号 VGl 的幅度为 300V,频率为 50Hz。

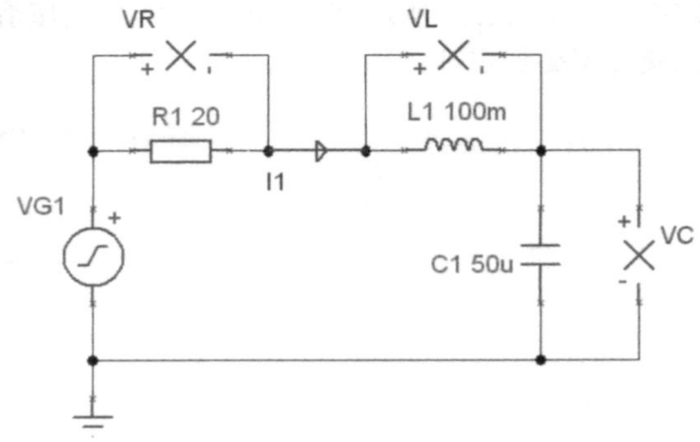

图 A.2.13 RLC 正弦交流电路

① 执行【视图】→【选项】菜单命令，在交流电基本函数栏处选择函数类型为“正弦”。

② 计算交流节点电压：执行【分析】→【交流分析】→【计算节点电压】菜单命令后，显示分析结果。在计算结果中，各有关正弦量三要素中的幅值和相位被标注在正弦量的右边，电路中各正弦量的频率与电源频率相同，均为50Hz。iI(t)、vR(t)、vL(t)、vC(t)的稳态瞬时表达式分别为：

iI(t)=7.91sin(314t+58.19°)A；vR(t)=158.12sin(314t+58.19°)V；

vL(t)=248.38sin(314t+148.19°)V；vC(t)=503.33sin(314t−31.81°)V。

当计算完成后，用鼠标指向电路中的电感与电容的连接节点，在节点电压/仪器对话框中显示该节点的详细结果如图A.2.14所示。

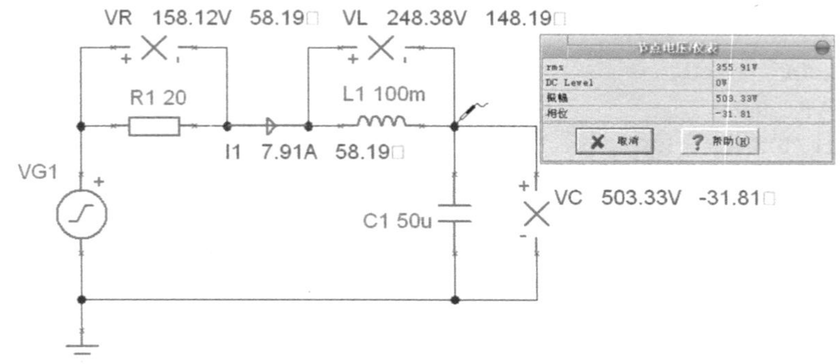

图A.2.14　节点电压分析计算结果

③ 显示瞬态仿真波形：执行【分析】→【瞬时现象】菜单命令，在瞬时分析参数对话框中，设置起始显示时间为0s，终止显示时间为50ms，单击【确定】按钮，进行仿真。为了看清楚各条曲线，执行图表窗口中的【视图】→【分离曲线】菜单命令，出现如图A.2.15所示的分离曲线后的波形图。然后执行【编辑】→【复制】菜单命令后，可将其粘贴到Word文档中。

④显示正弦稳态电路的频率特性：执行【分析】→【交流分析】→【交流传输特性】菜单命令，在AC传输特性参数对话框中，设置频率分析范围：1Hz至500Hz；扫描类型：对数；图表（即频率响应的类型）：振幅和相位。单击【确定】按钮，得到频率响应曲线图。其中，测量标识符VC处的幅频与相频特性曲线如图A.2.16所示。可见，电路呈现低通滤波器特性。

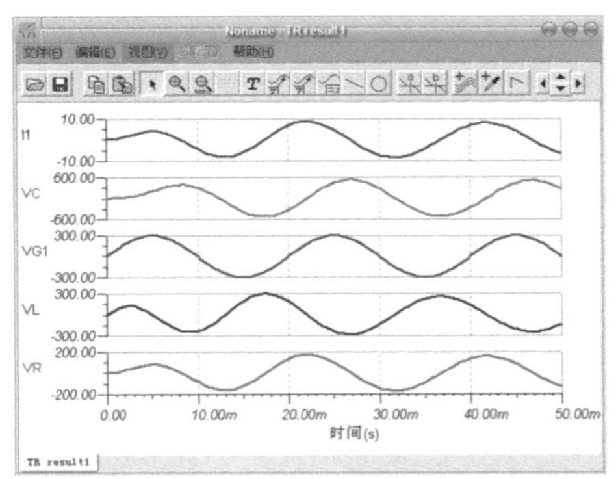

图A.2.15　分离曲线后的波形图

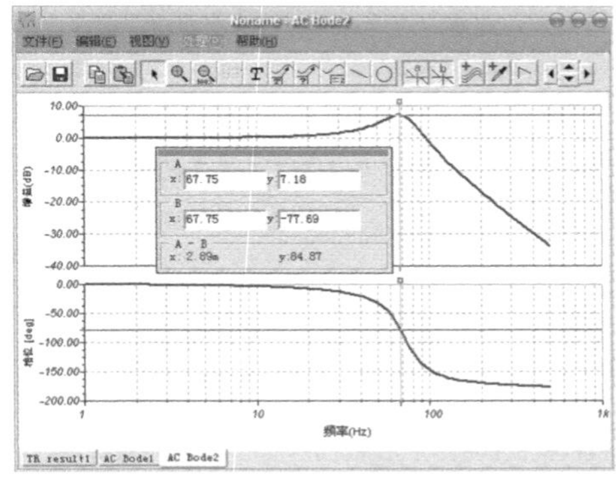

图A.2.16　VC处的幅频与相频特性曲线

附录 B　习题参考答案

第 1 章　习题 1

1.1　(a)18W；(b)15W；(c)－30W

1.2　1A；234V；88.5Ω

1.3　4A

1.4　(a)45V；(b)－8V；(c)14V

1.5　2A；1.5A

1.6　①1mA；②0.2W

1.7　(a)4Ω；(b)2Ω；(c)10Ω

1.8　(略)

1.9　①1A；②5V；③－6W

1.10　3V；0.5A

1.11　－7V；5Ω；6V

1.12　(略)

1.13　(略)

1.14　－0.08W

1.15　1mW

1.16　$-\beta\dfrac{R_c}{R_c+R_L}\cdot\dfrac{R_b}{R_b+[r_{be}+(1+\beta)R_f]}$；$-\dfrac{\beta(R_e/\!/R_L)}{r_{be}+(1+\beta)R_f}$

1.17　(a)$-\dfrac{3}{4}$A；(b)－14V；(c)7A；(d)－4A

1.18　16W

1.19　30V

1.20　11V

1.21　(略)

1.22　1Ω

1.23　25W

1.24　2.94A

1.25　(略)

1.26　－50A；37.5A；12.5A；20A；17.5A；32.5A

1.27　$\dfrac{5}{11}\Omega$

1.28　$\dfrac{R}{2^n}\Omega$

1.29　①$-\dfrac{10}{3}$V；－3A；②1W；③－6W

1.30　18W，产生功率；－15W，产生功率

1.31　1A；－3A

1.32　2Ω；0.5W

第 2 章　习题 2

2.1　$2e^{-t}$A；4W

2.2　$-4\sin 2t$；4W

2.3　$0\leqslant t<1s, u=10t$(V)；　$1s\leqslant t<3s, u=10$V；　$3s\leqslant t<4s, u=10t-20$(V)

2.4　$2e^{-2t}$V；2.5J

2.5 $5\cos 5t$(V)

2.6 $0\leqslant t<1\text{s}, i=\frac{1}{2}t$(A)； $1\text{s}\leqslant t<3\text{s}, i=\frac{1}{2}$A； $3\text{s}\leqslant t<4\text{s}, i=2-\frac{1}{2}t$(A)

2.7 5V

2.8 $0\leqslant t<1\text{s}, i=2+5t$(A)； $1\text{s}\leqslant t<2\text{s}, i=5$A；$2\text{s}\leqslant t<4\text{s}, i=9-\frac{5}{2}t$(A)

2.9 2Ω；0.5F

2.10 (a)9H； (b)16μF

2.11 20V；20/3V；−5/3A

2.12 2/3 A;4/3(A);4/3 V

2.13 $u_1(0_+)=6$V；$u_2(0_+)=3$V；$u_C(0_+)=12$V
$i_L(0_+)=6$A；$i(0_+)=9$A，$i_C(0_+)=-3$A

2.14 0 mA;1 mA；12 V

2.15 0 V；1 A；−2 A/s；1 V/s

2.16 8(A)；−7/2 mV/s;0 A/s

2.17 $5e^{1-t/0.3}$ V

2.18 $2e^{-1000t}$ A

2.19 $32e^{-\frac{1}{2}t}$ V

2.20 $30e^{-t/500}$ V；$10e^{-10^7 t}$ mA（响应波形图略）

2.21 $-4e^{-50t}+4e^{-10^5 t}$ A

2.22 $5(1-e^{-800t}$ V;$0.4e^{-800t}$ mA（响应波形图略）

2.23 $6(1-e^{-205t})$A

2.24 12.43μF

2.25 $2.5(1+e^{-100t})$ V;$0.5(1-e^{-100t})$ A

2.26 $2(1-e^{-10^4 t})$ V

2.27 $2.5e^{-50t}$ mA

2.28 $\frac{20}{7}+\frac{220}{119}e^{-7t}$ V;$\frac{10}{7}+\frac{110}{119}e^{-7t}$ A

2.29 5A;0A

2.30 电路不稳定、无响应

2.31 $\left(2-\frac{4}{7}e^{-2.5t}+\frac{20}{21}e^{-t/3}\right)\varepsilon(t)-\frac{20}{7}\delta(t)$ A

2.32 $2.5(1-e^{-2t})\varepsilon(t)$ V；$2e^{-2t}\varepsilon(t)$

2.33 $(1-e^{-4t/3})\varepsilon(t)$ A；$\frac{2}{3}e^{-4t/3}\varepsilon(t)$ A

2.34 $2e^{-t}\varepsilon(t)+2e^{-(t-1)}\varepsilon(t-1)-2e^{-(t-2)}\varepsilon(t-2)$（波形图略）

2.35 (1) $(1-e^{-5t})\varepsilon(t)-1.5(1-e^{-5(t-1)})\varepsilon(t-1)$
(2) $(1-e^{-5t})\varepsilon(t)-1.5(1-e^{-5(t-1)})\varepsilon(t-1)+2e^{-5(t-1)}\varepsilon(t)$

2.36 $2(1-e^{-10t})\varepsilon(t)-2(1-e^{-10(t-0.5)})\varepsilon(t-0.5)$

2.37 $\frac{1}{R_1C}e^{-t\frac{R_1+R_2}{R_1R_2}}\varepsilon(t)$

2.38 $\frac{-R_1(R_1+R_2)}{L}e^{-t\frac{R_1+R_2}{L}}\varepsilon(t)+R_1\delta(t)$

2.39 $\frac{1}{3}(1-e^{-2t/L})\varepsilon(t)$(A)

2.40 $(2.5+7.5e^{-20t})\varepsilon(t)$(A)；$\delta(t)-15e^{-20t}\varepsilon(t)$(V)

2.41 $e^{-t}(25\sin 2t+4\cos 2t)$(V)；$e^{-t}(-8\sin 2t+4\cos 2t)$(A)

2.42 $\sqrt{2}\,\text{k}\Omega$；$10\sqrt{2}\,\text{e}^{-1}$ mA

2.43 (略)

2.44 (1)$(16+8\text{e}^{-3t}-24\text{e}^{-t})\varepsilon(t)$ V；$(-8\text{e}^{-3t}+8\text{e}^{-t})\varepsilon(t)$ A

(2)$8\sqrt{6}\,\text{e}^{-t}\sin(\sqrt{3}t+2/3)\varepsilon(t)$；$8\sqrt{2}\,\text{e}^{-t}\sin(\sqrt{3}t\varepsilon(t)$；

2.45 $5\text{e}^{-\frac{1}{2}t}\sin\left(\frac{\sqrt{19}}{2}t+77.08^\circ\right)+10\text{V}$

2.46 ①$\left[\frac{\sqrt{5}}{8}\text{e}^{(4\sqrt{5}-10)t}-\frac{\sqrt{5}}{8}\text{e}^{-(4\sqrt{5}+10)t}\right]\varepsilon(t)$；$\left[1+\frac{-4\sqrt{5}-10}{8\sqrt{5}}\text{e}^{(4\sqrt{5}-10)t}+\frac{10-4\sqrt{5}}{8\sqrt{5}}\text{e}^{-(4\sqrt{5}+10)t}\right]\varepsilon(t)$

②$\left[\frac{5-2\sqrt{5}}{2}\text{e}^{(4\sqrt{5}-10)t}+\frac{5+2\sqrt{5}}{2}\text{e}^{-(4\sqrt{5}+10)t}\right]\varepsilon(t)+5\delta(t)$

2.47 ①$\left(\frac{20}{3}-10\text{e}^{-t}+2\text{e}^{-5t}\right)\varepsilon(t)$

②$\left[8+\frac{2}{3\sqrt{2}+4}\text{e}^{-(3+2\sqrt{2})t}-\frac{2}{3\sqrt{2}-4}\text{e}^{-(3-2\sqrt{2})t}\right]\varepsilon(t)$ V

2.48 ①$\left[1-2\text{e}^{-0.5t}\sin\left(\frac{\sqrt{3}}{2}t+30^\circ\right)\right]\varepsilon(t)$ V

②$\left[\text{e}^{-0.5t}\sin\left(\frac{\sqrt{3}}{2}t+30^\circ\right)-\sqrt{3}\,\text{e}^{-0.5}\cos\left(\frac{\sqrt{3}}{2}t+30^\circ\right)\right]\varepsilon(t)$ V

第 3 章 习题 3

3.1 ① $10\sqrt{2}$A；314rad/s，120°

②9A；2rad/s，−45°

③ 4V，4rad/s，60°

④ $5\sqrt{2}$V，100rad/s，135°

3.2 ① $10\sin(10^4\text{t}+45^\circ)$ A

②$10\sqrt{2}\sin(2\pi 10^4 t-45^\circ)$ A

③ $220\sqrt{2}\sin(100\pi t)$ V

④ $380\sqrt{2}\sin(100\pi t+120^\circ)$ V

3.3 ① $\frac{5\pi}{12}$rad/s ②0°

3.4 ① 90°，②0°

3.5 ① $5\angle 143.13^\circ$； ②$5\angle -143.13^\circ$； ③$5\angle 126.87^\circ$； ④$\angle -53.13^\circ$

3.6 ①$30+\text{j}30\sqrt{3}$； ②$30-\text{j}30\sqrt{3}$

③$-30+\text{j}30\sqrt{3}$； ④$-30-\text{j}30\sqrt{3}$

3.7 $\dot{U}_\text{m}=220\sqrt{2}\angle 120^\circ$V； $\dot{U}=220\angle 120^\circ$V；$\dot{I}_\text{m}=14.1\angle 45^\circ$ A； $\dot{I}=10\angle 45^\circ$ A；(图略)

3.8 ① $5\sin(\omega t+36.87^\circ)$ A

②$11.18\sqrt{2}\sin(\omega t-30^\circ)$A

③ $2\sqrt{13}\sin(\omega t-146.3^\circ)$ V

④ $12\sqrt{2}\sin(\omega t-45^\circ)$ V

3.9 $\sqrt{2.5}\sin(10^3 t+93.4^\circ)$ A(图略)

3.10 $\sqrt{202}\sin(10^5 t+84.3^\circ)$ V(图略)

3.11 (略)

3.12 8V；2.5A

3.13 20μF

3.14 ①√；

②×，固为 $u_L=C\dfrac{di}{dt}$；

③×，固为 $i_C=C\dfrac{du_c}{dt}$；

④×，固为有效值之间不满足 $U=U_R+U_L+U_C$ 的关系。

3.15 $-135°$

3.16 $\dfrac{120\angle 0°-100\angle -35°}{7}$；$\dfrac{120\angle 0°-10\angle -70°}{8}$；$-\dot{I}_1-(\dot{I}_2-\dot{I}_5)$

3.17 图(a) $100+j90\ \Omega$；$\dfrac{1}{18100}(100-j90)$ s

图(b) $\dfrac{1}{98.02}(0.1+j9.9)\ \Omega$；$0.1+j9.9$ s

图(c) $\dfrac{25}{13}-j\dfrac{12875}{13}\ \Omega$；$\dfrac{1}{980865}\left(\dfrac{25}{13}+j\dfrac{12875}{13}\right)$ s

3.18 图(a) $1.1+j9.9\ \Omega$；图(b) $\dfrac{592-j192}{89}\ \Omega$；图(c) $1+\dfrac{1-\alpha}{\dfrac{3}{2}-\dfrac{j10}{\omega}}\ \Omega$

3.19 $0.95-j0.31\ \Omega$

3.20 218mH；5.47Ω

3.21 ①（条件略）

②（略）

3.22 1592 Hz

3.23 50 A　$50\angle 90°$A；$50\sqrt{2}\angle 45°$A

3.24 $25j-25$ V

3.25 2500/3 W

3.26 图(a) $4+j2$ V；$5-j$ V.

图(b) $4-j2$ V；$3-2j$ V.

3.27 （略）

3.28 $21.6-j31.2$ V；$j3-3$ A

3.29 $32\angle -27.35°$ V

3.30 15.385 W；50W

3.31 -600W　0Var

3.32 150W；112.5Var；187.5V·A；0.8

3.33 ①（略）

② $U_L I_L\cos\varphi_{u-i}$

③ $R_L=|Z_0|$；$P_{max}=\dfrac{U_{oc}^2 R_L}{|R_L+Z_0|^2}$

3.34 图(a) $(3+j)\ \Omega$，7.5W；图(b) $(250+j250)\ \Omega$，1250W

3.35 （略）

3.36 ① I:0.8(A)，$u_R=20$V；$u_L=1000$V，$u_C=1000$V；W:254mJ

② $R_1=\sqrt{\dfrac{L}{C-C^2L\omega^2}}$

3.37 ① 0.5μF

②略

3.38 $10\sqrt{2}\,\Omega$；$5\sqrt{2}\,\Omega$，$10\sqrt{2}\,\Omega$

3.39 1.2A

3.40 200V; $10\sqrt{2}$ A

第4章 习题4

4.1 $40-8e^{-2t}$ V; $30-6e^{-2t}$ V; $10-2e^{-2t}$ V

4.2 $\sqrt{2}\angle 45°$ V; $0.2\angle -36.9°$ A

4.3 (略)

4.4 (1) $\frac{5}{2}\sin(10t+45°)$ A, $\frac{5}{2}\sqrt{2}\cos(10t)$ A

(2) 9.375W

(3) $\sqrt{1.45}\,\Omega$

4.5 (1) (略)

(2) $2.5\sqrt{2}\sin(10^3 t)$ A; $2.5\sqrt{2}\sin(10^3 t-90°)$ A

(3) $\frac{39}{95}-j\frac{30}{17}$ Ω

4.6 2.84+j6.86;12.44W

4.7 (略)

4.8 3.5−j2.5 Ω;11.43W

第5章 习题5

5.1 $500\sqrt{3}\angle -60°$ V;$500\sqrt{3}\angle 180°$ V;$500\sqrt{3}\angle 60°$ V

图略

5.2 $220\angle 120°$ V; $220\angle 0°$ V; $220\angle -120°$ V

5.3 ① $220\angle 15°$ V; $220\angle -105°$ V; $220\angle 135°$ V

② $\dot{I}_A=\dot{I}_{IA}=22\angle -15°$ A; $\dot{I}_B=\dot{I}_{IB}=22\angle -135°$ A; $\dot{I}_1=\dot{I}_{Ie}=22\angle 105$ A

③ 12574W

5.4 $1.52\angle 45°$ A; $1.52\angle -75°$ A; $1.52\angle 165°$ A

$220\angle 90°$ V; $220\angle -30°$ V; $220\angle 210°$ V

5.5 ① 20A; 11.6A; 11.6A

② 17.4A; 0; 17.4A

5.6 ① 19039.3W

②$40.7\angle -56.24°$ A;$40.7\angle -176.24°$ A;$40.7\angle 63.76°$ A

5.7 9.95×10^{-4} F

5.8 8784.4 W; 3266.1 var; 9372 V·A

5.9 30.4Ω;22.8Ω

5.10 3123 W;2216Var;3828 V·A;0.8158

第6章 习题6

6.1 $-\frac{4A}{\pi}\left(\sin\omega t+\frac{1}{3}3\omega t+\cdots\right)$

6.2 $\frac{4A}{\pi}\left[\frac{1}{2}+\frac{1}{3}\cos2\omega t-\frac{1}{15}\cos4\omega t+\cdots-\frac{\cos\frac{k\pi}{2}}{k^2-1}\cos|\omega t+\cdots\right]$

6.3 (略)

6.4 $3\sqrt{2}\sin(3t-53.1°)-4\sqrt{2}\cos(t-30°)$ A; $10+4\sqrt{2}\sin(3t+36.9°)$ A; 232W 21.5V 11.87A

6.5 $100\sin\omega t+48\sin(2\omega t-7°)$ V

6.6 (略)

6.7　$2+2\sqrt{2}\sin(2t+90°)$ V

6.8　$\frac{1}{49\omega^2}$；　$\frac{1}{\sqrt{9\omega^2}}$

6.9　①229.2W；②(略)

6.10　13.1V;3.7W

6.11　9.35A;$25\sqrt{2}\cos(\omega t-110°)+\frac{25}{\sqrt{2}}\cos(30t-30°)$V

6.12　7.07 A;7.29A

6.13　$0.5+\sqrt{2}\sin(2t+37°)+\sqrt{2}\sin(1.5t+45°)$ V;3.75W

第7章　习题7

7.1　(略)

7.2　(略)

7.3　$\frac{R_1C_s-R_1g_m}{(R_1C+R_2C+R_1R_2g_mC)s+1}$

7.4　(略)

7.5　$\frac{30(s+1)(s+4)}{(s+3)(s+20-j)(s+2+j)}$

7.6　$\frac{3s}{(s+10)(s+3)}$;$\frac{30}{7}e^{-10t}\varepsilon(t)-\frac{9}{7}e^{-3t}\varepsilon(t)$

7.7　① $2e^{-0.5t}\varepsilon(t)$

② $\frac{1}{2}e^{(5+10j)t}\varepsilon(t)+\frac{1}{2}e^{(5-10j)t}\varepsilon t$

③ $\frac{1}{2}e^{(-10+2\sqrt{5}j)t}\varepsilon(t)+\frac{1}{2}e^{(-10-2\sqrt{5}j)t}\varepsilon(t)$

7.8　$\frac{5s+7}{(s+1)(s+2)}$(图略)

7.9　$\frac{e^{j\theta}}{2j}\frac{1}{s+a-\omega j}-\frac{e^{-j\theta}}{2i}\frac{1}{s+a+\omega j}$;极点为$-a+\omega j$,$-a-\omega j$

7.10　图(a) $\frac{j\omega L}{j\omega L+R}$；图(b) $\frac{R}{j\omega L+R}$；图(c) $\frac{1}{1+j\omega RC}$ 图(d) $\frac{j\omega RC}{1+jRC}$

7.11　图(a) $\frac{(sCR+1)^2}{(sCR+1)^2+sCR}$ 图(b) $\frac{R^2}{(sL)^2+3sCR+R^2}$

7.12　(略)

7.13　略

7.14　① $\frac{5s}{\left(s+\frac{15+5\sqrt{5}}{2}\right)\left(s+\frac{15-5\sqrt{5}}{2}\right)}$

② 极点为$-\frac{15\pm5\sqrt{5}}{2}$,零点为0

③ $\frac{5+3\sqrt{5}}{2}\left[\exp\left(-\frac{15+\sqrt{5}}{2}\right)t\right]\varepsilon(t)+\frac{5-3\sqrt{5}}{2}\left[\exp\left(-\frac{15-\sqrt{5}}{2}\right)t\right]\varepsilon(t)$

④ $-\frac{\sqrt{5}}{2}\left[\exp\left(-\frac{15+\sqrt{5}}{2}\right)t\right]\varepsilon(t)+\frac{\sqrt{5}}{5}\left[\exp\left(-\frac{15-\sqrt{5}}{2}\right)t\right]\varepsilon(t)$

7.15　$\left(\frac{4}{3}e^{-2t}-\frac{1}{48}e^{-5t}-\frac{21}{16}e^{-t}+\frac{5}{4}te^{-t}\right)\varepsilon(t)$

第 8 章　习题 8

8.1 $\boldsymbol{Z}=\begin{bmatrix}\dfrac{\mathrm{j}\omega L_1 R}{R+\mathrm{j}\omega L_1} & -\dfrac{\mathrm{j}\omega MR}{R+\mathrm{j}\omega L_1}\\ -\mathrm{j}\omega M+\dfrac{\omega^2 ML_1}{R+\mathrm{j}\omega L_1} & \dfrac{1}{\mathrm{j}\omega C}+\mathrm{j}\omega L_2+\dfrac{\omega^2 M^2}{R+\mathrm{j}\omega L_1}\end{bmatrix}$

8.2 $\boldsymbol{r}=\begin{bmatrix}\dfrac{1}{R_1}+\dfrac{1}{R_2} & -\dfrac{1}{R_2}\\ -\dfrac{1}{R_2}-g_m & \dfrac{1}{R_2}\end{bmatrix}$

8.3 $\boldsymbol{T}=\begin{bmatrix}\dfrac{R_1+R_2}{R_2-R_1} & \dfrac{2R_1R_2}{R_2-R_1}\\ \dfrac{2}{R_2-R_1} & \dfrac{R_1+R_2}{R_2-R_1}\end{bmatrix}$

8.4 $\boldsymbol{H}=\begin{bmatrix}\dfrac{R_1R_2}{R_2+R_1} & \dfrac{\mu R_1}{R_1+R_2}\\ 0 & \dfrac{1-\mu}{R_3}\end{bmatrix}$

8.5 $\boldsymbol{Y}=\begin{bmatrix}1/6 & -2/15\\ -1/12 & 1/6\end{bmatrix}$；$\boldsymbol{H}=\begin{bmatrix}6 & 4/5\\ -1/2 & 1/10\end{bmatrix}$；$\boldsymbol{T}=\begin{bmatrix}2 & 12\\ -15/2 & 2\end{bmatrix}$

8.6 $\boldsymbol{Z}=\begin{bmatrix}\mathrm{j}\omega L+\dfrac{1}{\mathrm{j}\omega C} & \dfrac{1}{\mathrm{j}\omega C}\\ \dfrac{1}{\mathrm{j}\omega C} & \mathrm{j}\omega L+\dfrac{1}{\mathrm{j}\omega C}\end{bmatrix}$；$\boldsymbol{Y}=\begin{bmatrix}\dfrac{1-\omega^2 LC}{2\mathrm{j}\omega L-\mathrm{j}\omega^3 cL^3} & -\dfrac{1}{2\mathrm{j}\omega L-\mathrm{j}\omega^3 CL^2}\\ \dfrac{1}{-2\mathrm{j}\omega L-\mathrm{j}\omega^3 CL^2} & \dfrac{1-\omega^2 LC}{2\mathrm{j}\omega L-\mathrm{j}\omega^3 CL^3}\end{bmatrix}$

$\boldsymbol{H}=\begin{bmatrix}\dfrac{2\mathrm{j}\omega L-\mathrm{j}\omega^3 CL^2}{1-\omega^2 LC} & \dfrac{1}{1-\omega^2 CL}\\ -\dfrac{1}{1-\omega^2 CL} & \dfrac{\mathrm{j}\omega C}{1-\omega^2 LC}\end{bmatrix}$；$\boldsymbol{T}=\begin{bmatrix}1-\omega^2 LC & 2\mathrm{j}\omega L-\mathrm{j}\omega^3 L^2 C\\ \mathrm{j}\omega C & 1-\omega^2 LC\end{bmatrix}$

8.7～8.9 （略）

8.10 $\boldsymbol{Z}=\begin{bmatrix}-\mathrm{j} & \mathrm{j}\\ \mathrm{j} & -\mathrm{j}\end{bmatrix}$；无 **Y** 形矩阵

8.11 $\boldsymbol{Y}=\begin{bmatrix}\dfrac{4}{3R} & -\dfrac{2}{3R}\\ -\dfrac{2}{3R} & \dfrac{4}{3R}\end{bmatrix}$

8.12 $\boldsymbol{T}=\begin{bmatrix}1-5\omega^2 R^2 C^2-\mathrm{j}\omega^3 R^3 C^3+6\mathrm{j}\omega RC & 3R+4\mathrm{j}\omega R^2 C-\omega^2 R^2 C^2\\ 2\mathrm{j}\omega C-3\omega^2 RC^2-\mathrm{j}\omega^3 R^2 C^3 & 1+3\mathrm{j}\omega RC-\omega^2 R^2 C^2\end{bmatrix}$

8.13 $\boldsymbol{Z}=\begin{bmatrix}\dfrac{16+2\mathrm{j}}{24\mathrm{j}+1} & \dfrac{4}{24\mathrm{j}+1}\mathrm{j}\\ \dfrac{4+32\mathrm{j}}{(1+8\mathrm{j})(24\mathrm{j}+1)} & \dfrac{-334+34\mathrm{j}}{(1+8\mathrm{j})(24\mathrm{j}+1)}\end{bmatrix}$

8.14 (a)12/3Ω；(b)$\mathrm{j}\sqrt{2\mathrm{j}}$(Ω)

8.15 $\dfrac{53}{29}\Omega$；2Ω

8.16 （略）

8.17 $\dfrac{1+\mathrm{j}\omega}{\mathrm{j}\omega-g^2-\omega^2}$

第 9 章　习题 9

（全是高阶的矩阵方程，不便给出）

第 10 章 习题 10

10.1 $\begin{bmatrix} \frac{-1}{C(R_5+R_4)} & \frac{1}{C} \\ \frac{1}{L_2} & \frac{-R_3}{L_2} \end{bmatrix} \begin{bmatrix} u_a \\ i_{12} \end{bmatrix} + \begin{bmatrix} \frac{R_4}{C(R_4+R_5)} & \frac{-1}{C(R_4+R_5)} \end{bmatrix} \begin{bmatrix} i_{s6} \\ u_{s7} \end{bmatrix}$

10.2 略

10.3 $\begin{bmatrix} -\frac{250}{3} & 10^6 \\ -0.5 & 2k \end{bmatrix} \begin{bmatrix} u_C \\ i_L \end{bmatrix} + \begin{bmatrix} \frac{1}{3} \\ 0 \end{bmatrix} [u_s]$

10.4 ① $\begin{bmatrix} \frac{du_c}{dt} \\ \frac{di_L}{dt} \end{bmatrix} = \begin{bmatrix} -\frac{1}{CR_2} & \frac{1}{C} \\ -\frac{1}{C} & -\frac{R_1}{L} \end{bmatrix} \begin{bmatrix} u_c \\ i_L \end{bmatrix} + \begin{bmatrix} 0 \\ \frac{R_1}{L} \end{bmatrix} [i_s]$

② $\begin{bmatrix} \frac{dq}{dt} \\ \frac{d\psi}{dt} \end{bmatrix} = \begin{bmatrix} -\frac{1}{CR_2} & \frac{1}{L} \\ -\frac{1}{C} & -\frac{R_1}{L} \end{bmatrix} \begin{bmatrix} q \\ \psi \end{bmatrix} + \begin{bmatrix} 0 \\ R_1 \end{bmatrix} [i_s]$

10.5～10.8 略

第 11 章 习题 11

11.1～11.4 （略）

11.5 1.6A、0.9V

11.6 $3+\frac{1}{13}\sin\omega t$

11.7 $1+0.02\sin(\omega t+30°)$(A)

参 考 文 献

1 李瀚荪．简明电路分析基础．3 版．北京:高等教育出版社,2002.

2 张永瑞,陈生潭．电路分析基础．2 版．北京:电子工业出版社,2008.

3 高岩,杜普选,闻跃．电路分析学习指导及习题精解．北京:清华大学出版社,2005.

4 周守昌．电路原理．北京:高等教育出版社,1999.

5 高吉祥,谢晓霞,李珊珊. 电路分析基础学习辅导与习题详解. 北京:电子工业出版社,2010.

6 江缉光．电路原理．北京:清华大学出版社,2001.

7 胡翔骏．电路分析．北京:高等教育出版社,2001.

8 陈树柏．网络图论及其应用．北京:清华大学出版社,2003.